C 语言程序设计案例课堂

刘春茂　李　琪　编　著

清华大学出版社
北　京

内 容 简 介

本书以零基础讲解为宗旨，用实例引导读者深入学习，采取“基础入门→核心技术→高级应用→项目开发实战”的讲解模式，深入浅出地讲解C语言的各项技术及实战技能。

本书第Ⅰ篇“基础入门”主要讲解走进C语言的世界、常量与变量、数据类型、输入和输出、运算符和表达式、程序流程控制结构等；第Ⅱ篇“核心技术”主要讲解数组、算法与流程图、函数与函数中变量、指针、操作文件、编译与预处理指令、使用库函数等；第Ⅲ篇“高级应用”主要讲解位运算，结构体、共用体和枚举，动态数据结构，数据结构进阶，排序等；第Ⅳ篇“项目开发实战”主要讲解开发日历查阅系统、开发员工信息管理系统、开发迷宫小游戏。

本书适合任何想学习C语言编程的人员，无论您是否从事计算机相关行业，无论您是否接触过C语言，通过学习本书均可快速掌握C语言在项目开发中的知识和技巧。

图书在版编目(CIP)数据

C语言程序设计案例课堂/刘春茂，李琪编著. --北京：清华大学出版社，2018 (2024. 3重印)
ISBN 978-7-302-49542-0

Ⅰ. ①C… Ⅱ. ①刘… ②李… Ⅲ. ①C语言—程序设计 Ⅳ. ①TP312.8

中国版本图书馆CIP数据核字(2018)第027715号

责任编辑：张彦青
装帧设计：李 坤
责任校对：周剑云
责任印制：丛怀宇
出版发行：清华大学出版社
网 址：https://www.tup.com.cn, https://www.wqxuetang.com
地 址：北京清华大学学研大厦A座 邮 编：100084
社 总 机：010-83470000 邮 购：010-62786544
投稿与读者服务：010-62776969, c-service@tup.tsinghua.edu.cn
质量反馈：010-62772015, zhiliang@tup.tsinghua.edu.cn
印 装 者：三河市龙大印装有限公司
经 销：全国新华书店
开 本：190mm×260mm 印 张：33 字 数：798千字
版 次：2018年6月第1版 印 次：2024年3月第4次印刷
定 价：78.00元

产品编号：076443-01

前　　言

“程序开发案例课堂”系列图书是专门为软件开发和数据库初学者量身定制的一套学习用书，整套书涵盖软件开发、数据库设计等方面，具有以下特点。

- 前沿科技

无论是软件开发还是数据库设计，我们都精选较为前沿或者用户群最大的领域推进，帮助读者认识和了解最新动态。

- 权威的作者团队

组织国家重点实验室和资深应用专家联手编著该套图书，融合丰富的教学经验与优秀的管理理念。

- 学习型案例设计

以技术的实际应用过程为主线，全程采用图解和同步多媒体结合的教学方式，生动、直观、全面地剖析使用过程中的各种应用技能，降低难度、提高学习效率。

为什么要写这样一本书

C 语言是一门历史悠久、博大精深的程序设计语言。它对计算机技术的发展起到了极其重要的促进作用，而且这种促进作用一直在持续并将继续持续下去。它从产生之时就肩负了很多重要使命，开发操作系统、开发编译器、开发驱动程序，几乎可以解决计算机中的大部分问题。C 语言几乎是每一个致力于程序设计人员的必学语言。但从学习之初，很多 C 语言的初学者都苦于找不到一本通俗易懂、容易入门和案例实用的参考书。通过本书的案例实训，读者可以很快地上手流行的工具，提高职业技能，从而帮助解决公司与求职者的双重需求问题。

本书特色

- 零基础、入门级的讲解

无论您是否从事计算机相关行业，无论您是否接触过 C 语言编程，都能从本书中找到最佳起点。

- 超多、实用、专业的范例和项目

本书在编排上紧密结合深入学习 C 语言编程技术的先后过程，从 C 语言的基本语法开始，逐步带领大家深入地学习各种应用技巧，侧重实战技能，使用简单易懂的实际案例进行分析和操作指导，让读者读起来简明轻松，操作起来有章可循。

- 随时检测自己的学习成果

每章首页中均提供了学习目标，以指导读者重点学习及学后检查。

大部分章节最后的“跟我学上机”板块，均根据本章内容精选而成，读者可以随时检测自己的学习成果和实战能力，做到融会贯通。

- 细致入微、贴心提示

本书在讲解过程中，在各章中使用了“注意”和“提示”等小贴士，使读者在学习过程中更清楚地了解相关操作、理解相关概念，并轻松掌握各种操作技巧。

- 专业创作团队和技术支持

无论您在学习过程中遇到任何问题，均可加入 QQ 群(案例课堂 VIP)：451102631 进行提问，专家人员会在线答疑。

超值赠送资源

- 全程同步教学录像

涵盖本书所有知识点，详细讲解每个实例及项目的过程及技术关键点，比看书更轻松地掌握书中所有的 C 语言编程知识，而且扩展的讲解部分可以使您得到比书中更多的收获。

- 超多容量王牌资源大放送

赠送大量王牌资源，包括本书实例源文件、精美教学幻灯片、精选本书教学视频、C 语言标准库函数查询手册、C 程序员职业规划、全国计算机等级考试二级 C 考试大纲及应试技巧、C 程序员面试技巧、C 常见面试题、C 常见错误及解决方案、C 开发经验及技巧大汇总等。读者可以通过 QQ 群(案例课堂 VIP)：451102631 获取赠送资源，还可以进入 http://www.apecoding.com/网站下载赠送资源。

读者对象

- 没有任何 C 语言编程基础的初学者；
- 有一定的 C 语言编程基础，想精通 C 语言开发的人员；
- 有一定的 C 语言基础，没有项目经验的人员；
- 正在进行毕业设计的学生；
- 大专院校及培训学校的老师和学生。

创作团队

本书由刘春茂和李琪编著，参加编写的人员还有蒲娟、刘玉萍、裴雨龙、展娜娜、周佳、付红、李园、郭广新、侯永岗、王攀登、刘海松、孙若淞、王月娇、包慧利、陈伟光、胡同夫、王伟、梁云梁和周浩浩。在编写过程中，我们尽所能地将最好的讲解呈现给读者，但也难免有疏漏和不妥之处，敬请不吝指正。若您在学习中遇到困难或疑问，或有何建议，可写信至信箱 357975357@qq.com。

编　者

目　　录

第I篇　基础入门

第 III 篇 高级应用

第Ⅰ篇

基础入门

第 1 章 初识庐山真面目——走进 C 语言的世界

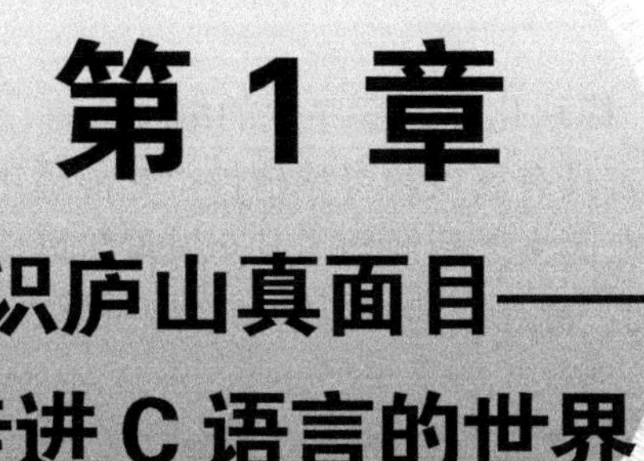

C 语言是一种通用的、面向过程式的计算机程序设计语言。作为一种从设计开发问世就被列为世界上最受欢迎的程序设计语言之一，C 语言拥有强大的功能与魅力。通过使用 C 语言编程，能够开发很多实用、功能强大的软件。本章将带领读者步入 C 语言的殿堂，初识 C 语言的世界。

本章目标(已掌握的在方框中打钩)

- ☐ 了解 C 语言的特点
- ☐ 了解 C 语言的常用开发环境
- ☐ 掌握如何使用 Microsoft Visual C++ 6.0 开发环境编写 C 语言程序
- ☐ 掌握如何使用 Turbo C 2.0 开发环境编写 C 语言程序
- ☐ 了解 C 语言程序的组成
- ☐ 了解 C 语言代码的书写规范
- ☐ 掌握如何为 C 语言程序添加注释

1.1 C 语言概述

C 语言作为一种通用、模块化以及程序化的编程语言，被广泛应用于操作系统和应用软件的开发之中。由于 C 语言具有高效和可移植性，它能适用于不同硬件和软件平台，深受开发人员的喜爱。而 C 语言在诞生之后经历了几个发展阶段，逐步成为成熟的程序设计语言。本节将对 C 语言的发展历史、特点及其应用进行详细讲解。

1.1.1 C 语言的发展史

C 语言在其历史舞台上经历了翻天覆地的变化，如图 1-1 所示。它的发展历程总的来说有五个阶段。

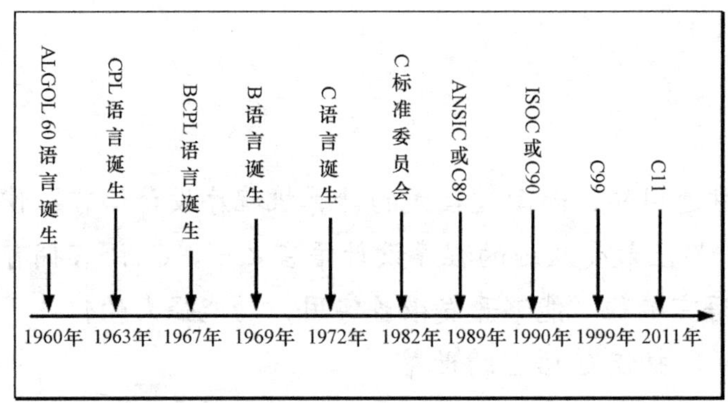

图 1-1 C 语言发展史

1. ALGOL 60 语言

1960 年，由算法表示法被综合后诞生了一种算法语言——ALGOL 60 语言(算法语言 60)，标志着程序设计语言由技艺转向科学，其特点是局部性、动态性、递归性和严谨性。

2. CPL 语言

CPL 全称为 Combined Programming Language，是基于 ALGOL 60 的高级语言。1963 年，英国剑桥大学在 ALGOL 60 语言的基础上推出了 CPL 语言。CPL 语言虽然较 ALGOL 60 语言更接近硬件，但由于其规模比较大，因此难以实现。

3. BCPL 语言

BCPL 全称为 Basic Combined Programming Language，它是一种早期的高级语言。BCPL 语言是 1967 年由剑桥大学的马丁・理查德(Matin Richards)在同样由剑桥大学开发的 CPL 语言上改进而来的，而且它最早被用于牛津大学的 OS6 操作系统上的开发工具。BCPL 语言也是典型的面向过程的高级语言，并且语法更加靠近机器本身，适合于开发精巧、高要求的应用程序，同时对编译器的要求也不高。BCPL 也是最早使用库函数封装基本输入/输出的语言之一，这使得其跨平台的移植性很好。

4. B 语言

B 语言是经由贝尔实验室开发的一种通用的程序设计语言，它是于 1969 年前后由美国贝尔实验室的电脑科学家肯·汤普逊(Ken Thompson)在丹尼斯·里奇(Dennis Ritchie)的支持下设计出来。肯·汤普逊在设计 B 语言时从 BCPL 语言系统中删减了非必备的组件，以便这种 B 语言能够在当时的小型计算机上运行。B 语言只有一种数据类型，即计算机字。大部分操作将其作为整数对待(比如进行四则运算操作)，但其余操作将其作为一个复引用的内存地址。从某些角度上来看，B 语言更像是一个早期版本的 C 语言，因为它还包括了一些库函数，其作用类似于 C 语言中的标准输入/输出函数库。

5. C 语言

1972 年，由于 B 语言的缺陷性，美国贝尔实验室的丹尼斯·里奇在 B 语言的基础上最终设计出了一种新的语言，他取了 BCPL 的第二个字母作为这种语言的名字，这就是 C 语言。1977 年，丹尼斯·里奇发表了不依赖于具体机器系统的 C 语言编译文本《可移植的 C 语言编译程序》。在 1982 年，很多有识之士和美国国家标准协会(ANSI)为了使这个语言健康地发展下去，决定成立 C 标准委员会，建立 C 语言的标准。委员会由硬件厂商、编译器及其他软件工具生产商、软件设计师、顾问、学术界人士、C 语言作者和应用程序员组成。1989 年，ANSI 发布了第一个完整的 C 语言标准——ANSI X3.159—1989，简称“C89”，不过人们也习惯称其为“ANSI C”。C89 在 1990 年被国际标准组织(International Organization for Standardization，ISO)一字不改地采纳，ISO 官方给予的名称为：ISO/IEC 9899，所以 ISO/IEC 9899: 1990 也通常被简称为“C90”。1999 年，在做了一些必要的修正和完善后，ISO 发布了新的 C 语言标准，命名为 ISO/IEC 9899: 1999，简称“C99”。在 2011 年 12 月 8 日，ISO 又正式发布了新的标准，称为 ISO/IEC 9899: 2011，简称“C11”。

1.1.2 C 语言的特点

C 语言作为一种通用计算机编程语言，具有如下特点。

1. 简洁紧凑、灵活方便

在 C 语言中包含了 32 个关键字、9 种控制语句，程序书写形式比较自由，区分大小写。C 语言把高级语言的基本结构和语句与低级语言的实用性进行了结合。

2. 运算符丰富

C 语言的运算符包含的范围十分广泛，共有 34 种运算符。并且在 C 语言中，括号、赋值、强制类型转换等都作为运算符进行处理，从而使 C 语言的运算类型极其丰富，表达式类型多样化。通过使用 C 语言的各种运算符可以实现在其他高级语言中难以实现的运算。

3. 数据类型丰富

C 语言的数据类型有整型、实型、字符型、数组类型、指针类型、结构体类型、共用体类型等。通过这些数据类型能够实现各种复杂的数据结构的运算。而且 C 语言中引入了指针的概念，这使得程序效率更高。

4. 表达方式灵活实用

C 语言提供多种运算符和表达式值的方法，对问题的表达可通过多种途径获得，其程序设计更主动、灵活。并且 C 语言语法限制不太严格，这使得程序的设计自由度更大，如整型量与字符型数据及逻辑型数据可以通用等。

5. 允许直接访问物理地址，对硬件进行操作

由于 C 语言允许直接访问物理地址，可以直接对硬件进行操作，因此它既具有高级语言的功能，又具有低级语言的许多功能，能够像汇编语言一样对位(bit)、字节和地址进行操作，而这三者是计算机最基本的工作单元，可用来编写系统软件。

6. 生成的目标代码质量高，程序执行效率高

C 语言描述问题比汇编语言迅速，工作量小、可读性好，易于调试、修改和移植，而代码质量与汇编语言相当。C 语言一般来讲只比汇编程序生成的目标代码效率低 10%～20%。

7. 可移植性好

C 语言在不同机器上的编译程序，86%的代码是公共的，所以 C 语言的编译程序便于移植。在一个环境上用 C 语言编写的程序，不需改动或稍加改动，就可移植到另一个完全不同的环境中运行。

1.1.3 C 语言的应用

C 语言作为一种计算机程序设计类的语言，既有汇编语言的特点，又具有高级语言的特色。它不但可以作为系统设计语言，编写工作系统的应用程序，而且也可以作为应用程序设计语言，以编写不依赖于计算机硬件的应用程序。故此说明 C 语言的应用范围比较广泛。

通过 C 语言编程可以做很多事，涉及面比较大，如可以编写单片机程序、嵌入式程序等。大多数系统内核也是由 C 语言编写。如果要实现一些偏向底层或者系统的一些高级功能，C 语言也是必不可少的，而且它也是很多学习计算机编程的基础语言。

学习 C 语言可以让读者了解编程，锻炼编程的逻辑思维，所以 C 语言是比较重要的，能够为读者学习好其他编程语言打下基础。各种语言虽然语法不同，但是编程的思维是相通的。

1.2 C 语言的常用开发环境

C 语言的开发环境有很多，如 Microsoft Visual C++ 6.0、Microsoft Visual C++.NET、Turbo C 及 Borland C++ Builder 等，本节将对常用的两种开发环境 Microsoft Visual C++ 6.0 和 Turbo C 进行讲解。

1.2.1 Visual C++ 6.0 开发环境

Microsoft Visual C++ 6.0 开发环境(简称 VC 6.0)是 Microsoft 公司推出的以 C++语言为基础的开发 Windows 环境程序，面向对象的可视化集成编程系统。它不但具有程序框架自动生成、灵活方便的类管理、代码编写和界面设计集成交互操作、可开发多种程序等优点，而且通过设置就可使其生成的程序框架支持数据库接口、OLE 2.0、WinSock 网络等。

在使用 Microsoft Visual C++ 6.0 开发环境之前需要进行下载安装。Microsoft Visual C++ 6.0 开发环境可自行通过浏览器搜索下载，安装方法十分简单，这里不再赘述。

Microsoft Visual C++ 6.0 开发环境安装成功后，即可启动开发环境软件。在 Windows 10 操作系统中，选择【开始】→Microsoft Visual Studio 6.0→Microsoft Visual C++ 6.0 菜单命令，如图 1-2 所示。打开的 Microsoft Visual C++ 6.0 开发环境界面如图 1-3 所示。

图 1-2　选择 Microsoft Visual C++ 6.0 菜单命令

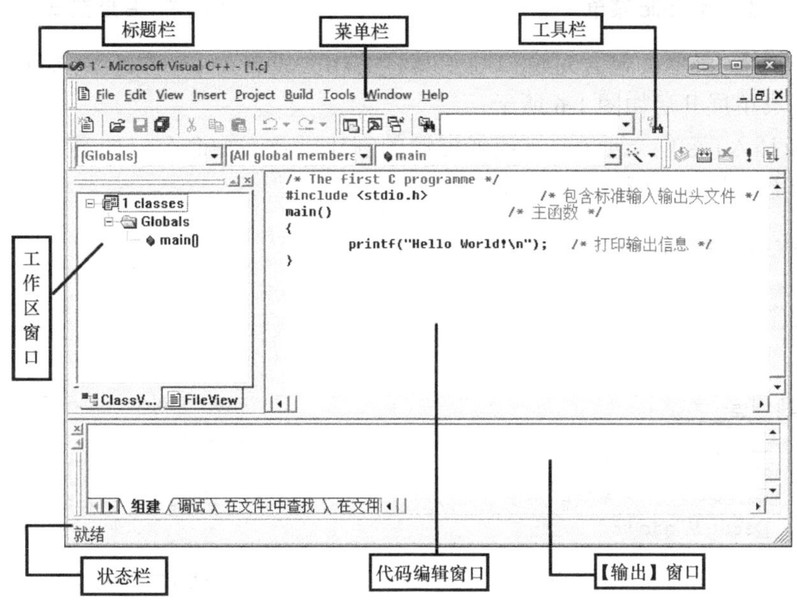

图 1-3　Microsoft Visual C++ 6.0 开发环境界面

1. 菜单栏

菜单栏中包含 File、Edit、View、Insert、Project、Build、Tools、Window 及 Help 菜单项。它们的用途如下。

(1) File(文件)菜单：包含对文件的基本操作功能，如新建、打开、关闭、保存等。File 菜单展开后如图 1-4 所示。

(2) Edit(编辑)菜单：包含对文件的基本编辑命令，如取消、重做、剪切、复制和删除等。Edit 菜单展开后如图 1-5 所示。

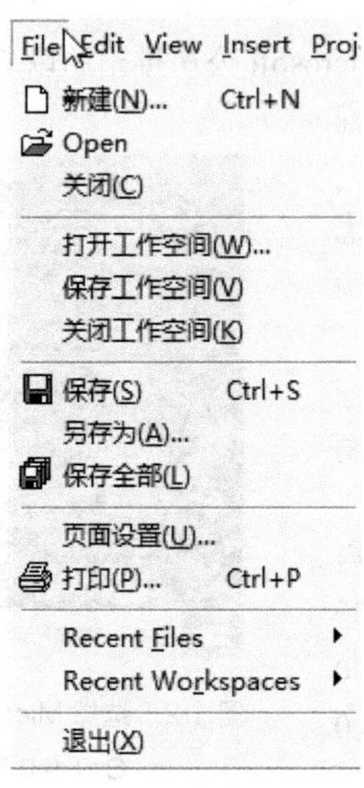

图 1-4 File 菜单

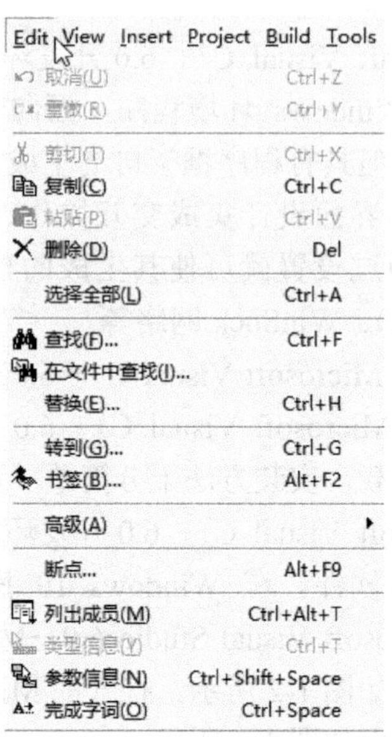

图 1-5 Edit 菜单

(3) View(查看)菜单：包含对窗口与工具栏的相关设置命令，如全屏显示、工作空间、输出等。View 菜单展开后如图 1-6 所示。

(4) Insert(插入)菜单：包含项目或者资源的创建以及添加命令，如类、窗体、资源等。Insert 菜单展开后如图 1-7 所示。

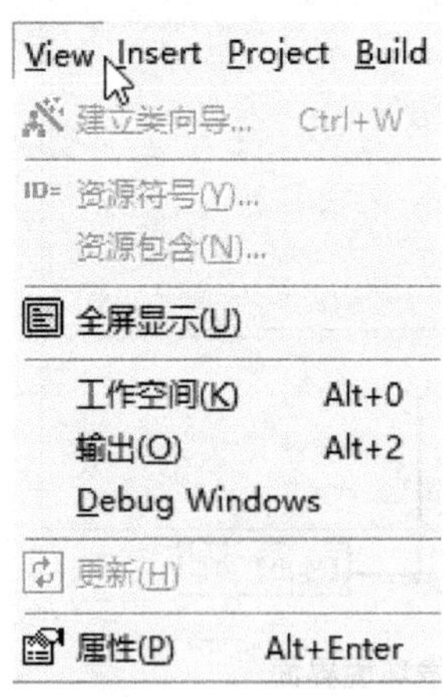

图 1-6 View 菜单

图 1-7 Insert 菜单

(5) Project(工程)菜单：包含项目相关操作命令，如设置活动工程(Set Active Project)、添加文件到工程(Add File To Project)等。Project 菜单展开后如图 1-8 所示。

(6) Build(编译)菜单：包含对应用程序的编译、连接、调试以及运行的相关命令，如编译、组建、清除等。Build 菜单展开后如图 1-9 所示。

图 1-8　Project 菜单

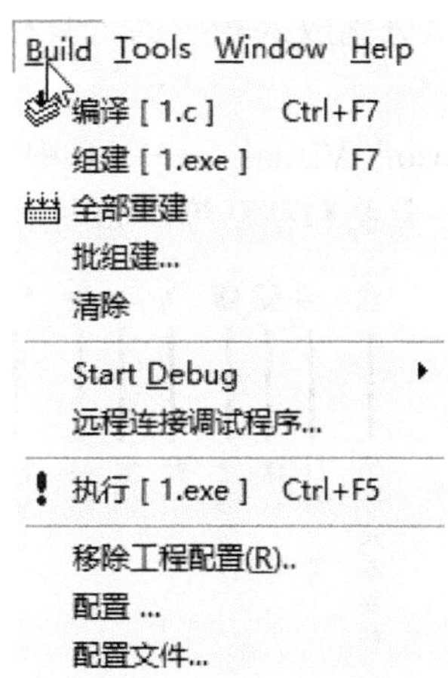

图 1-9　Build 菜单

(7) Tools(工具)菜单：包含对开发环境选择和定制的相关命令，如 Register Control、定制等。Tools 菜单展开后如图 1-10 所示。

(8) Window(窗口)菜单：包含对文档窗口的相关操作命令，如新建窗口、分割、关闭等。Window 菜单展开后如图 1-11 所示。

(9) Help(帮助)菜单：包含 Microsoft Visual C++ 6.0 应用软件的相关帮助命令，如内容、搜索、索引等。Help 菜单展开后如图 1-12 所示。

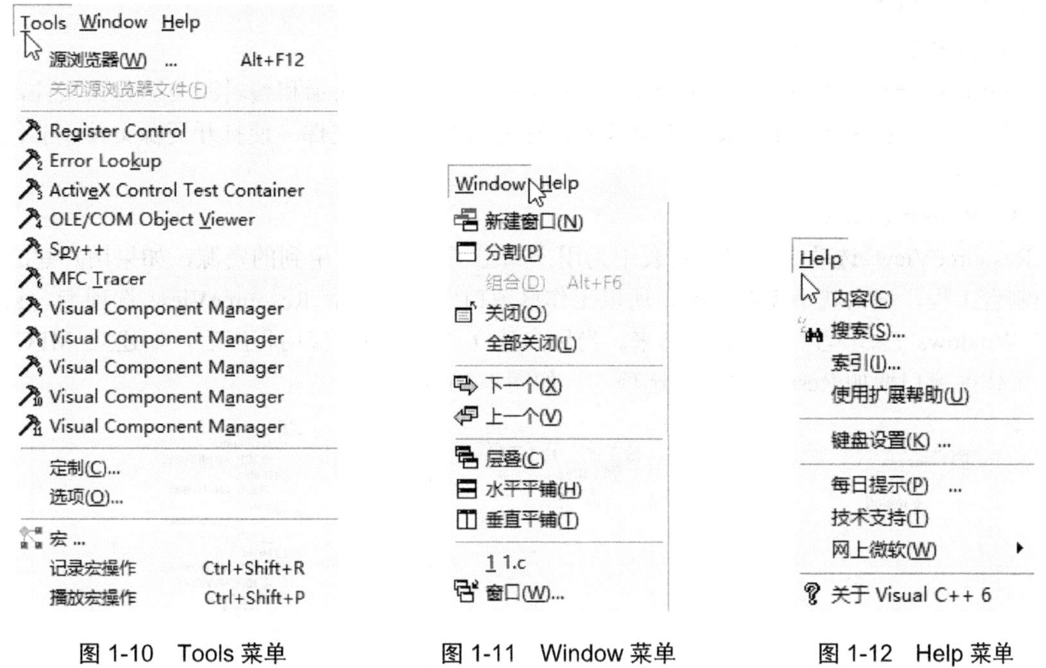

图 1-10　Tools 菜单　　图 1-11　Window 菜单　　图 1-12　Help 菜单

2. 工具栏

为了使用户操作更加快捷、方便，在菜单栏下方设置有工具栏，将菜单栏中常用的命令按照功能分组分别放入相应的工具栏中，使得用户可以通过工具栏就能迅速地访问并使用常用功能。

在 Microsoft Visual C++ 6.0 中，工具栏包含了大多数常用的命令按钮，如新建、打开、保存、剪切、复制和粘贴等，如图 1-13 所示。

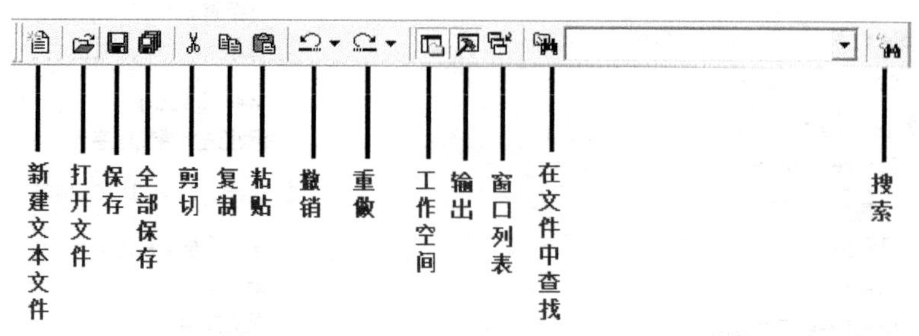

图 1-13　工具栏

3. 工作区窗口

Microsoft Visual C++ 6.0 的工作区窗口中包含 3 个选项卡，分别是 ClassView(类视图)、FileView(文件视图)和 ResourceView(资源视图)。

(1)　ClassView 选项卡。

ClassView 选项卡用于显示当前工作区中的所有类、结构和全局变量，如图 1-14 所示。ClassView 选项卡提供了 C 工程中所有类的层次列表，用户可以通过单击来展开各个节点以显示类中包含的细节。

(2)　FileView 选项卡。

FileView 选项卡与 ClassView 选项卡十分相似，它用于显示和编辑源文件和头文件，如图 1-15 所示。通过操作 FileView 选项卡更容易进入类定义的文件，使打开资源文件和非代码文件更加简单。

(3)　ResourceView 选项卡。

ResourceView 选项卡在层次列表中为用户列出了工程中所用到的资源，如果用户建立的是控制台工程，那么就不需要资源，所以工作区窗口中不会显示 ResourceView 选项卡，只有建立 Windows 应用程序时会显示出来。当用户建立 Windows 应用程序后，如建立 MFC 工程，工作区窗口增加 ResourceView 选项卡，如图 1-16 所示。

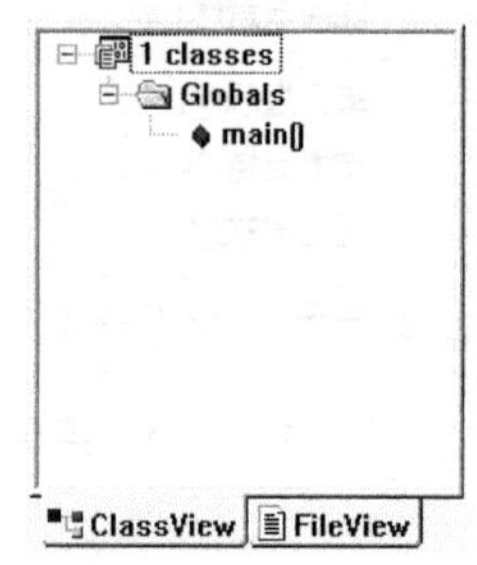

图 1-14　ClassView 选项卡

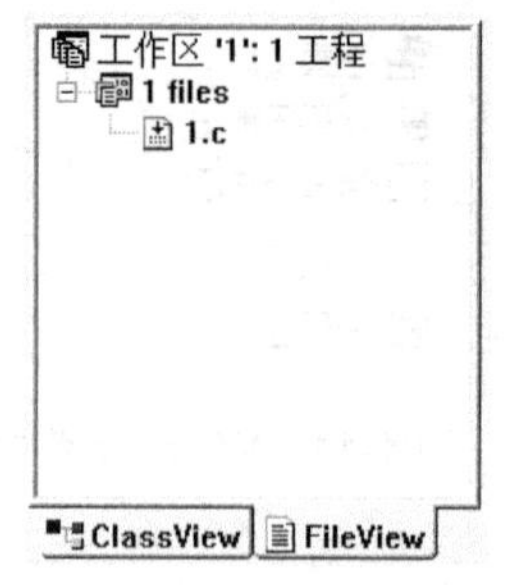

图 1-15　FileView 选项卡

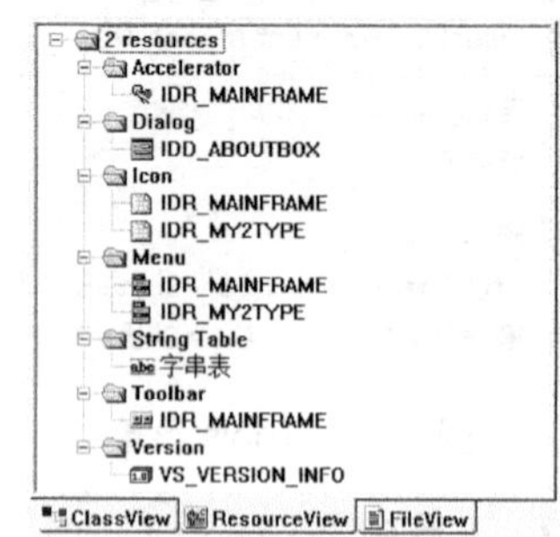

图 1-16　ResourceView 选项卡

4. 代码编辑窗口

代码编辑窗口供开发人员进行代码的输入、修改以及删除等相关操作。

5. 输出窗口

Microsoft Visual C++ 6.0 中的输出窗口能够将程序编译以及运行过程中产生的各种信息反馈给开发人员。比如在【组建】选项卡中，开发人员能直观地查看程序所加载和操作的过程、警告信息及错误信息等，如图 1-17 所示。

```
输出
--------------------Configuration: 3 - Win32 Debug--------------------
Compiling...
3.c
Linking...

3.exe - 0 error(s), 0 warning(s)

组建 / 调试 / 在文件1中查找 / 在文件
```

图 1-17 【输出】窗口

1.2.2 Turbo C 2.0 开发环境

Turbo C 2.0 不仅是一个快捷、高效的编译程序，同时还是一个易学、易用的集成开发环境。开发人员在使用 Turbo C 2.0 时并不需要独立地编辑、编译和连接程序，就能够轻松地建立并运行 C 语言程序。因为这些功能都组合在 Turbo C 2.0 的集成开发环境内，并且可以通过一个简单的主屏幕来使用这些功能。

在使用 Turbo C 2.0 开发环境之前需要进行下载安装。Turbo C 2.0 开发环境可自行通过浏览器搜索下载，安装方法十分简单，这里不再赘述。

Turbo C 2.0 开发环境安装成功后，即可启动开发环境软件。在 Windows 10 操作系统中，启动 Turbo C 2.0 有两种方法。

方法一：选择【开始】→【Windows 系统】→【命令提示符】菜单命令，如图 1-18 所示。打开【命令提示符】窗口，在命令行中输入 Turbo C 2.0 相应的路径，如图 1-19 所示。接着按 Enter 键即可打开 Turbo C 2.0 开发环境界面。

图 1-18 选择【命令提示符】菜单命令

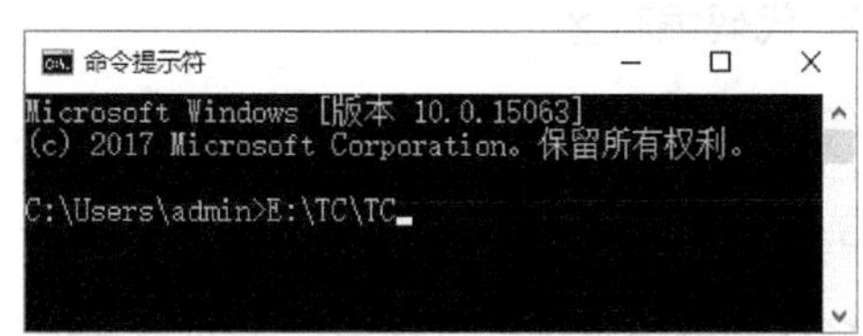

图 1-19 【命令提示符】窗口

方法二：选择【开始】→【Windows 系统】→【运行】菜单命令，如图 1-20 所示。打开【运行】对话框，在【打开】下拉列表中输入 Turbo C 2.0 程序的相应路径，如图 1-21 所示。单击【确定】按钮即可打开 Turbo C 2.0 开发环境界面。

图 1-20　选择【运行】菜单命令

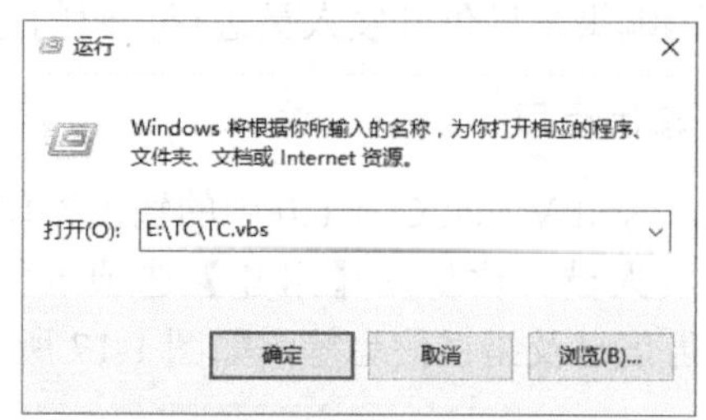

图 1-21　【运行】对话框

使用以上任意方法均可打开 Turbo C 2.0 开发环境，Turbo C 2.0 开发环境主界面如图 1-22 所示。

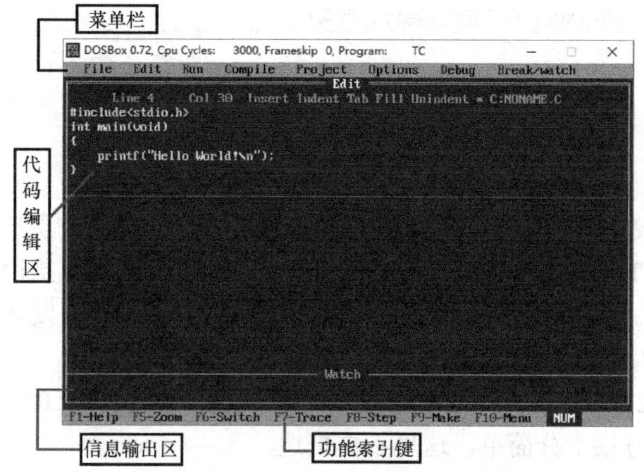

图 1-22　Turbo C 2.0 开发环境主界面

1. 菜单栏

菜单栏中包含软件使用常见的菜单，如 File(文件)菜单、Edit(编辑)菜单、Run(运行)菜单、Compile(编译)菜单、Project(项目)菜单、Options(选项)菜单、Debug(调试)菜单以及 Break/Watch(断点/监视)菜单。

2. 代码编辑区

代码编辑区供开发人员进行代码的输入、修改及删除等相关操作。

3. 信息输出区

将程序编译及运行过程中产生的各种信息反馈给开发人员，如错误、警告等。

4. 功能索引键

由于 Turbo C 2.0 开发环境不支持鼠标单击操作，故使用索引键引导开发人员进行相应的操作。

1.3 编写第一个C语言程序

通过上节对 Microsoft Visual C++ 6.0 和 Turbo C 2.0 两种开发环境介绍，相信读者对 C 语言开发环境有了大致了解，接下来将正式进入 C 语言的编程世界。

1.3.1 C语言编译机制

在编写 C 语言之前，需要了解 C 语言的编译机制。用编译原理的话来说，分成词法分析、语法分析、语义分析、中间代码生成、代码优化、目标代码生成几个阶段。

以输出“Hello World!”字符串程序为例，在编译运行的过程中，它包含以下几个步骤。

1. 编辑

将程序代码输入，交给 C 语言开发环境。

2. 编译

将高级语言转换成计算机可以识别的二进制语言，并生成目标程序文件.obj。

3. 连接

连接就是将编译产生的.obj 文件和系统库连接装配成一个可以执行的程序(*.exe)。

4. 运行

像运行其他程序一样运行生成的可执行文件(*.exe 文件)。

对 C 语言来说，一般只需要知道编译和连接两个阶段，编译阶段是将源程序(*.c)转换成为目标代码(一般是.obj 文件)，连接阶段是把源程序转换成的目标代码(.obj 文件)与程序里面调用的库函数对应的代码连接起来形成对应的可执行文件(.exe 文件)。

1.3.2 在Visual C++ 6.0中开发C程序

在了解了 Microsoft Visual C++ 6.0 开发环境及 C 语言运行机制后，下面将使用 Visual C++ 6.0 编写 C 程序。

1. 创建工程

使用 Microsoft Visual C++ 6.0 开发环境编写 C 程序前，首先要创建空工程。创建一个空工程的步骤如下。

step 01 打开 Microsoft Visual C++ 6.0 开发环境主界面，选择 Flie→【新建】菜单命令，如图 1-23 所示。

step 02 打开【新建】对话框，如图 1-24 所示。首先切换到【工程】选项卡，在列表框中选择 Win32 Console Application 选项，然后输入工程名称并选择工程存放的路径，单击【确定】按钮。

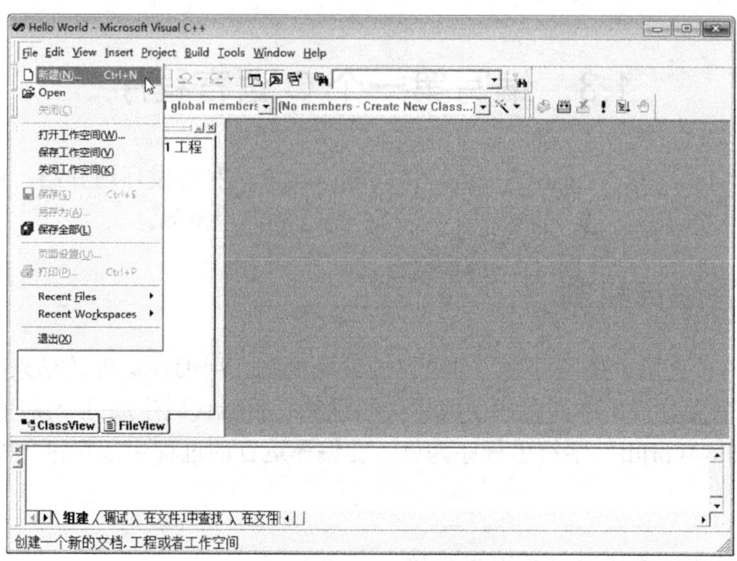

图 1-23　选择【新建】菜单命令

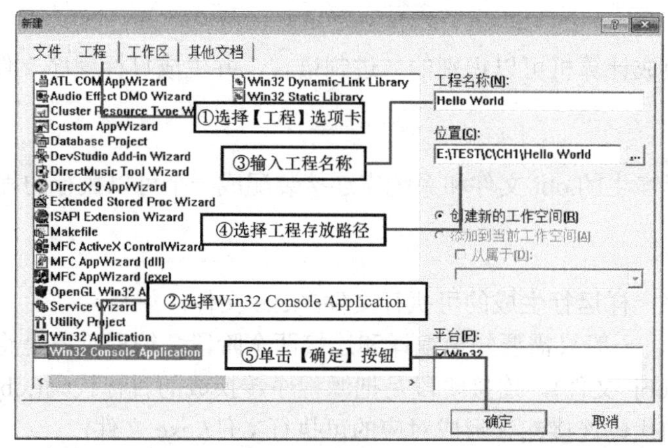

图 1-24　【新建】对话框

step 03 打开 Win32 Console Application 对话框，如图 1-25 所示。选中【一个空工程】单选按钮，单击【完成】按钮。

step 04 打开【新建工程信息】对话框，如图 1-26 所示，显示创建工程的相关信息，单击【确定】按钮。

step 05 返回开发环境主界面，选择 Flie→【新建】菜单命令，打开【新建】对话框，如图 1-27 所示。切换到【文件】选项卡，在列表框中选择【文本文件】选项，然后输入文件名，单击【确定】按钮即可完成创建，如图 1-28 所示。

注意　创建 C 程序工程时可以直接由步骤 5 开始，创建一个文本文件(.c)。在编译程序时会弹出对话框要求创建默认工作空间，如图 1-29 所示，单击【是】按钮以创建工作空间。

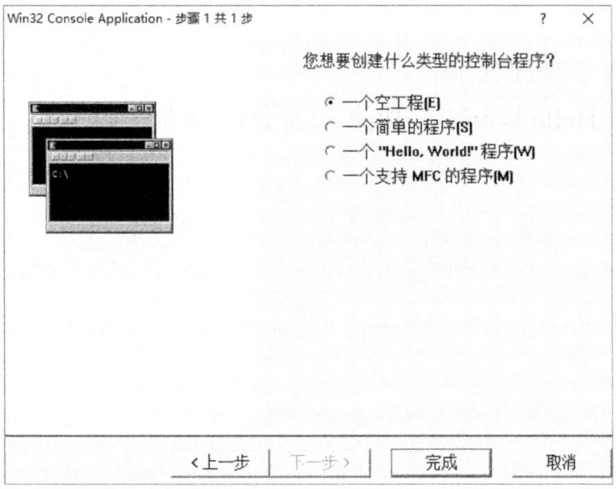

图 1-25　Win32 Console Application 对话框

图 1-26　【新建工程信息】对话框

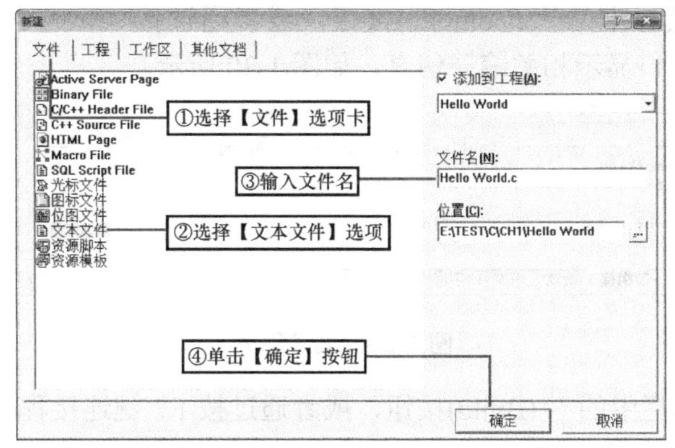

图 1-27　【新建】对话框

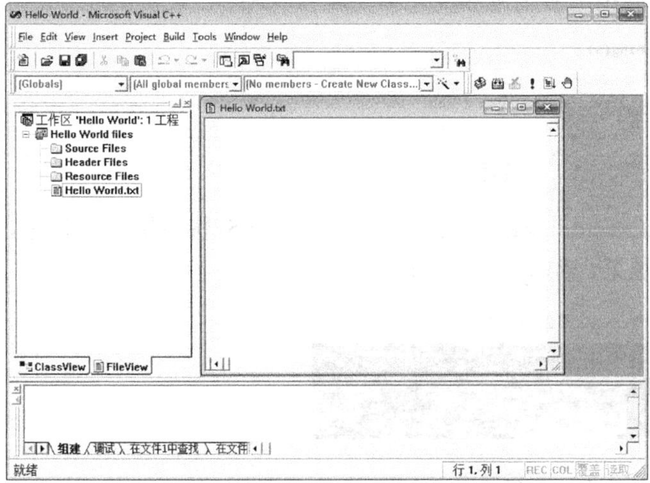

图 1-28　创建的“Hello World”工程

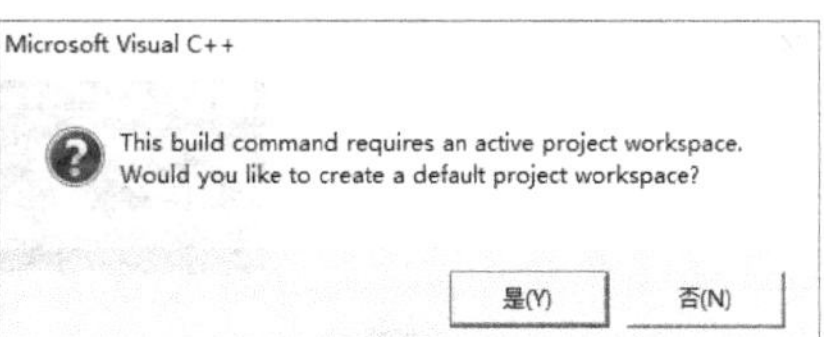

图 1-29　创建默认工作空间

2. 编写 C 程序代码

工程创建完毕后，即可在代码编辑区编写 C 程序代码。

【例 1-1】 编写程序，实现输出字符串“Hello World!”功能。(源代码\ch01\1-1)

```
/* 第一个 C 程序 */
/* 包含标准输入输出头文件 */
#include <stdio.h>
/* 主函数 */
main()
{
    /* 打印输出信息 */
    printf("Hello World!\n");
}
```

3. 编译、连接、运行

C 程序编写完成后，需要对程序进行编译、连接及运行操作，操作步骤如下。

step 01 单击工具栏中的 (Compile)按钮，或者通过按 Ctrl+F7 快捷键使程序进行编译，在输出窗口显示相关编译信息，如图 1-30 所示。

输出
--------------------Configuration: 1 - Win32 Debug--------------------
Compiling...
1.c

1.obj - 0 error(s), 0 warning(s)
组建 调试 在文件1中查找 在文件

图 1-30　编译程序

step 02 单击工具栏中的 (Build)按钮，或者通过按 F7 键连接程序，在输出窗口显示相关连接信息，如图 1-31 所示。

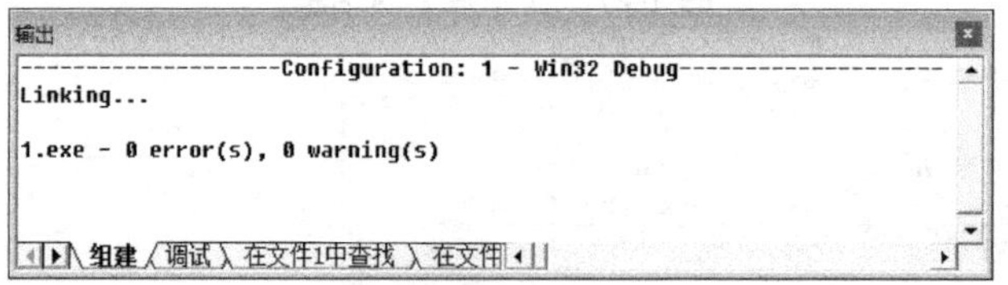

图 1-31　连接程序

step 03 单击工具栏中的 (BuildExecute)按钮，或者通过按 Ctrl+F5 快捷键运行程序，在 DOS 窗口中输出程序运行结果，如图 1-32 所示。

图 1-32　运行结果

1.3.3　在 Turbo C 中开发 C 程序

在了解了 Turbo C 2.0 开发环境以及 C 语言运行机制后，下面将使用 Turbo C 2.0 编写 C 程序。

1. 环境设置

使用 Turbo C 2.0 开发环境编写 C 程序之前，首先要对环境进行相关设置，设置步骤如下。

step 01 打开 Turbo C 2.0 开发环境主界面，在键盘上按 Alt+O 快捷键打开 Options 菜单，再使用键盘方向键选择 Directories 菜单命令，按 Enter 键，选择 Output directory 选项，按 Enter 键，输入保存路径，如"C:\TC20"，如图 1-33 所示，按 Enter 键确认。

step 02 按 Esc 键返回 Options 菜单，通过方向键选择 Save options 菜单命令，按 Enter 键打开 Config File 输入框，如图 1-34 所示。按 Enter 键确认配置，打开 Verify 对话框，如图 1-35 所示，按 Y 键再次确认。

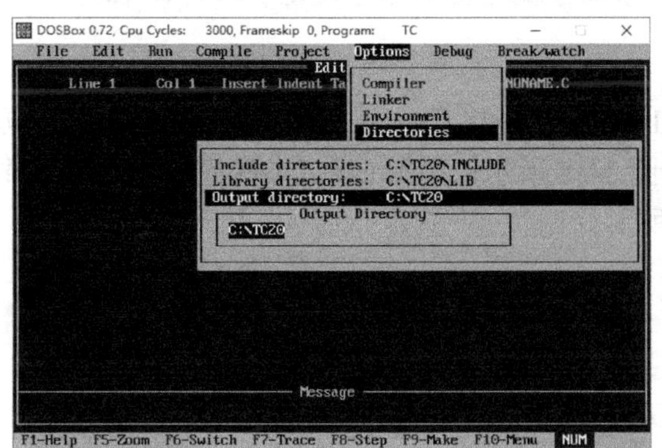

图 1-33　选择 Output directory 选项

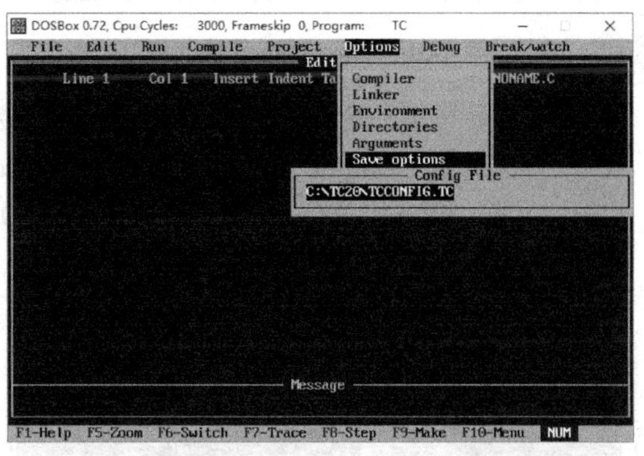

图 1-34　选择 Save options 菜单命令

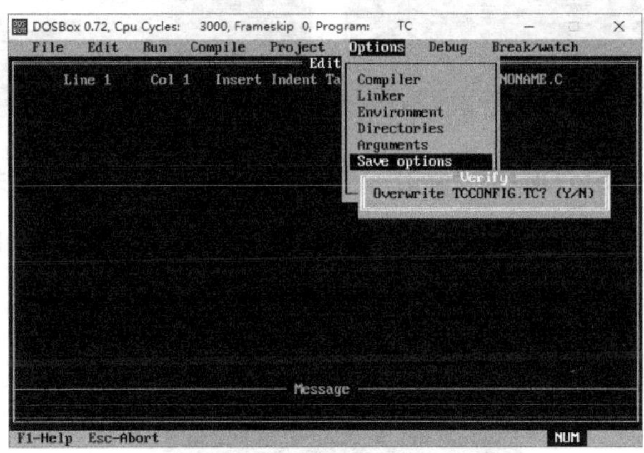

图 1-35　Verify 对话框

2. 编写 C 程序并编译运行

环境配置完成后即可编写 C 程序并编译运行了，操作步骤如下。

step 01 在 Turbo C 2.0 主界面按 Alt+F 快捷键，打开 File 菜单，通过键盘方向键选择 Write to 菜单命令，按 Enter 键，打开 New Name 输入框，输入程序保存路径和文件名，如“C:\TC20\HELLO WORLD.C”，如图 1-36 所示，按 Enter 键确认。

step 02 在代码编辑区编写代码(源代码\ch01\1-1)，如图 1-37 所示。

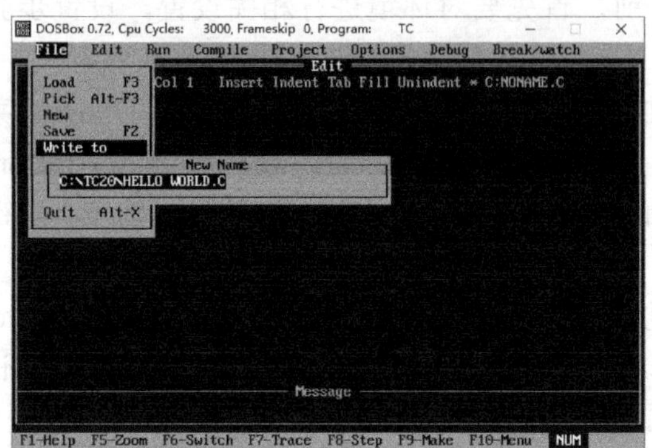

图 1-36 New Name 输入框

图 1-37 编写代码

step 03 按 F2 键保存代码文件，然后按 Alt+C 快捷键打开 Compile 菜单，通过键盘方向键选择 Compile to OBJ 菜单命令，如图 1-38 所示，按 Enter 键，程序开始编译，并弹出编译相关信息对话框，如图 1-39 所示。

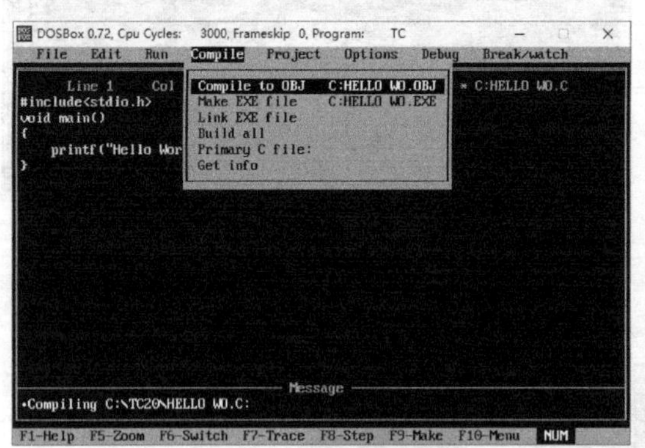

图 1-38 选择 Compile to OBJ 菜单命令

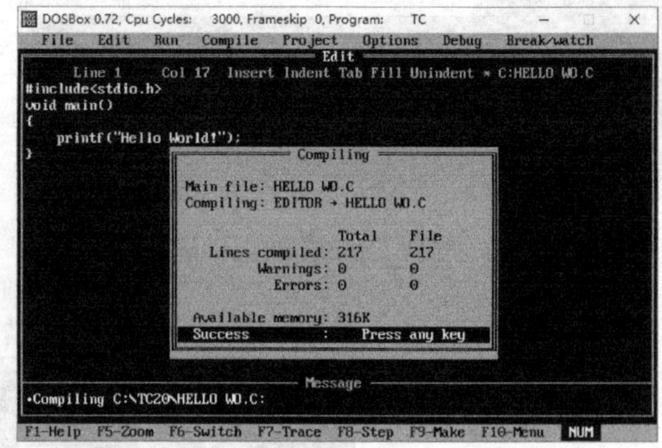

图 1-39 编译相关信息对话框

step 04 返回主界面，按 Ctrl+F9 快捷键运行程序，运行情况会一闪而过，按 Alt+F5 快捷键，可打开运行结果窗口，如图 1-40 所示。

图 1-40 运行结果

1.4　C 语言程序的组成

本节将通过一个完整的 C 语言程序，对程序的组成进行详细讲解。

1.4.1　C 语言程序整体风貌

通过例 1-1 对小程序“Hello World！”的开发，相信读者已经初具 C 程序开发经验。下面将展示一个稍复杂的 C 语言程序，以了解 C 语言的整体风貌。

【例 1-2】 编写代码，实现输入两个整数，并求出它们的乘积。(源代码\ch01\1-2)

```
/* 输入两个整数，求出它们的乘积 */
#include <stdio.h>
main()
{
    /* 定义整型变量 x、y、m */
    int x,y,m;
    /* 输出提示信息 */
    printf("Please input x and y\n");
    /* 读入两个乘数，赋给 x、y 变量 */
    scanf("%d%d",&x,&y);
    /* 计算两个乘数的积，赋给变量 m */
    m=x*y;
    /* 输出结果 */
    printf("%d * %d = %d\n",x,y,m);
}
```

运行上述程序，结果如图 1-41 所示。

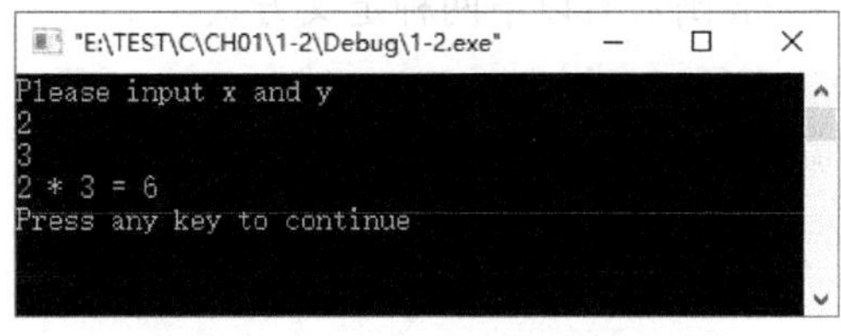

图 1-41　计算两数的乘积

【案例剖析】

本例用于展示一个稍复杂的 C 语言程序。通过与例 1-1 进行比较可以发现，本例包含了对变量的定义，并且使用 scanf 语句从录入端读入两个乘数变量的值，然后通过表达式“m=x*y”来计算两个变量的乘积，最后输出计算的结果。

1.4.2　#include 的秘密

一个完整的 C 语言程序是由一个或多个源程序文件所组成的，而每一个源文件中又包含一个或多个函数、预处理命令以及全局变量声明部分，在每一个函数中，又是由函数首部与函数体组成的。故而，一个完整的 C 语言程序如图 1-42 所示。

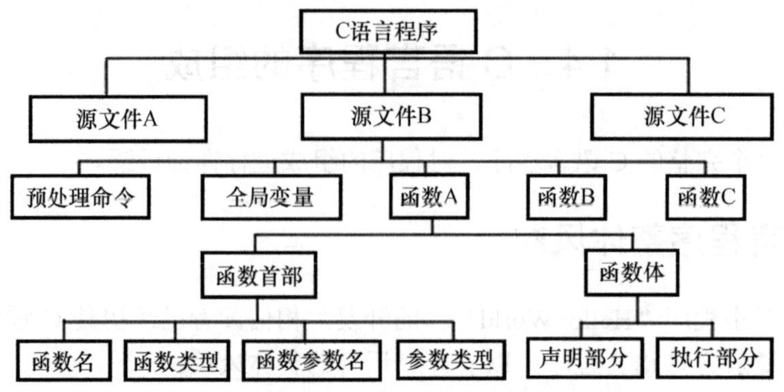

图 1-42　一个完整的 C 语言程序

当一名开发人员在编写程序时，并不需要从程序的最底层进行编写开发，只需要正确地调用标准函数库中的函数，了解每个函数所提供的功能即可，例如例 1-2 中所使用到的"#include <stdio.h>"，包含有 printf 函数可供输出使用。在 C 语言中，开发人员可使用的标准函数库包含 15 个头文件，它们分别实现不同的功能。比如"#include <math.h>"包含数学函数方法，如 sin()、cos()等。

1.4.3　程序的出入口——main 函数

在 C 语言中的设计原则是将函数作为程序的构成模块。而 main()函数称为主函数，一个 C 语言程序总是由 main()函数开始执行的。

1. main 函数的形式

在国际标准的规定中，main 函数有以下两种定义方式。

1) 无参数形式

```
int main( void )/* 无参数形式 */
{
    ...
    return 0;
}
```

其中，int 指明了 main()函数的返回类型，函数名后面的圆括号一般包含传递给函数的信息。void 表示没有给函数传递参数。

2) 带参数形式

```
int main( int argc, char *argv[] ) /* 带参数形式 */
{
    ...
    return 0;
}
```

C 编译器允许 main()函数没有参数，或者有两个参数。这两个参数，一个是 int 类型，一个是字符串 char 类型。第一个参数是命令行中的字符串数。按照惯例，这个 int 参数被称为 argc(argument count)。第二个参数是一个指向字符串的指针数组。命令行中的每个字符串被存储到内存中，并且分配一个指针指向它。按照惯例，这个指针数组被称为 argv(argument value)。

2. main 函数返回值

main()函数的返回值类型是 int 型的，而程序最后的“return 0”也正与之遥相呼应，“0”就是 main()函数的返回值。而“0”返回给操作系统，表示程序正常退出。因为 return 语句通常写在程序的最后，不管返回什么值，只要到达这一步，都表示程序已经运行完毕。而 return 的作用不仅在于返回一个值，还在于结束函数。

1.4.4 数据集装箱——常量和变量

对于基本数据类型量，按其值是否可变又分为常量和变量两种。

在程序执行过程中，其值不发生改变的量称为常量，其值可变的量称为变量。它们可与数据类型结合起来分类，例如，可分为整型常量、整型变量、浮点常量、浮点变量、字符常量、字符变量。一个变量拥有一个名字，在内存中占据一定的存储单元。变量定义必须放在变量使用之前，一般放在函数体的开头部分。要区分变量名和变量值是两个不同的概念。例如在例 1-2 中，x、y、m 便为 int 型变量，其中 x、y 变量值由用户来决定，再通过计算 x*y 的结果最终得到 m 变量值。

有关变量和常量的具体内容，将在第 2 章进行详解。

1.4.5 如何输出程序结果——输出函数

printf 函数称为格式输出函数，其关键字中的字母 f 即为“格式”(format)之意。输出函数的功能是按照用户所指定的格式，将指定的数据显示到屏幕上。

printf 函数是一个标准库函数，它的函数原型在头文件“stdio.h”之中。但在 C 语言中输出函数是一个特例，并没有强制要求在使用 printf 函数之前必须要包含 stdio.h 文件。printf 函数调用的一般形式为：

```
printf("格式控制字符串", 输出表列);
```

其中“格式控制字符串”用于指定输出格式。“格式控制字符串”可由格式字符串和非格式字符串两种组成。格式字符串是以%开头的字符串，在%后面跟有各种格式字符，以说明输出数据的类型、形式、长度、小数位数等。例如，“%d”表示按十进制整型输出；“%ld”表示按十进制长整型输出；“%c”表示按字符型输出等。而非格式字符串则原样输出，在显示中起提示作用。“输出表列”中给出了各个输出项，要求格式字符串和各输出项在数量和类型上一一对应。例如，“printf("%d %d\n",a,b);”，表示输出 a、b 的值并以空格隔开。

1.4.6 注释

细心的读者可能已经发现了，在例 1-1 和例 1-2 中的很多代码前都有“/*”和“*/”符号以及它们之间的说明文字，其实这就是 C 语言的程序注释。在 C 语言程序中为代码添加注释，有助于对程序的解读与理解。

1. 注释的原则

为程序添加注释时，应当注意，注释的语言必须准确、简洁、易懂。对程序添加正确的注释能够使函数、变量、结构更加清晰合理，增加代码的可读性。

注意　过量的注释可能会使程序变得臃肿，不必要的注释也许是有害的。

2. 注释的目的

为程序添加注释是为了解释代码的用途、功能、采用的方法或者编写者的思路等，为阅读者提供除了代码以外的信息，帮助读者准确地理解代码。

3. 注释的注意事项

在对程序添加注释时，应该注意以下几点。

(1) 保持代码与注释的一致性，最好是边写代码边添加注释，如果修改程序应将相应的注释一并修改。

(2) 注释时注意表达内容要简单明了，含义准确，避免二义性。

(3) 避免在注释中添加缩写，如必须使用，需要对缩写进行说明。

(4) 注释时应将描述说明放在代码的上方或右方。

(5) 全局变量在注释时需要包含对其功能、取值范围、包含函数等进行说明。

1.4.7　代码书写规范

通过对例 1-1 代码的书写，不难发现书写格式是有一定规范的，比如在例 1-1 中：

```
#include <stdio.h>    →头文件占一行
/* 主函数 */    →注释占一行
main()    →main 函数占一行
{    →“{”和“}”是程序开始与结束的标志，单独占一行
    printf("Hello World!\n");    →一条语句以“;”结尾，并单独占一行
}
```

通常情况下，代码的书写规则对应用程序的功能没有影响，但是它有助于增强对代码的理解是很有必要的。一个良好的书写习惯对于软件的开发和维护都是有益的，接下来介绍一些重要的书写规则。

(1) 一行不要超过 80 个字符。

(2) 尽量不要手工更改计算机生成的代码，若必须更改，一定要改成和计算机生成的代码风格一样。

(3) 关键性的语句必须要写注释。

(4) 不要使用 goto 系列语句，除非是用在跳出深层循环时。

(5) 代码书写要求有层次感，低层次语句要在高层次语句后进行缩进。

1.5 大神解惑

小白：C语言的特点是什么？

大神：简要概括C语言的特点如下。

(1) 简洁紧凑、灵活方便。

(2) 运算符丰富。

(3) 数据结构丰富。

(4) C是结构式语言。

(5) C语法限制不太严格、程序设计自由度大。

(6) C语言允许直接访问物理地址，可以直接对硬件进行操作。

(7) C语言程序生成的代码质量高，程序执行效率高。

(8) C语言适用范围广，可移植性好。

小白：为什么我在书写例1-1代码时，运行总是出错，光标定位在“Printf”？

大神：在书写C语言时一定要注意区分大小写，否则会造成不必要的麻烦，如“printf”中不得有大写字母。

1.6 跟我学上机

练习1：安装Visual C++ 6.0开发环境。

练习2：编写程序，要求运行程序后输出“Hello C!”。

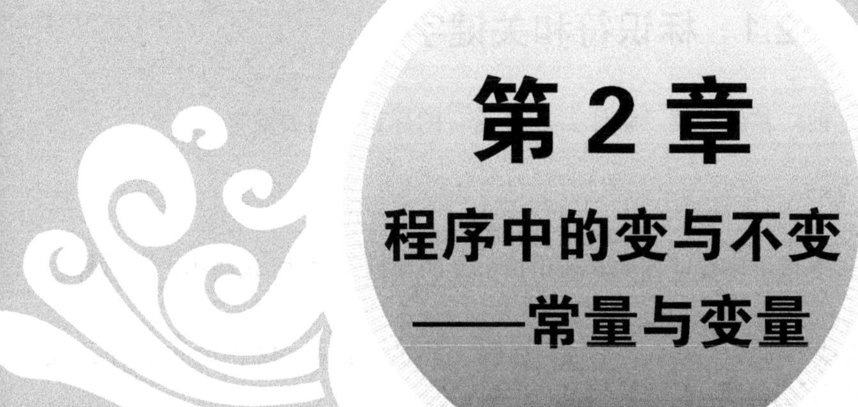

第 2 章 程序中的变与不变——常量与变量

对于基本数据类型量，按其值是否可变分为常量和变量两种。在 C 语言程序的执行过程中，其值不发生改变的量被称为常量，其值可变的量被称为变量。本章将对 C 语言中的常量与变量进行详细讲解。

本章目标(已掌握的在方框中打钩)

- ☐ 了解什么是标识符和关键字
- ☐ 掌握标识符的书写规范
- ☐ 了解什么是常量
- ☐ 掌握常量的分类
- ☐ 了解什么是变量
- ☐ 掌握变量的定义与声明
- ☐ 掌握变量的初始化与赋值的区别
- ☐ 掌握变量的分类

2.1 标识符和关键字

在对变量和常量讲解之前，首先需要了解什么是C语言的标识符与关键字。

2.1.1 标识符

标识符是用来识别类、变量、函数或任何其他用户定义的项目。在C语言中，命名标识符必须遵循如下基本规则。

(1) 标识符必须以字母或下画线(_)开头，后面可以跟一系列的字母、数字(0～9)或下画线(_)。标识符中的第一个字符不能是数字。

(2) 标识符必须不包含任何嵌入的空格或符号，比如 ? - +! @ # % ^ & * ( ) [ ] { } . ; : " ' / \。但是，可以使用下画线(_)。

(3) 标识符不能是C语言的关键字。

例如，以下为合法标识符：

```
UserName
Int2
_File_Open
Sex
```

以下为不合法标识符：

```
99BottlesofBeer
Namespace
It's-All-Over
```

2.1.2 关键字

关键字是C语言编译器预定义的保留关键字。这些关键字不能用作标识符，如表2-1所示列出了C语言中的保留关键字。

表2-1 C语言中的保留关键字

auto	enum	restrict	unsigned
break	extern	return	void
case	float	short	volatile
char	for	signed	while
const	goto	sizeof	_Bool
continue	if	static	_Complex
default	inline	struct	_Imaginary
do	int	switch	
double	long	typedef	
else	register	union	

2.2 常　　量

在 C 语言中常量是固定值，顾名思义，其值不发生改变的量称为常量，也就是说常量在程序执行期间不会改变。这些固定的值，又叫作字面量。常量可以是任何的基本数据类型，比如数值常量、字符常量、字符串常量以及符号常量。常量值在定义后不能进行修改。

2.2.1 整数常量

整数常量可以是十进制、八进制或十六进制的常量。整数常量的前缀指定基数为 0x 或 0X 表示十六进制；0 表示八进制；不带前缀则默认表示十进制。

整数常量也可以带一个后缀，后缀通常是 U 和 L 的组合，其中 U 表示无符号整数(unsigned)，L 表示长整数(long)。

1. 八进制整数常量

在 C 语言中，八进制整数常量通常在常数前加 0 进行修饰，并且八进制数须为 0～7 组成，例如：

```
a=0123;
b=0789;
```

2. 十进制整数常量

在 C 语言中，十进制整数常量由 0～9 数字组成，不需要添加任何前缀。例如：

```
c=123;
d=798;
```

3. 十六进制整数常量

在 C 语言中，十六进制整数常量使用 0x 或者 0X 作为前缀，并且包含数字 0～9 以及字母 A～F。例如：

```
e=0x123;
f=0X78a9;
```

十六进制整数常量的表示中字母 A～F 可以为大写，也可以为小写。

4. 无符号整数常量

在 C 语言中，无符号整数常量使用 u 或 U 作为后缀。例如：

```
g=123u;
h=789U;
```

5. 长整数

在 C 语言中，长整数通常使用 l 或 L 作为后缀。例如：

```
i=123l;
j=789L;
```

注意 在 C 语言中长整数和无符号整数常量的后缀可以是大写，也可以是小写，并且U和L的顺序任意。

2.2.2 浮点常量

C 语言中的浮点常量是由整数部分、小数点、小数部分和指数部分组成。通常情况下，浮点常量可使用小数形式或者指数形式来表示。

1. 小数形式

当使用小数形式表示浮点常量时，必须包含整数部分、小数部分，或同时包含两者。例如：

```
PI=3.14159;
r=3.5;
```

2. 指数形式

当使用指数形式表示浮点常量时，必须包含小数点、指数，或同时包含两者，并且指数是用e或E来引入的。例如：

```
PI=314.159e-2;    /*表示3.14159*/
r=0.035E2;    /*表示3.5*/
```

注意 指数形式后缀不区分大小写。

2.2.3 字符常量

C 语言中的字符常量有两种，一种是普通字符，即使用单撇号括起来的一个字符，如'a'、'x'、'!'。字符常量存储在计算机的存储单元中时，是以其代码(一般采用 ASCII 代码)存在的。而另一种字符常量被称为转义字符，它是一种特殊的字符常量，在 C 语言中表示字符的一种特殊的形式，它是由反斜杠(\)加上字符或者八进制或十六进制数组成的，如“\n”“\t”等。

1. 普通字符常量

使用单撇号(' ')括起一个字符的书写形式即称为字符常量。书写字符常量时应当注意以下几点。

(1) 字符常量只能使用单撇号括起来，不能使用单引号或其他括号。

(2) 字符常量中只能包括一个字符，不能是字符串，如'aa'是错误的。

(3) 字符常量是区分大小写的，如'a'与'A'是两个不同的字符常量。

(4) 单撇号只是界限符，不属于字符常量中的一部分，字符常量只能是一个字符，是不包含单撇号在内的。

(5) 单撇号里面可以是数字、字母等 C 语言字符集中除“'”和“\”以外的单个字符，但是数字被定义为字符之后则不能参与数值的各种运算。

2. 转义字符

转义字符通常由反斜杠“\”加上一个字符或者一个代码值来表示，其含义是将反斜杠后面的字符转换为其他意义。

使用字符的 ASCII 码转义字符被称为转义序列表示法，通常有两种表示形式。

(1) 使用字符的八进制 ASCII 码，如“\0dd”，其中“0dd”为八进制。

(2) 使用字符的十六进制 ASCII 码，如“\xhh”“\Xhh”等，其中“hh”为十六进制值。

转义序列表示法还可用于表示一些特殊字符，主要是用来显示特殊符号或者控制输出格式。常用的转义字符及其含义如表 2-2 所示。

表 2-2　常用的转义字符及含义

字符形式	含　义
\x20	空字符
\n	换行符
\r	回车符
\t	水平制表符
\v	垂直制表符
\a	响铃
\b	退格符
\f	换页符
\'	单引号
\"	双引号
\\	反斜杠
\?	问号字符
\000	1 到 3 位八进制数所代表的任意字符
\xhh	1 到 2 位十六进制数所代表的任意字符

【例 2-1】 编写程序，要求在一行中输出字符 a、A、空格、双引号，然后换行再输出单引号、换行符。(源代码\ch02\2-1)

```
#include <stdio.h>
int main()
{
   /* 输出字符 a、A、空格、双引号、换行符 */
   printf("a,A,\x20,\",\n");
   /* 输出单引号、换行符 */
   printf("\'\n");
   return 0;
}
```

运行上述程序，结果如图 2-1 所示。

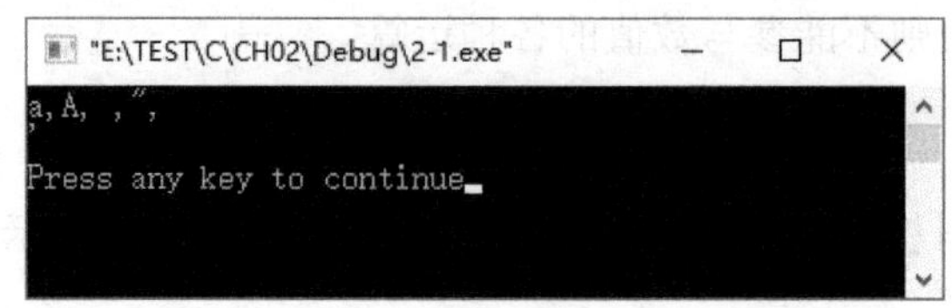

图 2-1　输出字符常量

【案例剖析】

本例演示了如何输出字符常量与转义字符，如'a'、'A'、“\x20”以及“\'”等。“printf("a,A,\x20,\",\n");”表示输出小写字母“a”、大写字母“A”，接着是一个转义字符，表示为空格“ ”，然后是双引号“"”，接着是转义字符“\n”表示换行，在新的一行首先输出单引号“'”，然后换行。

2.2.4　字符串常量

字符串常量是用双引号括起来的，在 C 语言中系统会在每个字符串的最后自动加入一个'\0'作为字符串的结束标志。例如在第 1 章中例 1-1 所输出的“Hello World！”便为一个字符串。

以字符串常量"a"为例，字符串常量在系统内存中的存储形式如图 2-2 所示，末尾为系统自动添加的'\0'，表示字符串的结束标识，故而字符串"a"的长度为 2。

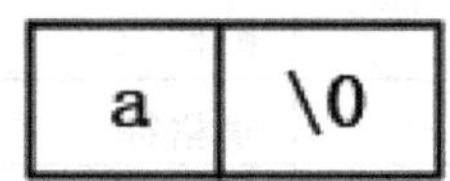

图 2-2　字符串常量"a"在系统内存中的存储形式

在字符串末尾的'\0'不必人为添加，系统会自动为其添加。

同样是字符，字符常量与字符串常量却有所不同，它们的主要差别如下。

(1) 定界符不同：字符常量使用单引号，字符串常量使用双引号。

(2) 存储长度不同：以字符'a'和字符串"a"为例，字符'a'长度为 1，字符串"a"长度为 2。

(3) 运算功能不同：字符常量可进行加减运算，字符串常量不具备运算功能。

2.2.5　符号常量

在 C 语言中，通常使用一个标识符来表示一个常量，这样的常量称为符号常量。它的特点就是在定义后用于代码中的编写，不可被寻址，不可更改赋值，它属于指令的一部分。

符号常量的定义方法如下所示：

```
#define 标识符 常量
```

其中#define 是一条预处理命令(预处理命令都以"#"开头)，也可称其为宏定义命令，它位于主函数 main()之前，功能是把该标识符定义为其后的常量值。习惯上符号常量的标识符用大写字母表示，变量标识符用小写字母表示，以示区别。

注意 符号常量一经定义，以后在程序中所有出现该符号常量标识符的地方均代之以该常量值。

使用符号常量可使程序的可读性大大提高，而且便于程序的修改与调试，并且使用符号常量方便输入，含义清晰。

【例 2-2】 编写程序，定义符号常量 PI，用于表示圆周率，计算圆的周长与面积并输出结果。(源代码\ch02\2-2)

```
#include <stdio.h>
/* 定义符号常量 PI */
#define PI 3.14
int main()
{
    /* 定义 float 型变量 r,c,area */
    float r,c,area;
    printf("请输入圆的半径：");
    scanf("%f",&r);
    /* 计算周长与面积 */
    c=2*PI*r;
    area=PI*r*r;
    printf("该圆的周长是%.2f，面积是%.2f\n",c,area);
    return 0;
}
```

运行上述程序，结果如图 2-3 所示。

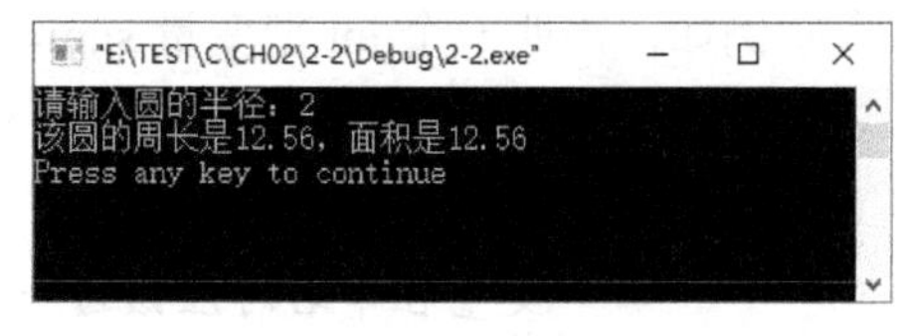

图 2-3 符号常量的使用

【案例剖析】

本例用于演示符号常量的定义与使用。代码中首先定义符号常量 PI，其值定为 3.14，用于表示圆周率。然后在 main()函数中定义 float 浮点类型变量 r、c 以及 area(有关数据类型将在第 3 章进行详细讲解，此处作为了解)，通过 scanf 函数获取输入端 r 的值，再计算圆的周长与面积，最后通过 printf 函数输出结果。需要注意 printf 函数中的“%.2f”，“f”表示输出类型为 float，“.2”表示保留 2 位小数。

2.3 变　量

顾名思义，在程序运行过程中，其值可以改变的量称为变量。它是用来存储特定类型的数据，具有名称、类型和值。变量的类型确定了它所代表的内存大小和类型，变量值是指它所代表的内存块中的数据。

2.3.1 变量的定义

对变量进行定义就是告诉编译器在哪里创建变量的存储，以及如何去创建这个变量的存储。

定义变量首先要指定这个变量的数据类型，然后在变量类型后跟着此类型所包含的若干变量的列表，故定义变量的语法如下。

```
type variable_list;
```

其中，type 必须是一个有效的 C 语言数据类型，如 char、int、float、double、bool 或者是任何用户自定义的对象；而 variable_list 可以由一个或多个标识符名称组成，多个标识符之间使用逗号进行分隔。

例如，定义 int 型变量 a、b、c；char 型变量 c、ch；float 型变量 f、g。代码如下。

```
int a, b, c;
char c, ch;
float f, g;
```

2.3.2 变量的声明

使用变量之前首先要声明变量，也就是指定变量的类型和名称。声明变量之后，就可以把它们用作存储单元来存储声明时指定的数据类型数据。声明变量的语法同定义十分相似，它的语法格式如下。

```
extern 数据类型 变量名[=值]
```

例如，声明一个 int 型变量 sum，float 型变量 area，代码如下。

```
extern int sum;
extern float area;
```

注意 变量在命名时应该遵守标识符的命名规则，同时变量命名要区分大小写，例如“sum”与“Sum”为两个不同的变量。

【例 2-3】 编写程序，用于演示变量的声明。(源代码\ch02\2-3)

```
#include <stdio.h>
/* 声明变量 */
extern int sum;
int main(void)
{
   /* 定义变量 */
   int a,b;
   int sum;
   a=1;
   b=2;
   sum=a+b;
   printf("a=%d,b=%d\n",a,b);
   printf("a+b=%d\n",sum);
   return 0;
}
```

运行上述程序，结果如图 2-4 所示。

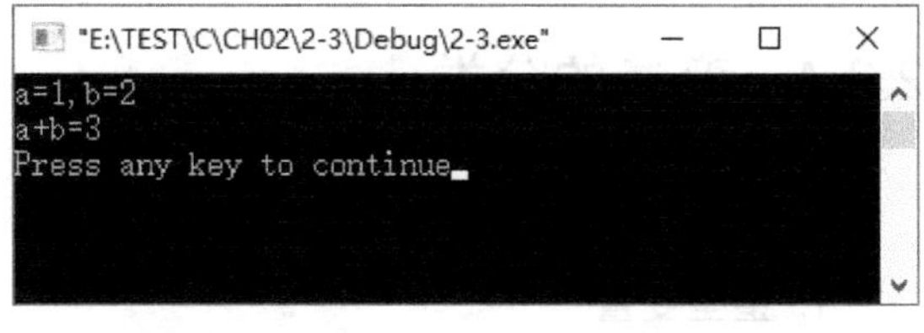

图 2-4　变量的声明

【案例剖析】

本例用于演示变量的声明。首先在 main 函数外对变量进行声明操作，然后对变量 a 和 b 进行定义以及初始化，通过表达式计算 a 与 b 的和，然后再将计算结果赋值给 sum，最后通过 printf 函数将 a、b、sum 的值输出。

注意：在使用变量之前必须对变量进行声明，否则将会造成编译错误。

2.3.3　变量的初始化与赋值

变量在使用之前必须先对其进行初始化，初始化之后可以多次改变它的值，也就是对变量进行赋值操作。

在对变量定义的同时给变量赋以初值称为变量的初始化，它的一般表现形式如下。

```
数据类型 变量 1=值 1,变量 2=值 2,…;
```

例如，定义 int 型变量 a、b、c 并对它们进行初始化操作，初始化值分别为 1、2、3。代码如下。

```
int a=1,b=2,c=3;
```

注意：在初始化的过程中不允许进行连续赋值的操作，例如“int a=b=c=1”是不合法的。

赋值语句通常由赋值表达式和分号“;”构成。它的一般表现形式如下。

```
变量=值;
```

例如，将“2”赋值给变量“a”，语法格式如下。

```
a=2;
```

与变量的初始化不同的是赋值符“=”右边也可以是另一个赋值语句，也就是：

```
变量=(变量=值);
```

相当于：

```
变量=变量=…=值;
```

例如，将“5”赋值给变量 a、b、c。语法格式如下。

```
a=b=c=5;
```

它等同于：

```
c=5;
b=c;
a=b;
```

2.3.4 变量的分类

在 C 语言中，变量类型一般分为整型变量、实型变量和字符型变量。

1. 整型变量

整型变量用于存储整型数值，它又分为有符号基本整型、无符号基本整型、有符号短整型、无符号短整型、有符号长整型以及无符号长整型。

1) 有符号基本整型

有符号基本整型的关键字为“signed int”。通常编写代码时可将“signed”省略，也就是平常说的整型“int”，它在内存中占用 4 个字节，取值范围为-2 147 483 648～2 147 483 647。有符号基本整型变量的定义语法如下。

```
(signed) int 变量名;
```

例如，定义一个有符号基本整型变量 a，初始化为 1，代码如下。

```
int a=1;
```

2) 无符号基本整型

无符号基本整型的关键字为“unsigned int”。通常编写代码时可将“int”省略，它占用 4 个字节内存，取值范围为 0～4 294 967 295。无符号基本整型变量的定义语法如下。

```
unsigned (int) 变量名;
```

例如，定义一个无符号基本整型变量 b，初始化为 2，代码如下。

```
unsigned b=2;
```

3) 有符号短整型

有符号短整型的关键字为“signed short int”。通常编写代码时可将“signed”以及“int”省略，它占用 2 个字节内存，取值范围为-32 768～32 767。有符号短整型变量的定义语法如下。

```
(signed) short (int) 变量名;
```

例如，定义一个有符号短整型变量 c，初始化为 3，代码如下。

```
short c=3;
```

4) 无符号短整型

无符号短整型的关键字为“unsigned short int”。通常编写代码时可将“int”省略，它占用两个字节内存，取值范围为 0～65 535。无符号短整型变量的定义语法如下。

```
unsigned short (int) 变量名;
```

例如，定义一个无符号短整型变量 d，初始化为 4，代码如下。

```
unsigned short d=4;
```

5) 有符号长整型

有符号长整型的关键字为“long int”。通常编写代码时可将“int”省略，它占用 4 个字节内存，取值范围为-2 147 483 648～2 147 483 647。有符号长整型变量的定义语法如下。

```
long (int) 变量名;
```

例如，定义一个有符号长整型变量 e，初始化为 5，代码如下。

```
long e=5;
```

6) 无符号长整型

无符号长整型的关键字为“unsigned long int”。通常编写代码时可将“int”省略，它占用 4 个字节内存，取值范围为 0～4 294 967 295。无符号长整型变量的定义语法如下。

```
unsigned long (int) 变量名;
```

例如，定义一个无符号长整型变量 f，初始化为 6，代码如下。

```
unsigned long f=6;
```

【例 2-4】 编写代码，用于演示整型变量 6 种类型的定义。(源代码\ch02\2-4)

```
#include <stdio.h>
int main()
{
    /* 有符号基本整型 */
    int si=1;
    /* 无符号基本整型 */
    unsigned ui=2;
    /* 有符号短整型 */
    short ssi=3;
    /* 无符号短整型 */
    unsigned short usi=4;
    /* 有符号长整型 */
    long li=5;
    /* 无符号长整型 */
    unsigned long uli=6;
    printf("有符号基本整型变量 si=%d\n",si);
    printf("无符号基本整型变量 ui=%d\n",ui);
    printf("有符号短整型变量 ssi=%d\n",ssi);
    printf("无符号短整型变量 usi=%d\n",usi);
    printf("有符号长整型变量 li=%d\n",li);
    printf("无符号长整型变量 uli=%d\n",uli);
    return 0;
}
```

运行上述程序，结果如图 2-5 所示。

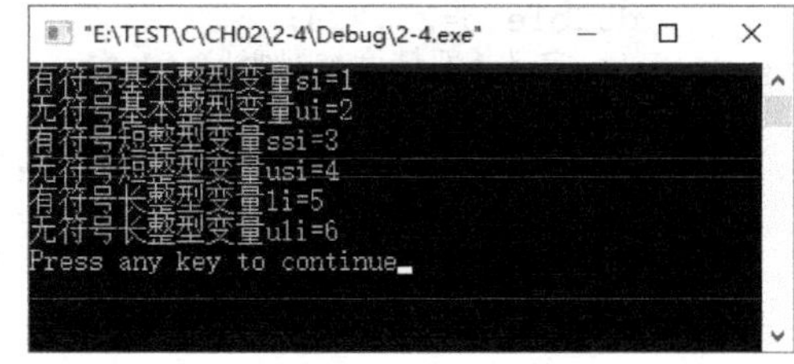

图 2-5 整型变量的类型

【案例剖析】

本例用于演示整型变量 6 种类型的定义。使用关键字“int”定义有符号基本整型变量 si；使用关键字“unsigned”定义无符号基本整型变量 ui；使用关键字“short”定义有符号短整型变量

ssi；使用关键字“unsigned short”定义无符号短整型变量 usi；使用关键字“long”定义有符号长整型变量 li；使用关键字“unsigned long”定义无符号长整型变量 uli。

2. 实型变量

实型变量又称为浮点型变量，它是由整数部分和小数部分组成的。实型变量用于存储实型数值的变量，根据精度可分为单精度类型、双精度类型和长双精度类型 3 种。

1) 单精度类型

单精度类型使用关键字 float 表示，它占用 4 个字节内存，取值范围为-3.4×10^{-38}～3.4×10^{38}。单精度类型变量的定义语法如下。

```
float 变量名;
```

例如，定义一个单精度类型变量 a，初始化为 1.11，代码如下。

```
float a=1.11f;
```

2) 双精度类型

双精度类型使用关键字 double 表示，它占用 8 个字节内存，取值范围为-1.7×10^{-308}～1.7×10^{308}。双精度类型变量的定义语法如下。

```
double 变量名;
```

例如，定义一个双精度类型变量 b，初始化为 2.234，代码如下。

```
double b=2.234;
```

3) 长双精度类型

长双精度类型使用关键字 long double 表示，它占用 8 个字节内存，取值范围为-1.7×10^{-308}～1.7×10^{308}。长双精度类型变量的定义语法如下。

```
long double 变量名;
```

例如，定义一个长双精度类型变量 c，初始化为 3.345，代码如下。

```
long double c=3.345;
```

【例 2-5】 编写程序，用于演示实型变量不同类型变量的定义。(源代码\ch02\2-5)

```
#include <stdio.h>
int main()
{
    /* 定义单精度类型变量 */
    float f=1.23f;
    /* 定义双精度类型变量 */
    double d=23.234;
    /* 定义长双精度类型变量 */
    long double ld=3.345;
    printf("单精度类型变量 f=%f\n",f);
    printf("双精度类型变量 d=%f\n",d);
    printf("长双精度类型变量 ld=%f\n",ld);
    return 0;
}
```

运行上述程序，结果如图 2-6 所示。

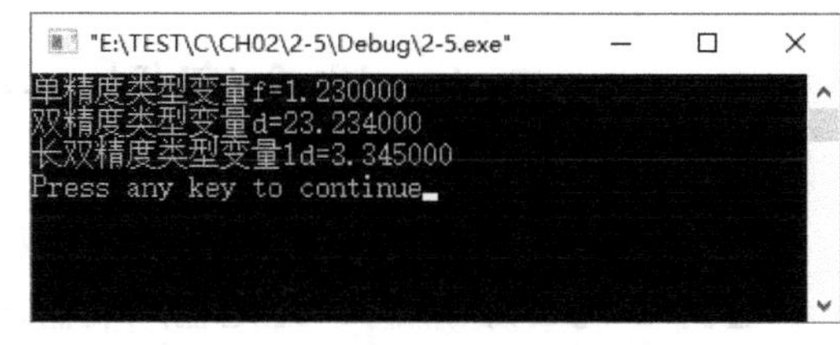

图 2-6 实型变量

【案例剖析】

本例用于演示实型变量 3 种类型的变量定义语法。使用关键字“float”定义单精度类型变量 f；使用关键字“double”定义双精度类型变量 d；使用关键字“long double”定义长双精度类型变量 ld。在输出的时候注意与整型类型不同的是使用“%f”，“f”表示输出类型为浮点型数据。

3. 字符型变量

字符型变量是将一个字符常量存储到字符型变量中的变量，它的存储过程实际上是将这个字符的 ASCII 码值存储到内存单元中的。字符型变量占用 1 个内存空间，取值范围为-128～127。字符型变量的定义语法如下。

```
char 变量名;
```

例如，定义一个字符型变量 c，初始化为 a，代码如下。

```
char c='a';
```

【例 2-6】 编写程序，定义两个字符型变量 c1 与 c2，并初始化为 A 和 a，分别输出它们的整型数据。(源代码\ch02\2-6)

```
#include <stdio.h>
int main()
{
    /* 定义字符型变量 */
    char c1='A';
    char c2='a';
    /* 字符型数据与整型数据的转换输出 */
    printf("%c 的 ASCII 码值为%d\n",c1,c1);
    printf("%c 的 ASCII 码值为%d\n",c2,c2);
    return 0;
}
```

运行上述程序，结果如图 2-7 所示。

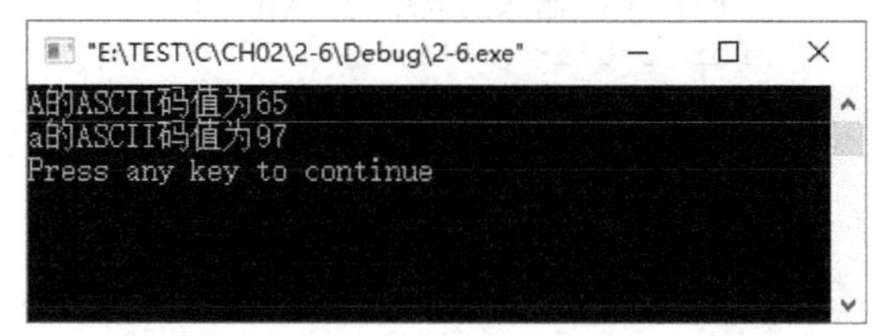

图 2-7 字符型变量

【案例剖析】

本例用于演示字符型变量在内存中的存储方式。首先定义两个字符型变量 c1 和 c2，初始化值为 A 和 a，通过输出函数 printf，将 c1 与 c2 的字符型数据与其相应的整型数据输出，通过这段代码可以发现字符型变量在内存中是将字符的 ASCII 码值存储到内存单元中的，它们之间能够相互转换。

2.4 综合案例——处理学生的期末成绩

本节通过具体的综合案例对本章知识点进行应用演示。

【例 2-7】 编写程序，通过输入端输入若干学生的期末成绩。要求：计算平均成绩、完成成绩排序以及计算出成绩合格人数，最后输出结果。(源代码\ch02\2-7)

```
#include <stdio.h>
/* 符号常量 表示人数 */
#define N 20
int main()
{
    int a[N];
    int i,j,k=0,b,t,n,sum=0;
    double ave;
    printf("请输入学生的人数: ");
    scanf("%d",&n);
    printf("请输入学生的成绩(0--100 分): \n");
    for(i=0;i<n;++i)
    {
        scanf("%d",&a[i]);
    }
    /* 对输入的判断 */
    for(i=0;i<n;++i)
    {
        if(a[i]<=0||a[i]>=100)
        {
            printf("%d 的输入不合法！请输入正确的分数！", a[i]);
            printf("请输入学生的人数: ");
            scanf("%d",&n);
            for(i=0;i<n;++i)
            {
                scanf("%d",&a[i]);
            }
        }
    }
    /* 显示成绩 */
    printf("输入的成绩是: \n");
    for(i=0;i<n;++i)
    {
        printf("%-4d", a[i]);
    }
    printf("\n");
    /* 计算平均成绩 */
    for(j=0;j<n;++j)
    {
        sum += a[j];
    }
    ave=1.0*sum/n;
    printf("学生的平均成绩是: %.2lf\n",ave);
    /* 成绩排序 */
    for(i=0;i<n-1;++i)
```

```
    {
        for(j=0;j<n-i-1;++j)
        {
            if(a[j]>a[j+1])
            {
                t = a[j];
                a[j] = a[j+1];
                a[j+1] = t;
            }
        }
    }
    printf("学生成绩从低到高是: ");
    for(i=0;i<n;++i)
    {
        printf("%d ",a[i]);
    }
    printf("\n");
    printf("最高分是%d 最低分是%d\n",a[n-1],a[0]);
    /* 计算成绩合格人数 */
    for(i=0;i<n;++i)
    {
        b=a[i];
        if(b*1.0>ave)
        {
            k++;
        }
    }
    printf("成绩合格人数是%d\n",k);
    return 0;
}
```

运行上述程序，结果如图2-8所示。

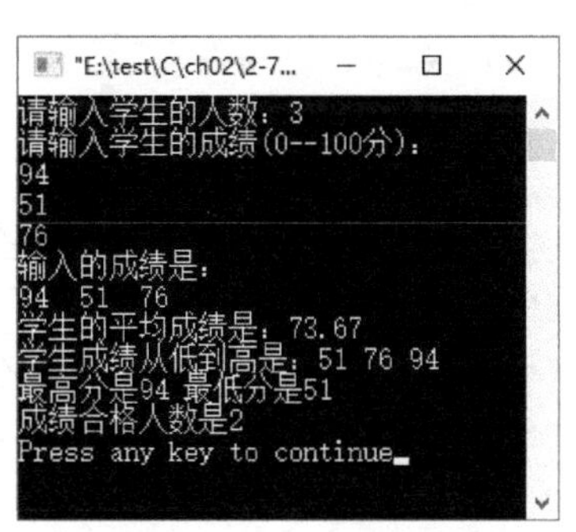

图2-8 对学生成绩的相关操作

【案例剖析】

本例用于演示如何计算学生平均成绩、对成绩排序以及计算合格人数。在代码中，首先定义了一个符号常量N，代表20，用于表示学生的人数。接着在main()函数中定义了一个长度为20的数组a以及若干变量，用户通过提示，分别输入学生的人数并将这些学生的成绩输入存于数组a中。接着通过for循环以及if语句对输入的成绩进行判断，若有误，则需重新输入；若无误，则将成绩显示出来。再通过for循环求出所有成绩总和，与总人数做除法运算求出平均成绩ave。然后通过嵌套for循环将每个成绩与剩余成绩做比较，进行由小到大的排序，最后输出排序结果，完成后通过一个for循环结合if语句对每个成绩进行判断，若大于平均成绩，则说明该生成绩合格，通过变量k来计数，最后输出k的值便为总的合格人数。本案例中使用了数组、循环以及判断语句，这里作为了解，具体知识将在后续章节进行讲解。通过对程序的解读理解，可以对稍微复杂的代码有一定的认识。

2.5 大神解惑

小白：变量的定义与声明有什么区别？

大神：简单而言，声明一般书写在 main 函数之前，使用关键字“extern”，并且在声明的时候不需要建立存储空间；而定义一般书写在 main 函数体中，在定义的同时就建立了存储空间。例如：

```
#include <stdio.h>
/* 声明变量 */
extern int i;    →使用关键字“extern”，在 main 函数之前
int main()
{
    /* 定义变量 */
    int i;    →书写在 main 函数体中，可称为定义变量
}
```

实际上在 main 函数体中的“int i”可称为变量定义，也可称为变量的声明，但是如果在 main 函数之前并使用“extern”关键字那一定是变量的声明。

小白：赋值与初始化有什么区别？

大神：初始化是在定义某个变量的时候就给变量赋值的操作(从无到有)，而赋值操作是对已经存在的某个变量再重新赋值的操作。

例如：

```
int i=1;    →定义变量 i 的同时给变量 i 分配数值，从无到有的过程，也就是初始化
i=2;    →对已存在的变量 i 分配数值，也就是赋值操作
```

2.6 跟我学上机

练习 1：编写程序，定义两个变量 a 与 b，初始化分别为一个整型常量和一个浮点常量，求出它们的乘积，然后输出。

练习 2：编写程序，定义两个变量 x 与 y，初始化为字符常量，求出它们的和并输出。

练习 3：编写程序，定义一个字符型变量 c，初始化为 b，输出它的 ASCII 码值。

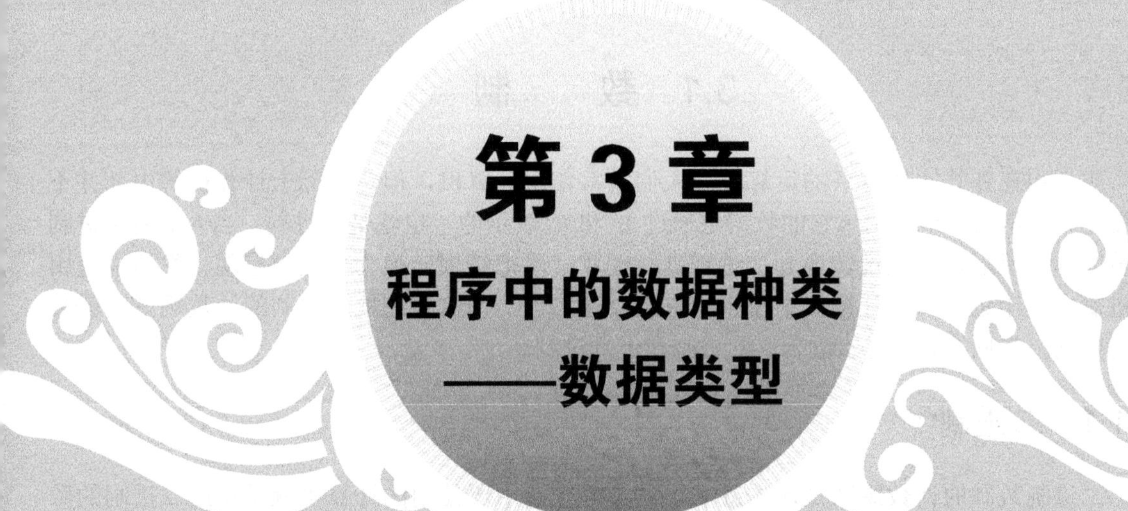

第 3 章 程序中的数据种类——数据类型

在 C 语言中，数据的基本类型一般分为整型与浮点型两种。在本章中，将对整型与浮点型两种基本数据类型进行讲解。

本章目标(已掌握的在方框中打钩)

- ☐ 了解什么是数制
- ☐ 掌握数制之间的转换
- ☐ 了解整型数据的存放形式
- ☐ 了解什么是整型变量的溢出
- ☐ 了解浮点型数据的存放形式
- ☐ 了解什么是浮点型数据的有效数字
- ☐ 了解字符型数据的存放形式
- ☐ 掌握如何对变量进行类型转换

3.1 数　　制

生活中在计算比较复杂的运算时，人们常常使用计算机，但是实际上计算机的内部并不是使用人们常用的十进制，它的数据是通过 0 和 1 表示的，也就是二进制。当人们将十进制数输入计算机后，它通过转换为二进制进行运算，再把结果转换为十进制呈现。生活中使用十进制，逢十进一，在计算机中使用二进制，逢二进一，这种进位计数制的计数规则，就被称为数制。常见的数制有二进制、八进制和十六进制。

3.1.1　二进制

二进制数制的计数规则是逢二进一。在实际生活中所使用的计算机就是使用二进制的数制系统。其原因是计算机中使用的晶体管就好比是一个开关，使用 0 表示关闭，1 表示开启，以这样的方式从 0 到 1 来计数。当然，计算机中不可能只存在两个晶体管，要进行更为复杂的运算，将会需要更多。

以 2 为基数，逢二进一，模拟计算机计数规则，就好比数数一样，但不同于十进制的是，数到 1 的时候就要进位，也就是：0、1、10(进位，等同于十进制的 9～10)、11、100(等同十进制的 99～100)、111、1000、1001…

3.1.2　八进制

八进制数制的计数规则是逢八进一，以 0～7 循环的方式计数，如：0、1、2、3、4、5、6、7、10、11、12…八进制每逢数到 7 的时候就要像十进制那样进位。在 C 语言中，通常使用以 0 打头的数字表示八进制，如“014”“027”等。

八进制广泛应用于计算机系统，如 PDP-8、ICL 1900 和 IBM 大型机使用的 12 位、24 位以及 36 位，它们都是以八进制为基础。

3.1.3　十六进制

十六进制是以 16 为基数的计数系统，十六进制数制的计数规则是逢十六进一。与之前介绍的数制有所不同，十六进制是由 0～9 和 A～F 所组成的，其中 A 表示 10，F 表示 15。它的计数过程为 0、1、2、3、4、5、6、7、8、9、A、B、C、D、E、F、10、11、12、13、14、15、16、17、18、19、1A、1B、1C…

在 C 语言中，通常使用“0x”来表示十六进制数，如“0x3F”等。

3.1.4　数制间的转换

有时根据实际的需要，可能要对数制进行相互转换。数制之间该通过什么方法进行转换呢？首先对数制的数位排列进行讨论。

1. 转换为十进制

以众所周知的十进制为例，它可以表示为每个数按位权(位权就是指进位制中每个固定位置所对应的单位值)展开后各个数位上的数字乘以对应数位的位权后再相加的形式。例如十进制数 123 可以表示为：

```
123=1×100+2×10+3×1
```

相当于：

$$123=1\times10^2+2\times10^1+3\times10^0$$

也就是说十进制数由低位到高位每一位上的数依次乘以 10^0、10^1、10^2、10^3…拓展到二进制、八进制和十六进制中去，则为：

(1) 二进制由低位到高位每一位上的数依次要乘以 2^0、2^1、2^2…

(2) 八进制由低位到高位每一位上的数依次要乘以 8^0、8^1、8^2…

(3) 十六进制由低位到高位每一位上的数依次要乘以 16^0、16^1、16^2…

由上述讨论可得出各进制数转换十进制数的方法：每个数按位权展开后各个数位上的数字乘以对应数位的位权后再相加。

例如，将二进制数 01100101 转换为十进制数：

$$0\times2^7+1\times2^6+1\times2^5+0\times2^4+0\times2^3+1\times2^2+0\times2^1+1\times2^0=0+64+32+0+0+4+0+1=101$$

例如，将八进制数 1506 转换为十进制数：

$$1\times8^3+5\times8^2+0\times8^1+6\times8^0=512+320+0+6=838$$

例如，将十六制数 2BF3 转换为十进制数：

$$2\times16^3+11\times16^2+15\times16^1+3\times16^0=8192+2816+240+3=11251$$

2. 十进制转换为二进制

十进制转换为二进制的方法很简单，将十进制数除以 2 后取余数，再将这些余数按照逆序排列即可得到转换后的二进制数。

例如，将十进制数 7 转换为二进制：

```
7/2    余数为 1;
3/2    余数为 1;
1      余数为 1;
```

按照逆序将余数进行排列获得转换后的二进制数为 111。

3. 二进制转换为八进制

二进制转换为八进制的方法是将二进制数整数部分由最低有效位开始，小数部分由最高有效位开始，以三位为一组，缺位处用 0 补充，按照十进制的方法进行转化。

例如，将二进制数 11001 转换为八进制数：

三位一分组，缺位补 0→011 001

$$011=0\times2^2+1\times2^1+1\times2^0=0+2+1=3$$

$$001=0\times2^2+0\times2^1+1\times2^0=0+0+1=1$$

所以转换为八进制后的数为 31。

4. 二进制转换为十六进制

二进制转换为十六进制的方法是将二进制数整数部分由最低有效位开始，小数部分由最高有效位开始，以四位为一组，缺位处用 0 补充，按照十进制的方法进行转化。

例如，将二进制数 11111 转换为十六进制数：

```
四位一分组，缺位补 0→0001 1111
0001=0×2^3+0×2^2+0×2^1+1×2^0=0+0+0+1=1
1111=1×2^3+1×2^2+1×2^1+1×2^0=8+4+2+1=15    →对应十六进制 F
```

所以转换为十六进制后的数为 1F。

知道了数制间的转换原理后，下面使用 Visual C++ 6.0 对数制进行转换操作。C 语言中数制的转换需要使用输出函数 printf()的格式控制参数，常用的格式控制参数及其说明如表 3-1 所示。

表 3-1 常用的格式控制参数及其说明

格式控制参数	说　明
%d	十进制有符号整数
%u	十进制无符号整数
%f	十进制浮点数
%o	无符号八进制数
%x	无符号十六进制数

【例 3-1】 编写程序，通过输入端输入一个十进制数、一个八进制数以及一个十六进制数，然后通过输出函数的格式控制参数，分别输出它们转换为另外数制后的数。(源代码\ch03\3-1)

```
#include <stdio.h>
int main()
{
    /* 定义无符号整型变量 */
    unsigned int a;
    unsigned int b;
    unsigned int c;
    printf("请输入一个十进制数：");
    scanf("%u",&a);
    printf("请输入一个八进制数：");
    scanf("%o",&b);
    printf("请输入一个十六进制数：");
    scanf("%x",&c);
    printf("十进制数%u 转换为八进制数是%o,转换为十六进制数是%x\n",a,a,a);
    printf("八进制数%o 转换为十进制数是%u,转换为十六进制数是%x\n",b,b,b);
    printf("十六进制数%x 转换为十进制数是%u,转换为八进制数是%o\n",c,c,c);
    return 0;
}
```

运行上述程序，结果如图 3-1 所示。

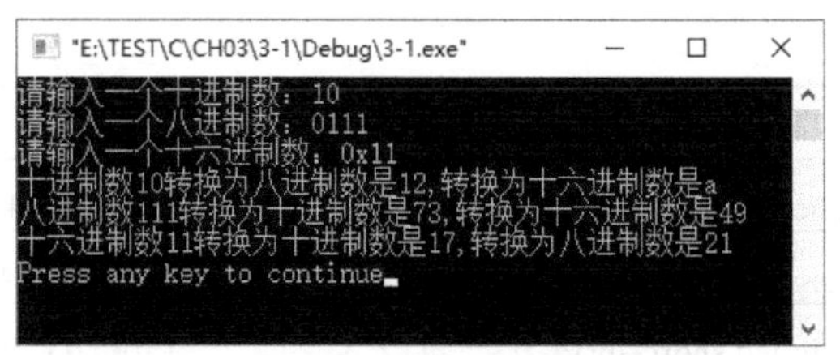

图 3-1　数制转换

【案例剖析】

本例用于演示十进制、八进制和十六进制数之间的相互转换。在程序中首先定义无符号整型变量 a、b、c，然后通过函数 scanf()将用户输入的十进制数、八进制数和十六进制数分别赋值给 a、b、c，最后再通过使用输出函数 printf()格式控制参数完成数制间的相互转换。

3.2　整型数据

在 C 语言中，整型数据即为整数，是不包含小数部分的数值型数据，以二进制形式进行存储。

整型数据可分为字符型、有符号整型、无符号整型、有符号短整型、无符号短整型、有符号长整型和无符号长整型 7 种，如图 3-2 所示。

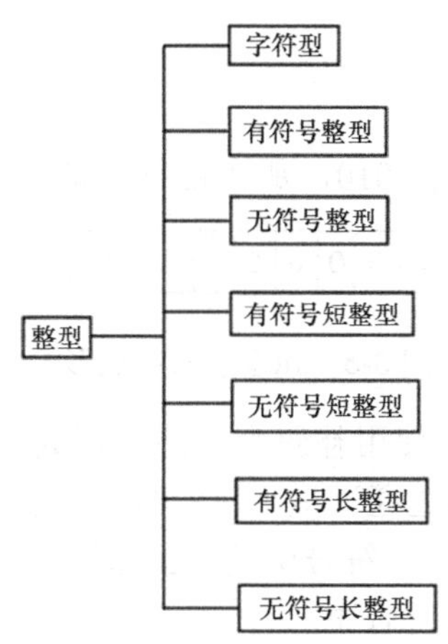

图 3-2　整型数据的分类

整型数据的类型说明以及取值范围如表 3-2 所示。

表 3-2　整型数据的类型说明以及取值范围

类　型	说　明	字　节	范　围
有符号整型	signed int	4	-2 147 483 648～2 147 483 647
有符号短整型	signed short (int)	2	-32 768～32 767

续表

类　型	说　明	字　节	范　围
有符号长整型	signed long (int)	4	−2 147 483 648～2 147 483 647
无符号整型	unsigned (int)	4	0～4 294 967 295
无符号短整型	unsigned short (int)	2	0～65 535
无符号长整型	unsigned long (int)	4	0～4 294 967 295
字符型	char	1	0～255

有关整型数据的表示方法以及定义在第 2 章已经详细讲解过，这里不再赘述。下面对整型数据的存放形式以及数据溢出进行补充讲解。

3.2.1　整型数据的存放形式

数据在计算机内存中是以二进制的形式存储的，1 个二进制数称为 1 位(bit)，它是计算机存储中最小的单位。由于使用位来做单位太小，所以实际生活中计算机大多采用字节来处理信息单位，1 个字节由 8 个二进制数组成。字节在计算机中是一个可寻址的信息单位，也就是说计算机中每一个字节信息都有一个地址，这个地址也只能存取一个字节的信息量，但是字节中位的数目却可以任意。

假如定义一个整型变量：

```
int i=10;
```

十进制数 10 转换为二进制数为 1010，那么它在计算机中的存放形式如图 3-3 所示。

0	0	0	0	0	0	0	0	0	0	0	0	1	0	1	0

图 3-3　int 型变量存放形式

实际上，在计算机中数值一律使用补码来存储。正数的补码与原码相同，而原码是对数字的二进制的定点表示方法，只不过通过最高位的数字来表示正负，0 为正，1 为负，所以这一位被称为符号位，这就是 10 的补码符号位是 0 的原因。而负数的补码在符号位用 1 表示，其余位为此数原码的绝对值按位取反后加 1。

例如，对−10 进行求补码的运算如图 3-4 所示。

10的原码：	0	0	0	0	0	0	0	0	0	0	0	0	1	0	1	0
按位取反：	1	1	1	1	1	1	1	1	1	1	1	1	0	1	0	1
加1后得到：	1	1	1	1	1	1	1	1	1	1	1	1	0	1	1	0

图 3-4　求−10 的补码

这样就可以得到−10 的补码，也就是−10 在计算机中的存储形式。可以发现，最终结果的符号位为 1，表示为负，正好符合−10 的负数本质。

注意 并不是所有的整型数据符号位为 1 就表示负。例如，无符号整型数据由于没有符号，所以省去了符号位，虽然最高位可能为 1，但不表示负数。

3.2.2 整型变量的溢出

在 3.1 节中讲解了不同数制之间的转换，同样地，不同类型的数据间也能相互转换，但是由于每种数据类型所占的字节可能不同，那么当一个取值范围较大的数据类型转换为一个取值范围较小的数据类型时，可能就会出现数据溢出的情况。

例如，定义两个 int 型变量 a 和 b，a 赋值为 2 147 483 647，计算 a+1 的值，将结果赋给 b，输出 b 的值。代码如下：

```
int a,b;
a=2147483647;
b=a+1;
printf("%d\n",b);
```

输出后发现 b 的结果并不是 2 147 483 648，而是-2 147 483 648。这是因为在计算时结果超过了最大值，进位时将符号位进为 1，此时用字节表示的话 32 位全是 1，由于符号位是 1，所以结果为-2 147 483 648，输出结果的内存表示如图 3-5 所示。

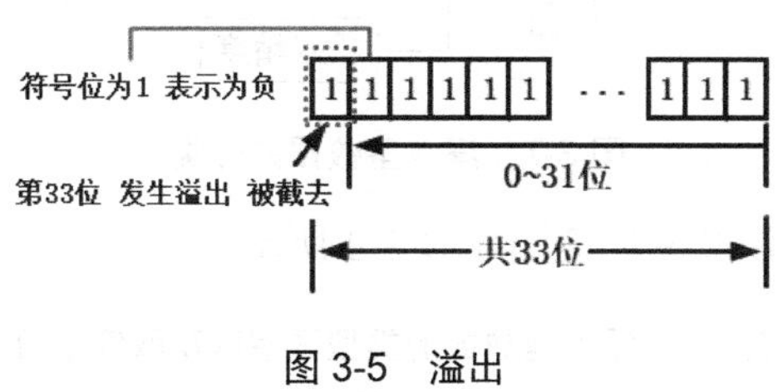

图 3-5 溢出

注意 在内存中，位数从右向左，由 0 开始计数。

【例 3-2】 编写程序，定义一个无符号整型变量 a，初始化为 0x100000000，然后使用格式控制参数%u 输出 a 的十进制无符号整数的形式。(源代码\ch03\3-2)

```
#include <stdio.h>
int main()
{
    /* 定义无符号整型变量 */
    unsigned int a = 0x100000000;
    /* 使用格式控制参数%u 输出 a */
    printf("a=%u\n", a);
    return 0;
}
```

运行上述程序，结果如图 3-6 所示。

【案例剖析】

在本例中变量 a 为无符号 int 类型，在内存中占用 4 个字节，也就是拥有 32 位的二进制数，它的最大取值为 0xFFFFFFFF。但本例中变量 a 的值为 0x100000000，它是

0xFFFFFFFF+1 后得到的，也就是说 a 的赋值已经溢出，会向最高位进一位为 1，是第 33 位，被截去，剩下的 32 位都是 0，所以 a 的值为 0。

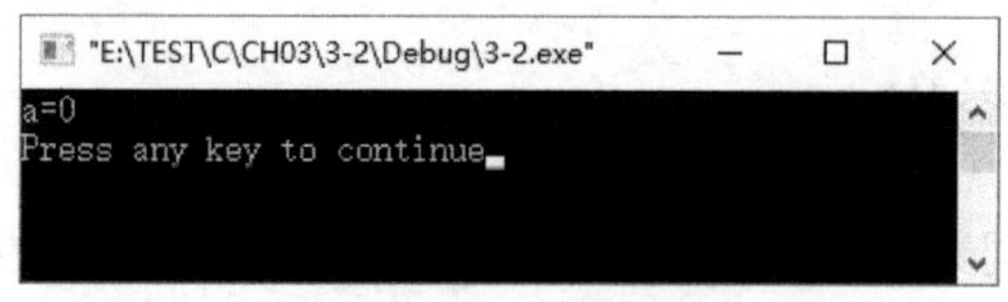

图 3-6　整型变量的溢出

3.3　浮点型数据

在 C 语言中使用浮点型数据来表示带有小数部分的数据。浮点型数据也被称为实型数据或者实数，它分为单精度、双精度和长双精度 3 种数据类型，如图 3-7 所示。

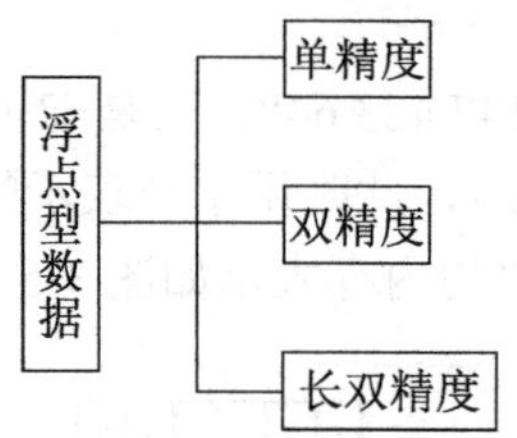

图 3-7　浮点型数据的分类

浮点型数据的类型说明以及取值范围如表 3-3 所示。

表 3-3　浮点型数据的类型说明以及取值范围

类　型	说　明	字　节	范　围
单精度	float	4	$-3.4\times10^{-38}\sim3.4\times10^{38}$
双精度	double	8	$-1.7\times10^{-308}\sim1.7\times10^{308}$
长双精度	long double	8	$-1.7\times10^{-308}\sim1.7\times10^{308}$

有关浮点型数据的表示方法以及定义在第 2 章已经详细讲解过，这里不再赘述。下面对浮点型数据的内存存放形式以及有效数字进行讲解。

3.3.1　浮点型数据的存放形式

浮点型数据在内存中的存放形式遵循 IEEE754 标准，它在内存中的存储由数符、阶码、尾数组成。浮点型数据的精度由尾数的位数决定，float 型数据为 23 位，double 型数据为 52 位。

以 float 型数据为例，它在内存中占用 4 个字节，也就是 32 位，所以它在内存中的表示形式如图 3-8 所示。

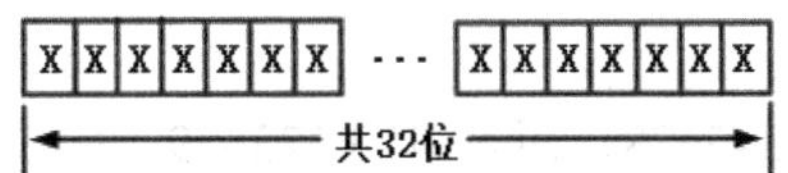

图 3-8 float 型数据在内存中的表示

由于浮点数的表现形式一般为：

```
R=M×2^e
```

其中 R(Real)表示实数，M(Mantissa)表示尾数，e(exponent)表示阶码，所以 float 型数据的表现形式就可以分为三部分，如图 3-9 所示。

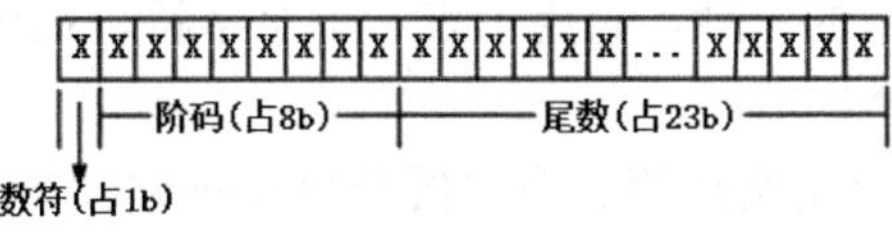

图 3-9 float 型数据在内存中的表现形式

其中数符也就是前面介绍过的符号位，0 为正，1 为负。阶码 e 实际上是移码 E(取值 0～255)的表示，根据 IEEE 标准的规定，算法为 e=E-127(float 型)，而 double 型为 e=E-1023。其中 e 若为正则表示浮点数向左移动 e 位，e 若为负则表示浮点数向右移动 e 位。尾数 M 表示浮点数据的有效数字位。

例如，求出 float 型数据 125.5 在内存中的存储形式。

125.5 转换为二进制数为 1111101.1，将它写成指数形式为：1.111101×2^6，则说明 e 为 6，所以 E=e+127=6+127=133，而 133 转换为二进制数为 10000101，剩下 1.111101 去掉整数部分为 111101，由于尾数是 23 位，所以将空位补 0，则 float 型数据 125.5 在内存中的存储形式如图 3-10 所示。

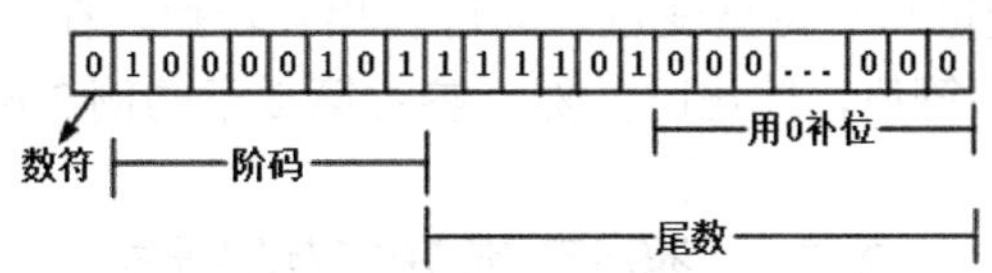

图 3-10 float 型数据 125.5 在内存中的表示

double 型数据计算方式与 float 型数据相似，这里不再赘述。

3.3.2 有效数字

有效数字，一般是说一个近似数四舍五入到哪一位，就说明这个数字精确到哪一位，此时从左边第一个非 0 数字算起到精确位止所有数字都是这个数的有效数字。在 C 语言中，规定 float 型数据有效数字为 7 位，双精度为 16 位。

通常在 Microsoft Visual C++ 6.0 开发工具中使用格式控制参数%f 输出的 float 型数据一般包含 6 个小数位，这与编译器和计算机环境有关，所以并非所有的数字都是有效数字。

例如，输出 float 型数字 123.12345678，代码如下。

```
float f=123.12345678;
```

```
printf("%f",f);
```

此时输出结果并非 123.12345678，而是 123.123459。所以若是对两个浮点型数据进行比较，那么只需要对这两个数的差值进行判断，若是差值在给定范围中，则可认为两数相等。

例如，比较浮点型数据 123.123 与 123.124 的大小，它们的差值为 0.001，此时可以认为两数大小相等。

3.4 字符型数据

字符型数据属于整型数据的一种，它用于表示单个字符，在内存中是以 ASCII 码值的形式存储的，一个字符占用 1 个字节。

字符型数据的表现形式及定义在第 2 章已经详细讲解过，这里不再赘述。下面对字符变量的存储形式进行简单讲解。

字符变量被分配到内存中占 1 个字节的空间，故而只能存放 1 个字符，而字符值是通过 ASCII 码的形式存放于变量的内存单元中。

例如，有字符变量 a= 'x'，x 的 ASCII 码值为 120(十进制)，120 的二进制数为 1111000，由于 1 个字节占 8 位，所以用 0 将空位补全，则字符变量 a 在内存中的存放形式如图 3-11 所示。

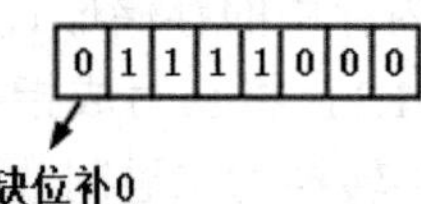

图 3-11　变量 a 在内存中的存放形式

在 C 语言中，整型变量与字符型变量之间可以相互转换，在赋值时可对字符型变量赋以整型值，对整型变量赋以字符值，输出时亦然，参考第 2 章的例 2-6。

3.5 数据类型的转换

在 C 语言中允许将变量或者表达式的计算结果从一种类型转换为另一种类型，转换的方式有隐式转换和显式转换两种。

3.5.1 隐式转换

在对不同的数据类型进行混合运算时，C 语言的编译器会隐式地对它们进行数据类型的转换，这样的转换方式称为隐式转换，也叫自动类型转换。

隐式类型转换遵循以下几种规则。

(1) 运算时，若参与的数据类型不同，首先将它们转换为同一类型。

(2) 对数据转换应向长度增加的方向转换，确保计算后精度不会丢失。例如，参与运算的为 int 型和 long 型，那么将 int 型转换为 long 型。

(3) 浮点型数据的运算都必须转换为 double 型。

(4) 运算过程中出现 short 型和 char 型时，将它们转换为 int 型。

(5) 赋值时，若赋值号右边的表达式数据类型长度比左边长，则在赋值时将右边表达式的类型转换为左边变量类型时会丢失一部分数据，造成精度降低。

隐式类型的转换规则如图 3-12 所示。

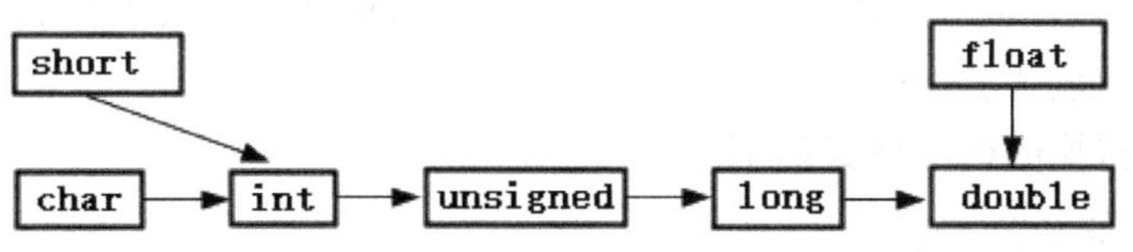

图 3-12 隐式类型的转换规则

【例 3-3】 编写程序，定义符号常量 Pi=3.14159，定义 int 型变量 a1、r，初始化 r 为 3，定义 double 型变量 a2，通过使用圆的面积计算公式，将计算结果赋给变量 a1 与 a2，分别输出 a1 和 a2。(源代码\ch03\3-3)

```
#include <stdio.h>
/* 定义符号常量 Pi */
#define Pi 3.14159
int main()
{
    int a1, r=3;
    double a2;
    /* 隐式转换 */
    a1 = r*r*Pi;
    a2 = r*r*Pi;
    printf("a1=%d, a2=%f\n", a1, a2);
    return 0;
}
```

运行上述程序，结果如图 3-13 所示。

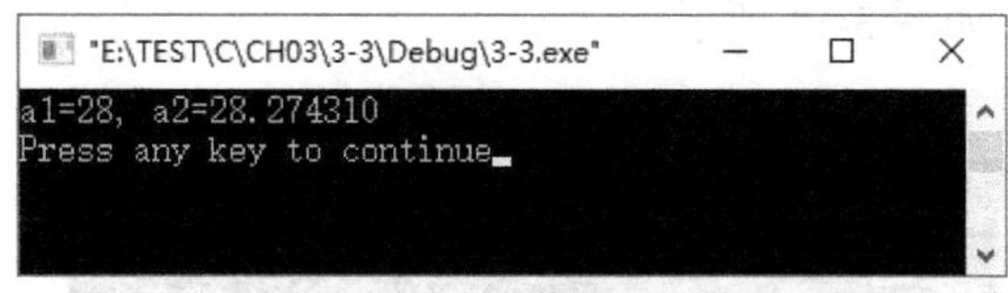

图 3-13 隐式转换程序运行结果

【案例剖析】

本例用于演示在运算过程中，编译器对不同类型的变量进行隐式转换的过程。在代码中，对“a1 = r*r*Pi;”表达式进行计算时，首先 r 为 int 型，Pi 为 float 型，编译器会将它们都转换为 double 型进行计算，所以表达式计算的结果也为 double 型，但是进行赋值操作时，左边变量 a1 为 int 型，那么赋值时便将小数部分全部舍弃，保留整数赋值给 a1；而作为对比，a2 本身为 double 型，所以不用再进行转换，直接进行赋值操作，所以 a1 与 a2 会输出不同结果。

注意：浮点型数据 double 在转换为 int 型的时候是直接舍弃掉小数部分的，而不是四舍五入。

3.5.2 显式转换

在进行运算的过程中，如果开发人员希望对参与运算的变量或表达式进行人为的数据类型转换，就必须使用显式类型转换。

使用显式类型转换的语法格式如下。

```
(类型名称) 变量名或者表达式;
```

其中类型名为要转换到的数据类型。

例如：

```
(double) a;   /* 将 a 转换为 double 型 */
(int) (b+c);   /* 将表达式 b+c 的结果转换为 int 型 */
(float) 10;   /* 将常量 10 转换为 float 型 */
```

【例 3-4】 编写代码，定义 int 型变量 a=12、b=5，定义 double 型变量 c，计算 a/b 的值，将结果赋值给 c，在计算过程中使用显式转换，将 a 转换为 double 型型。最后输出 c 的值。(源代码\ch03\3-4)

```
#include <stdio.h>
int main()
{
    int a = 12, b = 5;
    double c;
    /* 对变量 a 进行显式转换 */
    c = (double) a / b;
    printf("c 的值为 : %f\n", c);
    return 0;
}
```

运行上述程序，结果如图 3-14 所示。

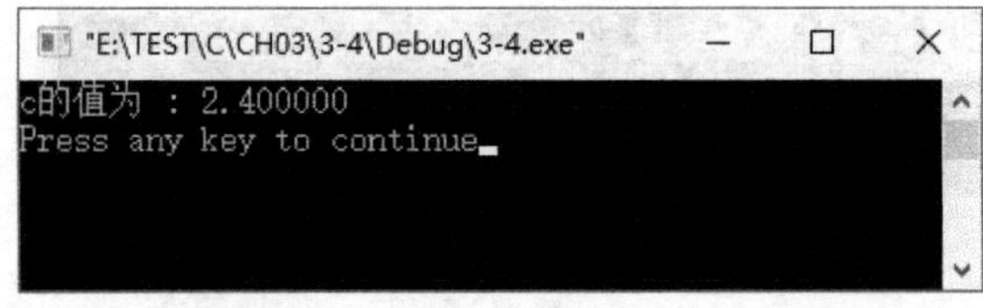

图 3-14　显式转换程序运行结果

【案例剖析】

本例用于演示如何在运算过程中对变量进行显式转换。首先定义 int 型变量 a 与 b，以及 double 型变量 c，在计算 c=a/b 的过程中，希望将 a 的值转换为 double 型。这里需要注意的是，如果写为“c=(double) (a/b)”，那么运算的结果将会是 2.000000 型。因为运算符“()”的优先级是高于“/”的(有关运算符优先级将在第 5 章讲解，这里作为了解)，如此就会先计算“(a/b)”，由于 a、b 为 int 型，那么结果会舍去小数部分，为 2，再转换为 double 型就为 2.000000 了。

3.6 综合案例——各种进制的转换

本节通过具体的综合案例对本章知识点进行具体应用演示。

【例 3-5】 编写程序，制作一个进制转换小工具，要求实现二进制、八进制、十进制、十六进制之间的相互转换。(源代码\ch03\3-5)

```
#include <stdio.h>
#include <stdlib.h>
int main()
{
    int choice,num;
    char result[100];
    printf("\t 欢迎使用进制转换工具\n\n");
    printf("\t[1]10——>2\n");
    printf("\t[2]10——>8\n");
    printf("\t[3]10——>16\n");
    printf("\t[4]16——>2\n");
    printf("\t[5]16——>8\n");
    printf("\t[6]16——>10\n");
    printf("\t[7]8——>2\n");
    printf("\t[8]8——>10\n");
    printf("\t[9]8——>16\n");
    printf("\n\t 请输入序号:");
    scanf("%d",&choice);
    switch(choice)
    {
        case 1:
            printf("\n\t【10 进制->2 进制】:");
            scanf("%d",&num);
            /* 调用 itoa()函数，将 num 转换为二进制数，存于 result 中*/
            itoa(num,result,2);
            printf("\n\t【结果】%s",result);
            break;
        case 2:
            printf("\n\t【10 进制->8 进制】:");
            scanf("%d",&num);
            itoa(num,result,8);
            printf("\n\t【结果】%s",result);
            break;
        case 3:
            printf("\n\t【10 进制->16 进制】:");
            scanf("%d",&num);
            itoa(num,result,16);
            printf("\n\t【结果】0x%s",result);
            break;
        case 4:
            printf("\n\t【16 进制->2 进制】:");
            scanf("%x",&num);
            itoa(num,result,2);
            printf("\n\t【结果】%s",result);
            break;
        case 5:
            printf("\n\t【16 进制->8 进制】:");
```

```
            scanf("%x",&num);
            itoa(num,result,8);
            printf("\n\t【结果】%s",result);
            break;
        case 6:
            printf("\n\t【16 进制->10 进制】:");
            scanf("%x",&num);
            itoa(num,result,10);
            printf("\n\t【结果】%s",result);
            break;
        case 7:
            printf("\n\t【8 进制->2 进制】:");
            scanf("%o",&num);
            itoa(num,result,2);
            printf("\n\t【结果】%s",result);
            break;
        case 8:
            printf("\n\t【8 进制->10 进制】:");
            scanf("%o",&num);
            itoa(num,result,10);
            printf("\n\t【结果】%s",result);
            break;
        case 9:
            printf("\n\t【8 进制->16 进制】:");
            scanf("%o",&num);
            itoa(num,result,16);
            printf("\n\t【结果】0x%s",result);
            break;
        default:
            printf("\t 输入有误! ");
            break;
    }
    printf("\n\t");
    system("pause");
    return 0;
}
```

运行上述程序，结果如图 3-15 所示。

图 3-15　进制转换

【案例剖析】

本例用于演示如何实现简单进制之间的相互转换。在代码中，首先添加头文件 stdlib.h，

用于在后续代码中调用函数 itoa()。接着在 main()函数中，定义 int 型变量 choice 以及 num，其中 choice 为用户输入操作序号，num 为用户输入要转换的数；定义 char 型数组 result，为转换进制后的结果。接着打印出进制转换的操作序号 1～9，通过用户输入进行选择，然后使用 switch 分支语句根据用户的选择执行相应的操作。这里以输入“2”为例：当用户输入操作序号“2”，打印出进制转换信息“【十进制->八进制】”，然后由用户输入待转换数据 num，接着调用函数 itoa()，将相应的十进制数转换为八进制，最后输出转换结果。这里讲解一下 itoa()函数：该函数有 3 个参数，以本程序为例，在“itoa(num,result,2)”中，num 为要转换的数，2 表示转换为二进制数，result 用于存放转换后的结果。本例中使用了 switch 分支语句，这里作为了解熟悉，相关内容在后续章节将会详细讲解。

3.7 大神解惑

小白：在对某个变量做类型转换时，有什么需要注意的吗？

大神：C 语言的类型转换要注意以下几点。

(1) 类型说明符和表达式都必须加括号(单个变量可以不加括号)，如把(int)(a+b)写成(int)a+b，则成了把 a 转换成 int 型之后再与 b 相加了。

(2) 无论是显式转换还是隐式转换，都只是为了本次运算的需要而对变量的数据长度进行的临时性转换，而不改变数据说明时对该变量定义的类型。

小白：显式转换与隐式转换的区别是什么？

大神：显式转换与隐式转换之间的区别就在于，当进行长度“缩短”的转换时必须使用显式转换，比如“float a=2.5；int b=a”这样的转换就会出现问题，原因是 int 型可自动上升为 float 型，但是 float 型却不能自动转换为 int 型，而必须使用显式转换“int b=(float) a”。

3.8 跟我学上机

练习 1：编写程序，要求输出字符 x 的十进制数、八进制数以及十六进制数。

练习 2：编写程序，要求输出单引号、双引号、\n。

练习 3：编写程序，定义 int 型变量 x、z，double 型变量 y，计算 x*y，要求对结果做显式转换，再赋值给 z。

第 4 章 用户与计算机的交互——输入和输出

在 C 语言中，用户通过与计算机进行交互来实现数据的输入与输出。首先用户将数据输入计算机，令计算机按照程序使用用户输入的数据进行相关的运算操作，然后再将得出的结果通过输出的方法展示给用户。本章将对这种交互的方式——输入与输出操作进行详细的讲解。

本章目标(已掌握的在方框中打钩)

- ☐ 了解什么是标准输入输出
- ☐ 了解格式化输入函数 scanf()与格式化输出函数 printf()
- ☐ 掌握如何使用 scanf()函数与 printf()函数
- ☐ 了解字符输入函数 getchar()与字符输出函数 putchar()
- ☐ 掌握如何使用 getchar()函数与 putchar()函数
- ☐ 了解字符串输入函数 gets()与字符串输出函数 puts()
- ☐ 掌握如何使用 gets()函数与 puts()函数
- ☐ 了解 scanf()输入函数与 gets()输入函数在输入字符串时的区别

4.1 标准输入输出

在 C 语言中，标准输入输出是由缓冲区与操作方法两部分组成的。缓冲区可以看作存放在内存中的字符串数组，操作方法是指一些输入输出方法函数，如 printf()、scanf()、puts()、gets()、getchar()以及 putchar()等方法函数。缓冲区中的数据是一次性的，也就是说通过 printf()以及 scanf()方法将数据从缓冲区中取出后就被“用掉”了，不存在了，这就好比水流通过管道流走后就没有了。

在 C 语言中，系统为每个程序提供了两个指针——stdin 和 stdout。它们分别指向两个结构体，这两个结构体又分别抽象地表示键盘与屏幕在内存中的形式，所以 stdin 与 stdout 这两个指针也就是标准输入与标准输出。

用户与计算机的交互就是通过标准输入与标准输出，这个过程如图 4-1 所示。

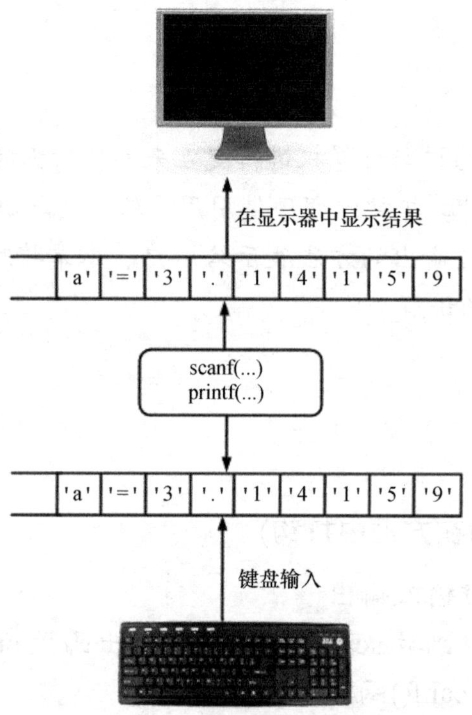

图 4-1　用户与计算机的交互过程

4.2 格式化输入输出

格式化输入输出函数也就是之前常见的 scanf()与 printf()。scanf()函数用于从标准输入，也就是通过键盘读取并格式化，printf()函数用于发送格式化输出到标准输出，即屏幕上。本节将对格式化输入输出进行详细讲解。

4.2.1 格式化输出函数

格式化输出函数 printf()主要是将标准输入流读入的数据向输出设备进行输出，它的语法形式如下：

```
printf(格式控制,输出列表);
```

其中格式控制是由双引号括起来的字符串，它可能包含：

(1) 一般文本，伴随直接输出;

(2) 转义字符，例如“\t”、“\n”等;

(3) 格式转换字符，百分比号“%”加上格式字符。

输出列表中是需要输出显示的内容，可能包含变量、常量或者表达式等。

例如，输出一个 int 型变量 a 的值，代码如下。

```
int a=10;
printf("变量 a 的值为: %d\n", a);
```

其中“变量 a 的值为：%d\n”即为格式控制，a 为输出列表内容。“变量 a 的值为：”属于一般文本，原封不动直接输出；“%d”是格式转换字符，表示输出整型；“\n”为转义字符，表示换行。而输出内容中的“a”与“%d”相对应，是一个整型数据。

在输出函数 printf()中，格式转换字符一般可以表示为：

```
%[符号][宽度][.精度]格式字符
```

1. 格式字符

其中“[]”为可省略项，这里首先讲解格式字符。常用的 printf()输出函数的格式字符及说明如表 4-1 所示。

表 4-1 常用的 printf()输出函数的格式字符及说明

格式字符	说　明
d 或 i	以带符号的十进制形式输出整数
o	以八进制无符号形式输出整数
x 或 X	以十六进制无符号形式输出整数，x 表示输出十六进制数的 a～f 的小写形式；X 表示输出十六进制数的 A～F 的大写形式
u	以无符号十进制形式输出整数
c	以字符形式输出，只输出一个字符
s	输出字符串
f	以小数形式输出
e 或 E	以指数形式输出实数，e 或 E 表示输出指数的形式

注意　使用格式字符时，除了 X、E 等有大写形式的，其余格式字符必须使用小写形式，否则会出现错误。

【例 4-1】 编写程序，分别定义 int 型、float 型以及 char 型变量，使用相应的输出格式

字符将它们输出。(源代码\ch04\4-1)

```
#include <stdio.h>
int main()
{
    /* 分别定义 int、float 以及 char 型变量 */
    int a=1;
    float b=1.23;
    char c='c';
    /* 使用相应的格式字符输出 */
    printf("a=%d\n",a);
    printf("b=%f\n",b);
    printf("c=%c\n",c);
    return 0;
}
```

运行上述程序，结果如图 4-2 所示。

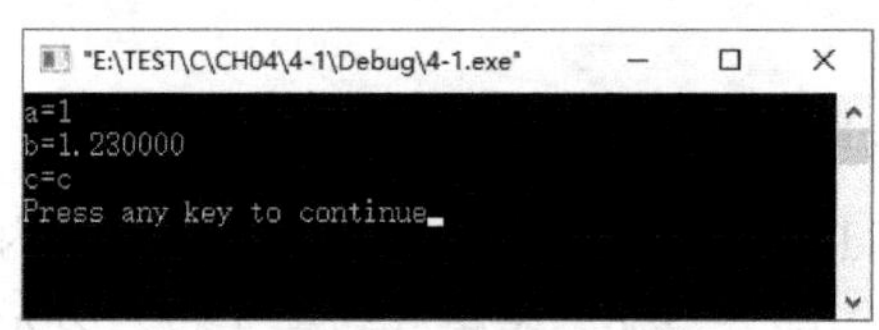

图 4-2　格式字符

【案例剖析】

本例用于演示通过使用不同的格式字符，将相应类型的变量进行输出的操作。代码中首先定义了不同类型的变量，包括 int 型、float 型以及 char 型。然后使用%d 来输出 int 型变量数据；使用%f 来输出 float 型变量数据；使用%c 来输出 char 型变量数据。

2. 符号

以输出字符串为例，通常向格式控制中加符号，有以下几种情况。

(1) “%-s”：符号“-”表示输出的字符串内容左对齐，若没有“-”符号则右对齐输出。

例如：

```
printf("%-s","Hello");   /* 输出字符串“Hello”，并保持左对齐 */
```

(2) “%0s”：符号“0”表示输出的字符串若有空位，则用数字“0”进行补位。

例如：

```
printf("%08s","Hello");   /* 表示右对齐输出长度 5 的“Hello”，8 为宽度，所以左补 3 个 0 */
```

3. 宽度

宽度指的是域宽，也就是对应的输出项输出到设备上时所占的字符数。它的书写格式如下。

“%ms”：表示输出的字符串共占 m 列，若输出的字符串长度大于 m，则突破 m 限制，将字符串全部输出；若字符串长度小于 m，则左补空格。

例如：

```
printf("%8s","Hello");    /* 输出字符串长度 5 小于 8，则左补 3 个空格 */
printf("%2s","Hello");    /* 输出字符串长度 5 大于 2，则突破 2 的限制，全部输出 */
```

4. 精度

用于说明所输出的实型数据的小数位数。它的书写格式为：

“%.nf”：表示输出小数位数为 n 的实型数据。

例如：

```
float a=1.23456;
printf("%.2f",f);    /* 输出 float 型变量 a，保留 2 位小数，则结果为 1.23 */
```

注意 若将要输出的实数小数点后位数大于所要保留的小数位数，则四舍五入后保留；若是将要输出的实数小数点后位数小于所要保留的小数位数，则缺位补 0。

对于输出精度的情况，还有一种在格式字符前加字母“l”的表示方法。

“%ld”：字母“l”的加入表示对于整型，输出 long 型；对于实型，则输出 double 型。

例如：

```
long a=123456;
printf("%ld",a);    /* 输出长整型变量 a 的值 */
```

【例 4-2】 编写程序，定义 float 型变量 a=1.23456，定义 long 型变量 b=456789，通过格式控制，输出变量 a 保留 3 位小数的形式，输出长整型变量 b，输出字符串“Hello”左端“He”，并保持左对齐，而右侧补 3 个空格。(源代码\ch04\4-2)

```
#include <stdio.h>
int main()
{
    float a=1.23456;
    long b=456789;
    /* 保留 3 位小数输出 float 型变量 a */
    printf("a=%.3f\n",a);
    /* 输出长整型变量 b */
    printf("b=%ld\n",b);
    /*  .2 表示取字符串左端 2 位为“He”，长度小于 5，左对齐输出“He”，右端补空格 */
    printf("%-5.2s","Hello");
    /* 用于验证输出字符串的末位 */
    printf("%s\n","|");
    return 0;
}
```

运行上述程序，结果如图 4-3 所示。

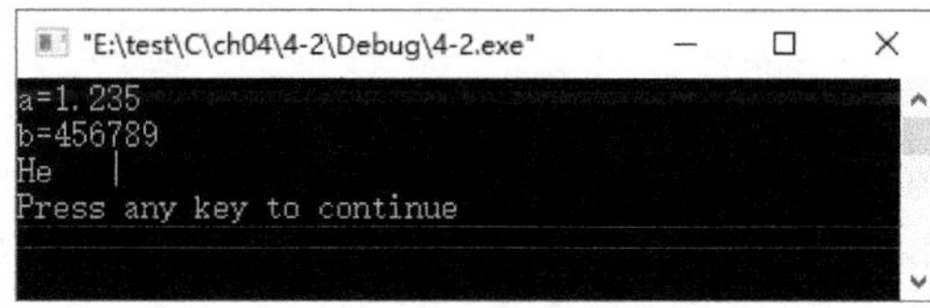

图 4-3　格式控制

【案例剖析】

本例用于演示格式控制的不同情况。首先定义 float 型变量 a 与 long 型变量 b，使用精度控制输出变量 a 保留 3 位小数的形式，结果为 1.235，可以发现是经过四舍五入后的结果；使用“%ld”的形式输出变量 b；而“%-5.2s”中“-”表示左对齐输出内容，“5”表示输出宽度，“.2”表示精度 2，在字符串中为截取左端 2 个字符，所以输出的结果为 5 个长度，左端为“He”，右端补 3 个空格，并使用“|”符号来检验空格。

4.2.2 格式化输入函数

格式化输入函数 scanf()与 printf()相对应，按照用户所指定的格式通过键盘将数据输入指定的变量之中。

scanf()的书写格式为：

```
scanf(格式控制,地址列表);
```

其中，格式控制与输出函数 printf()基本相同，但需要注意的是，这里不包含一般文本的输出，也就是不能包含提示字符串。

例如，“%d”表示输入一个十进制整型数据，“%c”表示输入一个字符数据。

而地址列表是用于给出输入的各个变量的地址，地址是由地址运算符“&”加变量名所组成。

例如，“&a”表示变量 a 的存放地址。

注意 此处所提到的地址为编译系统在内存中为变量所分配的地址，变量的地址由 C 编译系统进行分配，用户不必深究具体的地址是多少。

scanf()函数格式控制可表示为：

```
%[*][宽度][长度]类型
```

其中“[]”中为可省略项，其余各项的意义如下。

1. 符号“*”

符号“*”用于表示输入项在输入后被跳过，不赋予相应的变量。

例如，读入整型变量 a、b 的值，在输入时跳过第二个输入值：

```
scanf("%d%*d%d",&a,&b);
```

假设输入 2、3、4，则 2 被赋予变量 a，3 被跳过，4 被赋予变量 b。

2. 宽度

用于指定所输入的数据宽度，它的书写形式如下。

“%n 类型”：表示输入一个宽度为 n 的数据，若输入的数据宽度大于 n，则保留 n 位数据，其余舍去。

例如，输入长度为 3 的整型数据：

```
scanf("%3d",&a);
```

假设输入“123456”，则实际将 123 赋予变量 a，456 被舍去。

例如，输入 2 个长度为 3 的整型数据：

```
scanf("%3d%3d",&a, &b);
```

假设输入“123456”，则实际将 123 赋予变量 a，将 456 赋予变量 b。

3. 长度

通常使用字母“l”与字母“h”表示长度格式符，其中字母“l”表示输入长整型数据，如“%ld”“%lo”“%lx”“%lu”，以及 double 型数据，如“%lf”“%le”；字母“h”表示输入短整型数据，如“%hd”“%ho”“%hx”。

4. 类型

常用的输入函数 scanf()的格式字符以及说明如表 4-2 所示。

表 4-2　常用的输入函数 scanf()的格式字符以及说明

格式字符	说　明
d、i	用于表示输入有符号的十进制整数
u	用于表示输入无符号的十进制整数
o	用于表示输入无符号的八进制整数
x、X	用于表示输入无符号的十六进制整数
c	用于表示输入单个字符
s	用于表示输入字符串
f	用于表示输入实型数据，输入形式可为小数形式或指数形式

【例 4-3】 编写程序，定义整型变量 a、b 以及长整型变量 c，通过输入函数 scanf()在键盘中输入数值，分别赋予变量 a=1、b=3、c 为宽度为 5 的数值“45678”。最后输出变量 a、b、c 的值。

```
#include <stdio.h>
int main()
{
    int a,b;
    long c;
    /* 提示消息 */
    printf("请输入 a,b,c 的值:\n");
    /* 通过输入函数 scanf()输入 4 个值，第二个被跳
过 */
    scanf("%d%*d%d%5ld",&a,&b,&c);
    printf("a=%d\nb=%d\nc=%ld\n",a,b,c);
    return 0;
}
```

运行上述程序，结果如图 4-4 所示。

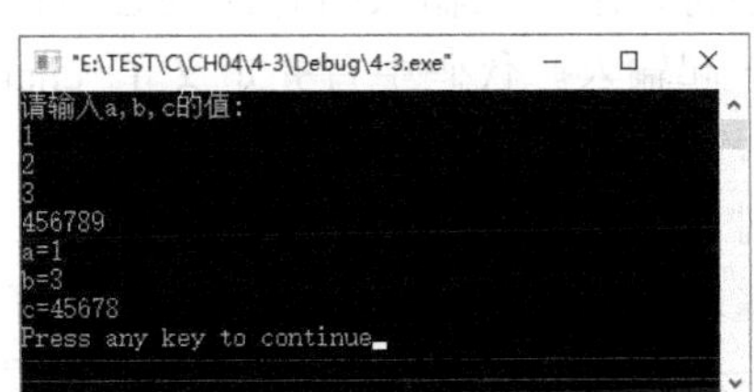

图 4-4　使用 scanf()输入函数

【案例剖析】

本例用于演示通过 scanf()函数输入数据，并通过格式控制字符串控制输入的数据格式。首先定义了 3 个变量，a 和 b 为 int 型，c 为 long 型，通过 printf()输出函数，在屏幕中输出一个提示消息，然后通过 scanf()函数输入 a、b、c 的值，通过观察结果可以得知，实际上输入的数为 4 个，由于格式控制“%*d”将第二个数“2”跳过，分别将“1”和“3”赋予变量 a 和 b。随后输入了“456789”，但因为格式控制“%5ld”使得输入数被截去 1 位，最后将“45678”赋予变量 c。

在使用 scanf()输入函数时，若格式控制中带有非格式字符，那么输入的时候也要将非格式字符一并输入。

【例 4-4】 编写程序，在使用输入函数 scanf()时，向格式控制中添加非格式字符，在输入数据的时候分别体现出来。(源代码\ch04\4-4)

```
#include <stdio.h>
int main()
{
    char a,b,c;
    int d,e;
    /* 提示消息 */
    printf("请输入字符 a,b,c:\n");
    /* 输入字符 a、b、c，以空格隔开 */
    scanf("%c %c %c",&a,&b,&c);
    /* 刷新缓冲区 */
    fflush(stdin);
    /* 提示消息 */
    printf("请输入 d,e 的值:\n");
    /* 输入 int 型变量 d、e 的值，输入格式为“d=x，e=x”，x 为输入数据 */
    scanf("d=%d,e=%d",&d,&e);
    printf("a=%c\nb=%c\nc=%c\n",a,b,c);
    printf("d=%d\ne=%d\n",d,e);
    return 0;
}
```

运行上述程序，结果如图 4-5 所示。

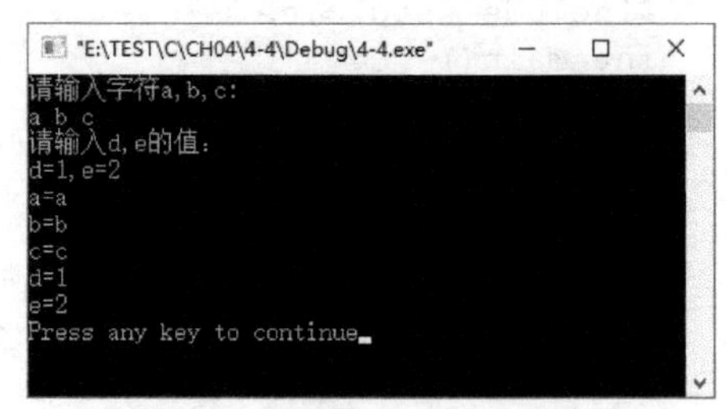

图 4-5 添加非格式字符

【案例剖析】

在本例中，向输入函数 scanf()中添加了非格式字符，用户在输入的时候也必须将这些非格式字符一起输入。代码中首先定义了 char 型变量 a、b、c，以及 int 型变量 d 和 e。在输入 char 型变量字符时，每个字符间可以通过空格隔开；在输入 int 型变量数据时，需要按照非格式字符，输入“d=x，e=x”(x 为变量数据)的形式。这里需要提到“fflush(stdin);”，这句代码是将缓冲区进行刷新，若是缺少此句，则运行程序时，在输入变量 a、b、c 后会跳过第二个 scanf()的输入。

4.3 字符输入输出

C 语言中，字符的输出使用 putchar()函数，字符的输入使用 getchar()函数。接下来将对字符的输出、输入函数进行详细讲解。

4.3.1 字符的输出函数

字符的输出函数 putchar()用于将字符输出到屏幕上，并返回相同的字符。使用 putchar()函数时同一时间内只能输出一个单一的字符。

putchar()函数的使用语法如下。

```
putchar(字符变量);
```

例如：

```
putchar('a');   /* 输出小写字母 a */
putchar(a);   /* 输出字符变量 a 的值 */
putchar('101');   /* 转义字符，输出字符 A */
putchar('\n');   /* 转义字符，换行 */
```

在使用 putchar()函数时需要添加头文件"#include <stdio.h>"。

【例 4-5】 编写程序，要求使用 putchar()函数输出字符串"Hello C!"。(源代码\ch04\4-5)

```
#include <stdio.h>
int main()
{
    char c1,c2,c3,c4,c5,c6;
    c1='H';
    c2='e';
    c3='l';
    c4='o';
    c5='C';
    c6='!';
    /* 使用 putchar()函数输出字符串 */
    putchar(c1);
    putchar(c2);
    putchar(c3);
    putchar(c3);
    putchar(c4);
    putchar(' ');
    putchar(c5);
    putchar(c6);
    putchar('\n');
    return 0;
}
```

运行上述程序，结果如图 4-6 所示。

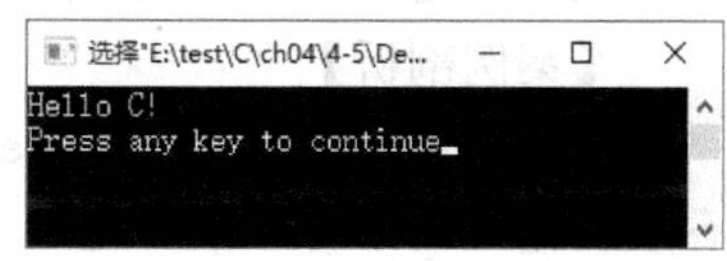

图 4-6 使用 putchar()函数

【案例剖析】

本例用于演示通过使用 putchar()函数，将定义的字符变量输出，组成字符串。程序中首先定义字符变量 c1、c2、c3、c4、c5、c6。然后分别为它们赋值，再通过使用 putchar()函数将它们一一输出。使用 putchar()函数输出字符时，如果特意没有输出换行转义符的话，每个字符是连续输出的。

4.3.2 字符的输入函数

字符的输入函数 getchar()用于从屏幕上读取一个可用的字符，并将它返回为一个整数。getchar()函数在同一时间只能读取一个单一的字符。

注意 使用 getchar()函数输入时，都是转换为 ASCII 码值来存储，所以 getchar()函数读取一个字符，返回的是一个整数。

getchar()函数的使用语法如下。

```
getchar();
```

而在编写 C 语言程序时，通常把输入的字符赋予一个字符变量，使其构成一个赋值语句，语法如下。

```
char c;
c=getchar();
```

注意 同 putchar()函数一样，使用 getchar()函数时，首先要添加头文件“#include <stdio.h>”。

【例 4-6】 编写程序，使用 getchar()函数通过输入端输入一个字符，然后通过 putchar()函数将此字符输出。(源代码\ch04\4-6)

```
#include <stdio.h>
int main()
{
    char c;
    printf("请输入一个字符: \n");
    /* 使用getchar()函数输入一个字符 */
    c=getchar();
    /* 使用putchar()函数输出此字符 */
    putchar(c);
    putchar('\n');
    return 0;
}
```

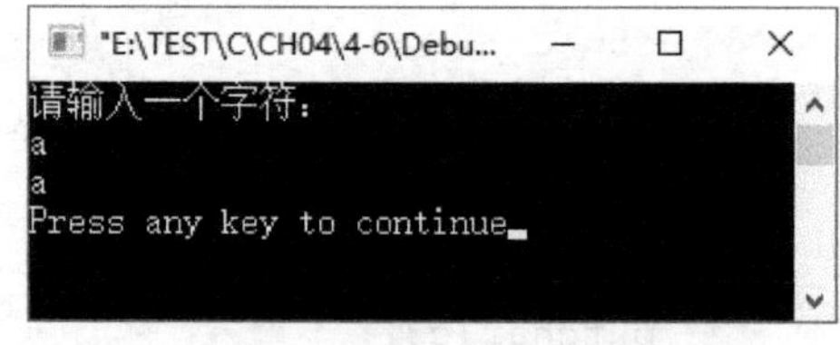

图 4-7 使用 getchar()函数

运行上述程序，结果如图 4-7 所示。

【案例剖析】

本例用于演示如何使用 getchar()函数输入一个字符。首先定义一个 char 型变量 c，用于存放要输入的字符，然后通过 printf()函数输出一行提示信息，接着使用 getchar()函数通过输入端输入一个字符并赋予变量 c，然后通过 putchar()函数输出变量 c。

在使用 getchar()函数时，如果需要连续输入两个字符，那么在输入第二个字符前需要清除缓冲区，或者使用 getchar()函数获取回车字符。

【例 4-7】 编写程序，使用 getchar()函数输入两个字符，然后再输出它们。(源代码\ch04\4-7)

```
#include <stdio.h>
int main()
{
    char c1,c2;
    printf("请输入第一个字符：\n");
    /* 使用 getchar()函数输入第一个字符 */
    c1=getchar();
    /* 通过 getchar()函数获取回车字符 */
    getchar();
    printf("请输入第二个字符：\n");
    /* 使用 getchar()函数输入第二个字符 */
    c2=getchar();
    /* 使用 putchar()函数输出字符 */
    putchar(c1);
    putchar(c2);
    putchar('\n');
    return 0;
}
```

运行上述程序，结果如图 4-8 所示。

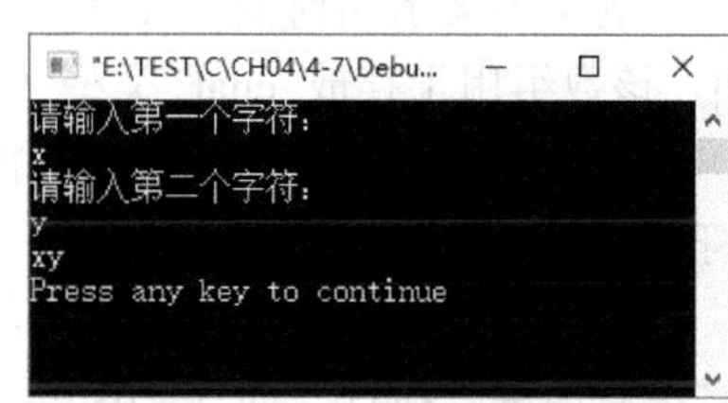

图 4-8 连续输入两个字符

【案例剖析】

在本例中，如果需要连续输入两个或者更多字符时，需要在输入下一个字符前加上 getchar()语句，同例 4-4 中“fflush(stdin);”语句思路相同，为使下一句的输入功能正常使用。getchar()语句是获取回车符，因为一般在输入字符后会按回车键确认，此时回车符就会被输入，而使用 getchar()语句相当于将输入的回车符存入缓冲区，这样使得下一句的输入函数能够正常获取下一个字符。

4.4 字符串的输入输出

通常情况下，输入一整行字符串，使用 getchar()就会很烦琐，每次只能输入一个字符。为了方便，C 语言提供了字符串的输入输出函数，它们是 gets()函数与 puts()函数。

4.4.1 字符串的输出函数

puts()是字符串输出函数，它用于将字符串和一个尾随的换行符写入 stdout，也就是向输出缓冲区中写入一个字符串，在字符串输出完毕后，紧跟着输出一个换行符“\n”。

puts()函数的使用语法如下。

```
int puts(char *string);
```

其中 string 为将要输出的字符串。输出成功后返回值为非 0 值，否则返回 0。

【例 4-8】 编写程序，定义一个 char 型数组 str[]，并初始化为“Hello C！”，使用 puts()函数将字符串输出，而后再输出一个带有结束标识“\0”的字符串。(源代码\ch04\4-8)

```
#include <stdio.h>
int main()
{
    /* 定义char型数组 str[] */
    char str[10] = "Hello C!";
    /* 使用puts()函数输出字符串 */
    puts(str);
    puts("Hello\0 C!");
    return 0;
}
```

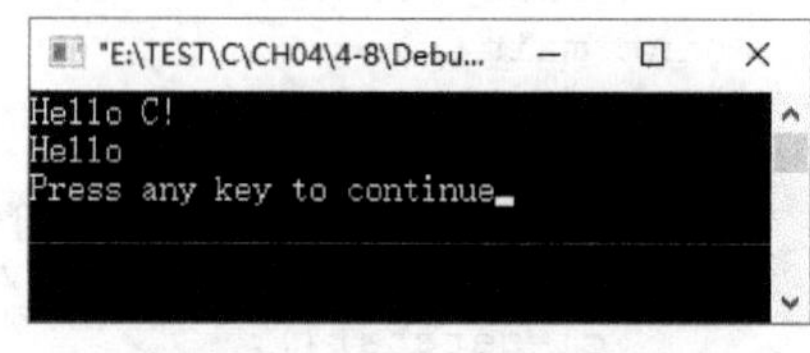

图 4-9　应用 puts()函数

运行上述程序，结果如图 4-9 所示。

【案例剖析】

本例用于演示如何使用 puts()函数输出一个字符串。代码中首先定义了一个 char 型数组 str[]，该数组用于存放 char 类型字符串，这里作为了解即可。然后初始化 str[]数组为“Hello C！”，使用 puts()函数将此数组输出；而第二个 puts()函数输出了一个带有结束字符“\0”的字符串，输出的结果刚好到字符“o”结束。通过这个例子可以发现 puts()函数是从字符串的开头向 stdout 输出字符，直到遇见结束字符“\0”停止输出。再观察两句输出结果，它们在输出完毕后均进行换行，而代码中并未出现相关的“\n”换行符，说明 puts()函数输出完毕后会自动添加一个换行符进行换行。

4.4.2　字符串的输入函数

gets()函数是字符串输入函数，其作用是从输入流的缓冲区中读取字符到指定的数组，直到遇见换行符或者读到文件尾时停止，并且最后自动添加 NULL 作为字符串的结束标志。

注意　gets()函数在读取字符串时会忽略掉所有前导空白符，而从字符串第一个非空白符读起，并且所读取的字符串将暂时存放于给定的 string 中。

gets()函数的使用语法如下。

```
char *gets(char *string);
```

其中 string 为字符指针变量，是一个形式参数。gets()函数的返回值为 char 型，若读取成功返回 string 的指针，若失败则返回 NULL。

【例 4-9】 编写程序，定义一个 char 型数组 string[]用于存放输入的字符串，使用 gets()函数读入一个字符串，然后使用 puts()函数将该字符串输出。(源代码\ch04\4-9)

```
#include <stdio.h>
int main()
{
    /* 定义一个char型数组 string[] 用于存放字符串 */
    char string[10];
    printf("请输入一个字符串: \n");
    /* 使用gets()函数读取字符串 */
    gets(string);
    printf("您输入的字符串为: \n");
    puts(string);
}
```

运行上述程序，结果如图 4-10 所示。

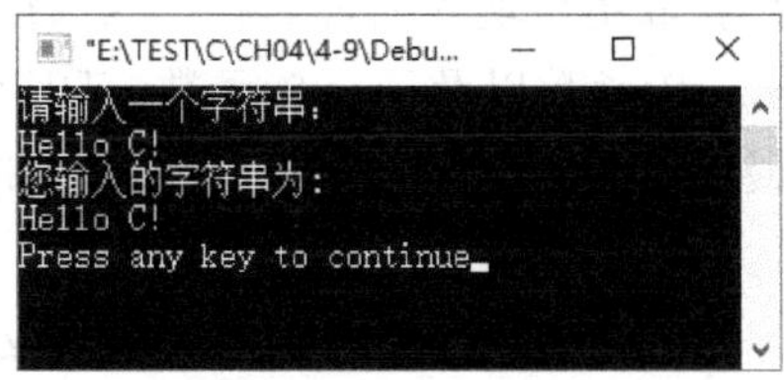

图 4-10　应用 gets()函数

【案例剖析】

本例演示了如何使用 gets()函数从输入端读取一个字符串。代码中首先定义一个 char 型数组 string[]，注意此数组的长度为 10，作为了解，数组所定义的长度应为该数组所能存储的数据上限。接着使用 gets()函数读取输入端中的字符串，并暂时存放于 string 数组中。这里需要注意，输入的字符串长度不能大于数组的长度 10，否则会造成程序的崩溃。最后使用 puts()函数将用户输入的字符串输出。

4.5　综合案例——输入和输出的综合应用

本节通过具体的综合案例对本章知识点进行具体应用演示。

【例 4-10】 编写程序，通过输入端分别输入 int、float、double、char 型数据，并使用本章学习的输出函数以及格式控制符对输入数据进行输出。(源代码\ch04\4-10)

```
#include <stdio.h>
#include <string.h>
int main()
{
    float f;
    int i;
    double d;
    char s[20];
    puts("你的名字是：");
    gets(s);
    printf("您好，");
    puts(s);
    printf("请分别输入 int、float、double、char 型数据：\n");
    scanf("%d%f%lf%s",&i,&f,&d,s);
    /* 清除输入端数据 */
    fflush(stdin);
    /* 输出 6 位十进制数 i */
    printf("i=%06d\n",i);
    /* 输出 6 位，其中包括小数点后 4 位 */
    printf("f=%6.4f\n",f);
    /* 输出 5 位，其中包括小数点后 4 位 */
    printf("d=%5.4lf\n",d);
    /* 输出字符串 s 首地址 */
    printf("s=%p\n",s);
    return 0;
}
```

```
"E:\TEST\C\CH04\4-10\Debug\4-10.e...
你的名字是：
张三
您好，张三
请分别输入int、float、double、char型数据：
123
3.1415926
0.12345
hello C
i=000123
f=3.1416
d=0.1235
s=0019FF1C
Press any key to continue
```

图 4-11　输入输出函数

运行上述程序，结果如图 4-11 所示。

【案例剖析】

本例用于演示输入输出函数的使用。在代码中，首先分别定义 int、float 以及 double 型变量，然后定义一个 char 型数组，使用 puts()函数打印提示，引导用户输入姓名，使用 gets()函

数获取用户输入的姓名存于 s 数组，再通过 printf()函数与 puts()函数对用户问好，接着通过 printf()函数以及 scanf()函数打印提示引导用户分别输入 int、float、double 以及 char 型数据，最后通过 printf()函数以及格式控制符输出不同格式的数据。

4.6 大神解惑

小白：gets()函数与 scanf()函数都可以用于输入字符串，但是它们在输入的时候有什么区别？

大神：两者都位于头文件“stdio.h”中，并且接收的字符串都为字符数组或者指针的形式，但是使用 scanf()函数时不能接收空格、制表符 Tab 以及回车等，在输入的时候遇见空格、回车等会认为输入结束，而 gets()函数却能够接收空格、制表符 Tab 以及回车。

小白：在使用 scanf()函数输入数据时有什么需要注意的吗？

大神：scanf()函数在使用时有以下注意点。

(1) scanf()函数中没有精度控制，如 scanf("%3.3f",&a);是非法的。不能企图用此语句输入小数为 3 位的实数。

(2) scanf()函数中要求给出变量地址，如给出变量名则会出错。如 scanf("%d",a);是非法的，应改为 scanf("%d",&a);才是合法的。

(3) 在输入多个数值数据时，若格式控制串中没有非格式字符作输入数据之间的间隔，则可用空格、Tab 或回车作间隔。C 编译在遇见空格、Tab、回车或非法数据(如对“%d”输入“12、”时，“、”即为非法数据)时即认为该数据输入结束。

(4) 在输入字符型数据时，若格式控制串中没有非格式字符，则认为所有输入的字符均为有效字符。

4.7 跟我学上机

练习 1：编写程序，定义 int 型变量 a，使用格式化输入函数 scanf()，输入一个长度为 7 的 long 型数据赋予变量 a，然后使用格式化输出函数 printf()进行输出。

练习 2：编写程序，使用 printf()输出函数，输出“I LOVE C！”的左侧 6 个字符，并将结果以左对齐的形式展现。

练习 3：编写程序，使用字符输入输出函数，从输入端依次读入字符串“I LOVE C！”中的字符，然后再输出。

练习 4：编写程序，定义一个 char 型数组 s[]，使用 gets()函数从输入端读取字符串，然后使用 puts()函数将该字符串输出。

第 5 章 谁来操作数据——运算符和表达式

在学习了 C 语言的数据类型与数据的输入输出函数之后，就可以思考如何对数据进行一些适当的操作以实现相应功能。C 语言中提供了运算符与表达式来实现对数据进行相应的操作，通过使用运算符可以将常量、变量以及函数等进行连接，并且可以通过改变运算符号，来对表达式进行不同的运算。本章将对运算符和表达式进行详细讲解。

本章目标(已掌握的在方框中打钩)

- ☐ 了解什么是运算符以及运算符的优先级和结合性
- ☐ 了解什么是表达式
- ☐ 掌握算术运算符以及算术表达式的使用
- ☐ 掌握赋值运算符以及赋值表达式的使用
- ☐ 掌握关系运算符以及关系表达式的使用
- ☐ 掌握逻辑运算符以及逻辑表达式的使用
- ☐ 掌握位运算符以及位运算表达式的使用
- ☐ 掌握条件运算符以及条件表达式的使用
- ☐ 掌握逗号运算符以及逗号表达式的使用
- ☐ 了解什么是语句

5.1 运 算 符

C 语言中的运算符是用来对变量、常量或数据进行计算的符号，指挥计算机进行某种操作。运算符又叫作操作符，可以将运算符理解为交通警察的命令，用来指挥行人或车辆等不同的运动实体(运算数)，最后达到一定的目的。例如，“-”是运算符，而“8-5”完成两数求和的功能。

5.1.1 运算符的分类

1. 根据运算符使用的操作数个数进行划分

按照运算符使用的操作数的个数来划分，C 语言中有三种类型的运算符。

(1) 一元运算符，又称为单目运算符。一元运算符所需的操作数为一个。一元运算符包括前缀运算符和后缀运算符。

(2) 二元运算符，又称为双目运算符。二元运算符所需的操作数为两个，即操作数的左右两边各一个操作数。

(3) 三元运算符，又称为三目运算符。C 语言中仅有一个三元运算符“？：”，三元运算符所需的操作数为三个，使用时在操作数中间插入运算符。

2. 根据运算符的功能进行划分

按照运算符的功能可以分为赋值运算符、算术运算符、关系运算符、位运算符、条件运算符和其他运算符。

下面分别给出使用运算符的例子：

```
int x=5, y=10,z;
x++;                /* 后缀一元运算符 */
--x;                 /* 前缀一元运算符 */
z=x+y;              /* 二元运算符 */
y=(x>10? 0:1);      /* 三元运算符 */
```

5.1.2 运算符的优先级和结合性

运算符的种类非常多，通常不同的运算符又构成了不同的表达式，甚至一个表达式中又包含有多种运算符，因此它们的运算方法有一定的规律性。C 语言规定了各类运算符的运算优先级及结合性等，如表 5-1 所示。

表 5-1 运算符的运算优先级及结合性

优先级(1 最高)	说 明	运 算 符	结 合 性
1	括号	()	从左到右
2	自加/自减运算符	++/--	从右到左

续表

优先级(1 最高)	说　明	运 算 符	结 合 性
3	乘法运算符、除法运算符、取模运算符	*、/、%	从左到右
4	加法运算符、减法运算符	+、-	从左到右
5	小于、小于等于、大于、大于等于	<、<=、>、>=	从左到右
6	等于、不等于	==、!=	从左到右
7	逻辑与	&&	从左到右
8	逻辑或	||	从左到右
9	赋值运算符和快捷运算符	=、+=、*=、/=、%=、-=	从右到左

注意　在写表达式的时候，如果无法确定运算符的有效顺序，则尽量采用括号来保证运算的顺序，这样也使得程序一目了然，而且自己在编程时能够思路清晰。

5.2 表　达　式

在 C 语言中，表达式是由运算符所串连起来的式子，串连的对象可以是常量、变量或者函数的调用，并且表达式是用来构成语句的基本单位。

例如，以下为一些常见表达式：

```
1+2
a+1
b-(c/d)
```

表达式通过组成它的成员，如变量、常量等的类型来决定返回值的类型，例如“1+2”，两个常量为 int 型，那么返回值的类型也应为 int 型。

C 语言中的表达式可根据表达式中的运算符进行划分，例如，由算术运算符串连起来的式子称为算术表达式；由关系运算符串连起来的式子称为关系表达式。

【例 5-1】 编写程序，定义 int 型变量 a、b、c，通过 scanf()函数从输入端输入变量 a、b 的值，然后计算表达式 a+b 的值，再将计算结果赋予变量 c，最后输出 c 的值。(源代码\ch05\5-1)

```
#include <stdio.h>
int main()
{
    int a,b,c;
    printf("请输入 a, b 的值：\n");
    scanf("%d%d",&a,&b);
        /* 计算表达式 a+b 的值，将结果赋予 c */
    c=a+b;
    printf("a 的值为：%d, b 的值为：%d\n",a,b);
    printf("a+b=%d\n",c);
    return 0;
}
```

运行上述程序，结果如图 5-1 所示。

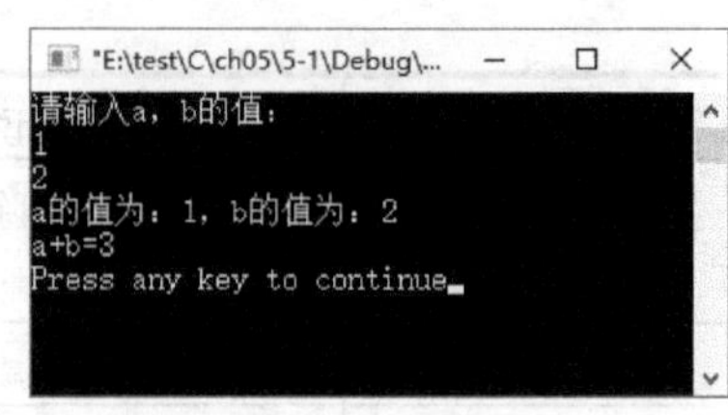

图 5-1 表达式

【案例剖析】

在本案例中，出现了一个简单的表达式“a+b”，它是由两个 int 型变量所组成的。变量 a 与变量 b 在代码中事先定义，由于它们的类型同为 int 型，所以两变量相加后所返回的值也应为 int 型，所以可以赋予 int 型变量 c 来输出。

5.3 运算符与表达式

在 C 语言中常量和变量一般都是需要由运算符将它们组合起来构成表达式来使用的。表达式在 C 语言程序中使用得相当广泛，表达式是由操作数和运算符构成的，表达式的运算符指出了对操作数的操作，例如有+、−、*、/等运算符，而操作数可以是常量、变量以及表达式。

5.3.1 算术运算符与算术表达式

算术运算符(arithmetic operators)是用来处理四则运算的符号，是最简单、最常用的符号，尤其是数字的处理几乎都会使用到运算符。

1. 算术运算符

C 语言中提供的算术运算符有+、−、*、/、%、++、−−七种，分别表示加、减、乘、除、求余数、自增和自减。其中+、−、*、/、%五种为二元运算符，表示对运算符左右两边的操作数作运算，其运算规则与数学中的运算规则相同，即先乘除后加减。++、−−两种运算符都是一元运算符，其结合性为自右向左，在默认情况下表示对运算符右边的变量的值增 1 或减 1，而且它们的运算优先级比其他算术运算符高。

2. 算术表达式

由算术运算符和操作数组成的表达式称为算术表达式，算术表达式的结合性为自左向右。常用的算术运算符和表达式使用说明如表 5-2 所示。

表 5-2 算术运算符和表达式

运算符	计　算	表 达 式	示例(假设 i=1)
+	执行加法运算(如果两个操作数是字符串，则该运算符用作字符串连接运算符，将一个字符串添加到另一个字符串的末尾)	操作数 1 + 操作数 2	3+2(结果为 5) 'a'+14(结果为 111) 'a'+ 'b'(结果为 195) 'a'+"bcd"(结果为 abcd) 12+"bcd"(结果为 12bcd)
−	执行减法运算	操作数 1 − 操作数 2	3−2(结果为 1)
*	执行乘法运算	操作数 1 * 操作数 2	3*2(结果为 6)

续表

运算符	计　算	表 达 式	示例(假设 i=1)
/	执行除法运算	操作数 1 / 操作数 2	3/2(结果为 1)
%	获得进行除法运算后的余数	操作数 1 % 操作数 2	3%2(结果为 1)
++	将操作数加 1	操作数++ 或++操作数	i++/++i(结果为 1/2)
--	将操作数减 1	操作数-- 或--操作数	i--/--i(结果为 1/0)

注意

(1) 在算术表达式中，如果操作数的类型不一致，系统会自动进行隐式转换，如果转换成功，表达式的结果类型以操作数中表示范围大的类型为最终类型，如 3.2+3 结果为 double 类型的 6.2。

(2) 减法运算符的使用同数学中的使用方法类似，但需要注意的是，减法运算符不但可以应用于整型、浮点型数据间的运算，还可以应用于字符型的运算。在字符型运算时，首先将字符转换为其 ASCII 码，然后进行减法运算。

(3) 在使用除法运算符时，如果除数与被除数均为整数，则结果也为整数，它会把小数舍去(并非四舍五入)，如 3/2=1。

【例 5-2】 编写程序，定义 int 型变量 x、y、z，初始化 x 的值为 31，初始化 y 的值为 10，对 x 和 y 进行+、-、*、/、%、前置自增和前置自减运算，将计算结果分别赋予 z 再输出。(源代码\ch05\5-2)

```
#include <stdio.h>
int main()
{
    int x = 31;
    int y = 10;
    int z;
    /* +运算 */
    z = x + y;
    printf("x+y=%d\n", z );
    /* -运算 */
    z = x - y;
    printf("x-y=%d\n", z );
    /* *运算 */
    z = x * y;
    printf("x*y=%d\n", z );
    /* /运算 */
    z = x / y;
    printf("x/y=%d\n", z );
    /* %运算 */
    z = x % y;
    printf("x%%y=%d\n", z );
    /* 前置++运算 */
    z = ++x;
    printf("++x=%d\n", z );
    /* 前置--运算 */
    z = --x;
```

```
    printf("--x=%d\n", z );
    return 0;
}
```

运行上述程序，结果如图 5-2 所示。

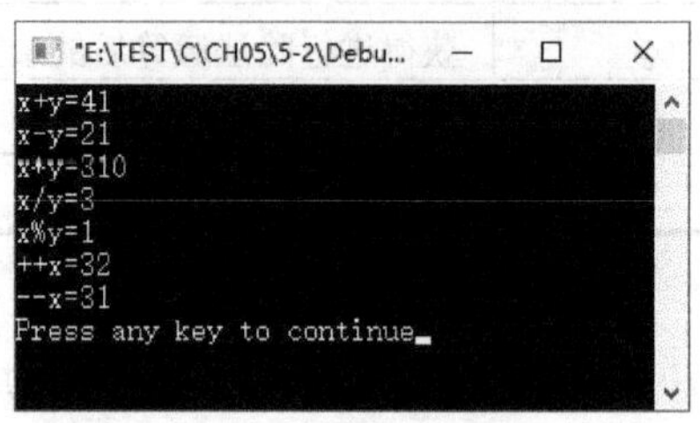

图 5-2　算术表达式

【案例剖析】

本例十分详细地演示了各种算术表达式。程序中首先定义 int 型变量 x、y、z，并初始化 x 与 y 的值，通过使用+、-、*、/、%运算符，对变量 x 与变量 y 进行了相应的运算操作。而表达式“z=++x”表示对变量 x 的值先作+1 的运算操作，再赋给变量 z，同理表达式“z=--x”表示对变量 x 的值先作-1 的运算操作，再赋给变量 z。

3. 自增、自减运算符

在算术运算符中，自增、自减运算符又分为前缀和后缀。当++或--运算符置于变量的左边时，称为前置运算或称为前缀，表示先进行自增或自减运算，再使用变量的值。而当++或--运算符置于变量的右边时，称为后置运算或后缀，表示先使用变量的值，再自增或自减运算。前置和后置运算方法如表 5-3 所示。

表 5-3　前置和后置运算方法

表 达 式	类　型	计算方法	结果(假定 num1 的值为 5)
num2 = ++num1;	前置自加	num1 = num1 + 1; num2 = num1;	num2 = 6; num1 = 6;
num2 = num1++;	后置自加	num2 = num1; num1 = num1 + 1;	num2 = 5; num1 = 6;
num2 = --num1;	前置自减	num1 = num1 - 1; num2 = num1;	num2 = 4; num1 = 4;
num2 = num1--;	后置自减	num2 = num1; num1 = num1 - 1;	num2 = 5; num1 = 4;

【例 5-3】 编写程序，定义 int 型变量 x、y，分别对 x 作前置运算和后置运算，将运算结果赋予 y，分别输出 x、y 的值。(源代码\ch05\5-3)

```
#include <stdio.h>
int main()
{
    int x,y;
    /* 后置运算 */
    printf("x++、x--均先赋值后运算：\n");
    x = 5;
    y = x++;
    printf("y = %d\n", y );
    printf("x = %d\n", x );
```

```
    x = 5;
    y = x--;
    printf("y = %d\n", y );
    printf("x = %d\n", x );
    /* 前置运算 */
    printf("++x、--x 均先运算后赋值：\n");
    x = 5;
    y = ++x;
    printf("y = %d\n", y );
    printf("x = %d\n", x );
    x = 5;
    y = --x;
    printf("y = %d\n", y );
    printf("x = %d\n", x );
    return 0;
}
```

运行上述程序，结果如图 5-3 所示。

```
"E:\TEST\C\CH05\5-3\Debug\5-3.exe"
x++、x--均先赋值后运算：
y = 5
x = 6
y = 5
x = 4
++x、--x均先运算后赋值：
y = 6
x = 6
y = 4
x = 4
Press any key to continue
```

图 5-3　前置运算以及后置运算

【案例剖析】

在本例中，y=x++先将 x 赋值给 y，再对 x 进行自增运算。y=++x 先将 x 进行自增运算，再将 x 赋值给 y。y=x--先将 x 赋值给 y，再对 x 进行自减运算。y=--x 先将 x 进行自减运算，再将 x 赋值给 y。

5.3.2　赋值运算符与赋值表达式

所谓赋值就是把一个数据赋值给一个变量。例如，C=A+B 的作用是执行一次赋值的操作。把常量 A+B 的计算结果赋值给变量 C。

1. 赋值运算符

赋值运算符为二元运算符，要求运算符两侧的操作数类型必须一致(或者右边的操作数可以隐式转换为左边操作数的类型)。C 语言中提供的简单赋值运算符有：=；复合赋值运算符有+=、-=、*=、/=、%=、&=、!=、^=、<<=、>>=。

在书写复合赋值运算符时，两个符号之间一定不能有空格，否则将会出错。

2. 赋值表达式

由赋值运算符和操作数组成的表达式称为赋值表达式。赋值表达式的功能是计算表达式的值再赋予左侧的变量。赋值表达式可以分为简单赋值运算符(=)和复合赋值运算符。复合赋值运算符是由一个算术运算符或其他运算符与一个简单赋值运算符组合构成(如+=)。一方面简化了程序，使程序看上去精练；另一方面，可提高编译效率。

赋值表达式的一般形式如下。

```
变量 赋值运算符 表达式
```

赋值表达式的计算过程是：首先计算表达式的值，然后将该值赋给左侧的变量。C 语言中常见的赋值表达式以及使用说明如表 5-4 所示。

表 5-4 常见赋值表达式以及使用说明

运算符	计算方法	表达式	求值
=	运算结果 = 操作数	x=10	x=10
+=	运算结果 = 操作数 1 + 操作数 2	x += 10	x = x + 10
-=	运算结果 = 操作数 1 - 操作数 2	x -= 10	x= x - 10
*=	运算结果 = 操作数 1 * 操作数 2	x *=10	x = x *10
/=	运算结果 = 操作数 1 / 操作数 2	x /= 10	x = x / 10
%=	运算结果 = 操作数 1 % 操作数 2	x%= 10	x= x% 10

注意

(1) 赋值的左操作数必须是一个变量，C 语言中可以对变量进行连续赋值，这时赋值运算符是右关联的，这意味着从右向左运算符被分组。例如，形如 a=b=c 的表达式等价于 a=(b=c)。

(2) 如果赋值运算符两边的操作数类型不一致，若存在隐式转换，系统会自动将赋值号右边的类型转换为左边的类型再赋值；若不存在隐式转换，那就先要进行显式类型转换，否则程序会报错。

【例 5-4】 编写程序，定义 int 型变量 x、y，使用常见赋值运算符对 x 进行相应的运算操作，然后将结果赋予 y 输出。(源代码\ch05\5-4)

```
#include <stdio.h>
main()
{
    int x,y;
    x=2;
    printf("x =%d\n",x);
    /* 基本赋值 */
    y =  x;
    printf("计算 y = x\n");
    printf("y = %d\n", y );
    /* +=运算符 */
    y +=  x;
    printf("计算 y += x\n");
    printf("y = %d\n", y );
    /* -=运算符 */
    y -=  x;
    printf("计算 y -= x\n");
    printf("y = %d\n", y );
    /* *=运算符 */
    y *=  x;
    printf("计算 y *= x\n");
    printf("y = %d\n", y );
    /* /=运算符 */
    y /=  x;
    printf("计算 y /= x\n");
    printf("y = %d\n", y );
```

```
    /* %=运算符 */
    y  = 3;
    y %=  x;
    printf("计算 y %%= x(y=3)\n");
    printf("y = %d\n", y );
    return 0;
}
```

运行上述程序，结果如图 5-4 所示。

【案例剖析】

本例演示了常见的赋值运算符的使用方法。代码中首先定义 int 型变量 x、y，对 x 赋值 2，然后进行一系列的赋值运算：首先“y = x”为最基本的赋值运算，这里注意“=”与数学中的含义“相等”是完全不一样的概念；“y+=x”可以表示为“y=y+x”，故而计算结果为 4；“y-=x”可以表示为“y=y-x”，也就是计算 4-2 的值；“y*=x”可以表示为“y=y*x”，也就是计算 2*2 的值；“y/=x”可以表示为“y=y/x”，也就是计算 4/2 的值；“y%=x”可以表示为“y=y%x”，也就是计算 3%2 的值。这里需要注意，如果要使用 printf()函数输出“%”符号，需要写成“%%”的形式。

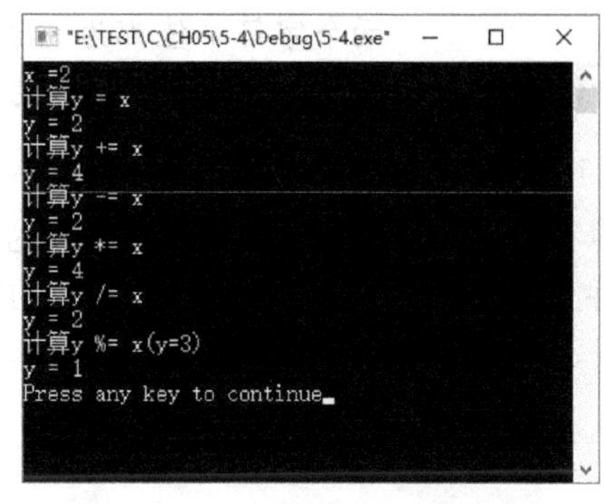

图 5-4 常见赋值运算符的使用

5.3.3 关系运算符与关系表达式

关系运算实际上是逻辑运算的一种，可以把它理解为一种“判断”，判断的结果要么是“真”，要么是“假”，也就是说，关系表达式的返回值总是“1”或“0”，“1”表示为真，“0”表示为假。C 语言定义关系运算符的运算优先级低于算术运算符，高于赋值运算符。

1. 关系运算符

C 语言中定义的关系运算符有==(等于)、!=(不等于)、<(小于)、>(大于)、<=(小于或等于)、>=(大于或等于)6 种。

注意 关系运算符中的等于号(==)很容易与赋值号(=)混淆，一定要记住，“=”是赋值运算符，而“==”是关系运算符。

2. 关系表达式

由关系运算符和操作数构成的表达式称为关系表达式。关系表达式中的操作数可以是整型数、实型数、字符型等。对于整数类型、实数类型和字符类型，上述 6 种比较运算符都可以适用；对于字符串的比较运算符实际上只能使用==和!=。

关系表达式的形式一般为：

```
表达式 关系运算符 表达式
```

例如：

```
3>2
z>x-y
'a'+2<d
a>(b>c)
a!=(c==d)
"abc"!="asf"
```

注意 两个字符串值都为 null 或两个字符串长度相同、对应的字符序列也相同的非空字符串比较的结果才能为“真”。

关系运算符都属于双目运算符，遵从左结合性的规则。关系运算符的优先级低于算术运算符，但高于赋值运算符。如果同为关系运算符来比较，<、<=、>、>=的优先级是相同的，并且它们都高于==和!=，而==与!=的优先级又是相同的。

例如：

```
z!=(x<y)与 z!=x<y 等价
x>=y>z 与(x>=y)>z 等价
```

关系表达式的返回值只有“真”与“假”两种，分别用“1”和“0”来表示，例如：

```
2>1 的返回值为“真”，也就是“1”
(a+b)==(c=5)的返回值为“假”，也就是“0”
```

【例 5-5】 编写程序，分别定义 char 型变量 s，初始化为'z'；定义 int 型变量 a、b、c 并分别初始化为 1、2、3；定义 float 型变量 x、y 并分别初始化为 2e+5、0.75。输出由它们所组合的相应关系表达式的返回值。(源代码\ch05\5-5)

```
#include <stdio.h>
int main()
{
   /* 定义变量并初始化 */
   char s='z';
   int a=1, b=2, c=3;
   float x=2e+5, y=0.75;
   /* 输出关系表达式的返回值 */
   printf("结果一: ");
   printf( "%d,%d\n", 'a'+5<s, -a-2*b>=c+1 );
   printf("结果二: ");
   printf( "%d,%d\n", 1<b<6, x-3.75<=x+y );
   printf("结果三: ");
   printf( "%d,%d\n", a+b+c<=-5*b, c!=b==a+2 );
   return 0;
}
```

运行上述程序，结果如图 5-5 所示。

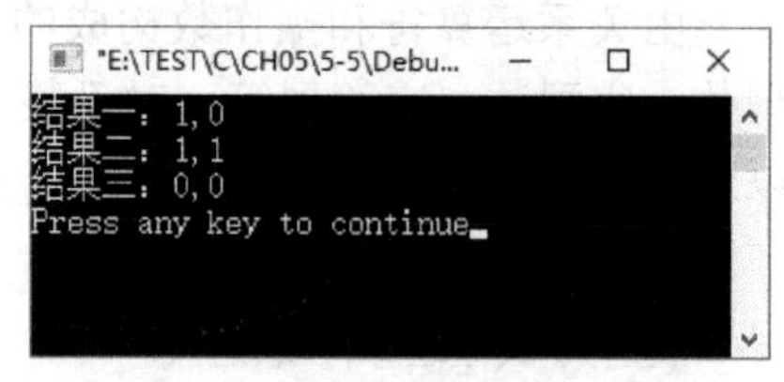

图 5-5 关系表达式

【案例剖析】

本例中首先定义了三种常见类型变量：char、int 以及 float 并分别初始化，然后通过计算关系表达式，将它们的返回值输出。其中比较字符的大小或者运算是以 ASCII 码值为标准的。所以在“结果一”中：“'a'+5<s”等价于“97+5<115”，返回值为“1”；“-a-2*b>=c+1”等价于“-1-2*2>=3+1”，返回值为“0”。“结果二”中：“1<b<6”等价于“1<2<6”，返回值为“1”；“x-3.75<=x+y”等价于“(2e+5)-3.75<=(2e+5)+0.75”，返回值为“1”。“结果三”中：“a+b+c<=-5*b”等价于“1+2+3<=-5*2”，返回值为“0”；“c!=b==a+2”等价于“3!=2==1+2”，由于左结合性，先计算“3!=2”为“1”，再计算“1==1+2”为“0”，所以返回值为“0”。

5.3.4 逻辑运算符与逻辑表达式

在实际生活中，有很多条件判断语句的例子，例如，“当我放假了，并且有足够的费用，我一定去西双版纳旅游”，这句话表明，只有同时满足放假和足够费用这两个条件，旅游的想法才能成立。类似这样的条件判断，在 C 语言中，可以采用逻辑运算符与逻辑表达式来完成。

1. 逻辑运算符

C 语言中提供了&&、||、!，分别是逻辑与、逻辑或、逻辑非三种逻辑运算符。逻辑运算符两侧的操作数需要转换成布尔值进行运算。逻辑与和逻辑非都是二元运算符，要求有两个操作数，而逻辑非为一元运算符，只有一个操作数。

逻辑非运算符表示对某个类型操作数的值求反，即当操作数为“假”时运算结果返回“真”，当操作数为“真”时运算结果返回“假”。

例如：

```
!(2>1)
```

“2>1”为“真”，而求反后为“假”。

逻辑与运算符表示对两个类型的操作数进行与运算，并且仅当两个操作数均为“真”时，结果才为“真”。

例如：

```
2>1&&3>2
```

因为“2>1”为“真”，“3>2”也为“真”，所以与运算的结果为“真”。

逻辑或运算符表示对两个类型操作数进行或运算，当两个操作数中只要有一个操作数为“真”时，结果就是“真”。

例如：

```
2>1||1>2
```

其中“2>1”为“真”，“1>2”为“假”，但是或运算只要有一个操作数为“真”即可，所以相或的结果为“真”。

逻辑运算符的运算结果可以用逻辑运算的真值表来表示，如表 5-5 所示。

表 5-5 真值表

a	b	a&&b	a||b	!a
1	1	1	1	0
1	0	0	1	0
0	1	0	1	1
0	0	0	0	1

逻辑运算符与关系运算符的返回结果一样，分为“真”与“假”两种，“真”为“1”，“假”为“0”。

2. 逻辑表达式

由逻辑运算符组成的表达式称为逻辑表达式。逻辑表达式的结果只能是“真”与“假”，要么是“1”，要么是“0”。

逻辑表达式的书写形式一般为：

```
表达式 逻辑运算符 表达式
```

在逻辑表达式的求值过程中，不是所有的逻辑运算符都被执行。有时候，不需要执行所有的运算符，就可以确定逻辑表达式的结果。只有在必须执行下一个逻辑运算符后才能求出逻辑表达式的值时，才继续执行该运算符，这种情况称为逻辑表达式的“短路”。

例如，表达式 a&&b，其中 a 和 b 均为布尔值，系统在计算该逻辑表达式时，首先判断 a 的值，如果 a 为 true，再判断 b 的值，如果 a 为 false，系统不需要继续判断 b 的值，直接确定表达式的结果为 false。

虽然在 C 语言中，以“1”表示“真”，以“0”表示“假”，但是反过来在判断一个量是为“真”或是为“假”时，是以“0”代表“假”，以非“0”的数值代表“真”。

例如：

```
2&&3
```

由于“2”和“3”均非“0”，所以表达式的返回值为“真”，即为“1”。

逻辑运算符中与运算符(&&)和或运算符(||)为双目运算符，具有左结合性。而非运算符(!)为单目运算符，具有右结合性。逻辑运算符与其他运算符的处理优先级顺序如下：非运算符(!)、算术运算符、关系运算符、与运算符(&&)、或运算符(||)、赋值运算符。

所以有：

```
!a==b&&c>d 等价于 ((!a)==b)&&(c>d)
a+b<c||x+y>z 等价于 ((a+b)<c)||((x+y)>z)
```

逻辑运算符通常和关系运算符配合使用，以实现判断语句。例如，要判断一个年份是否为闰年。闰年的条件是：能被 4 整除，但是不能被 100 整除，或者是能被 400 整除。设年份为 year，闰年与否就可以用一个逻辑表达式来表示：

```
(year % 400)==0 || ((year % 400)==0 && (year % 100)!=0)
```

逻辑表达式在实际应用中非常广泛，以及后续学习的流程控制语句中的条件，都会涉及逻辑表达式的使用。

【例 5-6】 编写程序，分别定义 char 型变量 s 并初始化为'z'，int 型变量 a、b、c 并初始化为 1、2、3，float 型变量 x、y 并初始化为 2e+5、0.75。输出由它们所组合的相应逻辑表达式的返回值。(源代码\ch05\5-6)

```
#include <stdio.h>
int main()
{
   /* 定义变量 */
   char s='z';
   int a=1,b=2,c=3;
   float x=2e+5,y=0.75;
   /* 输出逻辑表达式的返回值 */
   printf("结果一: ");
   printf( "%d,%d\n", !x*y, !x );
   printf("结果二: ");
   printf( "%d,%d\n", x||a&&b-5, a>b&&x<y );
   printf("结果三: ");
   printf( "%d,%d\n", a==2&&s&&(b=3), x+y||a+b+c );
   return 0;
}
```

运行上述程序，结果如图 5-6 所示。

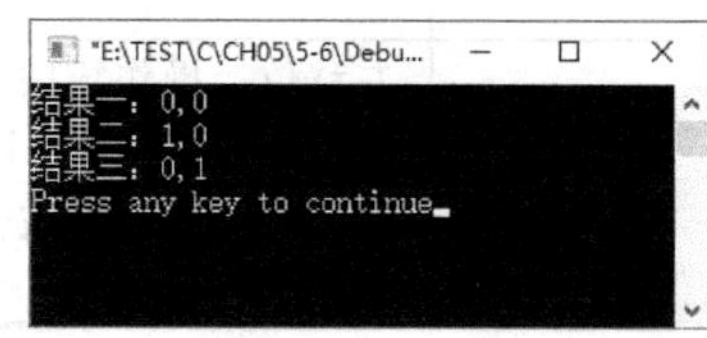

图 5-6 逻辑表达式

【案例剖析】

本例中首先定义了三种常见类型变量：char、int 以及 float 并分别初始化，然后通过计算逻辑表达式，将它们的返回值输出。其中比较字符的大小或者运算是以 ASCII 码值为标准的。其中结果一："!x*y"中"!x"为"0"，所以返回值为"0"；"!x"中由于 x 为非"0"数值，所以返回值为"0"。结果二："x||a&&b-5"中先计算"b-5"为非"0"，然后求解"a&&b-5"返回值为"1"，所以最后返回值为"1"；"a>b&&x<y"中"a>b"逻辑值为"0"，"x<y"逻辑值为"0"，所以最后返回值为"0"。结果三："a==2&&s&&(b=3)"中"a==2"逻辑值为"0"，由于出现"短路"现象，所以最终的返回值为"0"；"x+y||a+b+c"中，"x+y"逻辑值为"1"，由于出现"短路"现象，所以最终的返回值为"1"。

5.3.5 位运算符与位运算表达式

1. 位运算符

任何信息在计算机中都是以二进制的形式保存的。位运算符就是对数据按二进制位进行运算的运算符。C 语言中的位运算符有：&(与)、|(或)、^(异或)、~(取补)、<<(左移)、>>(右移)。其中，取补运算符为一元运算符，而其他位运算符都是二元运算符。这些运算都不会产生溢出。位运算符的操作数为整型或者是可以转换为整型的任何其他类型。

2. 位运算表达式

由位运算符和操作数构成的表达式为位运算表达式。在位运算表达式中，系统首先将操作数转换为二进制数，然后再进行位运算，计算完毕后，再将其转换为十进制整数。各种位运算方法如表 5-6 所示。

表 5-6 位运算表达式计算方法

运算符	描 述	表达式	结 果
&	与运算。操作数中的两个位都为 1，结果为 1，两个位中有一个为 0，结果为 0	8&3	结果为 0。8 转换二进制为 1000，3 转换二进制为 0011，与运算结果为 0000，转换十进制为 0
|	或运算。操作数中的两个位都为 0，结果为 0，否则，结果为 1	8 | 3	结果为 11。8 转换二进制为 1000，3 转换二进制为 0011，或运算结果为 1011，转换十进制为 11
^	异或运算。两个操作位相同时，结果为 0，不相同时，结果为 1	8^3	结果为 11。8 转换二进制为 1000，3 转换二进制为 0011，异或运算结果为 1011，转换十进制为 11
~	取补运算。操作数的各个位取反，即 1 变为 0，0 变为 1	~8	结果为-9。8 转换二进制为 1000，取补运算后为 0111，对符号位取补后为负，转换十进制为-9
<<	左移位。操作数按位左移，高位被丢弃，低位顺序补 0	8<<2	结果为 32。8 转换二进制为 1000，左移两位后为 100000，转换为十进制为 32
>>	右移位。操作数按位右移，低位被丢弃，其他各位顺序依次右移	8>>2	结果为 2。8 转换二进制为 1000，右移两位后为 10，转换为十进制为 2

【例 5-7】 编写程序，定义无符号 int 型变量 a、b 并初始化为 20、15；定义 int 型变量 c 并初始化为 0。对 a、b 进行相关位运算操作，将结果赋予变量 c 并输出。(源代码\ch05\5-7)

```
#include <stdio.h>
int main()
{
   /* 定义变量 */
   unsigned int a = 20;   /* 20 = 0001 0100 */
   unsigned int b = 15;   /* 15 = 0000 1111 */
   int c = 0;
   printf("a 的值为: %d,b 的值为: %d\n",a,b);
   /* 位运算 */
   c = a & b;   /* 4 = 0000 0100 */
   printf("a & b 的值是 %d\n", c );
   c = a | b;   /* 31 = 0001 1111 */
   printf("a | b 的值是 %d\n", c );
   c = a ^ b;   /* 27 = 0001 1011 */
   printf("a ^ b 的值是 %d\n", c );
   c = ~a;   /*-21 = 1110 1011 */
   printf("~ a 的值是 %d\n", c );
   c = a << 2;   /* 80 = 0101 0000 */
   printf("a << 2 的值是 %d\n", c );
   c = a >> 2;   /* 5 = 0000 0101 */
   printf("a >> 2 的值是 %d\n", c );
   return 0;
}
```

运行上述程序，结果如图 5-7 所示。

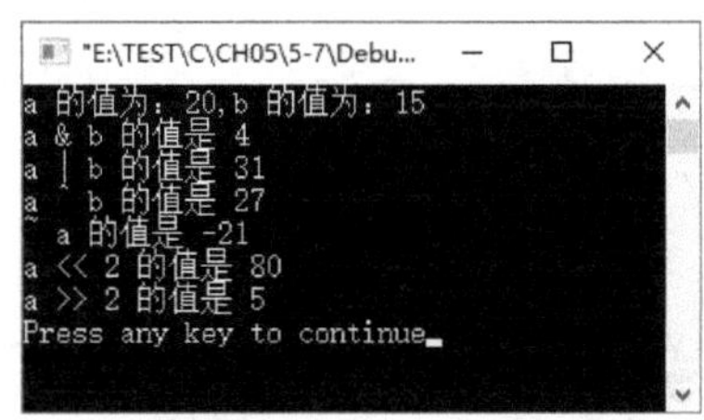

图 5-7　位运算

【案例剖析】

本例定义了两个无符号 int 型变量 a 和 b，分别为 20 和 15，将它们转换为二进制数为“0001 0100”和“0000 1111”。位运算就是对二进制数进行相应的运算。这里需要讲解一下取补运算，所谓取补就是“取反再转换为补码”，十进制的 20，对其二进制取反即为“1110 1011”。而转换成补码为“1 0101”，对应的十进制数为 21，当最高位是“1”的时候取负，故～a 结果为-21。

5.3.6　条件运算符与条件表达式

条件运算符在 C 语言中是唯一的三元运算符“?:”。由条件运算符组成的表达式称为条件表达式。一般条件表达式的表示形式如下。

```
条件表达式?表达式1:表达式2
```

先计算条件，然后进行判断。如果条件表达式的结果为“真”，计算表达式 1 的值，表达式 1 为整个条件表达式的值；否则，计算表达式 2，表达式 2 为整个条件表达式的值。

?的第一个操作数必须是一个可以隐式转换成布尔值的常量、变量或表达式，如果上述这两个条件一个也不满足，则发生运行时错误。

?的第二个和第三个操作数控制了条件表达式的类型。它们可以是 C 语言中任意类型的表达式。

例如，实现求出 a 和 b 中最大数的表达式。

```
a>b?a:b   //取a和b的最大值
```

条件运算符的优先级高于赋值运算符，低于关系运算符和算术运算符。

所以有：

```
(a>b)?a:b 等价于 a>b?a:b
```

条件运算符的结合性规则是自右向左，例如：

```
a>b?a:c<d?c:d 等价于 a>b?a:(c<d?c:d)
```

注意　在条件运算符中“？”与“：”是一对运算符，不可拆开使用。

【例 5-8】 编写程序，定义两个 int 型变量，通过输入端输入两数的值，再使用条件表达

式比较它们的大小，将较大数输出。(源代码\ch05\5-8)

```
#include <stdio.h>
int main()
{
    /*定义两个 int 型变量 */
    int x, y;
    printf("请输入两个整数，以比较大小:\n");
    scanf("%d %d", &x, &y);
    /* 使用条件表达式比较两数大小 */
    printf("两数中较大的为: %d\n", x>y?x:y);
    return 0;
}
```

运行上述程序，结果如图 5-8 所示。

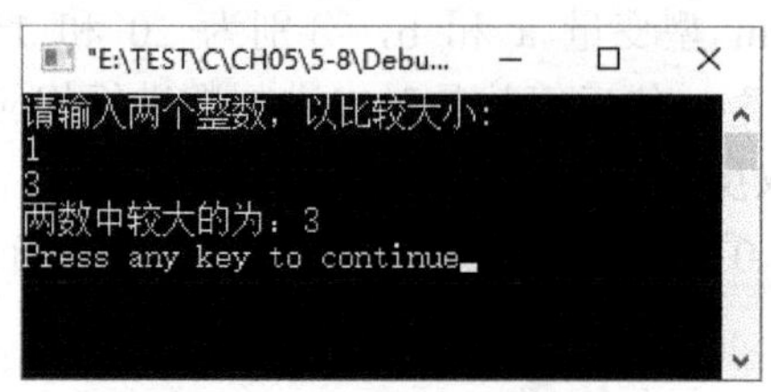

图 5-8　条件表达式

【案例剖析】

本例用于演示如何通过条件表达式来判断并返回两数中较大者。首先在代码中定义两个 int 型变量 x 与 y。然后通过 scanf()函数，从输入端读入两个整数，接着在 printf()函数中使用条件表达式比较 x 与 y 两个数的大小，最后将较大数输出。

5.3.7　逗号运算符与逗号表达式

在 C 语言中，逗号“,”也属于一种运算符，称为逗号运算符。逗号运算符的功能是将两个表达式连接起来成为一个表达式，这就是逗号表达式。

逗号表达式的一般形式为：

```
表达式 1,表达式 2
```

逗号表达式的运算方式为分别对两个表达式进行求解，然后以表达式 2 的计算结果作为整个逗号表达式的值。

在逗号表达式中可以使用嵌套的形式，例如：

```
表达式 1,(表达式 2,表达式 3,…,表达式 n)
```

将上述逗号表达式展开可以得到：

```
表达式 1,表达式 2,表达式 3,…,表达式 n
```

那么表达式 n 便为整个逗号表达式的值。

【例 5-9】 编写程序，定义 int 型变量 a、b、c、x 以及 y。对 a、b、c 进行初始化，它们的值分别为 1、2、3，然后计算逗号表达式 y=(x=a+b,a+c)，最后输出 x、y 的值。(源代码\ch05\5-9)

```c
#include <stdio.h>
int main()
{
    /* 定义变量 */
    int a=1,b=2,c=3,x,y;
    /* 逗号表达式 */
    y=(x=a+b,a+c);
    printf("整个逗号表达式的值为 y=%d\n",y);
    printf("表达式 1 的值为 x=%d\n",x);
    return 0;
}
```

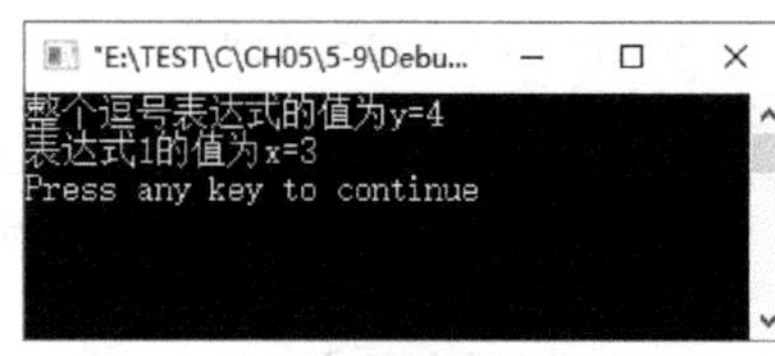

图 5-9　逗号表达式

运行上述程序，结果如图 5-9 所示。

【案例剖析】

本例用于演示逗号表达式的计算，以及如何判断逗号表达式的计算结果。在代码中，首先定义了 5 个变量 a、b、c、x、y，然后对 a、b、c 分别进行初始化，接着计算逗号表达式，在此逗号表达式中“x=a+b”为表达式 1，“a+c”为表达式 2，所以计算完毕后 y 为逗号表达式的值，为 4；表达式 1 的值为 3。

5.4　语　　句

在 C 语言中，构成程序的基本是语句，语句是程序中不可或缺的执行部分，每个程序的功能都是通过执行语句来实现的。当程序运行的时候是通过执行语句来实现改变变量的值、输出以及输入数据的。

C 语言中的语句基本可以分为五大类：表达式语句、函数调用语句、控制语句、复合语句以及空语句。

5.4.1　表达式语句

表达式语句是 C 语言中最常见也是最简单的语句，它是由表达式加上分号“;”组成的。表达式语句的一般形式为：

```
表达式;
```

例如：

```c
a=b+c;   /* 赋值语句 */
++a;   /* 前置自增运算 */
```

对表达式语句执行操作实际上就是计算表达式的值。

5.4.2　函数调用语句

函数调用语句是由函数名、实际参数再加上分号“;”组成的，它的一般表现形式为：

```
函数名(实际参数表);
```

对函数语句执行操作实际上就是调用函数体的同时再把实际参数赋予函数定义中的形式参数，接着执行被调用函数体中的语句，来求解函数值的过程。

例如，输出函数 printf()就相当于一个函数语句：

```
printf("Hello C!");
```

输出函数 printf()通过调用库函数，来实现输出字符串的功能。

有关函数的相关内容将在后续章节进行讲解。

5.4.3 控制语句

控制语句是由特定的语句定义符组成，使用控制语句可实现程序的各种结构方式，从而实现对程序流程的控制。

C 语言中的控制语句分为三大类，一共 9 种：

(1) 条件判断语句：if 语句、switch 语句。

(2) 循环执行语句：do while 语句、while 语句、for 语句。

(3) 转向语句：break 语句、goto 语句、continue 语句、return 语句。

这些控制语句的具体内容将在第 6 章进行详细讲解。

5.4.4 复合语句

所谓复合语句实际上就是将多条语句使用大括号“{}”括起来而组成的语句。

例如，以下为一条复合语句：

```
{
    z=x-y;
    c=z/(a+b);
    printf("%d",c);
}
```

复合语句中的每条语句都必须使用“;”进行结尾，并且在“}”外不能再加分号。

复合语句在程序中属于一条语句，不能将它看为多条语句。

5.4.5 空语句

空语句是只有分号“;”构成的语句。空语句属于什么都不执行的语句，它的功能就是在程序中用来做一个空的循环体。

例如：

```
int a=1;
;
++a;
printf("%d",a);
```

其中第二句为一个空语句，当程序执行到此时什么都不会做，继续向下执行，空语句不会影响到程序的功能以及执行的顺序。

5.5 综合案例——关系运算符的应用

本节通过具体的综合案例对本章知识点进行应用演示。

【例 5-10】 编写程序，通过输入端输入一个字符，使用关系运算符判断该字符是字母还是数字。(源代码\ch05\5-10)

```
#include <stdio.h>
int main()
{
    /* 定义变量 */
    char ch;
    printf("请输入一个字符：\n");
    ch=getchar();
    /* 根据不同情况进行判断 */
    if((ch>='A' && ch<='Z') || (ch>='a' && ch
        <='z'))
    {
        printf("%c 是一个字母。\n",ch);
    }
    else if(ch>='0' && ch<='9')
    {
        printf("%c 是一个数字。\n",ch);
    }
    else
    {
        printf("%c 属于其他字符。\n",ch);
    }
    return 0;
}
```

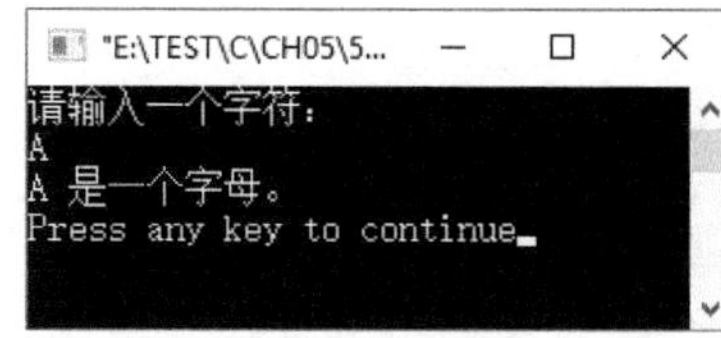

图 5-10 判断字符

运行上述程序，结果如图 5-10 所示。

【案例剖析】

本例用于演示如何通过关系运算符的使用来判断输入字符属于字母还是数字。在代码中，首先定义一个字符变量 ch，通过输入端输入 ch 的值，接着通过 if 语句对该字符 ch 进行判断：若满足“(ch>='A' && ch<='Z') || (ch>='a' && ch<='z')”则说明 ch 为一个字母；若满足“ch>='0' && ch<='9'”则说明 ch 为一个数字；否则说明 ch 属于其他字符。

5.6 大 神 解 惑

小白：C 语言中的“=”运算符与“==”运算符有什么区别？

大神：“=”运算符是赋值运算符，它的功能是将等号右边的结果赋值给左边的变量；而“==”运算符是判断运算符，用于判断等号左右两边的变量或者常量是否相等。

小白：“b=a++”、“b=++a”的区别是什么？

大神：“b=a++”先将 a 赋值给 b，再对 a 进行自增运算。“b=++a”先将 a 进行自增运算，再将 a 赋值给 b。

5.7 跟我学上机

练习 1：编写程序，定义一个变量并赋值 3.6 作为圆的半径，求这个圆的面积和周长。

练习 2：编写程序，定义两个无符号 int 型变量 x、y，分别对它们进行初始化，然后使用 6 种位运算符对 x、y 进行相关运算，输出结果。

练习 3：编写程序，使用条件运算符判断今年是闰年还是平年，并将结果输出。

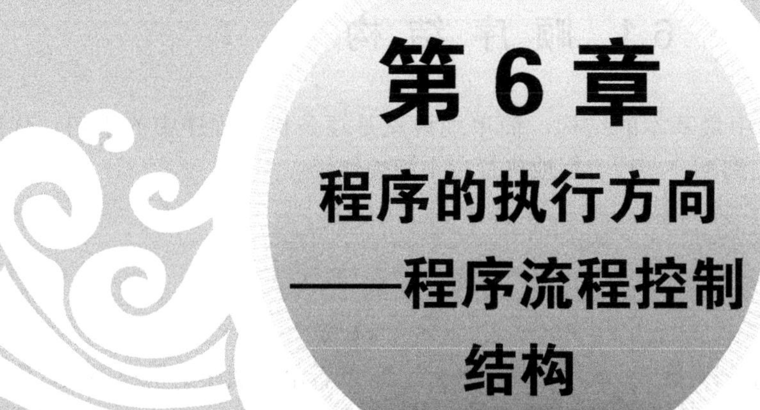

第6章 程序的执行方向——程序流程控制结构

无论什么程序设计语言，构成程序的基本结构无外乎顺序结构、选择结构和循环结构三种。顺序结构是最基本也是最简单的程序，一般由定义常量和变量语句、赋值语句、输入/输出语句、注释语句等构成。顺序结构在程序执行过程中，按照语句的书写顺序从上至下依次执行，但大量实际问题需要根据条件判断，以改变程序执行顺序或重复执行某段程序，前者称为选择结构，后者称为循环结构。本章将对程序控制结构进行详细阐述。

本章目标(已掌握的在方框中打钩)

- ☐ 了解什么是顺序结构
- ☐ 了解什么是选择结构
- ☐ 掌握选择语句的使用方法
- ☐ 了解什么是循环结构
- ☐ 掌握循环语句的使用方法
- ☐ 了解什么是跳转语句
- ☐ 掌握几种跳转语句的使用方法

6.1 顺序结构

顺序结构是程序代码中最基本的结构，简单地说就是逐条执行程序中的语句，代码从main()函数开始运行，从上到下，一行一行地执行，不漏掉代码。

例如：

```
double c;
int a = 3;
int b = 4;
c = a + b;
```

程序中包含 4 条语句，构成一个顺序结构的程序。可以看出，顺序结构程序中，每一条语句都需要执行并且执行一次。

【例 6-1】 编写程序，定义 float 型变量 a、b、c、s 以及 area，通过输入端输入 a、b、c 的值，它们分别代表三角形的三条边，其中 s=1.0/2(a+b+c)，三角形面积计算公式为 area=(s*(s−a)*(s−b)*(s−c))1/2，通过编写顺序结构程序实现求解三角形面积并输出。(源代码\ch06\6-1)

```
#include <stdio.h>
/* 添加头文件“math.h” */
#include <math.h>
int main(void)
{
    /* 定义变量 */
    float a,b,c,s,area;
    /* 获取 a、b、c 的值 */
    printf("请输入三角形边长 a、b、c 的值：\n");
    scanf("%f%f%f",&a,&b,&c);
    s=1.0/2*(a+b+c);
    /* 使用 sqrt()函数计算三角形面积 */
    area=sqrt(s*(s-a)*(s-b)*(s-c));
    /* 输出结果，保留两位小数 */
    printf("a=%.2f,b=%.2f,c=%.2f,s=%.2f\n",a,b,c,s);
    printf("三角形面积为：%.2f\n",area);
    return 0;
}
```

运行上述程序，结果如图 6-1 所示。

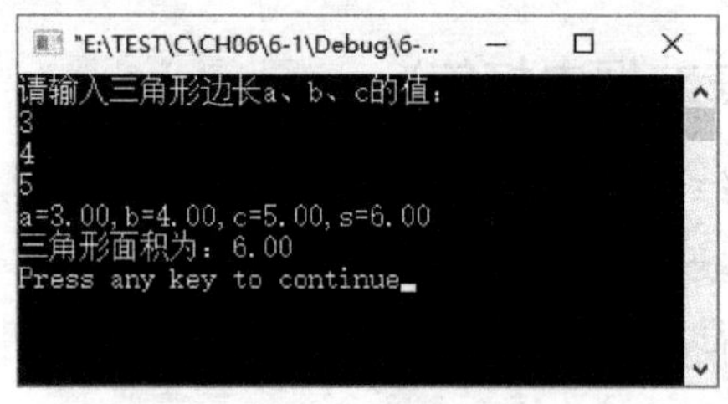

图 6-1　顺序结构

【案例剖析】

本案例演示了 C 语言中顺序结构代码的编写方式。本代码用于计算三角形的面积，需要使用到数学中的开平方根，所以在头文件中需要添加“math.h”，这样一来在程序中就可以直接调用 sqrt()函数。在代码中首先定义 float 型变量，其中 a、b、c 的值通过 scanf()函数从输入端获取，s 使用公式进行计算，然后调用 sqrt()函数计算三角形的面积，最后将它们以保留 2 位小数的形式输出。

6.2 选择结构

在现实生活中，经常需要根据不同的情况做出不同的选择，例如今天如果下雨体育课就改为在室内进行，如果不下雨体育课则在室外进行。在程序中，要实现这样的功能就需要使用选择结构语句。C 语言中提供的选择结构语句有 if 语句、if...else 语句和 switch 语句。

6.2.1 if 语句

if 语句用来判断所给定的条件是否满足，根据判定结果(真或假)决定所要执行的操作。if 语句的一般表示形式为：

```
if(条件表达式)
{
    语句块;
}
```

关于 if 语句语法格式的几点说明如下。

(1) if 关键字后的一对圆括号不能省略。圆括号内的表达式要求结果为布尔型或可以隐式转换为布尔型的表达式、变量或常量，即表达式返回的一定是布尔值 true 或 false。

(2) if 表达式后的一对大括号是语句块的语法。程序中的多个语句使用一对大括号将其括住构成语句块。if 语句中的语句块如果是一句，大括号可以省略，如果是一句以上，大括号一定不能省略。

(3) if 语句表达式后一定不要加分号，如果加上分号代表条件成立后执行空语句，在调试程序时不会报错，只会警告。

(4) 当 if 的条件表达式返回 true 值时，程序执行大括号里的语句块，当条件表达式返回 false 值时，将跳过语句块，执行大括号后面的语句，如图 6-2 所示。

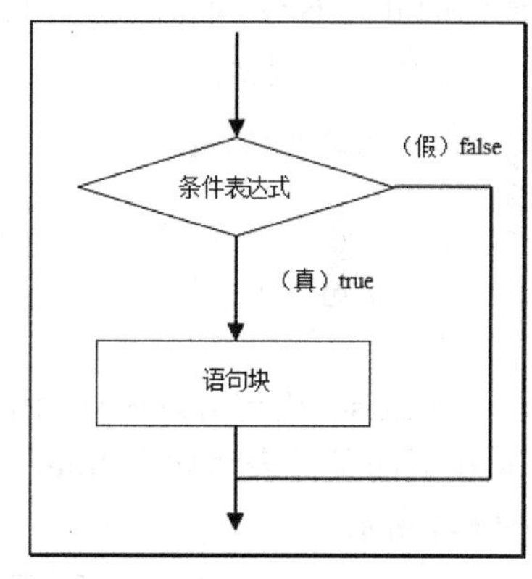

图 6-2　if 语句执行流程

注意：在 C 语言中，可以将多个语句放入大括号{}内，构成语句块。并且一个分号代表一个空语句。

【例 6-2】 编写程序，定义一个 int 型变量 x，并从输入端获取它的值，然后通过 if 语句对 x 的大小进行判断，如果 x 的值小于 10，则输出判断结果。(源代码\ch06\6-2)

```
#include <stdio.h>
int main ()
```

```
{
   /* 定义变量 */
   int x;
   printf("请输入 x 的值: \n");
   scanf("%d",&x);
   printf("x 的值是 %d\n", x);
   /* 使用 if 语句判断条件表达式的返回值 */
   if( x < 10 )
   {
      /* 如果条件为真，则输出下面的语句 */
      printf("x 小于 10\n" );
   }
   return 0;
}
```

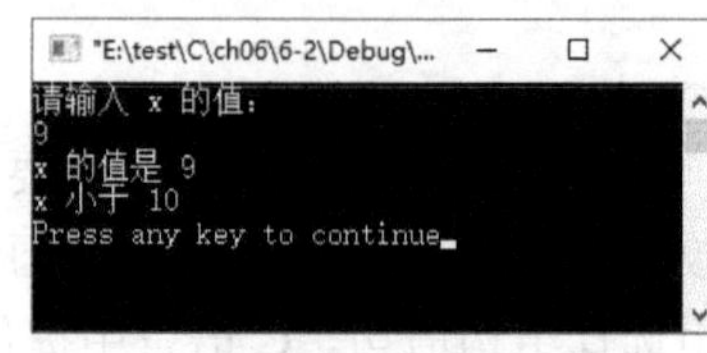

图 6-3　if 语句

运行上述程序，结果如图 6-3 所示。

【案例剖析】

本例用于演示 if 语句的使用方法。在代码中首先定义 int 型变量 x，并通过 scanf()函数从输入端输入它的值，然后使用 if 语句对 x 的值进行判断，如果 x 的值小于 10 成立，那么就输出判断的结果。

6.2.2　if…else 语句

if 语句只能对满足条件的情况进行处理，但是在实际应用中，需要对两种可能都做处理，即满足条件时，执行一种操作，不满足条件时，执行另外一种操作。可以利用 C 语言所提供的 if…else 语句来完成上述要求。if…else 语句的一般表示形式为：

```
if(条件表达式)
{
   语句块 1;
}
else
{
   语句块 2;
}
```

if…else 语句可以理解为中文的“如果……就……，否则……”。上述语句可以表示为假设 if 后的条件表达式为 true，就执行语句块 1，否则执行 else 后面的语句块 2，执行流程如图 6-4 所示。

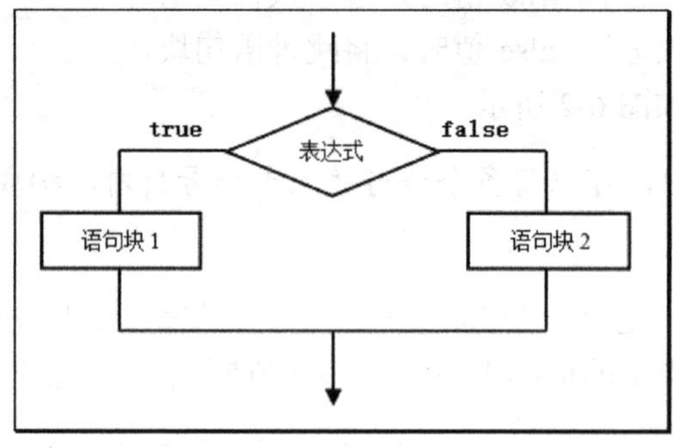

图 6-4　if…else 语句执行流程

【例 6-3】 编写程序，定义 int 型变量 x，通过输入函数 scanf()由输入端获取它的值，然后使用 if…else 语句判断变量 x 的值是否大于 10，输出判断结果。(源代码\ch06\6-3)

```
#include <stdio.h>
int main ()
{
    /* 定义变量 */
    int x;
    printf("请输入 x 的值: \n");
    scanf("%d",&x);
    printf("x 的值是 %d\n", x);
    /* 判断条件表达式的返回值 */
    if( x > 10 )
    {
        /* 如果条件为真，执行以下语句 */
        printf("x 大于 10\n" );
    }
    else
    {
        /* 如果条件为假，则执行以下语句 */
        printf("x 小于 10\n" );
    }
    return 0;
}
```

运行上述程序，结果如图 6-5 和图 6-6 所示。

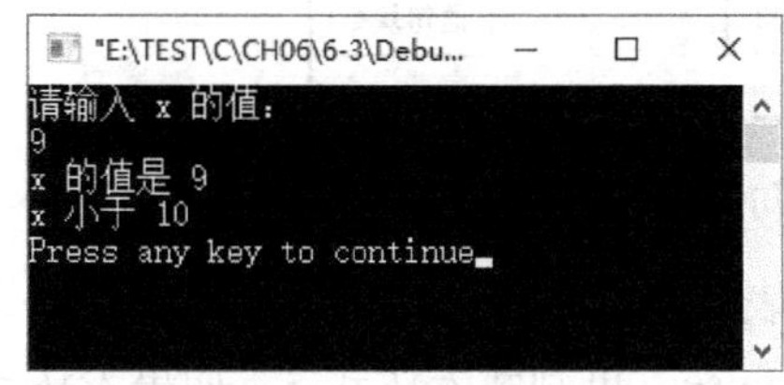

图 6-5　条件不成立

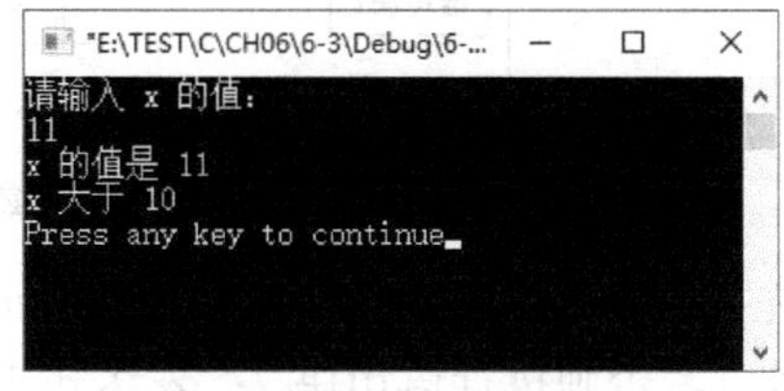

图 6-6　条件成立

【案例剖析】

本例用于演示 if…else 语句的使用方法。在代码中首先定义了 int 型变量 x，然后通过输入端使用 scanf()函数获取它的值，接着使用 if…else 语句对 x 的值进行判断，如果 x 大于 10 则执行 if 后的语句，否则执行 else 后的语句，最后输出判断的结果。

6.2.3　选择嵌套语句

在实际应用中，一个判断语句存在多种可能的结果时，可以在 if…else 语句中再包含一个或多个 if 语句。这种表示形式称为 if 语句嵌套。常用的嵌套语句为 if…else 语句，一般表示形式为：

```
if(表达式 1)
{
    if(表达式 2)
    {
        语句块 1;    /* 表达式 2 为真时执行 */
    }
    else
    {
        语句块 2;    /* 表达式 2 为假时执行 */
```

```
    }
}
else
{
    if(表达式 3)
    {
        语句块 3;    /* 表达式 3 为真时执行 */
    }
    else
    {
        语句块 4;    /* 表达式 3 为假时执行 */
    }
}
```

它的判断流程如图 6-7 所示。

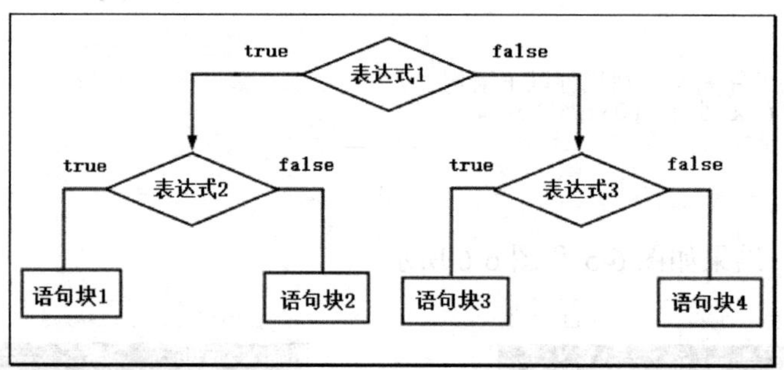

图 6-7　嵌套 if...else 语句判断流程

首先执行表达式 1，如果返回值为 true，再判断表达式 2，如果表达式 2 返回 true，则执行语句块 1，否则执行语句块 2；表达式 1 返回值为 false，再判断表达式 3，如果表达式 3 返回值为 true，则执行语句块 3，否则执行语句块 4。

【例 6-4】 编写程序，根据录入的学生分数，输出相应等级划分。90 分以上为优秀，80～89 分为良好，70～79 分为中等，60～69 分为及格，60 分以下为不及格。(源代码\ch06\6-4)

```
#include <stdio.h>
int main()
{
    /* 定义变量 */
    float score;
    /* 录入分数 */
    printf("请输入分数: \n");
    scanf("%f",&score);
    /* 判断流程 */
    if(score<60)
    {
        printf("不及格\n");
    }
    else
    {
        if(score<=69)
        {
            printf("及格\n");
        }
```

```
        else
        {
            if(score<=79)
            {
                printf("中等\n");
            }
            else
            {
                if(score<=89)
                {
                    printf("良好\n");
                }
                else
                {
                    printf("优秀\n");
                }
            }
        }
    }
    return 0;
}
```

运行上述程序，结果如图 6-8 所示。

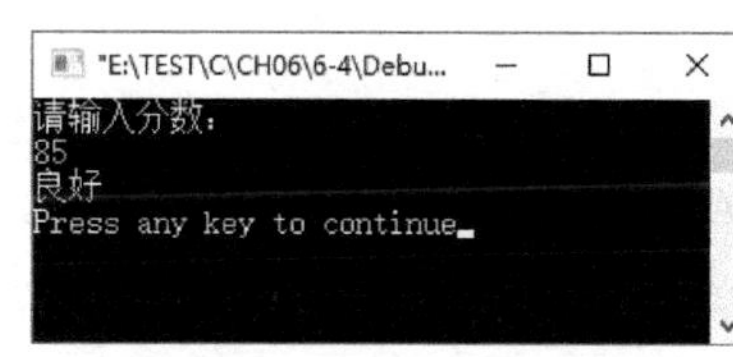

图 6-8 嵌套 if...else 语句

【案例剖析】

本例演示了在 if...else 语句中嵌套 if...else 语句的使用方法。首先定义一个 float 型变量 score，通过输入端输入它的值用于存放学生分数，然后进入判断流程。第一步先判断 score 值是否小于 60，为真则判定不及格。为假则先判断是否小于等于 69，为真则及格，为假再进行判断，如果小于等于 79 则为中等；小于等于 89 为良好，否则为优秀。

注意 在 if...else 语句中嵌套 if...else 语句的形式十分灵活，可在 else 的判断下继续使用嵌套 if...else 语句的方式。

C 语言中，还可以在 if...else 语句中的 else 后跟 if 语句的嵌套，从而形成 if...else if...else 的结构，这种结构的一般表现形式为：

```
if(表达式 1)
    语句块 1;
else if(表达式 2)
    语句块 2;
else if(表达式 3)
    语句块 3;
…
else
    语句块 n;
```

它的判断流程如图 6-9 所示。

首先执行表达式 1，如果返回值为 true，则执行语句块 1；再判断表达式 2，如果返回值为 true，则执行语句块 2；再判断表达式 3，如果返回值为 true，则执行语句块 3…否则执行语句块 *n*。

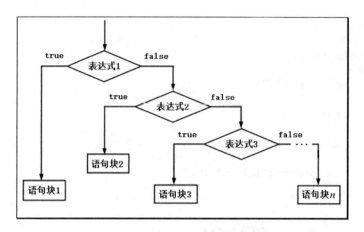

图 6-9　嵌套 else if 语句判断流程

【例 6-5】 编写程序，对例 6-4 进行改造，使用嵌套 else if 语句的形式对学生分数进行判断，并输出相应的等级划分。(源代码\ch06\6-5)

```
#include <stdio.h>
int main()
{
   /* 定义变量 */
   float score;
   /* 录入分数 */
   printf("请输入分数: \n");
   scanf("%f",&score);
   /* 判断流程 */
   if(score<60)
   {
      printf("不及格\n");
   }
   else if(score<=69)
   {
      printf("及格\n");
   }
   else if(score<=79)
   {
      printf("中等\n");
   }
   else if(score<=89)
   {
      printf("良好\n");
   }
   else
   {
      printf("优秀\n");
   }
   return 0;
}
```

运行上述程序，结果如图 6-10 所示。

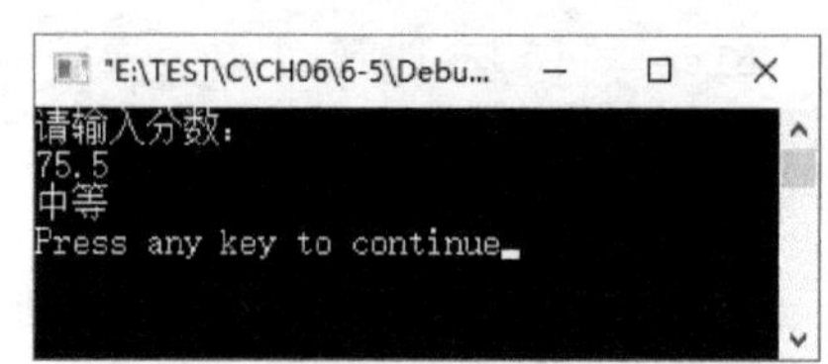

图 6-10　嵌套 else if 语句

【案例剖析】

本例演示了在 if...else 语句中嵌套 else if 语句的结构形式。首先定义变量 score，通过输入端输入 score 的值，然后进行判断。如果 score 的值小于 60，则判定为不及格；若小于 69，则判定为及格；若小于 79，则判定为中等；若小于 89，则判定为良好；否则为优秀。

注意：在编写程序时要注意书写规范，一个 if 语句块对应一个 else 语句块，这样在书写完成后既便于阅读又便于理解。

6.2.4 switch 分支结构语句

switch 语句与 if 语句类似，也是选择结构的一种形式，一个 switch 语句可以处理多个判断条件。一个 switch 语句相当于一个 if...else 嵌套语句，因此它们相似度很高，几乎所有的 switch 语句都能用 if...else 嵌套语句表示。它们之间最大的区别在于：if...else 嵌套语句中的条件表达式是一个逻辑表达的值，即结果为 true 或 false，而 switch 语句后的表达式值为整型、字符型或字符串型并与 case 标签里的值进行比较。switch 语句的表示形式如下。

```
switch(表达式)
{
    case 常量表达式 1:语句块 1;break;
    case 常量表达式 2:语句块 2;break;
    ...
    case 常量表达式 n:语句块 n;break;
     [default:语句块 n+1;break;]
}
```

switch 语句的分支结构判断流程如图 6-11 所示。

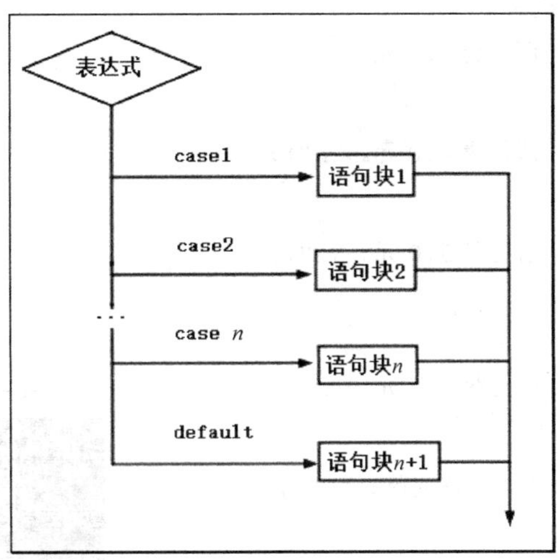

图 6-11 switch 语句的分支结构判断流程

首先计算表达式的值，当表达式的值等于常量表达式 1 的值时，执行语句块 1；当表达式的值等于常量表达式 2 的值时，执行语句块 2；……；当表达式的值等于常量表达式 n 的值时，执行语句块 n，否则执行 default 后面的语句块 n+1，当执行到 break 语句时跳出 switch 结构。

注意

(1) switch 关键字后的表达式结果只能为整型、字符型或字符串等类型，而不能为浮点型。

(2) casc 标签后的值必须为常量表达式，不能使用变量。

(3) case 和 default 标签后以冒号而非分号结束。

(4) case 标签后的语句块，无论是一句还是多句，大括号{}都可以省略。

(5) default 标签可以省略，甚至可以把 default 子句放在最前面。

(6) break 语句为必选项，即使 default 子句后的 break 子句也不可以省略，否则程序会出现错误。

【例 6-6】 编写程序，使用 switch 语句模拟餐厅点餐收费，通过读入用户选择来提示付费信息。(源代码\ch06\6-6)

```
#include <stdio.h>
int main()
{
    /* 定义变量 */
    int a;
    /* 提示信息 */
    printf("三种选择型号:\n   1=(小份, 3.0 元)\n
      2=(中份, 4.0 元)\n   3=(大份, 5.0 元)\n");
    printf("您的选择是: \n");
    /* 输入选择 */
    scanf("%d",&a);
    /* 根据用户输入提示付费信息 */
    switch(a)
    {
    case 1:
        printf("小份，请付费 3.0 元。\n");
        break;
    case 2:
        printf("中份，请付费 4.0 元。\n");
        break;
    case 3:
        printf("大份，请付费 5.0 元。\n");
        break;
    /* 缺省为中份 */
    default:
        printf("中份，请付费 4.0 元。\n");
        break;
    }
    printf("谢谢使用，欢迎下次光临! \n");
    return 0;
}
```

运行上述程序，结果如图 6-12 所示。

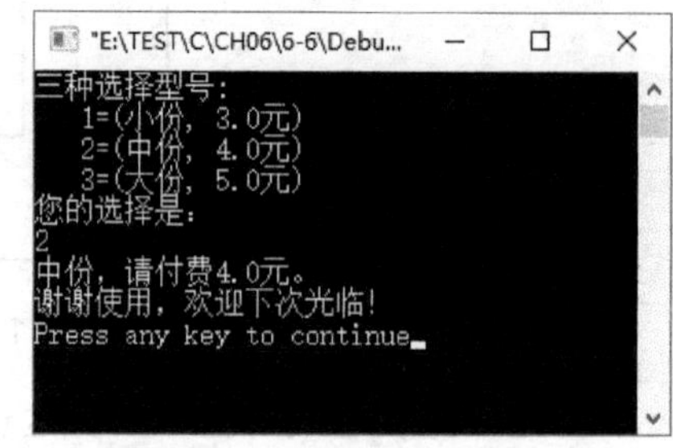

图 6-12　switch 语句

【案例剖析】

本案例用于演示 switch 分支结构语句的使用。首先在代码中定义变量 a，通过输入端，输入用户选择，然后使用输出函数提示用户可选份量信息。根据用户的选择进行判断，若为 1，则为小份，需付费 3.0 元；若为 2，则为中份，需付费 4.0 元；若为 3，则为大份，需付费 5.0 元；若缺省，为 1～3 以外的结果，则为中份，需付费 3.0 元。

6.3 循环结构

在实际应用中，往往会遇到一行或几行代码需要执行多次的情况。例如，判断一个数是否为素数，就需要从 2 到比它本身小 1 的数反复求余。几乎所有的程序都包含循环，循环是一组重复执行的指令，重复次数由条件决定。其中给定的条件称为循环条件，反复执行的程序段称为循环体。要保证一个正常的循环，必须有以下四个基本要素：循环变量初始化、循环条件、循环体和改变循环变量的值。C 语言中提供了三种语句实现循环：while 语句、do…while 语句和 for 语句。

6.3.1 while 语句

while 循环语句根据循环条件的返回值来判断执行零次或多次循环体。当逻辑条件成立时，重复执行循环体，直到条件不成立时终止。因此在循环次数不固定时，while 语句相当有用。while 循环语句表示形式如下：

```
while(表达式)
{
   语句块;
}
```

while 循环语句的执行流程如图 6-13 所示。

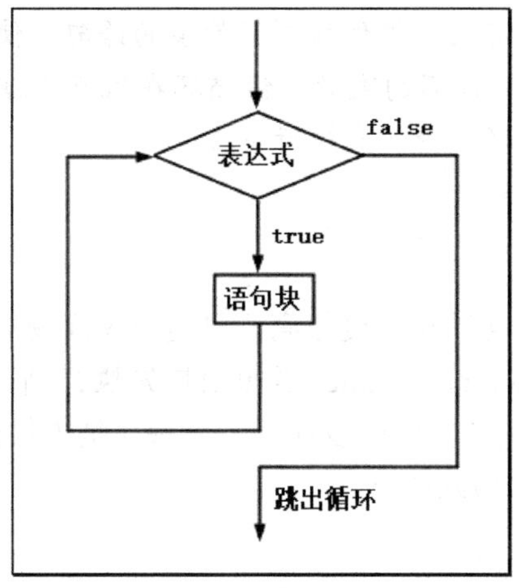

图 6-13 while 循环语句的执行流程

当遇到 while 语句时，首先计算表达式的返回值，当表达式的返回值为 true 时，执行一次循环体中的语句块，循环体中的语句块执行完毕时，将重新查看是否符合条件，若表达式的值仍返回 true 将再次执行相同的代码，否则跳出循环。while 循环语句的特点：先判断条件，后执行语句。

对于 while 语句循环变量初始化应放在 while 语句之上，循环条件即 while 关键字后的表达式，循环体是大括号内的语句块，其中改变循环变量的值也是循环体中的一部分。

【例 6-7】 编写程序，实现 100 以内自然数的求和，即 1+2+3+…+100，最后输出计算结果。(源代码\ch06\6-7)

```
#include <stdio.h>
int main()
{
    /* 定义变量并初始化 */
    int i=1,sum=0;
    printf("100 以内自然数求和: \n");
    /* while 循环语句 */
    while(i<=100)
    {
        sum+=i;
        /* 自增运算 */
        i++;
    }
    printf("1+2+3+...+100=%d\n",sum);
    return 0;
}
```

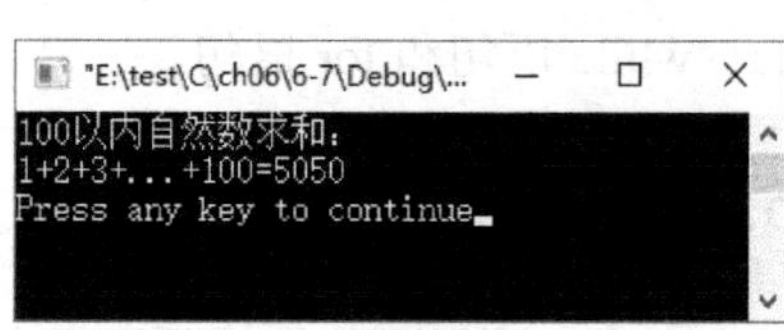

图 6-14 while 循环语句

运行上述程序，结果如图 6-14 所示。

【案例剖析】

本例演示了 while 循环语句的使用方法。在代码中首先定义了变量 i 和 sum 并分别初始化为 1 和 0。然后使用 while 循环语句，先对 i 的值进行判断，本例求 100 以内自然数的和，所以表达式 i≤100。循环体内有两条语句，一条是“sum+=i”等价于“sum=sum+i”，目的是求和，另一条为“i++”，控制循环次数，而其本身为求和的加数，当“i++”结果大于 100 时，跳出循环，执行后续语句。

注意　循环体中必须要有改变循环控制变量值的语句，使得循环不断趋向结束，例如例 6-7 中“i++”控制循环的次数，使循环在执行的过程中渐渐地向结束靠近，否则循环体将变成死循环，会一直执行下去。

6.3.2 do…while 语句

do…while 语句和 while 语句的相似度很高，只是考虑问题的角度不同。while 语句是先判断循环条件，然后执行循环体。do…while 语句则是先执行循环体，然后再判断循环条件。do…while 和 while 就好比是两个不同的餐厅，一个餐厅是先付款后吃饭，一个餐厅是先吃饭后付款。do…while 语句的语法格式如下。

```
do
{
    语句块;
}
while(表达式);
```

do…while 循环语句的执行流程如图 6-15 所示。

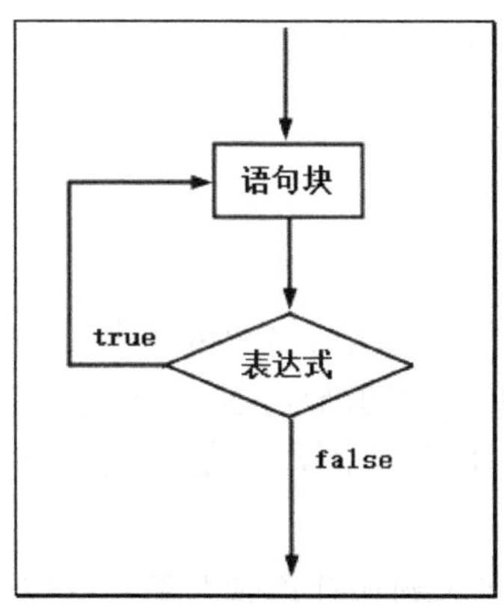

图 6-15　do…while 循环语句的执行流程

程序遇到关键字 do，执行大括号内的语句块，语句块执行完毕，执行 while 关键字后的布尔表达式，如果表达式的返回值为 true，则向上执行语句块，否则结束循环，执行 while 关键字后的程序代码。

do…while 语句和 while 语句的最主要区别如下。

(1) 语句是先执行循环体后判断循环条件，while 语句是先判断循环条件后执行循环体。

(2) do…while 语句的最小执行次数为 1 次，while 语句的最小执行次数为 0 次。

【例 6-8】 编写程序，使用 do…while 循环语句，实现 100 以内自然数求和，输出结果。(源代码\ch06\6-8)

```
#include <stdio.h>
int main()
{
    /* 定义变量 */
    int i=1,sum=0;
    printf("100 以内自然数求和：\n");
    /* do...while 循环语句 */
    do
    {
        sum+=i;
        i++;
    }
    while(i<=100);
    printf("1+2+3+...+100=%d\n",sum);
    return 0;
}
```

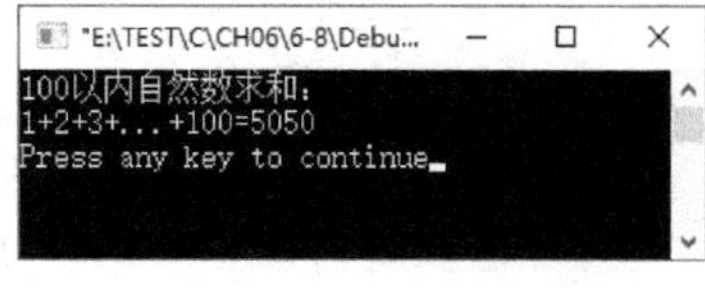

图 6-16　do…while 循环语句

运行上述程序，结果如图 6-16 所示。

【案例剖析】

本例演示了如何使用 do…while 循环语句。在代码中首先定义两个变量 i 和 sum。然后使用 do…while 循环语句，这里首先循环体执行一次语句块，计算“sum+=i”，然后变量 i 进行自增运算“i++”，再进行判断，当 i≤100 时返回循环体进行循环，直到 i>100 时跳出循环。

6.3.3　for 语句

for 语句和 while 语句、do…while 语句一样，可以循环重复执行一个语句块，直到指定的循环条件返回值为假。for 语句的语法格式为：

```
for(表达式 1;表达式 2;表达式 3)
{
    语句块;
}
```

表达式 1 为赋值语句，如果有多个赋值语句可以用逗号隔开，形成逗号表达式，循环四要素中的循环变量初始值。

表达式 2 返回一个布尔值，用于检测循环条件是否成立，循环四要素中的循环条件。

表达式 3 为赋值表达式，用来更新循环控制变量，以保证循环能正常终止，循环四要素中的改变循环变量的值。

for 语句的执行过程如下。

(1) 计算表达式 1，为循环变量赋初值。

(2) 计算表达式 2，检查循环控制条件，若表达式 2 的值为 true，则执行一次循环体语句；若为 false，终止循环。

(3) 执行完一次循环体语句后，计算表达式 3，对循环变量进行增量或减量操作，再重复第(2)步操作，判断是否要继续循环。执行流程如图 6-17 所示。

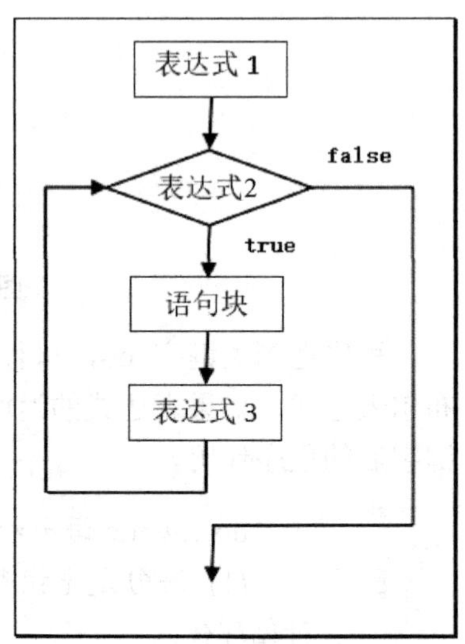

图 6-17　for 循环语句执行流程

注意：C 语言不允许省略 for 语句中的三个表达式，否则 for 语句将出现死循环现象。

【例 6-9】 编写程序，使用 for 循环语句，实现 100 以内自然数求和，输出结果。(源代码\ch06\6-9)

```
#include <stdio.h>
int main()
{
    /* 定义变量 */
    int i,sum=0;
    printf("100 以内自然数求和：\n");
    /* for 循环语句 */
    for(i=1;i<=100;i++)
    {
        sum+=i;
    }
    printf("1+2+3+...+100=%d\n",sum);
    return 0;
}
```

运行上述程序，结果如图 6-18 所示。

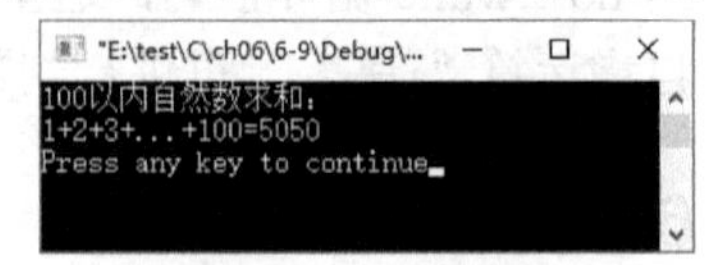

图 6-18　for 循环语句

【案例剖析】

本例演示了如何使用 for 循环语句。代码中首先定义变量 i 和 sum，并将 sum 初始化为 0。然后使用 for 循环计算 100 以

内自然数的和，在 for 循环中，首先计算“i=1”，为循环变量赋初值；然后计算“i<=100”，若为真，则执行一次“sum+=i”语句，若为假则跳出循环执行后续语句；在执行完一次循环语句后，计算“i++”，对循环变量进行自增运算，之后再重复计算表达式 2 的值，判断是否继续循环。

通过上述实例可以发现，while、do…while 语句和 for 语句有很多相似之处，几乎所有的循环语句，这三种语句都可以互换。

6.3.4 循环语句的嵌套

在一个循环体内又包含另一个循环结构，称为循环嵌套。如果内嵌的循环中还包含有循环语句，这种循环称为多层循环。while 循环、do…while 循环和 for 循环语句之间可以相互嵌套。

【例 6-10】 编写程序，使用嵌套 for 循环语句，在屏幕上输出九九乘法表。(源代码\ch06\6-10)

```
#include <stdio.h>
int main()
{
    int i,j;
    /* 外层循环 每循环 1 次 输出一行 */
    for(i = 1; i <= 9; i++)
    {
        /* 内层循环 循环次数取决于 i */
        for(j = 1; j <= i;j++)
        {
            printf("%d * %d = %d\t",j,i,i*j);
        }
        printf("\n");
    }
    return 0;
}
```

运行上述程序，结果如图 6-19 所示。

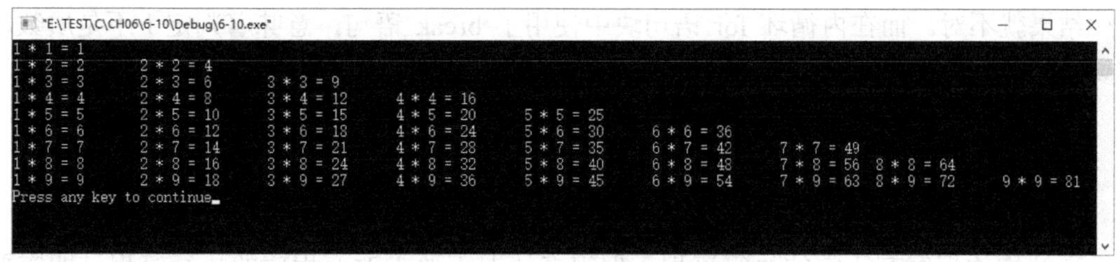

图 6-19 九九乘法表

【案例剖析】

本例演示了如何使用嵌套 for 循环语句。在代码中首先定义循环变量 i 和 j，接着书写嵌套 for 循环语句。九九乘法表一共有 9 行，所以外循环应循环 9 次，循环条件为“i<=9”；每循环一次，输出一行口诀表，每行所输出的口诀刚好等于每行的行号，所以内循环的循环条件为“j<=i”。

【例 6-11】 编写程序，实现输出除 1 以外指定整数范围内的质数。(源代码\ch06\6-11)

```
#include <stdio.h>
int main()
{
    /* 定义变量 */
    int i,j,s,e;
    /* 从输入端输入 i，j 的值 */
    printf("请输入起始数：\n");
    scanf("%d",&s);
    getchar();
    printf("请输入结尾数：\n");
    scanf("%d",&e);
    for(i=s;i<e;i++)
    {
        for(j=2;j<=(i/j);j++)
        {
            if((i%j)==0)
            /* 如果找到则跳出循环 */
                break;
        }
        if(i!=1&&i!=0)
        {
            if(j>(i/j))
                printf("%d 是质数\n",i);
        }
    }
    return 0;
}
```

```
"E:\test\C\ch06\6-11\Debug\6-11.exe"
请输入起始数：
0
请输入结尾数：
10
2 是质数
3 是质数
5 是质数
7 是质数
Press any key to continue
```

图 6-20　输出质数

运行上述程序，结果如图 6-20 所示。

【案例剖析】

本例演示了 for 循环与 if 循环语句的嵌套。在上述程序中，使用了“i != 1 && i != 0”的 if 语句判断将要输出的值 i 是否为 1 或 0，因为 0 和 1 不是质数，如果不考虑 0 和 1 的话，那么程序结果就不对。而在内循环 for 语句块中使用了 break 语句，意味着判定 i 不是质数，就不需要继续进行循环了，避免了程序冗余执行，在下节将会介绍强制结束循环的语句。

6.4 跳转语句

循环结构的程序有正常的执行流程，但很多情况下要求改变程序的执行流程，即需要跳转语句。跳转语句主要用于无条件地转移控制，它会将控制转到某个位置，这个位置就成为跳转语句的目标。C 语言提供的跳转语句主要有 break 语句、continue 语句和 goto 语句，下面将对这些语句进行介绍。

6.4.1 break 语句

break 语句只能应用在选择结构 switch 语句和循环语句中，如果出现在其他位置会引起编译错误。break 语句使流程跳转出 switch 结构，在前面章节已经介绍过，在此不再赘述。

break 语句出现在循环体内，会使循环提前结束，执行循环体外的语句。break 语句如果出现在内循环中，会使流程跳出内循环执行外循环。

【例 6-12】 编写程序，使用 while 循环语句输出 1 到 10 之间的整数，在内循环中使用 break 语句，当输出到 5 时跳出循环。(源代码\ch06\6-12)

```
#include <stdio.h>
int main()
{
    int a=1;
    while(a<10)
    {
        printf("%d\n",a);
        a++;
        if(a>5)
        {
            /* 使用 break 语句终止循环 */
            break;
        }
    }
}
```

运行上述程序，结果如图 6-21 所示。

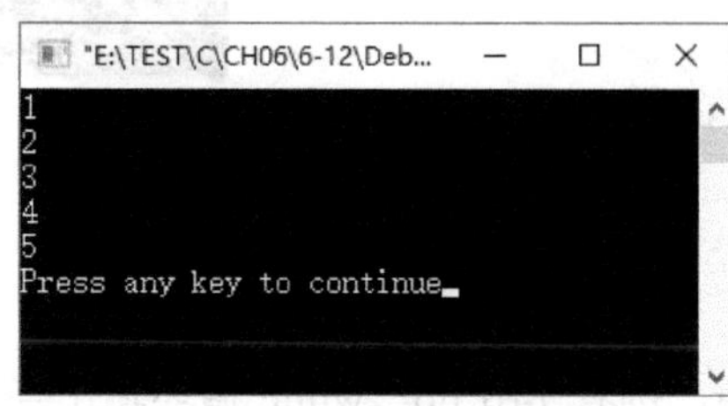

图 6-21 break 语句

【案例剖析】

本例演示了在循环中使用 break 语句用于使循环提前结束。首先代码中定义变量 a 并初始化为 1，然后通过循环输出 1～9，但是在 while 循环中嵌套了 if 语句，当 a 的值自增到 5 时结束 while 循环并跳出，这时完成输出 1～5 的整数。

在嵌套循环中，break 语句只能跳出离自己最近的那一层循环。

6.4.2 continue 语句

continue 语句只能应用于循环语句(while、do…while、for)中，用来忽略循环语句块内位于它后面的代码而直接开始一次新的循环。continue 语句出现在循环嵌套语句时，只能使直接使用它的循环语句开始一次新的循环。

【例 6-13】 编写程序，使用 do…while 循环语句输出 5 以内除了 3 之外的其他整数。(源代码\ch06\6-13)

```
#include <stdio.h>
int main()
{
    int a=1;
    do
    {
        if(a==3)
        {
            /* 跳过迭代 */
            a=a+1;
            continue;
```

```
        }
        printf("%d\n",a);
        a++;
    }
    while(a<5);
}
```

运行上述程序，结果如图 6-22 所示。

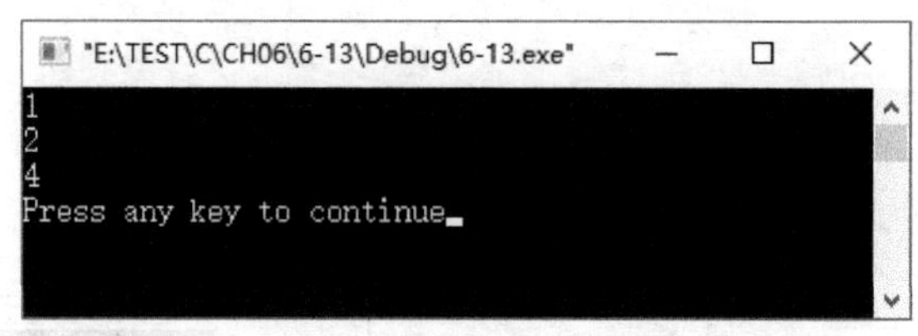

图 6-22　continue 语句

【案例剖析】

本例演示了如何使用 continue 语句结束后续语句进入下一次循环。代码中首先定义变量 a，接着使用 do…while 循环输出当 a<5 时 a 的值，在循环体中使用 if 语句，限定当 a 等于 3 时，跳过后续输出 a 的语句，而执行下一次的循环，直到输出 4 时停止。

6.4.3　goto 语句

goto 语句的用法非常灵活，可以用它实现递归、循环、选择功能。goto 是“跳转到”的意思，使用它可以跳转到另一个加上指定标签的语句。goto 语句的语法格式为：

```
goto  [标签];
[标签]:  [表达式];
```

例如，使用 goto 语句实现跳转到指定语句：

```
int i = 0;
goto a;
i = 1;
a : printf("%d",i);
```

这四句代码的意思是：第一句，定义变量 i；第二句，跳转到标签为 a 的语句；接下来就输出 i 的结果。可以看出，第三句是无意义的，因为没有被执行，跳过去了，所以输出的值是 0，而不是 1。

注意：goto 跳转的语句，并不是一定要跳转到之后的语句，也就是说，goto 还可以跳到前面去执行。

【例 6-14】 编写程序，通过使用 goto 语句和 if 循环实现输出 1～9 自然数。(源代码\ch06\6-14)

```
#include <stdio.h>
int main()
{
    int i=0;
```

```
    a:printf("%d\n",i);
    if(i<9)
    {
        i++;
        /* 使用 goto 语句跳转到输出语句 */
        goto a;
    }
}
```

运行上述程序，结果如图 6-23 所示。

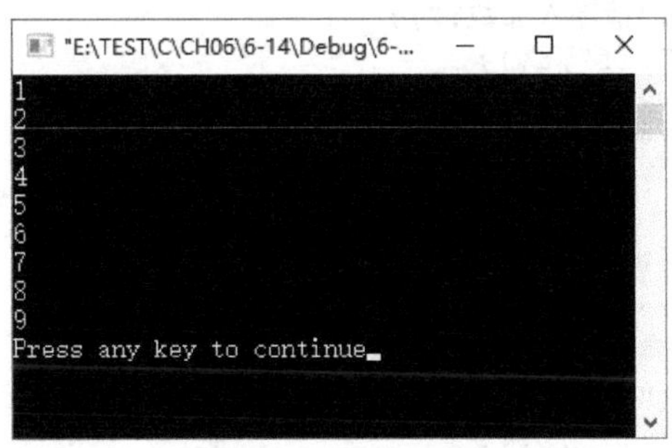

图 6-23 goto 语句

【案例剖析】

本例用于演示如何使用 goto 语句实现跳转。在代码中首先定义了 int 型变量 i 并初始化为 0，然后编写了指定标签的语句表达式，用于跳转语句的跳转，接着使用 if 语句判断当 i<9 时执行循环体中的语句，在循环体中使用 goto 语句，跳转到指定标签处，用于输出 i 的值。

6.5 综合案例——制作简易计算器

本节通过具体的综合案例对本章知识点进行具体应用演示。

【例 6-15】 编写程序，完成一个简易计算器小程序，要求实现加、减、乘、除四种运算功能。(源代码\ch06\6-15)

```
#include <stdio.h>
#include <stdlib.h>
int main()
{
    double x,y,Result;
    int choice;
    while(1)
    {
        /* 程序主界面 */
        printf("┌─────────────┐\n");
        printf("┆  简易计算器:   ┆\n");
        printf("├─────────────┤\n");
        printf("┆  指令 1: 加法运算     ┆\n");
        printf("┆  指令 2: 减法运算     ┆\n");
        printf("┆  指令 3: 乘法运算     ┆\n");
        printf("┆  指令 4: 除法运算     ┆\n");
```

```
    printf("┆  指令 0: 结束程序       ┆\n");
    printf("└────────────────┘\n");
    printf("请输入指令:");
    scanf("%d",&choice);
    switch(choice)
    {
      case 1:
          /* 加法 */
          printf("请输入被加数:");
          scanf("%lf",&x);
          printf("请输入加数:");
          scanf("%lf",&y);
          Result=x+y;
          printf("x+y=%.2lf\n\n",Result);
          break;
      case 2:
          /* 减法 */
          printf("请输入被减数:");
          scanf("%lf",&x);
          printf("请输入减数:");
          scanf("%lf",&y);
          Result=x-y;
          printf("x-y=%.2lf\n\n",Result);
          break;
      case 3:
          /* 乘法 */
          printf("请输入被乘数:");
          scanf("%lf",&x);
          printf("请输入乘数:");
          scanf("%lf",&y);
          Result=x*y;
          printf("x*y=%.2lf\n\n",Result);
          break;
      case 4:
          /* 除法 */
          printf("请输入被除数:");
          scanf("%lf",&x);
          printf("请输入除数:");
          scanf("%lf",&y);
          Result=x/y;
          printf("x/y=%.2lf\n\n",Result);
          break;
      case 0:
          /* 退出程序 */
          return 0;
      default:
          /* 缺省情况 */
          printf("请输入正确的指令！\n\n");
          break;
    }
    system ("pause");
    system ("cls");
  }
  getchar();
```

```
    return 0;
}
```

运行上述程序，结果如图 6-24～图 6-27 所示。

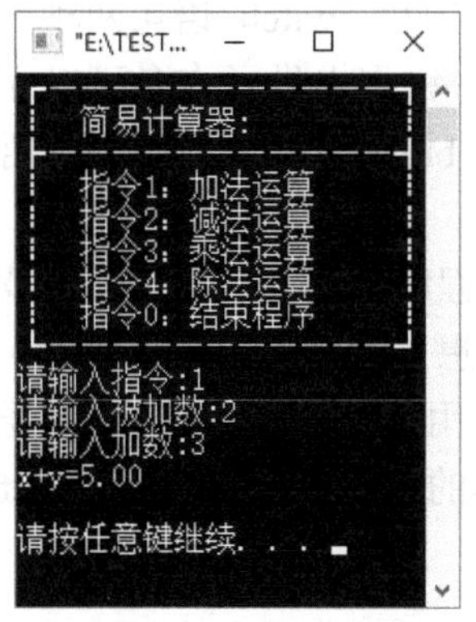

图 6-24　加法运算

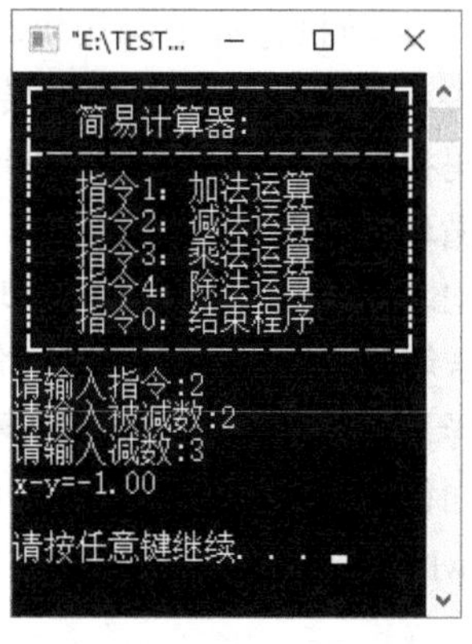

图 6-25　减法运算

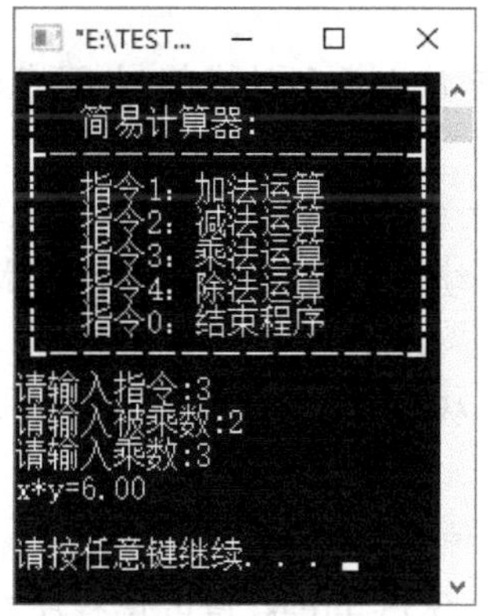

图 6-26　乘法运算

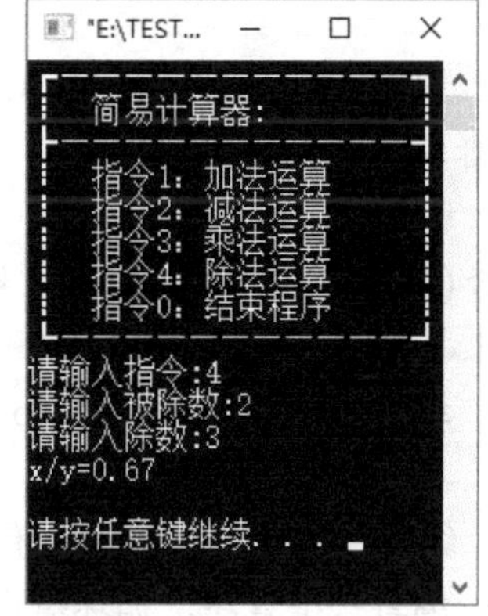

图 6-27　除法运算

【案例剖析】

本例用于演示如何通过循环结构以及选择结构制作一个简单四则运算计算器。在代码中，首先定义 double 型变量 x、y 以及 Result，分别用于表示参与计算的两个操作数以及计算结果，接着定义一个 int 型变量 choice，用于表示用户做出的指令选择。然后通过 while 循环打印程序的主界面，并引导用户输入操作指令，通过 switch 分支选择结构根据用户输入的指令执行相应的操作，如为“1”时，执行加法操作，由用户输入两个操作数，经过计算，输出计算结果 Result。

6.6　大神解惑

小白：break 语句和 continue 语句的区别是什么？

大神：在循环体中，break 语句是跳出循环，而 continue 语句是跳出当前循环，执行下一次循环。

小白：跳转语句和条件分支语句有什么不同之处？

大神：条件语句又称为条件选择语句，它判定一个表达式的结果是真还是假(是否满足条件)，根据结果判断执行哪个语句块。条件语句分为 if 语句和 switch 语句两种方法。很多时候，我们需要程序从一个语句块跳转到另一个语句块，C 语言提供了许多可以立即跳转程序到另一行代码执行的语句，这些跳转语句包括 goto 语句、break 语句和 continue 语句。

小白：循环语句都有什么特点？

大神：while、do…while 语句循环条件的改变，要靠程序员在循环体中去有意安排某些语句。而 for 语句却不必。使用 for 语句时，若在循环体中想去改变循环控制变量，以期改变循环条件，无异于画蛇添足。while 循环、do…while 循环适用于未知循环次数的场合，而 for 循环适用于已知循环次数的场合。使用哪一种循环又依具体的情况而定。凡是能用 for 循环的场合，都能用 while、do…while 循环实现，反之则未必。

6.7　跟我学上机

练习 1: 输入一个字符，使用 if…else 语句判定它是什么类型的字符(大写字母、小写字母、数字或者其他字符)。

练习 2: 编写一个程序，输入 0～100 之间的一个学生成绩分数,用 switch 语句输出成绩等级[成绩优秀(90～100 分)、成绩良好(80～89 分)、成绩及格(60～79 分)和成绩不及格(59 分以下)]。

练习 3: 编写一个程序，利用 do…while 循环语句，从键盘上输入 10 个整数，求出它们的和。

练习 4: 编写一个程序，实现具有加、减、乘、除四种功能的简单计算器。

练习 5: 编写一个程序，循环输出 1～20 的自然数，使用 break 语句使程序在输出到 16 时跳出循环。

第 II 篇

核心技术

- 第 7 章　特殊的元素集合——数组
- 第 8 章　程序描述——算法与流程图
- 第 9 章　C 语言灵魂——函数与函数中变量
- 第 10 章　灵活调用内存地址——指针
- 第 11 章　数据存储——操作文件
- 第 12 章　未雨绸缪——编译与预处理指令
- 第 13 章　提高开发效率——使用库函数

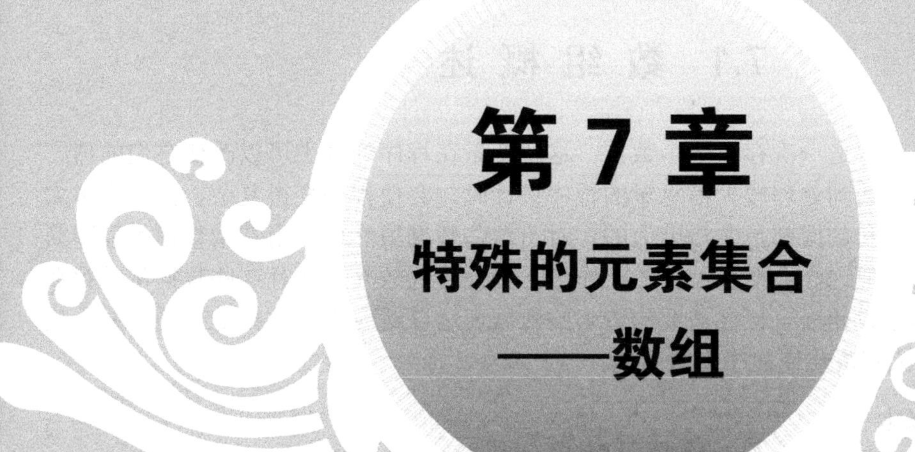

第 7 章 特殊的元素集合——数组

在 C 语言中，如果需要存储具有固定大小并且类型相同的一组元素时，可以使用一种特殊的集合，这种集合就是数组。数组是有序数据的集合，在数组中的每一个元素都属于同一个数据类型。本章将对数组的相关内容进行详细讲解。

本章目标(已掌握的在方框中打钩)

- ☐ 了解什么是数组
- ☐ 掌握一维数组的使用
- ☐ 掌握二维数组的使用
- ☐ 了解什么是多维数组
- ☐ 掌握字符数组的使用
- ☐ 掌握如何使用字符数组的输入与输出函数
- ☐ 掌握如何使用字符串的处理函数

7.1 数组概述

前面所使用的变量都是一次存放一个数据。这些变量在程序处理中可以改变它们的值，虽然非常有用，但是在遇到处理较大信息量的程序设计时，会使程序变得复杂。由于许多大型程序需要处理的信息和数据都是非常庞大的，对于这些数据虽然可以用基本数据类型即简单变量名的方法处理，但这样会增加编程的工作量，降低编程效率，并且这些数据常常存在一定的联系，因此程序设计语言往往需要构造新的数据表达以适应大型数据处理的需要。处理这类问题采用数组来解决会使程序变得简单。

1. 数组的相关概念

在实际应用中，往往会遇到具有相同属性又与位置有关的一批数据。例如，40 个学生的数学成绩，对于这些数据当然可以用声明 M1，M2，…，M40 等变量来分别代表每个学生的数学成绩。其中 M1 代表第 1 个学生的成绩，M2 代表第 2 个学生的成绩，……，M40 代表第 40 个学生的成绩，其中 M1 中的 1 表示其所在的位置序号。这里的 M1，M2，…，M40 通常称为下标变量。显然，如果用简单变量来处理这些数据会很麻烦，而用一批具有相同名字、不同下标的下标变量来表示同一属性的一组数据，不仅很方便，而且能更清楚地表示它们之间的关系。

数组是具有相同数据类型的变量集合，这些变量都可以通过索引进行访问。数组中的变量称为数组的元素，数组能够容纳元素的数量称为数组的长度。数组中的每个元素都具有唯一的索引(或称为下标)与其相对应，在 C 语言中数组的索引从 0 开始。

2. 数组的组成部分

数组是通过指定数组的元素类型、数组的秩(维数)及数组的每个维数的上限和下限来定义的，因此定义一个数组应该包括元素类型、数组的维数、每个维数的上下限。

接下来将对常用的一维数组、二维数组以及字符串数组进行讲解。

7.2 一维数组

一维数组是最简单也是最常用的数组类型，本节将对一维数组的定义方法和使用进行详细的讲解。

7.2.1 一维数组的定义

在 C 语言中，使用一维数组之前首先要对其进行定义。一维数组的定义语法如下。

```
类型说明符 数组名[常量表达式];
```

其中，类型说明符为数组中元素的类型，一般是任何一种有效的 C 语言基本数据类型或者构造数据类型；数组名为用户自定义的数组标识符；常量表达式为数组中元素的上限长度。

例如：

```
int a[6];
float x[5],y[4];
```

“int a[6]”表示定义一个整型数组 a，其中包含有 6 个元素，“float x[5],y[4]”表示定义一个实型数组 x，其中包含五个元素；定义一个实型数组 y，其中包含四个元素。

定义数组时，是对整个数组的元素进行声明，如上例中的数组“a[6]”，然后再通过 a[0]，a[1]，…，a[5]来表示数组中的单独元素。访问数组中的某个元素时是通过它在内存中的索引来完成的。所有的数组都是由连续的内存位置来组成的，其中最低的地址对应数组中的第一个元素，最高的地址对应数组中最后一个元素，以数组“a[6]”为例，它在内存中的存储形式如图 7-1 所示。

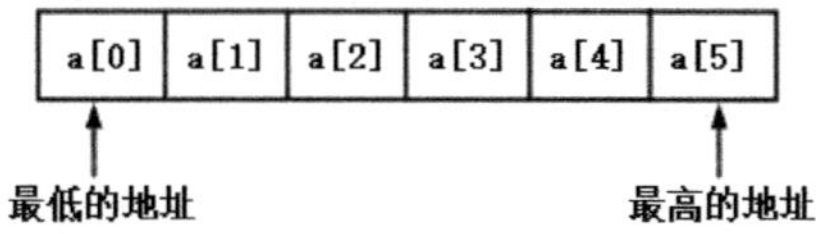

图 7-1　数组在内存中的存储形式

一维数组在定义时需要注意以下几点。

(1) 数组名称不得与其他变量名相同。

例如：

```
int i;
int i[5];
```

由于已经定义了 int 型的变量 i，所以下一句定义的 int 型数组不能再用 i 当作数组名。

(2) 数组类型决定了数组元素的取值类型。在一个数组中，所有的元素类型都是一样的。

例如：

```
int a[5];
```

该数组中所有的元素类型都相同，也就是 a[0]为 int 型、a[1]为 int 型……a[4]也为 int 型。

(3) 数组名在命名时应当遵守标识符的命名规范。

(4) 数组“[]”中的常量表达式为数组元素的个数，例如 b[5]表示数组 b 中有 5 个元素，并且其元素下标索引从 0 开始，也就是 b[0]、b[1]、b[2]、b[3]、b[4]。

(5) 数组中用于表示元素个数的可以是常量表达式，也可以是符号常量，但不能使用变量。

例如：

```
#define C 1
…
int a[1+1],b[1+C];
```

如上所示，数组 a 使用常量表达式表示元素个数，数组 b 使用符号常量表示元素个数，都是允许的。

而：

```
int i=2;
int a[i];
```

这是错误的写法，不能使用变量来表示数组中元素的个数。

(6) 如果若干数组和变量具有相同类型，允许它们在一行内进行定义。

例如：

```
int a[5],b[6],x,y,z;
```

7.2.2 一维数组的引用

在一个数组中，其包含的元素构成了该数组的最基本单元。在对一个已定义的数组元素进行使用的时候，是通过引用该数组元素的形式。数组中的元素在 C 语言中也属于一种变量，它的表示形式一般为：

```
数组名[下标]
```

其中下标为该元素的索引号，它表示了元素在数组中的顺序号，所以数组元素也可称为下标变量，需要注意的是数组元素的下标只能为整型常量或者整型表达式。

例如：

```
a[1];
a[b+c];
a[3/2];
```

这样表示数组元素都是没有问题的，其中 a[3/2]等价于 a[1]，因为当表达式计算结果为浮点数时，C 编译器会对该结果进行取整，舍弃其小数部分，只保留整数。

【例 7-1】 编写程序，定义一个数组 a，使用 for 循环对数组 a 进行赋值，然后再将数组中的元素倒序输出。(源代码\ch07\7-1)

```
#include <stdio.h>
int main()
{
    /* 定义数组 a 与变量 i  */
    int i,a[6];
    for(i=0;i<=5;i++)
    {
        /* 对数组元素进行循环赋值 */
        a[i]=i;
    }
    for(i=5;i>=0;i--)
    {
        /* 按倒序输出数组元素 */
        printf("%d\n",a[i]);
    }
    return 0;
}
```

运行上述程序，结果如图 7-2 所示。

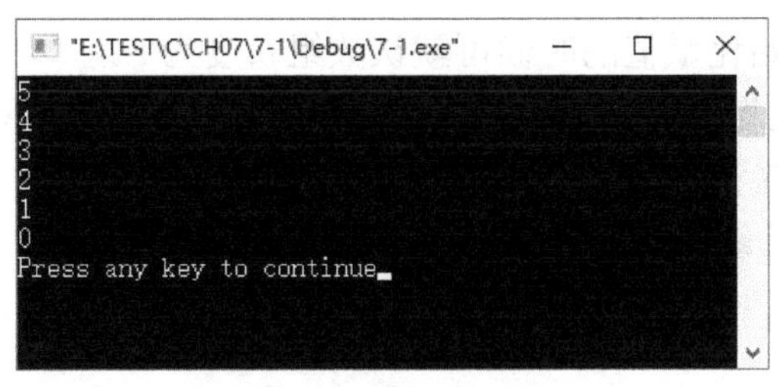

图 7-2 一维数组的引用

【案例剖析】

本例演示了对一维数组中元素的引用。在代码中首先定义变量 i 与数组 a[6]。第一个 for 循环用于给数组 a 中的元素赋值，通过循环变量 i 的值确定数组的下标和具体赋值。第二个 for 循环用于输出数组 a 中的每一个元素，利用循环变量一一访问数组元素，并通过设置循环变量的初值和循环变量的自减来使得数组元素按照倒序进行输出。

7.2.3 一维数组的初始化

一维数组的初始化与变量的初始化十分相似，可以利用赋值语句对数组中的元素一一赋值。除了这种方法以外，还可以通过初始化赋值与动态赋值两种方法实现。

1. 初始化赋值

对一维数组进行初始化赋值就是指在定义数组的同时给数组中元素赋予初值。

初始化赋值的语法格式如下。

```
类型说明符 数组名[常量表达式]={值1,值2,…,值n};
```

其中大括号“{}”中的“值 1,值 2,…,值 n”即为数组中各元素的初始值，在书写的时候需要使用逗号“,”隔开。

例如：

```
int a[5]={0,1,2,3,4};
```

这样初始化后数组 a 中的各元素为：a[0]=0，a[1]=1，…，a[4]=4。

在对数组进行初始化赋值时需要注意以下几点。

(1) 对数组进行初始化赋值时允许给部分元素进行赋值，若赋值的元素少于定义时数组的元素个数时，则默认为从下标为 0 的元素开始赋值。

例如：

```
int a[5]={0,1,2};
```

此时数组 a 包含五个元素，而进行初始化赋值操作后，只对 a[0]～a[2]元素进行了赋值，其余的元素则自动被初始化为 0，也就是说 a[3]和 a[4]元素的值为 0。

(2) 在对数组初始化赋值时，可以不必给出数组的常量表达式。

例如：

```
int a[]={0,1,2,3,4};
```

这种形式的数组在初始化赋值的时候可默认数组长度为5。

(3) 对数组元素初始化赋值只能一一进行，就算每个元素的值都相同，也不能给数组整体进行赋值，C语言中没有这种赋值方式。

例如，有数组a，其元素都为1，则正确的初始化赋值语法为：

```
int a[5]={1,1,1,1,1};
```

若是写为：

```
int a[5]=1;
```

则是不合法的。

2. 动态赋值

所谓动态赋值，是指在程序的运行过程中，通过循环语句以及 scanf()输入函数对数组元素进行逐一赋值的形式。

【例 7-2】 编写程序，定义一个数组a，使用for循环语句以及scanf()输入函数通过输入端来为数组a进行逐一动态赋值，最后输出数组a中每个元素的值。(源代码\ch07\7-2)

```
#include <stdio.h>
int main()
{
    /* 定义数组 a 与变量 i */
    int i,a[6];
    printf("请对数组 a 中元素进行逐一赋值：\n");
    for(i=0;i<=5;i++)
    {
        /* 对数组元素进行循环动态赋值 */
        scanf("%d",&a[i]);
    }
    printf("数组 a 的元素分别为：\n");
    for(i=0;i<=5;i++)
    {
        printf("%d",a[i]);
    }
    printf("\n");
    return 0;
}
```

运行上述程序，结果如图7-3所示。

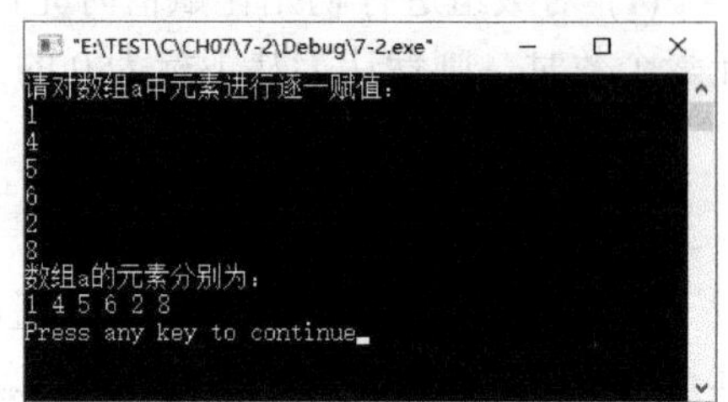

图7-3 动态赋值

【案例剖析】

本例用于演示如何为一维数组进行动态赋值。代码中首先定义循环变量i和数组a，然后用for循环语句对数组a进行动态赋值，循环条件控制循环次数等于数组元素个数，每循环一次，通过scanf()函数从输入端输入一个数组元素，最后再通过for循环语句依次将数组中的元素输出。

7.2.4 程序实例

本节将通过两个例子演示一维数组的具体应用。

【例 7-3】 编写程序，定义一个符号常量 N，一个 int 型数组 a，要求输出从 0 开始前 N 个质数，使用 if 语句对质数与否进行判断，通过 while 语句将质数赋予数组 a。(源代码\ch07\7-3)

```
#include <stdio.h>
#define N 20
main()
{
   int a[N],i,j,k;
   printf("前%d 个质数为:\n",N);
   /* 2 是第一个质数所以直接赋值 */
   a[0]=2;
   /* 更新计数变量 */
   i=1;
   /* 被测试的数从 3 开始 */
   j=3;
   while(i<N)
   {
      /* 调整 j 使它为下一个质数 */
      k=0;
      while(a[k]*a[k]<=j)
      {
         if(j%a[k]==0)
         {
            /* j 是合数 */
            j+=2;
            k=1;
         }
         else
         {
            k++;
         }
      }
      a[i++]=j;
      /* 除 2 外，其余质数均是奇数 */
      j+=2;
   }
   /* 输出数组 a */
   for(k=0;k<i;k++)
   {
      printf("%-4d",a[k]);
   }
   printf("\n 按任意键退出程序...\n");
   getchar();
   return 0;
}
```

运行上述程序，结果如图 7-4 所示。

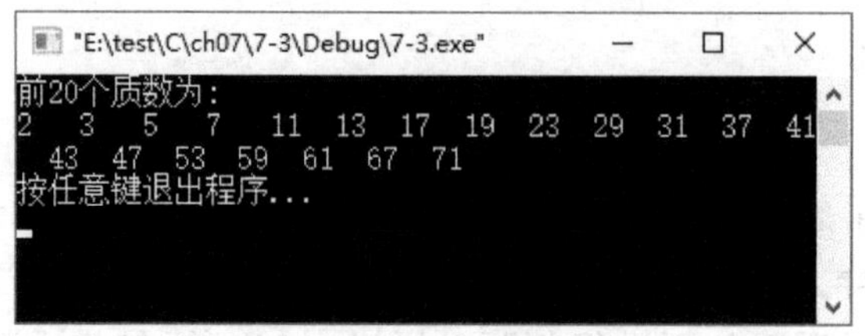

图 7-4　求前 N 个质数

【案例剖析】

本例通过计算判断将质数分别赋予一维数组中的元素，实现求解前 N 个质数的算法。在代码中，首先定义了符号常量 N，便于对前 N 个质数进行求解，并且定义数组 a，其长度正好为 N，定义变量 i、j、k。由于 2 为大于 1 的第一个质数，所以不用求解可直接将 2 赋予数组元素 a[0]，然后从下一个数 3 开始判断，通过嵌套 while 循环语句，外层用于确定质数 j 的值并赋予数组 a 中元素，由于质数中除了 2 以外都是奇数，所以可使用“j+=2”来进行排查，内层循环通过 if 语句判断该数是不是除了 1 和它本身外不再有其他因数，并将这些数剔除。最后将数组 a 中的质数循环输出。

【例 7-4】 编写程序，定义一个数组 a，长度为 5，通过输入端输入 5 个整数并存入数组中，通过比较，将数组 a 中元素进行排序，并按照从大到小的顺序输出。(源代码\ch07\7-4)

```
#include <stdio.h>
int main()
{
    int a[5],i,j,temp;
    printf("请输入 5 个数: \n");
    for(i=0;i<5;i++)
    {
        scanf("%d",&a[i]);
    }
    for(i=0;i<5;i++)
    {
        /* 内循环中将最大数赋予 a[i] */
        for(j=i+1;j<5;j++)
        {
            if(a[i]<a[j])
            {
                temp=a[i];
                a[i]=a[j];
                a[j]=temp;
            }
        }
    }
    printf("排序后结果为: \n");
    for(i=0;i<5;i++)
    {
        printf("%-4d",a[i]);
    }
    printf("\n");
    return 0;
}
```

运行上述程序，结果如图 7-5 所示。

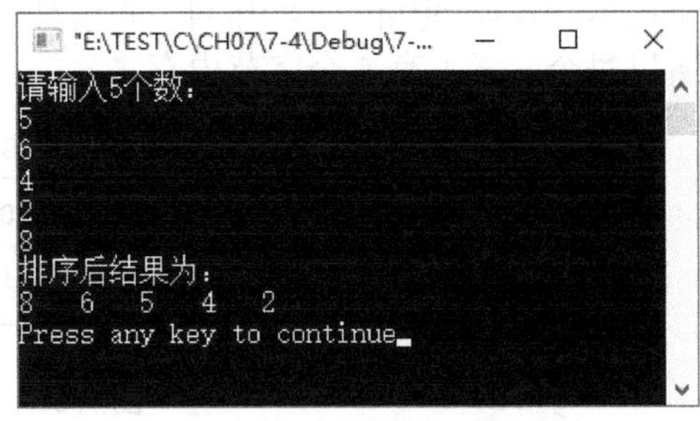

图 7-5 一维数组元素排序

【案例剖析】

本例演示了如何对一维数组中的元素进行由大到小的排序。在代码中首先定义了 int 型数组 a，长度为 5，变量 i、j、temp。通过 for 循环，使用户通过输入端循环输入数组 a 中元素。然后编写嵌套 for 循环语句，外循环用于取出每个下标变量的值，然后进入内循环通过 if 语句分别判断此值与后续的下标变量的值大小情况，并将最大的数赋予外循环中的下标变量，也就是说，用当前数组中第一个元素分别与后续元素的值两两进行比较，若后续元素值大于第一个，则两数交换；然后再用第二个元素分别与后续元素的值两两比较，若后续元素值大于第二个，则两数交换，以此类推，就完成了数组的从大到小排列。

7.3 二 维 数 组

在实际生活中，常常会遇到一些一维数组不能解决的问题。例如，统计学生的成绩时发现一个学生有很多门功课的成绩，这时候使用一维数组并不能满足数据的存储以及表示。C 语言中，针对此类问题需要使用多个下标标识数据在数组中的位置情况，可以通过构造二维数组或多维数组实现。

7.3.1 二维数组的定义

二维数组是多维数组中最简单的体现，二维数组可以看作一个一维数组的表格形式。所以二维数组拥有“行”与“列”。

二维数组的定义语法如下。

```
类型说明符 数组名[常量表达式1][常量表达式2];
```

其中，类型说明符可以是 C 语言中任意的有效数据类型，数组名为合法的标识符，常量表达式 1 为第一维下标的长度，也可以看作行数，常量表达式 2 为第二维下标的长度，也可以看作列数。

例如：

```
int a[2][3]
```

此为定义一个 int 型二维数组 a，此数组拥有 2 行 3 列，其中元素的类型都为整型，并且该数组中共有 2×3=6 个元素。它们的书写形式如图 7-6 所示。

二维数组中的元素存放与一维数组十分相似，只不过二维数组在概念上来说是二维的性质，其中元素位置分布于平面中而不像一维数组只是处于一个向量中。C 语言中二维数组数据的存放是按照“先行再列”的方式，例如上述 2 行 3 列的数组 a，数据的存放先从第一行开始，依次存放 a[0][0]、a[0][1]、a[0][2]，然后再依次存放到第二行中。由于数组 a 为 int 型，所以每个元素占有 4 个字节内存。

	第一列	第二列	第三列
第一行	a[0][0]	a[0][1]	a[0][2]
第二行	a[1][0]	a[1][1]	a[1][2]

图 7-6　一个 2 行 3 列的二维数组

7.3.2　二维数组的引用

C 语言中，二维数组的元素可以表示为：

```
数组名[下标][下标];
```

可以看出，因为二维数组具有二维性质，所以数组中的元素通过两个下标来表示，就相当于坐标轴中的点，通过 x、y 来表示，所以二维数组元素又可以称为双下标变量。其中用于表示下标的只能为整型变量或者表达式。

例如：

```
int a[2][3];
```

表示定义一个二维数组 a，该数组拥有 2 行 3 列的元素。

注意：二维数组中的下标用于表示此元素在数组中的位置，与定义数组不同的是符号“[]”中数组只能是常量，而数组元素可以为常量或表达式。

【例 7-5】 编写程序，定义一个 4 行 3 列的二维数组 a 和一个 3 行 4 列的二维数组 b，对数组 a 进行动态赋值，然后对数组 a 中元素进行行列转换操作，例如，a[1][2]进行行列转换后为 b[2][1]。转换后的元素赋予数组 b，最后将数组 b 输出。(源代码\ch07\7-5)

```
#include <stdio.h>
#define R 4
#define C 3
int main()
{
    int a[R][C],b[C][R];
    int i,j;
    /* 为二维数组 a 中的元素动态赋值 */
    printf("请输入一个%d*%d 的二维数组 a:\n",R,C);
    for( i=0; i<R; i++ )
    {
        for( j=0; j<C; j++ )
        {
            scanf("%d",&a[i][j]);
        }
    }
    /* 完成数组元素行列转换 */
    for( i=0; i<R; i++ )
    {
```

```
        for( j=0; j<C; j++ )
        {
            b[j][i] = a[i][j];
        }
    }
    /* 输出转换后的二维数组b */
    printf("对数组a进行转换后为%d*%d二维数组: \n",C,R);
    for( i=0; i<C; i++ )
    {
        for( j=0; j<R; j++ )
        {
            printf("%-4d",b[i][j]);
        }
        printf("\n");
    }
    return 0;
}
```

运行上述程序，结果如图 7-7 所示。

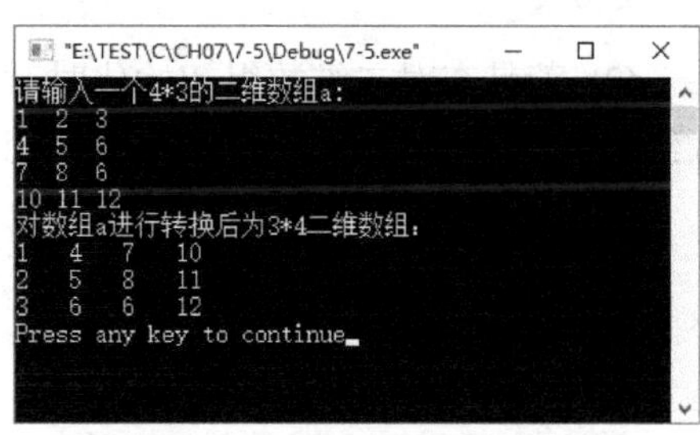

图 7-7　二维数组行列转换操作

【案例剖析】

本例用于演示如何访问二维数组中的元素并实现数组的行列转换。在代码中首先定义符号常量 R 和 C，分别用于表示二维数组的行数与列数，然后定义 int 型数组 a 和 b，数组 a 为 R 行 C 列，数组 b 为 C 行 R 列，数组 b 用于存放数组 a 转换后的元素。接着通过 for 循环为数组 a 中的元素进行动态赋值，然后使用嵌套 for 循环完成对数组 a 中元素的行列转换，在此嵌套循环中外循环访问数组的行数，内循环访问数组的列数并进行元素的行列转换，最后再使用 for 循环输出数组 b。

7.3.3　二维数组的初始化

二维数组的初始化可以在对数组定义的同时对数组中的各下标变量进行赋值。

二维数组的初始化可以按照行数进行分组赋值，赋值时一行为一组，用大括号“{}”括起来，每组的元素之间、组与组之间使用逗号“,”隔开。

例如：

```
int a[2][3]={{1,2,3},{4,5,6}};
```

除了上述的初始化方法外还可以在定义的同时对数组中的元素进行连续赋值。

例如：

```
int a[2][3]={1,2,3,4,5,6};
```

这两种初始化的方法结果是一模一样的。

在对二维数组进行初始化的时候需要注意以下几点。

(1) 同一维数组一样，在对二维数组初始化时，若只对数组中的部分元素赋值，那么其余元素会自动赋 0 值。

例如：

```
int a[2][3]={1,2,3};
```

表示仅对第一行的元素进行赋值，其余元素皆为 0。此时数组 a 可表示为：

```
1 2 3
0 0 0
```

例如：

```
int a[2][3]={{1},{2}};
```

表示对第一行第一列元素赋予 1，对第二行第一列元素赋予 2，其余皆为 0。此时数组 a 可以表示为：

```
1 0 0
2 0 0
```

(2) 若是在对二维数组初始化时对所有元素进行了赋值，那么第一维的长度，也就是二维数组的行数可以不用给出。

例如：

```
int a[][3]={1,2,3,4,5,6};
```

其效果等价于：

```
int a[2][3]={1,2,3,4,5,6};
```

【例 7-6】 编写程序，通过使用二维数组将小张、小王以及小孙的三门功课语文、数学以及英语的成绩存储起来，然后再对成绩进行分析计算，要求求出三人三门功课的平均成绩以及每门功课的平均分，最后将计算结果输出。三人的功课成绩如表 7-1 所示。(源代码\ch07\7-6)

表 7-1　三人的功课成绩

姓　名	语　文	数　学	英　语
小张	88	95	69
小王	91	86	80
小孙	90	71	89

```
#include <stdio.h>
int main()
{
    /* 初始化数组 a */
    int a[3][3]={{88,95,69},{91,86,80},{90,71,89}};
    int s1,s2;
    int i,j;
    /* 将三人的原始成绩输出 */
    printf("三人的成绩如下所示：\n");
    printf("语文    数学    英语\n");
    for(i=0;i<3;i++)
```

```
        {
            for(j=0;j<3;j++)
            {
                printf("%-6d ",a[i][j]);
            }
            printf("\n");
        }
        printf("\n");
        /* 求每人的平均成绩 */
        for(i=0;i<3;i++)
        {
            s1=0;
            for(j=0;j<3;j++)
            {
                s1=s1+a[i][j];
            }
            printf("第 %d 行平均值是:  %d\n",(i+1),s1/3);
        }
        printf("\n");
        /* 求每门课的平均分 */
        for(i=0;i<3;i++)
        {
            s2=0;
            for(j=0;j<3;j++)
            {
                s2=s2+a[j][i];
            }
            printf("第 %d 列平均值是:  %d\n",(i+1),s2/3);
        }
        return 0;
}
```

运行上述程序，结果如图 7-8 所示。

图 7-8 求平均数

【案例剖析】

本例演示了如何计算二维数组的行平均值以及列平均值。在代码中首先定义一个 3 行 3 列数组 a 并进行初始化，将三人的成绩录入数组中，然后定义了 int 型变量 s1 以及 s2，分别用于存储行、列的和。通过一个 for 循环语句，将数组 a 中三人的原始成绩输出。然后利用嵌套 for 循环求出每个人三门课的平均成绩，这里需要注意，访问每行的元素时内循环中是以“a[i][j]”来表示。接着利用嵌套 for 循环求出每门课的平均分，需要注意的是，访问每列的元素时内循环中是以“a[j][i]”来表示的。

7.3.4 多维数组

定义多维数组语法上与二维数组十分类似，唯一不同的是多维数组维数更多，也就是下标会更多。

多维数组的定义语法如下。

```
类型说明符 数组名[常量表达式1][常量表达式2][常量表达式3]…[常量表达式n];
```

例如，定义一个三维数组，语法如下。

```
int a[2][3][2];
```

表示定义一个拥有三个维度 int 型数组 a，每一维的长度分别为 2、3、2，其中的元素都为 int 型，总共由 2×3×2 个元素组成。

多维数组在定义以及引用上与二维数组基本类似，有关多维数组的应用操作，如元素的遍历等都可参考二维数组，这里不再赘述。

7.3.5 程序实例

本节将通过具体实例来演示二维数组的应用。

【例 7-7】 编写程序，定义符号常量 R 和 C，分别用于表示二维数组的行数与列数，定义数组 a，并通过动态赋值的方法为数组 a 中的元素赋值，然后求出数组 a 的主对角线以及副对角线的和并分别输出结果。(源代码\ch07\7-7)

```
#include <stdio.h>
/* 定义符号常量 用于表示数组行列 */
#define R 3
#define C 3
int main()
{
    int a[R][C];
    int s1=0,s2=0;
    int i,j;
    /* 为数组a动态赋值 */
    printf("请为%d*%d二维数组动态赋值：\n",R,C);
    for(i=0;i<R;i++)
    {
        for(j=0;j<C;j++)
        {
            scanf("%d",&a[i][j]);
        }
    }
    printf("\n");
    /* 输出数组a */
    printf("数组a为：\n");
    for(i=0;i<R;i++)
    {
        for(j=0;j<C;j++)
        {
            printf("%d ",a[i][j]);
        }
        printf("\n");
    }
    /* 计算数组a的主对角线之和(左上到右下) */
```

```
    for(i=0;i<R;i++)
    {
        for(j=0;j<C;j++)
        {
            if(i==j)
            {
                s2=s2+a[i][j];
            }
        }
    }
    printf("数组 a 的主对角线之和为: %d\n",s2);
    /* 计算数组 a 的副对角线之和(左下到右上) */
    for(i=0;i<R;i++)
    {
        for(j=0;j<C;j++)
        {
            if(i+j==(R-1))
            {
                s1=s1+a[i][j];
            }
        }
    }
    printf("数组 a 的副对角线之和为: %d\n",s1);
    return 0;
}
```

运行上述程序，结果如图 7-9 所示。

图 7-9　求二维数组主副对角线之和

【案例剖析】

本例演示了如何计算一个对称的二维数组的主副对角线之和。在代码中首先定义两个符号常量 R 和 C，分别表示二维数组的行数与列数，使用符号常量能够很方便地对程序进行改造。然后定义一个 R 行 C 列的数组 a，int 型变量 s1、s2、i 以及 j，并对 s1 和 s2 进行初始化，初始化后都为 0。接着通过一个嵌套 for 循环使用 scanf()输入函数为数组 a 中的元素进行动态赋值，然后输出数组 a 以方便计算。最后计算数组 a 的主副对角线之和：计算一个对称的二维数组主对角线时，当此数组中元素行下标等于列下标时该元素便位于主对角线上，此时取出这些元素并求和即可；计算一个对称的二维数组副对角线时，当此数组中元素行下标加列下标等于当前数组行(或列)长度减一时该元素便位于副对角线上，此时取出这些元素并求和即可。

【例 7-8】 编写程序，定义一个 int 型数组 a，并为该数组动态赋值，然后通过计算将该数组中的元素按照每行由小到大、每列由小到大、左上角最小、右下角最大进行排列，输出排列前后的数组 a。(源代码\ch07\7-8)

```
#include <stdio.h>
int main()
{
```

```
    int a[3][3];
    int i,j,m,n,temp;
    /* 为数组 a 中元素动态赋值 */
    printf("请为 3*3 数组 a 动态赋值: \n");
    for (i=0;i<3;i++)
    {
        for(j=0;j<3;j++)
        {
            scanf("%d",&a[i][j]);
        }
    }
    /* 输出为未排序数组 a */
    printf("排序前的数组 a 为: \n");
    for (i=0;i<3;i++)
    {
        for(j=0;j<3;j++)
        {
            printf("%-2d",a[i][j]);
        }
        printf("\n");
    }
    printf("\n");
    /* 对数组 a 中元素按照每行每列均由小到大进行排列 */
    for (i=0;i<3;i++)
    {
        for(j=0;j<3;j++)
        {
            for(m=0;m<3;m++)
            {
                for(n=0;n<3;n++)
                {
                    if(a[i][j]<a[m][n])
                    {
                        temp=a[i][j];
                        a[i][j]=a[m][n];
                        a[m][n]=temp;
                    }
                }
            }
        }
    }
    /* 输出排序后数组 a */
    printf("排序后的数组 a 为: \n");
    for(i=0;i<3;i++)
    {
        for(j=0;j<3;j++)
        {
            printf("%-2d",a[i][j]);
        }
        printf("\n");
    }
    return 0;
}
```

运行上述程序，结果如图 7-10 所示。

【案例剖析】

本例演示了如何将一个二维数组按照每行每列均由小到大、左上角最小、右下角最大规则进行排列。在代码中首先定义了一个 3 行 3 列 int 型数组 a 以及 int 型变量 i、j、m、n、temp。然后使用嵌套 for 循环为数组 a 进行动态赋值再输出未经排序的数组 a。接着就是本程序的重点，对数组 a 元素进行排序：排序的思路是将每一个元素分别与其他元素进行比较，若小于其他元素则两数进行交换。代码中使用了 4 层的嵌套 for 循环，表面上看起来十分复杂，不好理解，但其实可以将这 4 层 for 循环拆开来看，前两个 for 循环用于访问每一个元素，也就是最里层循环的 a[i][j]，里面两层循环用于访问其他元素，也就是 a[m][n]，根据思路，使用 a[i][j]这个元素分别与其他元素 a[m][n]进行两两比较，结果是将大数赋予 a[i][j]，小数赋予 a[m][n]。如此一来，就完成了每行每列按照由小到大的规则进行排列，最后输出排列后的数组 a。

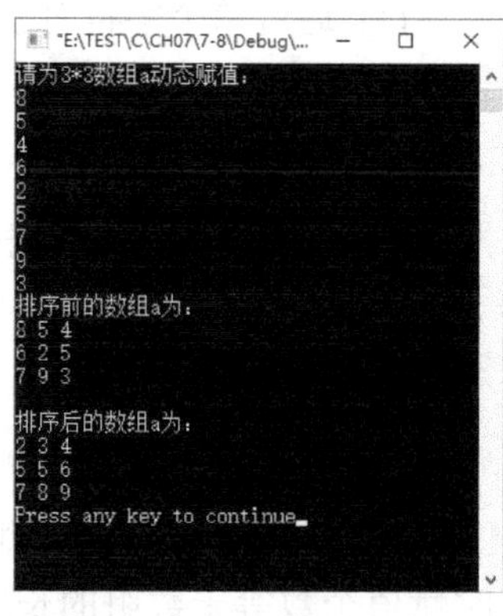

图 7-10 二维数组的排序

7.4 字 符 数 组

字符数组同一维数组一样，只不过一维数组存放的是数值型的数据，而字符数组存放的是字符。之前提到过的字符串实际上就是由字符数组所构成的，在字符数组中，每一个元素就是一个字符。

7.4.1 字符数组的定义和初始化

1. 字符数组的定义

字符数组的定义语法如下。

```
char 数组名[常量表达式];
```

因为是定义字符数组，所以类型说明符必须为 char，数组名在命名时遵循标识符的命名规则，常量表达式为字符数组中所能包含的字符元素上限。

例如，定义一个字符数组 a，语法如下。

```
char a[2];
```

表示定义了一个字符数组 a，该数组拥有 2 个字符型的变量元素，分别是 a[0]和 a[1]。

字符数组与一维数组在访问数组元素时基本一样，通过其下标的方式来对数组中的某个字符变量进行引用。

2. 字符数组的初始化

字符数组的初始化方法有两种，一种是在定义的同时使用单个字符对字符数组中的各元素进行赋值，另一种是在定义时直接使用字符串对字符数组进行赋值。

(1) 通过单个字符对字符数组初始化赋值。

通过单个字符对字符数组初始化赋值，语法格式如下。

```
char 数组名[常量表达式]={ '字符1','字符2','字符3',...,'字符n'};
```

其中大括号“{}”括起来的“'字符 1','字符 2','字符 3',...,'字符 n'”即为字符数组中的字符元素，在书写时使用逗号“,”进行分隔。

例如：

```
char a[6]={ 'I','L','O','V','E','C'};
```

这样初始化后字符数组 a 中的元素为 a[0]= 'I'、a[1]= 'L'、a[2]= 'O'…a[5]= 'C'。若是初始化时赋值个数等于数组的长度，可将常量表达式省略，系统会根据赋值个数来确定常量表达式的值。所以上述初始化等价于：

```
char a[]={'I','L','O','V','E','C'};
```

(2) 通过字符串对字符数组初始化赋值。

通过字符串对字符数组初始化赋值，语法格式如下。

```
char 数组名[常量表达式]={ "字符串"};
```

其中大括号“{}”括起来的"字符串"中每一个字符即为字符数组中的字符元素，这里注意与单个字符不同，字符串是使用" "括起来的。

例如：

```
char a[]={ "I LOVE C"};
```

注意

使用字符串对字符数组初始化时，可以将字符数组中的常量表达式省略。

【例 7-9】 编写程序，定义一个字符数组 a 并对其进行初始化，然后使用 for 循环语句遍历字符数组 a 中元素并输出。(源代码\ch07\7-9)

```
#include <stdio.h>
int main()
{
   int i;
   /* 定义并初始化数组 a */
   char a[]={"I LOVE C!"};
   for(i=0;i<9;i++)
   {
      printf("%c",a[i]);
   }
   printf("\n");
   return 0;
}
```

运行上述程序，结果如图 7-11 所示。

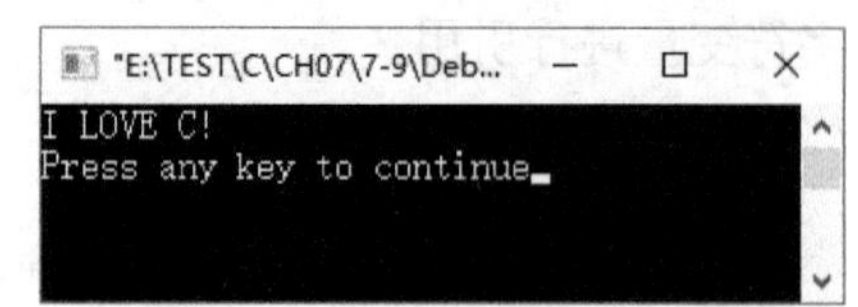

图 7-11　遍历输出字符数组元素

【案例剖析】

本例用于演示如何遍历字符数组中的元素并输出它们。在代码中首先定义字符数组 a 并使用字符串对其进行初始化，然后使用 for 循环语句遍历出字符数组中的每一个字符元素，最后使用 printf()输出函数将它们输出。

7.4.2 字符串和字符数组

实际上在 C 语言中，字符串都是作为字符数组来处理的。也就是说，之前所用到的字符串实际上都属于字符数组。

字符串在 C 语言中通常是以“\0”来作为结束标志的，所以若是使用字符串对字符数组进行初始化或者赋值就会将结尾的“\0”结束标志一起存放到数组之中。由此一来，使用字符串对字符数组赋值就会比使用单个字符对字符数组赋值多占一个字节的空间。

例如：

```
char a[]="I LOVE C";
```

该字符数组在内存中的存放形式如图 7-12 所示。

I		L	O	V	E		C	\0

图 7-12 使用字符串初始化字符数组时数组的存放形式

由于“\0”为系统自动添加，所以上述的赋值语句也可以写成如下形式。

```
char a[]={'I',' ','L','O','V','E',' ','C'};
```

实际上在对字符数组初始化时并没有严格要求必须以“\0”结尾，但是因为使用字符串初始化赋值时系统会自动向结尾添加“\0”，所以为了便于对字符数组长度进行处理，会人为向字符数组的结尾加上“\0”。

【例 7-10】 编写程序，定义 2 个字符数组 a 和 b，并使用字符串对它们进行初始化，在字符数组 b 中人为加入“\0”，输出它们看看有什么不同。(源代码\ch07\7-10)

```
#include <stdio.h>
int main()
{
    /* 定义字符数组并初始化 */
    char a[] = "I love C!";
    char b[10] = "I love\0 C!";
    printf("字符数组 a 为: %s\n", a);
    printf("字符数组 b 为: %s\n", b);
    return 0;
}
```

运行上述程序，结果如图 7-13 所示。

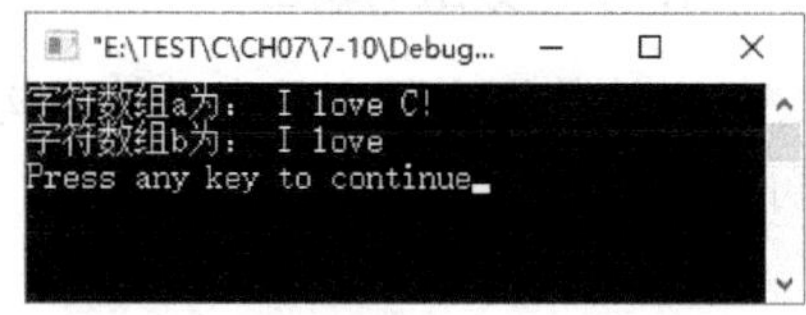

图 7-13 以“\0”结尾的字符串

【案例剖析】

本例用于演示在使用字符串对字符数组赋值时，使用“\0”对输出的影响。在代码中首先定义字符数组 a 和 b，然后使用字符串对数组 a 和 b 进行赋值，在对数组 b 赋值时，在字符串中加入了“\0”，输出后可以发现数组 a 被完整地输出，而数组 b 在输出到“\0”时就结束了，这是因为字符串中出现了“\0”，所以使用 printf()函数输出时，当遇见“\0”时会认为字符串已经结束，所以不会再输出后续的内容。

【例 7-11】 编写程序，定义一个字符数组 a，通过 scanf()函数输入一个字符串并赋予字符数组 a，然后输出数组 a。(源代码\ch07\7-11)

```
#include <stdio.h>
int main()
{
    /* 定义字符数组 a 长度为 10 */
    char a[10];
    /* 使用 scanf()函数输入字符串并赋予数组 a */
    printf("请输入一个字符串，长度不大于 9：\n");
    scanf("%s",a);
    printf("该字符串为： %s\n",a);
    return 0;
}
```

运行上述程序，结果如图 7-14 所示。

```
"E:\TEST\C\CH07\7-11\Debu...
请输入一个字符串，长度不大于9：
Hello
该字符串为： Hello
Press any key to continue
```

图 7-14 使用 scanf()函数将输入字符串存于字符数组

【案例剖析】

本例用于演示如何通过 scanf()输入函数输入一个字符串并存于字符数组中。在代码中首先定义一个字符数组 a，然后通过 scanf()输入函数从输入端输入一个字符串并存于字符数组 a 中，这里需要注意的是该字符数组长度为 10，用户在输入字符串时该字符串的长度不能大于 9，因为需要预留一个字节的空间来存放“\0”，若输入长度超过 10 则程序崩溃。字符数组输入输出具体内容将在下节进行讲解。

7.4.3 字符数组的输出与输入

对字符串的输出与输入，在前面章节已经讲解过相应的函数了，这里对字符数组的输出与输入再做一个简单的讲解。

1. 字符数组的输出

字符数组实际上是由字符串构成，所以输出字符数组也就是输出字符串。输出字符数组可以使用 printf()函数与 puts()函数。

(1) printf()函数。

使用 printf()函数可将字符串通过格式控制符%s 输出到屏幕，或将字符元素通过格式控制符%c 单个输出。

【例 7-12】 编写程序，定义一个字符数组 a 并初始化，然后使用 printf()函数的两种格式控制符将数组 a 输出。(源代码\ch07\7-12)

```
#include <stdio.h>
```

```
int main()
{
    /* 定义字符数组 a 并初始化 */
    char a[]="Hello C!";
    int i;
    /* 格式控制符%s */
    printf("使用格式控制符%%s 输出\n");
    printf("%s\n",a);
    /* 格式控制符%c */
    printf("使用格式控制符%%c 输出\n");
    for(i=0;i<8;i++)
    {
        printf("%c",a[i]);
    }
    printf("\n");
    return 0;
}
```

运行上述程序，结果如图 7-15 所示。

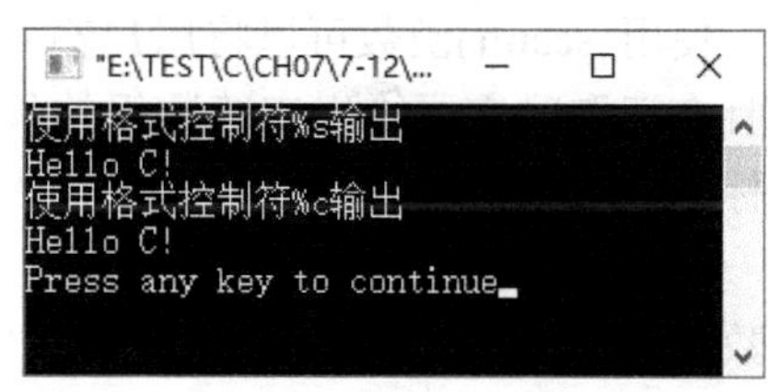

图 7-15　使用 printf()函数输出字符数组

【案例剖析】

本例演示了如何使用 printf()函数的两种格式控制符将字符数组输出。首先定义字符数组 a 并初始化，然后使用 printf()函数的格式控制符%s 将该数组中存放的字符串进行输出；接着使用一个 for 循环，利用 printf()函数的格式控制符%c 输出数组 a 的单个字符元素形式，用于每次只能输出一个字符，在循环完成后便组成一个字符串的完整形式。

注意　使用 printf()函数的格式控制符%s 输出时，变量列表只需给出数组名即可，例如例 7-12 中的“a”，而不用写成“a[]”。并且输出的时候在遇见字符数组中第一个“\0”时结束输出。

(2) puts()函数。

使用 puts()函数可以直接将字符数组中存储的字符串输出，并且该函数只能输出字符串的形式。

【例 7-13】 编写程序，定义一个字符数组 a 并初始化，然后使用 puts()函数将数组 a 输出。(源代码\ch07\7-13)

```
#include <stdio.h>
int main()
{
    /* 定义字符数组 a 并初始化 */
    char a[]="Hello C!";
    /* 使用 puts()函数输出字符数组 */
    puts(a);
    puts("Hello C!");
    return 0;
}
```

运行上述程序，结果如图 7-16 所示。

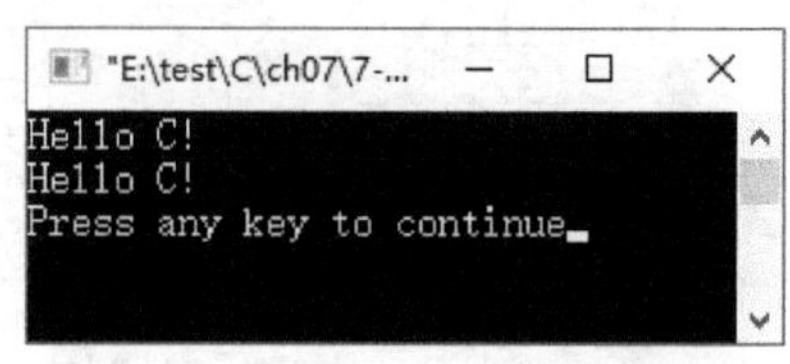

图 7-16　使用 puts()函数输出数组

【案例剖析】

本例用于演示如何使用 puts()函数将字符数组中的字符串输出。在代码中首先定义一个字符数组 a 并对该数组进行初始化操作，然后使用 puts()函数将该数组中存放的字符串输出，这种输出的方式是通过变量的形式，而第二种输出方式是直接将一个字符串输出，二者在输出结果上没有任何区别，但是通过变量输出时只需提供字符数组的数组名即可。

2. 字符数组的输入

对字符数组进行输入操作实际上就是对字符串进行操作。C 语言中输入字符串可以使用 scanf()函数以及 gets()函数。

(1) scanf()函数。

使用 scanf()函数可以将用户输入的字符串进行读取，直到遇见空格符或其他结束标志，并且在读取时需要给出字符数组的长度，用户在输入时不能大于该长度，需要留有“\0”结束标志的存储空间。

【例 7-14】 编写程序，定义 3 个字符数组 a、b 以及 c，长度都为 10，然后使用 scanf()函数通过输入端输入字符串并存入数组中，最后输出它们。(源代码\ch07\7-14)

```
#include <stdio.h>
int main()
{
    /* 定义字符数组 */
    char a[10], b[10], c[10];
    /* 使用 scanf()函数输入字符串 */
    printf("请输入数组 a 字符元素：\n");
    scanf("%s", a);
    fflush(stdin);
    printf("请再次输入字符元素存于数组 b 以及数组 c：\n");
    scanf("%s", b);
    scanf("%s", c);
    printf("字符数组 a 为：%s\n",a);
    printf("完整字符串为：%s %s\n",b,c);
    return 0;
}
```

运行上述程序，结果如图 7-17 所示。

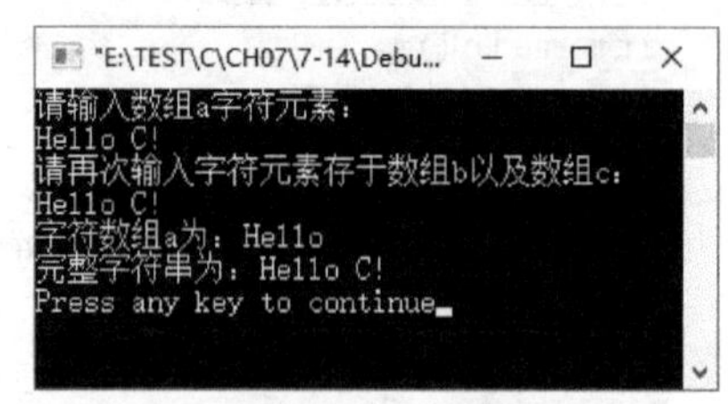

图 7-17　使用 scanf()函数输入数组

【案例剖析】

本例用于演示如何使用 scanf()函数通过输入端输入字符串并存于字符数组中。在代码中首先定义三个字符数组 a、b 以及 c，并且设置它们的长度为 10，然后使用 scanf()函数输入字符串存于字符数组中。在结果中可以发现，通过输入端存入的字符串到了空格符

就结束了，这是由于 scanf()函数读取到空格时就会结束读取，而第二次输入的字符串，通过两个字符数组分别保存，保存时也是省略了空格符，完整字符串的输出是因为在使用 printf()函数输出时人为添加了空格符。为什么空格符后续的字符串不经输入会自动保存到下一个字符数组中呢？这是因为第二次输入时，scanf()函数读取到空格结束读取，后续的字符串被存于缓冲区中，而下一个 scanf()函数就直接从缓冲区中读取了后续字符串。所以将“Hello”读取到数组 b 中，而“C!”被读取到数组 c 中。至于第一次输入后添加的“fflush(stdin)”语句在前面章节也提到过，该语句的作用是刷新读入流的缓冲区，将第一次输入的字符串因为结束标志而留于缓冲区的字符串清除掉，不会因此影响下一次输入。

注意 C 语言中，由于数组是一个连续的内存单元，数组名代表该数组的地址，所以在使用输入函数时不用在变量前加“&”符号。

(2) gets()函数。

使用 gets()函数可以将输入端输入的字符串存于字符数组中。

【例 7-15】 编写程序，定义一个字符数组 a，长度为 10，使用 gets()函数通过输入端输入一个字符串然后存于数组 a 中，最后输出数组 a。(源代码\ch07\7-15)

```
#include <stdio.h>
int main()
{
    /* 定义字符数组 a */
    char a[10];
    /* 使用 gets()函数输入字符串 */
    printf("输入一个字符串并存于数组 a 中: \n");
    gets(a);
    printf("该字符串为: %s\n",a);
    return 0;
}
```

运行上述程序，结果如图 7-18 所示。

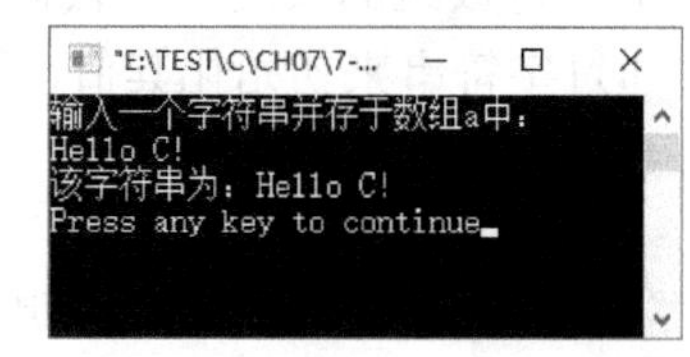

图 7-18 使用 gets()函数输入数组

【案例剖析】

本例用于演示如何使用 gets()函数通过输入端输入字符串并存于字符数组中。在代码中首先定义一个字符数组 a，长度为 10，然后使用 gets()函数将输入的字符串存于字符数组 a 中，并通过 printf()函数将该数组输出。在结果中可以发现，gets()函数是将该字符串完整输出的，与 scanf()函数读入的字符串不同，gets()函数可将空格符一并读入。

注意 若读入的字符串不包含空格，则使用 scanf()函数；若读入的字符串包含空格，则使用 gets()函数更为合适。

7.4.4 字符串处理函数

C 语言中，字符串拥有大量的处理函数，例如字符串长度函数 strlen()、字符串连接函数

strcat()、字符串复制函数 strcpy()、字符串比较函数 strcmp()、字符串大小写转换函数等，本节将对这些常用函数进行详细讲解。

1. 字符串长度函数 strlen()

字符串长度函数 strlen()的使用语法如下。

```
strlen(数组名);
```

其中数组名为一个字符数组的标识符。该函数返回字符串的长度，但不包含“\0”。

strlen()函数在计算字符串长度时从下标为 0 的字符元素开始计算，当遇见“\0”时计算结束。

【例 7-16】 编写程序，定义一个字符数组 a 并使用字符串进行初始化，然后使用字符串长度函数 strlen()返回字符数组 a 的长度。(源代码\ch07\7-16)

```
#include <stdio.h>
/* 添加字符串函数相关头文件 */
#include <string.h>
int main()
{
    /* 定义并初始化字符数组 a */
    char a[]="Hello C!";
    int len = strlen(a);
    printf("%s\n",a);
    printf("该字符串的长度为: %d\n", len);
    return 0;
}
```

运行上述程序，结果如图 7-19 所示。

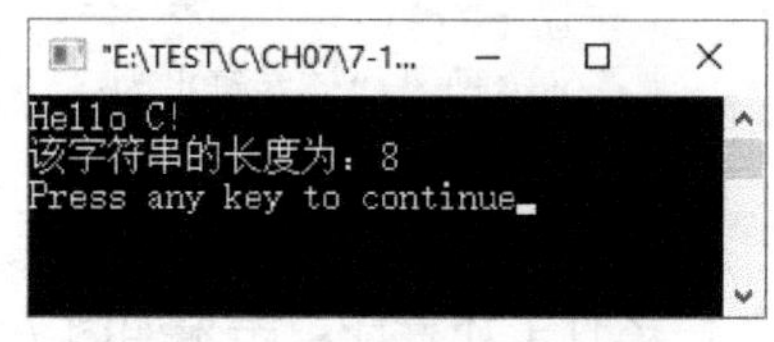

图 7-19 strlen()函数的使用

【案例剖析】

本例用于演示如何使用字符串长度函数 strlen()来返回一个字符数组的长度。在代码中首先定义一个字符数组 a 并通过字符串来初始化其值，接着使用 strlen()函数将该字符数组的长度计算并输出。

注意：在使用字符串相关函数时首先要添加头文件“string.h”，后面不再赘述。

2. 字符串连接函数 strcat()

字符串连接函数 strcat()的作用是将两个字符串连接起来，使其组成一个新的字符串。

字符串连接函数 strcat()的使用语法如下。

```
strcat(数组名1,数组名2);
```

其中数组名 1 和数组名 2 分别为一个字符数组，也就是一个字符串。使用该函数可将字符串 2 连接到字符串 1 的末尾，并将字符串 1 末尾的“\0”移除。其返回值为数组 1 的首地址。

【例 7-17】 编写程序，定义两个字符数组 a 和 b，并分别进行初始化，然后使用 strcat()函数将数组 a 和数组 b 进行连接，并输出数组 a。(源代码\ch07\7-17)

```
#include <stdio.h>
#include <string.h>
int main()
{
    /* 定义并初始化数组 a 和 b */
    char a[]="Hello";
    char b[]=" C!";
    /* 使用 strcat()函数将数组 a 和 b 连接 */
    strcat(a,b);
    puts(a);
    return 0;
}
```

运行上述程序，结果如图 7-20 所示。

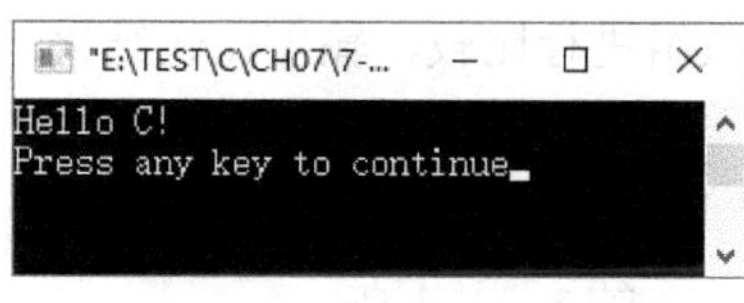

图 7-20　strcat()函数的使用

【案例剖析】

本例用于演示如何使用字符串连接函数 strcat()将两个字符串进行拼接。在代码中首先定义两个字符数组 a 和 b，并分别为它们赋初值。然后使用字符串连接函数 strcat()将数组 a 和数组 b 进行连接，最后将连接后的数组输出。这里需要注意的是 strcat()函数返回的是数组 1 的首地址，也就是说连接后的结果存放于数组 a 之中。

3. 字符串复制函数 strcpy()

字符串复制函数 strcpy()用于将某个字符串复制，其语法格式如下。

```
strcpy(数组名 1,数组名 2);
```

其中数组名 1 和数组名 2 为两个字符串，使用该函数会将字符串 2 中的字符复制到字符串 1 中。

【例 7-18】 编写程序，定义字符数组 a 和 b，对数组 b 进行初始化操作，然后使用 strcpy()函数将数组 b 中的字符串复制到数组 a 中，最后输出数组 a。(源代码\ch07\7-18)

```
#include <stdio.h>
#include <string.h>
int main()
{
    /* 定义数组 a 和 b，初始化数组 b */
    char a[10], b[]="Hello C!";
    /* 使用 strcpy()函数将数组 b 复制到数组 a */
    strcpy(a, b);
    puts(a);
    return 0;
}
```

运行上述程序，结果如图 7-21 所示。

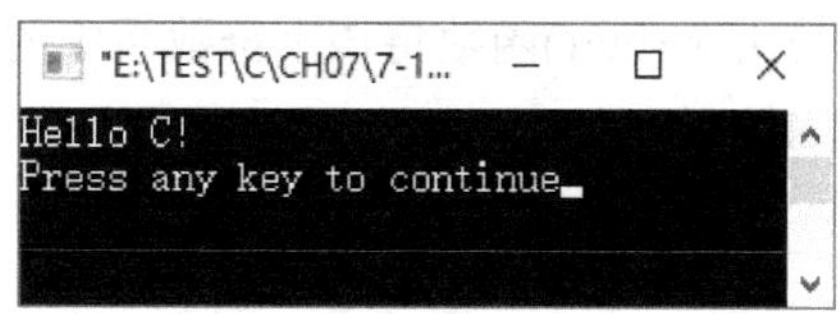

图 7-21　strcpy()函数的使用

【案例剖析】

本例用于演示如何使用 strcpy()函数将一个字符串复制到另一个字符串中。在代码中首先定义两个字符数组 a 和 b，对数组 b 进行初始化操作，然后使用 strcpy()

函数将数组 b 复制到数组 a 中，最后输出数组 a 的值。

4. 字符串比较函数 strcmp()

字符串比较函数 strcmp()用于比较两个字符串，它的语法格式如下。

```
strcmp(数组名1,数组名2);
```

其中数组名 1 和数组名 2 为两个字符串，strcmp()函数对两个数组中每个字符的 ASCII 码值进行两两比较。在比较时，若是字符串 1 与字符串 2 相等，则返回值为 0；若字符串 1 大于字符串 2，则返回大于 0 的值；若字符串 1 小于字符串 2，则返回一个小于 0 的值。

【例 7-19】 编写程序，定义字符数组 a 和 b 并分别初始化，然后使用 strcmp()函数对两数组进行比较，输出比较结果。(源代码\ch07\7-19)

```
#include <stdio.h>
#include <string.h>
int main()
{
    char a[] = "aBcD";
    char b[] = "ABCd";
    int x;
    x=strcmp(a,b);
    printf("函数返回值为: %d\n", x);
    return 0;
}
```

运行上述程序，结果如图 7-22 所示。

【案例剖析】

本例用于演示如何使用 strcmp()函数对两个字符串进行比较。在代码中，首先定义了两个字符数组 a 和 b 并分别对它们进行了初始化操作，然后使用 strcmp()函数对数组 a 和数组 b 进行比较，并输出比较结果，从比较结果中可以看出数组 a 大于数组 b。

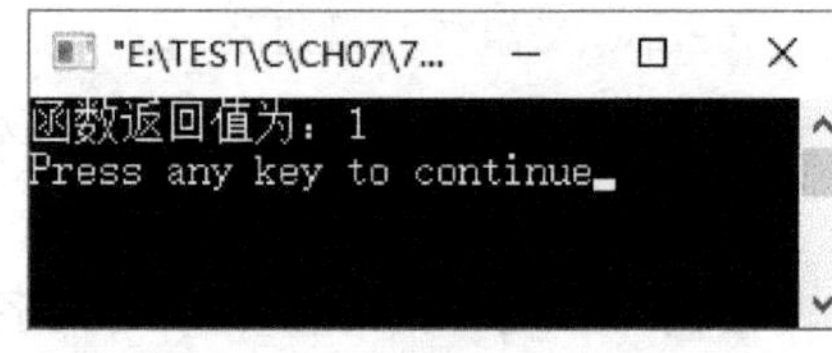

图 7-22　strcmp()函数的使用

5. 字符串大小写转换函数

对字符串进行大小写转换可以使用 strlwr()函数和 strupr()函数。

(1) strlwr()函数。

使用 strlwr()函数可将字符串中的大写字母转换为小写字母。它的使用语法如下。

```
strlwr(数组名);
```

【例 7-20】 编写程序，定义一个字符数组 a 并初始化，要求其中含有大小写字母，然后使用 strlwr()函数将该字符数组中的大写字母转换为小写字母，输出转换后的字符串。(源代码\ch07\7-20)

```
#include <stdio.h>
#include <string.h>
int main()
```

```
{
    /* 定义数组 a 并初始化 */
    char a[] = "aAbBcC";
    /* 使用 strlwr()函数将数组 a 中大写字母转换为小写 */
    printf("转换前字符串为: %s\n",a);
    printf("转换后字符串为: %s\n", strlwr(a));
    return  0;
}
```

运行上述程序，结果如图 7-23 所示。

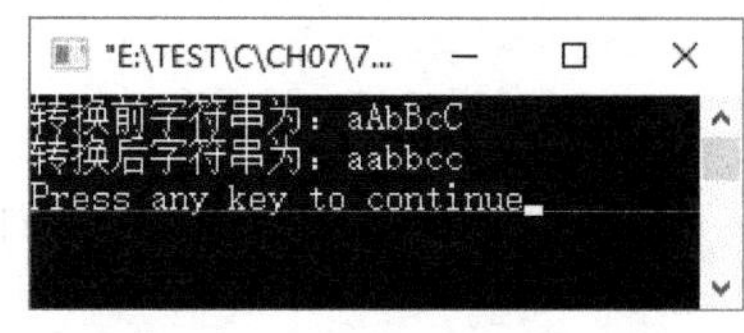

图 7-23　strlwr()函数的使用

【案例剖析】

本例用于演示如何使用 strlwr()函数将字符串中的大写字母转换为小写字母。在代码中首先定义一个字符数组 a 并初始化，数组 a 中包含有大小写字母，然后使用 strlwr()函数将该数组中的大写字母转换为小写字母并输出。

(2) strupr()函数。

使用 strupr()函数可以将字符串中的小写字母转换为大写字母。它的使用语法如下。

```
strupr(数组名);
```

【例 7-21】 编写程序，定义一个字符数组 a 并初始化，要求其中含有大小写字母，然后使用 strupr()函数将字符串中的小写字母转换为大写字母，输出转换后的字符串。(源代码\ch07\7-21)

```
#include <stdio.h>
#include <string.h>
int main()
{
    /* 定义数组 a 并初始化 */
    char a[] = "aAbBcC";
    /* 使用 strupr()函数将数组 a 中小写字母转换为大写 */
    printf("转换前字符串为: %s\n",a);
    printf("转换后字符串为: %s\n", strupr(a));
    return  0;
}
```

运行上述程序，结果如图 7-24 所示。

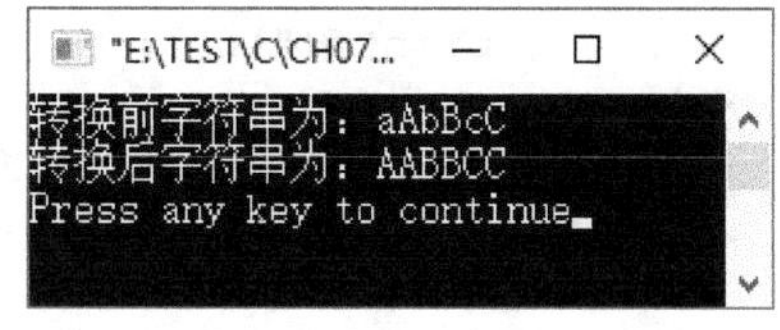

图 7-24　strupr()函数的使用

【案例剖析】

本例用于演示如何使用 strupr()函数将字符串中的小写字母转换为大写字母。在代码中首先定义一个字符数组 a 并初始化，数组 a 中包含了大小写字母，然后通过使用 strupr()函数将数组 a 中的小写字母转换为大写字母并输出。

7.5　综合案例——矩阵的乘法

本节通过具体的综合案例对本章知识点进行具体应用演示。

【例 7-22】 编写程序，定义 3 个二维数组 a、b 以及 c，对数组 a 和数组 b 做矩阵的乘法，将结果保存在数组 c 中。(源代码\ch07\7-22)

```
#include <stdio.h>
int main()
{
    int a[2][2],b[2][2],c[2][2],i,j;
    printf("请输入矩阵 a[2][2] 的 4 个元素:\n");
    for(i=0;i<2;i++)
    {
        for(j=0;j<2;j++)
        {
            scanf("%d",&a[i][j]);
        }
    }
    printf("请输入矩阵 b[2][2] 的 4 个元素:\n");
    for(i=0;i<2;i++)
    {
        for(j=0;j<2;j++)
        {
            scanf("%d",&b[i][j]);
        }
    }
    /*计算新矩阵 c[2][2]*/
    for(i=0;i<2;i++)
    {
        for(j=0;j<2;j++)
        {
            c[i][j]=a[i][0]*b[0][j]+a[i][1]*b[1][j];
        }
    }
    printf("矩阵 a[2][2] 为:\n");
    for(i=0;i<2;i++)
    {
        for(j=0;j<2;j++)
        {
            printf("%5d",a[i][j]);
        }
        printf("\n");
    }
    printf("矩阵 b[2][2] 为:\n");
    for(i=0;i<2;i++)
    {
        for(j=0;j<2;j++)
        {
            printf("%5d",b[i][j]);
        }
        printf("\n");
    }
    printf("矩阵 c[2][2] 为:\n");
    for(i=0;i<2;i++)
    {
```

```
        for(j=0;j<2;j++)
        {
            printf("%5d",c[i][j]);
        }
        printf("\n");
    }
}
```

运行上述程序，结果如图 7-25 所示。

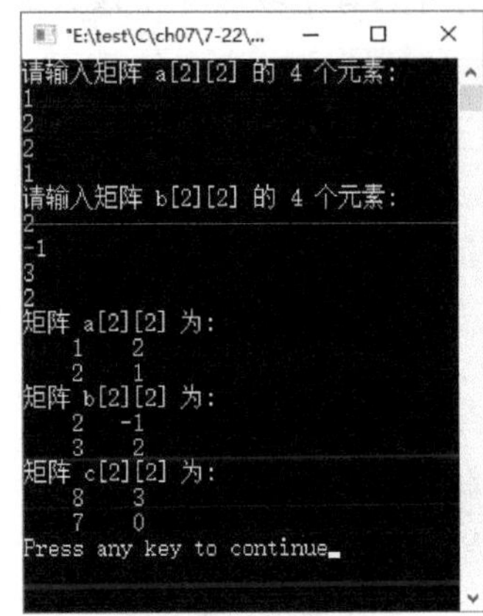

图 7-25　矩阵相乘

【案例剖析】

本例用于演示如何对两个数组矩阵进行乘法运算操作。在代码中，首先定义 a、b、c 三个数组，接着使用 for 循环通过输入端输入数组 a 以及数组 b 中的元素，然后利用嵌套 for 循环对数组矩阵 a 和数组矩阵 b 的乘积进行求解。

矩阵的乘法运算规则如下。

(1) 若有矩阵 $a=(a_{ij})_{m*s}$ 与矩阵 $b=(b_{ij})_{s*n}$，那么 a*b 得到的矩阵行数与矩阵 a 相同，列数与矩阵 b 相同，即为 $c=(c_{ij})_{m*n}$。

(2) 矩阵 c 的第 i 行第 j 列元素的求解是通过矩阵 a 的第 i 行元素与矩阵 b 的第 j 列元素对应相乘再求和得到的。

故而在嵌套 for 循环中有“c[i][j]=a[i][0]*b[0][j]+a[i][1]*b[1][j]”来对 a*b 的结果进行求解，最后分别输出数组矩阵 a、b 以及得到的 c。

7.6 大神解惑

小白：在程序中什么情况下使用数组？

大神：很多时候，使用数组可以在很大程度上缩短和简化程序代码，因为可以通过上标和下标值来设计一个循环，可以高效地处理多种情况。

小白：C 语言的字符数组和字符串的区别是什么？

大神：字符数组是一个存储字符的数组，而字符串是一个用双括号括起来的以'\0'结束的字符序列，虽然字符串是存储在字符数组中的，但是一定要注意字符串的结束标志是'\0'。

小白：如何访问数组中的元素？

大神：数组初始化之后就可以使用索引编号访问其中的元素了。索引编号可以理解为数组的每个元素编号。索引编号的开始标号为 0，最大的索引数为元素个数减 1。

7.7 跟我学上机

练习 1：编写程序，实现对一个 4×4 二维数组的行列转换。

练习 2：编写程序，定义一个二维数组，通过输入端为该数组动态赋值，然后将该数组按照行列由大到小进行排列。

练习 3：编写程序，定义一个二维数组，通过输入端为该数组动态赋值，然后找出该数组中的最小元素，并输出它的值。

练习 4：对例 7-14 进行修改，删除其中"fflush(stdin);"语句，运行程序查看结果，思考为什么会这样。

练习 5：编写程序，输出一个 6 行的杨辉三角。杨辉三角：左右两边的数都为 1，从第 2 行开始每个数字等于该数上方数字与左上方数字之和，并且第 n 行数字有 n 个。

第 8 章 程序描述——算法与流程图

C 语言中所谓的算法实际上就是程序设计的主要思想，这些思想就是 C 语言代码中的各种语句、运算或者指令信息的体现。而流程图则是将编程中的算法思想通过绘制图形以及流程的形式展示出来。本章将对 C 语言中的算法以及流程图相关内容进行详细讲解。

本章目标(已掌握的在方框中打钩)

- ☐ 了解什么是算法
- ☐ 了解什么是流程图
- ☐ 掌握如何使用 Visio 软件绘制流程图
- ☐ 掌握如何使用自然语言表示算法
- ☐ 掌握如何使用传统流程图表示算法
- ☐ 掌握如何使用 N-S 流程图表示算法
- ☐ 掌握如何使用伪代码表示算法
- ☐ 了解什么是结构化程序设计方法

8.1 算 法 概 述

本节将向读者介绍算法的相关内容：算法的概念、算法的特性以及如何对算法的优劣进行判断。

8.1.1 算法的概念

在现实生活中，算法无处不在，当人们遇见一个问题并对这个问题进行思考时，就是在使用算法。因此算法可以理解为针对出现的问题所设计的具体步骤以及解决方法。例如，想通过某聊天软件与朋友进行聊天，那么首先搜索下载该聊天软件，然后进行安装，最后打开使用。

著名的计算机科学家沃斯曾提出过一个公式：数据结构+算法=程序。也就是说，一个完整的程序应该包含数据结构和算法。数据结构就是程序中所使用到的数据的类型以及数据的组织形式。

而就现在而言，设计一个 C 语言程序不仅需要数据结构和算法，还需要程序的设计方法以及一个语言工具和环境。所以一个程序的组成可以表示为：程序结构+算法+程序设计方法+语言工具和环境。

计算机中的算法大致可分为以下两种类别。

(1) 数值运算算法。

数值运算算法主要用于针对数值问题进行求解，比如求解方程的根、求解函数的定积分这类需要借助数学公式进行相应的计算的问题。

(2) 非数值运算算法。

这类算法所包括的面十分广泛，比如在图书检索、人事管理、车辆调度中的应用，一般需要建立一个过程模型，根据模型制定算法。

8.1.2 算法的特性

总地来说，算法在解决问题时具有以下特性。

1. 有穷性

算法应当包含有限的操作步骤，不能无穷无尽，不论在做什么样的运算，一定要注意它所包含的上限问题，也就是说要在有限的操作步骤内可以解决问题。

2. 确定性

算法中的每个步骤都必须是确定的、十分清晰的，不得具有二义性。若是某个操作步骤是含糊的、模棱两可的话，解决问题的结果可能就会出现分歧。

3. 有零个或多个输入

输入是指在执行算法时需要从外界来获取若干必要的初始量等信息。

例如：

```
c=a+b;
```

此时需要用户给定变量 a 和变量 b 的值以计算变量 c 的值。

又例如：

```
printf("Hello C!");
```

此时只是需要输出一段字符串，不需要用户输入任何数据，此为零输入。

4. 有一个或多个输出

算法的最终目的就是为了求解，通过输出的方式将求出的结果显示出来。若是一个程序在执行结束后没有返回任何信息，那么此程序就没有执行的价值。

5. 有效性

算法在执行时，每一个步骤必须都能够有效地被执行，并且得到确定的结果。

例如：

```
int a=2,b=0;
c=a/b;
```

此时，“c=a/b”便为一个无效语句，因为使用 0 作为分母是没有意义的。

8.1.3 算法的优劣

一个产品的质量可以用好坏来区分，算法同样也有优劣，评判一个算法的优劣性可以从以下几个方面来讲。

1. 正确性

正确性是说算法在制定完成后能否满足具体问题的要求，也就是说针对任何合法的输入，该算法都能够得出合理正确的结果。

2. 可读性

算法在制定完成后，该算法被理解的难易程度即为可读性。可读性对于一个算法来说十分重要，若是一个算法令人难以理解，那么这个算法就得不到推广也不能进行交流，对于算法的修改、维护以及拓展都十分不利。因此在制定算法的时候，需要尽量将算法写得通俗易懂，简单明了。

3. 健壮性

在一个程序完成之后，运行该程序的用户对程序的理解会因人而异，开发人员不能够确保每一个用户都能够按照要求来进行输入。健壮性就是说当用户输入的数据非法时，该算法能够做出相应的判断，不会因为输入了错误的数据而造成程序的崩溃瘫痪。

4. 时间复杂度与空间复杂度

时间复杂度是指一个算法在运行的过程中所消耗的时间。影响一个算法的时间复杂度主要有以下几个因素。

(1) 问题的规模大小。例如，求解 10 以内自然数之后与求解 1000 以内自然数之和所花费的时间是不同的。

(2) 源程序的编译功能强弱以及经过编译所产生的机器代码质量的优劣。

(3) 根据计算机的系统硬件所决定的机器执行一条目标指令所需要的时间。

(4) 程序中语句所执行的次数。

(5) 使用不同的计算机语言所实现的效率。

时间复杂度在一个非常小的程序中可能很难体会出来，但是在一个特别大的程序中就会发现一个程序在运行的过程中时间复杂度是举足轻重的。所以说编写出一个更为高效且高速的算法是开发人员对算法不断改进的目标。

空间复杂度是指算法在运行的过程中所需要的内存空间的大小。一个算法在计算机的内存中所占用的存储空间包含了算法本身所占的内存空间、算法在对数据输入输出时所占用的内存空间以及算法在运行的过程中所占用的临时存储空间。就目前而言，计算机发展日新月异，对于空间复杂度的考虑已经不再那么重要了，但是编程时开发人员也是需要注意的。

8.2 流程图简介

使用流程图可以将算法以图形的形式清晰地绘制出来，流程图是使用一些简单的几何图形以及流程线来表示算法中的各种操作和语句。

使用流程图表示算法，具有以下优点。

(1) 结构清晰，逻辑性强。

(2) 易于理解，画法简单。

(3) 便于描述，形式规范。

用于描述算法的流程图可以分为两种：传统流程图以及 N-S 流程图。

8.2.1 传统流程图

传统流程图是由以下基本元素所组成的，如图 8-1 所示。

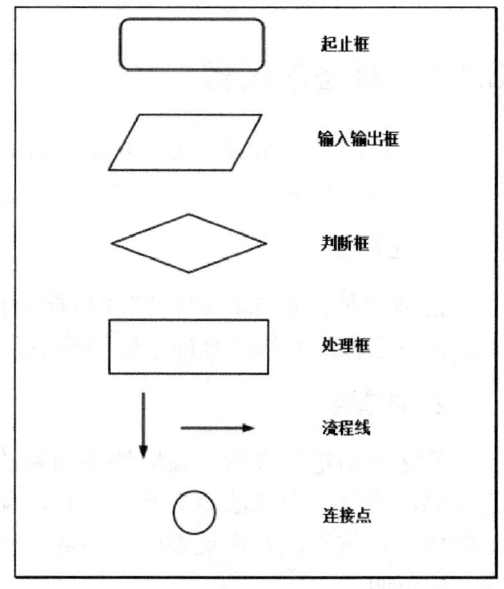

图 8-1 传统流程图基本元素

这里通过 Visio 软件讲解如何绘制一个简单的传统流程图。

step 01 打开Visio软件主界面，如图8-2所示。

step 02 选择左侧形状列表中的“基本流程图形状”一栏，选中其中的“开始/结束”图形，使用鼠标左键将其拖动到画布上，用鼠标双击该图形，并输入“开始”，完成起止框的绘制，如图 8-3 所示。

step 03 选择左侧的“数据”图形，使用鼠标左键将其拖动到画布上，用鼠标双击该图形，并输入“输入 a，b”，完成输入框的绘制，如图 8-4 所示。

step 04 选择左侧的“流程”图形，使用鼠标左键将其拖动到画布上，用鼠标双击该图形，并输入“计算 a，b 的和”，完成处理框的绘制，如图 8-5 所示。

图 8-2　Visio 主界面　　　　图 8-3　绘制起止框

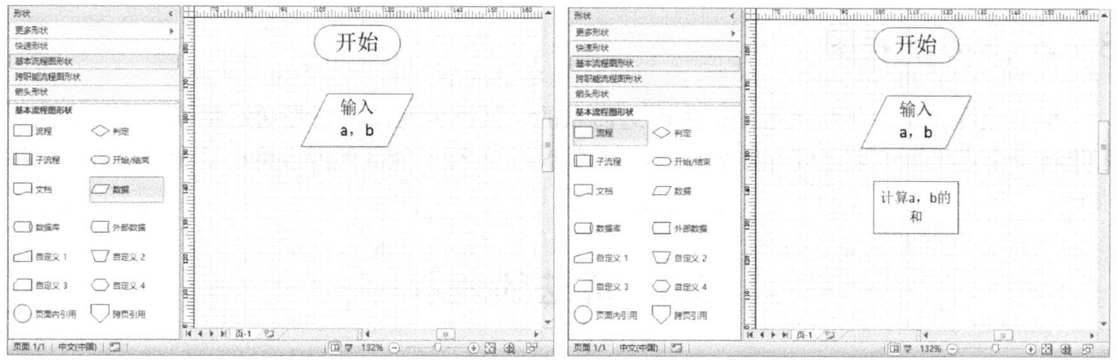

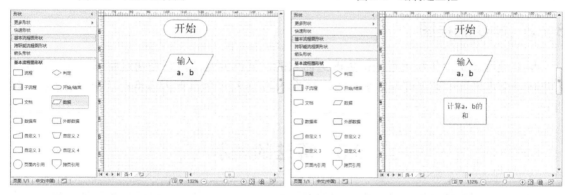

图 8-4　绘制输入框　　　　图 8-5　绘制处理框

step 05 参考步骤 3，绘制输出框，并输入“输出 a，b 的和”，如图 8-6 所示。

step 06 参考步骤 2，绘制结束框，如图 8-7 所示。

step 07 使用工具栏中的“连接线”工具将之前绘制的图形框相连，便完成流程图的绘制，如图 8-8 所示。

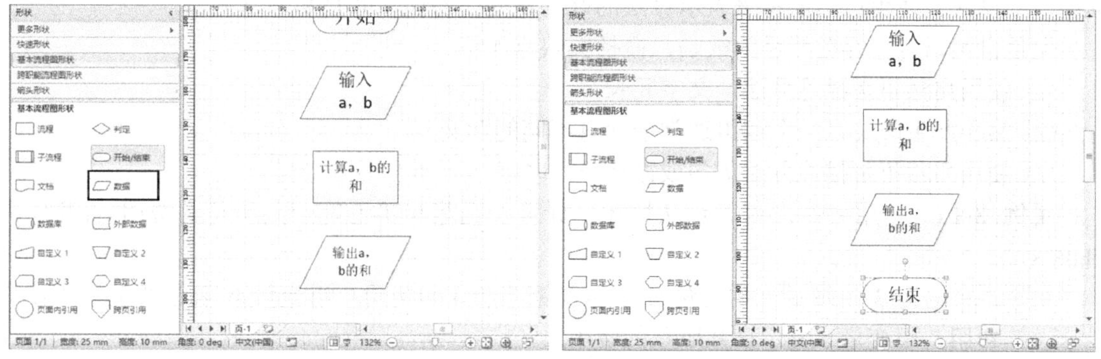

图 8-6　绘制输出框　　　　图 8-7　绘制结束框

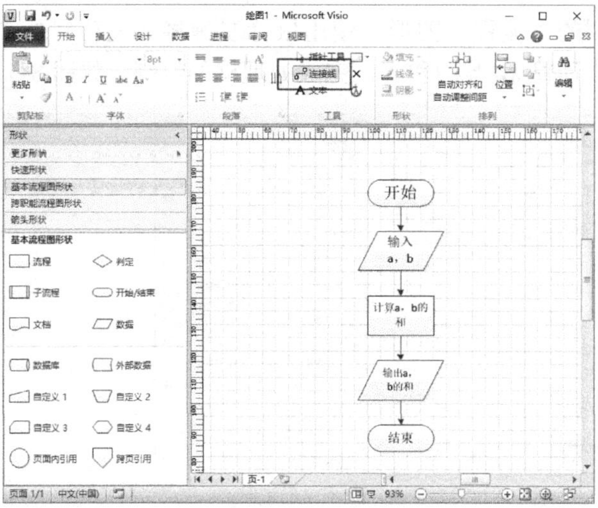

图 8-8　完成流程图的绘制

8.2.2　N-S 流程图

N-S 流程图是由传统流程图衍生改进而来的，又称为盒图，它是通过将算法的所有操作汇集在一个矩形框中来完成总体绘制的。有关 N-S 流程图的具体内容将在后续章节进行详细讲解。

8.3　算法的表示

对于一个程序的算法，可以用不同的方法来表示，常用的有自然语言表示法、流程图表示法、N-S 流程图表示法、伪代码表示法、计算机语言表示法。

8.3.1　自然语言表示法

所谓的自然语言表示法，就是通过人们在日常交流中所使用的语言，如汉语、英语等来描述一个算法。使用自然语言来表示算法的好处是通俗易懂，并且易于掌握。

但是自然语言也存在严重的缺陷，概括其缺点如下。

(1) 使用自然语言描述算法，文字冗长。

(2) 易于产生歧义，一个词组通常会含有不同的含义。

(3) 使用自然语言描述分支语句或循环语句时很不方便，不够直观。

【例 8-1】 使用自然语言表示法描述：计算买钢笔和买毛笔一共所花的费用。(源代码\ch08\8-1)

step 01 定义 3 个变量，用变量 a 表示买钢笔所花的费用；用变量 b 表示买毛笔所花的费用，用变量 c 表示一共所花的费用。

step 02 将买钢笔所花的费用赋值给变量 a。

step 03 将买毛笔所花的费用赋值给变量 b。

step 04 计算 a+b 的值并把结果赋值给 c。

step 05 将 c 输出。

```
#include <stdio.h>
int main()
{
    float a,b,c;
    a=7.5;
    b=3.5;
    c=a+b;
    printf("一共花费%.2f 元\n",c);
    return 0;
}
```

运行上述程序，结果如图 8-9 所示。

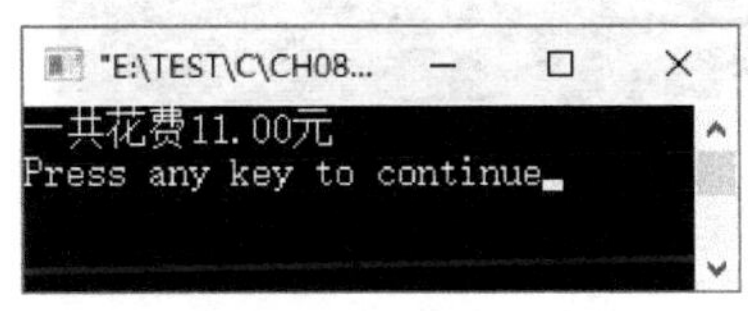

图 8-9 求和

【案例剖析】

本例按照所描述的自然语言转换为计算机 C 代码编写程序实现算法。在代码中首先定义 3 个变量，然后对变量 a 和变量 b 赋值，再计算 c 的值，最后将计算的结果 c 输出。但是如果将“计算 a+b 的值并把结果赋值给 c。”改为“c 等于 a 加上 b”那么就会产生歧义，所以自然语言描述复杂型的算法会十分不便，除了简单的问题，一般情况下不建议使用自然语言描述。

【例 8-2】 使用自然语言描述：通过输入端输入 3 个数，找出 3 个数中的最大数。(源代码\ch08\8-2)

step 01 定义 4 个变量，a、b、c 以及 max。

step 02 输入 3 个大小不同的整数，分别赋值给 a、b、c。

step 03 判断 a 与 b 的大小，若 a 大于 b 则将 a 赋值给 max，否则将 b 赋值给 max。

step 04 判断 max 与 c 的大小，若 max 大于 c 则执行步骤 5，否则将 c 赋值给 max。

step 05 输出 max。

```
#include <stdio.h>
int main()
{
    int a,b,c,max;
    printf("输入 3 个大小不同的整数：\n");
    scanf("%d%d%d",&a,&b,&c);
    if(a>b)
    {
        max=a;
    }
    else
    {
```

```
        max=b;
    }
    if(c>max)
    {
        max=c;
    }
    printf("三个数中最大数为: %d\n",max);
    return 0;
}
```

运行上述程序，结果如图 8-10 所示。

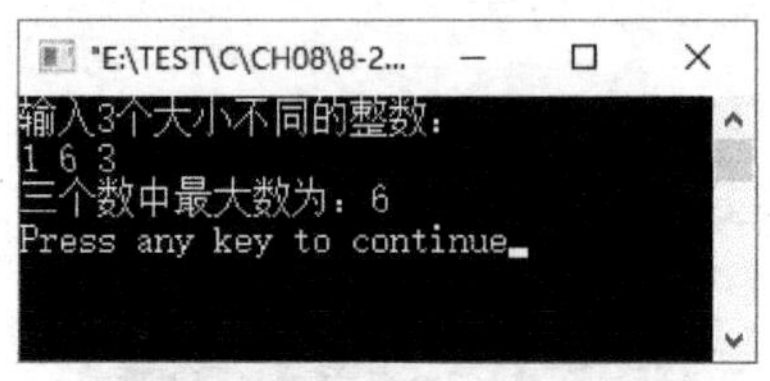

图 8-10　求最大数

【案例剖析】

本例根据自然语言所描述的算法编写出相应的程序，求出 3 个数中最大的数。在代码中首先定义了 4 个变量 a、b、c 以及 max，然后通过 scanf()函数从输入端获取 a、b、c 的值，通过一个 if...else 语句判断变量 a 和变量 b 的大小，并将大数赋予 max，然后再通过 if 语句判断变量 max 与变量 c 的大小，若 c 大于 max 则将 c 赋予 max，最后输出最大值 max。

8.3.2　流程图表示法

流程图表示法属于一种比较传统的算法表示法，它是使用一些几何图形框来表示各种不同性质的操作，而使用流程线来指示算法的执行方向。

与上节介绍的自然语言表示法相比，使用流程图来对算法进行表示会更为直观形象，清晰简洁，易于理解，所以流程图应用相当广泛，并且在语言发展的早期，只有依赖流程图才能够对算法进行简明的表示。

流程图所使用的几何图形框如图 8-11 所示。

其中起止框用于表示算法的开始与结束；判断框用于对一个条件表达式进行判断，并且根据判断的结果来决定执行怎样的后续操作；输入输出框，用于数据的输入与输出；处理框通常用于执行表达式语句等；流程线用于将前后流程进行连接，并表明程序执行的方向；连接点用于将两个不同的流程线连接起来。

在流程图的使用过程中，Bohra 和 Jacopini 两人为了使算法的质量有所提高，经过研究提出了 3 种基本结构，分别是顺序结构、选择结构以及循环结构。他们认为传统的流程图若是无限制地使用流程线有可能会导致流程图毫无规律可言，而经过改造，使用上述 3 种基本结构可以构造出一个良好的算法基本单元，使得流程图具有规律性，并且这种改进也能够令流程图具有结构化的性质，人们在阅读时更能够理解所描述的算法。

1. 顺序结构

顺序结构是程序代码中最基本的结构，它属于一种线性结构，顺序结构的代码在执行的时候是按照语句的先后顺序逐条执行的，也就是从上至下，一条一条执行，不会漏过任何语句或者代码。

顺序结构的执行过程如图 8-12 所示。

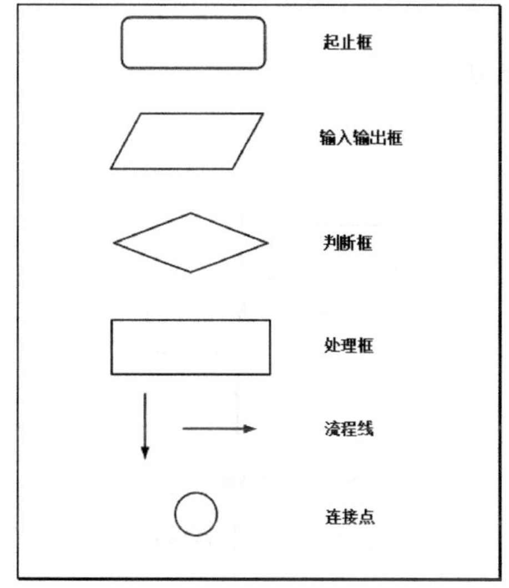

图 8-11　流程图所使用的几何图形框

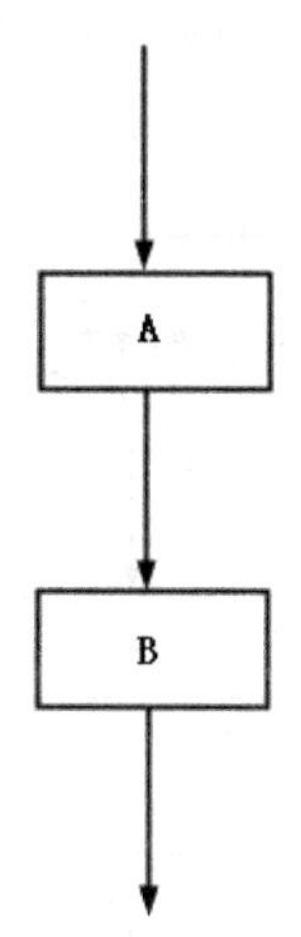

图 8-12　顺序结构

根据语句的先后顺序，先执行语句 A，然后执行语句 B。

2. 选择结构

通过判断某个条件表达式的结果成立与否，来执行相应的操作时，需要使用到选择结构。选择结构如图 8-13 所示。

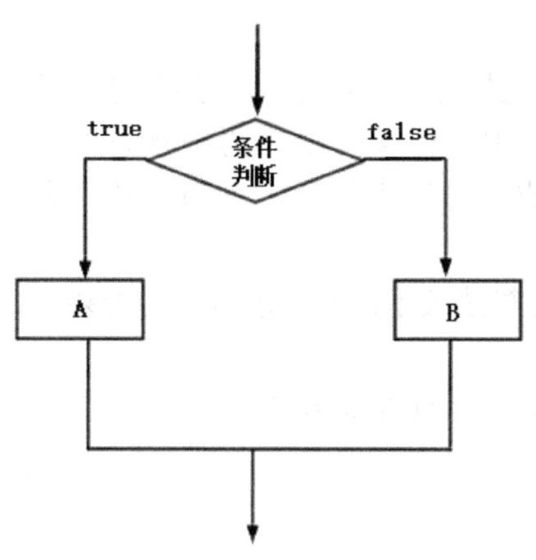

图 8-13　选择结构

选择结构先进行条件判断，通过返回的判断结果来选择接下来的执行语句，若条件成立，则执行语句 A，若条件不成立，则执行语句 B。也就是说，该结构总会从两个分支之间选择一条分支去执行其后续的语句，所以选择结构又叫作分支结构。

3. 循环结构

如果一个算法需要根据条件的成立来不停地反复执行一系列操作，直到给定的条件不成立时才结束循环，这样的结构被称为循环结构。根据判断条件所在位置的不同，可以分为两种循环，它们是当型循环和直到型循环。

当型循环与直到型循环分别如图 8-14 和图 8-15 所示。

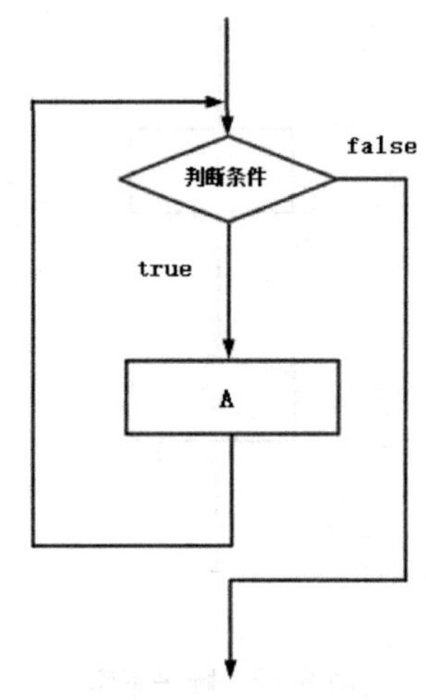

图 8-14　当型循环

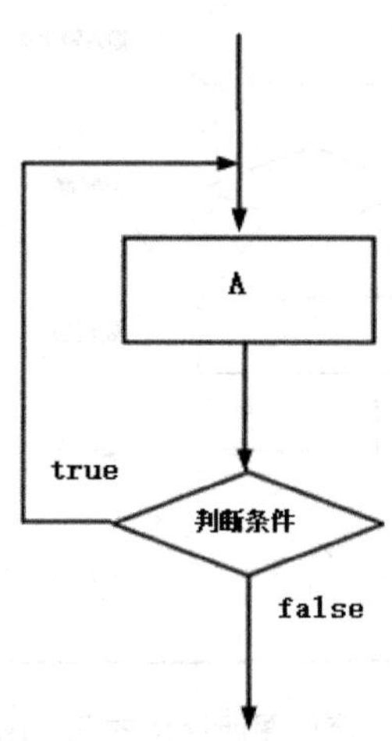

图 8-15　直到型循环

在当型循环结构中，首先要判断条件是否成立，若条件成立，则执行操作 A，然后再回到判断条件的步骤，若是条件仍成立，则继续执行操作 A……直到判断条件不成立时结束循环。在当型循环中，若是第一次判断条件时不成立，那么会直接跳过循环。

在直到型循环结构中，首先执行一次操作 A，然后进行条件判断环节，若是条件成立，则执行操作 A，再进行条件判断……反复执行直到条件不成立时结束循环。在判断条件之前，需要执行一次操作 A。

【例 8-3】 通过流程图将算法表示出来：求 10 的阶乘，并将结果输出。(源代码\ch08\8-3)

求 10 的阶乘，用流程图表示，如图 8-16 所示。

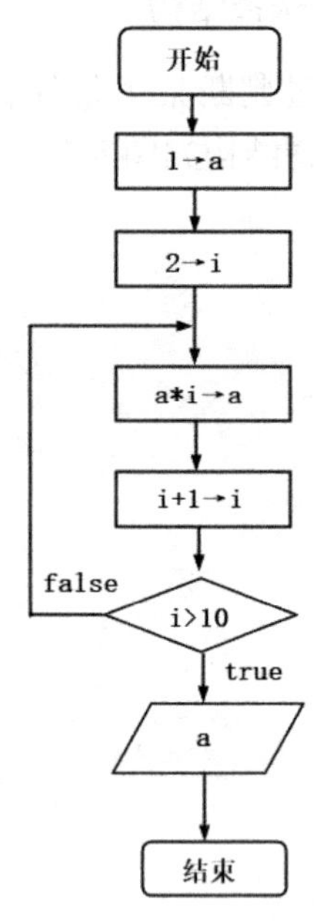

图 8-16　求 10 的阶乘的流程图

```
#include <stdio.h>
int main()
{
   int a,i;
   a=1;
   i=2;
   do
```

```
    {
        a=a*i;
        i++;
    }
    while(i<11);
    printf("10!=%d\n",a);
    return 0;
}
```

运行上述程序，结果如图 8-17 所示。

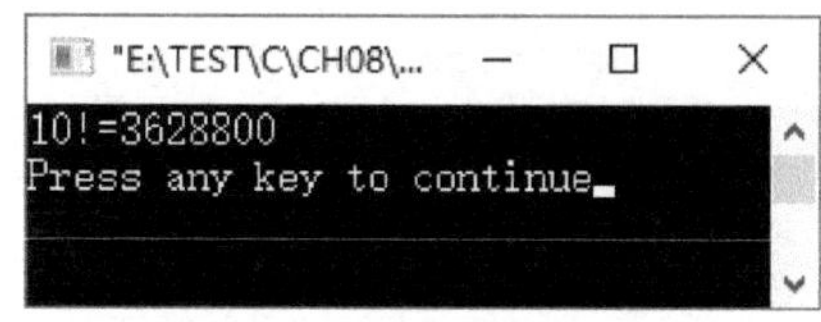

图 8-17　求 10 的阶乘

【案例剖析】

本例根据所绘算法的流程图，编写相应的程序，用于计算 10 的阶乘。在代码中首先定义两个变量 a 和 i，然后使用 do…while 循环，先计算一次“a=a*i”的值，然后做 i 的自增运算，再判断当 i<11 时再次进行循环，直到 i=11 时停止循环，最后输出结果，也就是 10 的阶乘。

【例 8-4】 通过流程图将算法表示出来：从输入端输入一个年份，如 2017，然后判断该年份是否为闰年，输出判断结果。(源代码\ch08\8-4)

判断某年是否为闰年，用流程图表示，如图 8-18 所示。

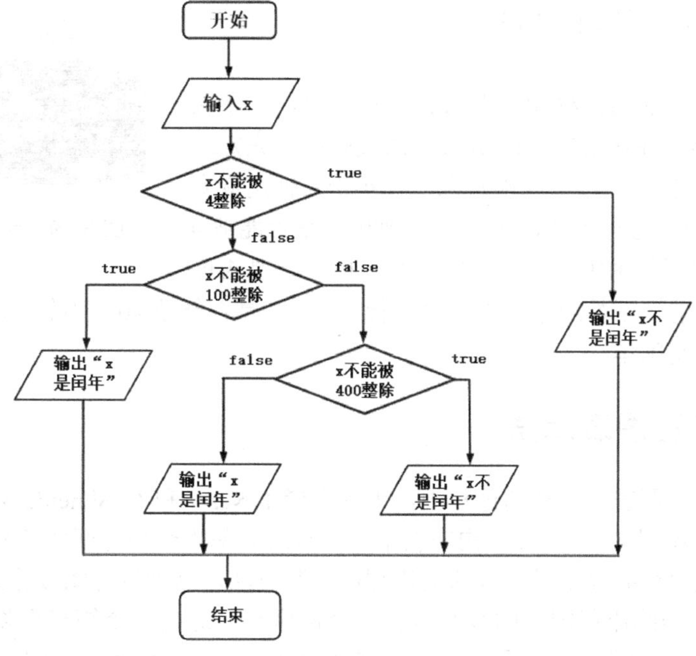

图 8-18　判断某年是否为闰年流程图

```
#include <stdio.h>
int main()
{
    int x;
    printf("请输入一个年份(例如2017): \n");
    scanf("%d",&x);
```

```
    if(x%4!=0)
    {
        printf("%d不是闰年\n",x);
    }
    else
    {
        if(x%100!=0)
        {
            printf("%d是闰年\n",x);
        }
        else
        {
            if(x%400!=0)
            {
                printf("%d不是闰年\n",x);
            }
            else
            {
                printf("%d是闰年\n",x);
            }
        }
    }
    return 0;
}
```

运行上述程序，结果如图 8-19 所示。

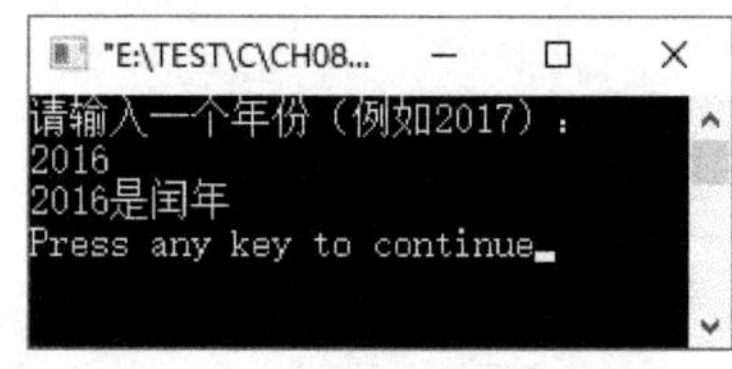

图 8-19　判断某年是否为闰年

【案例剖析】

本例根据所绘算法的流程图，编写相应的程序，用于判断某年是否为闰年，并输出判断的结果。在代码中首先定义一个 int 型变量 x，接着通过输入端输入一个年份，使用嵌套 if…else 语句对该年份进行判断，第一步先判断 x 是否能被 4 整除，若不能，则不是闰年，若能，则进行判断，x 是否能被 100 整除，若不能，则是闰年，否则再进行判断，x 是否能被 400 整除，若不能，则 x 不是闰年，若能，则 x 是闰年。

8.3.3　N-S 流程图表示法

在使用传统流程图表示算法的过程中，美国学者 I. Nassi 和 B. Shneiderman 认为既然任何算法都可以由传统流程图的 3 种结构来表示，那么这些基本结构之间的流程线完全可以省略掉，之后他们经过研究并提出了一种新的流程图绘制方法，这种流程图被称为 N-S 流程图。

N-S 流程图将传统流程图中的复杂流程线全部舍弃，通过一个矩形框将数据的处理操作包含在内，所以 N-S 流程图是一种结构化的描述方式，它应用传统流程图的 3 种基本结构思想通过不同的逻辑绘制方法，来表达出处理问题的算法。

1. 顺序结构

N-S 流程图的顺序结构如图 8-20 所示。

该图是由 A 和 B 组成的顺序结构，其中 A 和 B 可以是简单的操作语句，也可以是 3 种基本结构之一。

2. 选择结构

N-S 流程图的选择结构如图 8-21 所示。

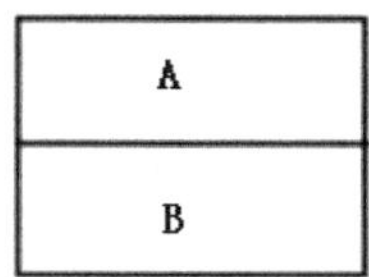

图 8-20 N-S 流程图的顺序结构

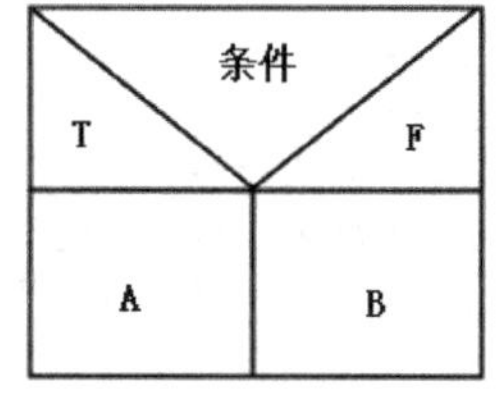

图 8-21 N-S 流程图的选择结构

其中，先判断条件，若条件成立，则执行 A 操作，若条件不成立则执行 B 操作，图中的“T”表示“true”，“F”表示“false”。

3. 循环结构

循环结构与传统流程图一样，也分为当型循环与直到型循环，如图 8-22、图 8-23 所示。

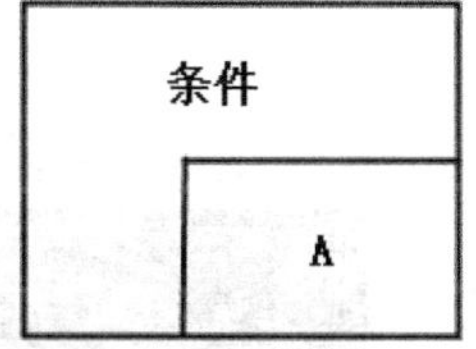

图 8-22 当型循环

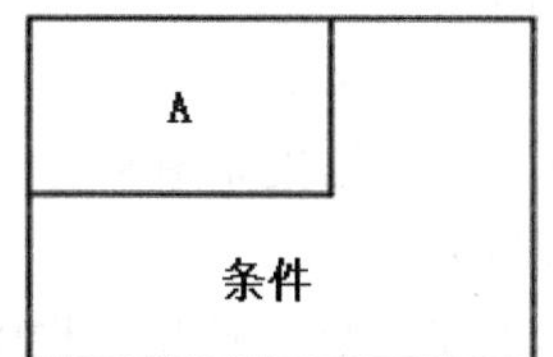

图 8-23 直到型循环

当型循环在执行时首先判断条件，若条件成立，则执行操作 A，执行完毕后再返回判断条件，若条件仍成立，则继续执行操作 A……直到判断条件不成立结束循环。

直到型循环在执行时，首先执行操作 A，然后判断条件，若成立则继续执行操作 A……如此反复直到条件不成立时结束循环。

当型循环与直到型循环虽然都具有循环的功能，但是当型循环是先判断后执行，若条件不成立，则一次都不会执行；而直到型循环是先执行后判断，就算是条件不成立，也会执行一次。

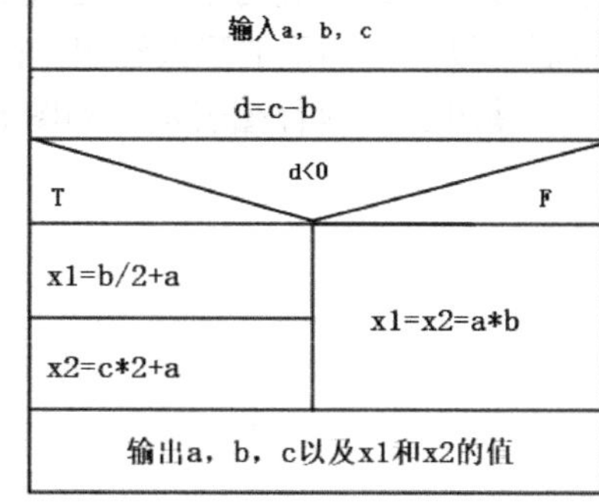

图 8-24 分支流程

【例 8-5】 编写程序，定义 6 个变量 a、b、c、d、x1、x2。通过输入端输入 3 个变量的值，然后计算 c−b 的值并赋予 d，判断当 d<0 时执行 x1=b/2+a 以及 x2=c*2+a，否则执行 x1=x2=a*b，最后输出 a、b、c 以及 x1 和 x2 的值。(源代码\ch08\8-5)

使用 N-S 流程图表示，如图 8-24 所示。

```
#include <stdio.h>
int main()
{
    float a,b,c,d;
    double x1=0,x2=0;
```

```
    printf("请输入 a, b, c 的值: \n");
    scanf("%f%f%f",&a,&b,&c);
    d=c-b;
    if(d<0)
    {
        x1=b/2+a;
        x2=c*2+a;
        /* 输出表达式 */
        printf("x1=b/2+a\n");
        printf("x2=c*2+a\n");
    }
    else
    {
        x1=a*b;
        x2=x1;
        /* 输出表达式 */
        printf("x1=a*b;\n");
        printf("x2=x1\n");
    }
    printf("a=%.2f,b=%.2f,c=%.2f\n",a,b,c);
    printf("x1=%.2f,x2=%.2f\n",x1,x2);
    return 0;
}
```

运行上述程序，结果如图 8-25 所示。

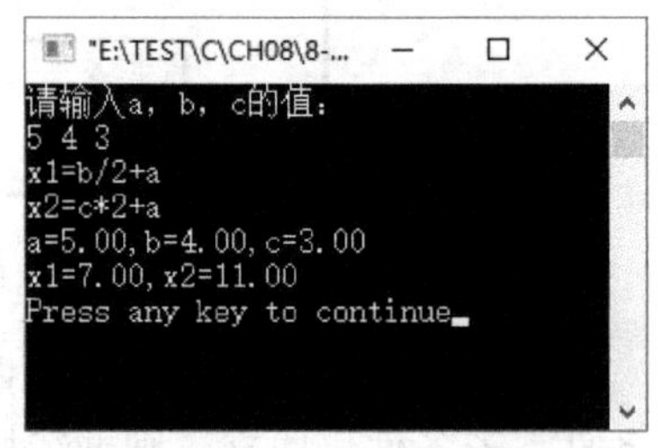

图 8-25　N-S 流程分支

【案例剖析】

本例演示了如何通过 N-S 流程图来表示一个选择结构的算法。在代码中首先定义 float 型变量 a、b、c、d，double 型变量 x1、x2。然后通过输入端输入 3 个数分别赋予变量 a、b、c。首先计算 c-b 的值，判断当 d<0 时，执行 “x1=b/2+a” 与 “x2=c*2+a”，否则执行 “x1=a*b” 与 “x2=x1”，最后输出 a、b、c 以及 x1、x2 的值。

【例 8-6】 编写程序，定义 int 型变量 i、n。通过输入端输入 n 的值，然后将 n 分解质因数后，以展开相乘的形式输出。(源代码\ch08\8-6)

使用 N-S 流程图表示，如图 8-26 所示。

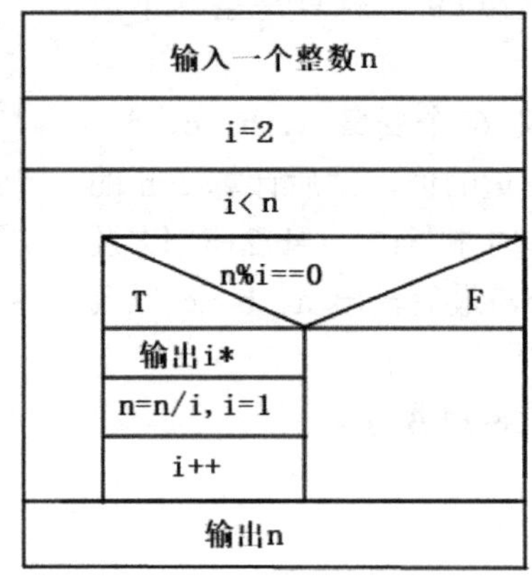

图 8-26　循环结构

```
#include <stdio.h>
int main()
{
    int i,n;
    printf("请输入一个整数: \n");
    scanf("%d", &n);
    printf("%d=", n);
    /* 通过 for 循环寻找质因数 */
    for(i=2;i<n;i++)
    {
        if(n%i==0)
        {
            printf("%d*",i);
            n /= i;
            i = 1;
        }
    }
    /* 输出最后一个质因子 */
    printf("%d\n",n);
    return 0;
}
```

运行上述程序，结果如图 8-27 所示。

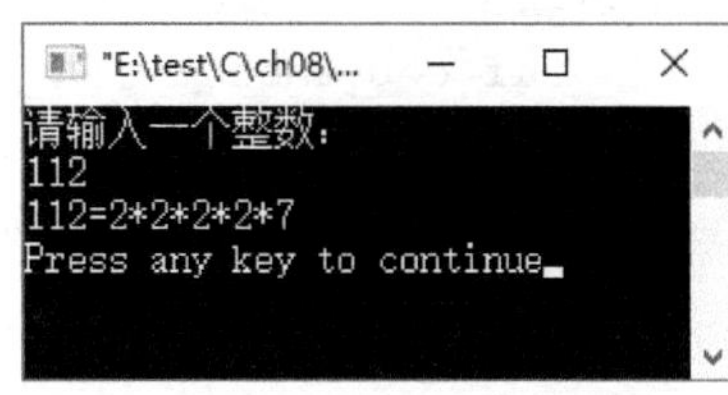

图 8-27 分解质因数

【案例剖析】

本例用于演示如何利用 N-S 流程图绘制循环结构算法。在代码中首先定义 int 型变量 i、n。通过输入端输入 n 的值，然后再利用 for 循环嵌套 if 语句来分解 n 的质因数。在 if 语句中，判断“n%i”，当整除时，就输出 i 为一个质因数，然后再循环判断，直到 i≥n 时跳出循环，再将最后一个质因数输出。

8.3.4 伪代码表示法

虽然使用传统流程图以及 N-S 流程图表示算法会令读者在阅读时易于理解，比较直观，但是它们在绘制的过程中比较烦琐费时，若是中间出现了问题，可能要反复地进行修改，特别麻烦。所以流程图在对算法的设计过程中使用就显得很无力了，尤其是遇到一些比较复杂又需要反反复复修改的算法。基于此种原因，就发展出了使用伪代码表示算法的方法。

伪代码是一种使用文字与符号相结合的描述方法，它介于自然语言与机器语言之间。因为使用伪代码不必遵循计算机语言那种严格的语法规则，使用时只需要借助一些计算机语言中的控制结构，通过自然语言以及程序设计语言对算法进行相应的描述即可。由于伪代码中不需要用到图形符号，所以书写起来十分方便，更易于理解，便于开发人员向计算机语言转化。

伪代码在使用过程中应该做到结构清晰、代码简单、可读性高，它属于代码的极简形式，每一行只书写一条指令，并以“;”结尾，且在风格上使用缩进。

例如：

```
if 九点之前 then
洗衣服;
else if 十点 then
照顾孩子;
else if 一点 then
做饭;
else
带孩子去游乐园;
end if
```

本段伪代码就使用了 if...else 的语句结构，将日常事务进行了罗列，简单明了，十分清晰。

【例 8-7】 编写代码，通过输入端输入 3 个数，并且按照大小顺序将它们输出。(源代码\ch08\8-7)

首先使用伪代码表示算法：

```
开始
input a b c;
if a<b then
   swap a,b;
if a<c then
   print c,a,b;
else
   if c>b then
      print a,c,b;
else
   print a,b,c;
end if
结束
```

将伪代码转换为 C 代码：

```
#include <stdio.h>
int main()
{
   int a,b,c,temp;
   printf("输入 3 个整数：\n");
   scanf("%d%d%d",&a,&b,&c);
   if(a<b)
   {
      temp=b;
      b=a;
      a=temp;
   }
   else if(a<c)
   {
      temp=c;
      c=a;
      a=temp;
   }
   else
   {
      temp=c;
      c=b;
      b=temp;
```

```
    }
    printf("按照从大到小排列为: %d %d %d\n",a,b,c);
    return 0;
}
```

运行上述程序，结果如图 8-28 所示。

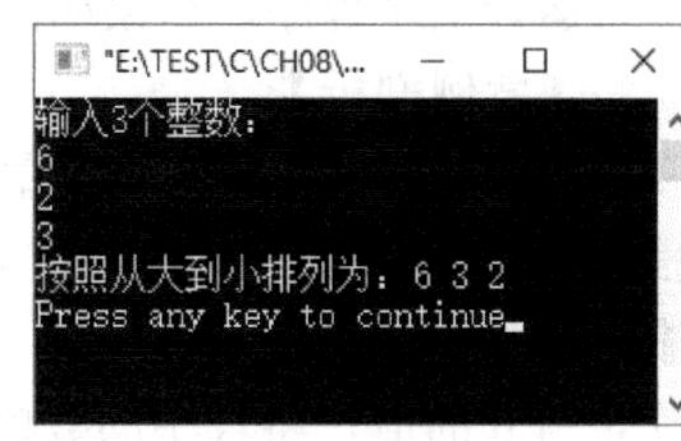

图 8-28 排列大小

【案例剖析】

本例将排列大小伪代码转换为 C 语言代码。在代码中首先定义 4 个变量 a、b、c、temp。然后通过输入端输入 a、b、c 的值，通过 if…else 嵌套语句对 3 个数进行排列：首先比较 a 与 b 的大小，若 a<b，则将两数交换，然后判断 a 与 c 的大小，若 a 小于 c 则将两数交换，最后再比较 b 与 c，若 b<c，则将两数交换，此时，输出 a、b、c，已经按照由大到小进行排列。

【例 8-8】 编写程序，求解输入两个正整数 a 与 b 的最大公约数，并输出得到的值。(源代码\ch08\8-8)

首先使用伪代码表示算法：

```
开始
input a,b;
c=a
if c>b then
c=b
i=n
循环直到 i>=1;
if a%i==0&& b%i==0 then
print i;
break;
结束
```

将伪代码转换为 C 代码：

```
#include <stdio.h>
int main()
{
    int a,b,c,i;
    printf("请输入两个整数: \n");
    scanf("%d%d",&a,&b);
    c=a;
    /* 将较小数赋予 c */
    if (c>b)
    {
        c=b;
    }
    /* 通过循环找出最大公约数 跳出循环 */
    for(i=c;i>=1;i--)
    {
        if (a%i==0&&b%i==0)
        {
            printf("最大公约数: %d\n",i);
            break;
        }
```

```
    }
    return 0;
}
```

运行上述程序，结果如图 8-29 所示。

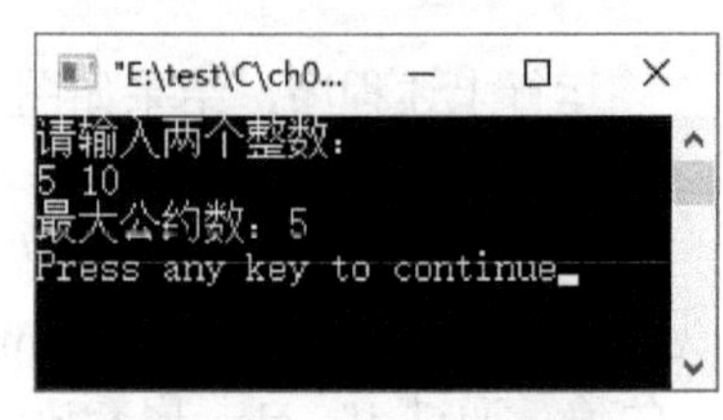

图 8-29　求最大公约数

【案例剖析】

本例用于演示如何将求最大公约数的伪代码转换为 C 语言代码。在代码中首先定义 4 个变量 a、b、c、i。然后通过输入端读入变量 a 与 b 的值，接着再将 a 的值赋予 c，通过比较 c 与 b 的值，将较小的数赋予 c。然后通过 for 循环找出最大公约数，当符合 if 条件语句时输出该最大公约数，然后跳出循环。

8.3.5　计算机语言表示法

说起计算机语言，其实大家不会很陌生，例如使用 VC 进行编译运行的例子代码就是使用了计算机语言。使用计算机语言，要严格遵守该语言的语法规则、书写规则等。

【例 8-9】 使用 C 语言编写程序，计算 1+2+3+4+5 的和，并输出计算结果。(源代码\ch08\8-9)

```
#include <stdio.h>
int main()
{
    /* 定义变量 */
    int i,sum;
    sum=1;
    i=2;
    /* 使用 while 循环求和 */
    while(i<=5)
    {
        sum=sum+i;
        i=i+1;
    }
    printf("1+2+3+4+5=%d\n",sum);
    return 0;
}
```

运行上述程序，结果如图 8-30 所示。

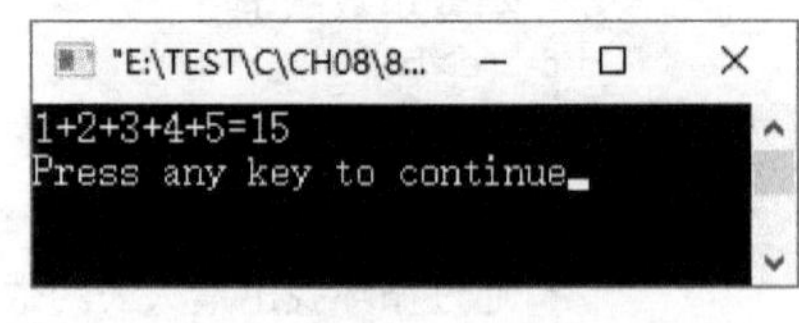

图 8-30　求和

【案例剖析】

本例为简单的 C 语言求和，通过计算机语言将求和的算法通过计算机实现。在代码中首先定义变量 i、sum，然后使用 while 循环语句，计算 1+2+3+4+5 的和，最后将结果 sum 输出。

由此可以看出，计算机语言在表示算法时具有以下特点。

(1) 由上至下。

(2) 逐步细化。

(3) 模块化的设计。

(4) 结构化的编码。

8.4 结构化程序设计方法

C 语言中，所谓结构化程序，就是通过高级语言的编写来表示结构化的算法。而使用 3 种基本结构所组成的程序必然是结构化的程序，这种程序的好处就是便于编写、便于阅读、便于维护以及修改。

而结构化程序设计则是强调在编写程序时注重程序设计的风格和程序结构的规范化，提倡清晰的结构。

至于结构化程序设计方法则是将一个复杂问题的求解过程拆分为几个阶段，做到每个阶段处理问题都能够控制在人们容易理解与处理的范围内。

编写结构化的程序，需要采取以下方法：自顶向下，逐步细化；自下而上，逐步积累。

使用自顶向下、逐步细化方法的优点是考虑周全，结构清晰，层次分明，开发人员容易写，读者容易看。如果发现某一部分中有一段内容不妥，需要修改，只需找出该部分修改有关段落即可，与其他部分无关。在这里提倡读者用这种方法设计程序。这就是用工程的方法设计程序。

C 语言中，所谓模块化设计思想实际上是一种“分而治之”的思想，把一个大任务分为若干子任务，每一个子任务就相对简单了。在拿到一个程序模块以后，根据程序模块的功能将它划分为若干子模块，如果这些子模块的规模还大，还可以划分为更小的模块。这个过程采用自顶向下方法来实现，子模块一般不超过 50 行。并且划分子模块时应注意模块的独立性，即：使一个模块完成一项功能，耦合性越小越好。

8.5 综合案例——求解一元二次方程的根

本节将通过具体实例演示如何通过算法分析再到具体编程来实现求解一元二次方程的根。

1. 算法分析

一元二次方程的求解总地说来可以分为三部分：输入数据，求解方程，输出结果，如图 8-31 所示。

通过划分，可以很清晰地将一元二次方程根的求解过程分为 3 个子模块。总的来说求解过程是一个顺序结构，其中求解方程的过程比较复杂，可以将这个过程再分为 3 个模块，根据 b*b-4*a*c 的值进行细分，若结果小于 0，则判断该方程没有实根；若结果等于 0，则判断该方程只有一个实根，并且为“-b/(2*a)”；若结果大于 0，则该方程有两个根，一个为“(-b-sqrt(m))/(2*a)”，另一个为“(-b+sqrt(m))/(2*a)”。该求解过程如图 8-32 所示。

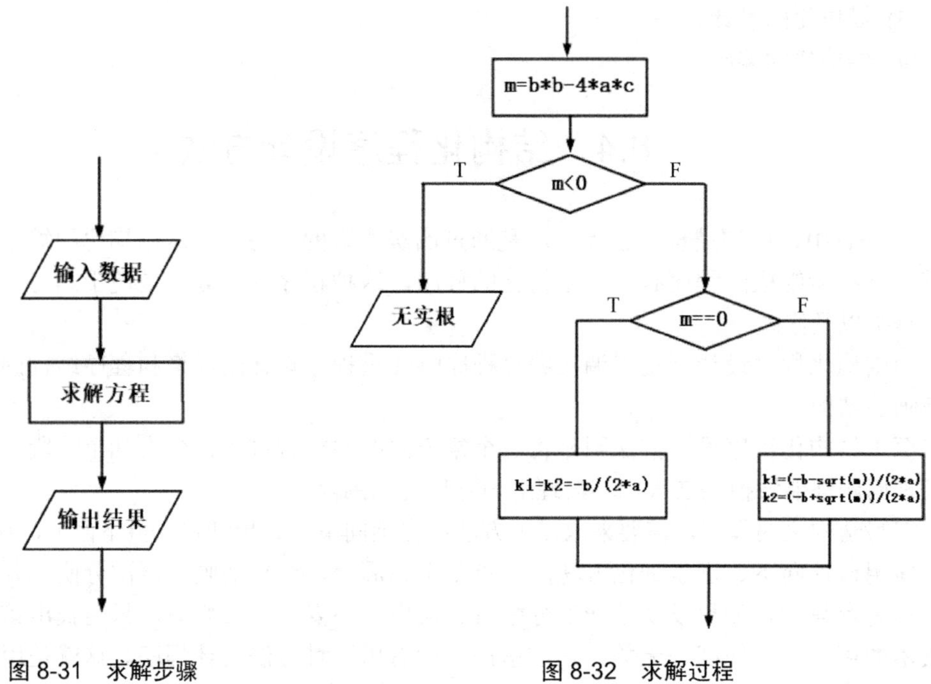

图 8-31　求解步骤　　　　图 8-32　求解过程

由此可以得到求解一元二次方程根的完整流程，如图 8-33 所示。

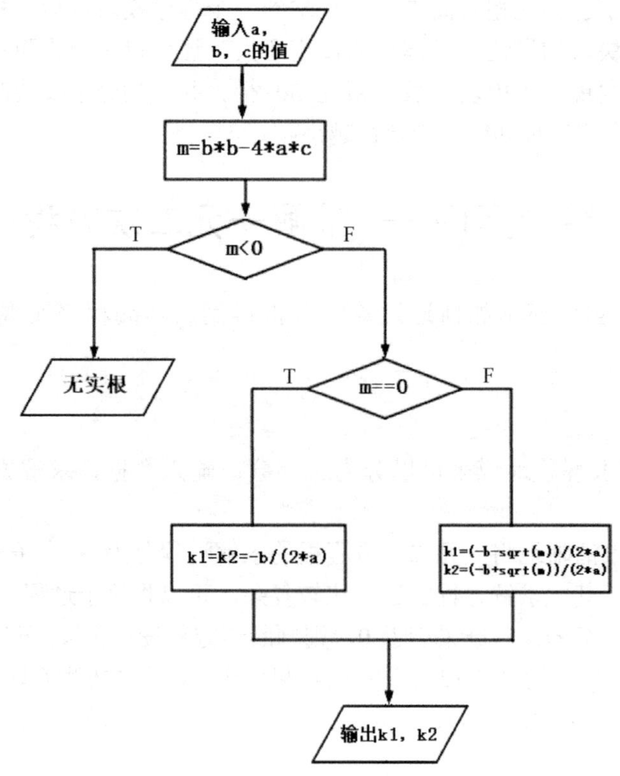

图 8-33　求解一元二次方程的根

2. 具体编程

【例 8-10】 编写程序，求解标准形式 $ax^2+bx+c=0(a\neq0)$一元二次方程的根，并将求解的结果输出。(源代码\ch08\8-10)

```
#include <stdio.h>
#include <math.h>
int main()
{
    /* 定义变量 */
    float a,b,c;
    double k1,k2,m;
    /* 输入各项的值 */
    printf("请输入二次项系数 a，一次项系数 b，常数项 c：\n");
    scanf("%f%f%f",&a,&b,&c);
    m=b*b-4*a*c;
    /* 求解方程 */
    if(m<0)
    {
        printf("该方程没有实根\n");
    }
    else
    {
        if(m==0)
        {
            k1=k2=-b/(2*a);
            printf("该方程有一个实根是：%f\n",k1);
        }
        else
        {
            k1=(-b-sqrt(m))/(2*a);
            k2=(-b+sqrt(m))/(2*a);
            printf("该方程的根是：%f,%f\n",k1,k2);
        }
    }
    return 0;
}
```

运行上述程序，结果如图 8-34 所示。

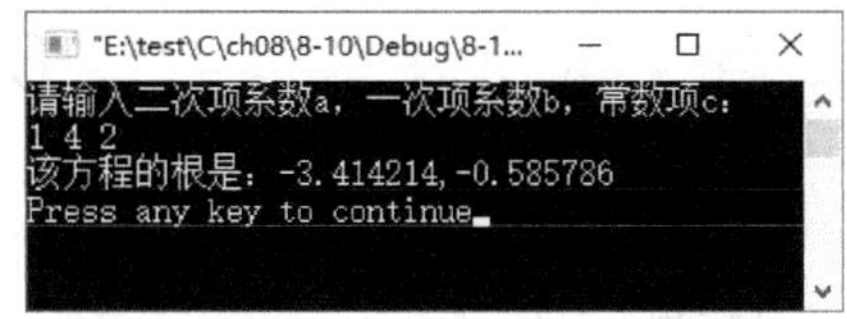

图 8-34　求解一元二次方程

【案例剖析】

本案例用于演示如何计算一元二次方程的根。在代码中，首先定义 float 型变量 a、b、c，double 型变量 k1、k2、m。然后通过输入端输入 a、b、c 各项的值，接着计算 b*b-4*a*c 的值，并将结果赋予 m。再通过判断 m 的值对方程的根进行求解：若 m<0，则说明该方程没有实根；若 m==0，则说明该方程有一个实根，为“-b/(2*a)”，若 m>0，则说明该方程有两个根，它们分别是“(-b-sqrt(m))/(2*a)”与“(-b+sqrt(m))/(2*a)”。

8.6 大神解惑

小白：N-S 流程图的优点是什么？

大神：N-S 流程图比文字描述直观、形象、易于理解；比传统流程图紧凑易画，尤其是它废除了流程线，整个算法结构是由各个基本结构按顺序组成的；N-S 流程图中的上下顺序就是执行时的顺序，也就是图中位置在上面的先执行，位置在下面的后执行。写算法和看算法只需从上到下进行就可以了，十分方便。用 N-S 图表示的算法都是结构化的算法(它不可能出现流程无规律地跳转，而只能自上而下地顺序执行)。

小白：什么是算法，算法具有哪些特点？

大神：算法是指为解决某个特定问题而采取的确定且有限的步骤。一个算法应当具有以下 5 个特性。

(1) 有穷性：一个算法包含的操作步骤应该是有限的。

(2) 确定性：算法中每一条指令必须有确切的含义，不能有二义性，对于相同的输入必须能得到相同的执行结果。

(3) 可行性：算法中指定的操作，都可以通过已经验证过可以实现的基本运算执行有限次后实现。

(4) 有 0 个或多个输入：在计算机上算法的实现是用来处理数据对象的，在大多数情况下这些数据对象需要通过输入来得到。

(5) 有一个或多个输出：算法的目的是求解，这些解只有通过输出才能得到(注意：算法要有一个以上的输出)。

小白：结构化设计是什么？

大神：在 C 语言中任何复杂的算法，都可以由顺序结构、选择(分支)结构和循环结构 3 种基本结构组成。在构造算法时，也仅以这 3 种结构作为基本单元，同时规定基本结构之间可以并列和互相包含，不允许交叉和从一个结构直接转到另一个结构的内部去。结构清晰，易于正确性验证和纠正程序中的错误，这种方法就是结构化方法，遵循这种方法的程序设计，就是结构化程序设计。遵循这种结构的程序只有一个输入口和一个输出口。

8.7 跟我学上机

练习 1：编写程序，计算 n 的阶乘，并输出计算结果。要求先画出流程图，然后使用具体代码实现。

练习 2：编写程序，计算 100 以内所有偶数的和。要求先画出流程图，然后使用具体代码实现。

练习 3：编写程序，通过输入端输入两个数，计算它们的最小公倍数，将结果输出。要求先画出 N-S 流程图，然后使用具体代码实现。

第 9 章 C 语言灵魂——函数与函数中变量

通过前面章节的介绍，C 语言中的程序都是由很多程序的模块构成，一个程序模块完成一个特定的功能，通过这些模块配合，可以将程序所要达成的目标实现。而这些所谓的模块，实际上就可以理解为函数。本章将通过讲解，让读者了解函数的相关内容。

本章目标(已掌握的在方框中打钩)

- ☐ 了解函数的概念
- ☐ 了解函数的分类并掌握如何声明和定义函数
- ☐ 掌握如何使用函数的返回语句
- ☐ 掌握函数参数的使用与特点
- ☐ 掌握如何调用函数
- ☐ 熟悉什么是内部函数、外部函数以及 main()函数相关内容
- ☐ 掌握局部变量与全局变量的定义与使用
- ☐ 了解什么是动态存储与静态存储
- ☐ 掌握不同存储类别变量的定义以及使用方法

9.1 函数概述

在使用 C 语言的开发过程中，有时候根据复杂的问题可能需要编写一段很长的代码，可能代码中又使用了循环来完成重复的任务，如果仅仅使用一个 main()函数来体现，那么会使得代码变得冗长，这时候就可以引进一个新的概念——函数。

9.1.1 函数的概念

对于一个 C 语言程序来说，它是由一个函数或者多个函数所组成。而对于一个很大的程序来讲，一般可以将它分解成若干的源文件，来分别完成不同的功能，这样能够提高开发效率。并且，一个源文件可以被其他程序使用，十分便捷。

C 语言的程序必须是由 main()函数处开始执行，并且 main()在程序中是唯一的，main()函数之外，是一些其他函数，这些函数在定义上讲都是互相独立，不会相互影响，也不存在嵌套的关系，但是在调用函数时，可以相互进行调用或者嵌套。

源程序对函数的调用过程如图 9-1 所示。

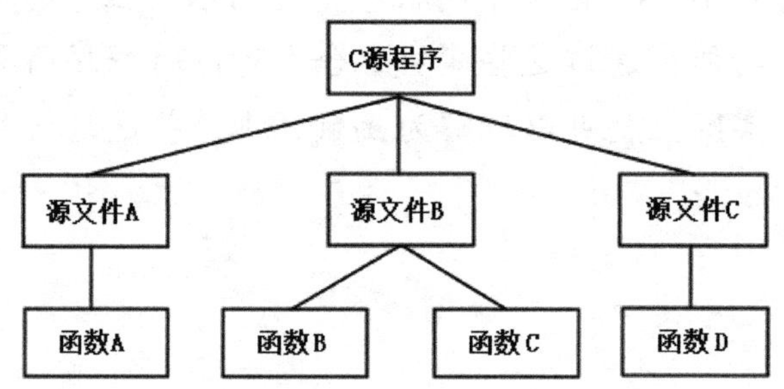

图 9-1 C 源程序的组成

【例 9-1】 编写程序，完成函数的简单调用。(源代码\ch09\9-1)

```
#include <stdio.h>
/* 自定义函数 */
void pt()
{
   printf("**-----------------**\n");
}
void pf()
{
   printf("     函数调用实例\n");
}
int main()
{
   /* 调用函数 */
   pt();
   pf();
   pt();
   return 0;
}
```

运行上述程序，结果如图 9-2 所示。

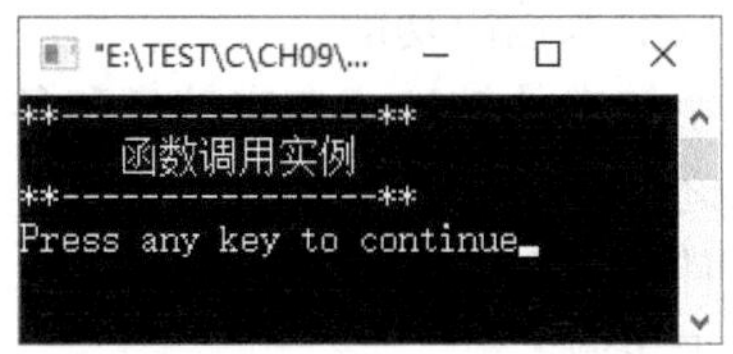

图 9-2　函数调用

【案例剖析】

本案例用于演示如何自定义函数以及如何对函数进行调用。在代码中，首先在头文件部分，通过用户自定义声明了两个函数，它们分别用于输出不同的字符与符号。在主函数 main()中，调用 3 次函数，达到显示字符与符号的环绕效果，如果不是用函数，也可以通过 3 条 printf()语句来实现，但是如果需要修改就不如函数调用更方便。

9.1.2　函数的分类

C 语言中的函数可以通过不同的角度来进行划分。

(1) 通过函数定义的角度进行划分，可以将函数分为库函数(标准函数)和用户自定义函数两种。

库函数(标准函数)：由 C 系统所提供，不需要通过用户定义，也不必在程序中作类型说明，只需在程序前包含有该函数原型的头文件即可在程序中直接调用。例如在前面各章的例题中所使用到的 printf()、scanf()、getchar()、putchar()、sqrt()等函数均属于此类。

用户定义函数：由开发人员通过问题分析的需要所写的函数。对于用户自定义函数，不仅要在程序中定义函数本身，而且在主调函数模块中还必须对该被调函数进行类型说明，然后才可以使用。

(2) C 语言的函数兼有其他语言中的函数和过程两种功能，通过这个角度来看，又可把函数划分为有返回值函数和无返回值函数两种。

有返回值函数：此类函数被调用执行完后会向调用者返回一个执行结果，称为函数返回值。如数学函数即属于此类函数。由用户定义的这种要返回函数值的函数，必须在函数定义和函数说明中明确返回值的类型。

无返回值函数：此类函数用于完成某项特定的处理任务，执行完成后不向调用者返回函数值。这类函数类似于其他语言的过程。由于函数无须返回值，用户在定义此类函数时可指定它的返回为“空类型”，空类型的说明符为“void”。

(3) 从主调函数和被调函数之间有无数据传送的角度来看，又可分为无参函数和有参函数两种。

无参函数：函数定义、函数说明及函数调用中均不带参数。主调函数和被调函数之间不进行参数传送。此类函数通常用来完成一组指定的功能，可以返回或不返回函数值。

有参函数：又可以称为带参函数，在函数定义及函数说明时都有参数，称为形式参数(简称为形参)。在函数调用时也必须给出参数，称为实际参数(简称为实参)。进行函数调用时，主调函数将把实参的值传送给形参，供被调函数使用。

(4) C语言拥有自己的一套丰富的库函数，这些库函数在功能上可以进行以下划分。

- 输入输出函数：用于完成输入输出功能。
- 转换函数：用于字符或字符串的转换；在字符量和各类数字量(整型、实型等)之间进行转换；在大写、小写之间进行转换。
- 目录路径函数：用于文件目录和路径操作。
- 诊断函数：用于内部错误检测。
- 图形函数：用于屏幕管理和各种图形功能。
- 接口函数：用于与DOS、BIOS和硬件的接口。
- 字符串函数：用于字符串操作和处理。
- 内存管理函数：用于内存管理。
- 数学函数：用于数学函数计算。
- 日期和时间函数：用于日期、时间转换操作。
- 进程控制函数：用于进程管理和控制。
- 其他函数：用于其他各种功能。

【例 9-2】 编写程序，定义 int 型变量 a、b 以及 double 型变量 c。通过输入端输入 a、b 的值，计算 a、b 的和再对结果进行开平方运算，然后将计算结果赋予 c，最后输出 c 的值。(源代码\ch09\9-2)

```
#include <stdio.h>
/* 添加库函数 */
#include <math.h>
/* 自定义函数 */
void pt()
{
printf("**---------------**\n");
}
/* 有返回值、参数的函数 */
int sum(int x,int y)
{
return x+y;
}
int main()
{
    /* 定义变量 */
    int a,b;
    double c;
    pt();
    printf("  请输入a，b的值：\n");
    printf("  ");
    scanf("%d%d",&a,&b);
    /* 调用函数 传递实参 */
    c=sum(a,b);
    /* 调用库函数 */
    c=sqrt(c);
    printf("  c=%.2f\n",c);
    pt();
    return 0;
}
```

运行上述程序，结果如图 9-3 所示。

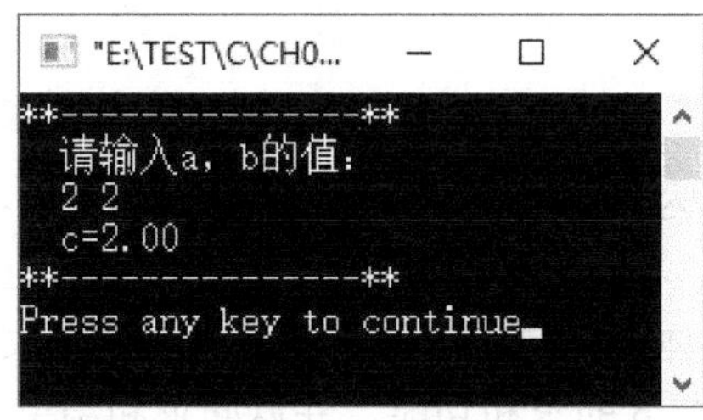

图 9-3　函数调用

【案例剖析】

本例用于演示函数的分类以及函数的调用。在代码中，头文件添加了库函数 math.h 以及两个自定义函数；在主函数 main()中，首先定义了 int 型变量 a、b 以及 double 型变量 c，通过输入端获取变量 a 与 b 的值，然后调用自定义函数 sum，传递实参 a 与 b，计算 a 与 b 的和并赋予 c，再使用自带函数 sqrt()完成开平方根操作，最后输出计算结果。

9.1.3　函数的声明与定义

C 语言中，对一个函数进行定义，目的是使编译器知道该函数所完成的功能，一个函数在定义的时候需要包含函数头与函数体。

函数头是由 3 个部分组成的：返回值类型、函数名以及参数列表。

返回值类型可以是 C 语言中合法的数据类型。

函数名实际上是函数的标识符，在命名时需要遵守标识符的书写规则，并且一旦被定义之后，程序在调用该函数时，名称也必须和定义时一样。

参数列表可以有若干的变量，并且在调用该函数时，数据是以实参的形式进行传递处理的。

函数体则是该函数的主要部分，其中可以包含一些处理操作的代码或者是局部变量的定义等。

1. 函数定义的形式

(1) 有参函数。

若是在程序中想使用自定义的函数来完成一些特定的功能或者处理操作，那么就需要先进行定义，只有定义过后，才可以在程序中进行调用。

函数定义的一般形式语法如下。

```
返回值类型 函数名(参数列表)    /* 函数头 */
{
    …函数体;
}
```

例如：

```
int sum(int a,int b)
```

```
{
    int c;
    c=a+b;
    return c;
}
```

其中“int sum”中“int”为返回值类型，“sum”为函数名，括号中“int a，int b”为参数列表，它们组成了函数头，是一个函数代码的开始部分，也是该函数的起始处。大括号“{}”所括起来的部分为函数体，在这里通过代码语句的操作处理来完成函数所要实现的特定功能，如上例函数体完成 a 与 b 的求和功能，并返回求和结果 c。

(2) 无参函数。

函数是一段能够重复利用的代码，这段代码来实现程序的特定功能，而函数在自定义的时候十分灵活，可以让它接收用户所传递的数据，也可以不去接收。

若不想令用户接收传递的数据，那么可以将函数定义为无参数的形式，这种无参函数在定义时不带参数，并且不进行数据的接收。

无参函数的定义语法格式如下。

```
返回值类型 函数名()
{
    函数体;
}
```

例如：

```
void paint()   /* 函数头 */
{
    /* 函数体 */
    printf("    *    ");
    printf("   * *   ");
    printf("  *   *  ");
    printf("   * *   ");
    printf("    *    ");
}
```

此为无参函数，该函数完成图案的绘制。由于不进行参数的传递，所以在定义时括号“()”中为空，没有任何参数。

【例 9-3】 编写程序，定义一个无参函数 sum()，该函数完成 100 以内整数的累加功能，在 main()函数中调用 sum()函数，并将 sum()计算结果输出。(源代码\ch09\9-3)

```
#include <stdio.h>
/* 自定义累加函数 sum() */
int sum()
{
    int i, sum=0;
    for(i=1; i<=100; i++)
    {
        sum+=i;
    }
    return sum;
}
int main()
```

```
{
    int s;
    /* 调用自定义函数 sum() */
    s=sum();
    printf("1+2+3+...+100=%d\n", s);
    return 0;
}
```

运行上述程序，结果如图 9-4 所示。

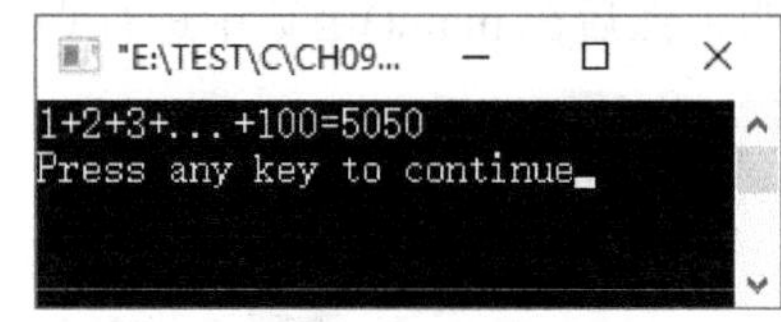

图 9-4　无参函数

【案例剖析】

本例用于演示如何定义一个无参函数并在 main()函数中进行调用。在代码中首先自定义一个累加函数 sum()，该函数为无参形式。在该函数中，定义 int 型变量 i、sum，并将 sum 初始化为 0，然后使用 for 循环完成 100 以内整数累加求和的功能，最后返回值为 sum。接着在主函数 main()中定义一个 int 型变量 s，调用自定义无参函数 sum()计算 100 以内整数的累加，并将计算结果赋予 s，最后输出 s 的值。

虽然无参函数没有参数列表，但不能将括号“()”省略。

(3) 空函数。

自定义函数中除了无参函数外，还有一种特殊的函数，这种函数被称为空函数。空函数在函数体中没有任何处理语句或者操作，也就是说，该函数没有任何实际作用。空函数的存在只是为了“占位”，就是说该函数所存在的位置本来是需要一个处理函数的，但是由于用户没有编好代码，所以暂时放置一个空函数来“占位”，等待后续的处理。

空函数的定义语法如下。

```
类型说明符 函数名()
{
}
```

其中空函数的函数体需要空下，不做代码的编写。

例如：

```
void Playanything()
{
}
```

2. 函数的声明

实际上函数在使用的过程中，一般是先进行声明，然后再定义，最后在 main()函数中进行调用。对函数进行声明其作用是将函数的返回值类型、函数名以及参数列表等信息告诉编译器。

声明一个函数的语法如下。

```
返回值类型 函数名(参数列表);
```

与定义不同的是，在声明的时候函数末尾需要加上分号“;”，因为声明的时候该函数也就相当于一条语句。

例如：

```
int sum();
```

【例 9-4】 编写程序，对例 9-3 进行修改，在头文件部分先对自定义函数 sum()进行声明，然后在 main()函数中进行调用，最后再给出该函数的定义。(源代码\ch09\9-4)

```
#include <stdio.h>
/* 声明函数 sum() */
int sum();
int main()
{
    int s;
    /* 调用自定义函数 sum() */
    s=sum();
    printf("1+2+3+...+100=%d\n", s);
    return 0;
}
/* 自定义累加函数 sum() */
int sum()
{
    int i, sum=0;
    for(i=1; i<=100; i++)
    {
        sum+=i;
    }
    return sum;
}
```

运行上述程序，结果如图 9-5 所示。

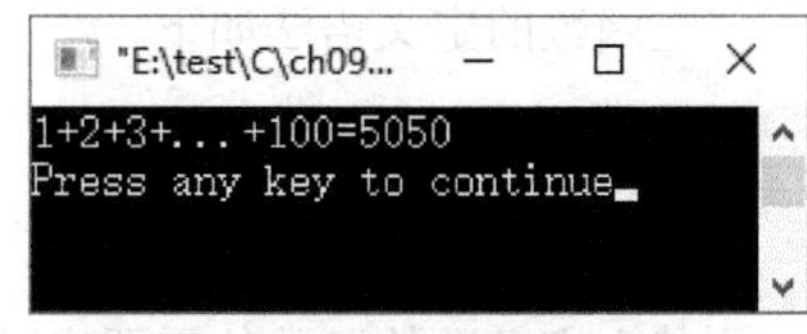

图 9-5　函数的声明

【案例剖析】

本例将例 9-3 进行了修改，演示如何对函数进行声明。在代码中的头文件部分首先声明了 sum()函数，接着在 main()函数中定义变量 s，并调用 sum()函数，将该函数的返回值赋予 s，然后输出。最后再自定义累加函数 sum()，使用 for 循环语句实现对 100 以内的整数进行累加求和功能，并将求和结果返回。

函数的声明可以理解为告知其函数将会在后面进行相应的定义。

9.2　函数的返回语句

函数在完成调用之后，不仅能够完成用户所指定的特定功能，有时还能够根据具体需要使用返回语句来返回一个确定的函数类型的值，这个值就是函数的返回值。

其实之前就已经接触到了函数的返回语句，例如每个程序的结尾处会出现：

```
return 0;
```

该语句就是返回语句，当程序执行到返回语句时能够马上从所在函数中退出，返回到所调用的程序中，并且根据需要可以通过返回语句返回一个确定的值。

9.2.1 函数的返回值

在一个带有返回值的函数中，通常是使用 return 返回语句来将被调用的函数中的某个确定的值返回到所调用的程序中。

【例 9-5】 编写程序，定义一个函数，该函数用于完成比较数据大小的功能，并且将较大数作为返回值返回。然后在 main()函数中调用该函数，传递数据比较大小最后输出两数中较大数。(源代码\ch09\9-5)

```
#include <stdio.h>
/* 定义 max 函数，用于比较两数大小，并返回较大数 */
int max(int x, int y)
{
    if (x>y)
    {
        /* 返回语句 */
        return x;
    }
    else
    {
        return y;
    }
}
int main()
{
    int a, b, m;
    printf("请输入两个整数：\n");
    scanf("%d%d", &a, &b);
    /* 调用 max()函数，将较大数赋予 m */
    m=max(a, b);
    printf("两数之中较大数为：  %d\n",m);
    return 0;
}
```

运行上述程序，结果如图 9-6 所示。

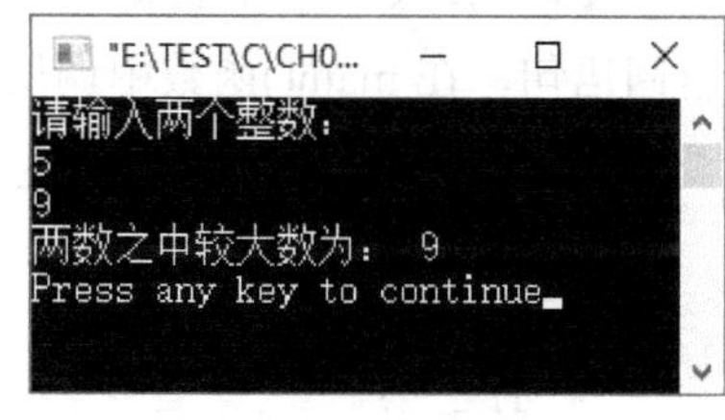

图 9-6 函数的返回值

【案例剖析】

本例用于演示如何通过返回函数将一个确定的值返回到所调用的程序中。在代码中，首先定义了有参函数 max，该参数拥有两个 int 形参 x、y。在该函数的函数体中，利用 if…else 语句对变量 x 与 y 进行判断，若是 x 大于 y，则返回 x 的值；否则返回 y 的值。接着在 main()函数中定义变量 a、b、m，通过输入端输入两个整数并赋予 a、b，然后调用 max 函数比较 a 和 b 的大小，并将 max()函数返回的较大数赋予 m，最后输出 m。

使用 return 语句时，返回的可以为一个具体的变量值，同样也可以是一个表达式。

【例 9-6】 编写程序，对例 9-5 进行改造，定义一个 max()函数，该函数用于比较两数大小，并将比较大小的表达式返回，通过 main()函数中进行调用，输出较大数。(源代码\ch09\9-6)

```
#include <stdio.h>
/* 定义max函数，用于比较两数大小，并返回较大数 */
int max(int x, int y)
{
    /* 返回语句为表达式 */
    return x>y?x:y;
}
int main()
{
    int a, b, m;
    printf("请输入两个整数：\n");
    scanf("%d%d", &a, &b);
    /* 调用max()函数，将较大数赋予m */
    m=max(a, b);
    printf("两数之中较大数为： %d\n",m);
    return 0;
}
```

运行上述程序，结果如图 9-7 所示。

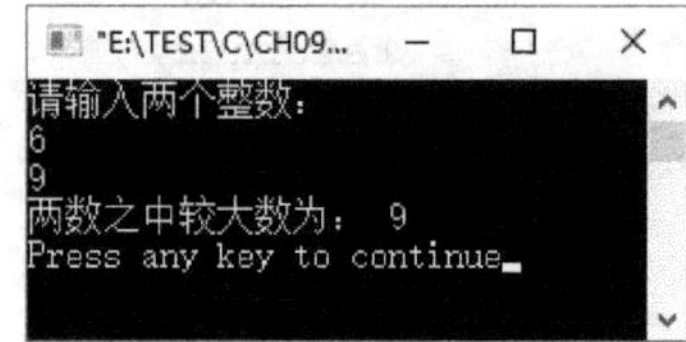

图 9-7 返回表达式

【案例剖析】

本例用于演示通过调用有参函数，返回一个表达式的值。在代码中首先定义一个有参函数 max()，该函数通过返回一个三元表达式的值，将两数中较大数返回。接着在 main()函数中定义变量 a、b 以及 m，通过输入端输入 a、b 的值，再调用 max()函数，将返回的较大值赋予 m，最后输出 m 的值。

9.2.2 函数的结束标志

C 语言中，一个函数正常的结束是将该函数体中的语句一句一句执行完毕后到达“}”。而若是使用返回语句 return，那么当函数体在执行的过程中，只要遇见 return 语句后就会立即停止执行，后续的语句将不会再执行。

【例 9-7】 编写程序，声明一个函数，该函数包含两条输出语句，在输出语句间有一条返回语句，在 main()函数中调用该函数并查看结果。(源代码\ch09\9-7)

```
#include <stdio.h>
/* 定义函数sum() */
int sum(int x,int y)
{
    int z;
    printf("函数开始\n");
    z=x+y;
    /* 返回语句 */
    return z;
    printf("函数结束\n");
}
```

```
int main()
{
    int a,b,c;
    printf("程序开始\n");
    printf("请输入两个整数: \n");
    scanf("%d%d",&a,&b);
    /* 调用函数 sum() */
    c=sum(a,b);
    printf("c=%d\n",c);
    printf("程序结束\n");
    return 0;
}
```

运行上述程序，结果如图 9-8 所示。

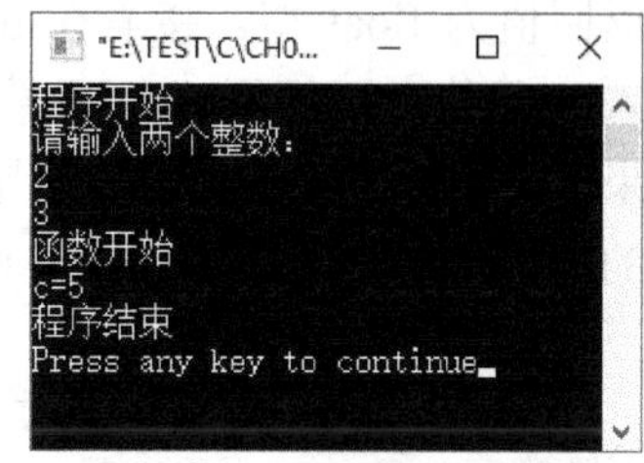

图 9-8　函数结束标志

【案例剖析】

本例用于演示 return 返回语句是如何结束函数体，并直接返回到所调用的程序中去的。在代码中，首先定义函数 sum()，用于计算两数之和，在函数体中，拥有两个输出语句，分别标志着函数的开始与结束。接着在 main()函数中定义变量 a、b、c，通过输入端输入 a、b 的值，然后调用 sum()函数计算两数之和并将结果赋予 c，最后输出 c 的值。在 main()函数中同样拥有两个输出语句，用于标志程序的开始与结束，在结果中可以发现，调用函数之后，只有函数开始的标志，并没有结束的标志，这是因为在使用 return 返回语句将求和返回的同时，也将该函数的函数体一并结束，后续的结束标志语句不再输出。

9.2.3　函数的返回值类型

函数的返回值类型是在定义函数的时候指定的，但是函数体中参数也是有类型的，当 return 返回语句中表达式的类型与定义时函数头中的类型不一致时，要以函数定义时函数头的类型为标准。

【例 9-8】 编写程序，定义一个函数 sqr()，该函数完成开方运算，在 main()函数中定义一个 float 型变量 a，int 型变量 b，通过输入端输入 a 的值，调用 sqr()函数对 a 进行开方运算，将结果赋予 b 输出。(源代码\ch09\9-8)

```
#include <stdio.h>
/* 添加数学函数头文件 */
#include <math.h>
/* 定义 sqr()函数 */
int sqr(float x)
{
    float y;
    y=sqrt(x);
    return y;
}
int main()
{
    float a;
    int b;
```

```
    printf("请输入 a 的值：\n");
    scanf("%f",&a);
    /* 调用 sqr()函数 */
    b=sqr(a);
    printf("对%f 进行开方运算后为：%d\n",a,b);
    return 0;
}
```

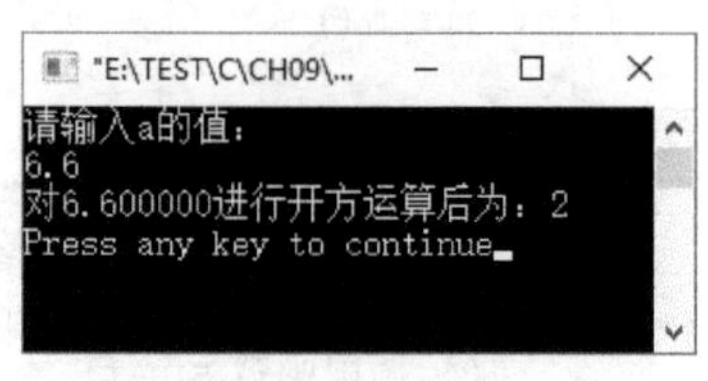

图 9-9　函数的返回值类型

运行上述程序，结果如图 9-9 所示。

【案例剖析】

本例用于演示如何确定函数的返回值类型。在代码中首先定义一个函数 sqr()，该函数完成对实参进行开方运算，并返回开方结果，注意这里函数头定义返回值类型为 int，返回语句返回值为 float 型。接着在 main()函数中定义 float 型变量 a 以及 int 型变量 b，通过输入端输入 a 的值，再调用 sqr()函数对 a 进行开方运算，将结果赋予 b，输出 b 后可以发现得到的结果值类型为 int，此时说明当函数头定义返回值类型与 return 语句返回值类型不一致时，输出的返回值类型以函数定义时函数头返回值类型为标准。

注意：在定义函数时尽量保持 return 语句返回值的类型与函数头定义函数类型一致。

9.3　函数的参数

有参函数在调用时，调用该函数的程序会将实参传递给被调用的函数，然后被调用的函数将形参替换为实参，完成相应的操作或处理。

9.3.1　形式参数与实际参数

函数的参数可以分为两类，一种是形式参数，简称形参；另一种是实际参数，简称实参。在函数定义的时候，参数列表中的为形参，仅仅表示参数的类型、个数以及在函数体内对其如何处理。而函数在调用的时候所传递的数据则为实参，表示该函数要处理的实参是一个具体的数据值，在调用时将实参的值传递给形参。

注意：形参在该函数被调用时用来接收实参的值，调用函数时，实参与形参的类型、个数必须保持完全一致。

【例 9-9】 编写程序，定义一个 sum()函数，该函数完成由 0 开始到传递的实参正整数的累加求和功能，在 main()函数中定义 int 型变量 a，调用 sum()函数，进行累加求和，输出求和结果。(源代码\ch09\9-9)

```
#include <stdio.h>
/* 定义函数 sum() */
int sum(int x)
{
    int i,s=0;
    if(x<=0)
    {
```

```
        s=-1;
    }
    else
    {
        for(i=1;i<=x;i++)
        {
            s+=i;
        }
    }
    return s;
}
int main()
{
    int a;
    printf("请输入一个正整数：\n");
    scanf("%d",&a);
    /* 调用函数 */
    if(sum(a)==-1)
    {
        printf("输入有误\n");
    }
    else
    {
        printf("0+...+%d=%d\n",a,sum(a));
    }
    return 0;
}
```

运行上述程序，结果如图 9-10 所示。

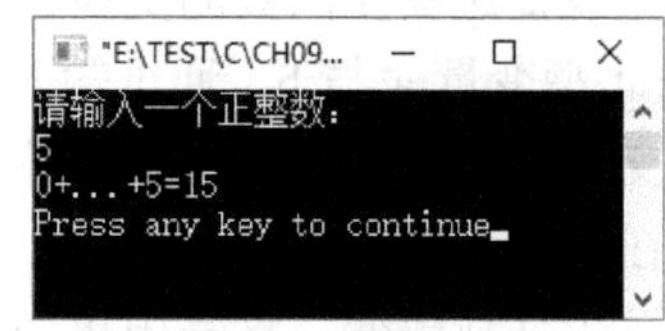

图 9-10 函数的参数

【案例剖析】

本例演示了数据在主调程序与被调函数之间的传递。在代码中定义一个 sum()函数，该函数中通过 if...else 语句对传递的实参进行判断，若为负值或 0 则返回-1，若为正整数，则使用 for 循环进行累加求和运算并返回运算结果。在 main()函数中，首先定义 int 型变量 a，通过输入端输入 a 的值，然后调用 sum()函数并对返回值进行判断，若为-1，则输出错误提示，否则将调用 sum()函数累加求和的结果输出。

9.3.2 参数的传递方式

C 语言中，函数的传递方式可以分为两种。一种是值传递，另一种是地址传递。

1. 值传递

实参与形参的传递是一种单向数据传递，即实参将具体数据传递给形参，而形参则不能将数据反向传递给实参。对形参的改变不会影响到实参的值，因为实参与形参在内存中所分配的空间在不同的单元，并且在传递处理后只能通过 return 语句来返回最多一个值。

【例 9-10】 编写程序，定义一个 swap()函数，该函数完成对传递的两个参数进行交换的功能，在 main()函数中输入两个数的值，调用 swap()函数对它们进行交换，最后输出交换后的结果。(源代码\ch09\9-10)

```
#include <stdio.h>
/* 定义 swap()函数 */
void swap(int x,int y)
{
    int temp;
    printf("交换前形参为: x=%d  y=%d\n",x,y);
    temp=x;
    x=y;
    y=temp;
    printf("交换后形参为: x=%d  y=%d\n",x,y);
}
int main()
{
    int a,b;
    printf("请输入需要交换的 a 与 b 的值: \n");
    scanf("%d%d",&a,&b);
    printf("交换前实参为: a=%d  b=%d\n",a,b);
    /* 调用函数 swap() */
    swap(a,b);
    printf("交换后实参为: a=%d  b=%d\n",a,b);
    return 0;
}
```

运行上述程序，结果如图 9-11 所示。

【案例剖析】

本案例用于演示实参对形参之间的值传递过程。在代码中首先定义 swap()函数，该函数完成传递实参两数的交换，并在交换前后各输出一次形参的值。接着在 main()函数中，定义 int 型变量 a 与 b，通过输入端输入 a 和 b 的值，调用 swap()函数对 a 和 b 进行交换，并且在交换的前后也各进行一次输出，将实参在交换前后的值进行输出。在程序运行后可以发现，在形参交换前后，两数发生了变化，交换前与交换后调换了位置，而实参在交换前后并没有发生任何改变，这是由单向传递的结果，形参的改变对实参不会有任何影响，它们之间的交换过程如图 9-12 所示。

图 9-11　值传递

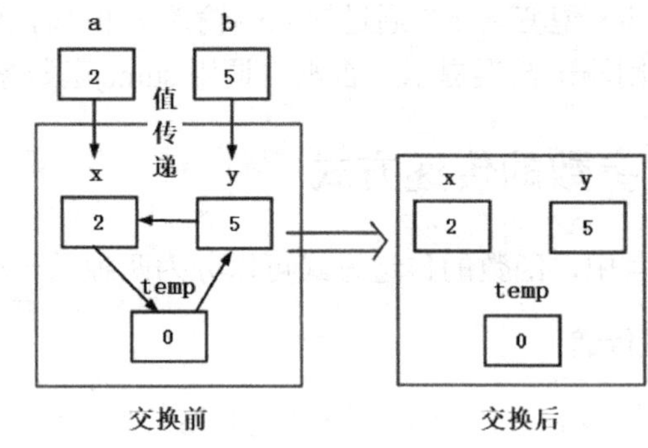

图 9-12　值传递过程

2. 地址传递

地址传递中实参对形参进行的传递是对数据地址的传递，这种传递所达到的效果是使形参与实参使用共同的一片存储单元，对形参的改变实际上就是对实参的改变，以此来实现主调函数与被调函数之间的多个数据的传递。

【例 9-11】 编写程序，定义一个 void 函数 sz()，该函数实现的功能是对一维数组进行排序，在 main 函数中定义一个数组 a，通过输入端输入数组中的元素，调用 sz()函数对数组进行由小到大排序，最后输出排序后的数组元素。(源代码\ch09\9-11)

```
#include <stdio.h>
/* 定义符号常量N，用于表示数组长度 */
#define N 5
/* 定义函数sz() */
void sz(int b[],int n)
{
    int i,j,k,temp;
    /* 对数组进行从小到大排序 */
    for(i=1;i<=n-1;i++)
    {
        k=0;
        for(j=1;j<=n-i;j++)
        {
            if(b[k]<b[j])
            {
                k=j;
            }
            temp=b[k];
            b[k]=b[n-i];
            b[n-i]=temp;
        }
    }
}
int main()
{
    int a[N],i;
    printf("为数组a循环逐个赋值：\n");
    for(i=0;i<N;i++)
    {
        scanf("%d",&a[i]);
    }
    /* 调用sz()函数 */
    sz(a,N);
    printf("排序后的数组为：\n");
    for(i=0;i<N;i++)
    {
        printf("%d \n",a[i]);
    }
    printf("\n");
    return 0;
}
```

运行上述程序，结果如图 9-13 所示。

【案例剖析】

本例演示了实参到形参之间的地址传递过程。在代码中，首先定义一个符号常量 N 用于表示数组的长度，然后定义一个函数 sz()，该函数完成了对数组 a 的由小到大排序，接着在

main()函数中定义数组 a[N]，变量 i，通过输入端循环为数组元素赋值，然后调用 sz()函数对数组进行排序处理，完成后输出排序过后的数组元素。这里需要注意的是，在调用 sz()函数时，只需要写数组名即可，并且数组 a 与数组 b 实际上为一个数组，而定义函数时由于数组 b 的长度无实际意义，所以可省略不写。该数组中元素的地址传递如图 9-14 所示。

图 9-13　地址传递

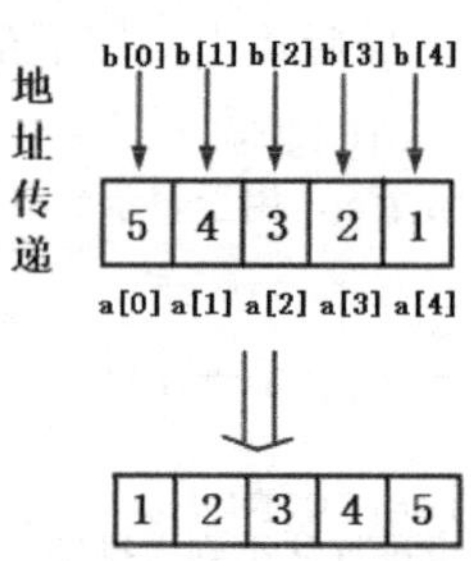

图 9-14　地址传递

9.4　函数的调用

在 C 语言中，一个庞大的程序少不了对函数的调用环节。从一个程序的执行过程来将，首先是进入 main()函数，即程序的入口，在执行语句的过程中，若是遇见对函数的调用，则跳转到该函数中，从上至下执行该函数体中的语句，当执行完毕后，重新回到主调程序，从调用函数之后的语句继续执行下去，它的执行过程如图 9-15 所示。

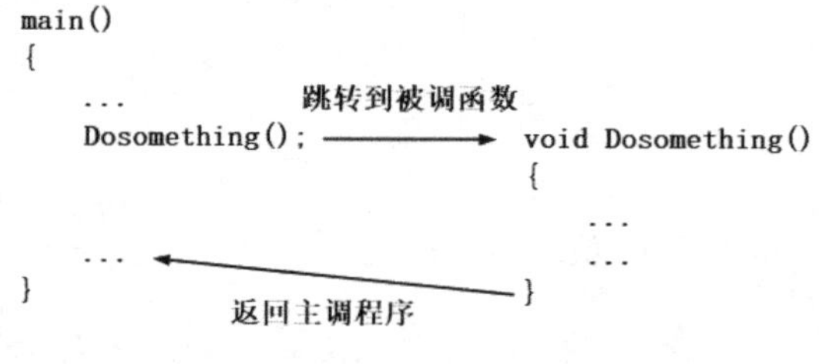

图 9-15　调用函数的过程

9.4.1　函数调用的方式

C 语言中对函数的调用方式有函数语句调用、函数表达式调用以及函数参数调用 3 种，接下来将对这些调用方式进行详细讲解。

1. 函数语句调用

函数语句调用就是将函数的调用作为一条语句单独书写，这种情况下，只要求进行某种特定的操作，但是不要求返回结果。

它的语法格式如下。

```
函数名(参数列表);
```

此为有参函数语句的调用，在参数列表中可以有若干参数，它们之间使用逗号“,”

隔开。

或者

```
函数名();
```

此为无参函数语句的调用。

【例 9-12】 编写程序，定义一个函数 print()，该函数用于输出一条信息，在 main()函数中调用该函数。(源代码\ch09\9-12)

```
#include <stdio.h>
/* 定义函数print() */
void print()
{
    printf("Hello C!\n");
}
int main()
{
    /* 函数语句调用 */
    print();
    return 0;
}
```

运行上述程序，结果如图 9-16 所示。

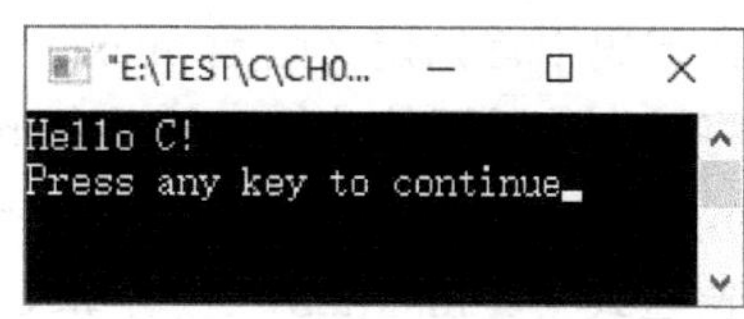

图 9-16 函数语句调用

【案例剖析】

本案例用于演示函数语句的调用方式。在代码中首先定义一个函数 print()，该函数的功能是输出一行字符串。在 main()函数，通过函数语句调用的方式，对函数 print()进行调用。实际上，printf()这类的输出函数其实也算函数语句的调用。

2. 函数表达式调用

所谓函数表达式，就是函数出现在一个表达式中，此时要求该函数返回具体的数值参与到表达式的运算中。

例如：

```
c=a*b(1,2);
```

这个函数表达式中，“b(1,2)”为一个函数，该函数返回一个具体数据，然后参与到表达式中进行运算。

【例 9-13】 编写程序，定义一个函数 max()，该函数用于比较两数大小，并将较大数的值返回，在 main()函数中定义 int 型变量 a 与 b，计算函数表达式 c=max(a,b)/2 的值，并输出 c。(源代码\ch09\9-13)

```
#include <stdio.h>
/* 定义函数max() */
int max(int x,int y)
{
    if(x>y)
    {
```

```
        return x;
    }
    else
    {
        return y;
    }
}
int main()
{
    int a,b;
    float c;
    printf("请输入 a 与 b 的值: \n");
    scanf("%d%d",&a,&b);
    /* 函数表达式 */
    c=max(a,b)/2;
    printf("c=%.2f\n",c);
    return 0;
}
```

运行上述程序，结果如图 9-17 所示。

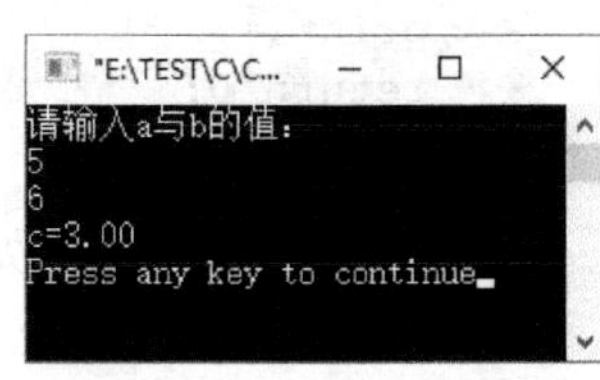

图 9-17　函数表达式调用

【案例剖析】

本例用于演示如何使用函数表达式对函数进行调用的方式。在代码中首先定义函数 max()，该函数完成对两数进行比较，并将较大数返回的功能，然后在 main()函数中定义 int 型变量 a 与 b，float 型变量 c，通过输入端输入 a 和 b 的值，然后通过函数表达式“c=max(a,b)/2”计算 c 的值，最后将 c 输出。

3. 函数参数调用

函数参数调用的方法，就是将一个函数的调用来作为另一个函数的实参进行传递，也就是将一个函数的返回值作为另一个函数的实参使用。此时要求该函数必须返回一个确定的值，否则就会出错。

例如：

```
c=a*b(1,c(2,3));
```

在这个表达式中，首先调用 c()函数，对该函数进行处理，然后将该函数的返回值作为函数 b()中的一个实参进行传递，再对 b()函数进行处理，返回结果后参与到表达式的运算中去。

【例 9-14】 编写程序，定义一个 max()函数，该函数完成比较数据大小的功能，并返回较大数，定义一个 sum()函数，该函数完成累加求和的功能，并返回求和的结果。在 main()函数中调用两个函数并参与表达式“c=sum(max(a,b))/2”的运算，最后输出运算结果 c。(源代码\ch09\9-14)

```
#include <stdio.h>
/* 定义函数 max()与函数 sum() */
int max(int x,int y)
{
    if(x>y)
    {
        return x;
```

```
    }
    else
    {
        return y;
    }
}
int sum(int x)
{
    int i,s;
    s=0;
    for(i=1;i<=x;i++)
    {
        s+=i;
    }
    return s;
}
int main()
{
    int a,b;
    float c;
    printf("请输入a和b的值：\n");
    scanf("%d%d",&a,&b);
    /* 调用函数max()与函数sum() */
    c=sum(max(a,b))/2;
    printf("c=%.2f\n",c);
    return 0;
}
```

运行上述程序，结果如图9-18所示。

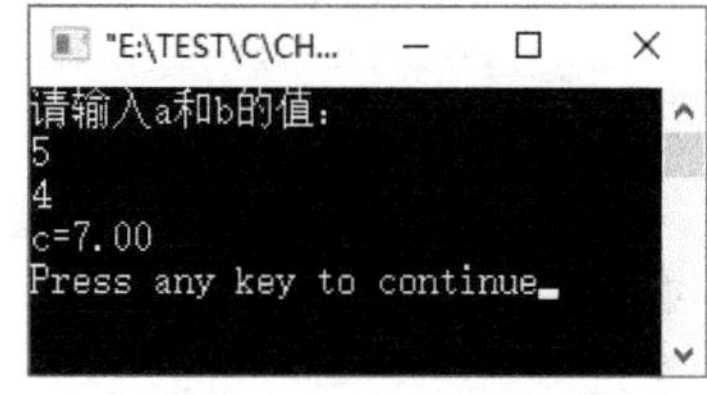

图9-18　函数参数调用

【案例剖析】

本例用于演示如何利用一个函数的返回值作为另一个函数的实参方式进行传递。在代码中定义了两个函数，一个是max()，该函数用于比较两数大小，并返回较大数的值；另一个是sum()，该函数用于计算传递值由0开始累加求和，并返回求和结果。在main()函数中，定义了int型变量a和b以及float型变量c，通过输入端输入a和b的值，并计算表达式“c=sum(max(a,b))/2”，在该表达式中，先调用max()函数，返回a和b中较大数，然后调用sum()函数，将较大数作为实参进行传递，并计算由0累加到该实参的和，并返回求和的结果，最后计算该结果除以2的值，将值赋予c，再输出c。

9.4.2　函数的嵌套调用

在C语言中规定，在定义函数时，不能进行嵌套定义，因为函数与函数之间是相互独立、平行的关系。也就是说，若是在定义一个函数的时候，在该函数的函数体内进行另一个函数的定义，那么就会出现错误。

例如：

```
int main()
{
    int sum(int x,int y)
    {
```

```
        return x+y;
    }
    return 0;
}
```

这样定义函数是错误的，main()函数之中不允许嵌套定义其他函数。

虽然 C 语言中不能嵌套定义函数，但是却可以嵌套调用函数。所谓嵌套调用，就是在被调函数中再次调用其他函数。

例如：

```
#include <stdio.h>
int a(int x,int y)
{
    int z;
    /* 嵌套函数b() */
    z=b(x,y);
}
int b(int x,int y)
{
    return x+y;
}
int main()
{
    int a1=1,b1=2,c;
    c=a(a1,b1);
    printf("%d/n",c);
    return 0;
}
```

这种嵌套调用的关系如图 9-19 所示。

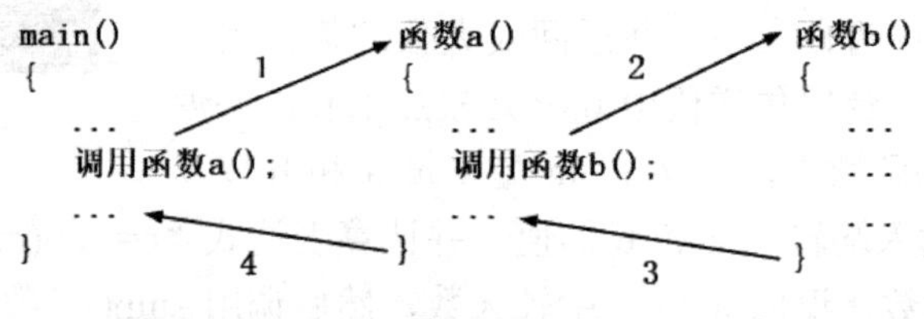

图 9-19　嵌套关系

在程序执行的过程中，首先进入 main()主函数，由上至下执行，当遇见函数 a()时，跳转到函数 a()，执行函数 a()函数体中的语句，执行过程也是由上至下，当遇见函数 b()时，跳转到函数 b()，执行函数 b()函数体中的语句，执行过程同样是由上至下，执行完毕后，返回主调函数 a()，继续执行剩下的语句，执行完毕后返回主调程序 main()中，继续执行剩余语句，直到结束。

【例 9-15】 编写程序，声明 3 个函数：函数 max()完成返回 3 个数中最大值的功能；函数 min()完成返回 3 个数中最小值的功能；函数 D()中包含函数 max()与函数 min()的嵌套调用，完成求解最大值与最小值的差值功能。在 main()函数中调用它们，实现求解 3 个数中最大值与最小值的差值。(源代码\ch09\9-15)

```
#include <stdio.h>
/* 声明函数 */
```

```
int D(int x,int y,int z);
int max(int x,int y,int z);
int min(int x,int y,int z);
int main()
{
    int a,b,c,d;
    printf("请输入 3 个整数: \n");
    scanf("%d%d%d",&a,&b,&c);
    /* 调用函数 */
    d=D(a,b,c);
    printf("3 个数中最大值与最小值的差为: %d\n",d);
    return 0;
}
/* 定义函数 */
int D(int x,int y,int z)
{
    int dir;
    /* 嵌套调用 */
    dir=max(x,y,z)-min(x,y,z);
    return dir;
}
int max(int x,int y,int z)
{
    int e;
    if(x>y)
    {
        e=x;
    }
    else
    {
        e=y;
    }
    if(e>z)
    {
        return e;
    }
    else
    {
        return z;
    }
}
int min(int x,int y,int z)
{
    int e;
    if(x<y)
    {
        e=x;
    }
    else
    {
        e=y;
    }
    if(e<z)
    {
        return e;
    }
    else
    {
        return z;
    }
}
```

运行上述程序，结果如图 9-20 所示。

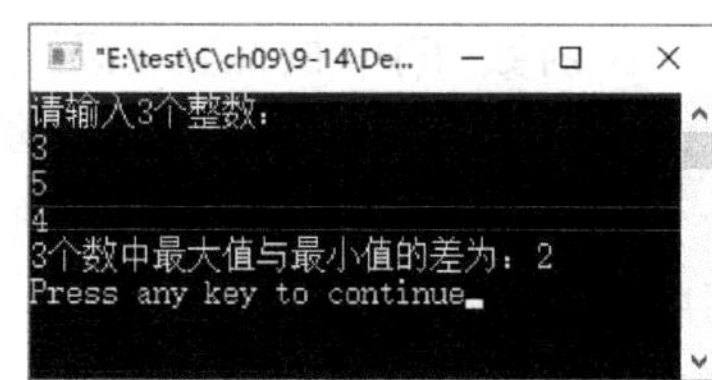

图 9-20　函数的调用

【案例剖析】

本例演示如何对函数进行嵌套调用。在代码中首先对 3 个函数进行声明，然后在 main()函数中，定义 int 型变量 a、b、c、d，首先通过输入端获取 a、b、c 的值，然后对函数 D()进行调用，并输出 3 个数中的差值 d。最后对 3 个函数进行定义：max()函数与 min()函数中分别使用 if...else 语句获取 3 个数中的最大值与最小值，并将它们作为返回值返回，然后在函数 D()中，对函数 max()与函数 min()进行嵌套调用，完成求解最大值与最小值的差值，并将结果赋予 dir，返回 dir 的值。该程序对函数的调用如图 9-21 所示。

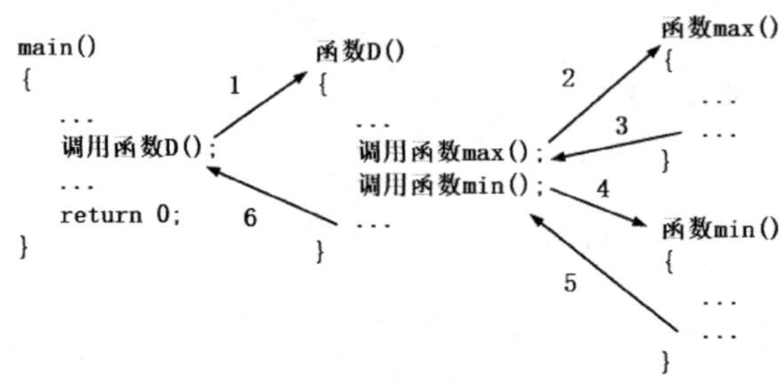

图 9-21　函数调用过程

9.4.3　函数的递归调用

C 语言中，若是一个函数在调用的时候，直接或者间接地调用了自身，那么就称为函数的递归调用，该函数就称为递归函数。

由于函数在执行过程中都会在栈中分配好自己的形参与局部变量副本，这些副本与该函数在执行其他过程中不会发生任何影响，所以使得递归调用成了可能。

递归函数分为直接递归与间接递归。

(1) 直接递归是指在函数的执行过程中再次对自己进行调用。

例如：

```
int f(int a)
{
    int x,y;
    ...
    y=f(x);
    ...
    return y;
}
```

该程序的执行过程如图 9-22 所示。

在函数 f()中按照由上至下的顺序进行执行，当遇见对自身的调用时，再返回函数 f()的起始处，继续由上至下进行处理。

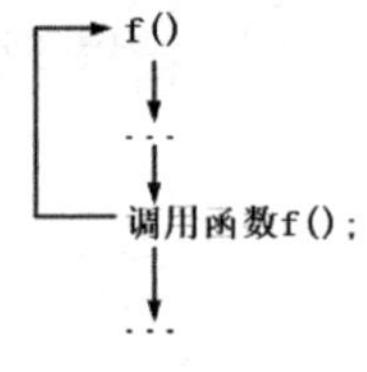

图 9-22　直接递归

(2) 间接递归就是指函数 f1 在调用函数 f2 的时候，函数 f2 又反过来调用了函数 f1。

例如：

```
int f1(int a)
```

```
{
    int x1,y1;
    ...
    y1=f2(x1);
    ...
    return y1;
}
int f2(int b)
{
    int x2,y2;
    ...
    y2=f1(x2);
    ...
    return y2;
}
```

该程序的执行过程如图 9-23 所示。

在函数 f1()中按照由上至下的顺序进行执行，当遇见对函数 f2()的调用时，跳转到函数 f2()中，按照由上至下的顺序进行执行，当遇见对函数 f1()的调用时，再返回函数 f1()，继续按照由上至下的顺序执行下去。

不论是直接递归的调用方式还是间接递归的方式，在程序的执行过程中，都无法将调用终止，因此，在使用递归调用时，应该包含某种控制语句，使得调用在循环的过程中趋向于终止。

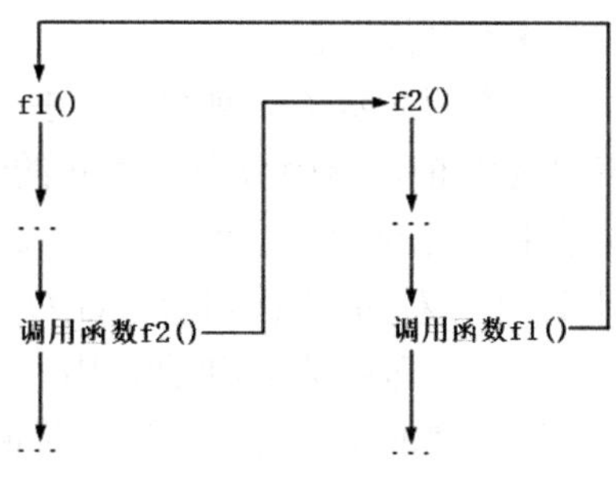

图 9-23　间接递归

【例 9-16】 编写程序，使用函数的递归调用，实现对 n 的阶乘进行求解，并输出结果。(源代码\ch09\9-16)

```
#include <stdio.h>
/* 声明函数 f() */
int f();
int main()
{
    int n,y;
    printf("请输入 n 的数值：\n");
    scanf("%d",&n);
    if(n<0)
    {
        printf("请输入一个不为负的整数！\n");
        return 0;
    }
    /* 调用函数 f() */
    y=f(n);
    printf("%d 的阶乘为：%d\n",n,y);
    return 0;
}
/* 定义函数 f() */
int f(int a)
```

```
{
    int y;
    if(a==0||a==1)
    {
        y=1;
    }
    else
    {
        /* 递归调用 */
        y=f(a-1)*a;
    }
    return y;
}
```

运行上述程序，结果如图 9-24 所示。

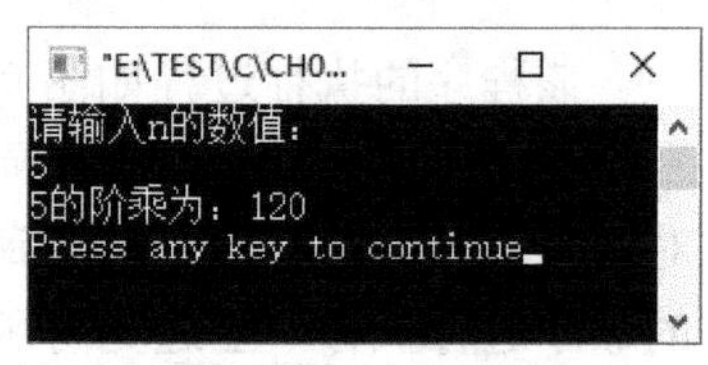

图 9-24　递归调用

【案例剖析】

本案例演示了如何对函数进行递归调用。在代码中，首先声明函数 f()，该函数用于对 n 的阶乘进行求解。然后在 main()函数中定义 int 型变量 n 和 y，通过输入端输入 n 的值，并使用 if 语句对 n 进行判断，若为负，则输出提示语句并终止程序。否则就对函数 f()进行调用，对 n 的阶乘进行求解，最后输出计算结果。而在函数 f()中，首先对传递的实参进行判断，若值为 0 或 1，则阶乘为 1，否则进行递归调用，计算“y=f(a-1)*a”的值。该程序的执行过程如图 9-25 所示。

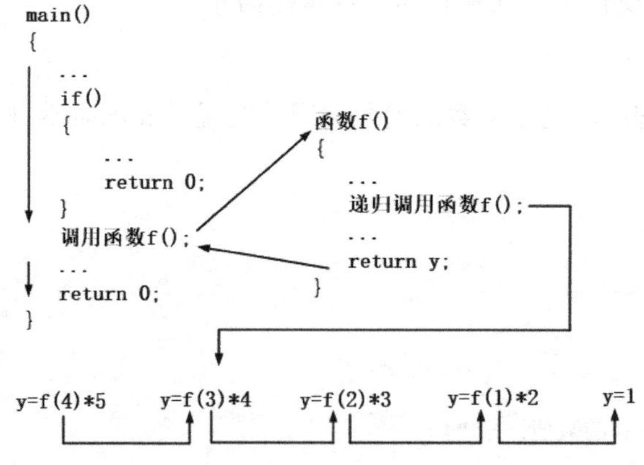

图 9-25　程序执行过程

【例 9-17】 编写程序，使用递归算法解决汉诺塔问题，并将解决步骤输出在屏幕上。(源代码\ch09\9-17)

汉诺塔问题源于一个古老的印度传说，有 3 根柱子，在第一根柱子上从下往上按照大小顺序摆放有 64 片圆盘，需要做的是将圆盘从下开始同样按照大小顺序摆放到另一根柱子上，并且规定，小圆盘上不能摆放大圆盘，在三根柱子之间每次只能移动一个圆盘，最后移动的结果是将所有圆盘通过其中一根柱子，全部移动到另一根上，并且摆放顺序不变。

```
#include <stdio.h>
/* 声明函数 move() */
```

```
void move();
int main()
{
    int n;
    printf("请输入要移动的块数: \n");
    scanf("%d",&n);
    /* 调用函数move() */
    move(n,'a','b','c');
    return 0;
}
/* 定义函数move() */
void move(int n,char a,char b,char c)
{
    /* 当n只有1个的时候直接从a柱子摆放到c柱子 */
    if(n==1)
    printf("\t%c->%c\n",a,c);
    else
    {
        /* 递归调用 */
        /* 第n-1个要从a柱子开始通过c柱子摆放到b柱子 */
        move(n-1,a,c,b);
        printf("\t%c->%c\n",a,c);
        /* n-1个移动过来之后b柱子变为起始柱，b通过a移动到c */
        move(n-1,b,a,c);
    }
}
```

运行上述程序，结果如图9-26所示。

【案例剖析】

本例用于演示对函数的递归调用方法。在代码中首先声明move()函数，然后在main()函数中定义int型变量n，通过输入端输入n的值，然后再调用move()函数，完成对汉诺塔问题的处理。最后定义move()函数：该函数有4个形参，分别是n、a、b、c。其中a、b、c用于模拟3根柱子，然后通过判断n的值分别进行不同的移法，若n为1时，则可以直接从a柱子移动到c柱子，若不为1，则对move()函数进行递归调用，完成两个步骤：第一步将n-1个从a柱子通过c柱子来摆放到b柱子上，第二步是第n-1个移动到b柱子之后，由b柱子通过a柱子再移动到c柱子上，如此循环，最后完成转移。

以移动3个圆盘为例，汉诺塔的移动过程如图9-27所示。

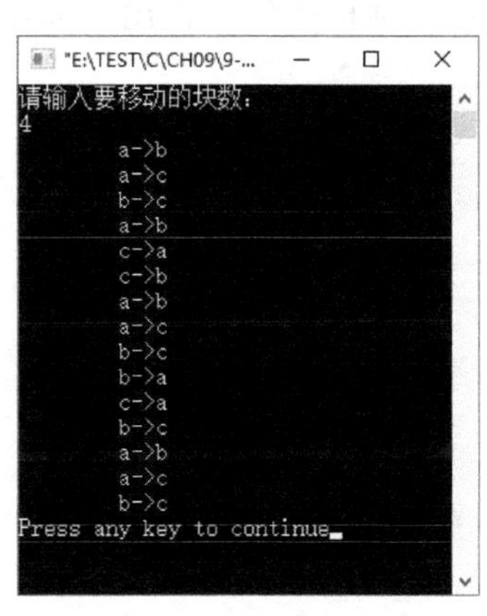

图9-26 汉诺塔问题

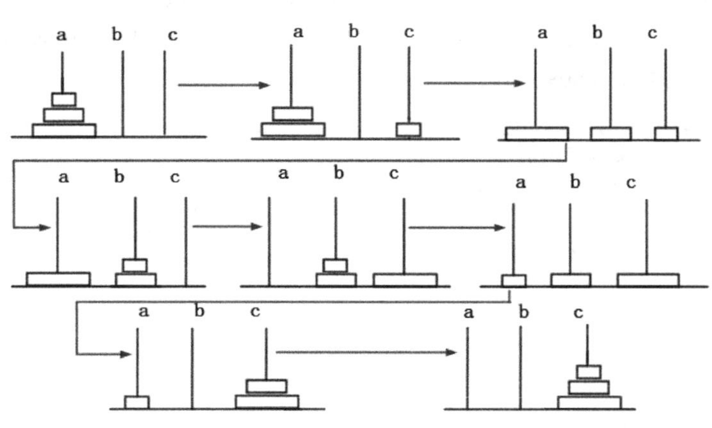

图9-27 汉诺塔移动过程

9.5 内部函数与外部函数

在 C 语言中，往往会因为需求来编写一些比较大型的应用程序，此时可以按照一定的原则将一个或者多个函数保存为一个文件，这个文件被称为源文件。为了方便组织和对程序的管理，这时可以将程序划分为多个源文件。

而当一个源程序由多个源文件组成时，C 语言根据函数是否能够被其他源文件中的函数调用，将函数分为了内部函数和外部函数。

9.5.1 内部函数

如果在一个源文件中所定义的函数，只能通过本文件中的函数进行调用，而不能被同一程序其他文件中的函数来调用，则诸如此类的函数被称为内部函数。

内部函数又称为静态函数，在定义内部函数的时候，需要在函数类型前加上一个“static”关键字进行修饰。

内部函数的定义语法如下。

```
static 返回值类型 函数名(参数列表)
```

例如：

```
static int sum(int x,int y)
```

由于该函数使用关键字“static”进行修饰，所以为内部函数。

注意 参数列表中可以有参数，也可以无参数，有参数时为有参函数，无参数时为无参函数，但不论是哪一种函数，括号“()”不可省略。

使用内部函数具有一个好处，那就是不同的人在编写不同的函数时，不用去担心自己所定义的函数会与其他文件中的函数有同名的现象。

【例 9-18】 编写程序，定义一个内部函数，用于完成对两数的乘积操作，输出计算结果。(源代码\ch09\9-18)

```
#include <stdio.h>
/* 定义内部函数 */
static cj(int x,int y)
{
    int z;
    z=x*y;
    return z;
}
int main()
{
    int a,b,c;
    printf("请输入两个数：\n");
    scanf("%d%d",&a,&b);
    /* 调用内部函数 */
    c=cj(a,b);
```

```
    printf("a*b=%d\n",c);
    return 0;
}
```

运行上述程序，结果如图 9-28 所示。

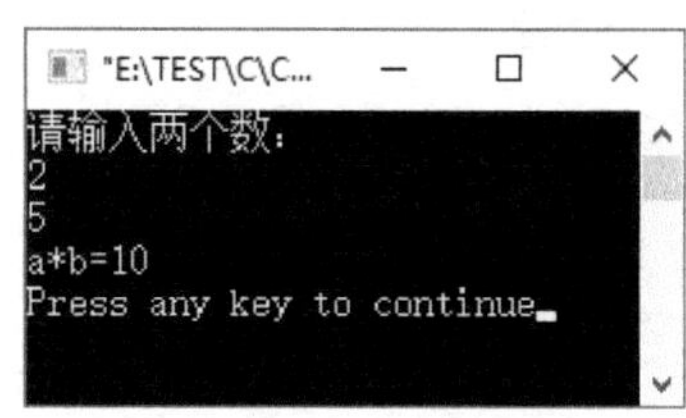

图 9-28 内部函数

【案例剖析】

本案例演示了如何定义一个内部函数以及对它的调用。在代码中，首先对内部函数 cj()进行定义，定义时在函数的类型前加上“static”关键字，该函数用于对两数进行相乘运算，返回运算结果。在 main()函数中定义 int 型变量 a、b、c，并通过输入端输入 a 和 b 的值，然后调用内部函数，完成对两数乘积的运算，再将结果赋予 c，最后输出 c。

9.5.2 外部函数

如果在一个源文件中所定义的某个函数，能够被同一个程序的其他文件中的函数进行调用，那么这样的函数被称为外部函数。

在定义一个函数时，若该函数的类型前没有关键字“static”进行修饰，或是加了“extern”关键字进行修饰的，说明此函数是外部函数。

外部函数的定义语法如下。

```
[extern] 函数类型 函数名(参数列表)
```

其中关键字“extern”可以省略不写。

【例 9-19】 编写程序，创建一个名为“9 19”的“Win32 Console Application”工程文件，然后分别向工程中添加名为“9-19-1.c”“9-19-2.c”“9-19-3.c”以及“9-19-4.c”的文本文件。其中“9-19-1.c”用于编写 main()函数，其余为外部函数，通过对外部函数的调用，完成输入 3 个数，求解其中最大数与最小数的差值，最后输出计算的结果。(源代码\ch09\9-19)

9-19-1.c 具体代码：

```
#include <stdio.h>
int main()
{
    int a,b,c,d;
    printf("请输入 3 个整数：\n");
    scanf("%d%d%d",&a,&b,&c);
    /* 调用外部函数 */
    d=D(a,b,c);
    printf("3 个数中最大值与最小值的差为：%d\n",d);
    return 0;
}
```

9-19-2.c 具体代码：

```
#include <stdio.h>
/* 定义外部函数 */
extern int D(int x,int y,int z)
{
```

```
    int dir;
    /* 调用函数 */
    dir=max(x,y,z)-min(x,y,z);
    return dir;
}
```

9-19-3.c 具体代码：

```
#include <stdio.h>
/* 定义外部函数 */
extern int max(int x,int y,int z)
{
    int e;
    if(x>y)
    {
        e=x;
    }
    else
    {
        e=y;
    }
    if(e>z)
    {
        return e;
    }
    else
    {
        return z;
    }
}
```

9-19-4.c 具体代码：

```
#include <stdio.h>
/* 定义外部函数 */
extern int min(int x,int y,int z)
{
    int e;
    if(x<y)
    {
        e=x;
    }
    else
    {
        e=y;
    }
    if(e<z)
    {
        return e;
    }
    else
    {
    return z;
    }
}
```

运行上述程序，结果如图 9-29 所示。

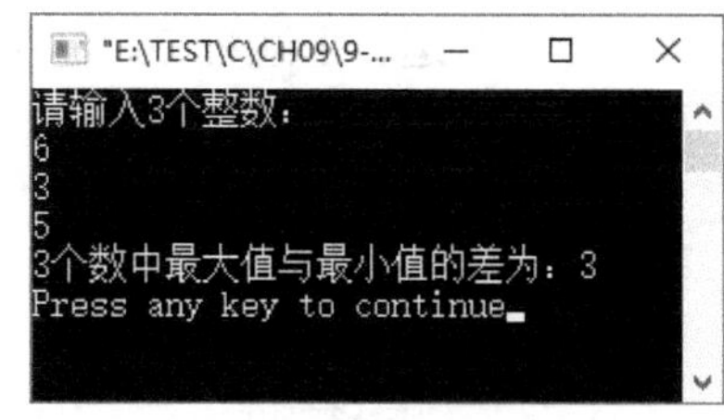

图 9-29　外部函数

【案例剖析】

本案例用于演示如何编写一个拥有多个外部函数的程序。在 main()函数代码中，首先定义 int 型变量 a、b、c、d。然后通过输入端输入 a、b、c 的值，接着调用外部函数 D()，将该函数的返回值赋予 d，然后输出 d；在外部函数 D()中，拥有 3 个形参，分别是 x、y、z，定义一个 int 型变量 dir，调用函数 max()与函数 min()，计算它们的差，将结果赋予 dir，作为返回值返回；在外部函数 max()中，通过 if...else 语句，完成对传入的 3 个实参进行比较，然后返回最大值；在外部函数 min()中，通过 if...else 语句，完成对传入的 3 个实参进行比较，然后返回最小值。

9.6　main()函数的参数

main()函数在 C 语言的程序中有且仅有一个，它是一个程序的入口，每个程序都不能少了它，并且 C 程序的执行都是由 main()函数开始的。

在以往的实例中，并没有提到过 main()函数的参数，实际上 C 编译器允许 main()函数没有参数，或者可以带两个参数。这两个参数分别是 int 型的 argc 参数、字符串类型的 argv 参数，它们用于接收命令行实参。

argc 参数是命令行中的字符串数，用于保存命令行里的参数个数，它属于整型变量。

argv 参数是一个指向字符串的指针数组，这个数组里的每一个元素都指向命令行实参。所有命令行实参都是字符串，任何数字都必须由程序转换为适当的格式。

【例 9-20】 编写程序，在命令行输入一个字符串，使用 main()函数的两个参数，输出命令行中的参数个数以及每个字符串。(源代码\ch09\9-20)

```
#include <stdio.h>
/* 带参数形式main()函数 */
int main(int argc, char *argv[])
{
    int i;
    printf("命令行中有%d 个字符串，%d 个参数，分别是：\n",argc,argc-1);
    for(i=0;i<argc;i++)
    {
        printf("%d: %s\n",i,argv[i]);
    }
    return 0;
}
```

带参数的 main()函数调试运行的步骤如下。

step 01 选择 Project→【设置(Setting)】菜单命令，如图 9-30 所示。

step 02 打开 Project Settings 对话框，选择【调试(Debug)】选项卡，在【程序变量(Program arguments)】一栏中，输入字符串，如“i love C program”，单击【确定(OK)】按钮，完成设置，如图 9-31 所示。

step 03 运行上述程序，结果如图 9-32 所示。

图 9-30 【设置(Setting)】菜单命令

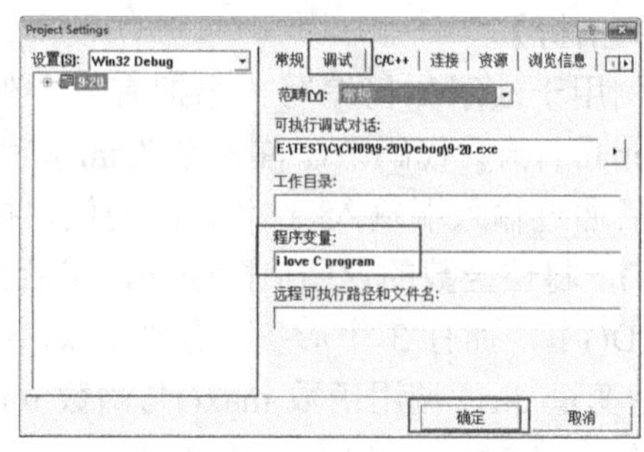

图 9-31 Project Settings 对话框

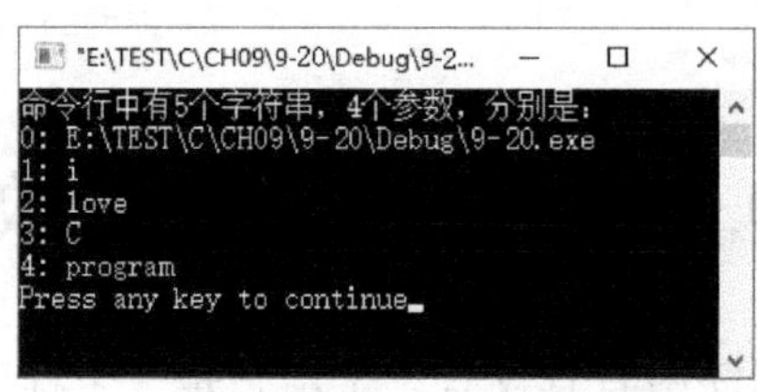

图 9-32 main()函数的参数

【案例剖析】

本例用于演示如何对带有参数的 main()函数进行调试编译运行的过程。在代码中，首先书写出带参数的 main()函数，定义一个 int 型变量 i，然后通过 for 循环输出 argv 字符串数组中的字符串。这里需要说明的是：命令行中 argv 参数为字符串数组，它存储了包含程序名在内的命令行中的字符串，而 argc 的值便为该字符串数组的长度。

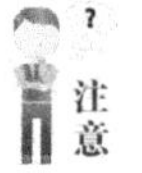

main()函数中可以调用标准库以及自定义的函数，但是它不能调用自己，而别的函数中也不能出现调用 main()函数的写法。若是 main()函数不需要返回值，那么它的类型应为 void，否则为 int 型，但是要在函数结束时添加 return 语句，如“return 0”。

9.7 局部变量和全局变量

在 C 语言中，一个有参函数的形参变量在该函数被调用时才去分配内存，在该函数调用结束后就会立即将内存释放掉。这说明了形参变量的作用域是有限的，只能够在函数的内部进行使用，当离开函数之后就变成无效的了。

这里说的“作用域”，就是指变量的有效范围，不仅仅形参变量拥有有效范围，其他任何变量在使用时，都是有自己的作用范围的。而按照变量所定义的位置不同，可以将它们分为局部变量和全局变量。

9.7.1 局部变量

在函数内部定义的变量称为局部变量，局部变量的作用域仅限于在函数的内部使用，当离开了该函数之后就失去了作用，若是此时再使用该变量程序就会报错。

例如：

```
int main()
{
    int x,y;
    y=2*x;
    printf("%d",y);
    return 0;
}
```

在main()函数中变量x、y属于局部变量，只能够在main()函数的函数体中使用。

例如：

```
int f()
{
    int a,b;
    b=2*a;
    return b;
}
int main()
{
    int x,y;
    y=2*x;
    x=x+b;
    printf("%d%d",y,x);
    return 0;
}
```

在此段代码中，变量a和b属于函数f()的局部变量，它们只能在函数f()的函数体中使用，而main()函数中出现了“x=x+b”，这是不合法的，因为超出了变量b的使用范围，程序会提示“变量b未定义”。

注意

(1) main()函数虽然被称为主函数，但是在main()函数中定义的变量作用域也仅限于main()函数中使用，因为main()函数与其他函数是平行关系。

(2) 若是在不同的函数中定义了相同名称的局部变量，它们并不会互相干扰，因为它们所分配的内存是不一样的。

(3) 形参以及函数体内部所定义的变量属于该函数的局部变量，作用域为该函数内。

(4) 语句块中定义的变量也属于局部变量，它的作用域为当前的语句块内。

【例9-21】 编写程序，在main()函数以及f()函数中定义局部变量并使用。(源代码\ch09\9-21)

```
#include <stdio.h>
/* 定义函数f() */
int f(int a,int b)
{
    /* a, b, c均为函数f()的局部变量 */
    int c;
    c=a/b;
```

```
    return c;
}
int main()
{
    /* x, y, z 为函数 main()的局部变量 */
    int x,y,z;
    printf("请输入 x, y 的值: \n");
    scanf("%d%d",&x,&y);
    if(y==0)
    {
        printf("除数不得为 0! \n");
        return 0;
    }
    /* 调用函数 f() */
    z=f(x,y);
    printf("a/b=%d\n",z);
    return 0;
}
```

运行上述程序，结果如图 9-33 所示。

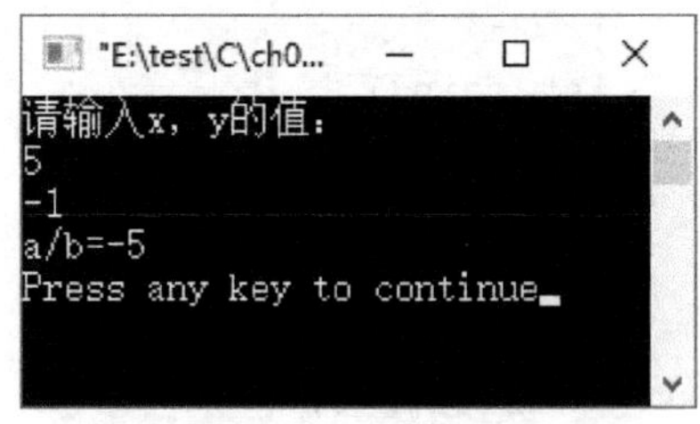

图 9-33　局部变量

【案例剖析】

本例为局部变量的定义与使用演示。在代码中首先定义一个函数 f()，在该函数中定义了变量 c，包括形参 a 和 b，它们属于函数 f()的局部变量，该函数用于对两数做除法运算，并将计算结果返回。然后在 main()函数中定义局部变量 x、y、z。通过输入端输入 x 与 y 的值，对除数 y 进行判断，当为 0 时终止程序并弹出提示，否则调用函数 f()计算“x/y”的结果并输出。

9.7.2　全局变量

C 语言中，在所有函数的外部进行定义的变量被称为全局变量，全局变量少了局部变量的约束，一旦被定义那么它的作用范围是整个程序，包括了所有的.c 和.h 文件。

例如：

```
/* 全局变量 */
int a, b;
int f1(int a,int b)
{
    return a-b;
}
/* 全局变量 */
float x1,y1;
int f2(int a,int b)
{
    return a+b;
}
/* 全局变量 */
float x2,y2;
int main()
```

```
{
    x1=1,y1=2;
    x2=2,y2=3;
    /* 函数调用 */
    a=f1(y2,x2);
    b=f2(x1,y1);
    printf("y2-x2=%d\n",a);
    printf("x1+y1=%d\n",b);
    return 0;
}
```

在本段代码中，定义了 3 次全局变量，第一次定义了 a 和 b，由于程序执行的顺序是由上至下的，所以 a 和 b 在函数 f1()、f2()以及 main()中都可以直接使用，而全局变量 x1 和 y1 是在函数 f1()之后定义的，那么它并不能在函数 f1()中使用，同理 x2 和 y2 不能在函数 f1()和函数 f2()中使用，但是它们都在 main()函数之前进行的定义，所以 main()函数可以对它们进行使用。

【例 9-22】 编写程序，分析运动员打靶分数。求解运动员在打靶过程中的最好成绩、最差成绩以及平均成绩。要求在程序中使用全局变量，最后将分析的结果输出。(源代码\ch09\9-22)

```
#include <stdio.h>
/* 定义全局变量 */
float max,min;
/* 声明函数 average() */
float average();
int main()
{
    int i;
    float ave,score[5];
    printf("请输入成绩: \n");
    for(i=0;i<5;i++)
    {
        scanf("%f",&score[i]);
    }
    /* 函数调用 */
    ave=average(score,5);
    printf("最好成绩为: %.2f\n",max);
    printf("最差成绩为: %.2f\n",min);
    printf("平均成绩为: %.2f\n",ave);
    return 0;
}
/* 定义函数 */
float average(float arr[],int n)
{
    int i;
    float sum;
    sum=arr[0];
    max=min=arr[0];
    /* 由于arr[0]被赋予max和min，所以i从1开始 */
    for(i=1;i<n;i++)
    {
        if(arr[i]>max)
        {
```

```
            /* 对全局变量 max 赋值 */
            max=arr[i];
        }
        else if(arr[i]<min)
        {
            /* 对全局变量 min 赋值 */
            min=arr[i];
        }
        sum+=arr[i];
    }
    return sum/n;
}
```

运行上述程序，结果如图 9-34 所示。

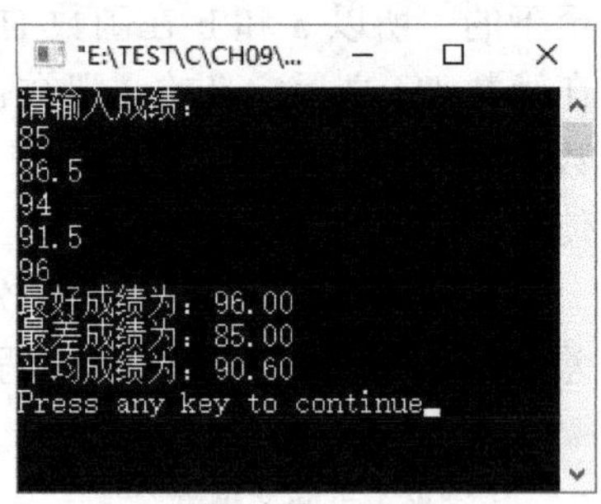

图 9-34　成绩分析

【案例剖析】

本例用于演示全局变量的定义与赋值使用。在代码中，首先对全局变量进行定义，由于是在程序的开头部位定义，所以它们的作用范围是整个程序。接着声明函数 average()，此函数用于对成绩的平均分进行求解，并将该成绩作为返回值返回。然后在 main()函数中，定义 int 型变量 i，float 型变量 ave 和数组 score，通过输入端逐一为数组 score 进行赋值，将打靶成绩存储于数组元素中，然后再调用 average()函数对平均成绩进行求解，并将返回值赋予 ave。最后是对函数 average()的定义：定义 int 型变量 i，float 型变量 sum，将 arr[0]赋予 sum、max 以及 min。然后通过 for 循环语句求解平均成绩，通过嵌套的 if...else 语句对数组元素进行比较，找出最好成绩与最差成绩。这里需要注意的是函数 average()只有一个返回值，而 max 与 min 属于全局变量，作用范围是整个程序，那么在函数 average()中赋值后，将会影响整个程序，也就是说在调用函数 average()之后，全局变量 max 与 min 的值就都为赋值后的值了。

【例 9-23】 编写程序，对全局变量与局部变量进行同名定义，在使用的过程中观察它们的作用范围。(源代码\ch09\9-23)

```
#include <stdio.h>
/* 定义全局变量 x,y */
int x=10;
float y=3.6;
/* 声明函数 f1() */
void f1();
/* 定义全局变量 z */
int z=1;
/* 声明函数 f2() */
void f2();
int main()
{
    /* 调用函数 */
    f1();
    f2();
    printf("y=%.2f\n",y);
    return 0;
```

```
}
/* 定义函数 */
void f1()
{
    /* 定义同名局部变量y */
    float y=1.6;
    printf("x=%d\n",x);
    printf("y=%.2f\n",y);
}
void f2()
{
    printf("z=%d\n",z);
}
```

运行上述程序，结果如图9-35所示。

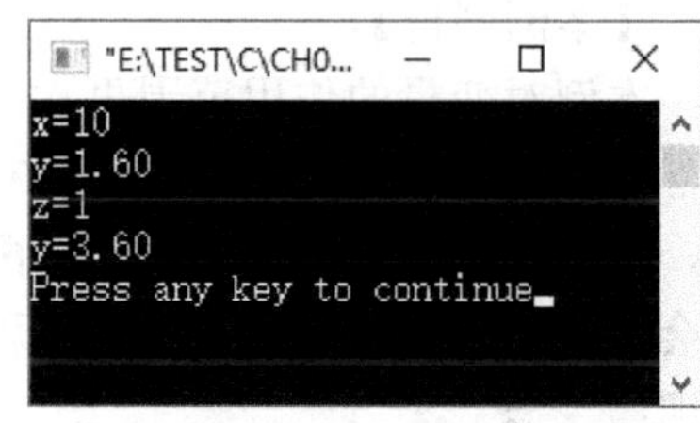

图9-35 全局变量与局部变量的作用域

【案例剖析】

本例用于演示同名的全局变量与局部变量在作用域上的不同。在代码中，分别定义全局变量 x、y、z，分别声明了函数 f1()以及 f2()，然后在 main()函数中分别调用函数 f1()与函数 f2()，输出全局变量 y 的值。然后对 f1()与 f2()函数进行定义：在 f1()函数中，定义了一个同名的局部变量 y，然后输出 x、y 的值，此时发现 x 为全局变量的值，而 y 则为局部变量的值，说明全局变量 y 在局部变量 y 的作用范围内不起作用；在 f2()函数中，输出全局变量 z 的值，全局变量在 f2()中为它的作用域，可以直接输出。

【例 9-24】 编写程序，分别定义 3 个函数 f1()、f2()、f3()，再定义若干局部变量与全局变量，通过对函数的调用，输出这些变量的值，对它们的作用范围进行探讨。(源代码\ch09\9-24)

```
#include <stdio.h>
/* 定义全局变量 */
int a=1;
/* 声明函数 */
void f1();
void f2();
void f3();
int main()
{
    /* 定义局部变量 */
    int a = 3;
    /* 调用函数 */
    f1();
    f2();
    f3(a);
    {
        /* 在代码块中定义局部变量 */
        int a = 2;
        printf("代码块中的a为: %d\n", a);
    }
    printf("主函数main()中的a为: %d\n", a);
    return 0;
}
void f1()
```

```
{
    int a = 3;  //局部变量
    printf("函数 f1()中的 a 为: %d\n", a);
}
void f2(int a)
{
    printf("函数 f2()中的 a 为: %d\n", a);
}
void f3()
{
    printf("函数 f3()中的 a 为: %d\n", a);
}
```

运行上述程序，结果如图 9-36 所示。

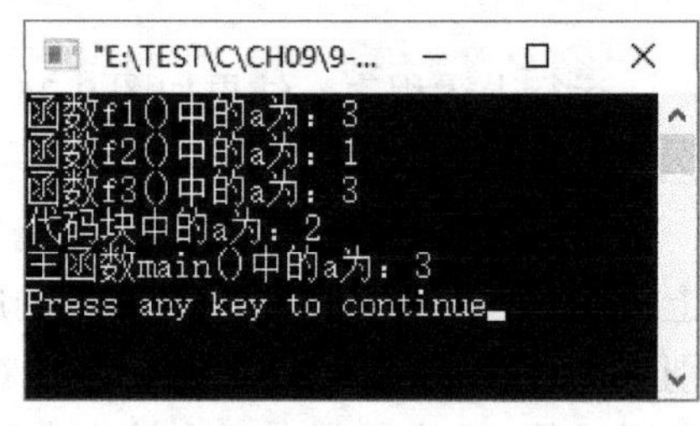

图 9-36　变量作用域

【案例剖析】

本例对变量的作用范围再次深入讨论。在代码中，虽然定义了很多同名的变量 a，有局部变量也有全局变量，但是由于它们在内存中所分配的地址不相同，所以不会造成任何冲突或者影响。对程序的结果进行讨论，发现:

(1) 观察函数 f1()和函数 f3()，它们输出的结果都为局部变量，而非全局变量。函数 f1()中输出的是在函数体中定义的局部变量；函数 f2()中输出的是 main()函数中作为实参传递的局部变量。虽然它们都处于全局变量的作用范围内，但是很明显，在局部变量所作用的范围中，全局变量是被“屏蔽”的不起任何作用。或者可以理解为，变量在使用过程中遵循就近原则，若是当前作用域中存在同名变量，则就近使用该变量，忽视掉全局变量。

(2) 观察函数 f2()的输出结果，为全局变量，因为该函数体内没有局部变量，也不存在传递实参，所以根据就近原则为全局变量。

(3) 观看代码块中的输出结果，为局部变量，这说明代码块也同样拥有自己的作用域，在输出时就近使用代码块中定义的局部变量。

(4) 观察 main()函数的输出结果，为局部变量，即使代码块中定义的局部变量离输出语句更近，但是它们属于不同的作用域，C 语言中，只能通过小的作用域向更大的作用域来寻找变量，这个过程是不可逆的。

9.8　变量的存储类别

在 C 语言中，变量和函数均具有两个属性：数据类型和存储类别。

存储类别是指数据在内存中的存储方式，根据变量的“生存期”的不同，将变量的存储类别分为自动(auto)、寄存器(register)、静态(static)以及外部(extern)。

变量的存储类别与变量的作用域、连接存在着一定的联系，并且变量的存储类别决定了存储空间在哪里分配(如栈区、静态存储区、寄存器等)，同时也决定了变量存储期。

局部变量的存储类别可以为自动(auto)、寄存器(register)、静态(static)。

全局变量的存储类别可以为静态(static)、外部(extern)。

9.8.1 动态存储与静态存储

C 语言中，根据变量的存储方式可以分为静态存储与动态存储。

静态存储是指程序在运行期间分配的固定存储空间，在变量定义时就分配好了存储单元并且一直保持不变，直到程序结束。

动态存储是指程序在运行期间根据需要来动态分配存储空间，当程序运行时，才被分配存储单元，而当程序结束或者离开当前函数或者复合语句时就会将存储空间释放。

静态存储与动态存储在内存中的表示如图 9-37 所示。

从生存期的角度来说，静态变量是从程序的开始执行到程序的结束阶段；动态变量是从包含该变量定义的函数开始执行一直到函数执行结束为止。

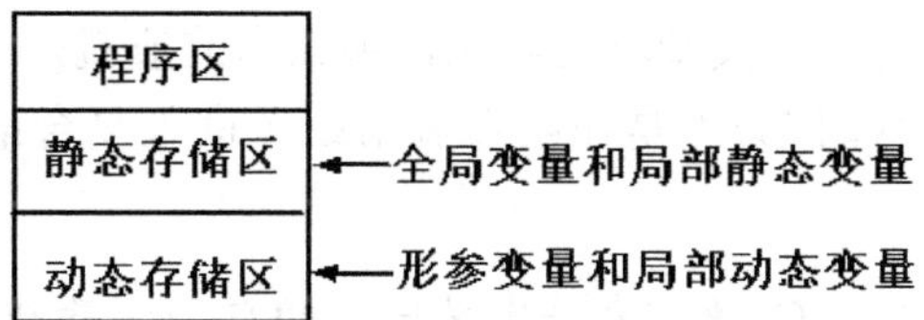

图 9-37 静态存储与动态存储在内存中的表示

9.8.2 自动变量

自动变量(auto)是 C 语言程序之中使用比较广泛的变量，它使用 auto 修饰符作为存储类别的声明。

若是局部变量按照以下的语法格式进行定义时，则它具有自动(auto)的存储类别：

```
[auto] 数据类型 变量表;
```

其中“auto”可以省略不写。

例如：

```
int main()
{
    int a=1;
    ...
    {
        int b=2;
        ...
    }
    ...
    return 0;
}
```

等价于：

```
int main()
{
    auto int a=1;
```

```
    ...
    {
        auto int b=2;
        ...
    }
    ...
    return 0;
}
```

使用“auto”自动变量时，需要注意以下几点。

(1) 存储期：自动变量在需要时，系统会给它们分配好存储空间，而在函数调用结束时自动释放这些存储空间。

(2) 作用域：自动变量的作用域仅限于定义该变量的结构中，也就是说仅限于块作用域或者函数作用域。

(3) 连接：不能够被其他文件中的函数进行访问使用。

(4) 若是只对自动变量进行定义却不初始化，那么它的值就是不确定的。若是后续需要对该变量进行赋值，那么赋值操作必须是在函数调用或者进入复合语句时进行的，并且每次都要重新赋一次值。

注意：在不同的结构中 C 语言允许定义同名的自动变量却不会混淆，它们之间不会相互影响。

【例 9-25】 编写程序，定义不同作用域的 auto 自动变量，输出它们，观察它们的作用范围。(源代码\ch09\9-25)

```
#include <stdio.h>
/* 声明函数 f1() */
void f1();
int main()
{
    int a=2;
    void f1(void);
    {
        int a=4;
        /* 调用函数 */
        f1();
        printf("第 2 次输出: a=%d\n",a);
    }
    printf("第 3 次输出: a=%d\n",a);
    return 0;
}
/* 定义函数 */
void f1()
{
    int a=6;
    printf("第 1 次输出: a=%d\n",a);
}
```

运行上述程序，结果如图 9-38 所示。

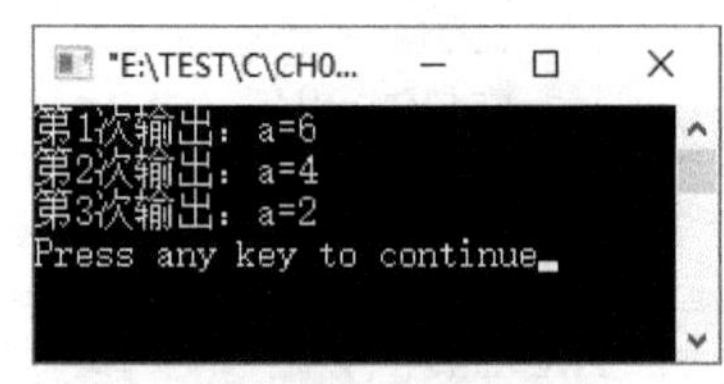

图 9-38 自动变量

【案例剖析】

本例用于根据自动变量的输出来对作用域进行研究。在代码中，首先声明函数 f1()，在 main()函数中定义 int 型变量 a 初始化为 2，然后调用一次 f1()函数，只不过没有返回值，接着是一个代码块，在代码块中定义 int 型变量 a 初始化为 4，调用 f1()函数，接着输出变量 a 的值。在代码块结束后，再次输出变量 a 的值。最后定义函数 f1()，该函数中定义了 int 型变量 a 初始化为 6，并输出 a 的值。在结果中可以发现，每次输出变量 a 的值时，它的作用域都为函数内部或者代码块内，如图 9-39 所示。

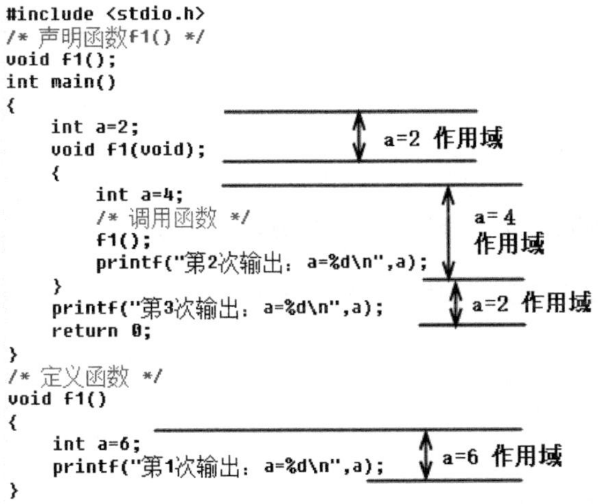

```
#include <stdio.h>
/* 声明函数f1() */
void f1();
int main()
{
    int a=2;
    void f1(void);
    {
        int a=4;
        /* 调用函数 */
        f1();
        printf("第2次输出：a=%d\n",a);
    }
    printf("第3次输出：a=%d\n",a);
    return 0;
}
/* 定义函数 */
void f1()
{
    int a=6;
    printf("第1次输出：a=%d\n",a);
}
```


图 9-39　自动变量的作用域

9.8.3　静态变量

C 语言中，局部变量和全局变量都可以定义成具有静态(static)存储类别的变量。

1. 静态局部变量

若是局部变量按照以下语法形式进行定义，那么该变量具有 static 存储类别：

```
static 数据类型 内部变量表;
```

例如：

```
static int x;
```

类似上例中具有静态存储类别的局部变量又可以被称为静态局部变量。

静态局部变量具有以下存储特点。

(1) 存储空间在静态存储区进行分配，在程序开始运行时分配空间，程序在执行的过程中，静态局部变量始终是存在的。即便是所在函数不被调用或者所在函数调用结束也不会释放存储空间，但是其他函数不能进行访问。

(2) 若是定义的静态局部变量没有进行初始化，那么系统会根据变量的类型进行自动赋值：int 型为 0，float 型为 0.0，char 型为'\0'。

(3) 每次在调用静态局部变量所在的函数时，不需要重新再赋初值，它们会自动保留在上次调用结束时的值。

(4) 静态局部变量的作用域为块作用域或者函数作用域。

(5) 静态局部变量不能被其他文件中的函数进行访问。

【例 9-26】 编写程序，对静态局部变量的应用进行练习。(源代码\ch09\9-26)

```
#include <stdio.h>
/* 声明函数 */
int f();
int main()
{
    int a,b,c;
    a=2;
    b=1;
    /* 调用函数 f() */
    c=f(a,b);
    printf("第一次调用函数 f()时 c=%d\n",c);
    c=f(a,b);
    printf("第二次调用函数 f()时 c=%d\n",c);
    return 0;
}
/* 定义函数 */
int f(int x,int y)
{
    /* 定义静态局部变量 */
    static int d=0,e=2;
    e+=d+1;
    d=(x+y)*e;
    return d;
}
```

运行上述程序，结果如图 9-40 所示。

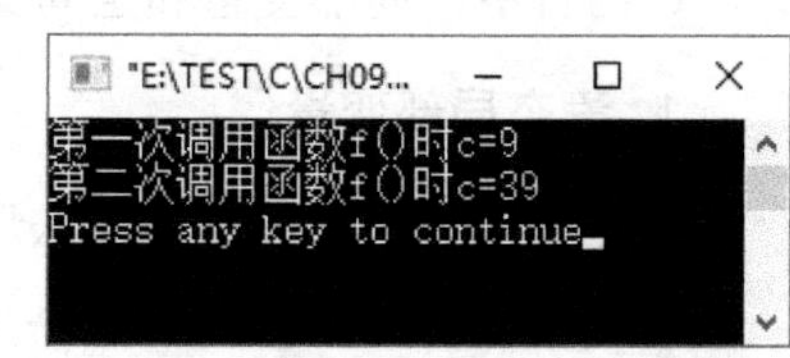

图 9-40　静态局部变量应用

【案例剖析】

本例用于演示对静态局部变量的应用。在代码中首先声明函数 f()，在 main()函数中定义 int 型局部变量 a、b、c。通过对函数 f()进行调用并输出，来观察调用之后 f()函数中静态局部变量的值的变化。最后对函数 f()进行定义：定义静态局部变量 d、e 并分别初始化为 0 和 2，注意这里对它们进行初始化后就在内存中分配了空间，再次调用不需要进行初始化。接着计算表达式值，返回 d 的值。在 main()函数对函数 f()进行调用的过程中，第一次调用结束时“e=e+(d+1)=2+1=3”，“d=(2+1)*3=9”，在对函数 f()进行第二次调用时，e 和 d 的值保存了上次调用结束时的 3 和 9，再次调用时就为“e=3+10=13”，“d=(2+1)*13=39”。

【例 9-27】 编写程序，定义一个函数 f()，在该函数中使用静态局部变量，实现两数求乘积的运算，返回运算结果。在 main()函数中使用 for 循环，调用 f()函数计算 1～10 的阶乘，并将每次计算的结果输出。(源代码\ch09\9-27)

```
#include <stdio.h>
```

```
/* 声明函数 */
int f(int x);
int main()
{
    int i,j;
    printf("计算1-10的阶乘：\n");
    for(i=1;i<10;i++)
    {
        /* 调用函数 */
        j=f(i);
        printf("%d!=%d\n",i,j);
    }
    return 0;
}
int f(int x)
{
    /* 定义静态局部变量 */
    static s=1;
    s*=x;
    return s;
}
```

运行上述程序，结果如图9-41所示。

图9-41 求解阶乘

【案例剖析】

本例利用静态局部变量的特性对1～10的阶乘进行求解。在代码中，首先声明函数f()，在该函数中，定义了一个局部静态变量s，初始化为1，用于保存每次累积乘积的结果，然后该函数将结果返回。在main()函数中定义变量i、j。通过编写for循环，每次循环调用一次函数f()，并将返回值赋予j，由于静态局部变量在每次调用该函数结束时保留上次静态局部变量的结果，所以通过for循环可以将每次计算1～10的阶乘每一步都进行输出。

2. 静态全局变量

若是全局变量按照以下语法形式进行定义，则该变量具有static存储类别：

```
static 数据类型 全局变量表;
```

例如：

```
static int sum;
int main()
{
    …
}
```

类似上例中具有静态存储类别的这种全局变量又可以被称为静态全局变量。

静态全局变量具有以下存储特点。

(1) 静态全局变量的存储空间是在静态存储区进行分配，并且它是在程序开始运行时分配好内存空间，在程序的执行过程中，静态全局变量始终存在。

(2) 静态全局变量的作用域与全局变量类似，静态全局变量的作用域为定义该变量的程序文件。

(3) 由于静态全局变量的作用域仅为文件作用域，所以静态全局变量不能够被其他文件中的函数进行访问。

(4) 使用静态全局变量能够体现模块间的低耦合的思想，定义静态全局变量能够令该变量只能够被本文件中的函数进行访问，其他文件则不能访问。

【例 9-28】 编写程序，创建一个工程，在该工程中添加两个文本文件，通过函数的调用，练习静态全局变量的具体应用。(源代码\ch09\9-28)

文件 9-28-1.c 具体代码：

```
#include <stdio.h>
/* 定义静态全局变量 */
static int a;
/* 定义函数 f() */
int f(int x)
{
    a+=x;
    printf("a=%d\n",a);
    return a;
}
```

文件 9-28-2.c 具体代码：

```
#include <stdio.h>
int a;
/* 声明函数 */
int f();
int main()
{
    a=10;
    printf("a=%d\n",a);
    /* 调用函数 */
    f(1);
    printf("a=%d\n",a);
    return 0;
}
```

运行上述程序，结果如图 9-42 所示。

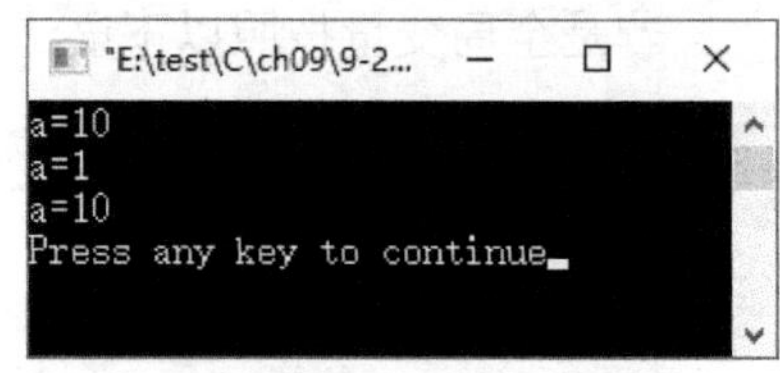

图 9-42　静态全局变量

【案例剖析】

本例用于演示静态全局变量的具体应用。在文件 9-28-1.c 中首先定义了静态全局变量 a，接着定义了一个函数 f()，该函数用于求两数之和，输出计算结果后并将计算结果作为返回值返回。然后在文件 9-28-2.c 中定义一个全局变量 a，并声明函数 f()，接着在 main()函数中初始化 a 的值为 10，输出 a 再调用函数 f()，然后再一次输出 a 的值，通过运行后的结果可以发现：第一次输出的 a 为 main()函数中初始化的值，第二次输出的 a 是函数 f()中的计算结果，此时使用的是该文件中定义的静态全局变量 a，它被赋予默认值 0，所以计算结果为 1，接着返回了 a 的值后再次在 main()函数中输出 a 的值，依然为 10，这是因为函数 f()中的静态全局变量作用域仅为该文件，对 main()函数不会造成影响，所以第三次输出的 a 仍然是 main()函数中初始化的 a 的值。

9.8.4 寄存器变量

一般情况下，C 语言中变量的值都是被分配了存储单元而存储在内存之中的，但是为了提高效率，C 语言允许将局部变量的值存放于寄存器中，这样的变量就被称为寄存器(register)变量。

寄存器变量的定义语法格式如下。

```
register 数据类型 变量表;
```

例如：

```
register int a=1;
```

寄存器变量在使用过程中具有以下特点。

(1) 寄存器变量的存储空间是在进入函数体或者复合语句体的时候在寄存器中进行分配，当退出函数体或者复合语句执行完毕后就会被释放掉。

(2) 寄存器变量的作用域一般为块作用域或者函数作用域。

(3) 寄存器变量不能够被其他文件中的函数进行访问。

(4) 寄存器变量在使用的过程中需要注意，不能够定义过多的寄存器变量，因为 C 语言中允许使用的寄存器数目是有限的，数量以两个为宜。

【例 9-29】 编写程序，通过定义寄存器变量，演示寄存器变量的具体应用。(源代码\ch09\9-29)

```
#include <stdio.h>
int main()
{
    int i;
    for(i=1;i<6;i++)
    {
        /* 定义寄存器变量 */
        register int s=0;
        s+=i;
        printf("第%d 次循环 s=%d\n",i,s);
    }
    return 0;
}
```

运行上述程序，结果如图 9-43 所示。

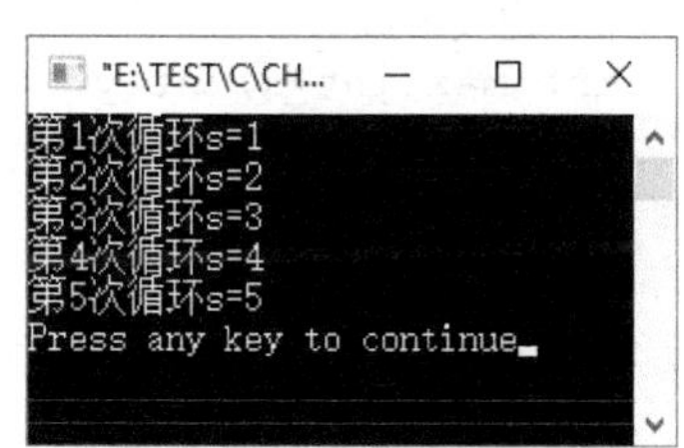

图 9-43 寄存器变量

【案例剖析】

本例用于对寄存器变量的具体应用进行演示。在代码中，首先定义了 int 型变量 i，然后编写一个 for 循环语句，在该循环语句中，定义了一个寄存器变量 s，初始化为 0，通过循环，每次计算“s=s+i”的值并将计算的结果输出。通过对运行结果的观察可以发现，使用了寄存器变量之后，for 循环中不再是对 s 进行累加求和运算了，因为寄存器变量的作用域仅为一次循环体，当进入下一次循环时，s 的值被重置为 0，所以每次计算输出的结果实际上就是循环的次数。

9.8.5 外部变量

C 语言中，若是全局变量按照以下形式进行定义，则该变量具有外部(cxtern)存储类别。

```
extern 数据类型 全局变量表;
```

例如：

```
extern int x;
extern float y;
```

类似上例中这样具有外部存储类别的全局变量又称为非静态全局变量。

外部变量在使用过程中具有以下特点。

(1) 外部变量的存储空间在静态存储区进行分配，并且它是在程序开始运行时对外部变量的空间进行分配，在程序的执行过程中，外部变量是始终存在的。

(2) 外部变量的作用域为定义时的整个文件。

(3) 外部变量可以通过其他文件中的函数进行访问。

(4) 在一个文件中定义全局变量时会被默认为具有外部存储类别，其关键字“extern”可以省略。若是其他源文件中的函数需要引用该外部变量时，需要在引用函数所在的源文件中进行说明，一般情况是在文件开头位置：“extern 数据类型 全局变量表”。

【例 9-30】 编写程序，使用外部变量，定义一个函数 max()，用于对两数进行比较，并返回较大数，在 main()函数中调用该函数，输出结果。(源代码\ch09\9-30)

```
#include <stdio.h>
/* 声明函数max() */
int max();
int main()
{
    /* 声明外部变量 */
    extern int a,b;
    int c;
    /* 调用函数 */
    c=max(a,b);
    printf("c=%d\n",c);
    return 0;
}
/* 定义函数 */
int max(int x,int y)
{
    if(x>y)
    {
        return x;
    }
    else
    {
        return y;
    }
}
```

```
/* 定义外部变量 */
int a=6,b=2;
```

运行上述程序，结果如图 9-44 所示。

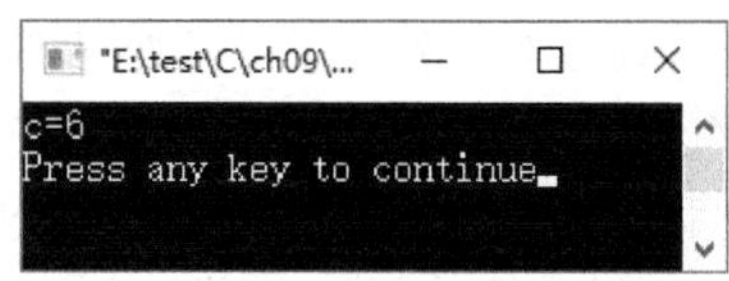

图 9-44　外部变量

【案例剖析】

本案例用于演示外部变量的具体应用。在代码中，首先对函数 max()进行声明，该函数对传入实参进行比较，并且将较大值作为返回值返回。在 main()函数中，首先声明了 int 型外部变量 a 和 b，int 型变量 c，然后调用函数 max()，并将 a 和 b 作为实参进行传递，并把返回值赋予 c，输出 c 的值，而外部变量的具体数值则在最后进行定义。由于外部变量在程序执行过程中是始终存在的，所以只需要在函数开始时对它们进行声明即可。

【例 9-31】 编写程序，在多文件的程序中声明外部变量，对外部变量的具体应用进行演示。(源代码\ch09\9-31)

文件 9-31-1.c 具体代码：

```
#include <stdio.h>
/* 定义外部变量 */
int a;
int main()
{
    int x=2,y,p;
    printf("请输入 a 和 p 的值：\n");
    scanf("%d%d",&a,&p);
    y=a*x;
    printf("a=%d\ny=%d\n",a,y);
    /* 调用函数 */
    f(p);
    return 0;
}
```

文件 9-31-2.c 具体代码：

```
#include <stdio.h>
/* 声明外部变量 */
extern a;
/* 定义函数 */
int f(int q)
{
    int i,j=1;
    for(i=1;i<=q;i++)
    {
        j=j*a;
        printf("第%d 次循环 j=%d\n",i,j);
    }
}
```

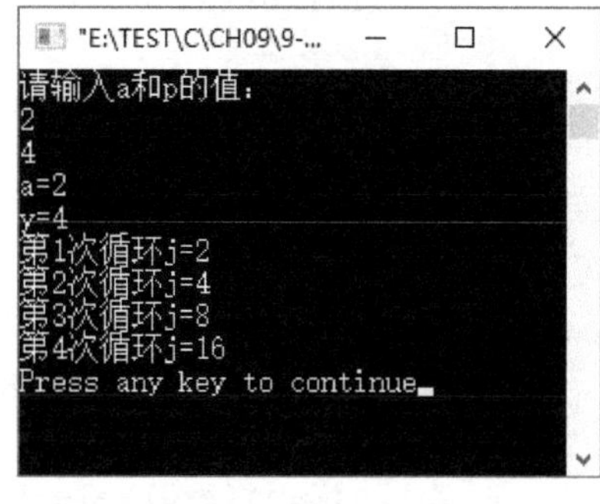

图 9-45　外部变量的输入

运行上述程序，结果如图 9-45 所示。

【案例剖析】

本案例用于演示如何通过输入端输入一个已定义的外部变量，并使用该变量进行相应运算。在文件 9-31-1.c 中，首先对外部变量 a 进行定义，然后在 main()函数中定义 int 型局部变量 x、y、p，将 x 初始化为 2，通过输入端输入外部变量 a 和局部变量 p 的值，然后通过计算“y=a*x”，验证了外部变量的作用域在 main()函数中是可行的，接着调用函数 f()，并将 p 值作为实参进行传递；在文件 9-31-2.c 中首先声明外部变量 a，然后在函数 f()中定义 int 型变量 i 和 j，初始化 j 的值为 1，通过 for 循环语句计算表达式“j=j*a”。由于外部变量已声明，所以可以直接使用，说明在该文件中，可以利用函数 f()对已定义的外部变量进行访问使用。

9.9 综合案例——求解非线性方程

本节通过具体的综合案例对本章知识点进行具体应用演示。

【例 9-32】 编写程序，使用二分法对非线性方程进行求解，并输出非线性方程的解。(源代码\ch09\9-32)

```
#include <stdio.h>
#include <math.h>
/* 声明函数 */
float f(float x);
int main()
{
    /* 声明外部变量 */
    extern float x1,x2;
    float x0,fx1,fx2,fx0;
    /* 调用函数 */
    fx1=f(x1);
    fx2=f(x2);
    do
    {
        /* 计算区间中点 */
        x0=(x1+x2)/2;
        /* 计算该点函数值 */
        fx0=f(x0);
        /* 重新计算新的区间 */
        if(fx0*fx1<0)
        {
            x2=x0;
            fx2=fx0;
        }
        else
        {
            x1=x0;
            fx1=fx0;
        }
    }
    while(fabs(fx0)>=1e-6);
    printf("该非线性方程的解为: %f\n",x0);
    return 0;
}
/* 定义全局变量 */
float y;
```

```
float f(float x)
{
    y=x*x*x+4*x*x-10;
    return y;
}
/* 定义外部变量 */
float x1=10,x2=-10;
```

运行上述程序，结果如图 9-46 所示。

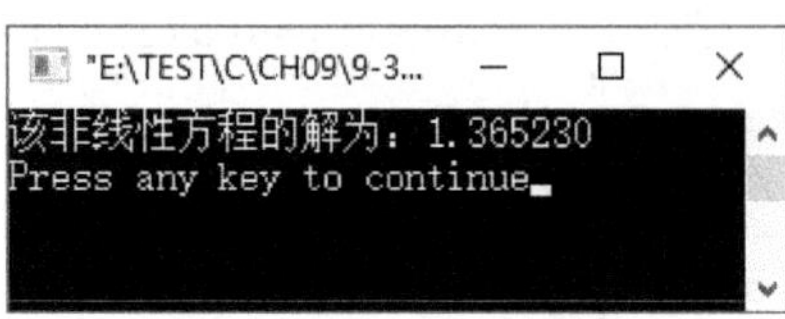

图 9-46　求解非线性方程

【案例剖析】

本例用于演示如何通过二分法对非线性方程进行求解的过程。

使用二分法对非线性方程求解步骤如下。

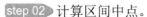

step 01 确定该方程的有根区间的两个端点 x1、x2 以及精度。

step 02 计算区间中点。

step 03 判断 f(x1)*f(x0)是否小于 0，若是，则 x2=x0，否则 x1=x0。

step 04 若是 x2−x1 的绝对值小于精度，则输出满足要求的解，否则重复第 2 步。

在代码中，首先声明函数 f()，该函数在之后进行定义，用于计算二分法区间中某点的函数值并返回该值。接着在 main()函数中声明外部变量 x1 和 x2，定义局部变量 float 型 x0、fx1、fx2 以及 fx0，然后调用函数 f()，求解端点函数值并赋予 fx1 和 fx2，接着通过 do...while 循环计算区间点并使用 if...else 语句确定新的区间，当 fx0 的绝对值小于 1×10 的−6 次方，那么说明已经求出该方程的解，为 x0。

【例 9-33】 编写程序，设计一个计分程序。通过程序，首先输入所有题目的参考答案，然后输入考生的单选题以及多选题答案，来自动计算考生答题对错，算出每个考生的成绩并输出。(源代码\ch09\9-33)

```
#include <stdio.h>
/* 答题人数 */
#define P 5
/* 问题数量 */
#define Q 2
/* 声明函数 */
int stu();
int single();
int many();
int main()
{
    /* 定义数组 a，b 用于存放标准答案 */
    char a[Q+1],b[Q+1][5];
    /* 定义 score 数组，用于存放成绩 */
    int score[P+1],i;
    printf("请输入参考单选题答案：\n");
    for(i=1;i<=Q;i++)
    {
        a[i]=getchar();
        getchar();
    }
```

```
    printf("请输入参考多选题答案: \n");
    for(i=1;i<=Q;i++)
    {
        gets(b[i]);
    }
    for(i=1;i<=P;i++)
    {
        /* 调用函数, 考生成绩 */
        score[i]=stu(a,b);
    }
    /* 输出成绩 */
    printf("序号    分数\n");
    for(i=1;i<=P;i++)
    {
        printf("%-7d%-7d\n",i,score[i]);
    }
    return 0;
}
/* 定义函数 */
int stu(char a[],char b[][5])
{
    char a1[20],b1[20][5];
    int s,i;
    printf("请输入考生单选题答案: \n");
    for(i=1;i<=Q;i++)
    {
        a1[i]=getchar();
        getchar();
    }
    printf("请输入考生多选题答案: \n");
    for(i=1;i<=Q;i++)
    {
        gets(b1[i]);
    }
    /* 调用函数 计算成绩 */
    s=single(a,a1)+many(b,b1);
    return s;
}
int single(char a[],char a1[])
{
    int n=0,i;
    /* 判断答题对错 */
    for(i=1;i<=Q;i++)
    {
        if(a[i]==a1[i])
        {
            n++;
        }
    }
    /* 每道题 2 分 返回单选成绩 */
    return 2*n;
}
int many(char b[][5],char b1[][5])
{
```

```
    int n=0,i;
    /* 判断答题对错 */
    for(i=1;i<=Q;i++)
    {
        if(!strcmp(b[i],b1[i]))
        {
            n++;
        }
    }
    /* 每道题 3 分 返回多选题成绩 */
    return 3*n;
}
```

运行上述程序，结果如图 9-47 所示。

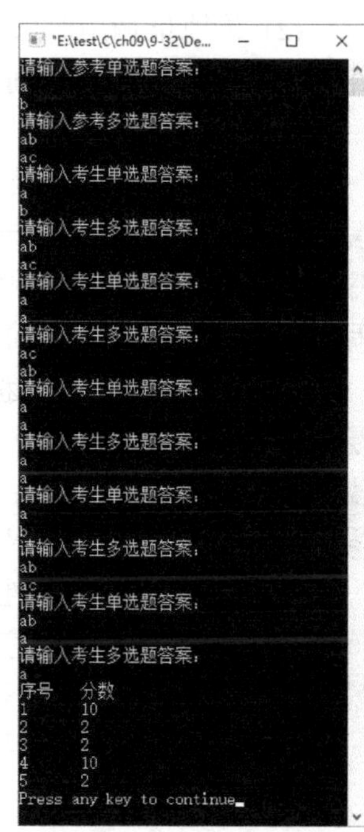

图 9-47 自动计分程序

【案例剖析】

本例用于演示通过函数的调用完成考生成绩的自动计分功能。在代码中，首先声明了 3 个函数：stu()、single()、many()。函数 stu()完成了两个功能：通过 for()循环输入每个考生的单选题以及多选题答案，然后再嵌套调用函数 single()与 many()，计算出每个考生的成绩，再作为返回值返回；函数 single()通过 for 循环语句对参考答案和考生答案进行比较，判断考生答题的正确与否，然后再计算单选题的成绩；函数 many()通过 for 循环语句，使用 strcmp()函数对多选题进行判断，并计算出多选题的成绩。在 main()函数中，首先定义了 3 个数组：a、b 以及 score，数组 a 和 b 分别用于存放标准答案，数组 score 用于存放考生成绩。这里需要注意，b 数组为二维数组，因为它要存放多选题，所以列下标固定设置为 5。接着通过 for 循环语句分别录入单选题以及多选题答案，再通过一个 for 循环调用 stu()函数计算出考生的成绩，并赋予 score 数组中的元素，最后再将所有考生的成绩输出。

9.10 大 神 解 惑

小白：形参与实参在使用上有什么区别？

大神：形参和实参在使用时具有以下特点。

(1) 形参变量只有在函数被调用时才会分配内存，调用结束后，立刻释放内存，所以形参变量只有在函数内部有效，不能在函数外部使用。

(2) 实参可以是常量、变量、表达式、函数等，无论实参是何种类型的数据，在进行函数调用时，它们都必须有确定的值，以便把这些值传送给形参，所以应该提前用赋值、输入等办法使实参获得确定值。

(3) 实参和形参在数量上、类型上、顺序上必须严格一致，否则会发生“类型不匹配”的错误。

小白：值传递与地址传递有什么区别？

大神：值传递与地址传递的区别如下。

(1) 传值调用属于单向数据传递，对形参的改变不影响实参的值，函数调用时，为形参分配单元，并将实参的值复制到形参中，调用结束时形参单元被释放，实参单元仍保留并维持原值，形参与实参所占用的内存单元不同，且只能通过 return 语句返回最多一个值。

(2) 传地址调用时实参传给形参的是数据的地址，形参与实参所占用的存储单元是同一个，它属于双向传递，而且实参和形参必须是地址常量或变量。

小白：递归调用有什么优点与缺点？

大神：递归调用的优点：在 C 程序设计语言中递归调用被广泛应用，它通常把一个大型复杂的问题层层转化为一个与原问题相似的规模较小的问题来求解。递归策略只需少量的程序就可以描述出解题过程所需要的多次重复计算，大大地减少了程序的代码量。用递归思想写出来的程序往往十分简洁。

递归调用的缺点：递归算法解题的运行效率比较低。在递归调用的过程中，系统为每一层的返回点、局部量等开辟了栈来存储，系统的内存开销较大。递归次数过多，容易造成栈溢出等问题。

小白：全局变量与局部变量的特性是什么？它们内存的占用情况如何？

大神：全局变量特性：使用全局变量增加了函数之间数据传递的通道，但是降低了函数间的独立性，降低了程序的清晰性，所以在使用全局变量时副作用会很大，因此如果没有特殊的需要，一般情况下不建议使用。

局部变量特性：使用局部变量能够保证函数之间的独立性。

占用情况分析：

全局变量一旦被定义之后，在程序的执行过程中会一直存在，直到程序执行结束后，才会释放它所占用的内存空间。

局部变量在定义之后，仅当它所在的函数被调用的时候才会被分配内存，当该函数执行完毕后，该变量的内存被收回，该变量则不再存在。

小白：静态局部变量与静态外部变量二者有什么区别？

大神：虽然静态局部变量与静态外部变量都是静态的存储方式，但是二者具有以下区别。

(1) 二者在定义的时候，所处的位置是不同的。静态内部变量是在函数的函数体内进行定义；静态外部变量在函数外进行定义。

(2) 二者的作用范围不同。静态内部变量的作用域仅限于定义它的函数体内部，虽然它的生存期为整个源程序，但是其他函数不能够对它进行访问与使用；由于静态外部变量是在函数外进行定义的，所以它的作用域为定义它的源文件内部，生存期为整个源程序，但是其他源文件中的函数是不能对它进行访问的。

(3) 二者初始化处理方面有所不同。静态局部变量是在第一次调用它所在的函数时进行初始化，再次调用定义它的函数时，不再进行初始化，而是保留上次调用结束时的值；而静态外部变量由于是在函数外进行定义，所以不存在重复调用初始化的问题，它的值由距离它最近的一次赋值操作来决定。

9.11 跟我学上机

练习 1：编写程序，定义一个函数 isprim()，用于判断一个正整数是否为素数，若是，则返回 1；否则返回 0。

练习 2：编写程序，定义一个函数 year()，用于判断输入的年份是否为闰年，若是，则返回 1；否则返回 0。

练习 3：编写程序，定义一个函数，用于将十进制数转换为二进制、八进制以及十六进制。

练习 4：编写程序，通过输入年份和月份，输出该月的日历情况。

第 10 章 灵活调用内存地址——指针

C 语言中，指针是程序中重要的组成部分，通过使用指针能够达到事半功倍的效果，而且在程序的编译与执行的速度和效率上，指针也是同样的功不可没。所以，学习 C 语言，掌握指针是十分必要的。本章将对指针的相关概念以及使用进行详细讲解。

本章目标(已掌握的在方框中打钩)

- ☐ 了解什么是指针变量
- ☐ 掌握指针与函数相关学习内容
- ☐ 掌握指针与数组相关学习内容
- ☐ 掌握指针与字符串相关学习内容
- ☐ 掌握指针数组与二级指针的使用
- ☐ 区分字符数组与字符指针变量
- ☐ 区分指针数组与数组指针

10.1 指 针 概 述

本节将对指针与地址的关系，指针与变量的联系，以及指针的简单运算相关内容进行详细讲解。

10.1.1 地址与指针

1. 地址与取址运算

在 C 语言的程序中，当对一个变量进行定义之后，该变量就在内存中被分配了一个存储空间，这个存储空间是由一个可标识的并且通过若干字节组成的存储区，其中的每一个字节都拥有自己的地址。而通常情况下，一个存储区的地址可以通过该存储区中的第一个字节的地址来表示。

这种存储关系如图 10-1 所示。

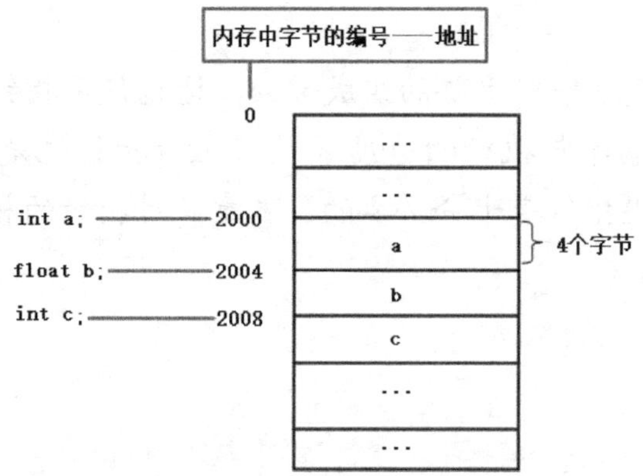

图 10-1 内存地址

该图表示在程序中定义了 3 个变量，分别为 int 型变量 a 和 c 以及 float 型变量 b。在程序的编译过程或者函数调用时，在内存中为它们分别分配了内存单元。

其中 2000、2004 以及 2008 分别为变量 a、b、c 的内存单元地址。由于 int 型和 float 型占有 4 个字节内存，所以它们之间间隔为 4，而 2000 表示变量 a 的内存地址是从 2000 开始的。

C 语言中可以在程序中使用变量的地址，一般变量获取地址时可使用地址运算符来完成，而数组则直接使用数组名来表示。

例如：

```
int a    变量 a 的地址为：&a
int a[5]    数组变量 a 的地址为：a
```

2. 指针

内存单元存放的内容和内存单元的指针是两个截然不同的概念。对于一个内存单元来说，在其中所存储的数据为该单元的内容，而指针则用该单元的地址来表示。例如图 10-1 中变量 a 的地址 2000 即为该变量的指针。

变量在访问方式上有两种，一种是直接访问，另一种是间接访问。

(1) 直接访问。

通过变量名或地址对变量的存储区进行访问，这样的方式称为直接访问。

例如：

```
scanf("%d",&a);
a=2*a;
printf("%d",a);
```

其中“&a”是通过地址对变量 a 进行访问，而后两句代码是通过变量名对变量进行访问的，它们的访问过程如图 10-2 所示。

(2) 间接访问。

将一个变量 a 的地址存放于另一个变量 b 中，在对 a 变量进行访问时，会先获取到变量 b 中的地址，通过该地址来访问变量 a，如图 10-3 所示，这样的访问方式称为间接访问。

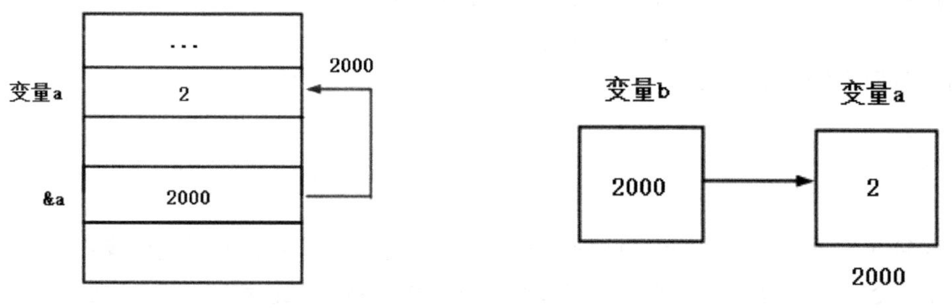

图 10-2　直接访问　　　图 10-3　间接访问

C 语言中的指针是一种特殊的变量，该变量专门用于存放指针，一个变量的地址可以称为该变量的指针。若是有一个变量来存放另一个变量的地址(指针)，则这个变量就是指针变量。例如图 10-3 中变量 b 可视为一个指针变量。

10.1.2　指针变量

定义一个指针变量，语法格式如下。

```
数据类型 *指针变量名;
```

例如：

```
int *p1;
char *p2;
```

其中，在变量名前面的“*”表示该变量为指针变量。

注意：指针变量是 p1 和 p2，不是*p1 和*p2。

指针变量在定义之后，系统就为其分配了存储空间，用来存放其他变量的地址，但是在对该指针变量赋值之前，它是没有确定的值的，并且也不会指向任何变量。所以若想令指针变量指向一个确定的变量，必须对其进行赋值操作。

例如：

```
int a,*p;
a=2;
p=&a;
```

此时指针变量 p 存放了变量 a 的地址，它指向了变量 a，如图 10-4 所示。

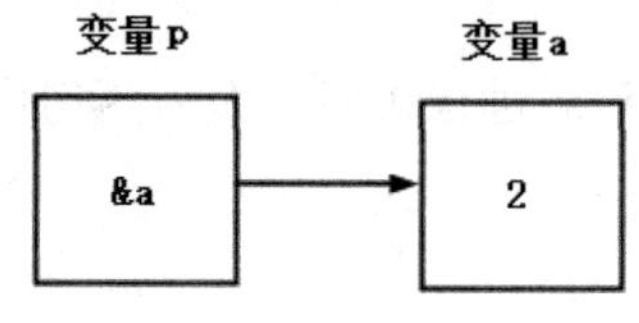

图 10-4　指针变量

在对指针变量进行赋值时，需要注意以下几点。

(1) 在定义指针变量时必须指定其数据类型。

例如，下面为错误的赋值：

```
float a;
int *p;
p=&a;
```

其中变量 a 为 float 类型，而指针变量 p 为 int 类型，所以不能进行赋值操作。

(2) 指针变量存放的是变量的地址(指针)，不能将常数等赋值给一个指针变量。

例如，下面为错误的赋值：

```
*p=10;
```

其中*p 为指针，而 10 为一个常数整数，这样赋值不合法。

(3) 赋值操作时指针变量的地址不能是任意类型，而只能是与指针变量的数据类型相同的变量地址。

【例 10-1】 编写程序，定义两个 int 型变量 x 和 y，两个指针变量*p1 和*p2，通过输入端输入变量 x 和 y 的值，然后将变量 x 和 y 的地址赋予指针变量*p1 和*p2，输出*p1 和*p2。(源代码\ch10\10-1)

```
#include <stdio.h>
int main()
{
    int x,y;
    /* 定义指针变量 */
    int *p1,*p2;
    printf("请输入两个数：\n");
    scanf("%d%d",&x,&y);
    /* 将变量地址赋予指针变量 */
    p1=&x;
    p2=&y;
```

```
    printf("x=%d\ny=%d\n",*p1,*p2);
    return 0;
}
```

运行上述程序，结果如图 10-5 所示。

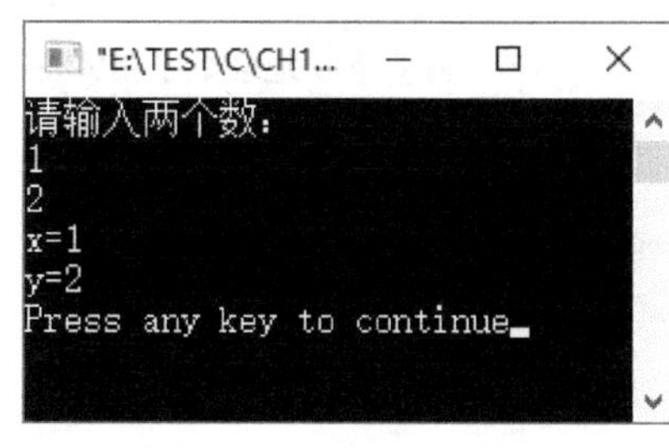

图 10-5 输出指针变量

【案例剖析】

本例用于演示如何对指针变量进行赋值以及如何输出指针变量。在代码中，首先定义 int 型变量 x 和 y，int 型指针变量*p1 和*p2。然后通过输入端输入变量 x 和 y 的值，接着将变量 x 和 y 的地址赋予指针变量 p1 和 p2，通过 printf()函数输出 p1 和 p2，输出的结果与变量 x 和 y 存放的值相同。

10.1.3 指针变量的引用

对指针变量进行引用属于对变量的一种间接访问形式。

引用指针变量的语法格式如下。

```
*指针变量
```

表示引用指针变量所指向的值。

1. 指针运算符*

符号“*”为指针运算符，也可以称为间接访问运算符，该运算符属于单目运算符，作用是返回指定地址内所存储的变量值。

例如：

```
int a,b,*p;
a=2;
p=&a;
b=*p;
```

其中指针变量 p 存放了变量 a 的地址，而“b=*p”操作就是将变量 a 所存放的数据赋予变量 b，因此 b=2。

在使用指针运算符*时需要注意以下两点。

(1) 如上例中的 p 与*p，它们的含义是不同的，其中 p 是指针变量，p 的值为指向变量 a 的地址；而*p 表示 p 所指向的变量 a 的存储数据。

(2) 在对指针变量进行引用时的*与定义指针变量时的*不同。定义变量时的*仅仅表示其后所跟的变量为指针变量。

注意 指针变量中只能存放地址，也就是指针，指针变量在定义时必须进行初始化，否则就赋值为 0，表示空指针。

【例 10-2】 编写程序，定义指针变量并对指针运算符*的具体使用进行练习。(源代码\ch10\10-2)

```
#include <stdio.h>
int main()
{
    /* 定义指针变量 */
    int a,*p;
    /* 将变量 a 地址赋予指针变量 */
    p=&a;
    printf("输入 a 的值：\n",p);
    scanf("%d",p);
    printf("a=%d\n",*p);
    /* 对 a 重新赋值 */
    *p=5;
    printf("a=%d\n",a);
    return 0;
}
```

运行上述程序，结果如图 10-6 所示。

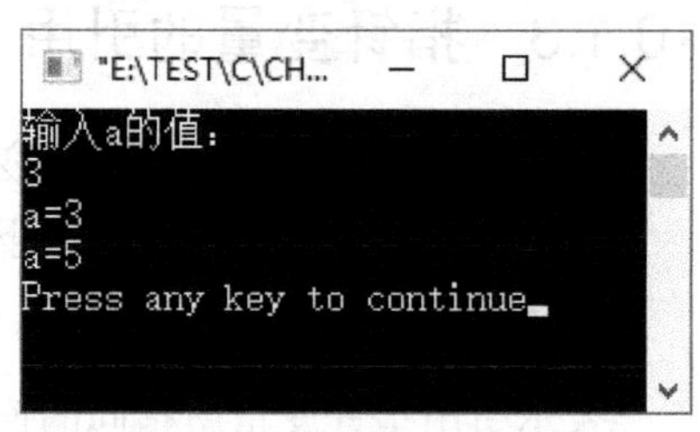

图 10-6　使用指针运算符*

【案例剖析】

本例用于演示如何使用指针运算符*。在代码中首先定义指针变量*p，接着将变量 a 的地址赋予指针变量 p，然后通过输入端输入 a 的值，注意这里没有使用&a，而是使用 p，因为 p 也表示了变量 a 的地址，接着使用指针运算符*，将 a 的值输出，*p 用于表示变量 a 存放的数据，然后通过对*p 赋值实现对变量 a 的重新赋值，最后输出变量 a 的值，等价于*p 的值。

2. 指针运算符&

指针运算符&为取地址运算符，该运算符属于单目运算符，作用是返回操作数的地址。例如：

```
int a,*p;
p=&a;
```

此时，通过赋值使得 p 指向了变量 a 的存储位置。

【例 10-3】 编写程序，通过输入端输入两个整数，通过比较按照大小顺序输出。(源代码\ch10\10-3)

```
#include <stdio.h>
int main()
{
    /* 定义指针变量 */
    int *p,*p1,*p2;
    int a,b;
    p1=&a;
    p2=&b;
    printf("请输入两个整数：\n");
    scanf("%d%d",p1,p2);
    if(a<b)
    {
        p=p1;
```

```
        p1=p2;
        p2=p;
    }
    printf("a=%d,b=%d\n",a,b);
    printf("两数中最大值为%d,最小值为%d\n",*p1,*p2);
    return 0;
}
```

运行上述程序，结果如图 10-7 所示。

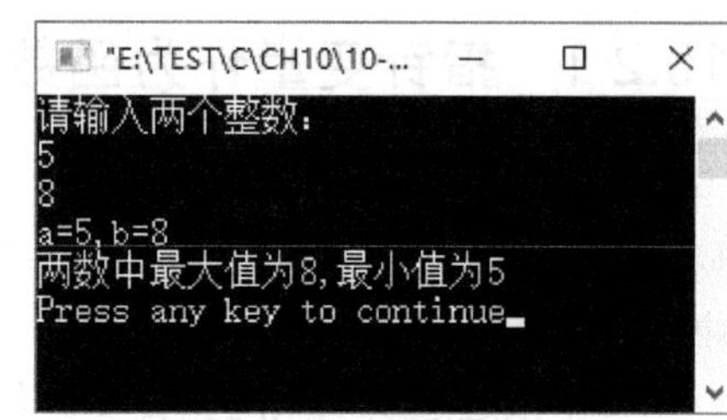

图 10-7　使用指针运算符&

【案例剖析】

本例用于演示指针运算符&的具体应用。在代码中首先定义指针变量*p、*p1 以及*p2，然后将变量 a 与变量 b 的地址赋予指针变量 p1 和 p2，再通过输入端输入两个整数赋予 p1 和 p2，利用 if 语句判断 a 和 b 的大小，然后通过指针变量对它们进行交换排序，最后输出排序的结果。通过结果来看变量 a 和 b 为输入时的数值，而通过运算符*输出的指针变量则发生了变化，这是因为当判断 a<b 成立时，指针所指向的地址进行了交换，原本 p1 指向变量 a，p2 指向变量 b，之后进行交换，变为 p1 指向变量 b，p2 指向变量 a，所以最后输出*p1 和*p2 时两数进行了交换。指针变量 p1 和 p2 的指向如图 10-8 所示。

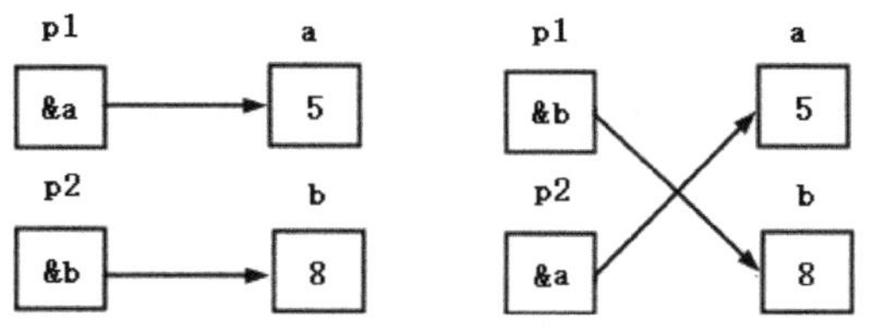

图 10-8　指针变量的交换

使用指针运算符需要注意以下两点。

(1) 指针变量在使用前必须先赋值。

例如：

```
int a=2,*p;
*p=5;
printf("%d",*p);
```

此为错误示例，指针变量没有进行赋值操作，指向不明。

(2) 运算符&和*互为逆运算。

例如：

```
int a=2,*p;
p=&a;
```

其中可以衍生出“&a”等价于“&*p”。“&*p”运算可以自右向左进行结合，首先“*p”表示变量 a 的值，而“&a”就等价于变量 a 的地址。

接着又有“*&a”等价于“a”。“*&a”同样为自右向左进行结合，首先“&a”表示变量 a 的地址，而“*p”就等价于变量 a。

10.2 指针与函数

本节将对指针与函数之间的内容进行详细讲解，包括使用指针变量作为函数的参数进行传递、函数返回指针以及指向函数的指针相关内容。

10.2.1 指针变量作为函数参数

通过函数的学习，可以知道实参对形参的传递是单向的，形参的变化不会对实参造成任何影响，那么如果使用指针变量作为函数的实参进行传递，形参变化会不会影响到主调函数中实参的值呢？

接下来通过实例来对指针变量作为函数参数进行讲解。

【例 10-4】 编写程序，定义一个函数 swap()，用于将两数进行交换，在 main()函数中通过输入端输入两个整数，若前数小于后数，则调用函数 swap()，将两数进行交换。(源代码\ch10\10-4)

```
#include <stdio.h>
/* 声明函数 */
void swap();
int main()
{
    int a,b;
    printf("请输入两个整数：\n");
    scanf("%d%d",&a,&b);
    if(a<b)
    {
        /* 函数调用 */
        swap(a,b);
    }
    printf("a=%d,b=%d\n",a,b);
    return 0;
}
/* 定义函数 */
void swap(int x,int y)
{
    int t;
    t=x;
    x=y;
    y=t;
}
```

运行上述程序，结果如图 10-9 所示。

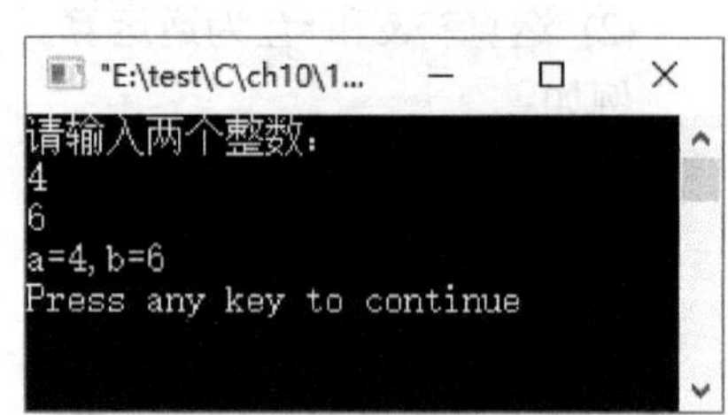

图 10-9 形参交换

【案例剖析】

本例为使用函数的调用对形参进行交换演示。在代码中，首先声明函数 swap()，在该函数的定义中通过 int 型变量 t 作为中介，并完成形参的交换。在函数 main()中，定义 int 型变量 a 和 b，通过输入端输入 a 和 b 的值，然后使用 if 语句对 a 和 b 进行判断，若是 a<b，则

调用函数 swap()，将变量 a 和 b 作为实参进行传递，在 swap()函数中将传递的实参进行交换。但是通过对结果的观察发现，变量 a 与变量 b 的值并未发生任何变化，而本例也并不能完成两数的大小排序功能，这是因为虽然调用函数 swap()时传递的是实参，但是在交换时，是对形参进行的交换，而并未对实参造成任何影响。

【例 10-5】 编写程序，对例 10-4 进行改造，使用指针变量作为函数 swap()的参数进行传递，输出两数的交换结果。(源代码\ch10\10-5)

```
#include <stdio.h>
/* 声明函数 */
void swap();
int main()
{
    /* 定义指针变量 */
    int *p1,*p2;
    int a,b;
    printf("请输入两个整数：\n");
    scanf("%d%d",&a,&b);
    /* 将变量地址赋予指针变量 */
    p1=&a;
    p2=&b;
    if(a<b)
    {
        /* 函数调用 将指针变量作为参数传递 */
        swap(p1,p2);
    }
    printf("a=%d,b=%d\n",a,b);
    return 0;
}
/* 定义函数 */
void swap(int *pt1,int *pt2)
{
    int t;
    t=*pt1;
    *pt1=*pt2;
    *pt2=t;
}
```

运行上述程序，结果如图 10-10 所示。

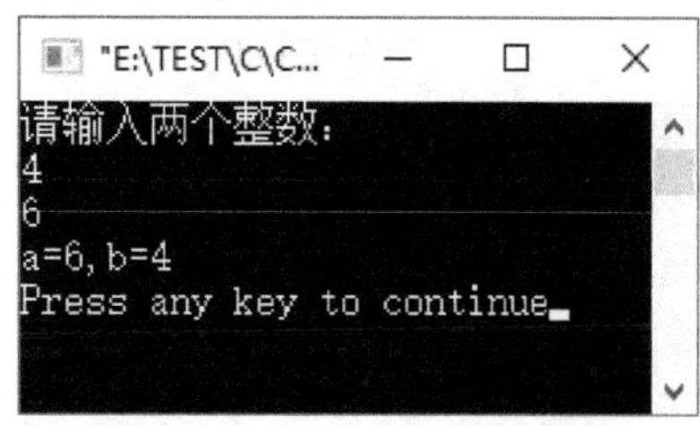

图 10-10 指针变量作为参数

【案例剖析】

本例演示了使用指针函数作为函数的实参进行传递。在代码中首先声明函数 swap()，在对该函数的定义中，使用 int 型变量 t 作为中介，通过运算符*将两个指针变量所指向的变量值进行交换。在 main()函数中，定义两个指针变量 p1 和 p2、两个 int 型变量 a 和 b，然后通过输入端输入变量 a 和 b 的值，再将变量 a 和 b 的地址赋予指针变量 p1 和 p2，使用 if()语句判断 a 和 b 的大小，若 a<b 则调用函数 swap()，并将指针变量 p1 和 p2 作为实参传递，最后输出结果。通过对结果的观察可以发现，该程序完成了两数的大小排序。对函数 swap()进行深入研究，实际上传递进来的实参为变量 a 和 b 的地址，而形参使用运算符*对指针变量进行

引用，这时候交换两数实际上就是对变量 a 和变量 b 的值进行了交换，如图 10-11 所示。

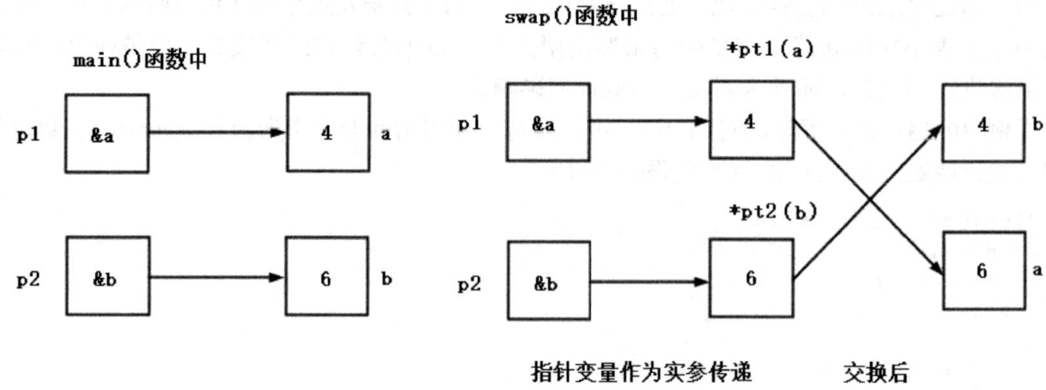

图 10-11　*pt1 与*pt2 交换

【例 10-6】 编写程序，对例 10-5 进行改造，在 swap()函数中，使用变量 a 和变量 b 的地址进行交换，输出交换后的结果。(源代码\ch10\10-6)

```
#include <stdio.h>
/* 声明函数 */
void swap();
int main()
{
    /* 定义指针变量 */
    int *p1,*p2;
    int a,b;
    printf("请输入两个整数：\n");
    scanf("%d%d",&a,&b);
    /* 将变量地址赋予指针变量 */
    p1=&a;
    p2=&b;
    if(a<b)
    {
        /* 函数调用：将指针变量作为参数传递 */
        swap(p1,p2);
    }
    printf("a=%d,b=%d\n",a,b);
    return 0;
}
/* 定义函数 */
void swap(int *pt1,int *pt2)
{
    /* 定义指针变量 */
    int *t;
    t=pt1;
    pt1=pt2;
    pt2=t;
}
```

运行上述程序，结果如图 10-12 所示。

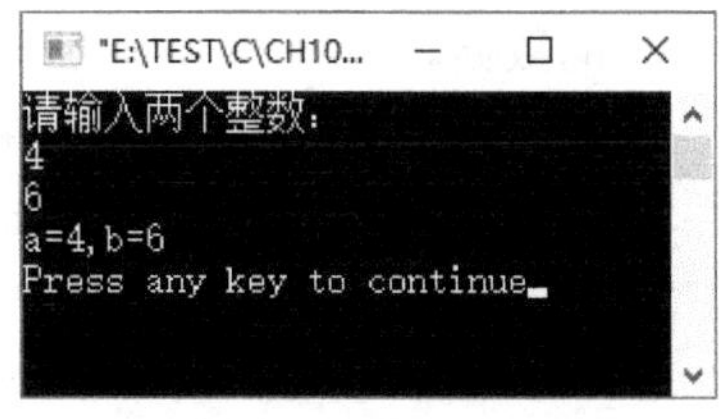

图 10-12 指针变量的交换

【案例剖析】

本例用于演示在被调函数中改变形参指针变量的地址对实参的影响。在代码中，根据例 10-4，对 swap()函数做了修改，当在 main()函数中对 swap()函数进行调用时，传入变量 a 和变量 b 的地址，在 swap()函数中通过定义指针变量*t 作为中介，将指针变量进行交换，最后输出交换的结果。通过对结果的观察可以发现，变量 a 和变量 b 的值并未发生改变，这是因为 swap()函数中只是对变量 a 和变量 b 的地址进行了交换，这使得形参指针变量 pt1 指向了变量 b 的地址，pt2 指向了变量 a 的地址，但是 main()函数中的变量 a 和变量 b 的值却未发生改变，如图 10-13 所示。

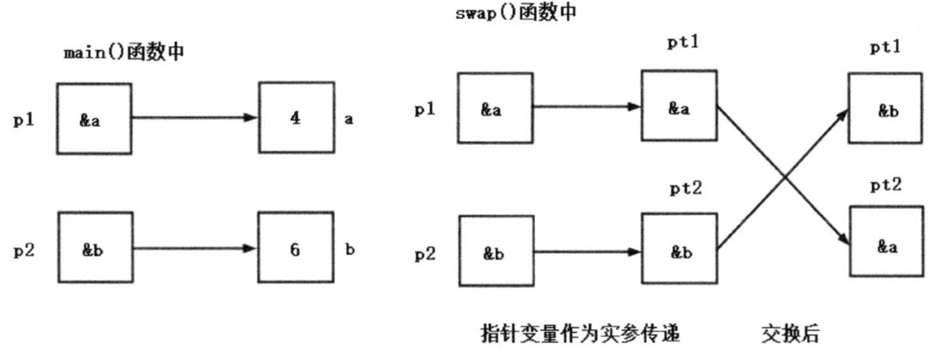

图 10-13 指针变量的交换

10.2.2 函数返回指针

通过对函数内容的掌握，可以发现函数在使用时，可以返回值也可以不返回值，并且返回值一般类型多为 int、float 或者是 char 型。除此之外，一个函数的返回值也可以为一个指针类型的数据，即为变量的地址。

若想使用一个函数来返回指针类型数据时，该函数的定义语法如下。

```
数据类型 *函数名(形参列表)
{
    函数体;
}
```

例如：

```
int *f(int x,int y)
{
    函数体;
}
```

其中定义一个返回指针类型数据的函数语法格式与之前定义函数时的格式基本相似，只是需要在函数名前加符号“*”，用于表示该函数返回的是一个指针值，该指针值为指向一个

int 型的数据。

【例 10-7】 编写程序，通过输入端输入两个整数，求这两个数中较大值的变量的地址，并输出该地址的值。(源代码\ch10\10-7)

```
#include <stdio.h>
/* 声明函数 */
int *f();
int main()
{
    int a,b;
    /* 定义指针变量 */
    int *p;
    printf("输入两个整数：\n");
    scanf("%d%d",&a,&b);
    /* 调用函数 */
    p=f(&a,&b);
    printf("两数中较大值的地址为：%d\n",*p);
    return 0;
}
/* 定义函数 */
int *f(int *x,int *y)
{
    if(*x>*y)
    {
        return x;
    }
    else
    {
        return y;
    }
}
```

运行上述程序，结果如图 10-14 所示。

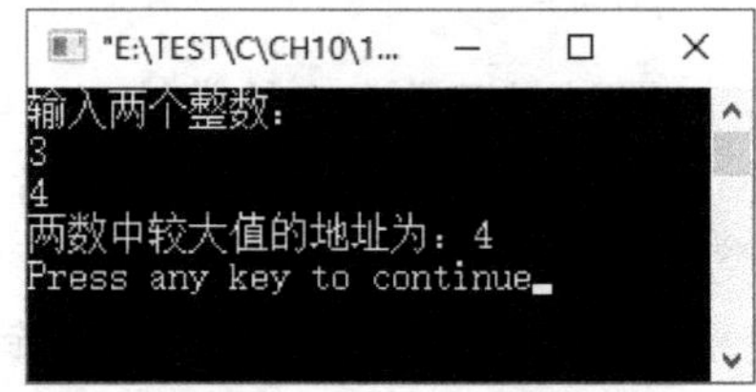

图 10-14　返回指针值

【案例剖析】

本例用于演示定义并调用一个返回指针值的函数。在代码中，首先声明一个返回值为指针值的函数，该函数用于比较两数的大小，并将较大数的地址返回。在 main()函数中，首先定义 int 型变量 a 和 b，然后定义指针变量 p，通过输入端输入变量 a 和变量 b 的值，调用函数 f()并将变量 a 和变量 b 的地址作为实参进行传递，将返回的较大值地址存放于指针变量 p 中，然后通过*p 输出较大值。

【例 10-8】 编写程序，对例 10-7 进行修改，在调用函数时将变量 a 和变量 b 作为实参进行传递，返回值为较大值地址，最后输出较大值。(源代码\ch10\10-8)

```
#include <stdio.h>
/* 声明函数 */
int *f();
int main()
{
    int a,b;
```

```
    /* 定义指针变量 */
    int *p;
    printf("输入两个整数：\n");
    scanf("%d%d",&a,&b);
    /* 调用函数 */
    p=f(a,b);
    printf("两数中较大值的地址为：%d\n",*p);
    return 0;
}
/* 定义函数 */
int *f(int x,int y)
{
    if(x>y)
    {
        return &x;
    }
    else
    {
        return &y;
    }
}
```

运行上述程序，结果如图 10-15 所示。

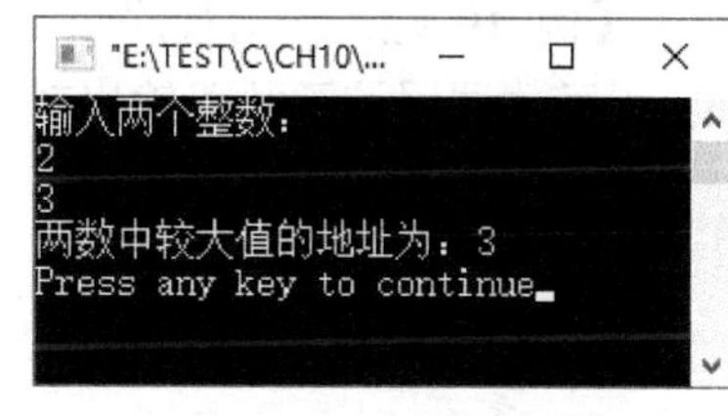

图 10-15　返回指针值

10.2.3　指向函数的指针

C 语言中，当一个程序在执行的过程中调用某个函数时，会自动跳转到该函数，然后执行该函数的函数体中的语句，所以编译程序需要知道该函数所在的位置。因此，在函数的内存中会开辟一片存储单元，用于存放函数，而这片存储单元的起始地址，就被称为函数的入口地址，也就是函数的指针，通常使用函数名来表示，以此来确定函数所在的位置。

如此一来，就可以通过定义一个指针变量，来指向函数的入口地址，然后通过这个指针变量就能够调用该函数，这个指针变量被称为指向函数的指针变量。

指向函数的指针变量的定义语法格式如下。

```
数据类型 (*指针变量名) (形参列表)
```

其中：

数据类型为指针变量所指向的函数的返回值类型。

形参类别为指针变量所指向的函数的形参。

注意　(*指针变量名)中的括号“()”不可省略。

例如：

```
int sum(int x,int y)
{
...
}
int main()
```

```
{
    int (*p)(int int);
    ...
    return 0;
}
```

若是想通过指向某函数的指针变量来调用该函数，语法格式如下。

```
(*指针变量名)(实参列表);
```

例如：

```
int a,b,c;
c=(*p)(a,b);
```

【例 10-9】 编写程序，定义一个函数 min()，用于比较两数大小，并将较小值返回，在 main()函数调用该函数，输出较小值。(源代码\ch10\10-9)

```
#include <stdio.h>
/* 声明函数 */
int min();
int main()
{
    int a,b,c;
    printf("请输入两个整数: \n");
    scanf("%d%d",&a,&b);
    /* 函数调用 */
    c=min(a,b);
    printf("两个数中较小的数为: %d\n",c);
    return 0;
}
/* 定义函数 */
int min(int x,int y)
{
    if(x<y)
    {
        return x;
    }
    else
    {
        return y;
    }
}
```

运行上述程序，结果如图 10-16 所示。

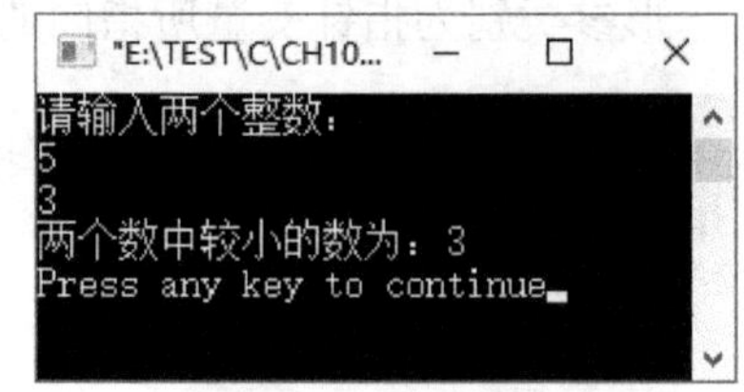

图 10-16 函数调用

【案例剖析】

本例用于演示一个常规函数的调用。在代码中，首先声明函数 min()，该函数用于比较两个整数的大小，并将较小值返回。在 main()函数中定义 int 型变量 a、b 以及 c，通过输入端输入变量 a 和 b 的值，然后调用 min()函数，对变量 a 和变量 b 的值进行比较，返回较小值并输出。

【例 10-10】 编写程序，对例 10-9 进行改造，将常规的函数调用改为使用函数指针变量

调用函数，比较两数大小，并返回较大值。(源代码\ch10\10-10)

```
#include <stdio.h>
/* 声明函数 */
int max();
int main()
{
    /* 定义函数指针变量 */
    int (*p)();
    int a,b,c;
    /* 将函数地址赋予函数指针变量 */
    p=max;
    printf("请输入两个整数: \n");
    scanf("%d%d",&a,&b);
    /* 函数调用 */
    c=(*p)(a,b);
    printf("两个数中较大的数为: %d\n",c);
    return 0;
}
/* 定义函数 */
int max(int x,int y)
{
    if(x>y)
    {
        return x;
    }
    else
    {
        return y;
    }
}
```

运行上述程序，结果如图 10-17 所示。

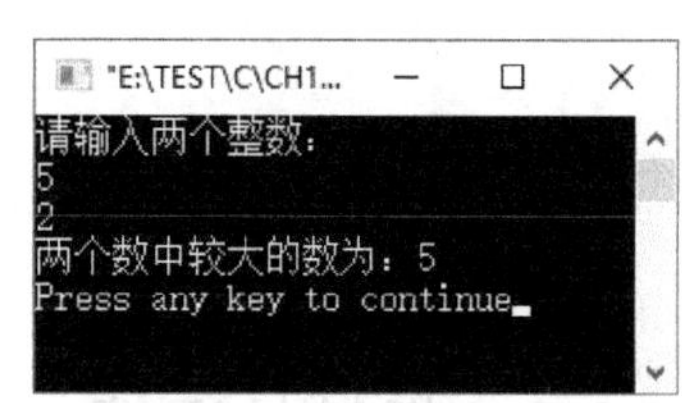

图 10-17　函数指针变量调用函数

【案例剖析】

本例用于演示如何使用函数指针变量对函数进行调用。在代码中，首先声明函数 max()，该函数用于比较两数的大小，并将较大值返回。在 main()函数中定义函数指针变量 p 以及 int 型变量 a、b、c。然后将函数地址赋予函数指针变量 p，这里函数名即表示该函数的入口地址。接着通过输入端输入变量 a 和 b 的值，然后通过函数指针变量对函数 max()进行调用，返回变量 a 和变量 b 的较大值并输出。

10.3　指针与数组

C 语言中的数组元素都是有内存单元的，所以可以使用指针变量来表示数组中的元素地址，并且可以通过指针变量来对数组进行引用。本节将对指针与数组的具体应用相关内容进行讲解。

10.3.1 数组元素的指针

在 C 语言中，变量在内存中都分配有内存单元，用于存储变量的数据，而数组包含有若干的元素，每个元素就相当于一个变量，它们在内存中占用存储单元，也就是说，它们都有自己的内存地址。那么指针变量既然可以指向变量，必然也可以用来指向数组中的元素，同变量一样，数组元素是将某个元素的地址赋予指针变量，所以数组元素的指针就是指数组元素的地址。

指向数组元素的指针变量表示语法如下。

```
int a[5];
int *p;
p=&a[0];
```

或者可以写为：

```
int *p=a;
```

其中“p=&a[0]”就是令指针变量 p 指向数组 a 的第一个元素，它等价于“p=a”。

注意 数组名是表示数组首地址的地址常量，而“p=a”是将数组的首地址赋给了指针变量 p，并不是说把数组 a 的各元素都赋给 p，如图 10-18 所示。

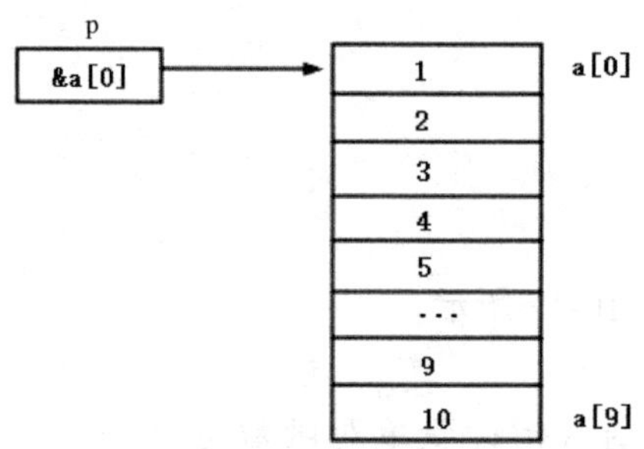

图 10-18 数组元素的指针

10.3.2 指针的运算

C 语言中，当定义一个指针变量指向数组元素时，可以对该指针变量进行加法、减法、自加以及自减运算。

例如：

```
int a[5];
int *p;
p=&a[1];
p+1;
p-1;
p++;
++p;
p--;
--p;
```

其中，“p+1”表示指向数组 a 中的下一个元素；“p−1”表示指向数组 a 中的上一个元素。例如，有一个数组 a：

```
int a[5]={1,2,3,4,5};
```

该数组的首地址用 a 表示，则该数组中的元素用指针表示，如表 10-1 所示。

表 10-1 指针表示数组元素

元 素		地 址	
*a	a[0]	&a[0]	a
*(a+1)	a[1]	&a[1]	a+1
*(a+2)	a[2]	&a[2]	a+2
*(a+3)	a[3]	&a[3]	a+3
*(a+4)	a[4]	&a[4]	a+4

注意

(1) 若是做两个指针的相减运算，如“p1−p2”，只有当 p1 和 p2 同时指向一个数组中的元素时才有意义。

(2) 若是有指针变量 p 指向数组 a 的第 1 个元素，那么 p+i 或者 a+i 就表示数组元素 a[i]的地址，也就是说它们都指向了数组 a 的第 i+1 个元素。

(3) 若是有指针变量 p 指向数组 a 的第 1 个元素，那么*(p+i)或者*(a+i)就表示数组元素 a[i]。

10.3.3 通过指针引用数组元素

引用一个数组元素可以使用 3 种方法：下标法、通过数组名计算数组元素的地址以及使用指针变量表示法。

【例 10-11】 编写程序，定义一个数组 a，使用下标法输出数组中的全部元素。(源代码\ch10\10-11)

```
#include <stdio.h>
int main()
{
   int a[5];
   int i;
   printf("为数组 a 元素逐一赋值：\n");
   for(i=0;i<5;i++)
   {
      scanf("%d",&a[i]);
   }
   printf("数组 a 中的元素为：\n");
   /* 下标法输出数组元素 */
   for(i=0;i<5;i++)
   {
      printf("%-2d",a[i]);
   }
   printf("\n");
```

```
    return 0;
}
```

运行上述程序，结果如图 10-19 所示。

图 10-19　下标法输出数组中的元素

【案例剖析】

本例用于演示通过下标法输出数组中的元素。在代码中，首先定义 int 型数组 a 以及变量 i，然后通过 for 循环语句对数组 a 中的元素进行逐一赋值。然后再次使用 for 循环语句利用下标法将数组 a 中的元素循环输出。

【例 10-12】 编写程序，对例 10-11 进行改造，使用数组名计算数组元素的地址，并使用运算符“*”输出数组中的元素。(源代码\ch10\10-12)

```
#include <stdio.h>
int main()
{
    int a[5];
    int i;
    printf("为数组 a 元素逐一赋值：\n");
    for(i=0;i<5;i++)
    {
        scanf("%d",&a[i]);
    }
    printf("数组 a 中的元素为：\n");
    /* 使用数组名计算数组元素地址 */
    for(i=0;i<5;i++)
    {
        printf("%-2d",*(a+i));
    }
    printf("\n");
    return 0;
}
```

运行上述程序，结果如图 10-20 所示。

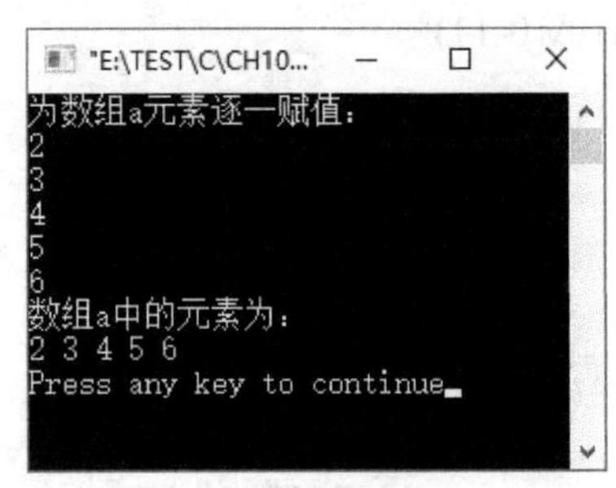

图 10-20　使用数组名计算数组元素地址

【案例剖析】

本例用于演示通过数组名计算数组元素的地址，并使用运算符“*”将数组元素输出。在代码中，首先定义 int 型数组 a 以及变量 i，通过一个 for 循环输入数组 a 的元素，然后再通过另一个 for 循环输出数组 a 的元素，在这个 for 循环中使用的是数组名来表示数组中的首地址，然后通过加上循环变量来访问数组中的元素，最后使用运算符“*”输出数组中的每一个元素。

【例 10-13】 编写程序，对例 10-12 进行改造，定义一个指针变量，通过指针变量输出数组中的元素。(源代码\ch10\10-13)

```
#include <stdio.h>
```

```
int main()
{
    int a[5];
    int *p,i;
    printf("为数组 a 元素逐一赋值：\n");
    for(i=0;i<5;i++)
    {
        scanf("%d",&a[i]);
    }
    printf("数组 a 中的元素为：\n");
    /* 使用指针变量表示数组元素地址 */
    for(p=a;p<(a+5);p++)
    {
        printf("%-2d",*p);
    }
    printf("\n");
    return 0;
}
```

运行上述程序，结果如图 10-21 所示。

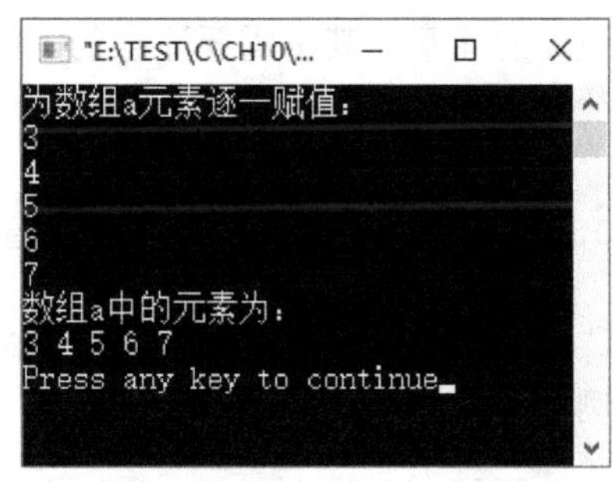

图 10-21　使用指针变量表示数组元素的地址

【案例剖析】

本例用于演示如何使用指针变量表示数组元素的地址。在代码中，首先定义 int 型数组 a、变量 i 以及指针变量 p。通过 for 循环为数组 a 中的元素逐一赋值，然后通过另一个 for 循环对数组 a 中的元素循环输出，在该 for 循环中使用指针变量 p 表示数组 a 的首地址，通过表达式“p<(a+5)”来控制循环次数，每次输出一个元素后，指针变量做自增运算，指向下一个元素的地址，最后使用运算符“*”输出指针变量指向的元素。

【例 10-14】 编写程序，定义一个数组 a，一个指针变量 p，将数组 a 的首地址赋予指针变量 p，通过 for 循环为数组 a 赋值并使用指针变量 p 表示数组中的元素地址，最后再通过指针变量输出该数组中的元素。(源代码\ch10\10-14)

```
#include <stdio.h>
int main()
{
    int a[5],i;
    /* 定义指针变量 p 并将数组首地址赋予 p */
    int *p;
    p=a;
    printf("为数组 a 元素逐一赋值：\n");
    for(i=0;i<5;i++)
    {
        scanf("%d",p++);
    }
    /* 重新将数组 a 首地址赋予指针变量 p */
    p=a;
    printf("数组中的元素为：\n");
    for(i=0;i<5;i++,p++)
    {
```

```
        printf("%-2d",*p);
    }
    printf("\n");
    return 0;
}
```

运行上述程序，结果如图 10-22 所示。

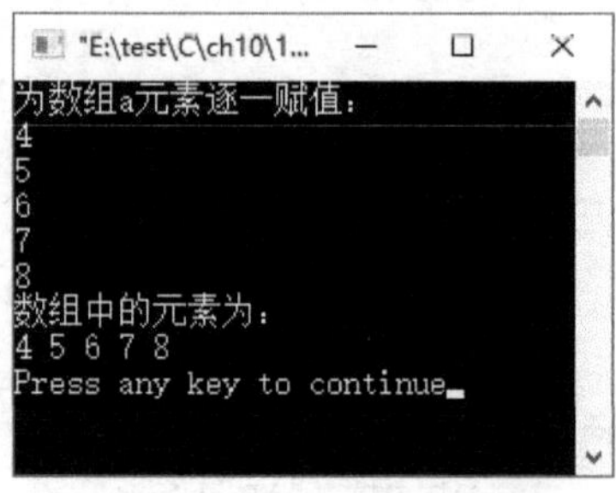

图 10-22　指针变量表示数组元素

【案例剖析】

本例通过使用指针变量来表示数组元素中的地址，以此来对数组中的元素进行赋值和遍历的操作。在代码中，首先定义数组 a、变量 i 以及指针变量 p。然后将数组 a 的首地址赋予指针变量 p，通过 for 循环为数组元素逐一赋值，而数组元素的地址则由指针变量 p 表示，循环结束指针变量自增 1，指向下一个元素地址。再将数组 a 的首地址赋予指针变量 p，因为在赋值之后，指针变量 p 指向了数组中最后一个元素地址。最后再通过 for 循环遍历输出数组 a 的元素，其中需要注意的是指针变量必须要和循环变量 i 一起做自增运算，否则每次输出的都是数组 a 中的第一个元素。

10.3.4　指向数组的指针变量作为函数参数

C 语言中，可以使用数组名作为函数的参数进行传递。

例如：

```
int main()
{
    int arr[5],a;
    ...
    f(arr,a);
    ...
    return 0;
}
void f(int arr1[],int b)
{
    ...
}
```

其中 arr 为实参数组名，它表示了 arr 数组中首元素的地址；而函数中的形参数组名 arr1 用于接收从实参传递来的数组首元素的地址，实际上，形参在接收数组名时是按照指针变量进行处理的。

所以，上例函数 f()等价于：

```
f(int *arr1,int b)
{
    …
}
```

注意：在对一个以数组名或指针变量作为参数的函数进行调用时，形参数组和实参数组是共同占用一段内存的，当改变了形参数组的值，那么在main()函数中作为实参传递的值也会一同发生改变。

使用数组名作为函数参数时，形参与实参有以下对应关系。

1. 实参使用数组名表示，形参也是用数组名表示

【例 10-15】 编写程序，定义一个数组 a，将数组 a 中的 n 个整数按照相反的顺序进行存放，然后输出新的数组 a。(源代码\ch10\10-15)

```
#include <stdio.h>
/* 声明函数 */
void f();
int main()
{
    int a[6],i;
    printf("请逐一为数组 a 元素进行赋值：\n");
    for(i=0;i<6;i++)
    {
        scanf("%d",&a[i]);
    }
    printf("数组 a 为：\n");
    for(i=0;i<6;i++)
    {
        printf("%-2d",a[i]);
    }
    printf("\n");
    /* 调用函数 */
    f(a,6);
    printf("将数组 a 进行反转后为：\n");
    for(i=0;i<6;i++)
    {
        printf("%d  ",a[i]);
    }
    printf("\n");
    return 0;
}
/* 定义函数 */
void f(int b[],int n)
{
    int temp,i,j,k;
    k=(n-1)/2;
    for(i=0;i<=k;i++)
    {
        j=n-1-i;
        temp=b[i];
        b[i]=b[j];
        b[j]=temp;
    }
}
```

运行上述程序，结果如图 10-23 所示。

【案例剖析】

本例用于演示如何调用一个实参和形参都使用数组名的函数。在代码中，首先声明函数f()，该函数用于将数组中的元素进行反转存放操作，也就是将首位元素与最后一位调换，第二位元素与倒数第二位元素进行调换……以此类推，如图 10-24 所示。接着在 main()函数中定义数组 a，通过输入端逐一为数组 a 中的元素进行赋值，然后通过调用函数 f()将数组 a 中的元素进行反转操作，最后输出反转后的数组 a。

图 10-23　实参和形参都为数组名

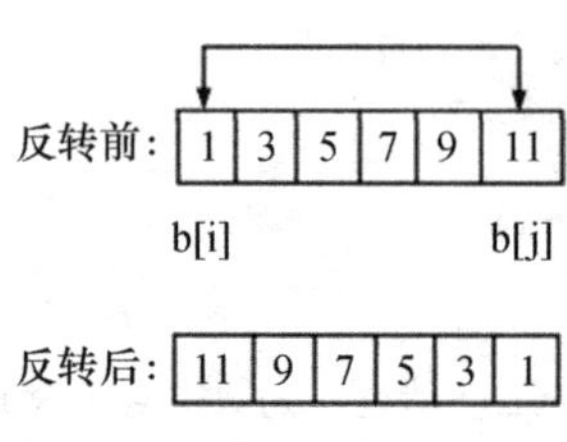

图 10-24　调换操作

2. 实参使用数组名，形参使用指针变量

【例 10-16】 编写程序，对例 10-15 进行改造，使用指针变量来表示形参，输出最后的操作结果。(源代码\ch10\10-16)

```
#include <stdio.h>
/* 声明函数 */
void f();
int main()
{
   int a[6],i;
   printf("请逐一为数组 a 元素进行赋值：\n");
   for(i=0;i<6;i++)
   {
      scanf("%d",&a[i]);
   }
   printf("数组 a 为：\n");
   for(i=0;i<6;i++)
   {
      printf("%-2d",a[i]);
   }
   printf("\n");
   /* 调用函数 */
   f(a,6);
   printf("将数组 a 进行反转后为：\n");
   for(i=0;i<6;i++)
   {
      printf("%d  ",a[i]);
   }
   printf("\n");
   return 0;
}
```

```
/* 定义函数 */
void f(int *a,int n)
{
    int temp,k;
    /* 定义指针变量 */
    int *i,*j,*p;
    j=a+n-1;
    k=(n-1)/2;
    p=a+k;
    for(i=a;i<=p;i++,j--)
    {
        /* 使用指针变量交换元素 */
        temp=*i;
        *i=*j;
        *j=temp;
    }
}
```

运行上述程序，结果如图 10-25 所示。

【案例剖析】

本例用于演示如何调用一个实参使用数组名、形参使用指针变量的函数。在代码中，首先声明一个函数 f()，该函数通过指针变量将数组 a 中的元素进行反转操作，通过指针变量的自增和自减运算，使得指针变量 i 和 j 分别指向进行交换的两个元素，如图 10-26 所示。接着在 main()函数中定义数组 a，通过输入端逐一为数组 a 中的元素进行赋值，然后通过调用函数 f()将数组 a 中的元素进行反转操作，最后输出反转后的数组 a。

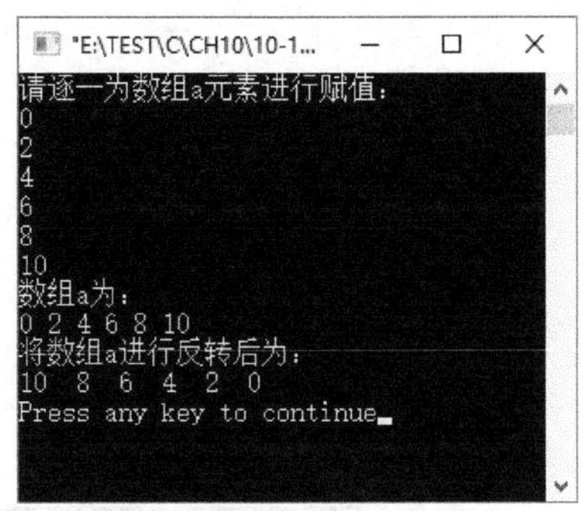

图 10-25　实参使用数组名，形参使用指针变量

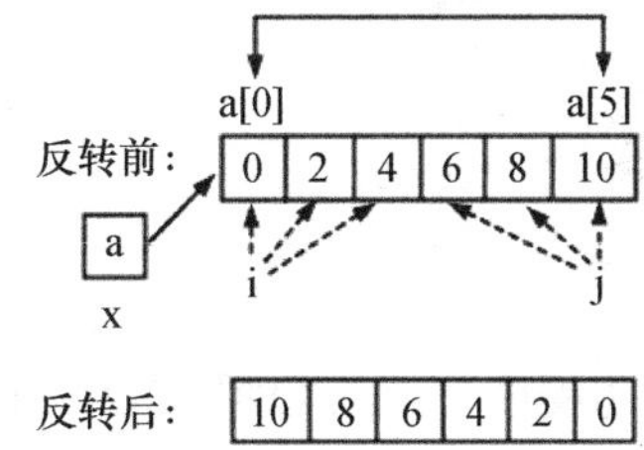

图 10-26　指针变量的指向

3. 实参使用指针变量，形参使用数组名

【例 10-17】 编写程序，对例 10-15 进行改造，使用指针变量表示实参，使用数组名表示形参，输出最后的操作结果。(源代码\ch10\10-17)

```
#include <stdio.h>
/* 声明函数 */
void f();
int main()
{
    /* 定义数组 a 以及指针变量 */
    int a[6],*p;
```

```
    /* 将数组 a 首地址赋予 p */
    p=a;
    printf("请逐一为数组 a 元素进行赋值：\n");
    for(p=a;p<a+6;p++)
    {
        scanf("%d",p);
    }
    printf("数组 a 为：\n");
    for(p=a;p<a+6;p++)
    {
        printf("%-2d",*p);
    }
    printf("\n");
    /* 调用函数 */
    p=a;
    f(p,6);
    printf("将数组 a 进行反转后为：\n");
    for(p=a;p<a+6;p++)
    {
        printf("%d  ",*p);
    }
    printf("\n");
    return 0;
}
/* 定义函数 */
void f(int b[],int n)
{
    int temp,i,j,k;
    k=(n-1)/2;
    for(i=0;i<=k;i++)
    {
        j=n-1-i;
        temp=b[i];
        b[i]=b[j];
        b[j]=temp;
    }
}
```

运行上述程序，结果如图 10-27 所示。

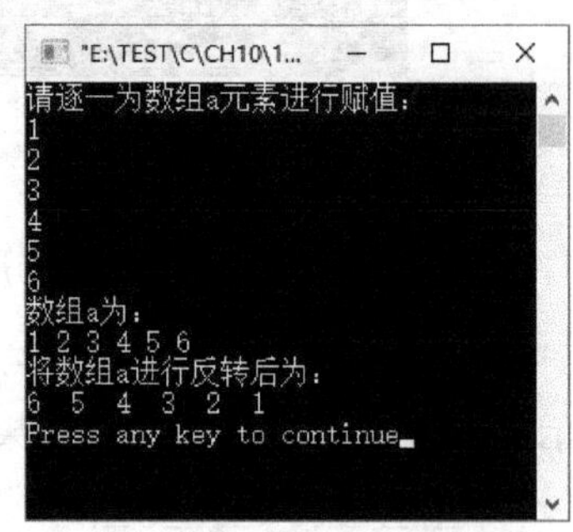

图 10-27　实参使用指针变量，形参使用数组名

【案例剖析】

本例用于演示如何调用一个实参使用指针变量、形参使用数组名的函数。在代码中，首先声明函数 f()，该函数用于将数组中的元素进行反转存放操作，也就是将首位元素与最后一位调换，第二位元素与倒数第二位元素进行调换……以此类推。接着在 main()函数中，定义一个指针变量 p 并将数组 a 的首地址赋予它，然后通过该指针变量访问数组 a 的元素，进行赋值与输出的相关操作，最后调用函数 f()，将指针变量 p 作为实参数据进行传递，再输出反转操作后数组 a 的元素。

4. 实参使用指针变量，形参也是用指针变量

【例 10-18】 编写程序，对例 10-15 进行改造，使用指针变量表示实参与形参，输出最后操作的结果。(源代码\ch10\10-18)

```
#include <stdio.h>
/* 声明函数 */
void f();
int main()
{
    /* 定义数组 a 以及指针变量 */
    int a[6],*p;
    /* 将数组 a 首地址赋予 p */
    p=a;
    printf("请逐一为数组 a 元素进行赋值：\n");
    for(p=a;p<a+6;p++)
    {
        scanf("%d",p);
    }
    printf("数组 a 为：\n");
    for(p=a;p<a+6;p++)
    {
        printf("%-2d",*p);
    }
    printf("\n");
    /* 调用函数 */
    p=a;
    f(p,6);
    printf("将数组 a 进行反转后为：\n");
    for(p=a;p<a+6;p++)
    {
        printf("%d  ",*p);
    }
    printf("\n");
    return 0;
}
/* 定义函数 */
void f(int *a,int n)
{
    int temp,k;
    /* 定义指针变量 */
    int *i,*j,*p;
    j=a+n-1;
    k=(n-1)/2;
    p=a+k;
    for(i=a;i<=p;i++,j--)
    {
        /* 使用指针变量交换元素 */
        temp=*i;
        *i=*j;
        *j=temp;
    }
}
```

运行上述程序，结果如图 10-28 所示。

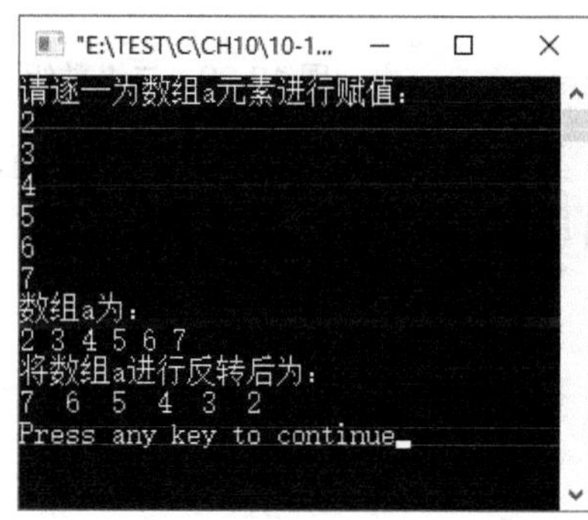

图 10-28 实参与形参均为指针变量

【案例剖析】

本例用于演示如何调用一个实参与形参均使用指针变量的函数。在代码中，首先声明一个函数 f()，该函数使用指针变量将数组 a 中的元素进行反转操作，通过指针变量的自增和自减运算，使得指针变量 i 和 j 分别指向进行交换的两个元素。接着在 main()函数中，定义一个指针变量 p 并将数组 a 的首地址赋予它，然后通过该指针变量访问数组 a 的元素，进行赋值与输出的相关操作，最后调用函数 f()，将指针变量 p 作为实参数据进行传递，再输出反转操作后数组 a 的元素。

10.3.5 通过指针对多维数组进行引用

C 语言中，一维数组中的元素可以通过指针变量来表示，同样，多维数组的元素也可以使用指针变量来表示。接下来将对多维数组的引用进行详细讲解。

1. 多维数组元素的地址

以二维数组为例，二维数组可以看作是由一维数组组成的。

例如：

```
int a[2][3]={{1,2,3},{4,5,6}};
```

此二维数组可以看作是由两个一维数组构成的，所以数组 a 有两个元素，分别是一维数组 a[0]和 a[1]。其中 a[0]包含元素 1、2、3；a[1]包含元素 4、5、6。

那么既然可以将二维数组看作由一维数组组成，一维数组的数组名又表示该数组的首地址，所以二维数组 a 的表示如图 10-29 所示。

使用数组名 a 表示二维数组的首地址时，a 为元素 a[0]的地址，a+1 为元素 a[1]的地址，如图 10-30 所示。

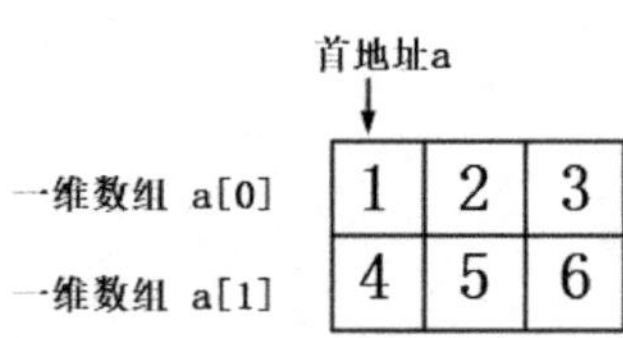

图 10-29　二维数组

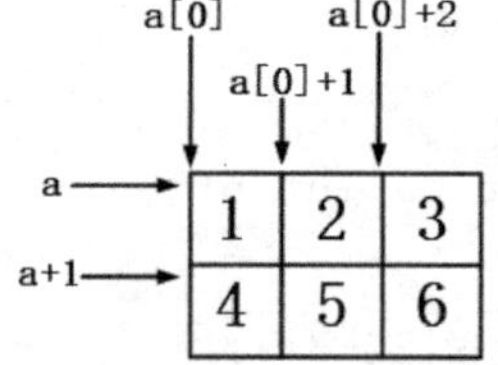

图 10-30　二维数组的地址

使用指针对二维数组进行表示时，*a 为元素 a[0]、*a+1 为元素 a[0]+1…*(a+1)+2 为元素 a[1]+2，如图 10-31 所示。

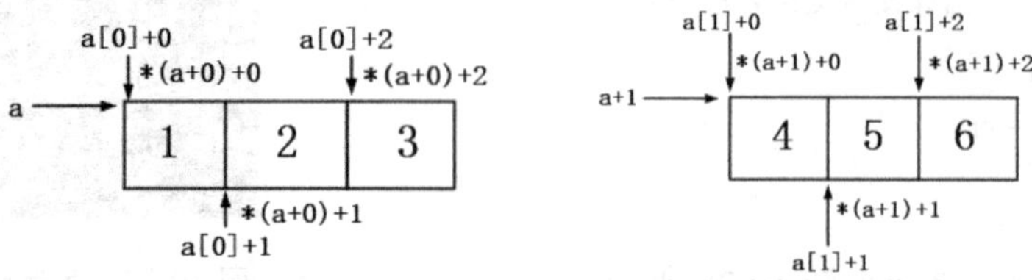

图 10-31　指针表示二维数组元素

因为一维数组中 a[i]等价于*(a+i)，所以在二维数组中 a[i]+j 等价于*(a+i)+j，表示 a[i][j]的地址，而*(a[i]+j)等价于*(*(a+i)+j)，表示二维数组元素 a[i][j]的数据值。

【例 10-19】 编写程序，定义一个二维数组 a，使用数组名表示该数组的首地址，通过不同的形式输出相应的数组 a 中的相关值。(源代码\ch10\10-19)

```
#include <stdio.h>
int main()
{
    /* 定义二维数组 a */
    int a[3][4],i,j;
    printf("请输入二维数组 a 的元素：\n");
    for(i=0;i<3;i++)
    {
        for(j=0;j<4;j++)
        {
            scanf("%d",&a[i][j]);
        }
    }
    /* 输出数组相应值 */
    printf("%d,%d\n",a,*a);
    printf("%d,%d\n",a[0],*(a+0));
    printf("%d,%d\n",&a[0],&a[0][0]);
    printf("%d,%d\n",a[1],a+1);
    printf("%d,%d\n",&a[1][0],*(a+1)+0);
    printf("%d,%d\n",a[2],*(a+2));
    printf("%d,%d\n",&a[2],a+2);
    printf("%d,%d\n",a[1][0],*(*(a+1)+0));
    return 0;
}
```

```
"E:\TEST\C\CH10\...
请输入二维数组a的元素：
1
2
3
3
2
1
1
2
3
3
2
1
1703696, 1703696
1703696, 1703696
1703696, 1703696
1703712, 1703712
1703712, 1703712
1703728, 1703728
1703728, 1703728
2, 2
Press any key to continue
```

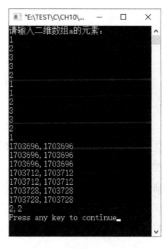

图 10-32 输出数组 a 相应的值

运行上述程序，结果如图 10-32 所示。

【案例剖析】

本例用于演示通过将二维数组看作一维数组，将数组 a 中的相关值进行输出。在代码中，首先定义数组 a，通过 for 循环嵌套，通过输入端输入数组 a 中的元素，然后再通过数组 a 中的不同表示形式，输出相关的值。其中使用数组名 a 表示指向一维数组 a[0]，也就是第一行的首地址，那么*a、a[0]、*(a+0)、&a[0]、&a[0][0]表示二维数组第一行第一列元素的地址；而 a[1]、a+1、&a[1][0]、*(a+1)+0 表示第二行第一列元素 a[1][0]的地址；a[2]、*(a+2)、&a[2]、a+2 表示第三行第一列的元素 a[2][0]的地址；至于 a[1][0]以及*(*(a+1)+0)则表示第二行第一列元素 a[1][0]的数据值。

2. 指向多维数组元素的指针变量

【例 10-20】 编写程序，定义一个二维数组 a 以及一个指针变量 p，将二维数组 a 的首地址赋予指针变量 p，通过指针变量输出数组 a 中的元素。(源代码\ch10\10-20)

```
#include <stdio.h>
int main()
{
    /* 定义二维数组 a */
    int a[3][4],i,j;
```

```
    /* 定义指针变量 p */
    int *p;
    printf("请输入二维数组 a 的元素: \n");
    for(i=0;i<3;i++)
    {
        for(j=0;j<4;j++)
        {
            scanf("%d",&a[i][j]);
        }
    }
    /* 输出数组 a 元素值 */
    for(p=a[0];p<a[0]+12;p++)
    {
        printf("%d ",*p);
    }
    printf("\n");
    return 0;
}
```

运行上述程序，结果如图 10-33 所示。

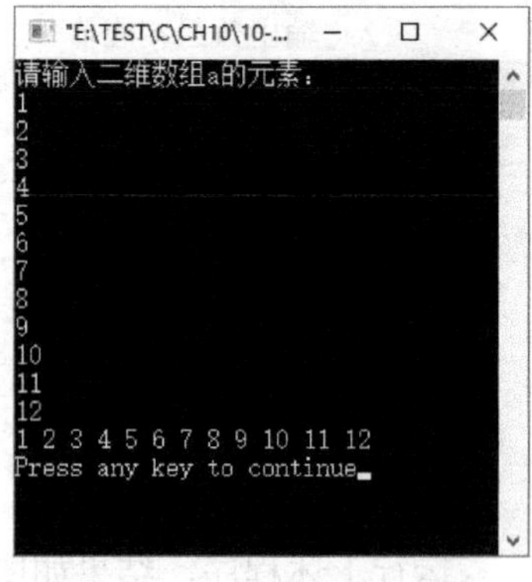

图 10-33　使用指针变量输出数组中元素

【案例剖析】

本例用于演示如何通过指针变量输出二维数组中的元素。在代码中首先定义二维数组 a 以及指针变量 p，通过输入端输入数组 a 中的元素，然后利用指针变量以及 for 循环输出数组 a 中的元素。这里需要注意的是，将二维数组 a 的首地址赋予指针变量时尽量使用“p=a[0]”来表示，因为有些编译器可能不接受“p=a”这类的写法。

3. 指向由若干元素组成的一维数组的指针变量

C 语言中，可以通过定义一个指针变量，来指向二维数组中包含若干元素的某一行一维数组。

它的语法格式如下。

```
数据类型 (*指针名)[一维数组维数];
```

例如：

```
int a[2][3];
int (*p)[3];
```

其中指针变量 p 指向一个包含有 3 个 int 型数据的一维数组的首地址，该指针变量为行指针。

【例 10-21】 编写程序，定义一个二维数组 a 和一个指针变量，该指针变量指向了二维数组 a 的某一行，并通过指针变量输出数组 a 的元素。(源代码\ch10\10-21)

```
#include <stdio.h>
int main()
{
    /* 定义二维数组 a */
    int a[3][4],i,j;
```

```
    /* 定义指针变量 */
    int (*p)[4];
    /* 将数组 a 的首地址赋予 p */
    p=a;
    printf("请输入数组 a 中元素: \n");
    for(i=0;i<3;i++)
    {
        for(j=0;j<4;j++)
        {
            scanf("%d",*(p+i)+j);
        }
    }
    /* 通过指针变量输出 */
    printf("数组 a 中的元素为: \n");
    for(i=0;i<3;i++)
    {
        for(j=0;j<4;j++)
        {
            printf("%d ",*(*(p+i)+j));
        }
        printf("\n");
    }
    printf("\n");
    return 0;
}
```

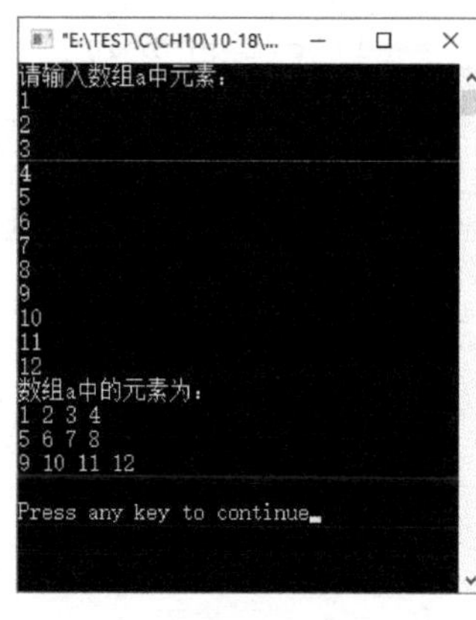

图 10-34　指向由若干元素组成的一维数组的指针变量

运行上述程序，结果如图 10-34 所示。

【案例剖析】

本例用于演示如何通过指向由若干元素组成的一维数组的指针变量对二维数组进行输入输出。在代码中，首先定义二维数组 a 以及指向一维数组的指针变量 p，然后将数组 a 的首地址赋予 p，通过 for 循环以及指针变量 p 获取输入端输入的元素数值，最后再通过该指针变量将数组 a 中元素输出，这里注意“*(p+i)+j”是通过首地址加上偏移量来获取数组 a 中的每一个元素地址，而“*(*(p+i)+j)”则为它们的具体数据。

4. 指向二维数组的指针作为函数的参数

【例 10-22】 编写程序，定义一个二维数组 a，用于存放 3 个学生的 4 门功课成绩，然后定义两个函数 f1()和 f2()，用于计算平均成绩以及查询第 n 个学生的成绩。(源代码\ch10\10-22)

```
#include <stdio.h>
/* 声明函数 */
void f1();
void f2();
int main()
{
    /* 定义数组 a */
    float a[3][4];
    int i,j,b;
    printf("请录入学生的成绩: \n");
    for(i=0;i<3;i++)
    {
```

```
        for(j=0;j<4;j++)
        {
            scanf("%f",&a[i][j]);
        }
    }
    fflush(stdin);
    /* 调用函数 */
    f1(*a,12);
    printf("请输入需要查找的学生编号：\n");
    scanf("%d",&b);
    if(b<1 || b>2)
    {
        printf("输入有误！\n");
        return 0;
    }
    else
    {
        f2(a,b);
    }
    return 0;
}
/* 定义函数 */
void f1(float *p,int n)
{
    float *pe;
    float sum,ave;
    sum=0;
    pe=p+n-1;
    for(;p<=pe;p++)
    {
        sum=sum+(*p);
        ave=sum/n;
    }
    printf("平均成绩为：%.2f\n",ave);
}
void f2(float (*p)[4],int n)
{
    int i;
    printf("%d 号学生的成绩为：\n",n);
    for(i=0;i<4;i++)
    {
        printf("%.2f ",*(*(p+n)+i));
    }
    printf("\n");
}
```

运行上述程序，结果如图 10-35 所示。

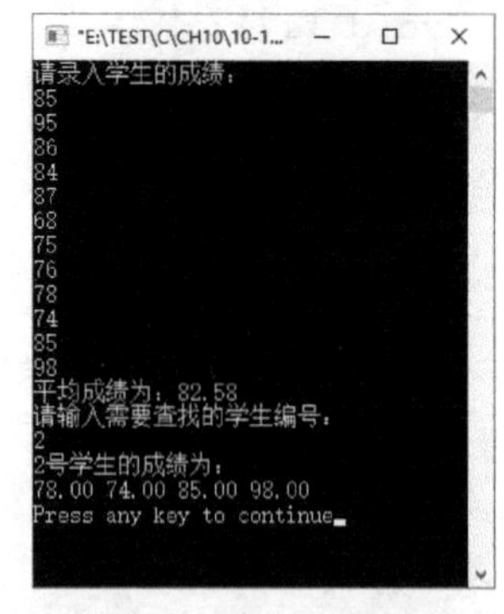

图 10-35　二维数组指针作参数

【案例剖析】

本例用于演示如何调用一个二维数组指针作参数的函数。在代码中，首先声明函数 f1()和 f2()，函数 f1()用于计算学生的总成绩，函数 f2()用于查找其中一个学生的成绩并输出。在 main()函数中，定义数组 a 并通过输入端输入数组 a 中元素的值，然后调用函数 f1()输出总平均成绩，再通过提示输出需要

查找的学生编号，通过 if…else 语句判断输入的正误，若正确则调用函数 f2()，输出该学生的 4 门功课成绩。这里需要注意的是在函数 f2()中，定义了一个指向二维数组某一行的一个指针变量，并通过“(*(p+n)+i)”来访问这一行的 4 个元素地址，然后输出。

【例 10-23】 编写程序，对例 10-22 进行改造，要求调用函数对成绩不及格的学生进行查找，输出这个学生的每一门成绩。(源代码\ch10\10-23)

```
#include <stdio.h>
/* 声明函数 */
void f();
int main()
{
    /* 定义数组 a */
    float a[3][4];
    int i,j,b;
    printf("请录入学生的成绩：\n");
    for(i=0;i<3;i++)
    {
        for(j=0;j<4;j++)
        {
            scanf("%f",&a[i][j]);
        }
    }
    /* 调用函数 */
    f(a,3);
    return 0;
}
/* 定义函数 */
void f(float (*p)[4],int n)
{
    int i,j,k;
    for(i=0;i<n;i++)
    {
        k=0;
        for(j=0;j<4;j++)
        {
            if(*(*(p+i)+j)<60)
            {
                k=1;
            }
        }
        if(k==1)
        {
            printf("%d 号学生有课程不及格：\n",i+1);
            for(j=0;j<4;j++)
            {
                printf("%.2f ",*(*(p+i)+j));
            }
            printf("\n");
        }
    }
}
```

运行上述程序，结果如图 10-36 所示。

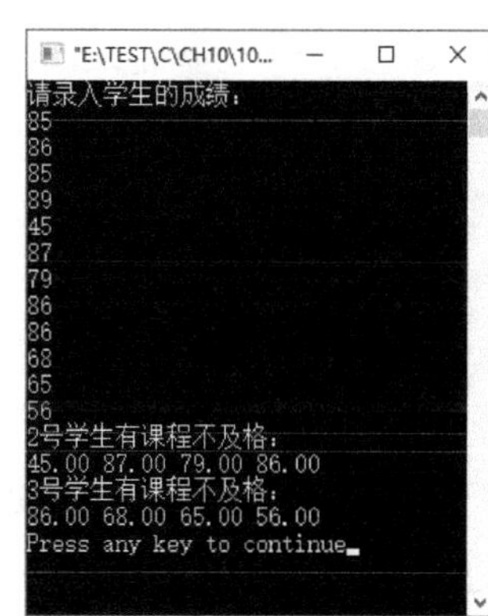

图 10-36　查找不及格成绩学生课程

【案例剖析】

本例用于演示如何定义一个指向二维数组中某一行的指针变量并调用该函数。在代码中，首先声明函数 f()，该函数用于对学生成绩进行筛查，并输出有不及格课程的学生所有功课成绩。在 main()函数中，首先定义数组 a 并通过输入端录入学生的成绩存于数组 a 中。接着调用函数 f()，输出有不及格成绩的学生所有功课成绩，在函数 f()中，使用指针变量指向二维数组中的某一行，然后利用 for 循环的嵌套，在每一行中对成绩进行筛查，若有学生其中某门课程不及格，则输出该学生的所有成绩。

10.4 指针与字符串

本节将重点讲解指针与字符串之间的相关内容，包括字符指针的定义使用，字符指针作为函数参数的具体应用以及字符指针变量与字符数组的区别。

10.4.1 字符指针

1. 字符指针的定义

C 语言中，字符串在内存中以数组的形式进行存储，并且字符串数组在内存中是占有一段连续的内存空间，最后以'\0'来结束。而字符指针则为指向字符串的指针变量，虽然它在定义时并不是以字符数组形式定义，但是内存中依然是以数组形式存放。

定义一个指向字符串的指针变量，其语法格式如下。

```
char *指针变量= "字符串内容";
```

例如：

```
char *string;
string= "I love C!";
```

注意：赋值操作 string= "I love C!";只是将字符串的首地址赋予指针变量 string，而并不是将字符串赋予指针变量 string，而且 string 只能存放一个地址，不能够用于存储一个字符串内容，如图 10-37 所示。

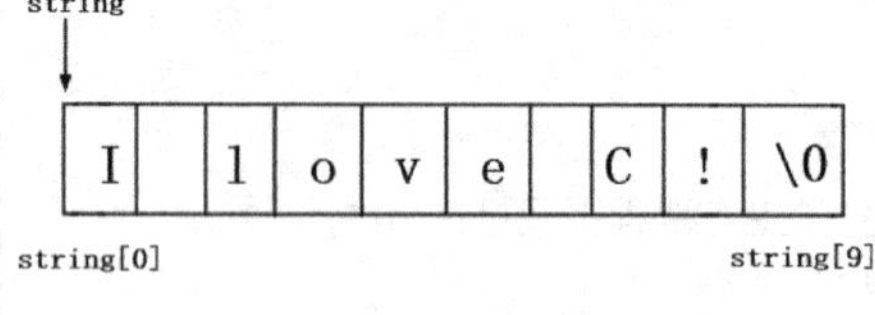

图 10-37 字符指针

2. 输出字符串

C 语言输出字符串可以使用字符串数组实现，也可以使用字符指针。

(1) 使用字符数组输出。

【例 10-24】 编写程序，定义一个字符数组，并进行初始化操作，然后输出该字符串。

(源代码\ch10\10-24)

```
#include <stdio.h>
int main()
{
    /* 定义字符数组并初始化 */
    char string[]="I love C!";
    printf("%s\n",string);
    return 0;
}
```

运行上述程序，结果如图 10-38 所示。

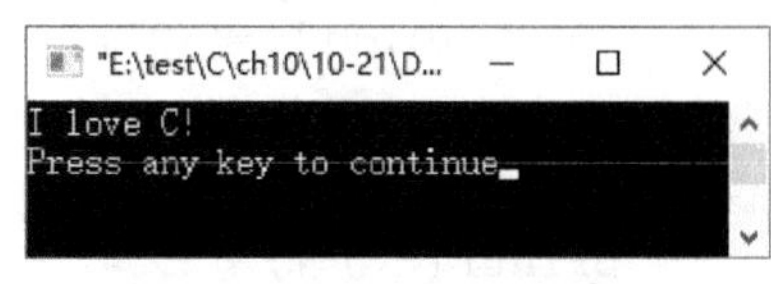

图 10-38　字符数组输出

【案例剖析】

本例用于演示如何通过字符数组输出字符串。在代码中，首先定义一个字符数组 string 并进行初始化操作，然后再通过格式控制符“%s”将该字符数组输出。

(2) 使用字符指针输出。

```
#include <stdio.h>
int main()
{
    /* 定义字符指针 */
    char *string="I love C!";
    /* 输出字符串 */
    printf("%s\n",string);
    for(;*string!='\0';string++)
    {
        printf("%c",*string);
    }
    printf("\n");
    return 0;
}
```

运行上述程序，结果如图 10-39 所示。

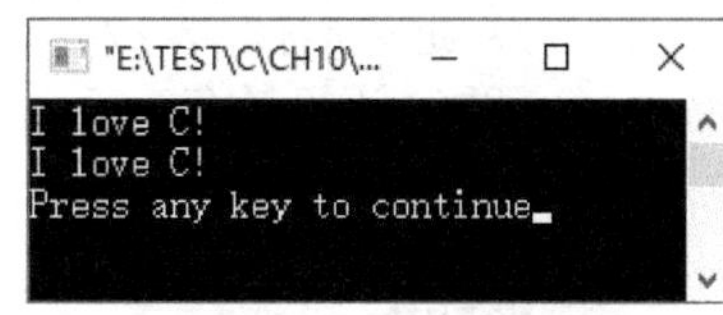

图 10-39　字符指针输出

【案例剖析】

本例用于演示如何通过字符指针输出字符串。在代码中，首先定义一个字符指针 string 并进行初始化操作，然后分别使用格式控制符“%s”和“%c”将该字符串输出。使用“%s”时，输出字符指针变量 string，这里注意字符指针 string 是指向字符数组的首地址，那么它首先输出的是字符“I”，然后系统会自动执行“string++”操作，使得该指针指向下一个字符，然后再输出，直至遇见“\n”终止。而使用“%c”时，通过 for 循环逐个输出字符指针变量 string 所指向的字符，实际上 for 循环模拟了使用“%s”时输出字符串的运行过程。

【例 10-25】 编写程序，定义两个字符数组 a 和 b，对数组 a 进行初始化，然后将数组 a 复制到数组 b，最后输出数组 a 和数组 b。(源代码\ch10\10-25)

```
#include <stdio.h>
int main()
```

```
{
    char a[]="apple",b[10];
    int i;
    /* 使用数组下标进行复制 */
    for(i=0;*(a+i)!='\0';i++)
    {
        *(b+i)=*(a+i);
    }
    *(b+i)='\0';
    printf("字符串 a 为: %s\n",a);
    printf("字符串 b 为: ");
    for(i=0;b[i]!='\0';i++)
    {
        printf("%c",b[i]);
    }
    printf("\n");
    return 0;
}
```

运行上述程序，结果如图 10-40 所示。

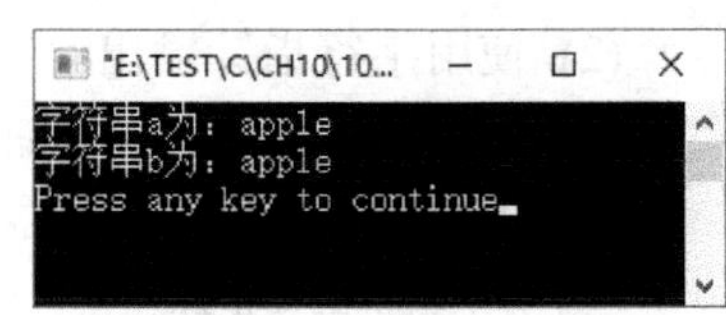

图 10-40　通过数组下标进行复制操作

【案例剖析】

本例用于演示如何通过数组下标对字符串进行复制的操作。在代码中，首先定义字符数组 a 和 b，并对字符数组 a 进行初始化，然后利用 for 循环通过数组下标的改变将字符数组 a 中的字符串复制到字符数组 b 中，注意最后需要将'\0'复制到字符数组 b 的末尾。最后再利用'\0'编写 for 循环判断语句，将复制过后的字符数组 b 输出。

【例 10-26】 编写程序，对例 10-25 进行改造，定义指针变量，并通过指针变量访问字符数组 a 和 b 的不同地址，最终完成复制的操作。(源代码\ch10\10-26)

```
#include <stdio.h>
int main()
{
    char a[]="apple",b[10];
    /* 定义字符指针 */
    char *p1,*p2;
    int i;
    /* 将数组 a 和 b 的首地址赋予指针变量 */
    p1=a;
    p2=b;
    /* 通过指针变量进行复制 */
    for(;*p1!='\0';p1++,p2++)
    {
        *p2=*p1;
    }
    *p2='\0';
    printf("字符串 a 为: %s\n",a);
    printf("字符串 b 为: ");
    for(i=0;b[i]!='\0';i++)
    {
        printf("%c",b[i]);
    }
    printf("\n");
    return 0;
```

```
}
```

运行上述程序，结果如图 10-41 所示。

【案例剖析】

本例用于演示如何通过指针变量对字符串进行复制操作。在代码中，定义了字符数组 a 和 b 以及字符指针 p1 和 p2，并对字符数组 a 进行初始化操作。接着将字符数组 a 和 b 的首地址赋予指针变量 p1 和 p2，然后利用 for 循环通过指针变量对字符数组 a 和 b 的字符元素进行访问复制，最后再利用'\0'编写 for 循环判断语句，将复制过后的字符数组 b 输出。这里需要注意的是，在复制时应保证指针变量 p1 和 p2 在复制结束后同时进行自增运算，指向下一个操作元素，如图 10-42 所示。

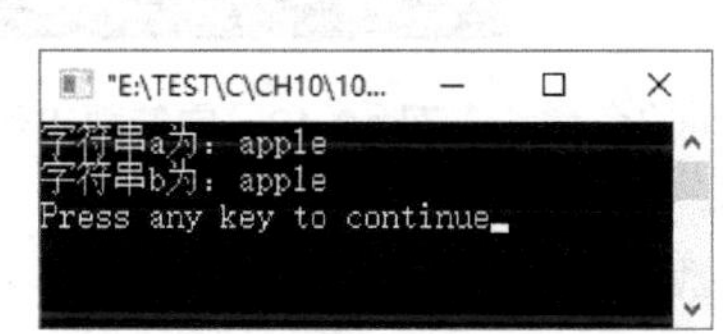

图 10-41　通过指针变量进行复制操作

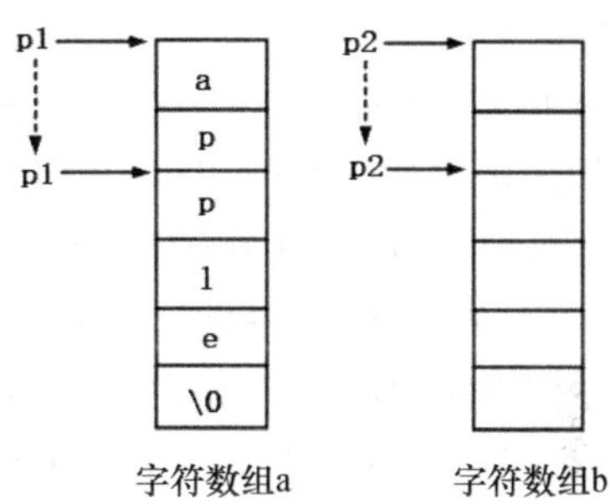

图 10-42　指针变量的移动

10.4.2　使用字符指针作函数参数

C 语言中，字符指针同样也能够作为函数的参数进行传递。接下来通过实例演示字符数组与字符指针作为参数传递的方式。

1. 字符数组作参数

【例 10-27】 编写程序，定义字符数组 a 和字符数组 b 并对它们分别进行初始化操作，定义一个函数 f()，该函数用于将字符数组 a 复制到字符数组 b 中，调用该函数完成复制操作，最后输出字符串 a 和 b。(源代码\ch10\10-27)

```
#include <stdio.h>
/* 声明函数 */
void f();
int main()
{
    /* 定义并初始化字符数组 */
    char a[]="pen";
    char b[]="apple";
    printf("字符串 a 为: %s\n",a);
    printf("字符串 b 为: %s\n",b);
    /* 调用函数 */
    f(a,b);
    printf("字符串 a 为: %s\n",a);
    printf("字符串 b 为: %s\n",b);
    return 0;
```

```
}
/* 定义函数 */
void f(char a1[],char b1[])
{
    int i;
    for(i=0;a1[i]!='\0';i++)
    {
        b1[i]=a1[i];
    }
    b1[i]='\0';
}
```

运行上述程序，结果如图 10-43 所示。

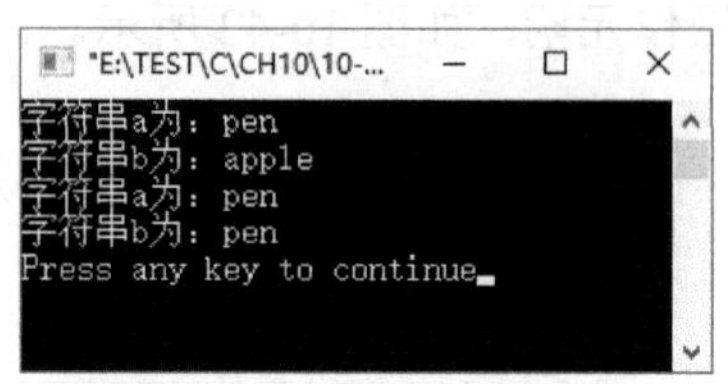

图 10-43　字符数组作参数

【案例剖析】

本例用于演示如何定义一个字符数组做参数的函数，并完成函数的调用操作。在代码中，首先声明函数 f()，该函数用于将字符数组 a 中的字符串复制到字符数组 b 中。在 main()函数中首先定义字符数组 a 和字符数组 b，然后对它们分别进行初始化操作，并输出它们存储的字符串内容，然后调用函数 f()，通过数组下标访问字符元素，将字符数组 a 中的字符串复制到字符数组 b 中，如图 10-44 所示，最后输出复制过后的数组 a 与数组 b。

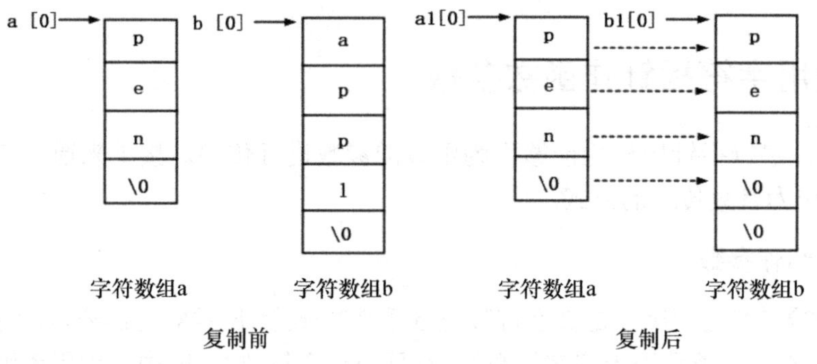

图 10-44　复制过程

2. 字符指针作函数参数

【例 10-28】 编写程序，对例 10-27 进行改造，使用字符指针作为函数参数进行传递，完成复制操作。(源代码\ch10\10-28)

```
#include <stdio.h>
/* 声明函数 */
void f();
int main()
{
    /* 定义并初始化字符指针变量 */
    char *a="pen";
    char b[]="apple";
    char *p=b;
    printf("字符串 a 为：%s\n",a);
```

```
    printf("字符串 b 为: %s\n",p);
    /* 调用函数 */
    f(a,p);
    printf("字符串 a 为: %s\n",a);
    printf("字符串 b 为: %s\n",b);
    return 0;
}
/* 定义函数 */
void f(char *a1,char *b1)
{
    for(;*a1!='\0';a1++,b1++)
    {
        *b1=*a1;
    }
    *b1='\0';
}
```

运行上述程序，结果如图 10-45 所示。

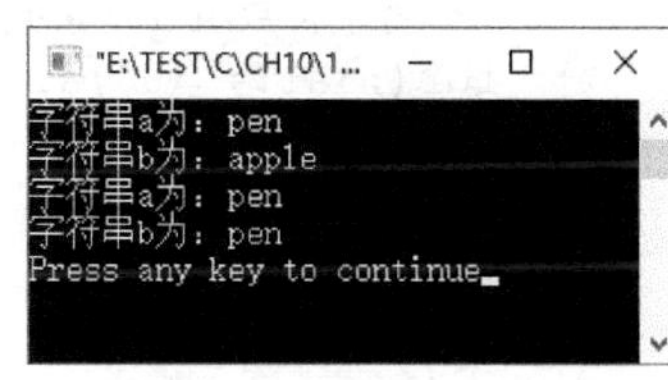

图 10-45　字符指针作函数参数

【案例剖析】

本例用于演示如何通过字符指针作为函数参数进行传递。在代码中，首先声明函数 f()，该函数使用字符指针作为函数的形参，利用 for 循环通过对指针变量做自增运算访问字符元素来完成复制操作。在 main()函数中，定义并初始化字符指针变量 a 以及字符数组 b，然后定义一个字符指针变量 p，并将字符数组 b 首地址赋予 p，调用函数 f()，通过指针变量完成字符数组间的复制操作。

【例 10-29】 编写程序，定义 3 个字符数组 a、b 以及 c，然后初始化字符数组 a 和 b，将字符数组 b 复制到字符数组 c，再将字符数组 a 连接到字符数组 c 之后，最后输出字符数组 a、b 以及 c。(源代码\ch10\10-29)

```
#include <stdio.h>
/* 声明函数 */
void f1();
void f2();
int main()
{
    /* 定义字符数组 */
    char a[]="pen";
    char b[]="apple";
    char c[15];
    /* 定义字符指针 */
    char *p1,*p2,*p;
    /* 将字符数组 a 和 b 首地址赋予字符指针 */
    p1=a;
    p2=b;
    p=c;
    /* 调用函数 */
    f1(p2,p);
    f2(p1,p);
    printf("字符串 a 为: %s\n",a);
    printf("字符串 b 为: %s\n",b);
```

```
    printf("字符串 c 为: %s\n",c);
    return 0;
}
/* 定义函数 */
void f1(char *b1,char *c1)
{
    for(;*b1!='\0';b1++,c1++)
    {
        *c1=*b1;
    }
    *c1=' ';
}
void f2(char *a1,char *c1)
{
    /* 指向末尾 */
    c1+=6;
    /* 将字符数组 a 连接到 c 后 */
    for(;*a1!='\0';a1++,c1++)
    {
        *c1=*a1;
    }
    *c1='\0';
}
```

运行上述程序，结果如图 10-46 所示。

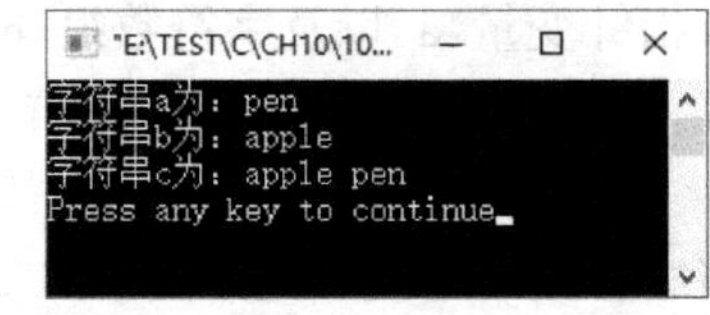

图 10-46　字符串连接

【案例剖析】

本例用于演示通过定义一个字符指针作为参数的函数，完成字符串的连接功能。在代码中，首先声明两个函数 f1()和 f2()，其中函数 f1()用于将一个字符串复制到另一个字符串中，函数 f2()用于将一个字符串连接到另一个字符串的末尾。接着在 main()函数中，定义字符数组 a、b 以及 c，并对字符数组 a 和 b 进行初始化操作，然后定义字符指针变量 p1、p2 以及 p。调用函数 f1()和 f2()，将字符串 a 连接到字符串 b 后，最后输出字符串 a、b 以及 c。这里注意在函数 f2()中，首先将指针变量向后移动 6 个单位，指向字符串的末尾，然后再将字符串 a 连接到其后。

10.4.3　字符数组与字符指针变量的区别

C 语言中，字符数组与字符指针变量在使用中有很大的区别。

1. 存储方式不同

字符数组由若干元素组成，每个元素中存放了一个字符；而字符指针变量中存放的则是字符串中的第 1 个字符的地址，而并非是将整个字符串存放于字符指针变量中。

例如：

```
char a[]="apple";
char *b="apple";
```

其中数组 a 存放的是字符串中的字符与“\0”，而指针变量 b 中存放的则是字符串的首地址。

2. 赋值方式不同

字符数组在赋值的时候只能对其中每个元素分别进行赋值，而不能直接将字符串赋值给字符数组。

例如：

```
char a[10],b[]="pen";
a="apple";
a[10]="apple";
```

其中“b[]="pen";”为初始化，合法，而“a="apple";”和“a[10]="apple";”不合法，不能使用赋值语句进行赋值。

字符指针变量可以使用赋值语句进行赋值。

例如：

```
char *p;
p="apple";
```

3. 初始化不同

字符数组在定义时可以直接初始化其字符串的内容，但是在定义过后再初始化则不能直接将字符串的内容赋予字符数组。

例如：

```
/* 合法 */
char a[]="apple";
/* 不合法 */
char a[10];
a[]="apple";
```

字符指针变量在定义时初始化和定义过后再赋初值都是合法的。

例如：

```
char *a="apple";
```

等价于：

```
char *a;
a="apple";
```

4. 存储单元不同

C 语言中，定义一个字符数组时编译器会为该数组分配一片连续的存储单元；而定义一个字符指针变量时，只会给该指针变量分配一个存储单元。

5. 指针变量的指向可以进行改变

在使用字符指针变量时，可以对指针变量进行加减运算，使得指针变量的指向发生改变，从而指向其他字符元素。

例如：

```
int main()
{
    char *a;
    a="apple pen";
    a+=6;
    printf("%s",a);
    return 0;
}
```

运行后输出的结果为“pen”，通过增加偏移量来使得指针变量指向发生改变，从而输出以指向元素为起始地址的字符串。

6. “再赋值”不相同

字符数组字符串中的字符可以通过再赋值来进行改变，而字符指针变量所指向的字符串中的字符不可进行再赋值。

例如：

```
char a[]="apple";
char *b="pen";
/* 合法 字符 p 被字符 b 取代 */
a[2]='b';
/* 不合法 不能进行赋值 */
b[1]='b';
```

10.5 指针数组和多重指针

本节是指针的进阶内容，在本节中将对指针数组与多重指针进行详细讲解。

10.5.1 指针数组

在 C 语言中，若一个数组中的元素均由指针类型的数据所组成，那么这个数组被称为指针数组，指针数组中的每一个元素都是一个指针变量。

以一维数组为例，指针数组的定义语法格式如下。

```
数据类型 *数组名[数组长度];
```

例如：

```
int *p[3];
```

【例 10-30】 编写程序，定义一个指针数组，对指针数组进行初始化和赋值操作，最后输出指针数组。(源代码\ch10\10-30)

```
#include <stdio.h>
int main()
{
    /* 定义指针数组 */
    char *p1[5];
    /* 指针数组初始化 */
    char *p2[]={"I"," ","love"," ","C!"};
```

```
    /* 指针数组赋值 */
    int i;
    char str1[] = "one";
    char str2[] = "two";
    char str3[] = "three";
    char str4[] = "four";
    char str5[] = "five";
    p1[0] = str1;
    p1[1] = str2;
    p1[2] = str3;
    p1[3] = str4;
    p1[4] = str5;
    /* 输出指针数组 */
    for (i=0;i<5;i++)
    {
        printf("p1[%d] = %s\n",i,p1[i]);
    }
    printf("\n");
    for (i=0;i<5;i++)
    {
        printf("%s",p2[i]);
    }
    printf("\n");
    return 0;
}
```

运行上述程序，结果如图 10-47 所示。

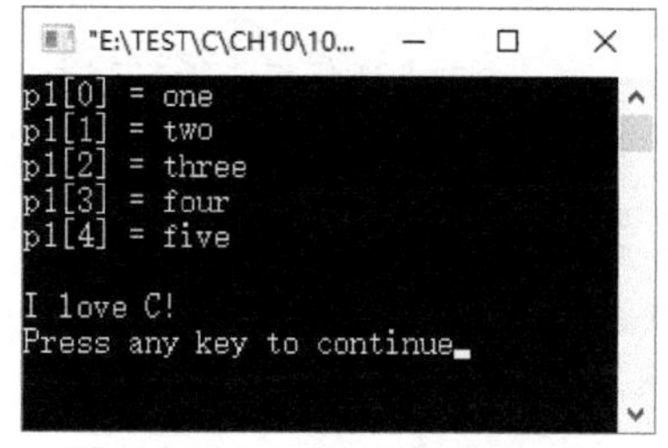

图 10-47　指针数组赋值与初始化

【案例剖析】

本例用于对指针数组的初始化以及赋值操作进行演示。在代码中，首先定义指针数组 p1 和 p2，然后对 p2 进行初始化操作，接着定义 5 个字符数组，并分别使用字符串对它们进行初始化操作，然后将这 5 个字符串首地址赋予 p1 数组中的每一个元素，实际上就是将它们赋予指针数组中的每一个指针，其中每一个指针都指向这些字符串中的每个首地址，如图 10-48 所示。这样就可以通过指针数组中的元素来访问指针所指向的字符串，并且通过指针来输出这些字符串的内容。

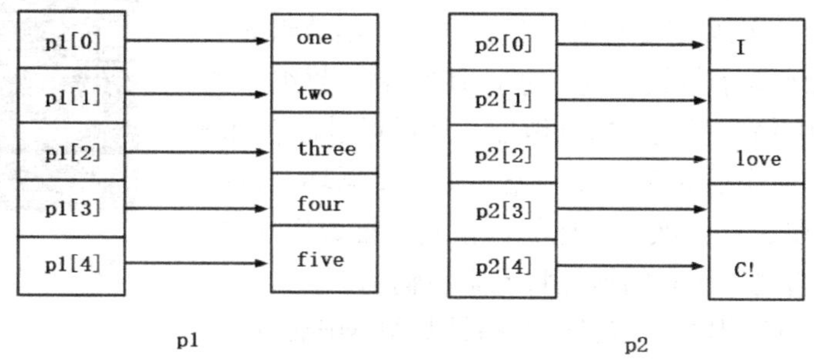

图 10-48　指针数组初始化与赋值

其中指针数组 p1 的元素 p1[0]、p1[1]、…、p1[4]分别存储了字符串的首地址，如 p1[0]指向了字符串“one”的首地址，而 p1+i 等价于&p1[i]，表示每个字符串首字符地址，由于 p1[i]属于指针，所以 p1+i 便为指针的指针，并且可以使用指针变量进行存储。

【例 10-31】 编写程序，定义一个二维数组 a 以及一个指针数组 p，为二维数组 a 进行赋值，再将数组 a 中的每行元素首地址赋予指针数组中的元素，通过指针数组输出二维数组中的元素。(源代码\ch10\10-31)

```
#include <stdio.h>
int main()
{
    /* 定义二维数组 a 以及指针数组 p */
    int a[2][3],*p[2];
    int i,j;
    printf("为数组 a 进行赋值: \n");
    for(i=0;i<2;i++)
    {
        for(j=0;j<3;j++)
        {
            scanf("%d",&a[i][j]);
        }
    }
    /* 将数组 a 每行的首地址赋予指针数组中的指针 */
    p[0]=a[0];
    p[1]=a[1];
    /* 输出指针数组 */
    for(i=0;i<2;i++)
    {
        for(j=0;j<3;j++,p[i]++)
        {
            printf("b[%d][%d]=*(p[%d]+%d):%d\n",i,j,i,j,*p[i]);
        }
    }
    return 0;
}
```

运行上述程序，结果如图 10-49 所示。

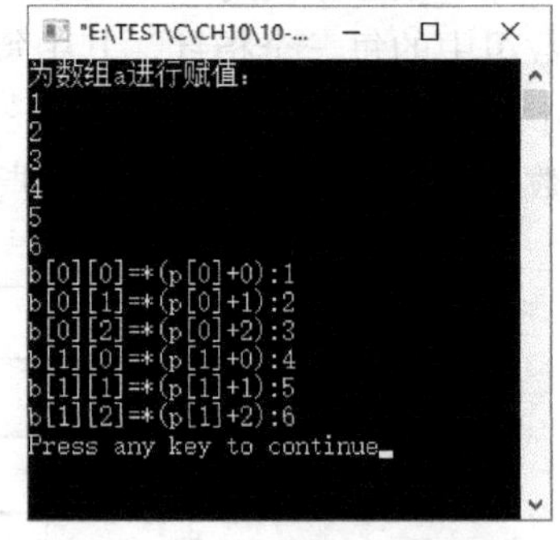

图 10-49 使用指针数组表示二维数组

【案例剖析】

本例用于演示如何通过指针数组来处理二维数组中的元素。在代码中，首先定义 int 型二维数组 a 以及指针数组 p，接着通过 for 循环为二维数组 a 进行赋值，再把二维数组 a 中每一行的元素首地址赋予数组中的元素，使得指针数组中的指针指向二维数组中每一行元素的首地址，然后通过嵌套 for 循环输出二维数组 a 中的元素，在内循环中，每循环一次指针数组中的指针就要进行一次自增运算，指向二维数组 a 中的下一个元素，再通过该元素的地址将元素值输出。

【例 10-32】 编写程序，定义一个指针数组 string 以及一个函数 fun()，该函数用于对指针数组存放的字符串进行排序。调用函数，将指针数组 string 存放的字符串按照由大到小进行排序，输出排序前后的字符串。(源代码\ch10\10-32)

```
#include <stdio.h>
/* 添加 string 头文件 用于调用函数 */
```

```
#include <string.h>
/* 声明函数 */
void fun();
int main()
{
    /* 定义指针数组 */
    char *a[]={"a","b","c","d","e"};
    int i,j;
    j=5;
    printf("排序前的指针数组 a 为: \n");
    for(i=0;i<j;i++)
    {
        printf("%s\n",a[i]);
    }
    /* 调用函数 */
    fun(a,j);
    printf("排序后的指针数组 a 为: \n");
    for(i=0;i<j;i++)
    {
        printf("%s\n",a[i]);
    }
    return 0;
}
/* 定义函数 */
void fun(char *a1[],int m)
{
    char *t;
    int i,j,k,n;
    n=m-1;
    for(i=0;i<n;i++)
    {
        k=i;
        for(j=i+1;j<m;j++)
        {
            if(strcmp(a1[k],a1[j])<0)
            {
                k=j;
            }
            if(k!=i)
            {
                t=a1[i];
                a1[i]=a1[k];
                a1[k]=t;
            }
        }
    }
}
```

图 10-50　利用指针数组对字符串进行排序

运行上述程序，结果如图 10-50 所示。

【案例剖析】

本例用于演示如何通过指针数组对字符串的大小进行排序。在代码中，首先添加 string.h 头文件，用于之后调用 strcmp()函数比较字符串大小。然后声明函数 fun()，该函数使用嵌套 for 循环，将指针数组指向的前一个字符串与后一个字符串的大小进行比较，若是结果小于

0，说明后一个字符串大，则将它们交换位置，直到循环比较结束。在 main()函数中，定义一个指针数组 a 并对它进行初始化操作，首先输出初始化后的指针数组 a，然后调用函数 fun()，对指针数组 a 中存放的字符串进行比较，接着按照由大到小的顺序进行排列，调用完成后再输出排序后的指针数组 a。

10.5.2 指向指针的指针

C 语言中，有一种特殊指针，这种指针指向了指针数据的指针，类似这种形式的指针可以称为多重指针。

指向指针数据的指针变量的定义语法如下。

```
数据类型 **指针变量;
```

例如：

```
int **a;
```

在指针变量 a 的前面有两个“*”，因为“*”运算符的结合性是从右到左的，所以**a 等价于*(*a)，这样一来，就可以很清楚地看出*a 是一个指针变量的定义格式，它是指向一个整型数据的指针变量，那么在前面又加上一个“*”，就表示指针变量 a 也是指向另一个整型数据的指针变量。

为了更清晰地理解多重指针，下面引入一级指针和二级指针的概念。

(1) 一级指针就是之前常用的指针变量，在该指针变量中存放目标变量的地址。

例如：

```
int *a;
int b=3;
a=&b;
*a=3;
```

指针变量 a 中存放了变量 b 的地址，*a 的值就是变量 b 的值，a 就属于一级指针，如图 10-51 所示。

(2) 二级指针是说指针变量中存放的是一级指针变量的地址，也就是指针的指针。二级指针需要通过一级指针作为桥梁来间接地指向目标变量。

例如：

```
int *a;
int **b;
int c=2;
a=&c;
b=&a;
**b=2;
```

其中二级指针 b 指向了一级指针 a，而一级指针中又存放了变量 c 的地址，所以**b 的值即为变量 b 的值，如图 10-52 所示。

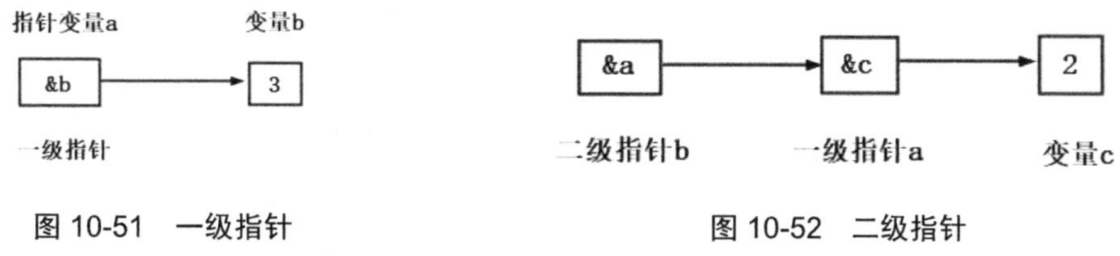

图 10-51　一级指针　　　　图 10-52　二级指针

注意：二级指针不能使用变量的地址对其进行赋值。

【例 10-33】 编写程序，定义一个函数 fun()，使用一级指针变量作为函数参数进行传递，在函数 fun()中对形参进行交换，输出并观察 main()函数中实参的值是否发生改变。(源代码\ch10\10-33)

```
#include <stdio.h>
/* 声明函数 */
void fun();
int main()
{
    /* 定义一级指针变量 */
    int *p1,*p2;
    int a,b;
    /* 将变量地址赋予指针 */
    p1=&a;
    p2=&b;
    printf("请输出需要交换的两个整数：\n");
    scanf("%d%d",p1,p2);
    /* 调用函数 */
    fun(p1,p2);
    printf("a=%d\nb=%d\n",*p1,*p2);
    return;
}
/* 定义函数 */
void fun(int *q1,int *q2)
{
    int *temp;
    temp=q1;
    q1=q2;
    q2=temp;
}
```

运行上述程序，结果如图 10-53 所示。

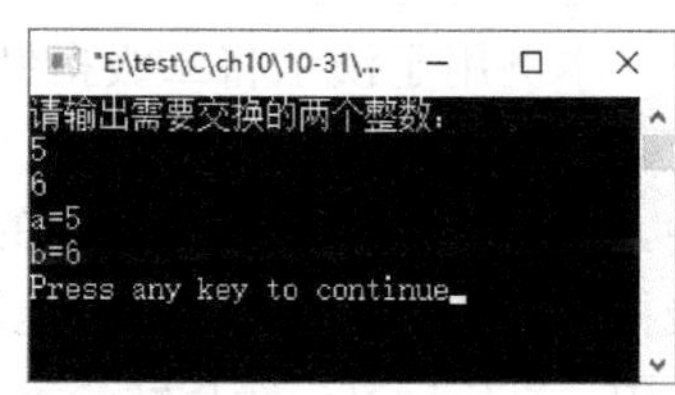

图 10-53　一级指针交换

【案例剖析】

本例用于演示形参中一级指针的交换对实参的影响。在代码中，首先声明函数 fun()，该函数使用指针变量作为参数传递，并对传入的参数进行交换。在 main()函数中，首先定义一级指针变量 p1 和 p2，并将变量 a 和 b 的地址赋予指针变量 p1 和 p2，接着输入变量 a 和 b 的值，将指针变量 p1 和 p2 作为实参传递给调用函数 fun()，最后输出变量 a 和 b 的值，则 a 和 b 并未交换。因为形参指针指向的地址发生改变，但不影响实参的具体数据，如图 10-54 所示。

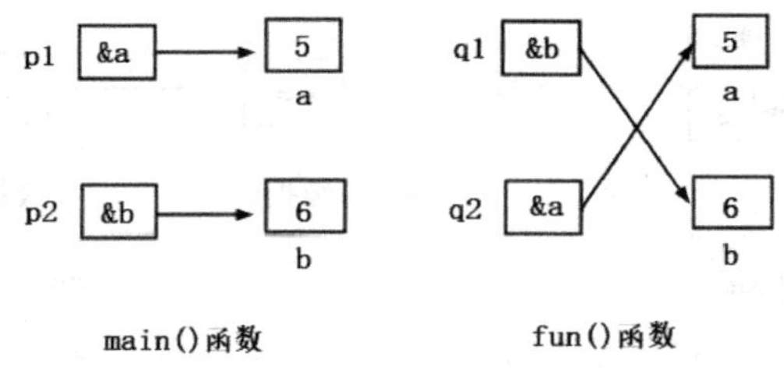

图 10-54　一级指针交换示意图

【例 10-34】 编写程序，对例 10-33 进行改造，使用二级指针作为函数 fun()的形参，在函数中对一级指针的地址进行交换，输出并观察 main()函数中实参的值是否发生改变。(源代码\ch10\10-34)

```
#include <stdio.h>
/* 声明函数 */
void fun();
int main()
{
    /* 定义一级指针变量 */
    int *p1,*p2;
    int a,b;
    /* 将变量地址赋予指针 */
    p1=&a;
    p2=&b;
    printf("请输出需要交换的两个整数: \n");
    scanf("%d%d",p1,p2);
    /* 调用函数 */
    fun(p1,p2);
    printf("a=%d\nb=%d\n",*p1,*p2);
    return;
}
/* 定义函数 使用二级指针作为形参 */
void fun(int **q1,int **q2)
{
    int *temp;
    temp=*q1;
    *q1=*q2;
    *q2=temp;
}
```

运行上述程序，结果如图 10-55 所示。

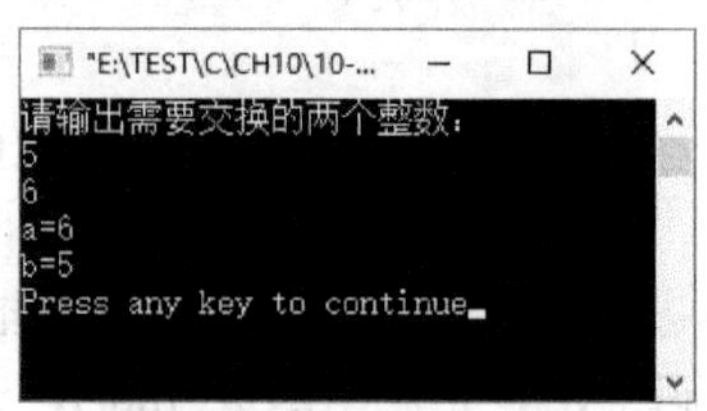

图 10-55　二级指针交换

【案例剖析】

本例用于演示将二级指针作为函数形参传递并进行交换操作。在代码中，首先声明函数 fun()，在该函数中，通过二级指针作为函数的形参进行传递，然后将二级指针所指向的一级指针的地址值进行交换。在 main()函数中，首先定义一级指针变量 p1 和 p2，并将变量 a 和 b 的地址赋予指针变量 p1 和 p2，接着输入变量 a 和 b 的值。将指针变量 p1 和 p2 作为实参传递给调用函数 fun()，最后输出变量 a 和 b 的值。此时发现变量 a 和 b 的值进行了交换，这是因为在函数 fun()中函数的参数为二级指针，交换时是对二级指针所指向的一级指针的地址值进行交换，也就是将 main()函数中一级指针所指向的变量 a 和 b 的值进行了交换，所以变量 a 和 b 的值发生了改变，如图 10-56 所示。

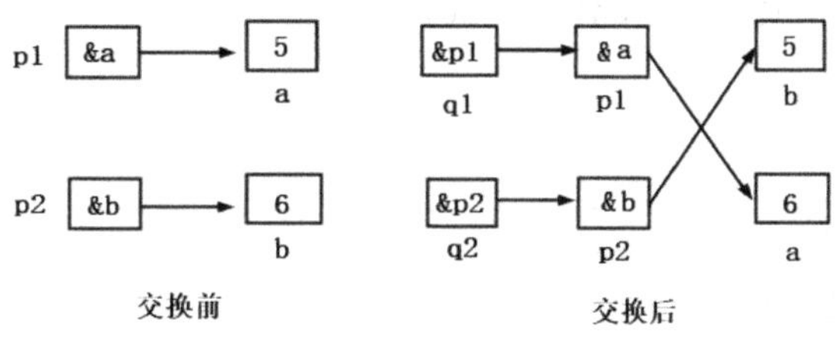

图 10-56　二级指针交换示意图

【例 10-35】 编写程序，定义一个 char 型二级指针以及一个指针数组，初始化指针数组，并使用二级指针对指针数组进行处理，输出指针数组中指向地址存放的字符串。(源代码\ch10\10-35)

```
#include <stdio.h>
int main()
{
    /* 定义二级指针 */
    char **p;
    /* 定义指针数组 */
    char *string[]={"one","two","three","four","five"};
    int i;
    for(i=0;i<5;i++)
    {
        p=string+i;
        printf("%s\n",*p);
    }
    return 0;
}
```

运行上述程序，结果如图 10-57 所示。

【案例剖析】

本例用于演示如何通过二级指针将指针数组中指向的字符串进行输出操作。在代码中，首先定义二级指针 p 以及指针数组 string，并对指针数组 string 进行初始化操作，接着通过 for 循环输出字符串。在 for 循环中，将“string+i”作为指针的增量赋予二级指针 p，每次循环输出 string[i]所指向的字符串，即为*p，如图 10-58 所示。

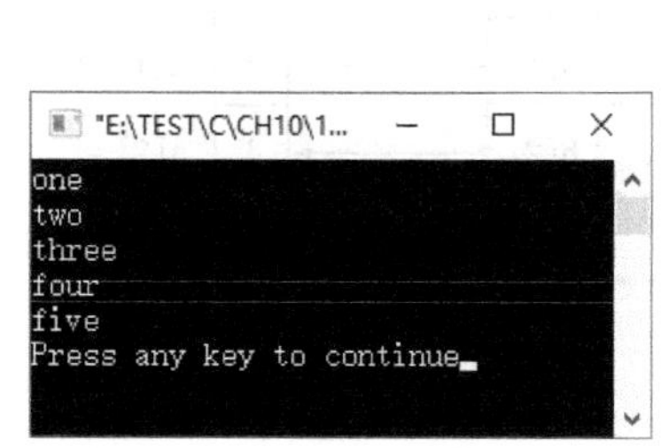

图 10-57　使用二级指针处理指针数组

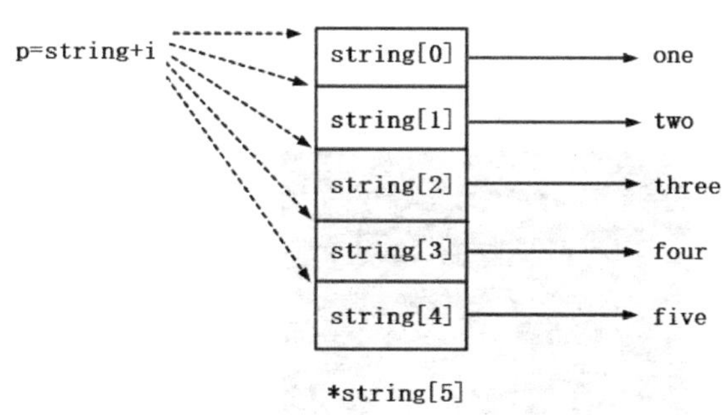

图 10-58　使用二级指针处理指针数组示意图

【例 10-36】 编写程序，定义一个一维数组 a 以及一个指针数组 b，通过输入端为一维数组 a 的元素进行赋值，然后将数组 a 中的地址赋予指针数组 b 中元素指针，接着通过二级指针将数组 a 中元素输出。(源代码\ch10\10-36)

```
#include <stdio.h>
int main()
{
    /* 定义指针数组 */
    int a[5],*b[5];
    /* 定义二级指针 p */
    int **p,i;
    printf("请输入一维数组 a 的元素: \n");
    for(i=0;i<5;i++)
    {
        scanf("%d",&a[i]);
    }
    /* 将数组 a 中元素地址赋予指针数组 b */
    for(i=0;i<5;i++)
    {
        b[i]=&a[i];
    }
    /* 将指针数组 b 首地址赋予二级指针 p */
    p=b;
    printf("数组 a 中的元素为: \n");
    for(i=0;i<5;i++,p++)
    {
        printf("%d ",**p);
    }
    printf("\n");
    return 0;
}
```

运行上述程序，结果如图 10-59 所示。

【案例剖析】

本例用于演示如何通过二级指针以及指针数组来输出一个一维数组中的元素。在代码中，首先定义指针数组 b 以及二级指针 p，通过输入端为一维数组 a 中的元素进行赋值，然后将一维数组 a 中元素的地址赋予指针数组 b 中的指针，接着再将指针数组 b 中首地址赋予二级指针 p，最后通过二级指针将一维数组 a 中的元素输出。它的访问过程是先通过二级指针访问指针数组中的指针，再通过指针数组中的指针访问一维数组中的元素，如图 10-60 所示。

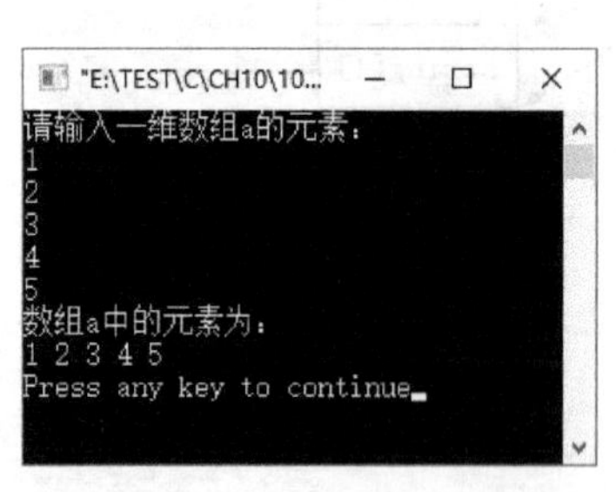

图 10-59 通过二级指针输出一维数组元素

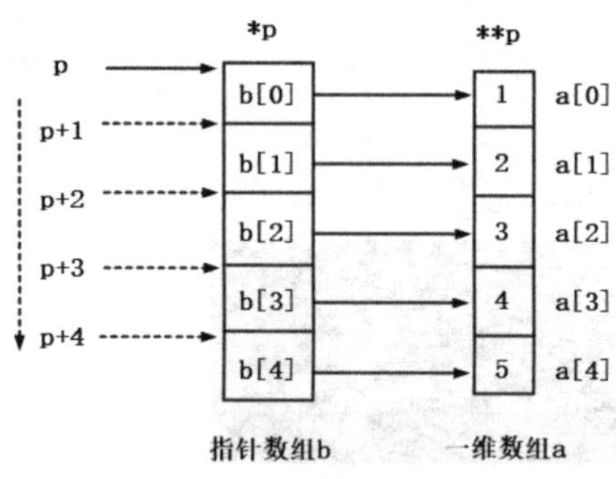

图 10-60 通过二级指针输出一维数组元素示意图

10.6 综合案例——使用指针操作数组

本节通过具体的综合案例对本章知识点进行具体应用演示。

【例 10-37】 编写程序，定义一个数组 a 并进行初始化操作，通过函数调用，完成对数组元素的检索，要求输出需要查询的元素在数组中的下标以及地址。(源代码\ch10\10-37)

```
#include <stdio.h>
/* 声明函数 */
int search();
int *find();
/* 定义数组并初始化 */
int a[]={50,70,60,80,90,10,30,40,10,9,8,7,6,5,12,15,17,1,2,3};
int main()
{
    int i,key;
    /* 输出数组元素 */
    printf("数组元素为: \n");
    for(i=0;i<sizeof(a)/sizeof(a[0]);i++)
    {
        printf("%d ",a[i]);
    }
    printf("\n");
    printf("数组元素 a[0]的地址为: %d.\n",&a[0]);
    puts("请输入需要寻找的值: ");
    scanf("%d",&key);
    /* 调用函数 */
    i=search(a,sizeof(a)/sizeof(a[0]),key);
    printf("您要寻找的%d,数组下标为: %d.\n",key,i);
    printf("您要寻找的%d 在数组中的地址(指针)为: %d.\n",key,find(a,
sizeof(a)/sizeof(a[0]),key));
    puts("按任意键结束程序...");
    getch();
    return 0;
}
/* 定义函数 */
int search(int *a,/* 数组首地址 */
    int n,/* 数组中元素个数 */
    int key)/* 要寻找的值 */
{
    int *p;
    for(p=a;p<a+n;p++)
    {
        if(*p==key)
        {
            /* 返回找到元素的下标 */
            return p-a;
        }
    }
    return -1;
}
/* 返回指针的函数 */
```

```
int *find(int *a,/* 数组首地址 */
    int n,/* 数组中元素个数 */
    int key)/* 要寻找的值 */
{
    int *p;
    for(p=a;p<a+n;p++)
    {
        if(*p==key)
        {
            /* 返回找到元素的指针 */
            return p;
        }
    }
    return NULL;
}
```

运行上述程序，结果如图 10-61 所示。

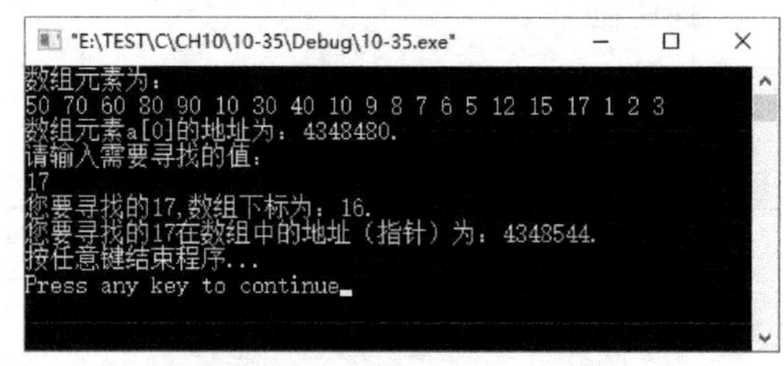

图 10-61 数组元素检索

【案例剖析】

本例用于演示如何通过调用指针作为参数以及返回指针的函数，来对一维数组中某个元素的下标和地址进行检索。在代码中首先声明了函数 search()以及 find()。函数 search()包含 3 个参数：数组的首地址指针变量 a、数组元素个数 n 以及要检索的元素值 key。在函数体中定义指针变量 p，通过 for 循环检索到 key 值，并返回元素的下标。函数 find()，为返回指针的函数，它包含 3 个参数：数组的首地址指针变量 a、数组元素个数 n 以及要检索的元素值 key。在函数体中，定义指针变量 p，通过 for 循环检索到 key 值，并返回元素的指针。接着在 main()函数中，首先将定义的数组 a 元素进行输出，通过提示引导用户输入需要检索的值，接着调用函数检索出该元素的下标与地址并进行输出。

【例 10-38】 编写程序，尝试对输入字符串进行格式规范：将用户输入的不规范字符串按照空白符的个数多少分插到每个字符词组或单个字符之间，使其格式变得规范。(源代码\ch10\10-38)

```
#include <stdio.h>
/* 定义符号常量 */
#define N 30
/* 声明函数 */
void fun();
/* 定义字符数组 */
char a[N];
int main()
{
    puts("这是一个空白符格式规范程序\n 请输入一行字符串：\n");
    gets(a);
    fun(a);
    printf("\n 进行格式规范后的字符串为：\n\n%s\n",a);
    puts("\n 输入任意键继续...\n ");
    getch();
    return 0;
```

```
}
/* 定义函数 */
void fun(char *s)
{
    int i,sum,single,j,k,r;
    char b[N],*str;
    for(j=sum=single=i=0;s[i];i++)
    {
        if(s[i]==' ')
        {
            /* 统计空白个数 */
            sum++;
            /* 标记空白符状态 */
            j=0;
        }
        else if(!j)
        {
            /* 统计字符词组个数 */
            single++;
            /* 标记词组状态 */
            j=1;
        }
    }
    if(single<=1)
    {
        /* 字符词组数不超过 1，不排版 */
        return;
    }
    /* 计算每个间隔平均空白符 */
    k=sum/(single-1);
    /* 计算多余的空白符 */
    r=sum%(single-1);
    strcpy(b,s);
    for(str=b;;)
    {
        /* 跳过空白符 */
        while(*str==' ')
        {
            str++;
        }
        /* 复制字符词组 */
        for(;*str&&*str!=' ';)
        {
            *s++=*str++;
        }
        if(--single==0)
        {
            /* 全部单字复制完毕，返回 */
            return;
        }
        for(i=0;i<k;i++)
        {
            /* 插入间隔空白符 */
            *s++=' ';
        }
        if(r)
        {
```

```
            /* 插入一个多余空白符 */
            *s++=' ';
            r--;
        }
    }
}
```

运行上述程序，结果如图 10-62 所示。

图 10-62　字符串格式规范

【案例剖析】

本例用于演示如何通过指针将用户输入的字符串进行格式规范，利用空白符对字符串进行填充调整。在代码中，首先定义一个符号常量 N 用于表示字符数组的长度，然后声明函数 fun()，在该函数中，通过 for 循环先将输入的字符串中空白符以及词组的个数统计出来，并利用标记将它们区分开。接着分别计算出每个词组之间所需要填充的空白符以及多余的空白符个数，最后再利用 for 循环将空白符插入字符串的词组之间，完成对字符的排版操作。

【例 10-39】 编写程序，尝试模拟破解一段暗号。字符数组 s 存放暗号，字符数组 s1 存放参照字符，字符数组 s2 存放破解字符。通过将字符串 s 中的字符与字符串 s1 中的参照字符进行比较来找出字符数组 s2 中对应的破解字符，将字符数组 s 中的暗号进行翻译，最后输出破解结果。(源代码\ch10\10-39)

```
#include <stdio.h>
/* 定义符号常量 */
#define N 20
/* 声明函数 */
void fun();
int main( )
{
    char s[N];
    char s1[N],s2[N];
    puts("请输入字符串 s: ");
    scanf("%s",s);
    puts("请输入字符串 s1: ");
    scanf("%s",s1);
    puts("请输入字符串 s2: ");
    scanf("%s",s2);
    /* 调用函数 */
    fun(s,s1,s2);
    puts("替换后的字符串为: ");
    printf("%s\n",s);
    puts("\n 按任意键退出...");
    getch();
}
/* 定义函数 */
void fun(char *s,char *s1,char *s2)
{
    /* 定义指针变量 p */
    char *p;
    /* 访问字符串 s 中的每个字符 */
    for(;*s;s++)
    {
        /* 检查当前字符是否在字符串 s1 中出现 */
```

```
        for(p=s1;*p&&*p!=*s;p++);
        if(*p)
        {
            /* 当前字符在字符串 s1 中出现，用字符串 s2 中的对应字符代替 s 中的字符 */
            *s=*(p-s1+s2);
        }
    }
}
```

运行上述程序，结果如图 10-63 所示。

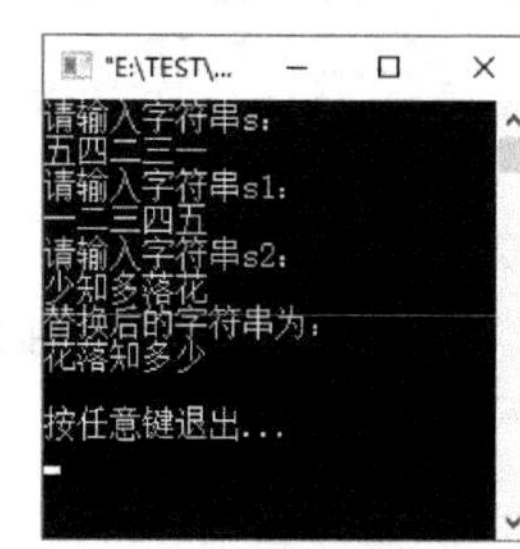

图 10-63 破解暗号

【案例剖析】

本例用于演示如何通过指针完成对字符串数组中的元素字符进行的替换操作。在代码中，首先定义符号常量 N，用于表示字符数组的长度，接着声明函数 fun()，该函数的函数体中定义了指针变量 p，并通过嵌套 for 循环访问字符串 s 中的每一个字符，判断该字符是否在字符串 s1 中出现，若出现，则利用对应下标的 s2 中元素进行替换。在 main()函数中，对字符串数组 s、s1 以及 s2 进行定义，通过输入端输入它们的字符元素，然后调用函数 fun()完成暗号的“破解”，最后输出结果。

【例 10-40】 编写程序，定义一个 char 型指针数组以及一个二维数组，将二维数组每行首地址赋予指针数组中的指针，输入字符串存放于二维数组中，利用指针变量完成对二维数组中字符串的比较，并按照由小到大的顺序输出。(源代码\ch10\10-40)

```
#include <stdio.h>
/* 添加头文件"string.h" */
#include <string.h>
/* 定义符号常量 */
#define M 30
#define N 10
/* 声明函数 */
void fun();
int main()
{
    int i;
    /* 定义指针数组 */
    char *pstr[N],s[N][M];
    /* 将数组 s 每行首地址赋予指针数组中元素 */
    for (i=0;i<N;i++)
    {
        pstr[i]=s[i];
    }
    printf("请输入字符串：\n");
    for (i=0;i<N;i++)
    {
        gets(pstr[i]);
    }
    /* 调用函数 */
    fun(pstr);
    printf("排序后的字符串为：\n");
    for(i=0;i<N;i++)
    {
        puts(pstr[i]);
```

```
    }
    return 0;
}
/* 定义函数 */
void fun(char**p)
{
    int i,j;
    /* 定义指针 */
    char *pstr;
    for(i=0;i<N;i++)
    {
        for(j=i+1;j<N;j++)
        {
            /* 由小到大排序 */
            if(strcmp(*(p+i),*(p+j))>0)
            {
                pstr=*(p+j);
                *(p+j)=*(p+i);
                *(p+i)=pstr;
            }
        }
    }
}
```

运行上述程序，结果如图 10-64 所示。

图 10-64 字符串排序

【案例剖析】

本例利用指针数组以及指针变量对字符串进行排序操作。在代码中，首先添加 string.h 头文件，便于之后使用 strcmp()函数比较字符串大小。定义符号常量 M、N 用于表示数组的长度。接着声明函数 fun()，该函数的函数体中使用嵌套 for 循环访问指针函数中的指针，并将“*(p+i)”与“*(p+j)”也就是相邻的两个字符串进行比较，并将较大字符串放于末位。在 main()函数中，定义指针数组 pstr 以及二维数组 s，并将二维数组每行首地址赋予指针数组中的元素，接着通过输入端输入字符串，调用函数 fun()完成对字符串的排序，最后再将排序后的字符串输出。

10.7 大神解惑

小白：怎么理解指向函数的指针？

大神：函数指针是指向函数的指针变量。所以“函数指针”本身首先应是指针变量，只不过该指针变量的指向是函数。这就好比使用指针变量可指向整型变量、字符型、数组一样，只不过这里是指向函数。

C 语言在编译时，每一个函数都有一个入口地址，该入口地址就是函数指针所指向的地址。有了指向函数的指针变量后，就可以使用该指针变量调用函数，就如同用指针变量可引用其他类型变量一样，在这些概念上是大体一致的。函数指针有两个用途：调用函数和作函数的参数。

小白：指针数组与数组指针如何理解？

大神：指针数组与数组指针听上去很容易混淆，下面通过举例说明。

(1) 数组指针(行指针)。

假如有：

```
int (*p)[n];
```

其中*p 被括号括起来，说明这是一个数组指针，它指向一个 int 型的一维数组，这个一维数组的长度是 n，也就是指针 p 的步长，当进行 p+1 的运算时，指针 p 需要跨越 n 个 int 型数据的长度。

若是将一个二维数组赋予数组指针，语法如下。

```
int a[2][3];
/* 定义一个数组指针，指向包含 3 个元素的一维数组 */
int (*p)[3];
/* 将二维数组的首地址赋予 p，也就是 a[0]或者&a[0][0] */
p=a;
/* p 跨越二维数组 a 的 a[0][]行指向 a[1][]行 */
p++;
```

所以数组指针是指向一维数组的指针，也可以称为行指针。

(2) 指针数组。

假如有：

```
int *p[n];
```

在指针数组中，p 与[n]先结合称为一个数组，加上前面的符号“*”，说明这是一个指针数组，它包含有 n 个指针变量的数组元素，此时再执行 p+1 时，含义为指向下一个数组元素(指针)，当进行赋值操作“p=a”时就会不合法，因为 p 不存在，指针数组中只有 p[0]、p[1]…p[n−1]，并且它们都是用于存储变量地址的指针，所以*p=a 才是合法的赋值操作，表示将变量 a 的值赋予*p。

若是将一个二维数组赋予指针数组，语法如下。

```
int *p[3];
int a[3][4];
/* 将数组 a 中每行的首地址赋予指针数组中的元素 */
for(i=0;i<3;i++)
{
    p[i]=a[i];
}
```

此时指针数组 p 中存放了 3 个指针变量 p[0]、p[1]以及 p[2]，它们指向了数组 a 中的每一行首地址 a[0][0]、a[1][0]以及 a[2][0]，此时可以通过指针来输出数组 a 中的元素。

小白：二级指针与指针数组有什么关系？

大神：可以通过实例进行说明：

假设有二级指针：

```
int **p;
```

和指针数组：

```
int *q[5];
```

其中指针数组的数组名 q 就是二级指针的常量，p=q，并且 p+i 就是 q[i]的地址。当指针数组作为函数的形参时，int *p[]与 int **p 等价；但是作为变量定义时则含义不同。二级指针与指针数组在内存上不同，程序在运行时，只会给二级指针 p 分配一个指针值的内存单元，而分给指针数组 5 个单位的内存，其中每个内存区存放一个指针值。二级指针可以指向指针数组的首地址(指针)，而指针数组中的指针再指向其他变量。

小白：各种指针的定义与它们的含义都是什么？

大神：不同类型的指针定义以及含义如表 10-2 所示。

表 10-2　不同类型的指针定义以及含义

指针的定义	含　义
int a;	定义整型变量 a
int *p;	定义指针变量 p，p 是一个指向整型数据的指针变量
int a[n];	定义包含 n 个元素的整型数组 a
int *p[n];	定义指针数组 p，该数组包含 n 个指向整型数据的指针变量
int (*p)[n];	定义一个指向包含 n 个元素的一维整型数组的指针变量 p
int p();	p 为返回整型数的函数
int *p();	p 为返回指针的函数，该指针指向一个整型数据
int (*p)();	p 为指向函数的指针变量，该函数返回了一个整型数
int **p;	p 为指针变量，该指针变量指向一个指向整型数据的指针变量

例如：

```
/* 指针数组 */
int *p[2];
/* 指向一维数组的指针 */
int (*p)[2];
/* 返回指针的函数 */
int *p(int);
/* 指向函数的指针，该函数返回 int 型变量 */
int (*p)(int);
/* 指向函数的指针，该函数返回 int 型指针 */
int *(*p)(int);
/* 函数指针数组，该函数返回 int 型变量 */
int (*p[2])(int);
/* 函数指针数组，该函数返回 int 型指针 */
int *(*p[3])(int);
```

10.8 跟我学上机

练习 1：编写程序，定义一个函数 swap()，用于将两数进行交换，在 main()函数中通过输入端输入两个整数，若前数大于后数，则调用函数 swap()，将两数进行交换。

练习 2：编写程序，定义一个返回指针的函数，在 main()函数中调用该函数，输出变量的地址。

练习 3：编写程序，定义一个数组 a，将数组 a 中的 n 个整数按照相反的顺序进行存放，然后输出新的数组 a，要求实参和形参都为指针变量。

练习 4：编写程序，定义一个二维数组 a，用于存放 3 个学生的 4 门功课成绩，然后定义函数 f()，查询某门课不及格的学生总体成绩。

练习 5：编写程序，定义函数 f()，使用字符数组作为函数参数，完成数组复制的操作。

练习 6：编写程序，定义函数 f()，使用二级指针作为函数参数，在 main()函数中调用该函数，完成两个变量的交换。

10.8 课教学上机

练习1：编写程序，定义一个函数swap()，用于将两数进行交换，在main()函数中输入[illegible]的两个整数，[illegible]调用函数swap()，将两数进行交换。

练习2：编写程序，定义一个返回指针的函数，在main()函数中调用该函数，输出变量[illegible]址。

练习3：编写程序，定义一个数组a，将数组a中的n个整数按相反的顺序进行存放，并输出存放后的数组，要求[illegible]。

练习4：编写程序，定义一个二维数组，用于存放3个学生的4门课程成绩，[illegible]函数[illegible]输出所有学生成绩。

练习5：编写程序，定义函数[illegible]()，[illegible]。

练习6：编写程序，定义函数[illegible]()，[illegible]，在main()函数中调用[illegible]。

第 11 章 数据存储——操作文件

本章将对文件的概念及其相关操作使用内容进行重点讲解，其中包括对文件的打开、关闭、读写等函数的调用形式；文件读写的基本操作；磁盘文件的概念以及用途；文件指针的使用以及文件变量的定义方法。通过学习以上内容，来了解计算机中的数据是如何通过文件的形式进行存储的。

本章目标(已掌握的在方框中打钩)

- ☐ 了解什么是文件
- ☐ 熟悉文件的打开与关闭
- ☐ 掌握如何对文本文件进行字符的读写
- ☐ 掌握如何对文本文件进行字符串的读写
- ☐ 掌握如何对二进制文件进行读写
- ☐ 掌握如何使用格式化读写函数对文件进行相应操作
- ☐ 掌握如何使用文件定位以及文件的随机读写函数
- ☐ 掌握如何使用文件检测函数

11.1 文件概述

在之前的学习过程中，程序在编译运行时所需要的数据要么是直接在代码中初始化或者直接赋值，要么是通过输入端输入，并且程序运行的结果也仅仅只是在屏幕上显示，当程序结束运行后，所有的数据、变量值都会被释放掉，不再存储。

而“文件”是存储在外部存储器上的一组数据的有序集合，通过使用文件可以解决数据的存储问题，它能将数据存储于磁盘文件中，使其得到长时间的保存。

通过使用文件，在程序需要获取数据时，可以通过编辑工具与文件建立联系，使得程序可以通过文件实现数据的一次输入多次使用。同样地，当程序对数据进行输出时，也可以通过文件建立联系，将这些数据输出保存到指定的文件中，使得用户能够随时查看运行的结果。

注意：一个程序的运行结果在输出保存到文件后，可以将这些数据作为另一个程序的输入数据，再次进行处理。

11.1.1 文件类型

在之前的章节中，实际上读者已经接触过文件了，如源程序文件(.c)等，它们一般都是存储于外部介质(如磁盘)中，只有在程序运行时，才会被调入内存中。接下来对文件从不同角度进行划分。

1. 用户使用角度

从用户对文件的使用角度来讲，文件可以分为普通文件与设备文件两种。

(1) 普通文件。

普通文件就是指存储于磁盘或者其他外部介质中的一个有序的数据集，它可以是源程序文件(.c)、可执行程序文件(.exe)以及目标文件(.obj)等，也可以是一组待处理的原始数据或者一组程序运行的输出结果。

(2) 设备文件。

设备文件是指各种外部的设备，比如显示器、键盘等。外部设备在操作系统中也能够被看作文件进行管理，它们的输入输出就好比是对磁盘文件的读写操作。一般地，显示器会被定义为标准输出文件，在屏幕上显示有关的数据信息就可以理解为向标准输出文件进行输出操作。

2. 文件编码和数据组织角度

从文件的编码以及数据的组织方式上来看，文件可以被分为 ASCII 码文件和二进制码文件。

(1) ASCII 码文件。

ASCII 码文件也可以称为文本文件，它在磁盘中只占用 1 个字节的内存，在这个内存中存放着相应字符的ASCII码值，内存中的数据在存储时都需要转换为ASCII码。

(2) 二进制文件。

二进制文件是通过二进制的编码方式进行文件存储的，在内存中存储数据时并不需要进行数据间的转换，存放在存储器中的数据将采用与内存数据相同的表示形式进行存储。

例如，整数 10000 在内存中的存储形式以及分别按照 ASCII 码形式和二进制形式输出时，如图 11-1 所示。

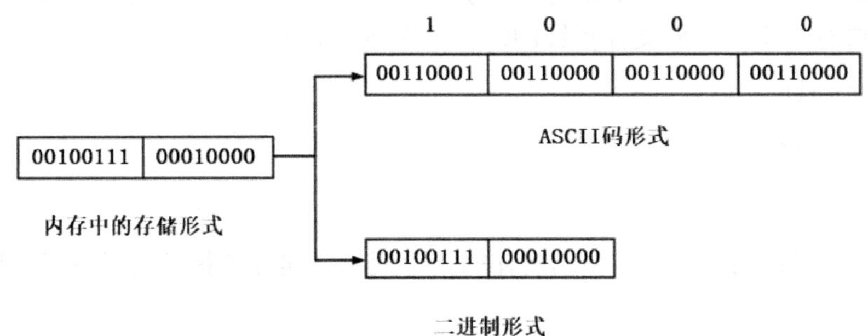

图 11-1　数据在内存中的存储形式以及输出形式

ASCII码文件与二进制文件进行比较，有如下特点。

- ASCII 码文件便于对字符进行单个处理，更便于输出字符，但是由于是对每个字符进行处理，所以占用的内存空间比较多，在转换时花费的时间也比较长。
- 二进制文件可以节省外存空间以及转化时间，但是一个字节并不是对应的一个字符，所以它不能直接输出字符的形式。

11.1.2　文件指针

在 C 语言中，不论是磁盘文件或是设备文件，都能够通过文件结构类型的数据集合进行相应的输入输出操作。文件结构由系统进行定义，名为 FILE。在使用 FILE 时需要添加头文件“stdio.h”，因为FILE结构被定义在该头文件之中。

FILE文件结构在“stdio.h”头文件中的文件类型声明为：

```
typedef struct
{
    /* 缓冲区“满”或“空”的程度 */
    short level;
    /* 文件状态标志 */
    unsigned flags;
    /* 文件描述符 */
    char fd;
    /* 如无缓冲区不读取字符 */
    unsigned char hold;
    /* 缓冲区的大小 */
    short bsize;
    /* 数据缓冲区的位置 */
    unsigned char *buffer;
    /* 指针，当前的指向 */
    unsigned char *curp;
```

```
    /* 临时文件，指示器 */
    unsigned istemp;
    /* 有效性检查 */
    short token;
}FILE;
```

C 语言中，若是使用一个指针变量指向一个文件，那么这个指针就被称为文件指针。利用文件指针就能够对它所指向的文件进行相关的操作以及处理了。

由于 FILE 结构体类型已经由系统完成了声明，所以在编写程序时可以直接使用 FILE 类型对指针变量进行定义，故而文件指针的定义语法格式如下。

```
FILE *指针变量;
```

例如：

```
FILE *fp;
```

其中 fp 为一个指向 FILE 类型结构体的指针变量，通过该指针变量可以实现对文件的相关访问操作。

注意：在定义文件指针时，FILE 必须全部为大写字母，并且使用 FILE 类型定义指针变量时不需要将结构体内容全部写出。

11.1.3 文件的缓冲区

由于文件数据存放于外部存储器上，所以在使用文件中的数据时读写的效率很低，速度也会比较慢，此时系统会在内存中开辟一个缓冲区，用于处理文件中与数据输入和输出相关的操作。

缓冲区相当于一个桥梁，当程序需要将数据输出到文件中时，系统会自动开辟出一个缓冲区，来存放输出的数据，当数据填满缓冲区后，就会将缓冲区中的数据内容一次性地输出到相应的文件中；而当程序需要从文件中读取数据的时候，系统又会自动开辟出一个缓冲区，用于存放通过文件读取的数据内容，此时程序中的相应语句就会从缓冲区中逐个地读入这些数据，每当缓冲区数据被获取完后，缓冲区就会从文件中再次读取另一批数据内容。

文件数据的输入输出过程如图 11-2 所示。

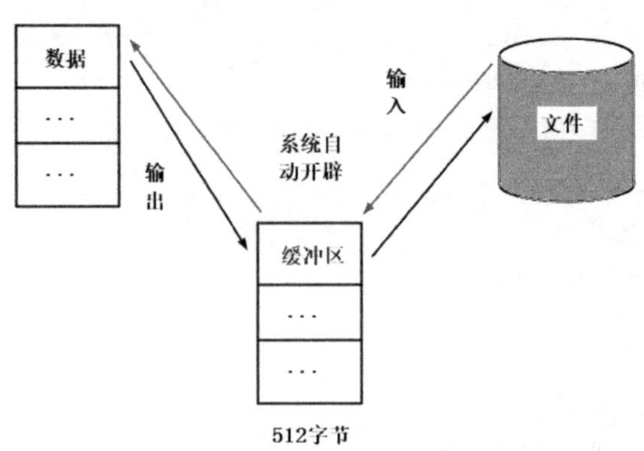

图 11-2　文件数据的输入输出过程

简单描述该过程如下。

输出：数据→缓冲区→装满缓冲区后→磁盘文件。

输入：磁盘文件→一次性输入一批数据到缓冲区→逐个读入数据到程序相应变量→再次输入一批数据到缓冲区→再次逐个读入数据到程序相应变量→……→完成输入。

注意 可以使用文件指针对缓冲区中数据读写的具体位置进行指示，当同一时间使用多个文件进行读写时，每个文件都配有缓冲区，并且使用不同的文件指针进行指示。

11.2 文件的打开与关闭

C 语言中，要使用一个文件之前必须要进行打开操作，而使用过后则必须进行关闭操作。原因是操作系统对于文件使用过程中所打开的文件数量是有限制的，一般情况下不得超过 20 个。在使用文件前应该打开文件，然后进行相应的数据读取，用完之后进行关闭操作，否则会出现一些意外的结果。所以用户在使用文件时，应当养成先打开，后读写，最后关闭的习惯。

11.2.1 文件的打开

C 语言中，一般使用 fopen()函数来实现对文件的打开操作。fopen()函数的调用形式一般为：

```
FILE *fp;
fp=fopen("文件名", "文件使用方式");
```

其中，fp 为指向所打开文件的文件指针。若文件成功打开，fopen()函数就会返回一个指向 FILE 类型的非 0 指针值；若文件打开失败，则 fopen()函数会返回一个空指针 NULL。

“文件名”与“文件使用方式”为 fopen()的两个参数。“文件名”指的是将要打开的文件名称。若是该参数中包含路径，则按照所给路径找到该文件并打开；若是该参数中只有文件名称，则默认打开当前目录下的该文件。“文件使用方式”指的是文件将会按照指定的方式进行使用，文件相关的使用方式以及说明如表 11-1 所示。

表 11-1 文件相关的使用方式以及说明

使用方式	说明
r	以只读方式打开一个文本文件
w	以只写方式打开一个文本文件
a	以追加方式打开一个文本文件
r+	以读写方式打开一个文本文件
w+	以读写方式建立一个新的文本文件
a+	以读取/追加方式建立一个新的文本文件
rb	以只读方式打开一个二进制文件

续表

使用方式	说　明
wb	以只写方式打开一个二进制文件
ab	以追加方式打开一个二进制文件
rb+	以读写方式打开一个二进制文件
wb+	以读写方式建立一个新的二进制文件
ab+	以读取/追加方式建立一个新的二进制文件

例如，以只读方式打开一个D盘test文件夹下名为test的文件，代码如下。

```
FILE *fp;
fp=fopen("D:\\test\\test.txt";"r");
```

对于一个文件打开与否，可以使用语句进行判断，例如：

```
FILE *fp;
if((fp=fopen("D:\\test\\test.txt";"r"))==NULL)
{
    printf("文件打开失败！\n");
    exit(0);
}
```

运行程序后若是提示“文件打开失败！”，则说明文件打开出错。一般情况下，文件打开失败的原因有以下几种可能。

(1) 指定盘符或者路径不存在。

(2) 文件名中含有无效字符。

(3) 将要打开的文件不存在。

注意

对文件进行相应的打开操作时需要注意：

(1) 使用“w”指令打开文件时，只能从内存中向该文件输出数据，也就是写的过程，而不能从文件向内存中输入数据，也就是读的过程。若是该文件不存在，则系统会按照文件名来建立一个新的文件；若文件存在，则执行指令后会将文件删除，接着重新建立一个新的文件。

(2) 使用“a”指令打开文件时，若文件存在，则会向文件的末尾添加新的数据，而文件中原有的数据也会保留，打开文件时，文件的位置指针处于文件的末尾；若是文件不存在，则会建立一个新的文件。

(3) 使用“r+”“w+”“a+”指令打开文件时既可以进行输入同时也可以进行输出，但是三者是有区别的：使用“r+”指令打开文件时，要求该文件必须存在；使用“w+”指令时，将建立新文件并进行读写；使用“a+”指令则会保留文件的原有数据，进行追加或读的相关操作。

11.2.2 文件的关闭

文件在使用完毕后应进行关闭操作，以免出现未知错误或是被再次误用。关闭操作实际上就是将文件指针释放掉，释放后的文件指针变量不会再指向该文件，此时的文件指针为自由的状态，并且释放过后不能再继续通过该指针对原来指向的文件进行相应的读写操作，除非再次使用该指针变量打开原来指向的文件。对文件进行及时的关闭操作也能避免文件中的数据丢失，所以执行文件的关闭操作是十分必要的。

在 C 语言中，对文件进行关闭操作可以使用 fclose()函数，调用该函数的一般形式为：

```
fclose(文件指针);
```

例如：

```
FILE *fp
fp=fopen("D:\\test\\test.txt";"r");
/* 关闭文件 */
fclose(fp);
```

其中，指针变量 fp 为使用函数 fopen()打开文件时的指针。通过 fclose()函数关闭该指针指向的文件后，文件指针变量不再指向该文件，也就是说文件指针变量与该文件“脱钩”。

若是文件关闭成功，则 fclose()函数的返回值为 0；若是文件关闭失败，则 fclose()函数的返回值为 EOF(-1)。

注意　文件在打开后，会占用一部分内存空间，为了避免不必要的浪费，文件打开的时机应该把握好，并且一定要在使用完毕后立即对文件进行关闭处理。

11.3　文件的读写

文件的读和写是最常用的文件操作，C 语言中提供了多种读写文件的函数，本节将对这些函数的使用进行详细讲解。

11.3.1　字符的读写

对文本文件中的字符进行输入输出操作时可以使用 fgetc()函数与 fputc()函数。

1. 字符输出函数 fputc()

字符输出函数 fputc()的作用是将一个字符的 ASCII 码值写入文件指针指向的磁盘文件中。使用 fputc()函数的一般形式为：

```
fputc(字符,文件指针);
```

其中，字符可以是一个字符的常量，也可以是一个存放字符的字符变量名。

若是写入成功，则返回字符的 ASCII 码值；若是写入失败，则返回文本文件的结束标志 EOF。

例如：

```
fputc("a",fp);
char c='b';
fputc(c,fp);
```

其中，fputc("a",fp);是将字符 a 的 ASCII 码值写入指针变量 fp 所指向的磁盘文件中，而 fputc(c,fp);则是将变量 c 中存放的字符的 ASCII 码值写入指针变量 fp 所指向的文件中。

【例 11-1】 编写程序，使用 fputc()函数将通过输入端输入的字符写入 11-1.txt 文件中。(源代码\ch11\11-1)

```
#include <stdio.h>
/* 添加头文件“stdlib.h”以使用退出函数 exit() */
#include <stdlib.h>
int main()
{
    /* 定义文件指针 */
    FILE *fp;
    char c;
    /* 打开文件 */
    if((fp=fopen("11-1.txt","w"))==NULL)
    {
        printf("打开文件失败!\n");
        exit(0);
    }
    printf("输入一个字符串，以 Enter 键结束：\n");
    while((c=getchar())!='\n')
    {
        fputc(c,fp);
    }
    /* 关闭文件 */
    fclose(fp);
    return 0;
}
```

运行上述程序，结果如图 11-3 所示。

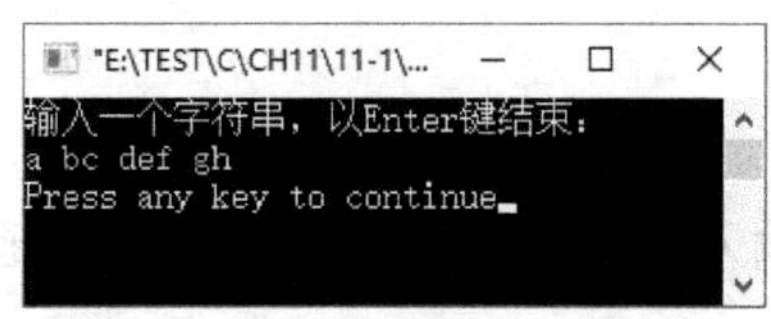

图 11-3　fputc()函数

【案例剖析】

本例用于演示如何通过 fputc()函数将字符串写入一个磁盘文件中。在代码中，首先添加一个头文件“stdlib.h”，以便于之后使用退出函数 exit()。接着在 main()函数中，定义文件指针变量 fp 以及 char 型变量 c，使用 fopen()函数打开一个名为“11-1.txt”的文件，若打开失败，则进行提示。若打开成功，则使用一个 while 循环语句，通过输入端输入一个字符串，并使用 fputc()函数将该字符串中的字符写入文件“11-1.txt”中，最后使用 fclose()函数将文件关闭。

注意　上例中的文件“11-1.txt”位于程序目录下，所以可以直接写为文件名的形式，若文件不在程序目录下，则需要将文件的完整路径写出来。

2. 字符输入函数 fgetc()

字符输入函数 fgetc()用于从指定的文件中读入一个字符，前提是该文件必须是通过“读”或者“读写”方式打开的。

调用字符输入函数 fgetc()的一般形式为：

```
字符变量=fgetc(文件指针);
```

该函数从文件指针所指向的文件中读取一个字符，并将该字符的 ASCII 码值赋予字符变量。

当执行 fgetc()函数进行读取字符操作遇到文件结束或者出现错误时，该函数会返回一个文件结束标志 EOF(-1)。

例如，通过指针变量 fp 在其指向的文件中读取一个字符并赋予字符变量 c，代码如下。

```
char c;
c=fgetc(fp);
```

【例 11-2】 编写程序，使用 fgetc()函数将例 11-1 中写入文件 11-1.txt 的字符串读取出来并在屏幕上进行显示。(源代码\ch11\11-2)

```
#include <stdio.h>
/* 添加头文件“stdlib.h”以使用退出函数 exit() */
#include <stdlib.h>
int main()
{
    /* 定义文件指针变量 */
    FILE *fp;
    char c;
    /* 打开文件 */
    if((fp=fopen("11-1.txt","r"))==NULL)
    {
        printf("文件打开失败!\n");
        exit(0);
    }
    /* 使用 fgetc()函数读取字符 */
    printf("文件“11-1.txt”中的字符串为：\n");
    while((c=fgetc(fp))!=EOF)
    {
        putchar(c);
    }
    /* 关闭文件 */
    fclose(fp);
    printf("\n");
    return 0;
}
```

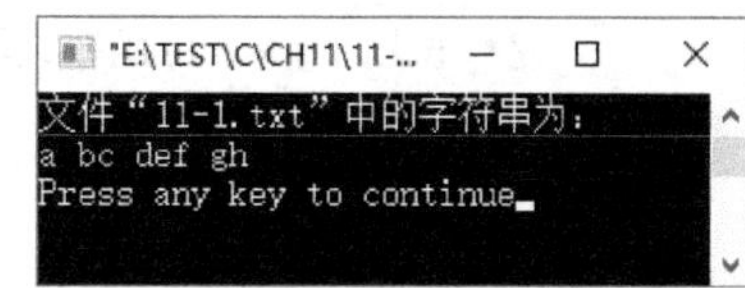

图 11-4 fgetc()函数

运行上述程序，结果如图 11-4 所示。

【案例剖析】

本例用于演示如何使用 fgetc()函数从指定的文件中读取字符并显示在屏幕上。在代码中，首先添加一个头文件 stdlib.h，以便于之后使用退出函数 exit()。接着在 main()函数中，定义文件指针变量 fp 以及 char 型变量 c，使用 fopen()函数打开一个名为 11-1.txt 的文件，若打开失败，则进行提示。若打开成功，则通过 while 循环与 fgetc()函数将文件 11-1.txt 中的字符串读取出来，再通过 putchar()函数将读取出来的字符串输出到屏幕上，最后使用 fclose()函数将文件关闭。注意在 while 循环语句的判断条件中使用了 EOF 字符常量，它是文本文件的结束标识，相当于字符串在内存中末尾的“\0”，并且该字符常量在“stdio.h”中被定义为-1，因此“(c=fgetc(fp))!=EOF”判断条件等价于“(c=fgetc(fp))!=-1”。

【例 11-3】 编写程序，从输入端输入一个字符串，使用 fputc()函数写入文件 11-3.txt 中，接着再使用 fgetc()函数将该文件中的字符串读出并显示在屏幕上以便验证。(源代码\ch11\11-3)

```
#include <stdio.h>
/* 添加头文件“stdlib.h”以使用退出函数 exit() */
#include <stdlib.h>
int main()
{
    /* 定义文件指针变量 */
    FILE *fp;
    int i;
    char c;
    /* 打开文件 */
    if((fp=fopen("11-3.txt","w"))==NULL)
    {
        printf("文件打开失败!\n");
        exit(0);
    }
    /* 写入字符串 */
    printf("请输入要写入的字符：\n");
    while((c=getchar())!='\n')
    {
        fputc(c,fp);
    }
    /* 关闭文件 */
    fclose(fp);
    /* 打开文件 */
    if((fp=fopen("11-3.txt","r"))==NULL)
    {
        printf("文件打开失败!\n");
        exit(0);
    }
    printf("\n");
    /* 使用 fgetc()函数读取字符 */
    printf("文件“11-3.txt”中的字符串为：\n");
    while((c=fgetc(fp))!=EOF)
    {
        putchar(c);
    }
    /* 关闭文件 */
    fclose(fp);
    printf("\n");
    printf("按任意键结束...\n");
    getch();
    return 0;
}
```

运行上述程序，结果如图 11-5 所示。

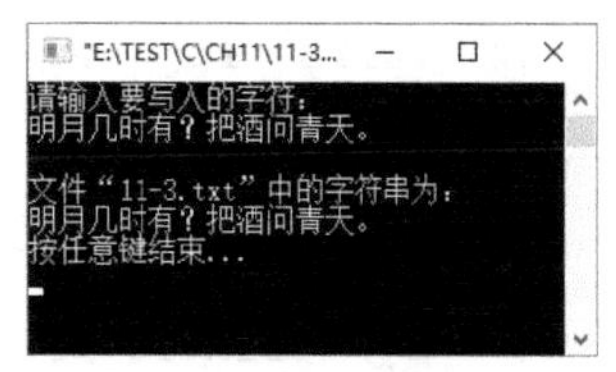

图 11-5 字符的读写

【案例剖析】

本例用于演示如何对字符进行读写操作。在代码中，首先添加一个头文件 stdlib.h，以便于之后使用退出函数 exit()。接着在 main()函数中，定义文件指针变量 fp 以及 char 型变量 c，使用 fopen()函数打开一个名为"11-3.txt"的文件，若打开失败，则进行提示。若打开成功，则使用一个 while 循环语句，通过输入端输入一个字符串，并使用 fputc()函数将该字符串中的字符写入文件"11-3.txt"中，然后再使用 fclose()函数将文件关闭。接着再将文件打开，使用 fgetc()函数获取该文件中的字符，最后将它们输出到屏幕上。注意，两次操作写入与读出时打开文件的指令分别为"w"与"r"，因为两次操作分别"只写"与"只读"，并且在关闭文件后，指针变量 fp 被释放，想要继续使用该指针变量对文件进行相关操作，必须使用该指针变量指向该文件。

11.3.2 字符串的读写

通常情况下，使用字符的读写函数对一个字符串进行处理时，效率很低。因此，C 语言中引入了字符串的读写函数以便于处理文件中的字符串。

对文本文件中的字符串进行输入输出操作时可以使用 fgets()函数与 fputs()函数。

1. 字符串输出函数 fputs()

字符串输出函数 fputs()用于将内存中的字符串输出，写入磁盘文件中。

调用字符串输出函数 fputs()的一般形式为：

```
fputs(字符串, 文件指针);
```

表示将字符串写入文件指针指向的文件中，其中的字符串可以为普通字符串，也可以是字符数组或者指向字符的指针变量。

例如：

```
char a[5]="apple";
fputs(a,fp);
```

表示将字符数组 a 中的字符串写入指针变量 fp 所指向的文件中。

使用 fputs()函数执行写入字符串操作时，字符串的结束符"\0"不会被写入。

【例 11-4】 编写程序，定义一个字符数组 a，打开名为"11-4.txt"的文件，使用函数 fputs()将字符数组 a 中的字符串写入文件中。(源代码\ch11\11-4)

```
#include <stdio.h>
/* 添加头文件"stdlib.h"以使用退出函数 exit() */
#include <stdlib.h>
int main()
{
    /* 定义文件指针 */
```

```
    FILE *fp;
    char a[15];
    /* 打开文件 */
    if((fp=fopen("11-4.txt","w"))==NULL)
    {
        printf("文件打开失败!\n");
        exit(0);
    }
    printf("请输入一个字符串：\n");
    gets(a);
    /* 使用 fputs()函数将字符串写入文件 */
    fputs(a,fp);
    /* 关闭文件 */
    fclose(fp);
    return 0;
}
```

运行上述程序，结果如图 11-6 所示。

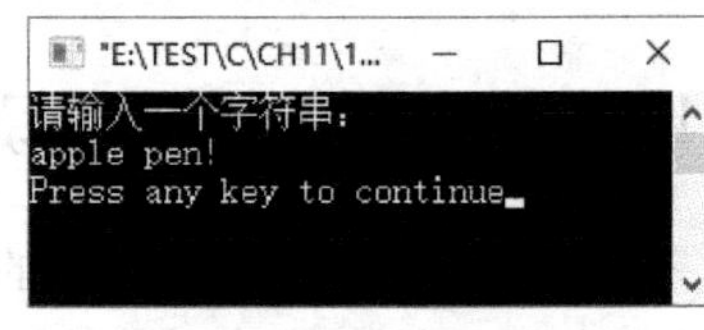

图 11-6　fputs()函数

【案例剖析】

本例用于演示如何使用 fputs()函数将内存中的字符串写入磁盘文件中。在代码中，首先添加头文件 stdlib.h，以便于使用退出函数 exit()，接着在 main()函数中定义文件指针变量 fp 以及字符数组 a，打开名为“11-4.txt”的文件，使用 gets()函数从输入端输入一个字符串存于字符数组 a 中，然后再使用 fputs()函数将该字符串写入指针变量 fp 指向的文件中，最后使用 fclose()函数将文件关闭。

2. 字符串输入函数 fgets()

字符串输入函数 fgets()用于从指定的文件中读入一个字符串，并将该字符串存储在内存变量中。该文件必须是通过指令“读”或“读写”的方式打开的。

调用字符串输入函数 fgets()的一般形式为：

```
fgets(字符数组, 字符个数 n, 文件指针);
```

表示从文件指针所指向的文件中读取 n-1 个字符，并将这些字符存放到内存中的字符数组中，读入完毕后在字符串的末尾由系统自动添加字符串的结束标志“\0”。

若是字符串读取成功则函数 fgets()返回字符数组的首地址；若是字符串读取失败，则函数 fgets()将返回一个空指针。

例如：

```
fgets(str,n,fp);
```

表示从文件指针 fp 所指向的文件中读取 n-1 个字符，并将它们存放到数组 str 中。

在读取的过程中若是遇到以下情况则会结束读取操作。

(1) 已读取 n-1 个字符。

(2) 在读取 n-1 个字符之前，遇见回车符或者读取到文件的末尾。

注意 调用函数的一般形式中，字符数组为一个数组名，也可以使用字符指针来表示。

【例 11-5】 编写程序，定义一个文件指针 fp 以及一个字符数组 str，使用 fgets()函数将例 11-4 中写入文件 11-4.txt 的字符串读取出来，并存放于字符数组 str 中。(源代码\ch11\11-5)

```
#include <stdio.h>
/* 添加头文件“stdlib.h”以使用退出函数 exit() */
#include <stdlib.h>
int main()
{
    /* 定义文件指针 */
    FILE *fp;
    char str[15];
    /* 打开文件 */
    if((fp=fopen("11-4.txt","r"))==NULL)
    {
        printf("文件打开失败!\n");
        exit(0);
    }
    /* 使用 fgets()函数将字符串读入数组 */
    printf("文件“11-4.txt”中的字符串为：\n");
    while(fgets(str,15,fp)!=0)
    {
        printf("%s",str);
    }
    printf("\n");
    /* 关闭文件 */
    fclose(fp);
    return 0;
}
```

运行上述程序，结果如图 11-7 所示。

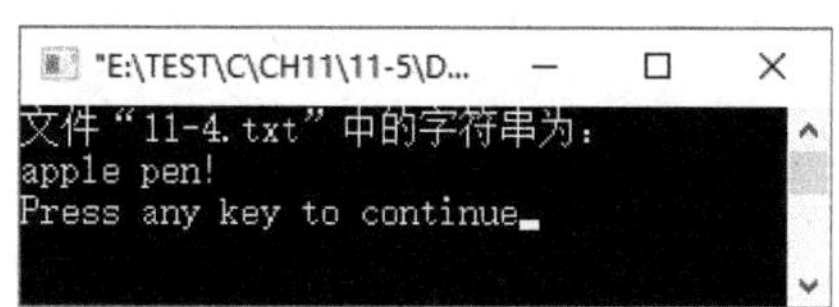

图 11-7 fgets()函数

【案例剖析】

本例用于演示如何使用 fgets()函数从指定的文件中读取字符串。在代码中，首先添加头文件 stdlib.h，用于使用退出函数 exit()。在 main()函数中，定义文件指针 fp 以及字符数组 str。使用函数 fopen()将名为“11-4.txt”的文件打开，然后使用 fgets()函数将文件指针 fp 指向的 11-4.txt 中的字符串读入字符数组 str 中，接着使用 while 循环将字符数组中读取的字符串输出，最后使用 fclose()函数将文件关闭。

【例 11-6】 编写程序，定义文件指针 fp1、fp2 以及字符数组 str1、str2，打开文件 11-6-1.txt，使用 fputs()函数将输入的字符串 str1 写入该文件中，然后将文件 11-6-1.txt 中的字符串复制到文件 11-6-2.txt 中，再使用 fgets()函数读取该文件中的字符串，存储于字符数组 str2

中，最后输出到屏幕上以验证字符串内容。(源代码\ch11\11-6)

```
#include <stdio.h>
/* 添加头文件“stdlib.h”以使用退出函数exit() */
#include <stdlib.h>
int main()
{
    /* 定义文件指针 */
    FILE *fp1,*fp2;
    char str1[30],str2[30];
    /* 打开文件 */
    if((fp1=fopen("11-6-1.txt","w"))==NULL)
    {
        printf("文件打开失败!\n");
        exit(0);
    }
    printf("请输入一个字符串：\n");
    gets(str1);
    while(strlen(str1)>0)
    {
        /* 使用fputs()函数将字符串写入文件 */
        fputs(str1,fp1);
        /* 换行输入 */
        fputs("\n",fp1);
        gets(str1);
    }
    /* 关闭文件 */
    fclose(fp1);
    /* 打开文件 */
    if((fp1=fopen("11-6-1.txt","r"))==NULL)
    {
        printf("文件打开失败!\n");
        exit(0);
    }
    if((fp2=fopen("11-6-2.txt","w"))==NULL)
    {
        printf("文件打开失败!\n");
        exit(0);
    }
    /* 进行复制操作，并输出 */
    printf("执行复制操作后，文件“11-6-2.txt”中的字符串为：\n");
    while(fgets(str2,30,fp1)!=NULL)
    {
        fputs(str2,fp2);
        printf("%s",str2);
    }
    printf("\n");
    /* 关闭文件 */
    fclose(fp1);
    fclose(fp2);
    return 0;
}
```

运行上述程序，结果如图11-8所示。

```
请输入一个字符串：
I have an apple
I have a pen
apple-pen!

执行复制操作后，文件“11-6-2.txt”中的字符串为：
I have an apple
I have a pen
apple-pen!

Press any key to continue
```

图 11-8　字符串的输入输出函数

【案例剖析】

本例用于演示如何使用字符串的输入输出函数。在代码中，首先添加一个头文件stdlib.h，接着在main()函数中定义文件指针fp1以及fp2，定义字符数组str1以及str2，使用fopen()函数打开文件11-6-1.txt，通过输入端输入字符串内容并存储于字符数组str1中，然后使用fputs()函数将str1中的字符串内容写入文件11-6-1.txt中，最后关闭文件。注意这里使用了一个while循环，使得输入时可以按行输入字符串，中间通过“\n”来隔开。之后将文件11-6-1.txt与11-6-2.txt打开，完成复制操作：首先使用fgets()函数将fp1指向的文件“11-6-1.txt”中的字符串内容读取到数组str2中，然后再使用fputs()函数将str2数组中的字符串写入fp2指向的文件11-6-2.txt中，最后将str2数组中的字符串内容输出加以验证。

11.3.3　数据块的读写

在C语言中，若是需要对二进制文件进行读写，可以通过使用数据块输入输出函数fread()以及fwrite()来实现。

通常情况下，内存中的整型数据、实型数据等是以二进制的形式进行存放，对它们进行读写时往往是以二进制数据块为单位来操作的，而fwrite()函数与fread()函数是C语言中专门用于处理二进制数据块输入输出的相关操作，使用fwrite()函数与fread()函数对二进制文件进行读写会十分便捷。

1. 数据块输出函数 fwrite()

数据块输出函数fwrite()用于向二进制文件中写入一个数据块。该函数的使用语法格式如下。

```
fwrite(buffer,size,count,文件指针);
```

说明：

buffer：指针，表示存放数据的首地址。

size：表示数据块的字节数。

count：表示要写入的数据块块数。

例如：

```
fwrite(&a, sizeof(a), 1, fp);
```

表示向文件指针 fp 指向的文件中写入一个字节数为 sizeof(a)的数据块，将要写入的数据首地址为 a。

【例 11-7】 编写程序，定义一个 int 型数组 a 以及一个文件指针 fp，通过 fopen()函数打开名为 11-7.txt 的文件，使用 fwrite()函数将数组 a 中的数据写入该文件中。(源代码\ch11\11-7)

```
#include <stdio.h>
/* 添加头文件“stdlib.h”以使用退出函数 exit() */
#include <stdlib.h>
int main ()
{
    /* 定义文件指针 */
    FILE *fp;
    int i,a[5];
    printf("请输入 5 个整数：\n");
    for(i=0;i<5;i++)
    {
        scanf("%d",&a[i]);
    }
    /* “wb”以只写方式打开二进制文件 */
    if((fp=fopen("11-7.txt","wb"))==NULL)
    {
        printf("文件打开失败！\n");
        exit(0);
    }
    /* 使用 fwrite()函数写入数据块 */
    fwrite(a,sizeof(int),5,fp);
    /* 关闭文件 */
    fclose(fp);
    return 0;
}
```

运行上述程序，结果如图 11-9 所示。

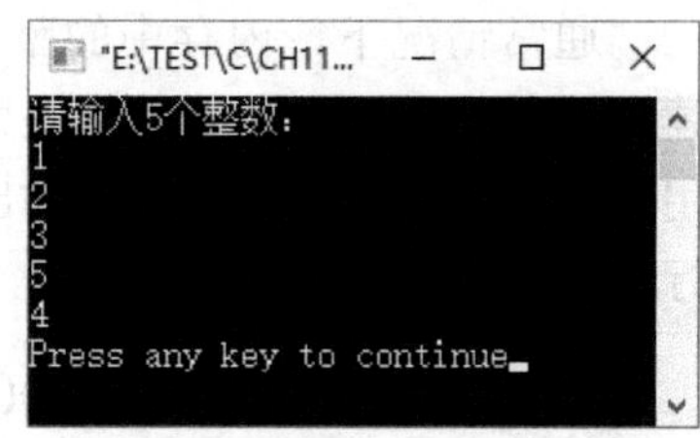

图 11-9　写入 int 型数据块

【案例剖析】

本例用于演示如何使用 fwrite()函数将输入端输入的 int 型数据写入指定的文件中。在代码中，首先添加文件 stdlib.h 用于使用退出函数 exit()，接着在 main()函数中定义文件指针 fp 以及 int 型数据 a，通过输入端输入数组 a 中的 5 个元素，接着打开文件 11-7.txt，使用 fwrite()函数将数组 a 中的 5 个元素写入该文件中，最后关闭文件。

【例 11-8】 编写程序，使用 fwrite()函数将 3 个学生的基本信息转存到磁盘文件 11-8.txt 中。(源代码\ch11\11-8)

```
#include <stdio.h>
/* 添加头文件“stdlib.h”以使用退出函数 exit() */
#include <string.h>
#include <stdlib.h>
/* 定义结构类型 */
typedef struct
{
    int age;
```

```
    char name[30];
}student;
int main ()
{
    /* 定义文件指针 */
    FILE * fp;
    int i;
    student stu[3];
    /* 学生基本信息 */
    stu[0].age=20;
    strcpy(stu[0].name,"li");
    stu[1].age=19;
    strcpy(stu[1].name,"zhao");
    stu[2].age=21;
    strcpy(stu[2].name,"zhang");
    /* 打开文件 */
    if((fp=fopen("11-8.txt","wb"))==NULL)
    {
        printf("打开文件失败! \n");
        exit(0);
    }
    /* 将数据写入文件 */
    printf("写入学生基本信息... \n");
    printf("学生 li 年龄 20...\n");
    printf("学生 zhao 年龄 19...\n");
    printf("学生 zhang 年龄 21...\n");
    for(i=0;i<3;i++)
    {
        if(fwrite(&stu[i],sizeof(student),1,fp)!=1)
        {
            printf("写入失败! \n");
        }
    }
    printf("写入成功! \n");
    fclose(fp);
    return 0;
}
```

运行上述程序，结果如图 11-10 所示。

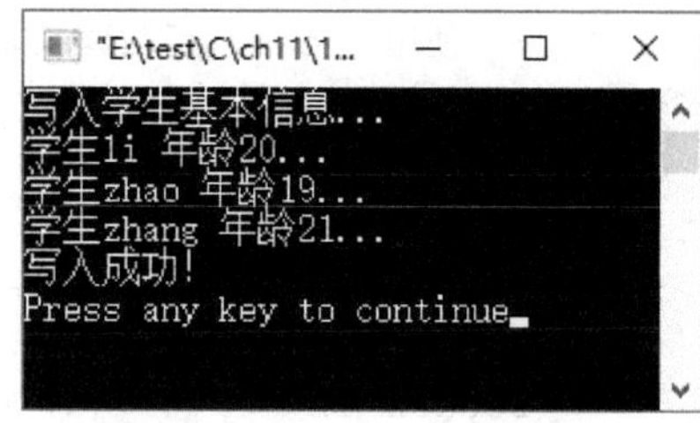

图 11-10　写入学生信息

【案例剖析】

本例演示了如何使用 fwrite()函数将一个结构体中的数据写入磁盘文件中。结构体的相关内容将在相应的章节进行讲解，这里先做简单的了解。在代码中，添加头文件 string.h 以及 stdlib.h 用于使用相应的函数。接着定义一个 student 结构类型，在 main()函数中定义文件指针 fp 和一个数组 stu，然后对结构体的成员进行赋值，接着使用 fopen()函数打开文件 11-8.txt，通过 for 循环以及 fwrite()函数将每个学生的信息写入文件，写入成功后将文件关闭。

2. 数据块输入函数 fread()

数据块输入函数 fread()用于从二进制文件中读入一个数据块存放于变量中。该函数的使用语法格式如下。

```
fread(buffer,size,count,文件指针);
```

说明：

buffer：表示用于接收数据的内存地址。

size：表示要读取的每个数据项相应的字节数。

count：表示要读取数据项的个数，每个数据项占用 size 个字节。

该函数表示从一个文件流中读取数据，并最多读取 count 个元素，每个元素为 size 字节。若是函数调用成功则返回实际读取到的元素的个数；若是函数调用失败或是读取到文件末尾则返回 0。

注意 每次进行读写操作后一定要关闭文件，否则每次读或者写数据以后，文件指针都会指向下一个待写或者读数据位置的指针。

【例 11-9】 编写程序，使用 fread()函数，将例 11-7 写入文件 11-7.txt 中的 int 型数据读出来。(源代码\ch11\11-9)

```
#include <stdio.h>
/* 添加头文件“stdlib.h”以使用退出函数 exit() */
#include <stdlib.h>
int main()
{
    /* 定义文件指针 */
    FILE * fp;
    int i,a[5];
    /* 打开文件 */
    if((fp=fopen("11-7.txt","rb"))==NULL)
    {
        printf("打开文件失败！\n");
        exit(0);
    }
    /* 使用 fread()函数读取数据块 */
    fread(a,sizeof(int),5,fp);
    printf("文件“11-7.txt”中的数据为：\n");
    for(i=0;i<5;i++)
    {
        printf("%d\n",a[i]);
    }
    return 0;
}
```

图 11-11　读取 int 型数据

运行上述程序，结果如图 11-11 所示。

【案例剖析】

本例用于演示如何使用 fread()函数将文件中的 int 型数据读取出来。在代码中，首先添加头文件 stdlib.h 用于使用退出函数 exit()，在 main()函数中，定义文件指针 fp 以及 int 型数组

a，接着使用 fopen()函数打开文件，使用函数 fread()读取该文件中的数据，读取 5 个 int 型数据，然后将这些数据存放在数组 a 中，接着通过 for 循环将数组 a 中的数据输出，最后将文件关闭。

【例 11-10】 编写程序，使用 fread()函数，将例 11-8 写入文件 11-8.txt 中的数据读取出来。(源代码\ch11\11-10)

```
#include <stdio.h>
/* 添加头文件“stdlib.h”以使用退出函数 exit() */
#include <stdlib.h>
/* 定义结构类型 */
typedef struct
{
    int age;
    char name[30];
}student;
int main ()
{
    /* 定义文件指针 */
    FILE *fp;
    student stu;
    /* 打开文件 */
    if((fp=fopen("11-8.txt","rb"))==NULL)
    {
        printf("打开文件失败! \n");
        exit(0);
    }
    /* 读取学生信息 */
    printf("学生信息: \n");
    printf("年龄\t 姓名\n");
    while(fread(&stu,sizeof(student),1,fp)==1)
    {
        printf(" %d\t%s\n",stu.age,stu.name);
    }
    /* 关闭文件 */
    fclose(fp);
    return 0;
}
```

运行上述程序，结果如图 11-12 所示。

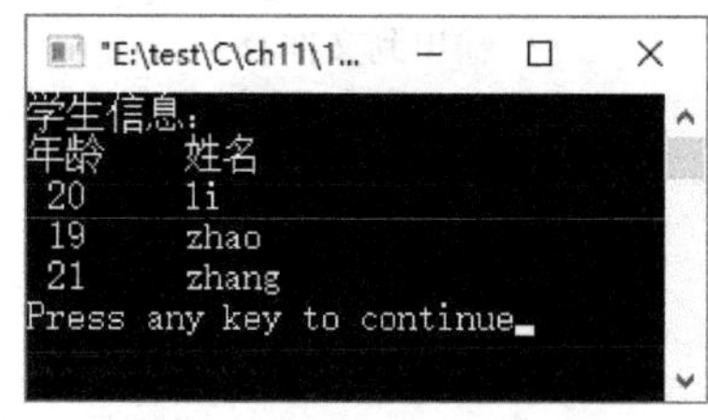

图 11-12　读取学生信息

【案例剖析】

本例用于演示如何通过 fread()函数将结构体类型中的数据读取出来。在代码中，首先添加头文件 stdlib.h，定义一个结构体类型，接着在 main()函数中定义文件指针 fp，声明结构变量 stu，然后使用 fopen 将文件 11-8.txt 打开，使用 while 循环将该文件中的数据读取出来，最后再将文件关闭。

11.3.4　格式化读写函数

C 语言中，如果需要按照一定的格式控制来对磁盘文件数据进行读写操作时，可以使用

fscanf()函数以及 fprintf()函数。与之前介绍的文件读写操作函数不同，fscanf()函数以及fprintf()函数能够对数据的读写格式进行控制，其功能相较其他读写函数而言将会更加强大，也会更加适应开发人员的某些需求。

1. 格式化输出函数 fprintf()

格式化输出函数 fprintf()的调用语法格式如下。

```
fprintf(文件指针,格式控制串,输出列表);
```

其中，文件指针指向将要写入的文件，格式控制串中包含常用的格式控制符与输入数据相应的类型符，输入列表中为将要写入的变量或常量。

若是函数调用成功，则返回输出的数据个数；若是函数调用失败，则返回负数。

例如：

```
fprintf(fp,"%d",a);
```

表示将变量 a 按照整型数据的形式写入文件指针 fp 指向的文件中。

【例 11-11】 编写程序，实现一个备忘录程序，通过输入端输入具体备忘事项，使用fprintf()函数将备忘事项输出到 11-11.txt 文件中。(源代码\ch11\11-11)

```
#include <stdio.h>
/* 添加头文件“stdlib.h”以使用退出函数 exit() */
#include <stdlib.h>
int main()
{
    /* 定义文件指针 */
    FILE *fp;
    char item[30],a;
    int i;
    /* 打开文件 */
    if((fp=fopen("11-11.txt","w"))==NULL)
    {
       printf("打开文件失败! \n");
       getch();
       exit(0);
    }
    /* 输出到文件 */
    fprintf(fp,"%s\t%s\n","序号","事项");
    printf("请输入备忘: \n");
    for(i=0;i<10;i++)
    {
       /* 循环记录 */
       gets(item);
       fprintf(fp,"%d\t%s\n",i+1,item);
       printf("继续输入? y/n\n");
       a=getchar();
       if(a=='n'||a=='N')
       {
          break;
       }
       fflush(stdin);
    }
```

```
    /* 关闭文件 */
    fclose(fp);
    printf("按任意键结束...\n");
    getch();
    return 0;
}
```

运行上述程序，结果如图 11-13 和图 11-14 所示。

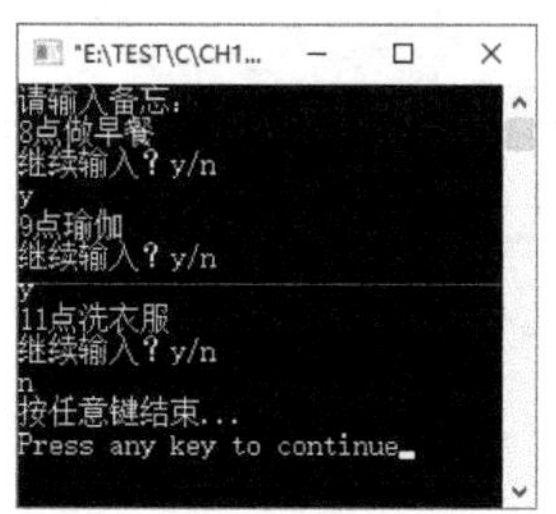

图 11-13　fprintf()函数

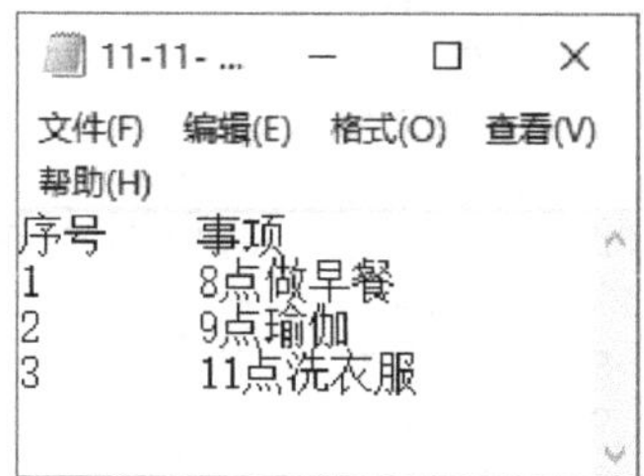

图 11-14　文件“11-11.txt”

【案例剖析】

本例用于演示如何使用 fprintf()函数将输入端输入的内容存于磁盘文件。在代码中，首先添加头文件 stdlib.h，然后在 main()函数中，定义文件指针 fp 以及字符数组 item，打开文件，使用 fprintf()函数向文件中先输出一行标题，接着通过 for 循环，从输入端输入备忘事项，再通过 fprintf()函数将这些备忘内容转存到磁盘文件中，在 for 循环中使用 if 判断语句，对结束输入做判断。完成输入将文件关闭。

2. 格式化输入函数 fscanf()

格式化输入函数 fscanf()调用的语法格式如下。

```
fscanf(文件指针,格式控制串,输入列表);
```

其中，文件指针指向将要读取的文件，格式控制串中包含常用格式控制符与输入数据相应类型符，输入列表中为将要读取出来数据并赋值的变量地址。

若是函数调用成功，则返回已经输入的数据个数；若是函数调用失败，则返回 0。

例如：

```
fscanf(fp,"%-2d,%.2f",&a,&b);
```

表示从文件指针 fp 所指向的文件中，按照格式控制串中的控制符来读取相应的数据，并将这些数据赋予变量 a 以及变量 b 的地址。

注意　使用 fprintf()函数和 fscanf()函数对磁盘文件进行读写时十分方便，但是 fscanf()函数在输入时需要将 ASCII 码转换为二进制形式，fprintf()函数在输出时又要将二进制形式转换成字符，所花费的时间较长，所以建议在内存与磁盘之间频繁交换数据时最好使用 fwrite()函数与 fread()函数。

【例 11-12】 编写程序，使用 fscanf()函数从文件 11-12.txt 中读取字符并将它们输出在屏幕上。(源代码\ch11\11-12)

```
#include <stdio.h>
/* 添加头文件“stdlib.h”以使用退出函数exit() */
#include <stdlib.h>
int main()
{
    /* 定义文件指针 */
    FILE *fp;
    char name[30];
    char sub[50];
    /* 打开文件 */
    printf("请输入文件名：\n");
    gets(name);
    if((fp=fopen(name,"r"))==NULL)
    {
        printf("文件打开失败！\n");
        getch();
        exit(0);
    }
    /* 使用fscanf()函数将数据输入 */
    fscanf(fp,"%s",sub);
    printf("文件中的内容为：\n");
    printf("%s\n",sub);
    /* 关闭文件 */
    fclose(fp);
    printf("按任意键结束...\n");
    getch();
    return 0;
}
```

运行上述程序，结果如图 11-15 所示。

图 11-15 fscanf()函数

【案例剖析】

本例用于演示如何使用 fscanf()函数将磁盘文件中的数据读取到内存中。在代码中，首先添加头文件 stdlib.h，接着在 main()函数中，定义一个文件指针 fp、两个字符数组 name 以及 sub。通过输入端输入字符串 name，并使用 fopen()函数打开以 name 中字符串为名的文件，然后使用 fscanf()函数读取该文件中的数据内容并通过字符数组 sub 将该内容输出在屏幕上，最后将文件关闭。

11.4 文件定位与文件的随机读写

C 语言中，对文件内容进行读写时，并非一定要按照顺序进行。文件指针能够定位当前对文件进行读写操作时数据所处的位置。当进行读的操作时，文件指针指向文件的起始位置，读取一个数据后，文件指针就会移动到下一个数据之前，然后再进行读取；当进行写的操作时，文件指针同样会指向文件的起始位置，写入一个数据后，指向下一个待写入位置，继续写入操作。

除了进行顺序的读写之外，C 语言还提供了文件定位等相应的函数，使用这些函数可以对文件中的数据位置进行定位，并对这些位置的数据进行读写操作。

11.4.1　文件头定位函数 rewind()

文件头定位函数 rewind()能够将文件内部的位置指针指向文件的开头，该函数没有任何返回值。

调用文件头定位函数 rewind()的一般形式为：

```
rewind(文件指针);
```

【例 11-13】 编写程序，使用 fgetc()函数，读取文件 11-13.txt 中的第一个字符，并通过 rewind()函数将文件指针定位在文件的开头，然后再使用 fgets()函数将读取出来的字符以整数形式输出到屏幕上。(源代码\ch11\11-13)

```
#include <stdio.h>
/* 添加头文件“stdlib.h”以使用退出函数 exit() */
#include <stdlib.h>
int main()
{
    /* 定义文件指针 */
    FILE *fp;
    char a[3];
    int i;
    /* 打开文件 */
    fp=fopen("11-13.txt","r");
    if(fp==NULL)
    {
        printf("文件打开失败! \n");
        getch();
        exit(0);
    }
    /* 读取第一个字符 */
    printf("文件中第一个字符为: \n");
    putchar(fgetc(fp));
    /* 定位文件开头 */
    rewind(fp);
    printf("\n");
    fgets(a,4,fp);
    for(i=0;i<3;i++)
    {
        printf("第%d 个字符的整数形式为: %d\n",i+1,a[i]);
    }
    /* 关闭文件 */
    fclose(fp);
    printf("按任意键结束...\n");
    getch();
    return 0;
}
```

运行上述程序，结果如图 11-16 和图 11-17 所示。

图 11-16　rewind()函数

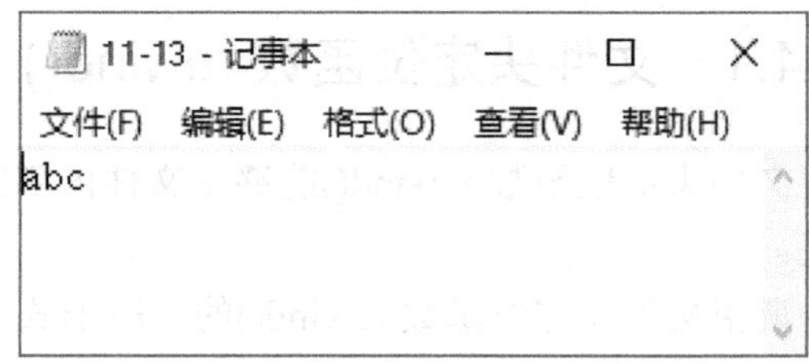

图 11-17　文件 11-13.txt

【案例剖析】

本例用于演示如何使用 rewind()函数将文件指针定位到文件的开头位置。在代码中，首先定义一个头文件 stdlib.h，然后在 main()函数中，定义文件指针 fp 以及字符数组 a，接着打开文件 11-13.txt 并通过 if 语句判断是否打开成功。若打开成功，则首先使用 fgetc()函数读取出文件中的第一个字符并输出，此时文件指针指向第二个字符，然后使用 rewind()函数将文件指针定位到文件开头位置，通过 fgets()函数将文件中的字符串读取到数组 a 中，再通过 for 循环将数组 a 字符串中的字符以整数的形式输出到屏幕上，完成后将文件关闭。

11.4.2　当前读写位置函数 ftell()

使用当前读写位置函数 ftell()能够获取对文件进行读写操作时，文件指针指向的当前位置。

调用该函数的一般形式为：

```
ftell(文件指针);
```

其中，文件指针指向一个正在进行读写操作的文件。

若是函数调用成功，则返回当前文件指针指向的位置值；若是函数调用失败，则返回值为-1。

【例 11-14】 编写程序，对例 11-13 进行改造，在输出文件 11-13.txt 中字符的整数形式后，使用 ftell()函数获取文件指针的位置，用以计算该文件中数据的长度并输出。(源代码\ch11\11-14)

```
#include <stdio.h>
/* 添加头文件“stdlib.h”以使用退出函数 exit() */
#include <stdlib.h>
int main()
{
    /* 定义文件指针 */
    FILE *fp;
    char a[3];
    int i,len;
    /* 打开文件 */
    fp=fopen("11-13.txt","r");
    if(fp==NULL)
    {
        printf("文件打开失败！\n");
        getch();
        exit(0);
```

```
    }
    /* 读取文件内容 */
    printf("读取文件内容，将字符转换为整数：\n");
    fgets(a,4,fp);
    for(i=0;i<3;i++)
    {
        printf("第%d 个字符的整数形式为：%d\n",i+1,a[i]);
    }
    /* 使用 ftell()函数获取位置 */
    len=ftell(fp);
    printf("文件长度为：%d\n",len);
    /* 关闭文件 */
    fclose(fp);
    printf("按任意键结束...\n");
    getch();
    return 0;
}
```

运行上述程序，结果如图 11-18 所示。

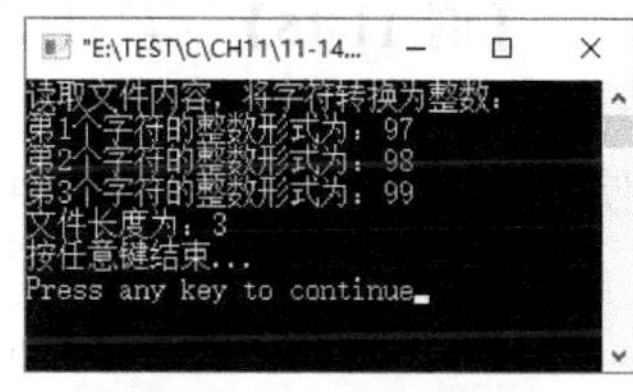

图 11-18　ftell()函数

【案例剖析】

本例用于演示如何使用 ftell()函数获取正在进行读写操作的文件的文件指针当前所处的位置。在代码中，首先添加头文件 stdlib.h，接着在 main()函数中，定义文件指针 fp、字符数组 a 以及 int 型数据 len 用于存放文件长度。然后使用 fopen()函数将文件打开，通过 fgets()函数将文件中的内容读取出来，再利用 for 循环将读取出来的字符转换为整数形式输出，此时文件指针指向文件末尾，之后通过 ftell()函数获取此时文件指针的位置，将返回值赋予变量 len，表示文件长度，最后再将文件关闭。

11.4.3　随机定位函数 fseek()

使用随机定位函数 fseek()，可以将文件指针所指向的位置移动到指定的地方，然后再从该位置进行相应的读写操作，以此实现文件的随机读写功能。

调用随机定位函数 fseek()的一般形式为：

```
fseek(文件指针,位移量,起始点);
```

表示将文件指针所指向的文件中的位置指针移动到以起始点为基准、以位移量为移动长度的位置，其中位移量是一个长整型(long)，若是它的值为负数，表示指针向文件头部方向进行移动。

其中起始点表示文件位置指针起始的计算位置，在 C 语言中规定有 3 种：文件首部、当前位置以及文件尾部，它们的表示方法如表 11-2 所示。

表 11-2　函数 fseek()的起始点表示方法

数　字	符号常量	起始点
0	SEEK_SET	文件开头
1	SEEK_CUR	文件当前指针位置
2	SEEK_END	文件末尾

例如：

```
/* 表示将文件指针移动到距离文件头 100 个字节处 */
fseek(fp,100L,SEEK_SET);
/* 表示将文件指针移动到文件末尾 */
fseek(fp,0L,SEEK_END);
/* 表示将文件指针从文件末尾处向后退 10 个字节 */
fseek(fp,-10L,2);
/* 表示将文件指针移动到距离当前位置 50 个字节处 */
fseek(fp,50L,1);
```

注意 fseek()函数一般用于对二进制文件进行相应的操作。

【例 11-15】 编写程序，通过输入端输入学生的基本信息，使用 fwrite()函数将这些数据写入文件 11-15.txt 中，然后以“只读”的形式打开该文件，将文件指针定位在文件起始位置，使用 fread()函数读取文件中的学生的基本信息，并将它们输出在屏幕上。(源代码\ch11\11-15)

```
#include <stdio.h>
/* 添加头文件“stdlib.h”以使用退出函数 exit() */
#include <stdlib.h>
/* 定义结构体 */
struct student
{
   char name[20];
   char sex[4];
   int age;
   float score;
}stu[4];
int main()
{
   /* 定义文件指针 */
   FILE *fp;
   int i;
   /* 通过输入端输入结构体成员信息 */
   printf("请录入学生信息：\n");
   printf("(姓名-性别-年龄-成绩)\n");
   for(i=0;i<4;i++)
   {
      printf("第%d 个学生：\n",i+1);
      scanf("%s%s%d%f",stu[i].name,stu[i].sex,&stu[i].age,&stu[i].score);
      printf("\n");
   }
   /* 打开文件 */
   if((fp=fopen("11-15.txt","wb"))==NULL)
   {
      printf("文件打开失败！\n");
      getch();
      exit(0);
   }
   /* 使用 fwrite()函数写入数据 */
   for(i=0;i<4;i++)
```

```
    {
        if(fwrite(&stu[i],sizeof(struct student),1,fp)!=1)
        {
            printf("数据写入失败！\n");
        }
    }
    /* 关闭文件 */
    fclose(fp);
    /* 以“只读”的形式打开文件 */
    if((fp=fopen("11-15.txt","rb"))==NULL)
    {
        printf("文件打开失败！\n");
        getch();
        exit(0);
    }
    /* 读入文件数据 */
    printf("姓名\t性别\t年龄\t成绩：\n");
    for(i=0;i<4;i++)
    {
        /* 将文件指针移动到文件头部 */
        fseek(fp,i*sizeof(struct student),0);
        fread(&stu[i],sizeof(struct student),1,fp);

printf("%s\t%s\t%d\t%.2f\n",stu[i].name,stu[i].sex,stu[i].age,stu[i].score);
    }
    /* 关闭文件 */
    fclose(fp);
    printf("按任意键结束...\n");
    getch();
    return 0;
}
```

运行上述程序，结果如图11-19和图11-20所示。

图11-19 fseek()函数1

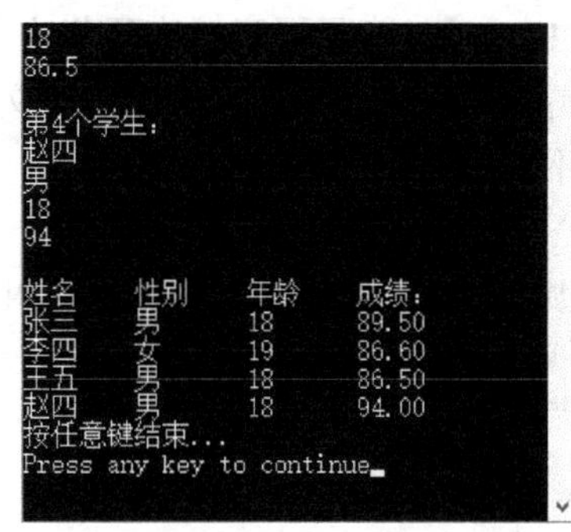

图11-20 fseek()函数2

【案例剖析】

本例用于演示如何在对二进制文件进行读取的过程中使用 fseek()函数，改变文件指针的位置。在代码中，首先添加头文件 stdlib.h，接着定义一个结构体，该结构体为学生的基本信息，包括学生的姓名 name、学生的性别 sex、学生的年龄 age、学生的成绩 score；然后在

main()函数中定义一个文件指针 fp，通过输入端输入 4 个学生的基本信息，接着打开文件 11-15.txt，使用 fwrite()函数将这些学生的基本信息写入该文件，完成后将文件关闭；最后以“只读”的形式打开文件，使用 fread()函数对文件中的数据进行读取，并通过 fseek()函数将文件指针定位在文件起始的位置，读取完毕后将这些数据按照一定的格式输出在屏幕上，之后将文件关闭。

11.5 文件检测函数

在使用文件读写函数对磁盘文件进行相关的读写操作时，难免会出现各种错误，或者有时需要对文件的结束进行相应的判断。C 语言中提供了相应的函数，能够对文件读写过程中的错误进行检测，以及对文件的结束进行判断。本节将会对这些函数进行详细讲解。

11.5.1 文件结束判断函数 feof()

文件结束判断函数 feof()用于检测文件指针在文件中的位置是否到达了文件的结尾。

调用文件结束判断函数 feof()的一般形式为：

```
feof(文件指针);
```

若是该函数返回一个非 0 值，则表示该函数检测到文件指针已经到达了文件的结尾；若是该函数返回一个 0 值，则表示文件指针未到文件结尾处。

注意 文件结束判断函数 feof()非常适用于对二进制文件的检测，因为二进制文件的结尾标志 EOF 属于一个合法的二进制数，若是通过检查读入字符的值来判断文件是否结束是不可行的，并且有可能会出现文件未到结尾却被认为已到结尾的情况，所以使用 feof()函数会更加合适。

【例 11-16】 编写程序，实现将文件 11-16-1.txt 中的字符串内容复制到文件 11-16-2.txt 中，在复制的过程中使用 feof()函数对文件是否读取到末尾进行判断，并将复制的字符串内容输出。(源代码\ch11\11-16)

```
#include <stdio.h>
/* 添加头文件“stdlib.h”以使用退出函数 exit() */
#include <stdlib.h>
int main()
{
    /* 定义文件指针 */
    FILE *fp1,*fp2;
    char ch;
    /* 打开文件 */
    if((fp1=fopen("11-16-1.txt","r"))==NULL)
    {
       printf("文件打开失败! \n");
       getch();
       exit(0);
```

```
    }
    if((fp2=fopen("11-16-2.txt","w"))==NULL)
    {
        printf("文件打开失败! \n");
        getch();
        exit(0);
    }
    /* 使用 feof()函数判断文件是否结束 */
    printf("复制的内容为: \n");
    while(!feof(fp1))
    {
        ch=fgetc(fp1);
        fputc(ch,fp2);
        printf("%c",ch);
    }
    printf("\n");
    /* 关闭文件 */
    fclose(fp1);
    fclose(fp2);
    printf("\n按任意键结束...\n");
    getch();
    return 0;
}
```

运行上述程序，结果如图 11-21 所示。

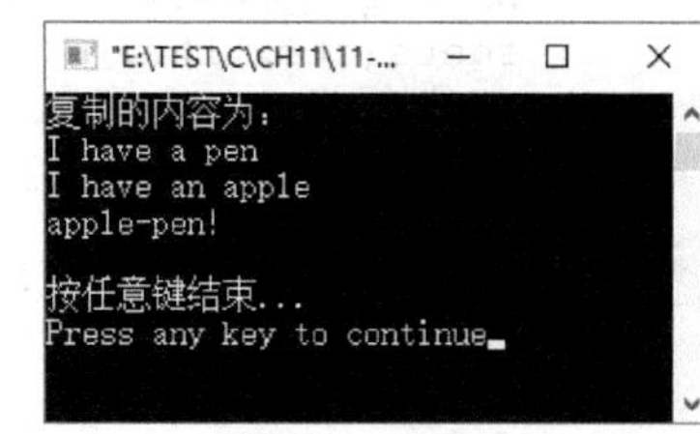

图 11-21　feof()函数

【案例剖析】

本例用于演示如何通过 feof()函数判断文件是否读取到结尾。在代码中，首先添加 stdlib.h 头文件，接着在 main()函数中定义文件指针 fp1 与 fp2，打开文件 11-16-1.txt 以及文件 11-16-2.txt，通过函数 feof()对文件指针 fp1 的指向位置进行判断，若是没有到文件结尾，则通过 fgetc()函数将 fp1 指向的文件中的字符读取出来赋予变量 ch，再通过 fputc()函数将变量 ch 中的字符写入 fp2 指向的文件中，完成复制操作，接着将 ch 的值输出，复制完毕后，将两个文件关闭。

11.5.2　文件读写错误检测函数 ferror()

在对文件调用各种输入输出函数 fgetc()、fputc()、fread()、fwrite()等时，若是出现错误，那么除了函数的返回值会有所表示外，还可以通过调用 ferror()函数来进行检测。

调用函数文件读写错误检测函数 ferror()的一般形式为:

```
ferror(文件指针);
```

若是函数 ferror()的返回值为 0，则表示正常，未出现错误；若是函数 ferror()的返回值为一个非 0 值，则表示出现错误。当执行 fopen()函数打开某个文件时，ferror()函数的初始值会自动重置为 0。

注意

对于打开的同一个文件来说，每对这个文件使用一次输入输出函数，都会产生一个新的 ferror()函数值，所以，当使用输入输出函数进行读写操作后，应当立即调用 ferror()函数来检测它的返回值，否则信息会丢失。

【例 11-17】 编写程序，打开文件 11-17.txt，使用 fgets()函数对该文件进行数据的读取操作，调用 ferror()函数对本次读取的操作进行检测，并将出错提示输出到屏幕上。(源代码\ch11\11-17)

```
#include <stdio.h>
/* 添加头文件“stdlib.h”以使用退出函数 exit() */
#include <stdlib.h>
int main()
{
    /* 定义文件指针 */
    FILE *fp;
    char str[10];
    /* 打开文件 */
    if((fp=fopen("11-17.txt","w"))==NULL)
    {
        printf("文件打开失败！\n");
        getch();
        exit(0);
    }
    /* 调用 fgets()函数 */
    printf("读取数据...\n");
    fgets(str,11,fp);
    /* 调用 ferror()函数 */
    if(ferror(fp))
    {
        printf("从文件“11-17.txt”中读取数据失败!\n");
    }
    /* 关闭文件 */
    fclose(fp);
    printf("按任意键结束...\n");
    getch();
    return 0;
}
```

运行上述程序，结果如图 11-22 所示。

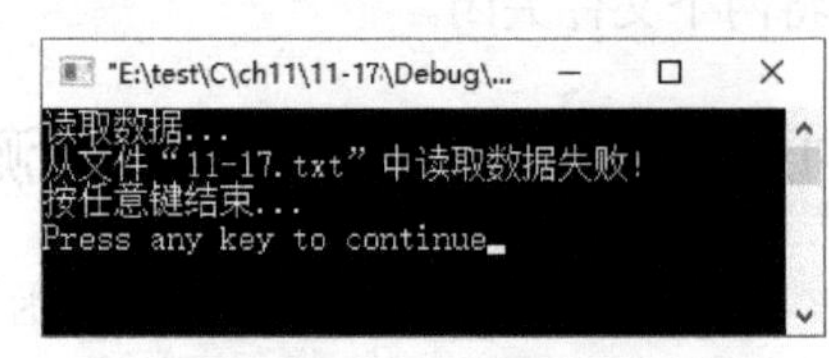

图 11-22　ferror()函数

【案例剖析】

本例用于演示如何使用 ferror()函数对文件数据的读取操作进行检测。在代码中，首先添加头文件 stdlib.h，接着在 main()函数中，定义文件指针 fp 以及字符数组 str，通过 fopen()函数将文件 11-17.txt 打开，该文件是一个空文件。然后调用函数 fgets()从该文件中读取数据，由于该文件为空，所以读取不出任何数据，此时调用 ferror()函数对读取操作进行检测，那么就会返回一个非 0 值。最后通过 printf()输出错误提示信息，完成后将文件进行关闭处理。

11.5.3　文件错误标志清除函数 clearerr()

文件错误标志清除函数 clearerr()能够将文件的错误标志以及文件的结束标志重置为 0。例如，在调用一个输入输出函数对文件进行相应的读写操作时，出现了错误，那么使用 ferror()函数就会返回一个非 0 值，此时调用 clearerr()函数，ferror()函数的返回值就会被重置为 0。

调用文件错误标志清除函数 clearerr()的一般形式为：

```
clearerr(文件指针);
```

注意　不论是调用 feof()函数，还是调用 ferror()函数，若是出现错误，那么该错误标志在对同一个文件进行下一次的输入输出操作前会一直保留，直到对该文件调用 clearerr()函数。

【例 11-18】 编写程序，使用“只读”命令打开文件 11-18.txt，接着使用 fputc()函数向该文件进行写入字符的操作，调用 ferror()函数判断返回值，并输出错误提示，然后使用 clearerr()函数清除错误标志，再通过 fgetc()函数对文件进行读取操作，判断函数 ferror()返回值输出提示信息，最后关闭文件。(源代码\ch11\11-18)

```
#include <stdio.h>
/* 添加头文件“stdlib.h”以使用退出函数 exit() */
#include <stdlib.h>
int main ()
{
    /* 定义文件指针 */
    FILE *fp;
    char c;
    /* 打开文件 */
    if((fp=fopen("11-18.txt","r"))==NULL)
    {
        printf("文件打开失败! \n");
        getch();
        exit(0);
    }
    /* 使用 fputc()函数进行写入操作 */
    fputc('a',fp);
    if(ferror(fp))
    {
        printf ("写入文件“11-18.txt”失败! \n");
        /* 清除错误标志 */
        clearerr(fp);
    }
    /* 使用 fgetc()函数读取 */
    c=fgetc(fp);
    if(!ferror(fp))
    {
        printf("读取文件内容成功! \n");
    }
    /* 关闭文件 */
    fclose (fp);
    printf("按任意键结束...\n");
```

```
    getch();
    return 0;
}
```

运行上述程序，结果如图 11-23 所示。

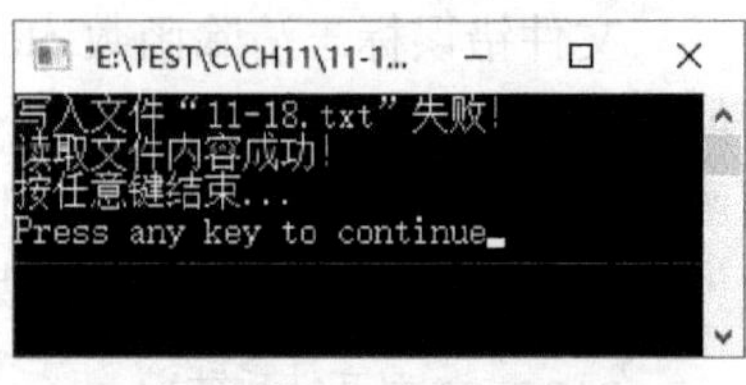

图 11-23　clearerr()函数

【案例剖析】

本例用于演示如何调用 clearerr()函数将文件的错误标志清除。在代码中，首先添加头文件 stdlib.h，在 main()函数中定义文件指针 fp，以“只读”的形式打开文件 11-18.txt，然后对该文件使用 fputc()函数进行写入字符的操作，调用 ferror()函数判断写入是否成功，若不成功则提示错误信息，之后使用 clearerr()函数将错误标志重置为 0。由于是以“只读”形式打开的文件，所以对该文件进行写入操作是不成功的。最后再使用 fgetc()函数对该文件进行读取操作，读取成功，所以判断条件“!ferror(fp)”的值为 1，未发生读取错误，不需要使用 clearerr()函数进行清除，完成以上操作后将文件关闭。

11.6　综合案例——文件的综合操作

本节通过具体的综合案例对本章知识点进行具体应用演示。

【例 11-19】 编写程序，通过文件内容的读取操作，同时对两个文件进行读取，并将这两个文件按照一左一右的形式输出在屏幕上，要求文件中每行读取的字符最大数为 30，并在输出完成后，计算出每行的字符数。(源代码\ch11\11-19)

```
#include <stdio.h>
/* 添加头文件“stdlib.h”以使用退出函数 exit() */
#include <stdlib.h>
/* 定义字符常量 */
#define PAGELINE   20
#define PAGESPLINE 2
/* 行宽 */
#define TXTWIDTH   30
#define TXTGAP     10
/* 声明函数 */
void linecount();
int readline();
int main()
{
    /* 定义文件指针 */
    FILE *fp1,*fp2;
    /* 文件名 */
    char fname[30];
    /* 分别记录两个文件当前行读入并输出的字符数 */
    int f1,f2;
    printf("请输入第一个文件的文件名：\n");
    scanf("%s",fname);
    /* 打开文件 1 */
    fp1=fopen(fname,"r");
```

```
    if(fp1==NULL)
    {
        printf("打开文件 %s 失败! \n",fname);
        exit(0);
    }
    printf("请输入第二个文件的文件名: \n");
    scanf("%s",fname);
    /* 打开文件 2 */
    fp2=fopen(fname,"r");
    if(fp2==NULL)
    {
        printf("打开文件 %s 失败! \n",fname);
        fclose(fp1);
        exit(0);
    }
    printf("\n 打开文件展示: \n");
    /* 判断文件是否结束 */
    while(!feof(fp1)||!feof(fp2))
    {
        f1=f2=0;
        /* 调用函数读取文件内容 */
        if(!feof(fp1))
        {
            f1=readline(fp1);
        }
        printf("%*c",TXTWIDTH-f1+TXTGAP,' ');
        if(!feof(fp2))
        {
            f2=readline(fp2);
        }
        printf("%*c%2d\n",TXTWIDTH-f2+4,' ',f1+f2);
        /* 调用行计数函数 */
        linecount();
    }
    puts("\n 按任意键结束...");
    getch();
    return 0;
}
/* 定义函数 */
/* 完成对输出行的计数和一页满后，输出空行 */
void linecount()
{
    static int pline=0;
    int i;
    if(++pline==PAGELINE)
    {
        for(i=0;i<PAGESPLINE;i++)
        {
            /* 输出一页后的空行 */
            printf("\n");
        }
        pline=0;
    }
}
```

```
/* 完成从指定的文件中读出一行多至 30 个字符并输出 */
int readline(FILE *fpt)
{
    int c,cpos=0;
    /* 调用 fgetc()函数读取 */
    while((c=fgetc(fpt))!='\n')
    {
        /* 判断文件结束退出循环 */
        if(feof(fpt))
        {
            break;
        }
        printf("%c",c);
        cpos++;
        if(cpos>=TXTWIDTH)
        {
            break;
        }
    }
    /* 返回读入并输出的字符数 */
    return cpos;
}
```

运行上述程序，结果如图 11-24 所示。

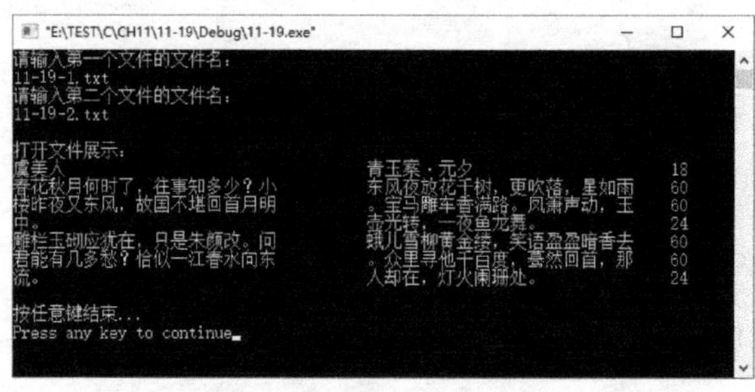

图 11-24　同时打开两个文件

【案例剖析】

本例演示了如何通过文件内容读取以及函数的调用方式将两个文件同时打开并将其内容展示在屏幕上。在代码中，首先添加头文件 stdlib.h，定义 4 个符号常量，分别用于对循环控制、判断一页是否输出满、标志行宽以及空格格式输出。接着声明函数 linecount()以及 readline()。函数 linecount()用于对输出行进行计数，并且在一页输出满后，进行空格的输出，保证格式规范。函数 readline()则用于对文件进行判断，若是该文件没有到达结尾，就使用 fgetc()函数将文件中的字符读取出来并输出，同时判断一行的读取字符数，若是大于等于 30，则换行输出。然后在 main()函数中，定义两个文件指针 fp1 以及 fp2，定义一个字符数组 fname，用于存放文件名，定义两个 int 型变量 f1 和 f2 用于记录两个文件当前行读入并输出的字符数，通过输入端输入两个文件的文件名，通过 fopen()函数将它们打开，接着使用 while()循环语句判断文件 1 与文件 2 是否读取到文件末尾，若是没有，则分别判断单个文件，若是单个文件没有结束就调用 readline()函数读取文件中的内容，并按照一定的格式输出。最后调用 linecount()函数，输出空行。

【例 11-20】 编写程序，通过配置 main()函数的参数，实现对若干文件中的行数、字数以及字符数进行统计。要求一个行的判断通过换行符决定，一个字的判断由空白符、制表符以及换行符决定，而字符是文件中所有的字符。该程序拥有 3 个任选的参数，分别是 l、w、c。l 表示统计文件的行数，w 表示统计文件的字数，c 表示统计文件的字符数。如果未配置这些参数，则默认统计行数、字数以及字符数。参数的配置格式为：-l -w -c 文件名 1 文件名 2…文件名 *n*。(源代码\ch11\11-20)

```
#include <stdio.h>
/* 添加头文件“stdlib.h”以使用退出函数 exit() */
#include <stdlib.h>
int main(int argc, char **argv)
{
    /* 定义文件指针 */
    FILE *fp;
    /* l, w, c 三个标志 */
    int lflg,wflg,cflg;
    /* 行内和字内标志 */
    int inline,inword;
    /* 字符，字，行计数器 */
    int ccount,wcount,lcount;
    int c;
    char *s;
    lflg=wflg=cflg=0;
    if(argc<2)
    {
        printf("请配置文件名，本程序用于统计多个文件中的行数，字数，字符数。\n");
        printf("配置格式: -l -w -c 文件名 1 文件名 2...\n");
        getch();
        exit(0);
    }
    /* 依次判断参数，从 argv 地址中逐个寻找“-” */
    while(--argc>=1&&(*++argv)[0]=='-')
    {
        /* 判断配置参数 */
        for(s=argv[0]+1;*s!='\0';s++)
        {
            switch(*s)
            {
                case 'l':
                    lflg=1;
                    break;
                case 'w':
                    wflg=1;
                    break;
                case 'c':
                    cflg=1;
                    break;
                default:
                    printf("请配置文件名，本程序用于统计多个文件中的行数，字数，字符数。\n");
                    printf("配置格式: -l -w -c 文件名 1 文件名 2...\n");
                    getch();
                    exit(0);
```

```
            }
        }
    }
    /* 未配置参数 默认统计所有项目 */
    if(lflg==0&&wflg==0&&cflg==0)
    {
        lflg=wflg=cflg=1;
    }
    lcount=wcount=ccount=0;
    while(--argc>=0)
    {
        /* 以“只读”方式打开文件 */
        if((fp=fopen(*argv++,"r"))==NULL)
        {
            /* 输出错误提示 */
            fprintf(stderr,"打开文件 %s 失败! \n",*argv);
            continue;
        }
        inword=inline=0;
        /* 未读取到文件末尾 则循环 */
        while((c=fgetc(fp))!=EOF)
        {
            /* 统计行数 */
            if(lflg)
            {
                if(c=='\n')
                {
                    inline=0;
                }
                else if(inline==0)
                {
                    lcount++;
                    inline=1;
                }
            }
            /* 统计字符数 */
            if(cflg)
            {
                ccount++;
            }
            /* 统计字数 */
            if(wflg)
            {
                if(c=='\n'||c==' '||c=='\t')
                inword=0;
                else if(inword==0)
                {
                    wcount++;
                    inword=1;
                }
            }
        }
        /* 关闭文件 */
        fclose(fp);
    }
```

```
    printf("对文件的统计结果为: \n");
    if(lflg)
    {
        printf(" 行数   =    %d\n",lcount);
    }
    if(wflg)
    {
        printf(" 字数   =    %d\n",wcount);
    }
    if(cflg)
    {
        printf(" 字符数 =    %d\n",ccount);
    }
    printf("按任意键结束...\n");
    getch();
    return 0;
}
```

main()函数的参数配置如图 11-25 所示。

运行上述程序，结果如图 11-26 所示。

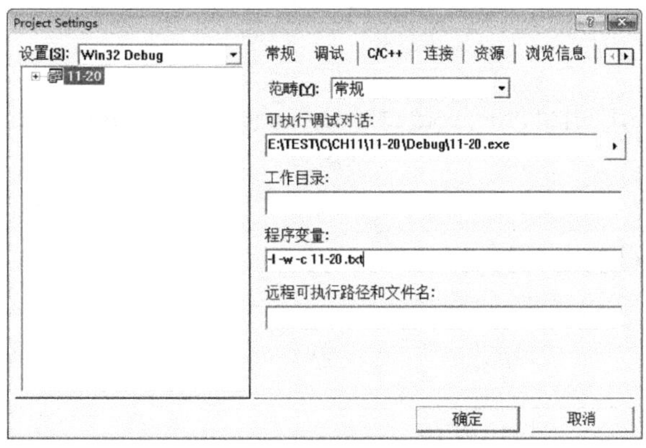

图 11-25　main()函数的参数配置

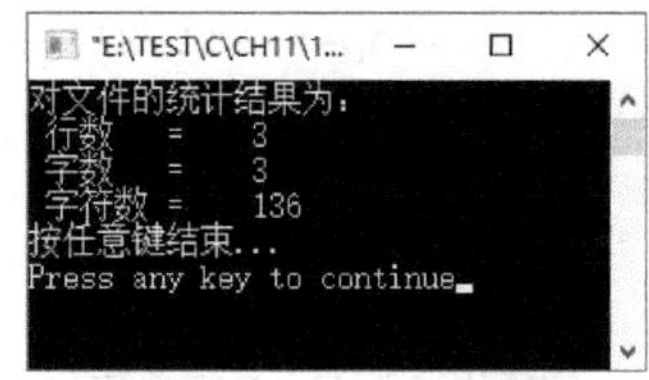

图 11-26　统计结果

【案例剖析】

本例用于演示如何利用 main()函数的参数，对文件中的行数、字数以及字符数进行统计。在代码中，首先添加头文件 stdlib.h，接着在 main()函数中定义文件指针 fp，定义 int 型变量 lflag、wflag 以及 cflag 用于代表行、字以及字符标志，定义 int 型变量 inline 以及 inword 用于表示行内与字内标志，定义 int 型变量 ccount、wcount 以及 lcount 用于存放字符数、字数以及行数。使用 while 循环依次判断参数，若 argv 的参数中包含符号“-”，则进入循环，通过 for 循环判断配置参数。若为“l”，则记录 lflag=1；若为“w”，则记录 wflag=1；若为“c”，则记录 cflag=1；否则进行提示。若未配置参数，则默认为统计所有项目，则 lflag=wflag=cflag=1，接着通过嵌套 while 循环，打开每个文件，统计出文件中的行数、字符数以及字数，统计完毕将文件关闭，最后输出统计的结果。

【例 11-21】 编写程序，通过输入端输入某学期的课程表，并通过相应的输出函数将课程表写入文件 11-21.txt 中，然后再通过输入函数读入该文件中的课程表，将该课程表输出在屏幕上。(源代码\ch11\11-21)

```
#include <stdio.h>
/* 添加头文件“stdlib.h”以使用退出函数 exit() */
#include <stdlib.h>
/* 定义结构体 */
struct course
{
    char Mon[20];
    char Tue[20];
    char Wed[20];
    char thu[20];
    char fri[20];
}cou[5];
int main()
{
    /* 定义文件指针 */
    FILE *fp;
    int i;
    /* 通过输入端输入结构体成员信息 */
    printf("请录入课程表信息：\n");
    printf("(周一 - 周二 - 周三 - 周四 - 周五)\n");
    for(i=0;i<5;i++)
    {
        printf("第%d 节课：\n",i+1);
        scanf("%s%s%s%s%s",cou[i].Mon,cou[i].Tue,cou[i].Wed,cou[i].thu,cou[i].fri);
        printf("\n");
    }
    /* 打开文件 */
    if((fp=fopen("11-21.txt","w"))==NULL)
    {
        printf("文件打开失败！\n");
        getch();
        exit(0);
    }
    /* 使用 fprintf()函数写入数据 */
    fprintf(fp,"%s\t%s\t%s\t%s\t%s\n","星期一","星期二","星期三","星期四","星期五");
    for(i=0;i<5;i++)
    {
    fprintf(fp,"%s\t%s\t%s\t%s\t%s\n",cou[i].Mon,cou[i].Tue,cou[i].Wed,
    cou[i].thu,cou[i].fri);
        if(ferror(fp))
        {
            printf("数据写入失败！\n");
            clearerr(fp);
        }
    }
    /* 关闭文件 */
    fclose(fp);
    /* 以“只读”打开文件 */
    if((fp=fopen("11-21.txt","r"))==NULL)
    {
        printf("文件打开失败！\n");
        getch();
        exit(0);
    }
```

```
    /* 读入文件数据 */
    printf("课程表: \n");
    for(i=0;i<5;i++)
    {
        /* 将文件指针移动到文件头部 */
        fseek(fp,i*sizeof(struct course),0);
        fscanf(fp,"%s\t%s\t%s\t%s\t%s\n",cou[i].Mon,cou[i].Tue,cou[i].Wed,
        cou[i].thu,cou[i].fri);
        printf("%s\t%s\t%s\t%s\t%s\n",cou[i].Mon,cou[i].Tue,cou[i].Wed,
        cou[i].thu,cou[i].fri);
    }
    /* 关闭文件 */
    fclose(fp);
    printf("\n 按任意键结束...\n");
    getch();
    return 0;
}
```

运行上述程序，结果如图 11-27～图 11-30 所示。

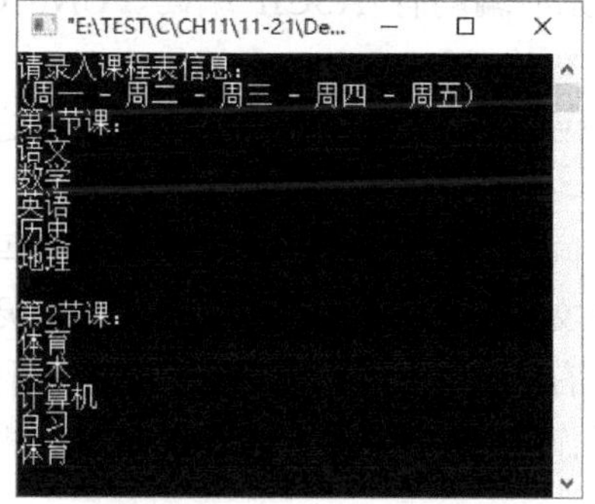

图 11-27　输入课程信息 1

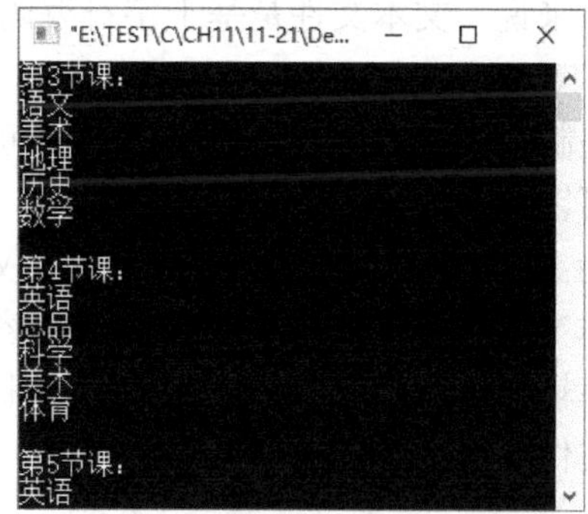

图 11-28　输入课程信息 2

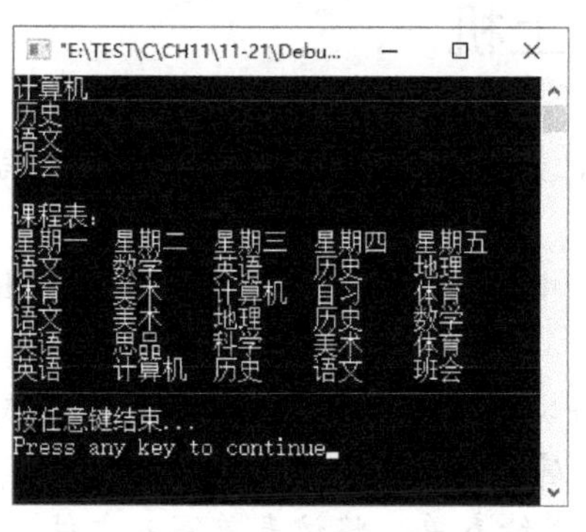

图 11-29　输出课程表

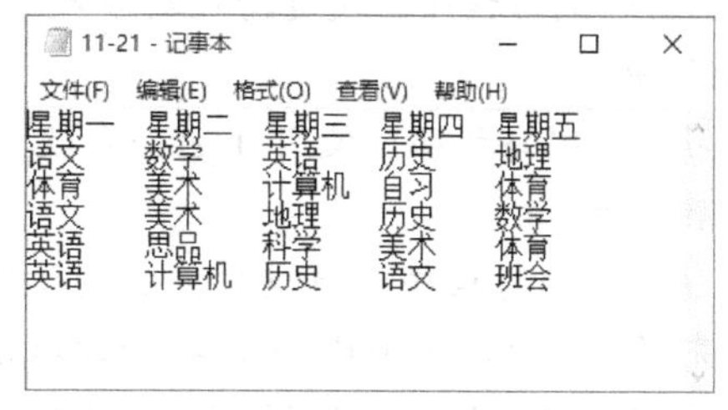

图 11-30　文件 11-21.txt 写入情况

【案例剖析】

本例用于演示通过文件的输入输出操作，将输入端录入的课程表信息写入磁盘文件，再将该文件中的课程表内容读取出来显示在屏幕上。在代码中，首先添加头文件 stdlib.h，接着定义结构体 course，包含周一到周五的课程信息。然后在 main()函数中，定义文件指针 fp，通过输入端录入课程表信息，录入格式为每周第 1 节课、第 2 节课、……、第 5 节课。输入完毕后，打开文件 11-21.txt，使用 fprintf()函数将内存中存放的课程表信息写入该文件，完成后关闭文件，再以“只读”的形式打开该文件，使用 fscanf()函数将该文件中的课程表信息读取到内存中，然后再输出到屏幕上，完成后将文件关闭。

11.7 大神解惑

小白：格式化输入输出函数 scanf()、printf()与 fscanf()、fprintf()有什么区别?

大神：fscanf()函数和 fprintf()函数与前面使用的 scanf 和 printf 函数的功能相似，都是格式化读写函数。两者的区别在于，fscanf()函数和 fprintf()函数的读写对象不是键盘和显示器，而是磁盘文件。

小白：二进制文件与文本文件的区别是什么？

大神：计算机的存储在物理上是二进制的，所以文本文件与二进制文件的区别并不是物理上的，而是逻辑上的。这两者只是在编码层次上有差异。

简单来说，文本文件是基于字符编码的文件，常见的编码有 ASCII 编码、UNICODE 编码等。

二进制文件是基于值编码的文件，可以根据具体应用，指定某个值是什么意思(这样一个过程，可以看作自定义编码)。

因为文本文件与二进制文件的区别仅仅是编码不同，所以它们的优缺点就是编码的优缺点，文本文件编码基于字符定长，译码容易；二进制文件的编码是变长的，所以它灵活，存储利用率较高，译码难一些(不同的二进制文件格式，有不同的译码方式)。关于空间利用率，二进制文件甚至可以用一个比特来代表一个意思(位操作)，而文本文件的任何一个意思至少是一个字符。

11.8 跟我学上机

练习 1: 编写程序，通过输入端输入一个字符串，使用 fputc()函数将这个字符串写入文件“p1.txt”中。

练习 2: 编写程序，使用 fgets()函数，将练习 1 中写入“p1.txt”的字符串读取出来，并显示在屏幕上。

练习 3: 编写程序，通过数据块的读写函数，将班级中学生职务以及姓名制作成表格形式，首先写入文件“p3.txt”中，接着读取出来显示在屏幕上以验证正确与否。

练习 4: 编写程序，使用 fprintf()函数制作学生成绩表单，将该表单写入文件“p4.txt”中，完成后打开该文件，检查格式是否合格。

练习 5: 编写程序，实现一个备忘录功能，每次打开程序，可以向其中编写一条备忘信息存储于文件“p5.txt”中。

第 12 章 未雨绸缪——编译与预处理指令

C 语言较其他语言而言，比较独特的地方就是具有预处理功能，在之前使用到的实例中，带有“#”的语句就属于预处理指令。使用预处理指令能够提高 C 语言的编程效率，并且增加程序的可移植性。

本章目标(已掌握的在方框中打钩)

- ▢ 了解什么是预处理指令
- ▢ 掌握宏的定义与使用
- ▢ 掌握文件包含的使用
- ▢ 掌握如何进行条件编译

12.1　预处理指令

C 语言中，预处理指令指的是能够在程序的正式编译之前通过编译器对预处理的部分进行分析处理，将一些词法语法等扫描，并替换成有实际意义的内容。合理地使用预处理功能对程序进行编写，更利于阅读、修改、调试以及移植。

【例 12-1】 编写程序，通过对圆面积的计算演示预处理指令。(源代码\ch12\12-1)

```
#include <stdio.h>
/* 预处理 */
#define PI 3.14
int main()
{
    int r;
    printf("请输入圆的半径 r: \n");
    scanf("%d",&r);
    if(r>0)
    {
       printf("面积是: %.2f\n",2*PI*r*r);
    }
    else
    {
       printf("输入的 r 不合法! \n");
    }
    return 0;
}
```

运行上述程序，结果如图 12-1 所示。

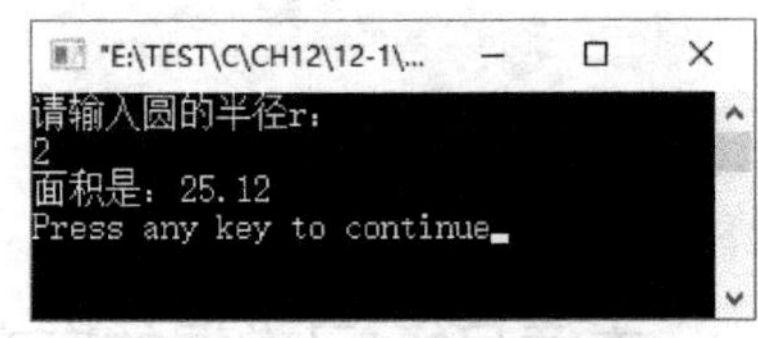

图 12-1　预处理指令

【案例剖析】

本案例用于演示预处理指令的使用。在代码中，头文件部分以“#”开头的符号常量定义语句即为预处理指令，该预处理指令用于将圆周率小数赋予变量 PI，使得程序中用到圆周率的地方可直接使用变量 PI 来代替。

12.2　宏　定　义

C 语言中，预处理命令中有一种称为宏定义，它允许使用一个标识符来表示一个字符串，就好比例 12-1 中的预处理指令，它就为一个宏定义。

在程序的编译处理时期，会对程序中出现的宏定义进行替换操作，将源代码中的字符串进行相应替换，这被称为宏替换或者宏展开。宏定义是通过源程序中的宏定义命令完成的，而宏替换则由预处理程序自动实现。

12.2.1　变量式宏定义

在程序中使用宏定义的语法格式如下。

```
#define 标识符 字符串
```

例如：

```
#define PI 3.14
```

此为使用变量 PI 来表示圆周率。

变量式宏定义可分为整数形式、浮点数形式、运算符形式、字符串形式以及表达式形式，下面使用这些形式的宏定义分别举例演示。

注意 宏定义不属于语句，不需要在末尾添加“;”。

1. 整数形式与浮点数形式

【例 12-2】 编写程序，计算半径为 3 的圆的周长。(源代码\ch12\12-2)

```
#include <stdio.h>
/* 宏定义 */
#define PI 3.14
#define R 3
int main()
{
    float c;
    printf("计算半径为%d 的圆的周长：\n",R);
    c=2*PI*R;
    printf("该圆的周长是%.2f\n",c);
    return 0;
}
```

运行上述程序，结果如图 12-2 所示。

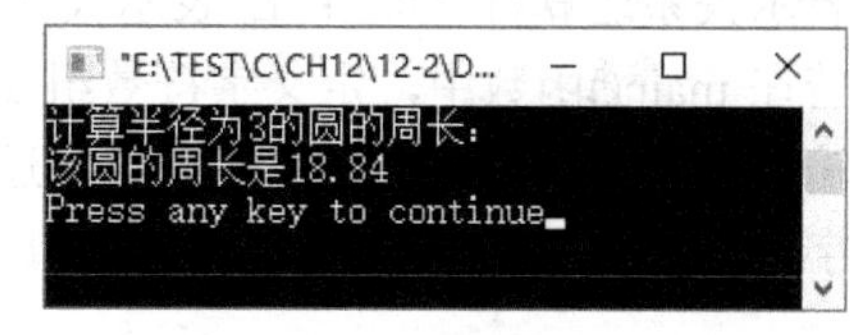

图 12-2 整数、浮点数形式宏定义

【案例剖析】

本案例用于演示如何定义整数以及浮点数形式的宏。在代码中，通过宏定义使用变量 PI 表示圆周率，使用 R 表示圆的半径，接着在 main()函数中，通过公式对圆的半径进行计算，这里将 3.14 和 3 分别代入公式，完成周长的求解。

注意 上例中“PI”与“R”称为宏定义的宏名，宏名的命名规范同标识符命名规范，并且要使用大写字母便于与普通变量进行区分。

2. 运算符形式

【例 12-3】 编写程序，通过变量式宏定义，定义关系运算符，比较字符串的大小。(源代码\ch12\12-3)

```
#include <stdio.h>
/* 宏定义 */
#define L >
#define S <
```

```
#define E ==
int main()
{
    char a[5];
    char b[5];
    printf("请输入字符串 a: \n");
    gets(a);
    printf("请输入字符串 b: \n");
    gets(b);
    printf("\n");
    if(strcmp(a,b) L 0)
    {
        printf("字符串 a 大于 b\n");
    }
    else if(strcmp(a,b) S 0)
    {
        printf("字符串 a 小于 b\n");
    }
    else if(strcmp(a,b) E 0)
    {
        printf("字符串 a 等于 b\n");
    }
    return 0;
}
```

运行上述程序，结果如图 12-3 所示。

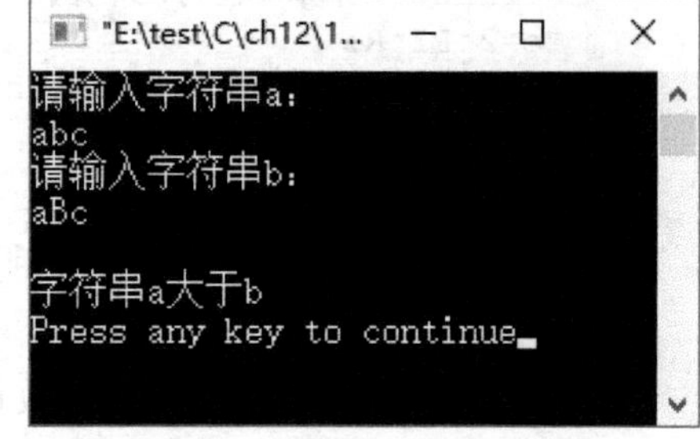

图 12-3　运算符形式宏定义

【案例剖析】

本例用于演示如何定义运算符形式的宏。在代码中，通过宏定义使用字符 L 表示关系运算符“>”；S 表示关系运算符“<”；E 表示关系运算符“==”。接着在 main()函数中，定义字符数组 a 与 b，通过输入端输入字符串 a 与字符串 b，最后通过 if…else if 语句对字符串 a 和字符串 b 进行比较，输出比较结果。

3. 字符串形式

【例 12-4】 编写程序，通过变量式宏定义，定义换行符，用于在程序中进行换行操作。(源代码\ch12\12-4)

```
#include <stdio.h>
#include <string.h>
/* 宏定义 */
#define N "\n"
int main()
{
    char s1[10]="abc";
    char s2[]="def";
    printf("字符串 s1 为: %s",s1);
    /* 换行 */
    printf(N);
    printf("字符串 s2 为: %s",s2);
    printf(N);
```

```
    strcat(s1,s2);
    printf("将 s2 连接到 s1 之后: %s",s1);
    printf(N);
    return 0;
}
```

运行上述程序，结果如图 12-4 所示。

【案例剖析】

本例用于演示如何定义一个字符串形式的宏。在代码中，通过宏定义使用字符 N 表示换行操作"\n"，接着在 main()函数中，定义字符数组 s1 与 s2，并通过使用字符 N 来进行格式控制，在打印出每句提示语句后进行换行操作，最后完成字符串的拼接。

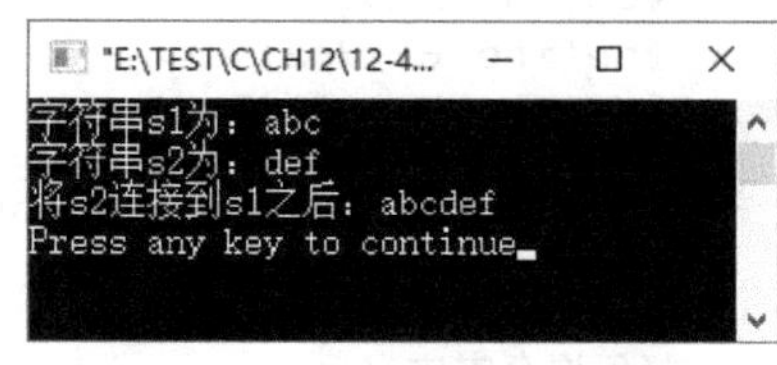

图 12-4　字符串形式宏定义

4. 表达式形式

【例 12-5】 编写程序，通过宏定义来定义一个表达式，用于计算两数之和。(源代码\ch12\12-5)

```
#include <stdio.h>
/* 宏定义 */
#define S (a+b)
int main()
{
    int sum,a,b;
    printf("请输入两个整数: \n");
    scanf("%d%d",&a,&b);
    /* 使用宏 */
    sum=a*S+b*S;
    printf("sum=%d*S+%d*S=",a,b);
    printf("%d\n",sum);
    return 0;
}
```

运行上述程序，结果如图 12-5 所示。

【案例剖析】

本例用于演示如何定义以及使用一个表达式形式的宏。在代码中，通过宏定义使用宏名 S 来表示两个变量相加的和。接着在 main()函数中，通过输入端输入宏定义表达式中变量 a 和 b 的值，然后将表达式代入"a*S+b*S"中计算出 sum 的结果，最后输出。

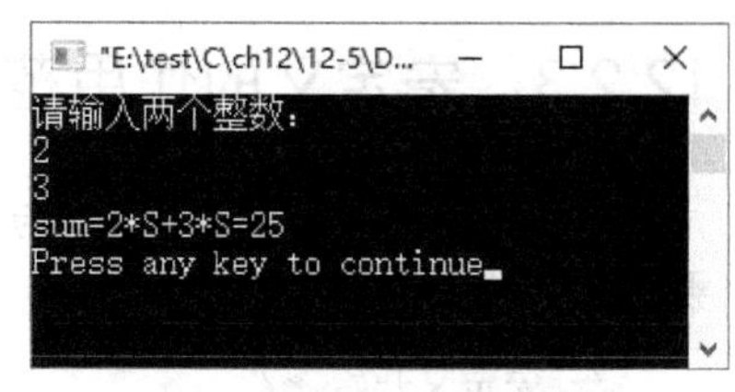

图 12-5　表达式形式宏定义

注意　宏定义只在程序中起到替换的作用，不会为其分配内存空间。并且字符串中宏名不会被替换，例如上例中的 S 在字符串中并未被替换。

12.2.2　宏定义的嵌套

C 语言中，宏也可以像变量一样，进行嵌套定义，例如:

```
#define A 3
#define B (A+2)
#define C (B+3)
```

首先定义A，然后嵌套定义B，最后嵌套定义C，将它们进行展开为：

```
#define A 3
#define B (3+2)
#define C ((3+2)+3)
```

【例 12-6】 编写程序，通过嵌套宏定义，计算圆的周长与面积。(源代码\ch12\12-6)

```
#include <stdio.h>
/* 嵌套宏定义 */
#define R 3
#define PI 3.14
#define C (2*PI*R)
#define S (PI*R*R)
int main()
{
    /* 使用宏 */
    printf("计算半径为%d 的圆周长与面积: \n",R);
    printf("周长 2*PI*R=%.2f\n",C);
    printf("面积 PI*R*R=%.2f\n",S);
    return 0;
}
```

运行上述程序，结果如图 12-6 所示。

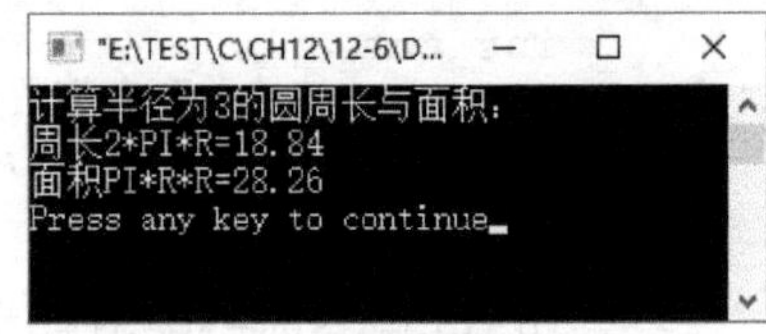

图 12-6　嵌套宏定义

【案例剖析】

本例用于演示如何定义以及使用嵌套宏。在代码中，首先定义宏 R 表示圆的半径，然后定义宏 PI 表示圆周率，接着进行嵌套定义宏 C，在宏 C 中使用了宏 R 与 PI，对圆的周长进行求解，最后进行嵌套定义宏 S，在宏 S 中使用了宏 R 与 PI，对圆的面积进行求解，然后再分别输出求解的结果。

12.2.3　宏定义的作用范围

实际上，宏在定义的时候与变量一样也有其作用范围，宏定义的作用范围可以通过语法来进行约束，其语法格式如下。

```
/* 宏定义开始 */
#define
...
/* 宏定义结束标志 */
#undef
```

注意：一般来说，宏都是在文件的起始位置进行定义。

【例 12-7】 编写程序，演示宏定义的作用范围。(源代码\ch12\12-7)

```
#include <stdio.h>
```

```
/* 宏定义 */
#define TEST "flag1"
/* 声明函数 */
void f();
int main()
{
    printf("调用函数前宏 TEST 为 %s\n",TEST);
    /* 调用函数 */
    f();
    printf("调用函数后宏 TEST 为 %s\n",TEST);
    return 0;
}
/* 宏定义结束 */
#undef TEST
/* 重新定义宏 */
#define TEST "falg2"
void f()
{
    printf("函数中宏 TEST 为 %s\n",TEST);
}
/* 宏定义结束 */
#undef TEST
```

运行上述程序，结果如图 12-7 所示。

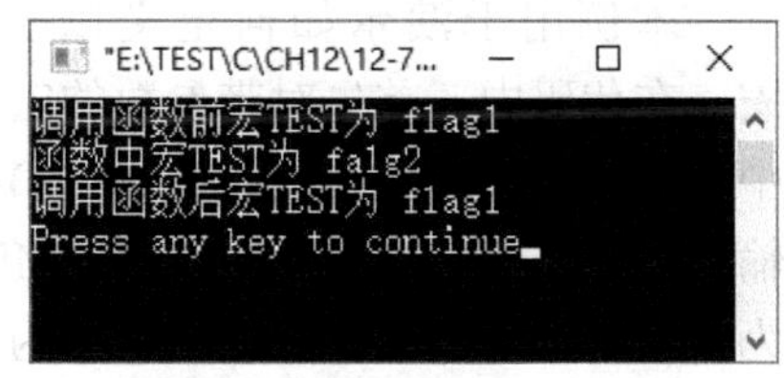

图 12-7 宏定义的作用范围

【案例剖析】

本案例用于演示宏定义在程序中的作用范围。在代码中，首先定义一个宏 TEST，并声明一个函数 f()，接着在 main()函数中测试第一次定义的宏值，在函数 f()调用前后各输出一次宏的值，发现并未发生改变全是 flag1，而在调用函数 f()时，函数中的输出值为 flag2，这是因为函数 f()受到了第二次宏定义的影响，其值发生变化。

12.2.4 带参数的宏定义

以上小节对不带参数的宏定义进行了讲解，实际上，宏可以定义为带参数的形式。

带参数的宏的定义语法如下。

```
#define 宏名(参数列表) 字符串
```

带参数的宏进行调用时语法格式如下。

```
宏名(实参列表);
```

例如：

```
#define PI 3.14
#define C(r) 2*PI*r
#define S(r) PI*r*r
...
int r;
C(r);
```

```
S(r);
```

此为将圆的半径作为参数进行传递，通过调用宏，计算圆的周长与面积。

【例 12-8】 编写程序，定义一个宏 MIN，用于判断传递的参数值的大小，并返回较小的值。(源代码\ch12\12-8)

```
#include <stdio.h>
/* 宏定义 */
#define MIN(x,y) (x<y) ? x : y
int main()
{
    int a,b,min;
    printf("请输入两个整数用于比较大小：\n");
    scanf("%d%d",&a,&b);
    /* 调用宏 */
    min=MIN(a,b);
    printf("两数中较小的数为 %d\n",min);
    return 0;
}
```

运行上述程序，结果如图 12-8 所示。

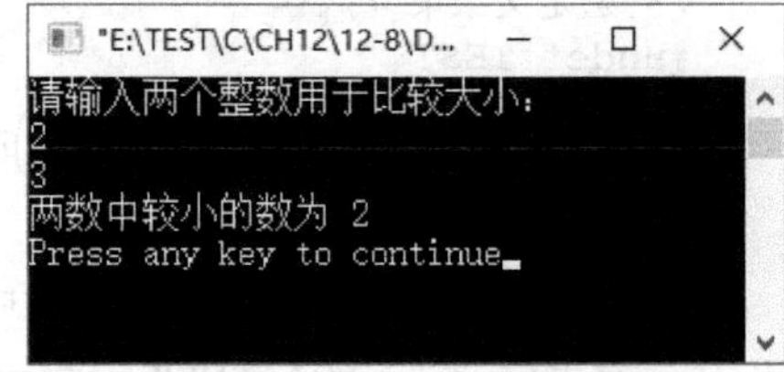

图 12-8　带参数的宏定义

【案例剖析】

本例用于演示如何定义以及调用带参数形式的宏。在代码中，首先对带参数的宏 MIN 进行定义，其中包含两个形参 x 与 y。在 main()函数中，通过输入端输入两个整数 a 与 b，再调用宏 MIN，将变量 a 与 b 作为实参进行传递，此时宏展开后为“min=(a<b)?a:b”，最后得出两数中较小数的值。

使用带参数的宏定义时，需要注意以下几点。

(1) 在定义带参数的宏时，宏名与形参列表之间不可出现空格。

例如将：

```
#define MIN(x,y) (x<y)?x:y
```

写为：

```
#define MIN (x,y) (x<y)?x:y
```

是不合法的，此时的宏将被看作无参数的定义形式，若对宏进行调用：

```
min=MIN(a,b);
```

展开后为：

```
min=(a,b) (a<b)?a:b;
```

无法进行计算，此为错误宏定义。

(2) 与函数定义时的参数不同，在定义宏时不需要对形参的数据类型进行说明，而调用时与函数一样需要分配内存，就需要指明实参的数据类型。

【例 12-9】 编写程序，使用带参数的宏，计算$(2a)^2$的值。(源代码\ch12\12-9)

```
#include <stdio.h>
```

```
/* 宏定义 */
#define F(n) (n)*(n)
int main()
{
    int a,b;
    printf("请输入一个整数: \n");
    scanf("%d", &a);
    /* 调用宏 */
    b=F(2*a);
    printf("b=%d\n",b);
    return 0;
}
```

运行上述程序，结果如图 12-9 所示。

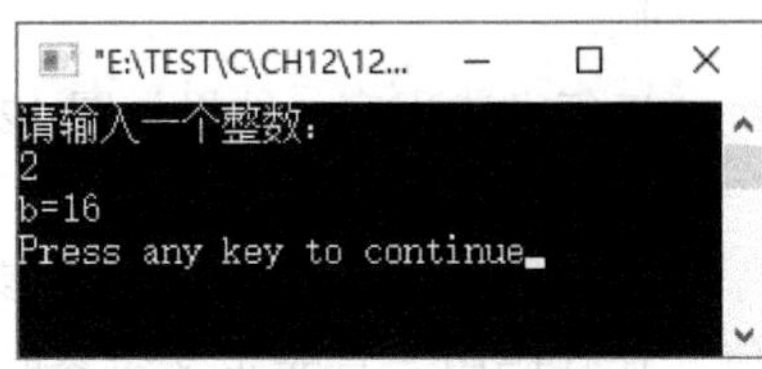

图 12-9 计算$(2a)^2$的值

【案例剖析】

本案例用于演示通过使用带参数的宏计算表达式的值。在代码中定义了一个带参数的宏 F，其中形参 n 不同于函数中的形参，不需要进行数据类型的说明，在调用宏 F 时传递了实参 2*a，而 a 被定义为 int 型数据，将宏展开后为“(2*a)(2*a)”，这里可以发现对宏进行传递实参不需要对实参表达式进行计算，而是原样替换。

(3) 宏定义中的字符串内形参需要使用括号括起来以免出错。

【例 12-10】 编写程序，对例 12-9 进行改造，去掉宏定义中字符串的括号，计算表达式$(2+a)^2$，输出结果。(源代码\ch12\12-10)

```
#include <stdio.h>
/* 宏定义 */
#define F(n) n*n
int main()
{
    int a,b;
    printf("请输入一个整数: \n");
    scanf("%d", &a);
    /* 调用宏 */
    b=F(2+a);
    printf("b=%d\n",b);
    return 0;
}
```

运行上述程序，结果如图 12-10 所示。

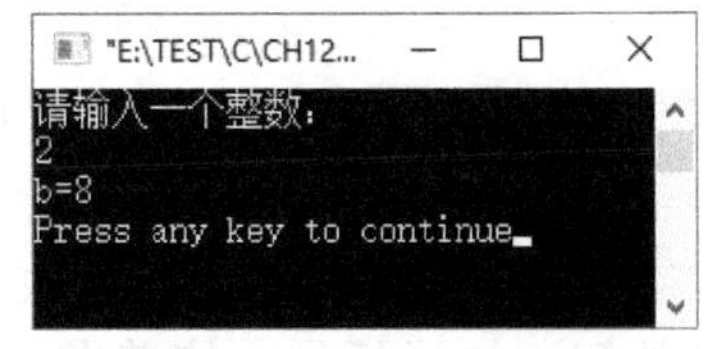

图 12-10 宏定义中字符串的括号

【案例剖析】

本例用于比较宏定义中字符串括号的有无之间的区别。在代码中，定义一个带参数的宏，不使用括号，并在 main()函数中调用宏，发现得出的计算结果并不是 16，这是因为将宏展开后为“2+a*2+a”，这与宏定义时对字符串加上括号“(n)*(n)”计算出的结果完全不一样。

【例 12-11】 编写程序，对例 12-9 进行改造，计算表达式 16/F(2*a)，输出结果。(源代

码\ch12\12-11)

```
#include <stdio.h>
/* 宏定义 */
#define F(n) (n)*(n)
int main()
{
    int a,b;
    printf("请输入一个整数：\n");
    scanf("%d", &a);
    /* 调用宏 */
    b=16/F(2*a);
    printf("b=%d\n",b);
    return 0;
}
```

运行上述程序，结果如图 12-11 所示。

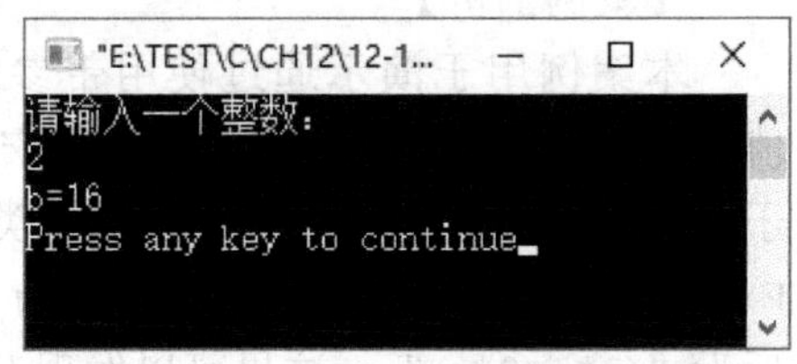

图 12-11　计算表达式 16/F(2*a)

【案例剖析】

本例用于演示如何使用带参数的宏计算表达式的值。在代码中，首先定义带参数的宏 F，在 main()函数，输入 a 的值再调用宏计算表达式“16/F(2*a)”，当输入的 a 为 2 时，可能读者会认为得出的结果为 1，因为例 12-9 中已经计算过“F(2*a)”的值为 16 了，理论上结果应为 1，但是实际上宏的展开为“16/(2*a)*(2*a)”，按照运算符的优先级以及结合性，先计算“16/(2*a)”，得出 4，再计算“4*(2*a)”，所以得出 16。

【例 12-12】 编写程序，为得出正确的答案，对例 12-11 进行改造，定义宏时在字符串的最外侧加上括号，计算 16/F(2*a)，输出结果。(源代码\ch12\12-12)

```
#include <stdio.h>
/* 宏定义 */
#define F(n) ((n)*(n))
int main()
{
    int a,b;
    printf("请输入一个整数：\n");
    scanf("%d", &a);
    /* 调用宏 */
    b=16/F(2*a);
    printf("b=%d\n",b);
    return 0;
}
```

运行上述程序，结果如图 12-12 所示。

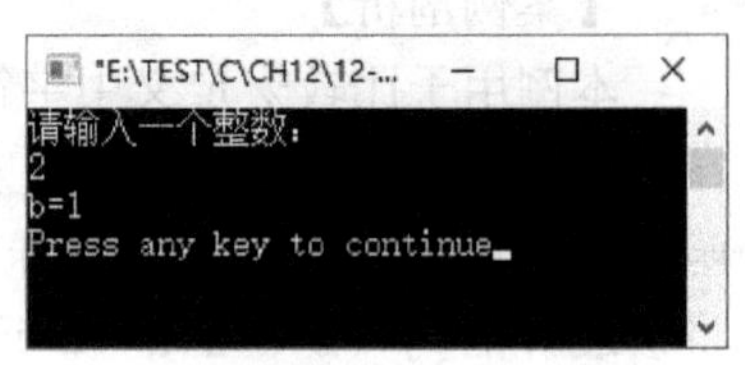

图 12-12　括号的作用

【案例剖析】

本案例对例 12-11 进行改造，在定义宏时，对字符串的最外侧添加了括号，接着在 main()函数中，依旧输入整数 2，调用宏对表达式进行计算，此时得出的结果正是上例中理论上应得的 1，说明在使用带参数的宏定义时不仅需要在参数两侧加上括号，还应该在整个字符串的外面添加括号。

12.2.5 宏定义的多行表示

C 语言中，宏定义通常情况下是单行完成的，但也有特例，若是需要使用多行定义一个宏，则必须使用反斜杠“\”。

例如：

```
/* 多行宏定义 */
#define F(n) \
((n)*(n))
```

多行宏定义的反斜杠书写位置在第一行的末尾，然后换行输入第二行。

【例 12-13】 编写程序，使用多行宏定义，将小写字母转换为大写字母。(源代码\ch12\12-13)

```
#include <stdio.h>
/* 多行宏定义 */
#define UP(c) \
    (((c)>='a' && (c)<='z') ? ((c)-32):(c))
int main()
{
    char ch;
    printf("请输入一个字符：\n");
    ch=getc(stdin);
    printf("%c 转换为大写字符为：%c\n",ch,UP(ch));
    return 0;
}
```

运行上述程序，结果如图 12-13 所示。

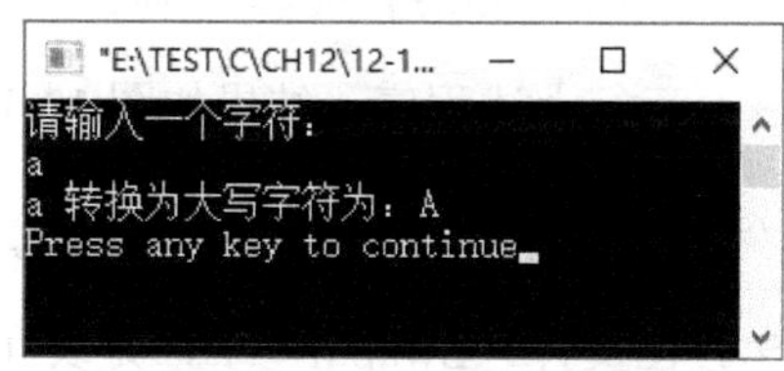

图 12-13 多行宏定义

【案例剖析】

本例用于演示如何定义与使用多行宏。在代码中，首先定义了一个多行的宏，该宏用于将传递的参数字符小写形式转换为大写，接着在 main()函数中，定义一个 char 变量 ch，通过输入端输入一个字符，接着调用宏输出这个字符的大写形式。

12.3 文 件 包 含

文件包含是 C 语言预处理程序的一个重要功能，该指令的功能能够将指定文件插入该指令的行位置从而取代指令行，将指定的文件与当前源程序文件合并为一个源文件。

文件包含的概念可能有些难以理解，实际上，文件包含就是将一些宏定义、函数声明、函数定义、变量定义、语句块等打包成一个文件，并给这个文件命名，通常情况下是以“.h”作为这些文件的拓展名。然后在其他文件中使用该文件的内容时只需要添加头文件即可，就好比之前一直用到的“#include <stdio.h>”指令，就是添加包含有输入输出函数的文件。

使用文件包含的语法格式如下。

```
#include <文件名>
```

或者写为：

```
#include "文件名"
```

【例 12-14】 编写程序，在工程中新建“main.c”以及“Swap.h”两个文件，通过使用文件包含完成两数的交换功能。(源代码\ch12\12-14)

文件“main.c”具体代码：

```
#include <stdio.h>
/* 添加头文件 */
#include <Swap.h>
int main()
{
    int a,b;
    printf("请输入两个整数：\n");
    scanf("%d%d",&a,&b);
    /* 使用文件中的宏 */
    SWAP(a,b);
    printf("交换后 a=%d,b=%d\n",a,b);
    return 0;
}
```

文件“Swap.h”具体代码：

```
/* 多行宏定义 */
#define SWAP(a,b){ \
    int temp;\
    temp=a;\
    a=b;\
    b=temp;}
```

运行上述程序，结果如图 12-14 所示。

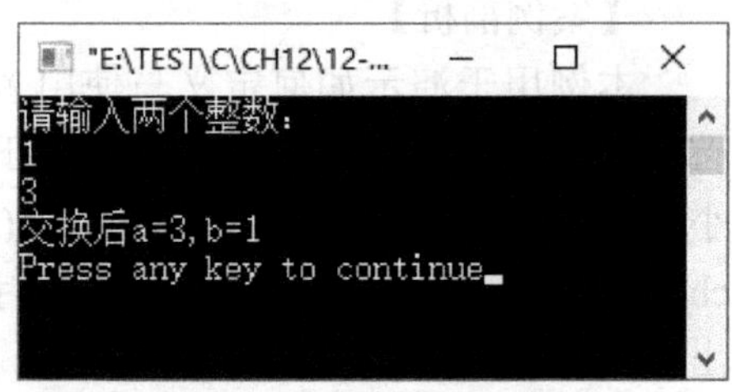

图 12-14　文件包含

【案例剖析】

本例用于演示如何在源程序文件中使用文件包含。在文件“Swap.h”中，定义了一个多行的宏，用于将参数进行交换。接着在“main.c”文件中，将文件“Swap.h”添加进来，然后通过输入端输入两个整数，使用文件中的宏 SWAP，将这两个数进行交换，并输出交换结果。

注意

(1) 文件包含指令中的被包含文件可以使用双引号或者尖括号括起来，使用双引号时表示优先在当前源文件目录中寻找被包含文件，若没有则去包含目录中寻找；而使用尖括号表示在包含目录中寻找被包含文件，不去源文件目录中寻找。(包含目录：由用户在设置环境时配置)

(2) 一个文件要使用多个文件包含，则需通过若干 include 指令添加，一个 include 指令对应一个文件。

(3) 文件包含可以嵌套，但是必须按顺序包含，如图 12-15 所示。

(4) 不能包含 obj 文件。文件包含是在编译前进行处理的，而不是在连接时进行处理。

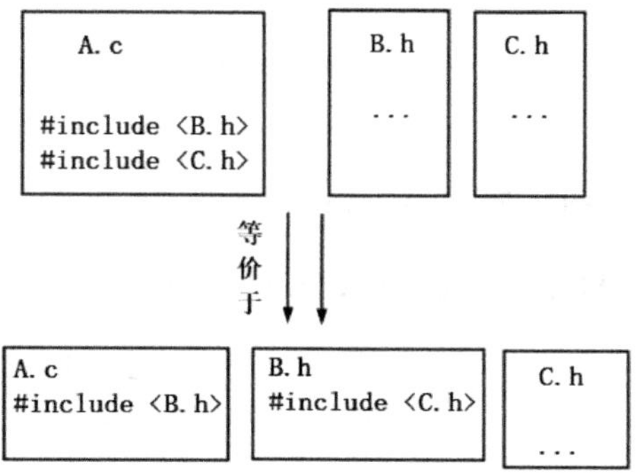

图 12-15 文件包含的嵌套

12.4 条件编译

通常情况下，程序的所有行都会参加编译，但有时可能只需要对一些程序的改进部分或者调试版本等部分进行编译，就需要使用到条件编译。

12.4.1 条件编译命令

条件编译能够使得程序的一部分内容在满足一定条件时才进行相关的编译操作。C 语言中使用条件编译有 3 种命令：#if、#ifdef 以及#ifndef。

1. #if 命令

使用#if 命令的一般形式如下。

```
#if 表达式
…语句段 1;
#else
…语句段 2;
#endif
```

表示若是#if 指令后表达式为真，则编译语句段 1，否则编译语句段 2。

【例 12-15】 编写程序，使用#if 命令演示条件编译。(源代码\ch12\12-15)

```
#include <stdio.h>
/* 宏定义 */
#define FLAG1 0
#define FLAG2 0
#define FLAG3 1
int main()
{
#if FLAG1
    {
        float r;
        printf("请输入圆的半径 r: \n");
        scanf("%f",&r);
```

```
        printf("该圆的面积为：%.2f\n",3.14*r*r);
    }
#endif
#if FLAG2
    {
        float a,b;
        printf("请输入矩形的长和宽：\n");
        scanf("%f%f",&a,&b);
        printf("矩形的面积为：%.2f\n",a*b);
    }
#endif
#if FLAG3
    {
        float x,y;
        printf("请输入三角形的底和高：\n");
        scanf("%f%f",&x,&y);
        printf("三角形的面积为：%.2f\n",x*y/2);
    }
#endif
    return 0;
}
```

运行上述程序，结果如图 12-16 所示。

【案例剖析】

本例用于演示条件编译中的#if 命令，在代码中首先定义 3 个宏 FLAG，通过这 3 个宏来分别控制程序求解不同的面积。当宏 FLAG1 的值为 1 时，对圆的面积进行求解；当 FALG2 的值为 1 时，对矩形的面积进行求解；当 FLAG3 的值为 1 时，对三角形的面积进行求解。

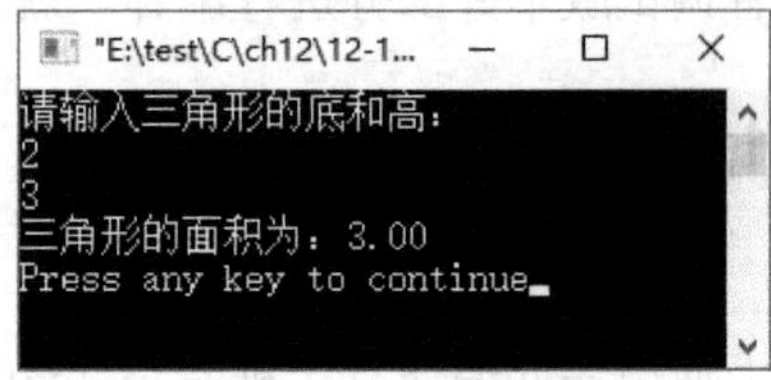

图 12-16　#if 命令

2. #ifdef 命令

使用#ifdef 命令的一般形式如下。

```
#ifdef 宏替换名
...语句段 1
#else
...语句段 2
#endif
```

表示若是宏替换名已经被定义，则编译语句段 1；否则编译语句段 2。

其中，若是没有语句段 2，则可以省略#else，写为：

```
#ifdef 宏替换名
...语句段
#endif
```

【例 12-16】 编写程序，使用#ifdef 命令演示条件编译。(源代码\ch12\12-16)

```
#include <stdio.h>
/* 宏定义 */
#define PI 3.14
#define S(r) PI*r*r
```

```
int main()
{
#ifdef S
    {
        float r,s;
        printf("请输入圆的半径: \n");
        scanf("%f",&r);
        /* 使用宏 */
        s=S(r);
        printf("该圆的面积为: %.2f\n",s);
    }
#endif
    return 0;
}
```

运行上述程序，结果如图 12-17 所示。

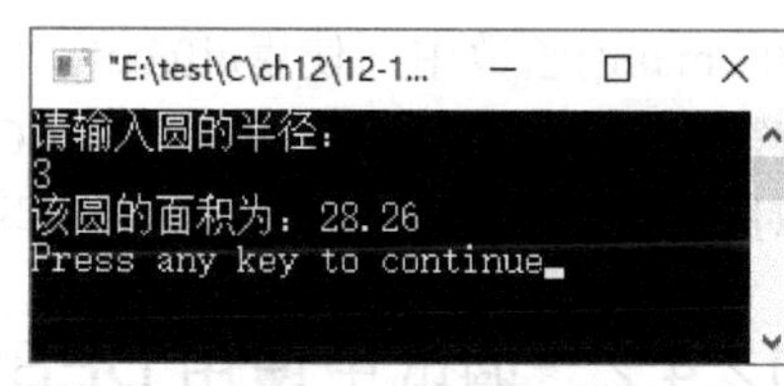

图 12-17 #ifdef 命令

【案例剖析】

本例用于演示如何使用#ifdef 命令进行条件编译。在代码中，首先定义宏 PI 和 S(r)。接着在 main()函数中使用#ifdef 命令对圆的面积进行求解。由于宏 S(r)在头文件中被定义了，所以可以编译代码块中的内容，输入半径，使用宏求解圆的面积并输出。若是该宏没有被定义，则不会进行编译。

3. #ifndef 命令

使用#ifndef 命令的一般形式如下。

```
#ifndef 宏替换名
...语句段 1
#else
...语句段 2
#endif
```

它的功能与#ifdef 命令正好相反，若是宏替换名未被定义，则编译语句段 1；否则编译语句段 2。

同样，#else 可以省略，写为:

```
#ifndef 宏替换名
...语句段
#endif
```

【例 12-17】 编写程序，使用#ifndef 命令进行条件编译。(源代码\ch12\12-17)

```
#include <stdio.h>
/* 宏定义 */
#define S(a,b) (a)*(b)/2
int main()
{
#ifndef FLAG
    {
        float a,b,s;
```

```
        printf("请输入三角形的底和高: \n");
        scanf("%f%f",&a,&b);
        /* 使用宏 */
        s=S(a,b);
        printf("三角形的面积为: %.2f\n",s);
    }
#endif
    return 0;
}
```

运行上述程序，结果如图 12-18 所示。

图 12-18 #ifndef 命令

【案例剖析】

本例用于演示如何使用#ifndef 命令进行条件编译。在代码中，首先进行宏定义，用于计算三角形的面积，接着在 main()函数中，使用#ifndef 命令对三角形面积进行求解。注意这里的宏替换名为 FLAG，但是在头文件中并未对该宏进行定义，所以可以对代码块中的内容进行编译。

12.4.2 调试中使用 DEBUG 宏

开发人员在程序的调试过程中，需要反复地修改完善，修改的过程中就需要对程序的某个功能进行反复的调试。在 C 语言中，有一种专门的 DEBUG 宏，能够将调试过程中参数的值进行输出，从而发现问题的出处，在调试完成后，只需将其删除即可，十分方便。

使用 DEBUG 宏的语法如下。

```
/* 宏定义 */
#define DEBUG
…语句段
#ifdef DEBUG
    printf("输出参数值%d",x);
#endif
```

其中需要先对宏进行定义，然后使用#ifdef 命令进行条件编译，输出具体程序中参数的值。

【例 12-18】 编写程序，使用 DEBUG 宏演示程序的调试过程。(源代码\ch12\12-18)

```
#include <stdio.h>
/* DEBUG 宏 */
#define DEBUG
/* 声明函数 */
long f();
int main()
{
    int n;
    printf("输入一个整数 n: \n");
    while(scanf("%d",&n)!=EOF)
    {
        printf("%d 的阶乘为 %ld \n",n,f(n));
    }
    return 0;
}
```

```
/* 定义函数 */
long f(int n)
{
    int i;
    long s=1;
    for(i=1;i<=n;i++)
    {
        s=s*i;
#ifdef DEBUG
        printf("调试信息%d!=%ld\n",i,s);
#endif
    }
    return s;
}
```

运行上述程序，结果如图 12-19 所示。

```
"E:\TEST\C\CH1...
输入一个整数n:
3
调试信息1!=1
调试信息2!=2
调试信息3!=6
3的阶乘为 6
4
调试信息1!=1
调试信息2!=2
调试信息3!=6
调试信息4!=24
4的阶乘为 24
```

图 12-19　DEBUG 宏

【案例剖析】

本例用于演示如何使用 DEBUG 宏在调试过程中进行条件编译。在代码中，首先对 DEBUG 宏进行定义，然后在 main()函数中使用 while 语句输入整数 n，调用函数 f()对 n 的阶乘进行求解，同时通过使用#ifdef 命令进行条件编译，输出每次求解的相关参数，观察程序中可能出现的 bug。

12.4.3　文件的嵌套包含与条件编译

C 语言中，由于文件可以进行嵌套包含，所以有可能存在一个头文件被多次添加到一个程序文件中，此时可以使用#ifndef 命令来避免这种头文件的重复添加。

例如，要想避免文件“B.h”重复添加，可使用#ifndef 命令写为：

```
#ifndef B.h
#define B.h
#endif
```

此时该命令会检查文件“B.h”是否重复被添加。

为了更加详细地说明，假设有文件“A.c”“B.h”以及“C.h”，它们在嵌套包含中的重复添加以及使用#ifndef 命令来避免重复添加，如图 12-20 所示。

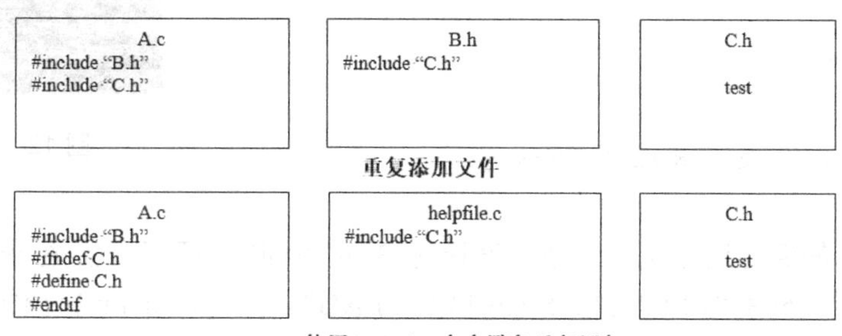

图 12-20　使用#ifnedf 命令避免文件嵌套包含中的重复添加

12.5 综合案例——求解圆、矩形以及三角形的面积

本节通过具体的综合案例对本章知识点进行具体应用演示。

【例 12-19】 编写程序，使用不同的命令进行条件编译，以求解圆、矩形以及三角形的面积。(源代码\ch12\12-19)

```
#include <stdio.h>
/* 宏定义 */
#define FLAG1 1
/* 多行宏定义 */
#define S(a,b) \
(a)*(b)
#define FLAG2 0
int main()
{
#if FLAG1
    {
        float r;
        printf("请输入圆的半径 r: \n");
        scanf("%f",&r);
        printf("该圆的面积为: %.2f\n",3.14*r*r);
    }
#endif
#ifdef S
    {
        float a,b;
        printf("请输入矩形的长和宽: \n");
        scanf("%f%f",&a,&b);
        printf("矩形的面积为: %.2f\n",a*b);
    }
#endif
#ifndef FLAG3
    {
        float x,y;
        printf("请输入三角形的底和高: \n");
        scanf("%f%f",&x,&y);
        printf("三角形的面积为: %.2f\n",x*y/2);
    }
#endif
    return 0;
}
```

运行上述程序，结果如图 12-21 所示。

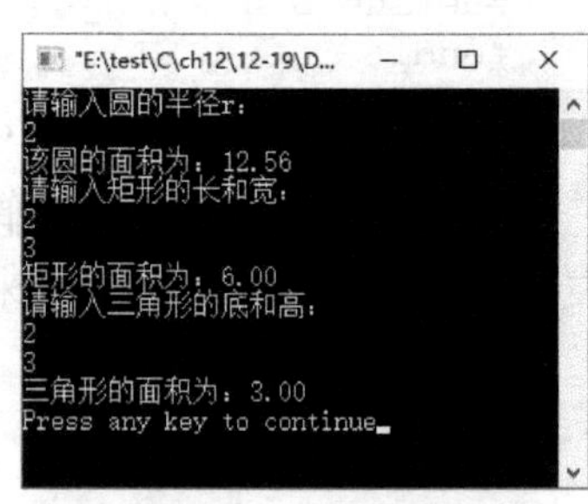

图 12-21 面积求解

【案例剖析】

本例用于演示如何通过定义宏与条件编译对 3 种不同的图形面积进行求解。在代码中，首先定义了 3 个宏，分别为 FLAG1、S(a,b)以及 FLAG2，接着在 main()函数中，通过#if 命令以及宏 FLAG1 的控制进行条件编译，此时宏 FLAG1 值为 1，进行圆的面积的求解；通过#ifdef 命令以及宏 S 的控制进行条件编译，由于宏 S 已被定义，所以执行代码块对矩形面积进

行求解；通过#ifndef 命令以及宏 FLAG3 的控制进行条件编译，由于宏 FLAG3 未被定义，所以执行代码块对三角形的面积进行求解。

12.6 大 神 解 惑

小白：预处理阶段完成的工作是什么？

大神：C 语言源程序的处理过程经过预处理、编译、汇编以及连接几个过程。而预处理阶段实现以下功能。

(1) 文件包含。将源程序中的#include 展开为文件的正文，也就是将包含的.h 文件找到并展开到#include 所在位置。

(2) 条件编译。根据#if、#ifdef 以及#ifndef 等命令将程序中的某部分进行编译或者忽略掉。

(3) 宏展开。将源程序中出现的宏，按照其引用展开为相关的宏定义。

预处理阶段实际上并没有发生任何计算功能，主要是一些替换与展开的操作。

小白：什么是宏定义？

大神：宏定义就是通过一个标识符来表示一个字符串，该字符串可以为常量、变量或者表达式。然后在宏展开中再用相应的字符串来替代宏名。宏定义中可以带有参数，调用的时候是将形参替换为实参，并不是“值传递”。所以为了避免出现错误，应在字符串两端添加括号。

小白：为什么使用宏定义，有什么好处？

大神：使用宏定义有以下优点。

(1) 方便程序修改。使用宏定义的程序，只需要对宏定义的字符串进行修改，而不需要对程序进行大规模的改造。

(2) 提高运行效率。使用带参数的宏定义可以完成函数调用的功能，减少系统开销，提高了程序的运行效率。

12.7 跟我学上机

练习 1：编写程序，定义一个宏，用于计算两数之差，在 main()函数中使用该宏，输出计算结果。

练习 2：编写程序，定义一个带参数的宏，用于求解一组数的平均数。

练习 3：编写程序，通过文件包含以及宏定义，找出两数中较大数。

练习 4：编写程序，模仿本章实例，练习条件编译。

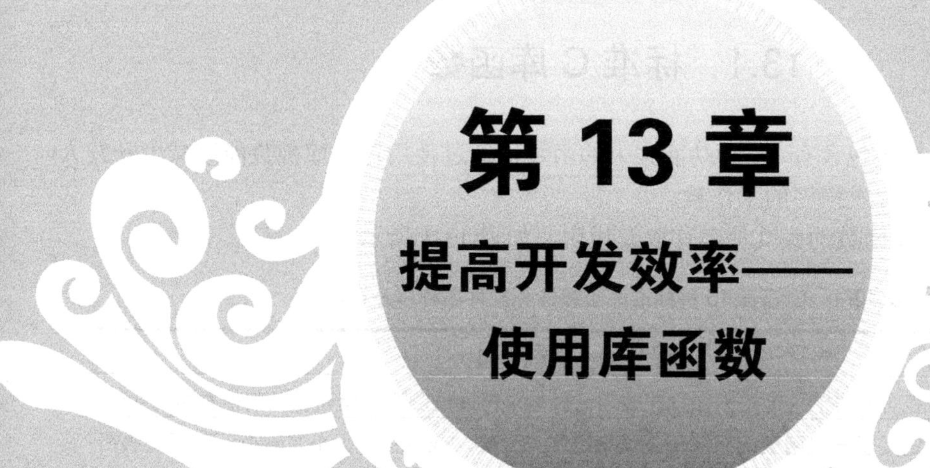

第 13 章 提高开发效率——使用库函数

函数是组成程序的重要部分，C 语言将大量的函数存于函数库中，开发人员只需在使用这些函数前添加相应的头文件即可，本章将对一些主要库函数进行详细讲解。

本章目标(已掌握的在方框中打钩)

- ☐ 了解什么是库函数
- ☐ 掌握几种常用数学函数的使用
- ☐ 掌握几种常用字符串函数的使用
- ☐ 掌握几种常用字符函数的使用
- ☐ 掌握随机函数、日期时间函数、结束程序函数的使用

13.1 标准 C 库函数

C 语言标准库函数中包含有 15 种功能强大的函数，通过使用这些库函数能够减少开发人员编写程序的难度以及开发程序的工作量。

C 语言 15 种标准库函数的头文件名称以及说明，如表 13-1 所示。

表 13-1 C 语言 15 种标准库函数的头文件名称以及说明

头文件名称	说　明
<assert.h>	包含断言宏，被用来在程序的调试版本中帮助检测逻辑错误以及其他类型的 bug
<ctype.h>	定义了一组函数，用来根据类型给字符分类，或者进行大小写转换，而不关心所使用的字符集
<errno.h>	错误检测
<float.h>	系统定义的浮点型界限
<limits.h>	系统定义的整数界限
<locale.h>	定义 C 语言本地化函数
<math.h>	定义 C 语言数学函数
<stjump.h>	定义了宏 setjmp 和 longjmp，在非局部跳转的时候使用
<signal.h>	定义 C 语言信号处理函数
<stdarg.h>	可变长度参数处理
<stddef.h>	系统常量
<stdio.h>	输入输出
<stdlib.h>	多种公用
<string.h>	定义 C 语言字符串处理函数
<time.h>	时间和日期

13.2 数学函数“math.h”

C 语言的库函数“math.h”定义了一些常用的数学函数，包含了一些求幂、开平方、求解绝对值等。

使用数学函数之前，需要添加该函数的头文件：

```
#include <math.h>
```

13.2.1 求幂函数与开平方函数

求幂函数 pow()用于求实数的 N 次幂，使用语法如下。

```
double pow(double x, double y);
```

表示求解双精度实数 x 的 y 次幂。

开平方函数 sqrt()用于求解实数的平方根，使用语法如下。

```
double sqrt(double x);
```

表示计算双精度实数 x 的平方根。

【例 13-1】 编写程序，演示如何使用数学函数中的求幂函数与开平方函数。(源代码\ch13\13-1)

```
#include <stdio.h>
/* 数学函数头文件 */
#include <math.h>
int main()
{
    double x,y,z;
    printf("请输入一个实数: \n");
    scanf("%lf",&x);
    /* 求幂函数 */
    y=pow(x,2);
    /* 开平方函数 */
    z=sqrt(x);
    printf("%.2f 的 2 次幂为 %.2f\n",x,y);
    printf("对 %.2f 开 2 次平方根为 %.2f\n",x,z);
    return 0;
}
```

运行上述程序，结果如图 13-1 所示。

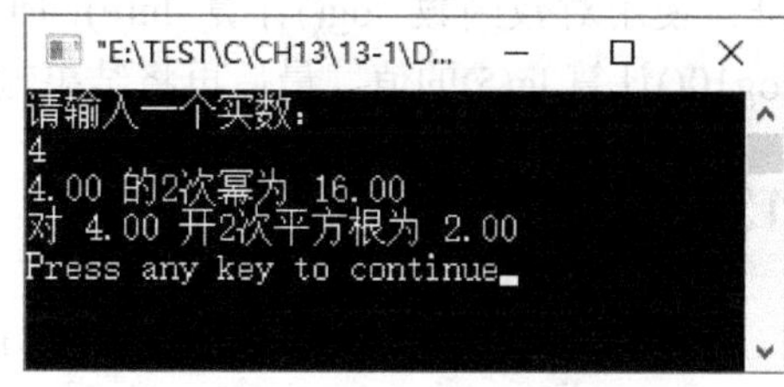

图 13-1 求幂函数与开平方函数

【案例剖析】

本例用于演示如何使用求幂函数以及开平方函数。在代码中，首先添加数学函数的头文件 math.h，接着在 main()函数中，定义 double 变量 x、y 以及 z，通过输入端输入 x 的值，调用求幂函数 pow()以及开平方函数 sqrt()对 x 进行相应的运算，最后输出计算结果。

13.2.2 指数函数与对数函数

指数函数 exp()用于求 e 的 N 次幂，使用语法如下。

```
double exp(double x);
```

表示计算 e 的双精度实数的 x 次幂。

对数函数 log()与 log10()分别用于计算以 e 为底和以 10 为底的实数的对数，使用语法如下。

```
double log(double x);
double log10(double x);
```

表示计算以 e 为底的实数 x 的对数 ln(x)和计算以 10 为底的实数 x 的对数 log10(x)。

注意

e 表示无理数 2.718281828...

【例 13-2】 编写程序，演示指数函数与对数函数的用法。(源代码\ch13\13-2)

```
#include <stdio.h>
/* 数学函数头文件 */
#include <math.h>
#define E 2.718281828
int main()
{
    /* 指数函数 */
    printf("e=%f\n",exp(1.0));
    /* 对数函数 */
    printf("ln(e)=%f\n", log(E));
    printf("lg(5)=%f\n", log10(5.0));
    return 0;
}
```

运行上述程序，结果如图 13-2 所示。

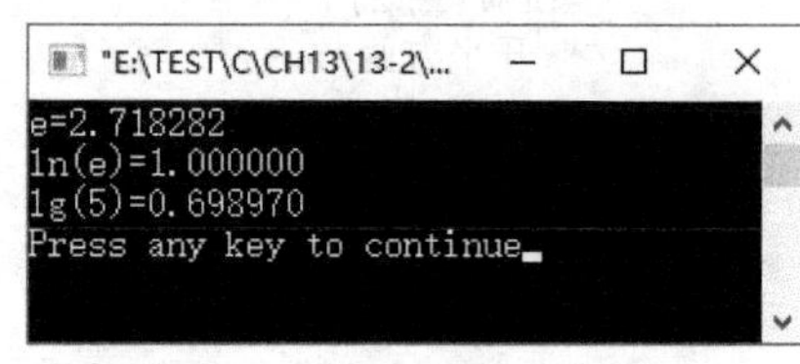

图 13-2　指数函数与对数函数

【案例剖析】

本例用于演示如何使用指数函数与对数函数。在代码中，首先添加数学函数头文件“math.h”，接着在 main()函数中，分别使用指数函数 exp()计算 e 的 1 次幂；使用对数函数 log()计算 ln(e)的值；使用对数函数 log10()计算 lg(5)的值，最后再将结果输出。

13.2.3　三角函数

三角函数相应的使用语法以及说明，如表 13-2 所示。

表 13-2　三角函数相应的使用语法以及说明

使用语法	说　明
double sin(double x)	用于计算双精度实数 x 的正弦值
double cos(double x)	用于计算双精度实数 x 的余弦值
double tan(double x)	用于计算双精度实数 x 的正切值
double asin(double x)	用于计算双精度实数 x 的反正弦值
double acos(double x)	用于计算双精度实数 x 的反余弦值
double atan(double x)	用于计算双精度实数 x 的反正切值
double sinh(double x)	用于计算双精度实数 x 的双曲正弦值
double cosh(double x)	用于计算双精度实数 x 的双曲余弦值
double tanh(double x)	用于计算双精度实数 x 的双曲正切值

注意

三角函数的参数范围如下。

(1) sin 和 cos 函数，其参数 x 范围是[-1,1]；

(2) asin 的 x 的定义域为[-1.0，1.0]，值域为[-π/2，+π/2]；

(3) acosx 的 x 的定义域为[-1.0，1.0]，值域为[0，π]；

(4) atan 的值域为(-π/2，+π/2)。

超出范围将会报错。

【例 13-3】 编写程序，演示三角函数的使用。(源代码\ch13\13-3)

```
#include <stdio.h>
/* 数学函数头文件 */
#include <math.h>
#define PI 3.14
int main()
{
    double x;
    x=PI/2;
    /* 三角函数 */
    printf("sin(PI/2)=%.2f\n",sin(x));
    x=PI/4;
    printf("cos(%.4f)=%.4f\n",x,cos(x));
    printf("tan(PI/4)=%f\n",tan(x));
    printf("sinh(%.4f)=%.4f\n",x,sinh(x));
    printf("cosh(%.4f)=%.4f\n",x,cosh(x));
    printf("tanh(%.4f)=%.4f\n",x,tanh(x));
    x=0.35;
    printf("asin(%.2f)=%.4f\n",x,asin(x));
    printf("acos(%.2f)=%.4f\n",x,acos(x));
    printf("atan(%.2f)=%.4f\n",x,atan(x));
    return 0;
}
```

运行上述程序，结果如图 13-3 所示。

【案例剖析】

本例用于演示三角函数的具体使用。在代码中，首先添加数学函数的头文件“math.h”，定义一个宏 PI，表示圆周率。接着在 main()函数中，分别使用函数 sin()、cos()、tan()等三角函数来计算实数 x 的正弦、余弦、正切等值，并将计算结果输出。

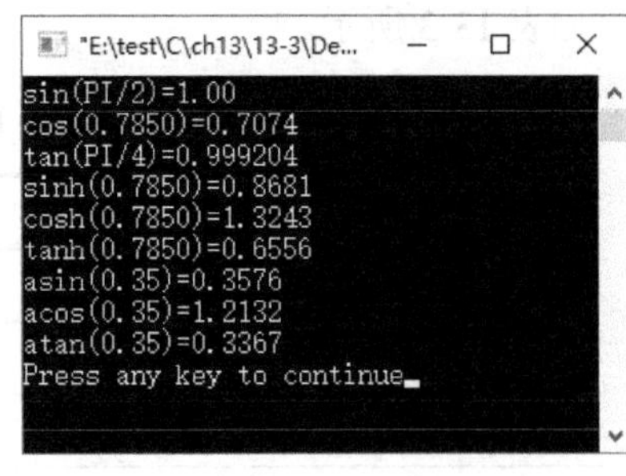

图 13-3 三角函数

13.2.4 绝对值函数

绝对值函数 abs()用于计算整数的绝对值，使用语法如下。

```
int abs(int x);
```

表示求解整数 x 的绝对值。

绝对值函数 fabs()用于计算浮点数的绝对值，使用语法如下。

```
float fabs(float x);
```

表示求解浮点数 x 的绝对值。

【例 13-4】 编写程序，演示如何使用绝对值函数。(源代码\ch13\13-4)

```
#include <stdio.h>
/* 数学函数头文件 */
#include <math.h>
int main()
{
    int a;
    float b;
    a=-2;
    /* 绝对值函数 */
    printf("|%d|=%d\n",a,abs(a));
    b=-2.34;
    printf("|%.2f|=%.2f\n",b,fabs(b));
    return 0;
}
```

运行上述程序，结果如图 13-4 所示。

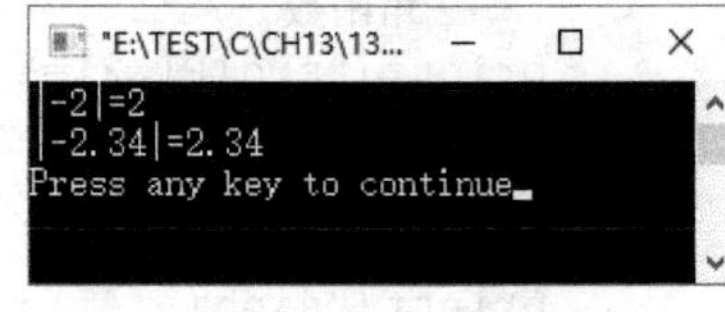

图 13-4 绝对值函数

【案例剖析】

本例用于演示如何使用绝对值函数。在代码中，首先添加数学函数头文件“math.h”，然后在 main()函数中，定义一个整型变量 a，并赋值为-2，定义一个 float 型变量 b，并赋值为-2.34，通过绝对值函数 abs()和 fabs()分别对变量 a 与变量 b 进行绝对值的求解。

13.2.5 取整函数与取余函数

取整函数返回实数的整数部分，取余函数返回实数的余数部分，它们的使用语法以及说明如表 13-3 所示。

表 13-3 取整函数与取余函数的使用语法以及说明

使用语法	说　明
double ceil(double x)	用于计算不小于双精度实数 x 的最小整数
double floor(doulbe x)	用于计算不大于双精度实数 x 的最大整数
double fmod(double x,double y)	用于计算双精度实数 x/y 的余数，余数使用 x 的符号
double modf(double x,double *ip)	用于将 x 分解成整数部分和小数部分，x 是双精度浮点数，ip 是整数部分指针，返回结果是小数部分

【例 13-5】 编写程序，演示如何使用取整函数与取余函数。(源代码\ch13\13-5)

```
#include <stdio.h>
#include <stdio.h>
/* 数学函数头文件 */
#include <math.h>
int main()
{
```

```
    float a,b;
    double x,y;
    a=2.34;
    /* 取整函数 */
    printf("ceil(%.2f)=%.0f\n",a,ceil(a));
    printf("floor(%.2f)=%.0f\n",a,floor(a));
    a=-2.34;
    printf("ceil(%.2f)=%.0f\n",a,ceil(a));
    printf("floor(%.2f)=%.0f\n",a,floor(a));
    /* 取余函数 */
    a=2.34;
    b=1.2;
    printf("2.34/1.2 的余数为 %.4f\n",fmod(a,b));
    b=-1.2;
    printf("2.34/(-1.2) 的余数为 %.4f\n",fmod(a,b));
    /* modf()函数 */
    y=modf(-2.34,&x);
    printf("-2.34=%.0lf+(%.2f)\n",x,y);
    return 0;
}
```

运行上述程序，结果如图 13-5 所示。

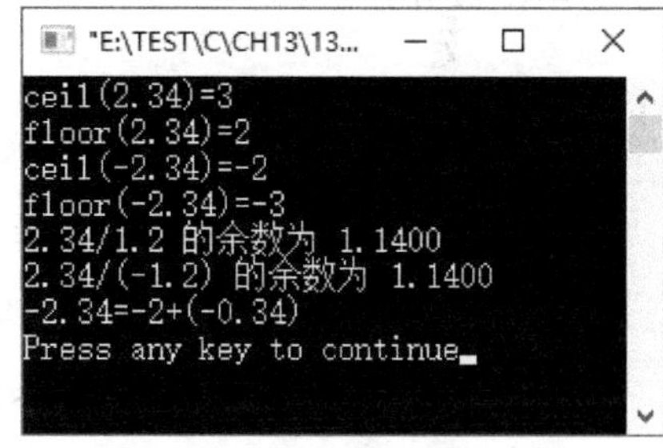

图 13-5　取整函数与取余函数

【案例剖析】

本例用于演示如何使用取整函数与取余函数。在代码中，首先添加数学函数的头文件“math.h”，接着在 main()函数中，使用取整函数 ceil()和 floor()分别对正数以及负数进行取整操作并输出结果；使用取余函数 fmod()分别对除数为正和为负时进行求解并输出结果；最后使用 modf()函数取出-2.34 的整数与小数部分，并将它们输出。

13.3　字符串函数“string.h”

C 语言的库函数“string.h”中定义了大量的字符串处理函数，如字符串长度函数、连接函数、比较函数等。

使用字符串函数，需要添加字符串函数的头文件：

```
#include <string.h>
```

13.3.1　字符串长度函数

字符串长度函数 strlen()用于返回字符串的长度，不包含结束符 NULL，它的使用语法如下。

```
int strlen(char *s);
```

其中 s 为指向字符串的指针。

【例 13-6】 编写程序，演示如何使用字符串长度函数。(源代码\ch13\13-6)

```
#include <stdio.h>
/* 字符串函数头文件 */
#include <string.h>
int main()
{
    char *s="C Program";
    printf("字符串 %s 包含 %d 个字符\n",s,strlen(s));
    return 0;
}
```

运行上述程序，结果如图 13-6 所示。

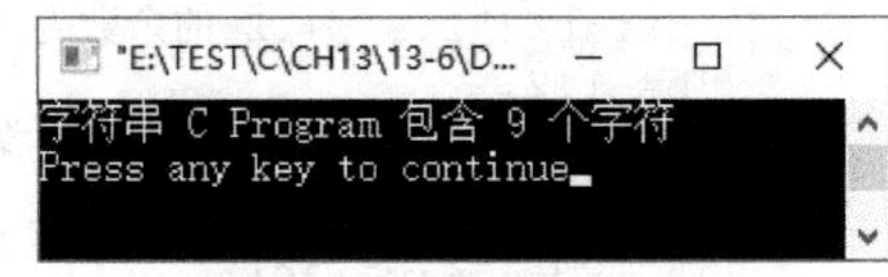

图 13-6 字符串长度函数

【案例剖析】

本例用于演示如何使用字符串长度函数。在代码中，首先添加字符串函数头文件“string.h”。接着在main()函数中定义字符指针 s 并进行初始化操作，然后使用字符串长度函数 strlen()计算该字符串中所包含的字符串个数并输出。

13.3.2 字符串连接函数

字符串连接函数可将两个字符串连接在一起，它的使用语法如下。

```
char *strcat(char *s1,char *s2);
```

表示将 s2 所指字符串添加到 s1 的结尾处(覆盖 s1 结尾处的'\0')并添加'\0'，返回指针 s1。

```
char *strncat(char *s1,char *s2,int n);
```

表示将 s2 所指字符串的前 n 个字符添加到 s1 结尾处(覆盖 s1 结尾处的'\0')并添加'\0'，返回指针 s1。

注意 s1 和 s2 所指内存区域不可以重叠，并且 s1 必须有足够的空间来容纳 s2 的字符串。

【例 13-7】 编写程序，演示如何使用字符串连接函数。(源代码\ch13\13-7)

```
#include <stdio.h>
/* 字符串函数头文件 */
#include <string.h>
int main()
{
    char s1[15]="apple-";
    char *s2="pen!";
    char *s3="~!~";
    /* 字符串连接函数 */
    strcat(s1,s2);
    printf("%s\n",s1);
    strncat(s1,s3,1);
    printf("%s\n",s1);
```

```
    return 0;
}
```

运行上述程序，结果如图 13-7 所示。

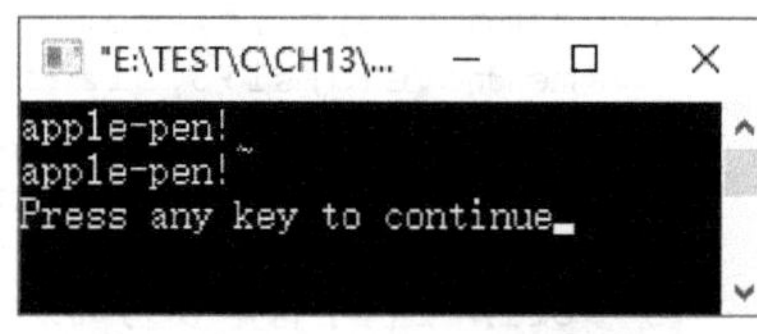

图 13-7　字符串连接函数

【案例剖析】

本例用于演示如何使用字符串连接函数。在代码中，首先添加字符串函数头文件“string.h”，接着在 main()函数中初始化 3 个字符串，使用 strcat()函数将字符串 s2 连接到 s1 末尾，再使用 strncat()函数将 s3 中前 1 个字符连接到 s1 的末尾，注意此时 s1 中已经包含连接 s2 后的字符串内容了。

13.3.3　字符串复制函数

字符串复制函数可以将一个字符串复制到另一个字符串中，它的使用语法以及说明如表 13-4 所示。

表 13-4　字符串复制函数使用语法以及说明

使用语法	说　明
char *strcpy(char *s1,char *s2)	将 s2 所指由 NULL 结束的字符串复制到 s1 所指的数组中，返回 s1
char *strncpy(char *s1,char *s2,int n)	将 s2 所指由 NULL 结束的字符串的前 n 个字符复制到 s1 所指的数组中，返回 s1
void *memcpy(void *s1,void *s2,int n)	由 s2 所指内存区域复制 n 个字节到 s1 所指内存区域，返回 s1
void *memmove (void *s1,void *s2,int n)	由 s2 所指内存区域复制 n 个字节到 s1 所指内存区域，返回 s1

(1) 使用 strcpy()函数、strncpy()函数以及 memcpy()函数时，s1 和 s2 所指内存区域不可以重叠，并且 s1 必须有足够的空间来容纳 s2 的字符串。

(2) memcpy()函数并不关心被复制的数据类型，只是逐字节地进行复制，这给函数的使用带来了很大的灵活性，可以面向任何数据类型进行复制。

【例 13-8】 编写程序，演示如何使用字符串复制函数。(源代码\ch13\13-8)

```
#include <stdio.h>
/* 字符串函数头文件 */
#include <string.h>
int main()
{
    char *s1="apple";
    char a[20];
    char b[]="abcdef";
    char c[20];
    char d[20];
    /* 字符串复制函数 */
    strcpy(a,s1);
```

```
    strncpy(b,s1,strlen(s1));
    /* 需在结尾添加结束标志 */
    b[3]='\0';
    memcpy(c,s1,sizeof(c));
    memmove(d,s1+3,sizeof(s1)+1);
    printf("字符串 a 为 %s\n",a);
    printf("字符串 b 为 %s\n",b);
    printf("字符串 c 为 %s\n",c);
    printf("字符串 d 为 %s\n",d);
    return 0;
}
```

运行上述程序，结果如图 13-8 所示。

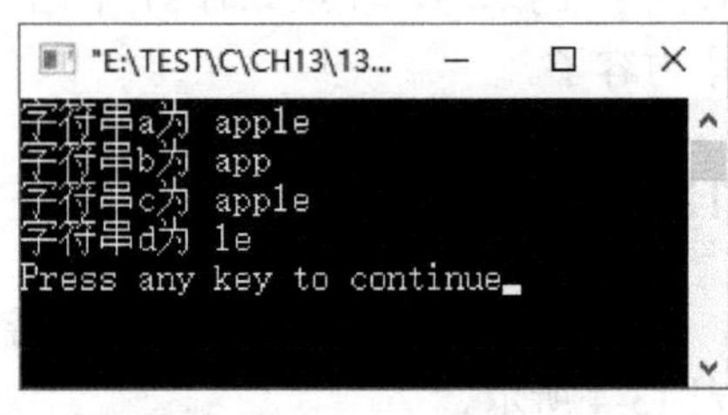

图 13-8　字符串复制函数

【案例剖析】

本例用于演示如何使用字符串复制函数。在代码中，首先添加字符串函数头文件“string.h”，接着在main()函数中，定义 4 个字符串以及一个字符指针，对指针 s1 以及数组 b 进行初始化，然后分别使用 4 种字符串复制函数进行复制操作。注意使用 strncpy()函数时，需要手动在结尾处添加“\0”结束标志；使用memcpy()和 memmove()函数时，注意 sizeof()函数的使用，避免内存溢出。

13.3.4　字符串大小写转换函数

字符串小写转换函数 strlwr()用于将字符串中出现的大写字母转换为小写，返回指向该字符串的指针，使用语法如下。

```
char *strlwr(char *s);
```

字符串大写转换函数 strupr()用于将字符串中出现的小写字母转换为大写，返回指向该字符串的指针，使用语法如下。

```
char *strupr(char *s);
```

【例 13-9】 编写程序，演示如何使用字符串大小写转换函数。(源代码\ch13\13-9)

```
#include <stdio.h>
/* 字符串函数头文件 */
#include <string.h>
int main()
{
    char s[]="I love C!";
    printf("原字符串为 %s \n",s);
    /* 大小写转换函数 */
    strupr(s);
    printf("转换为大写 %s\n",s);
    strlwr(s);
    printf("转换为小写 %s\n",s);
    return 0;
}
```

运行上述程序，结果如图 13-9 所示。

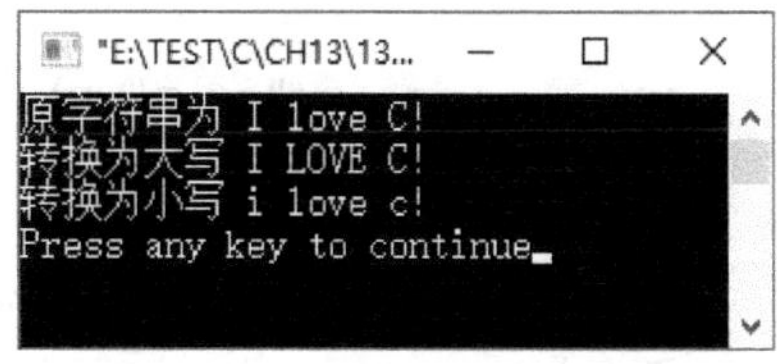

图 13-9　字符串大小写转换函数

【案例剖析】

本例用于演示如何使用字符串的大小写函数。在代码中，首先添加字符串函数头文件“string.h”，接着在 main()函数中，定义并初始化字符数组 s，通过使用 strupr()函数将该字符串转换为大写形式；使用 strlwr()函数将该字符串转换为小写形式，最后再分别输出。

注意　使用大小写转换函数时，不能使用指向常量字符串的指针进行传递，否则会出现异常。

13.3.5　字符串查找函数

字符串查找函数能够在字符串中查找某个字符出现的位置，它的使用语法以及说明如表 13-5 所示。

表 13-5　字符串查找函数使用语法以及说明

使用语法	说　明
char *strchr (char *s,char c)	表示返回一个指向字符串 s 中 c 第 1 次出现的指针；或者如果没有找到 c，则返回指向 NULL 的指针
char *strstr(char *s1,char *s2)	表示返回一个指向字符串 s1 中字符 s2 第 1 次出现的指针；或者如果没有找到 s2，则返回指向 NULL 的指针
void *memchr(void *s,char c,int n)	表示返回一个指向被 s 所指向的 n 个字符中 c 第 1 次出现的指针；或者如果没有找到 c，则返回指向 NULL 的指针

【例 13-10】 编写程序，演示如何使用字符串查找函数。(源代码\ch13\13-10)

```
#include <stdio.h>
/* 字符串函数头文件 */
#include <string.h>
int main()
{
   char *s1="I love C!";
   char *s2="love";
   char *p;
   /* 字符串查找函数 */
   p=strchr(s1,s2);
   if(p)
   {
      printf("%s\n",p);
   }
   else
   {
      printf("未找到! \n");
   }
   p=strstr(s1,s2);
```

```
    if(p)
    {
        printf("%s\n",p);
    }
    else
    {
        printf("未找到! \n");
    }
    p=memchr(s1,'l',strlen(s1));
    if(p)
    {
        printf("%s\n",p);
    }
    else
    {
        printf("未找到! \n");
    }
    return 0;
}
```

运行上述程序，结果如图 13-10 所示。

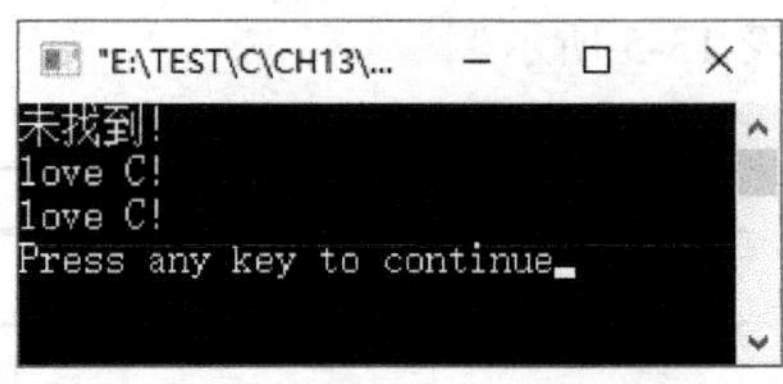

图 13-10　字符串查找函数

【案例剖析】

本例用于演示如何使用字符串查找函数。在代码中，首先添加字符串函数头文件“string.h”，接着在 main()函数中，定义 3 个字符指针，并对 s1 和 s2 进行初始化，然后分别使用 3 种查找函数对 s1 中是否存在 s2 进行查找并输出相应的查找结果，注意这里使用 strchr()函数时，结果为未找到，原因是该函数只能查找单个字符。

13.3.6　字符串比较函数

字符串比较函数可以对两个字符串中字符的 ASCII 码值进行比较，它的使用语法以及说明如表 13-6 所示。

表 13-6　字符串比较函数使用语法以及说明

使用语法	说　明
int strcmp(char *s1,char *s2)	比较字符串 s1 与字符串 s2。若 s1<s2，返回负数；若 s1==s2，返回 0；如果 s1>s2，返回非负数
int strncmp(char *s1,char *s2,int n)	比较字符串 s1 和 s2 的前 n 个字符。若 s1<s2，返回负数；若 s1==s2，返回 0；若 s1>s2，返回非负数
int memcmp(void *s1,void *s2,int n)	比较内存区域 s1 和 s2 的前 n 个字节。若 s1<s2，返回负数；若 s1==s2，返回 0；若 s1>s2，返回非负数

【例 13-11】 编写程序，以 memcmp()函数为例演示字符串的比较。(源代码\ch13\13-11)

```
#include <stdio.h>
/* 字符串函数头文件 */
#include <string.h>
```

```
int main()
{
    char *s1="I love C!";
    char *s2="I love c!";
    int s;
    printf("字符串 s1=%s\n 字符串 s2=%s\n",s1,s2);
    /* 字符串比较函数 */
    s=memcmp(s1,s2,strlen(s1));
    if(!s)
    {
        printf("两个字符串相等\n");
    }
    else if(s<0)
    {
        printf("字符串 s1 小于 s2\n");
    }
    else if(s>0)
    {
        printf("字符串 s1 大于 s2\n");
    }
    return 0;
}
```

运行上述程序，结果如图 13-11 所示。

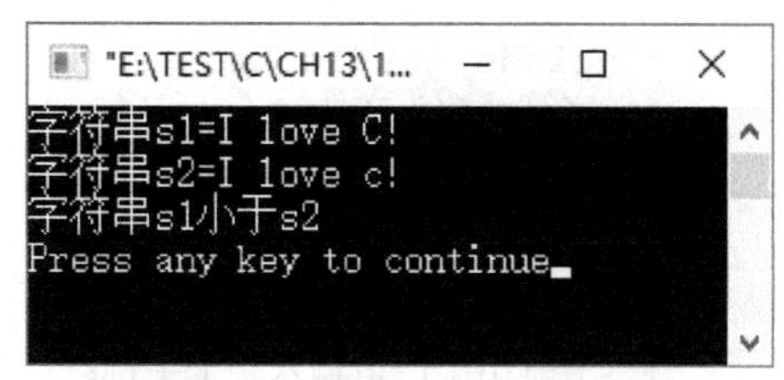

图 13-11　字符串比较函数

【案例剖析】

本例用于演示如何使用 memcmp()函数对两个字符串进行比较。在代码中，首先添加字符串函数头文件“string.h”，接着在 main()函数中，定义两个字符指针并初始化，然后使用 memcmp()函数对两个字符串进行比较，比较的区域为整个字符串 s1，并输出比较的结果。

13.4　字符函数“ctype.h”

C 语言的库函数“ctype.h”中定义了大量的字符处理函数，如字符的大小写转换函数、字符的类型判断函数等。

使用字符函数，需要添加字符函数的头文件：

```
#include <ctype.h>
```

13.4.1　字符的类型判断函数

字符的类型判断函数能够对指定的字符进行判断，这些字符可以是字母、数字、空格等。字符的判断函数使用语法以及说明，如表 13-7 所示。

表 13-7 字符的判断函数使用语法以及说明

使用语法	说 明
int isalnum(int c)	当字符 c 是文字或数字时返回非零，否则返回零
int isalpha(int c)	当字符 c 是一个字母时返回非零，否则返回零
int iscntrl(int c)	当字符 c 是一个控制符时返回非零，否则返回零
int isdigit(int c)	当字符 c 是一个数字时返回非零，否则返回零
int isgraph(int c)	当字符 c 是可打印的(除空格外)返回非零，否则返回零
int islower(int c)	当字符 c 是小写字母时返回非零，否则返回零
int isprint(int c)	当字符 c 是可打印的(含空格)返回非零，否则返回零
int ispunct(int c)	当字符 c 是可打印的(除空格、字母或数字外)返回非零，否则返回零
int isspace(int c)	当字符 c 是一个空格时返回非零，否则返回零
int isupper(int c)	当字符 c 是大写英文字母时返回非零，否则返回零
int isxdigit(int c)	当字符 c 是十六进制数字时返回非零，否则返回零

【例 13-12】 编写程序，使用字符判断函数对输入的字符进行判断。(源代码\ch13\13-12)

```
#include <stdio.h>
/* 字符函数头文件 */
#include <ctype.h>
int main()
{
    int ch;
    printf("请输入一个字符: \n");
    ch=getchar();
    if(islower(ch))
    {
        printf("该字符是小写字母");
    }
    else if(isupper(ch))
    {
        printf("该字符是大写字母");
    }
    else if(isdigit(ch))
    {
        printf("该字符是数字");
    }
    else
    {
        printf("该字符是其他字符");
    }
    printf("\n");
    return 0;
}
```

运行上述程序，结果如图 13-12 所示。

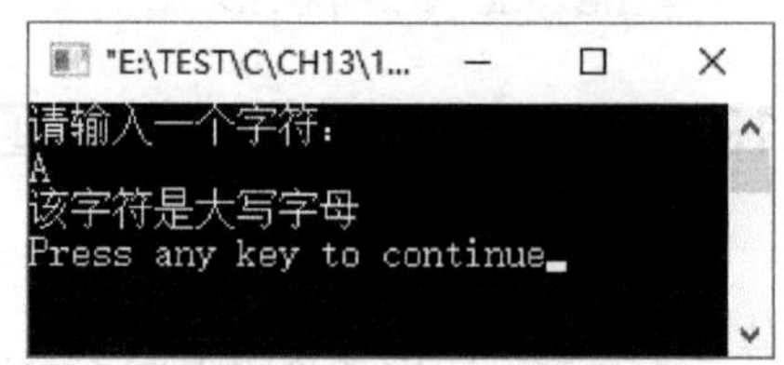

图 13-12 字符判断函数

【案例剖析】

本例用于演示如何使用字符判断函数对字符类型进行判断。在代码中，首先添加字符函数头文件“ctype.h”，接着在 main()函数中，定义一个 int 型变量 ch 并通过输入端输入它的值，然后使用字符类型判断函数判断 ch 是小写字母、大写字母、数字还是其他字符，并输出判断结果。

13.4.2 字符大小写转换函数

字符大写转换函数 toupper()用于将字符转换为大写英文字母，使用语法如下。

```
int toupper(int c);
```

字符小写转换函数 tolower()用于将字符转换为小写英文字母，使用语法如下。

```
int tolower(int c);
```

注意：若是字符本身为大写/小写，使用字符大写/小写转换函数时，该字符不会发生变化。

【例 13-13】 编写程序，通过输入端输入一个英文字母，将这个字母转换为它的大/小写形式。(源代码\ch13\13-13)

```
#include <stdio.h>
/* 字符函数头文件 */
#include <ctype.h>
int main()
{
    char ch;
    printf("请输入一个英文字母：\n");
    ch=getchar();
    if(islower(ch))
    {
        printf("该字符是小写字母，转换为大写字母为：%c\n",toupper(ch));
    }
    else if(isupper(ch))
    {
        printf("该字符是大写字母，转换为小写字母为：%c\n",tolower(ch));
    }
    else
    {
        printf("无法转换，该字符不为英文字母\n") ;
    }
    return 0;
}
```

运行上述程序，结果如图 13-13 所示。

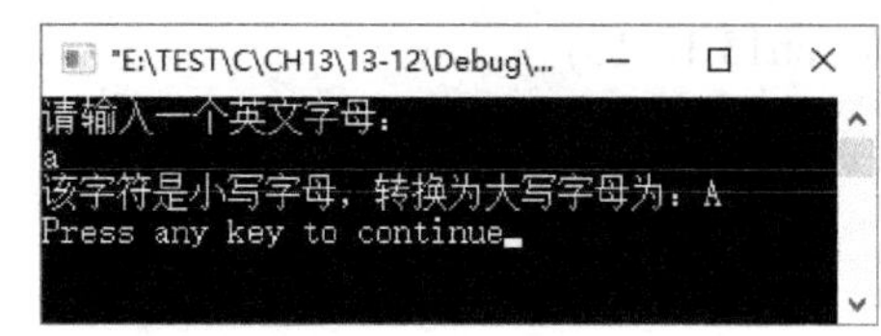

图 13-13 字符大小写转换函数

【案例剖析】

本例用于演示如何使用字符大小写转换函数将指定英文字母转换为它的大/小写形式。在代码中，首先添加字符函数头文件“ctype.h”，接着通过输入端输入一个英文字母，通过字符大小写判断函数对该字符进行判断并使用相应的大小写转换函数将该字符转换为其大/小写形式。

13.5 其他函数

除了以上介绍的数学函数、字符串函数以及字符函数之外，还有一些比较常用的函数，如随机函数、日期时间函数、结束程序函数等，本节将对这些函数进行详细讲解。

13.5.1 随机函数

随机函数 rand()用于产生从 0 开始到 32767 之间的随机数，它的使用语法如下。

```
int r;
r=rand();
```

表示生成一个随机数并赋予变量 r。

【例 13-14】 编写程序，使用随机函数输出一个随机数。(源代码\ch13\13-14)

```
#include <stdio.h>
/* 使用随机数函数添加头文件 */
#include <stdlib.h>
int main()
{
    int r;
    /* 随机函数 */
    r=rand();
    printf("%d\n", r);
    return 0;
}
```

运行上述程序，结果如图 13-14 所示。

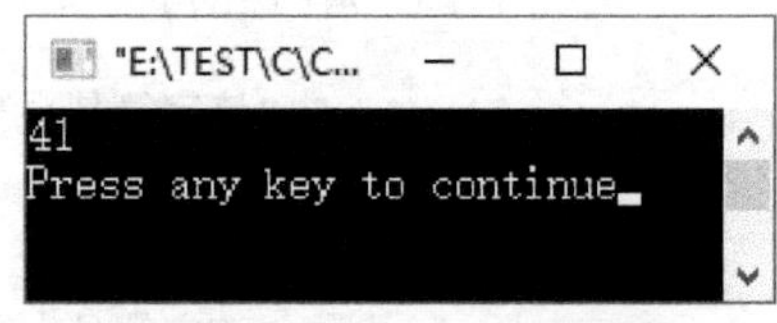

图 13-14 rand()函数

【案例剖析】

本例用于演示如何使用随机函数 rand()产生一个随机数。在代码中，首先添加头文件“stdlib.h”，然后定义一个 int 型变量 r，使用随机函数 rand()产生一个随机数赋予 r，最后输出。

通过使用随机函数 rand()，可以发现每次运行程序所产生的随机数都是一样的，这是因为随机数在 C 语言中采用的是固定序列，每次运行程序取的是同一个数，为了每次产生不同的随机数，可以使用 srand()函数，该函数能够产生随机数的起始发生数据。

【例 13-15】 编写程序，使用 srand()与 rand()函数相结合的形式产生不同随机数。(源代码\ch13\13-15)

```
#include <stdio.h>
/* 添加相应头文件 */
#include <stdlib.h>
#include <time.h>
int main(void)
{
```

```
    int i;
    time_t t;
    /* 使用随机函数与时间函数相结合 */
    srand((unsigned) time(&t));
    printf("随机产生 0-99 的随机数: \n");
    for (i=0; i<5; i++)
    {
        printf("%d\n", rand()%100);
    }
    return 0;
}
```

运行上述程序，结果如图 13-15 所示。

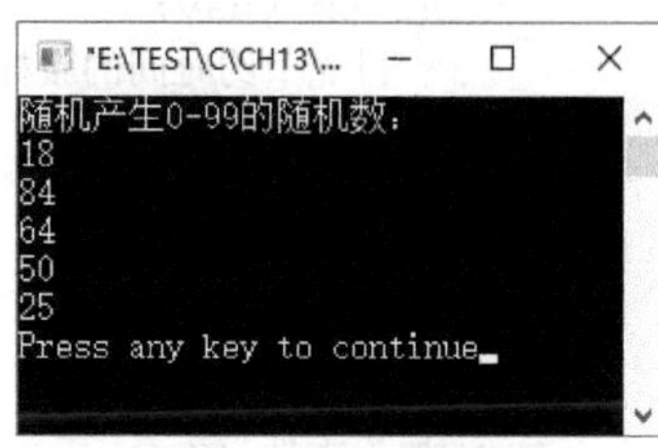

图 13-15　srand()函数

【案例剖析】

本例使用 srand()函数与 rand()函数相结合，输出了一组不同的随机数。在代码中，添加头文件“stdlib.h”以及“time.h”，接着在 main()函数中，定义了一个长整型变量 t，用于将当前时间作为参数，计算随机数种子，由于时间每时每刻都在变化，所以使用 rand()函数每次就产生了不同的随机数。

13.5.2　日期时间函数

在 C 语言的库函数中，定义了日期时间相关的处理函数，它们的使用语法以及说明如表 13-8 所示。

表 13-8　日期时间相关的处理函数使用语法以及说明

使用语法	说　明
char *asctime(const struct tm *p)	表示将参数 p 所指的 tm 结构中的信息转换成真实世界所使用的时间日期表示方法，然后将结果以字符串形态返回
char *ctime(const time_t *p)	表示将参数 p 所指的 time_t 结构中的信息转换成真实世界所使用的时间日期表示方法，然后将结果以字符串形态返回
struct tm *gmtime(const time_t *p)	表示将参数 p 所指的 time_t 结构中的信息转换成真实世界所使用的时间日期表示方法，然后将结果由结构 tm 返回
struct tm *localtime(const time_t *p)	表示将参数 p 所指的 time_t 结构中的信息转换成真实世界所使用的时间日期表示方法，然后将结果由结构 tm 返回

结构 tm 的定义语法如下(不需要写入程序)：

```
struct tm{
    /* 代表目前秒数，正常范围为 0-59，但允许至 61 秒 */
    int tm_sec;
    /* 代表目前分数，范围为 0-59 */
    int tm_min;
    /* 从午夜算起的时数，范围为 0-23 */
```

```
    int tm_hour;
    /* 目前月份的日数，范围为 01-31 */
    int tm_mday;
    /* 代表目前月份，从一月算起，范围为 0-11 */
    int tm_mon;
    /* 从 1900 年算起至今的年数 */
    int tm_year;
    /* 一星期的日数，从星期一算起，范围为 0-6 */
    int tm_wday;
    /* 从今年 1 月 1 日算起至今的天数，范围为 0-365 */
    int tm_yday;
    /* 日光节约时间的旗标 */
    int tm_isdst;
};
```

【例 13-16】 编写程序，通过使用日期时间函数，输出当前系统时间。(源代码\ch13\13-16)

```
#include <stdio.h>
/* 添加头文件 */
#include <time.h>
int main()
{
    /* 定义星期数组 */
    char *wday[] = {"Sun", "Mon", "Tue", "Wed", "Thu", "Fri", "Sat"};
    time_t t;
    struct tm *p;
    time(&t);
    /* 获取当地时间 */
    p=localtime(&t);
    printf("当前时间为：\n");
    printf ("%d/%d/%d ", (1900+p->tm_year), (1+p->tm_mon), p->tm_mday);
    printf("%s%d:%d:%d\n", wday[p->tm_wday], p->tm_hour, p->tm_min, p->tm_sec);
}
```

运行上述程序，结果如图 13-16 所示。

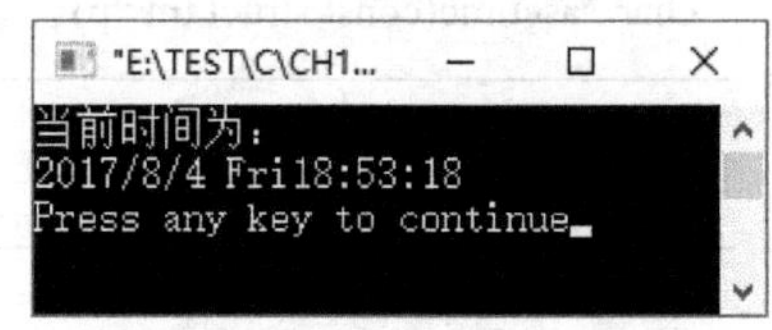

图 13-16　日期时间函数

【案例剖析】

本例用于演示如何使用日期时间函数显示当前系统时间。在代码中，首先添加头文件“time.h”，接着在 main()函数中，定义指针数组 wday 用于表示星期，定义时间变量 t，然后使用 time()函数将 t 设置成秒数，再通过 localtime()函数获取当地时间，最后输出实际显示的时间日期。

13.5.3　结束程序函数

结束程序函数 exit()可将当前运行程序结束，返回值将被忽略，其中 exit(0)表示正常退出，括号内数字不为 0 则表示异常退出。

【例 13-17】 编写程序，演示如何使用结束程序函数。(源代码\ch13\13-17)

```
#include <stdio.h>
```

```
/* 添加头文件"stdlib.h"以使用退出函数exit() */
#include <stdlib.h>
int main()
{
    FILE *fp;
    char name[30];
    char sub[50];
    printf("请输入文件名：\n");
    gets(name);
    if((fp=fopen(name,"r"))==NULL)
    {
        printf("文件打开失败！\n");
        getch();
        /* 结束程序 */
        exit(0);
    }
    fscanf(fp,"%s",sub);
    printf("文件中的内容为：\n");
    printf("%s\n",sub);
    fclose(fp);
    return 0;
}
```

运行上述程序，结果如图 13-17 所示。

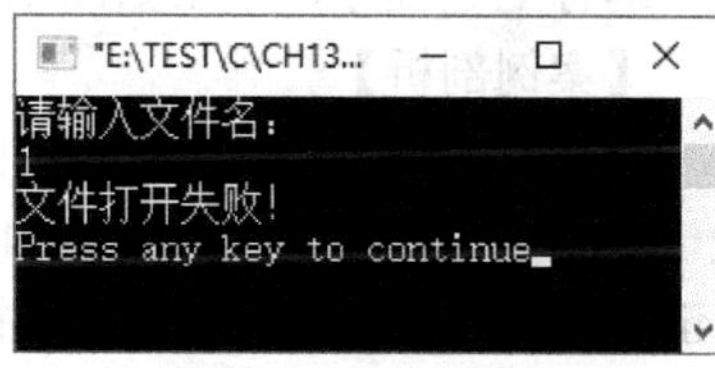

图 13-17　exit()函数

【案例剖析】

本例用于演示如何使用 exit()函数将程序正常结束。在代码中，首先添加头文件“stdlib.h”，接着在 main()函数中，通过文件指针打开用户输入的相关文件，若是未找到该文件，则弹出提示，并将该程序正常结束。

13.6　综合案例——创建报数游戏

本节通过具体的综合案例对本章知识点进行具体应用演示。

【例 13-18】 编写程序，使用随机函数完成一个报数游戏：通过输入端输入一个 100 以内的整数，并与产生的随机数进行比较，输出比较结果，直到猜中为止。(源代码\ch13\13-18)

```
#include <stdio.h>
/* 添加头文件 */
#include <stdlib.h>
#include <time.h>
int main()
{
    int key,Number;
    time_t t;
    /* 产生 100 以内的随机数 */
    srand((unsigned) time(&t));
    key=rand()%100;
    while( Number!=key )
    {
        do
        {
            printf("请输入一个 1-100 间的数：\n");
```

```
            scanf("%d",&Number);
        }
        while(!(Number>=1 && Number<=100));
        if( Number == key )
        {
            printf("太棒了！你猜中了！\n");
        }
        else if( Number < key )
        {
            printf("对不起，数字小了，请重新尝试！\n");
        }
        else if( Number > key )
        {
            printf("对不起，数字大了，请重新尝试！\n");
        }
        getchar();
    }
    return 0;
}
```

运行上述程序，结果如图 13-18 所示。

图 13-18　猜数字

【案例剖析】

本例用于演示如何使用随机函数来实现一个猜数字的游戏。在代码中，首先添加头文件“stdlib.h”以及“time.h”，接着在 main()函数中通过 srand()函数以及 rand()函数产生一个随机数，然后利用 while 循环语句，将随机数与输入端输入的整数进行比较，实现猜数字的功能。

13.7　大神解惑

小白：什么是库函数？

大神：一般是指编译器提供的可在 C 源程序中调用的函数。可分为两类：一类是 C 语言标准规定的库函数，另一类是编译器特定的库函数。

由于版权原因库函数的源代码一般是不可见的，但在头文件中你可以看到它对外的接口。C 语言的语句十分简单，如果要使用 C 语言的语句直接计算 sin 或 cos 函数就需要编写颇为复杂的程序。因为 C 语言的语句中没有提供直接计算 sin 或 cos 函数的语句。又如为了显示一段文字，我们在 C 语言中也找不到显示语句，只能使用库函数 printf。

C 语言的库函数并不是语言本身的一部分，它是由编译程序根据一般用户的需要编制并提供用户使用的一组程序。C 语言的库函数极大地方便了用户，同时也补充了语言本身的不足。事实上在编写语言程序时，应当尽可能多地使用库函数，这样既可以提高程序的运行效率，又可以提高编程的质量。

13.8 跟我学上机

练习 1：编写程序，使用数学函数计算 e^3+e^2，并对结果进行开平方操作。

练习 2：编写程序，使用三角函数计算 cos45 –sin30 的值，并将完整计算过程输出在屏幕上。

练习 3：编写程序，定义两个字符数组 a 和 b，通过输入端输入字符串 b，并将字符串 b 复制到字符数组 a 中输出。

练习 4：编写程序，输入一个字符，判断该字符的类型并输出。

练习 5：编写程序，输入一个字符串，将其中大写字母转换为小写形式。

第 III 篇

高级应用

- 第 14 章 内部数据操作——位运算
- 第 15 章 灵活定义数据类型——结构体、共用体和枚举
- 第 16 章 动态存储分配——动态数据结构
- 第 17 章 逻辑结构——数据结构进阶
- 第 18 章 整理数据的妙招——排序

第 14 章 内部数据操作——位运算

计算机中的数据一般都是以二进制的形式进行存储的，因此许多相关操作都是基于二进制的。在 C 语言中，对二进制位进行相应的运算操作称为位运算，在之前的介绍中，已经简单讲解过数制以及位运算的相关内容，本章将对这些内容做延伸详细讲解。

本章目标(已掌握的在方框中打钩)

- ☐ 了解 C 语言的特点
- ☐ 了解位与字节间的关系
- ☐ 掌握如何使用几种常用位运算符
- ☐ 掌握如何进行循环移位操作
- ☐ 了解什么是位段以及位段的使用

14.1 位(bit)与字节(byte)的关系

在前面的介绍中知道，位表示计算机中一个电子元器件，并且 8 位二进制数构成一个字节，它是计算机中可操作的最小单元。

虽然有的计算机中，一个字节可能是由 16 位二进制数组成，但是本书以及 VC 6.0 环境中，一个整型数据占有 4 个内存的字节，相当于 32 位；而一个字符型数据，占有 1 个字节的内存，相当于 8 位，详细内容可参考数据类型相关章节。

14.2 位运算符

C 语言与其他语言的不同之处就是能够完全地支持按位运算，C 语言中提供的位运算操作符以及相应说明如表 14-1 所示。

表 14-1 位运算操作符以及相应说明

位运算操作符	说　明
&	按位与
|	按位或
^	按位异或
~	取反
<<	左移
>>	右移

本节将对这些位运算操作符进行详细讲解。

14.2.1 按位与运算符(&)

在 C 语言中，一个位(bit)的取值只有 0 和 1，而按位与运算就是将参与运算的两个数二进位上的数进行“与”运算操作，若是对应位上两数都为 1 时，那么结果为 1，否则为 0。

按位与运算的真值表，如表 14-2 所示。

表 14-2 按位与运算真值表

a	b	a&b
0	0	0
0	1	0
1	0	0
1	1	1

例如，计算 9&5 可以表示为：

```
  0000 0000 -- 0000 0000 -- 0000 0000 -- 0000 1001  /* 9 在内存中的存储 */
& 0000 0000 -- 0000 0000 -- 0000 0000 -- 0000 0101  /* 5 在内存中的存储 */
-------------------------------------------------------------------------
  0000 0000 -- 0000 0000 -- 0000 0000 -- 0000 0001  /* 1 在内存中的存储 */
```

表示对 9 和 5 所有的二进制位进行与运算，根据真值表，计算结果为 1。

注意　参与运算的两个数都要转换为内存中存储的形式，也就是相应的补码(可参考之前章节相关内容)。

【例 14-1】　编写程序，计算 9&5 以及-10&5 的值。(源代码\ch14\14-1)

```
#include <stdio.h>
int main()
{
    int a,b;
    /* 按位与运算 */
    a=9&5;
    b=-10&5;
    printf("%d, %d\n",a,b);
    return 0;
}
```

运行上述程序，结果如图 14-1 所示。

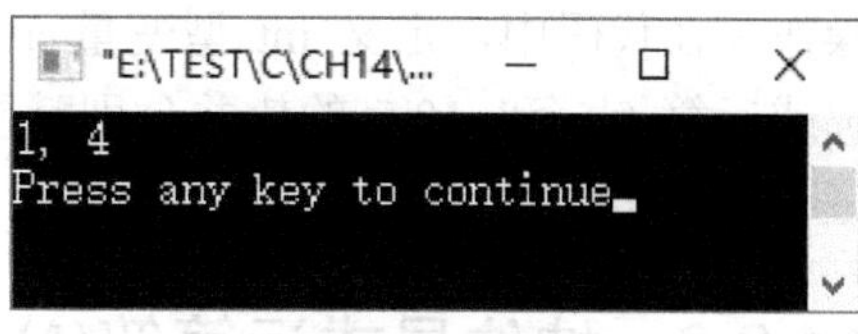

图 14-1　按位与运算

【案例剖析】

本例用于演示如何对整型数据进行按位与运算操作。在代码中，定义 int 型变量 a 和 b，计算按位与运算 9&5 和-10&5 的值并分别赋予变量 a 和变量 b，最后输出计算结果。

14.2.2　按位或运算符(|)

进行按位或运算操作时，若参与运算的两个数二进制位有一个为 1 时，结果就为 1；若两个位上的数均为 0 时，结果为 0。按位或运算与逻辑运算中的“||”十分相似。

按位或运算的真值表如表 14-3 所示。

表 14-3　按位或运算真值表

a	b	a|b
0	0	0
0	1	1
1	0	1
1	1	1

例如，计算 9|5 可以表示为：

```
  0000 0000 -- 0000 0000 -- 0000 0000 -- 0000 1001  /* 9 在内存中的存储 */
| 0000 0000 -- 0000 0000 -- 0000 0000 -- 0000 0101  /* 5 在内存中的存储 */
-------------------------------------------------------------------------
  0000 0000 -- 0000 0000 -- 0000 0000 -- 0000 1101  /* 13 在内存中的存储 */
```

表示对 9 和 5 所有的二进制位进行或运算，根据其真值表，计算结果为 13。

注意　按位或运算可以用来将某些位置 1，或者保留某些位。

【例 14-2】　编写程序，计算 9|5 以及-10|5 的值。(源代码\ch14\14-2)

```
#include <stdio.h>
int main()
{
    int a,b;
    /* 按位或运算 */
    a=9|5;
    b=-10|5;
    printf("9|5=%d\n-10|5=%d\n",a,b);
    return 0;
}
```

运行上述程序，结果如图 14-2 所示。

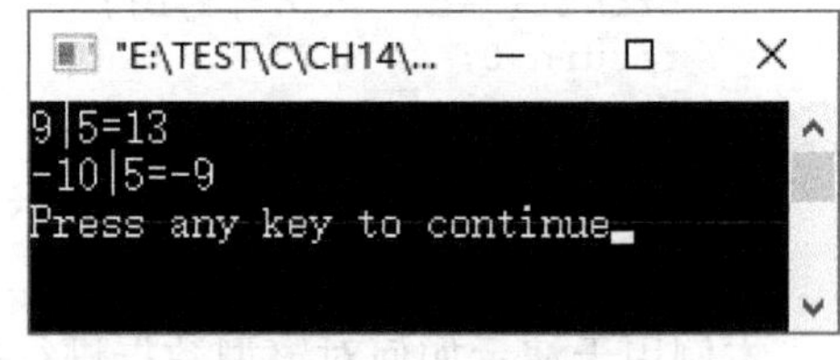

图 14-2　按位或运算

【案例剖析】

本例用于演示如何对整型数据进行按位或运算操作。在代码中，定义 int 型变量 a 和 b，计算按位或运算 9|5 和-10|5 的值并分别赋予变量 a 和变量 b，最后输出计算结果。

14.2.3　按位异或运算符(^)

进行按位异或运算时，若参与运算的两个数二进制位不同时，结果为 1；若两位相同结果为 0。

按位异或运算的真值表如表 14-4 所示。

表 14-4　按位异或运算真值表

a	b	a^b
0	0	0
0	1	1
1	0	1
1	1	0

例如，计算 9^5 可以表示为：

```
  0000 0000 -- 0000 0000 -- 0000 0000 -- 0000 1001  /* 9 在内存中的存储 */
^ 0000 0000 -- 0000 0000 -- 0000 0000 -- 0000 0101  /* 5 在内存中的存储 */
--------------------------------------------------------------------------
  0000 0000 -- 0000 0000 -- 0000 0000 -- 0000 1100  /* 12 在内存中的存储 */
```

表示对 9 和 5 所有的二进制位进行异或运算，根据其真值表，结果为 12。

按位异或运算可以用来将某些二进制位反转。

【例 14-3】 编写程序，计算 9^5 以及-10^5 的值。(源代码\ch14\14-3)

```
#include <stdio.h>
int main()
{
   int a,b;
   /* 按位异或运算 */
   a=9^5;
   b=-10^5;
   printf("9^5=%d\n-10^5=%d\n",a,b);
   return 0;
}
```

运行上述程序，结果如图 14-3 所示。

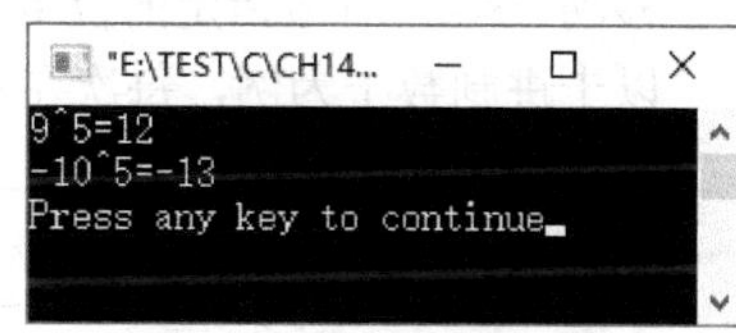

图 14-3 按位异或运算

【案例剖析】

本例用于演示如何对整型数据进行按位异或运算操作。在代码中，定义 int 型变量 a 和 b，计算按位异或运算 9^5 和-10^5 的值并分别赋予变量 a 和变量 b，最后输出计算结果。

14.2.4 按位取反运算符(~)

按位取反运算符~为单目运算符，其具有右结合性，能将参与运算的数相应的二进制位取反，也就是将 0 变为 1，将 1 变为 0。

例如，计算~9 可以表示为：

```
~ 0000 0000 -- 0000 0000 -- 0000 0000 -- 0000 1001  /* 9 在内存中的存储 */
-----------------------------------------------------------------------------
  1111 1111 -- 1111 1111 -- 1111 1111 -- 1111 0110  /* -10 在内存中的存储 */
```

表示对 9 每个二进制位进行取反操作，结果为-10。

【例 14-4】 编写程序，计算~9 以及~5 的值。(源代码\ch14\14-4)

```
#include <stdio.h>
int main()
{
   int a,b;
   /* 按位取反运算 */
   a=~9;
   b=~5;
   printf("~9=%d\n~5=%d\n",a,b);
   return 0;
}
```

运行上述程序，结果如图 14-4 所示。

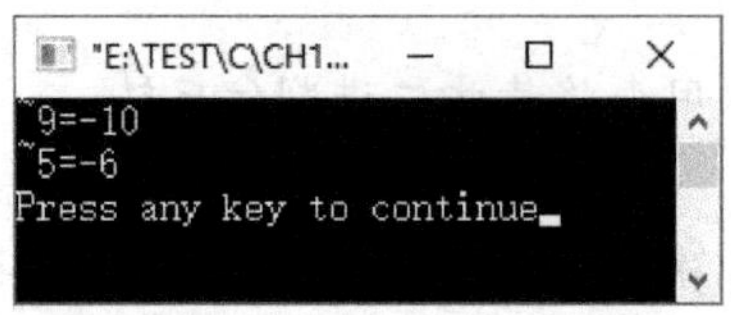

图 14-4 按位取反运算

【案例剖析】

本例用于演示如何对整型数据进行按位取反运算操作。在代码中，定义 int 型变量 a 和 b，计算按位取反运算~9 和~5 的值并分别赋予变量 a 和变量 b，最后输出计算结果。

14.2.5 左移运算符(<<)

左移运算符“<<”属于双目运算符，该运算符实现将“<<”左边的运算数中各二进制位向左移动“<<”右边指定的位数，移动过程中，将高位丢弃，低位补 0。

以十进制数 1 为例，每次左移 1 位，如下所示：

```
0000 0000 -- 0000 0000 -- 0000 0000 -- 0000 0001  /* 1 在内存中存储 */
0000 0000 -- 0000 0000 -- 0000 0000 -- 0000 0010  /* 2 在内存中存储 */
0000 0000 -- 0000 0000 -- 0000 0000 -- 0000 0100  /* 4 在内存中存储 */
0000 0000 -- 0000 0000 -- 0000 0000 -- 0000 1000  /* 8 在内存中存储 */
…
0000 0000 -- 0000 0000 -- 0000 0000 -- 0100 0000  /* 64 在内存中存储 */
0000 0000 -- 0000 0000 -- 0000 0000 -- 1000 0000  /* 128 在内存中存储 */
```

如上所示，对十进制数 1 进行左移操作，每次向左移 1 位，高位被丢弃，低位补上 0。

注意 若是数据较小，被丢弃的高位中不包括 1，那么左移 n 位的操作相当于乘以 2 的 n 次方。

【例 14-5】 编写程序，验证上述对十进制数 1 的左移操作。(源代码\ch14\14-5)

```
#include <stdio.h>
int main()
{
    int a=1;
    printf("a=%d\n",a);
    /* 左移运算 */
    printf("a<<1=%d\n",a<<1);
    printf("a<<2=%d\n",a<<2);
    printf("a<<3=%d\n",a<<3);
    printf("a<<4=%d\n",a<<4);
    printf("a<<5=%d\n",a<<5);
    printf("a<<6=%d\n",a<<6);
    printf("a<<7=%d\n",a<<7);
    return 0;
}
```

图 14-5 左移运算

运行上述程序，结果如图 14-5 所示。

【案例剖析】

本例用于演示如何对十进制数进行左移运算操作。在代码中，首先定义 int 型变量 a 并初始化为 1，然后分别对变量 a 进行左移 1～7 的运算操作，然后输出运算结果，发现对于十进制数 1 的这些左移操作，得出的结果实际上相当于变量 a 乘以 2 的左移位数次方。

14.2.6 右移运算符(>>)

右移运算符“>>”与左移运算符一样也属于双目运算符，它用于将操作数的各个二进制位全部向右移动若干位。低位进行丢弃，高位补 0 或者 1：若是数据的最高位是 0，那么补 0；若是最高位是 1，那么补 1。

例如，计算 9>>3 可以表示为：

```
>> 0000 0000 -- 0000 0000 -- 0000 0000 -- 0000 1001  /* 9 在内存中的存储 */
------------------------------------------------------------------------
   0000 0000 -- 0000 0000 -- 0000 0000 -- 0000 0001  /* 1 在内存中的存储 */
```

如上所示，丢弃低位，由于 9 的最高位是 0，所以高位补 0，得出结果 1。

注意：与十进制数的左移运算刚好相反，进行右移运算操作时，如果被丢弃的低位不包含 1，那么右移 n 位相当于除以 2 的 n 次方。

以十进制数 128 为例，每次右移 1 位，如下所示：

```
0000 0000 -- 0000 0000 -- 0000 0000 -- 1000 0000  /* 128 在内存中存储 */
0000 0000 -- 0000 0000 -- 0000 0000 -- 0100 0000  /* 64 在内存中存储 */
0000 0000 -- 0000 0000 -- 0000 0000 -- 0010 0000  /* 32 在内存中存储 */
0000 0000 -- 0000 0000 -- 0000 0000 -- 0001 0000  /* 16 在内存中存储 */
…
0000 0000 -- 0000 0000 -- 0000 0000 -- 0000 0010  /* 2 在内存中存储 */
0000 0000 -- 0000 0000 -- 0000 0000 -- 0000 0001  /* 1 在内存中存储 */
```

如上所示，对十进制数 128 进行右移操作，每次向右移 1 位，低位被丢弃，高位补上 0。

【例 14-6】 编写程序，验证上述对十进制数 128 的右移操作。(源代码\ch14\14-6)

```
#include <stdio.h>
int main()
{
   int a=128;
   printf("a=%d\n",a);
   /* 右移运算 */
   printf("a>>1=%d\n",a>>1);
   printf("a>>2=%d\n",a>>2);
   printf("a>>3=%d\n",a>>3);
   printf("a>>4=%d\n",a>>4);
   printf("a>>5=%d\n",a>>5);
   printf("a>>6=%d\n",a>>6);
   printf("a>>7=%d\n",a>>7);
   return 0;
}
```

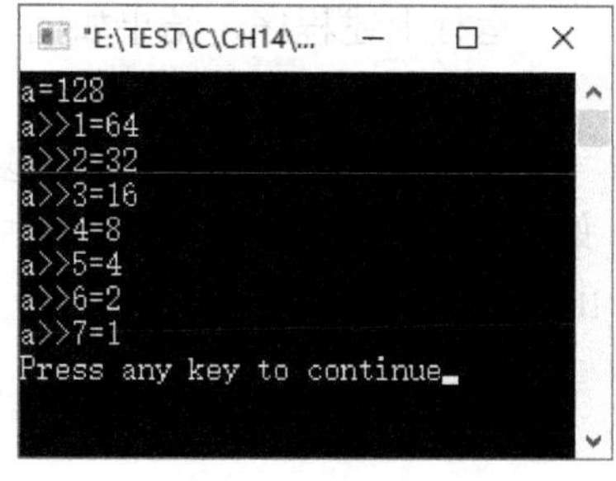

图 14-6 右移运算

运行上述程序，结果如果 14-6 所示。

【案例剖析】

本例用于演示如何对十进制数进行右移运算操作。在代码中，首先定义 int 型变量 a 并初始化为 128，然后分别对变量 a 进行右移 1～7 的运算操作，然后输出运算结果，发现对于十进制数 128 的这些右移操作，得出的结果实际上相当于变量 a 除以 2 的右移位数次方。

14.2.7　位复合赋值运算符

C 语言中，由位运算符与赋值运算符相结合可以组成位复合赋值运算符。位复合赋值运算符的书写形式以及应用如表 14-5 所示。

表 14-5　位复合赋值运算符的书写形式以及应用

书写形式	应　用	展　开
&=	a &= b	a = a & b
|=	a |= b	a = a | b
^=	a ^= b	a = a ^ b
<<=	a <<=1	a = a <<1
>>=	a >>=1	a = a >>1

【例 14-7】　编写程序，演示位复合赋值运算符的使用。(源代码\ch14\14-7)

```
#include <stdio.h>
int main()
{
    int a,b;
    /* 位复合赋值运算符 */
    a=9,b=5;
    printf("a&=b:a=%d\n",a&=b);
    a=9,b=5;
    printf("a|=b:a=%d\n",a|=b);
    a=9,b=5;
    printf("a^=b:a=%d\n",a^=b);
    a=1,b=5;
    printf("a<<=b:a=%d\n",a<<=b);
    a=64,b=2;
    printf("a>>=b:a=%d\n",a>>=b);
    return 0;
}
```

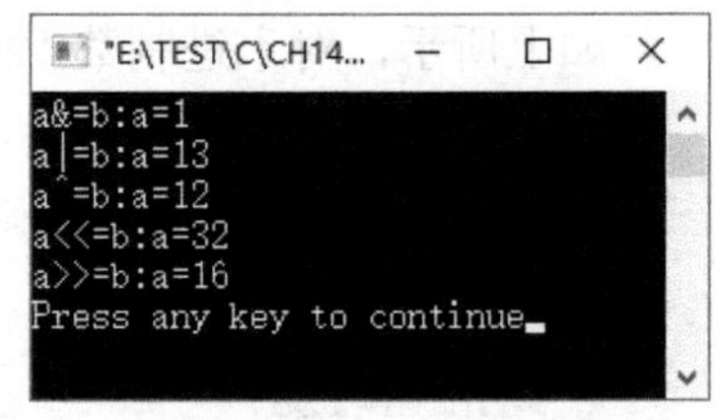

图 14-7　位复合赋值运算符

运行上述程序，结果如图 14-7 所示。

【案例剖析】

本例用于演示如何使用位复合赋值运算符进行简单运算操作。在代码中，首先定义 int 型变量 a 和 b，然后分别使用几种位复合赋值运算符对变量 a 和 b 进行相应的位运算，最后再输出计算结果。

14.3　循 环 移 位

所谓循环移位，就是指在进行移位操作时，将移出的高位放到操作数的低位，将移出的低位放到操作数的高位，如图 14-8 所示。

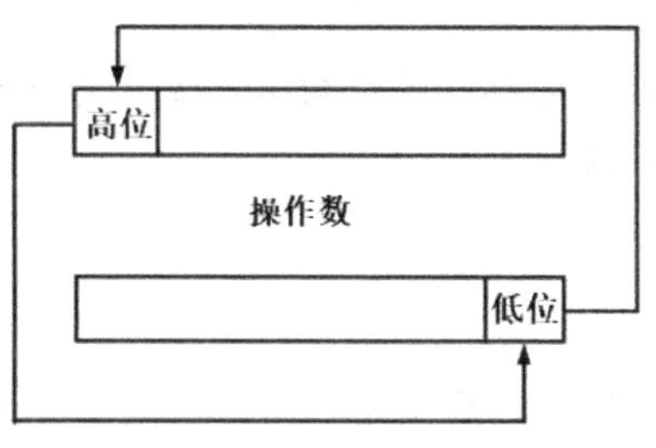

图 14-8　循环移位

14.3.1　循环左移

循环左移分为 3 个步骤，假设有 3 个操作数：a、b、c，循环左移可以表示为：

```
/* 将 a 左边 n 位放到 c 的低 n 位中 */
c=a>>(32-n);
/* 将 a 左移 n 位，右边低 n 位补 0 */
b=a<<n;
/* 将 b 与 c 进行按位或运算 */
b=b|c;
```

【例 14-8】　编写程序，通过八进制数演示循环左移的操作。(源代码\ch14\14-8)

```
#include <stdio.h>
/* 声明函数 */
unsigned f();
int main()
{
    unsigned a,b;
    int n;
    printf("请输入一个八进制数：\n");
    scanf("%o",&a);
    printf("请输入移动的位数：\n");
    scanf("%d",&n);
    b=f(a,n);
    printf("循环左移结果为：%o\n",b);
    return 0;
}
/* 定义函数 */
unsigned f(unsigned a,int n)
{
    unsigned b,c;
    c=a>>(32-n);
    b=a<<n;
    b|=c;
    return b;
}
```

图 14-9　循环左移

运行上述程序，结果如图 14-9 所示。

【案例剖析】

本例用于演示如何进行循环左移的操作。在代码中，首先声明函数 f()，该函数通过位运算左移的 3 个步骤完成对形参的循环左移。在 main()函数中，定义 unsigned 类型变量 a 和 b，通过输入端输入八进制数 a 以及需要移动的位数 n，调用函数 f()将实参 a 以及 n 进行传递，实现对变量 a 的循环左移，最后输出结果。

14.3.2 循环右移

循环右移可以看成是循环左移的相反操作，同样该操作分为 3 个步骤，假设有 3 个操作数：a、b、c，循环右移可以表示为：

```
/* 将 a 右边 n 位放到 c 的高 n 位中 */
c=a<<(32-n);
/* 将 a 右移 n 位，左边高 n 位补 0 */
b=a>>n;
/* 将 b 与 c 进行按位或运算 */
b=b|c;
```

【例 14-9】 编写程序，通过八进制数演示循环右移的操作。(源代码\ch14\14-9)

```
#include <stdio.h>
/* 声明函数 */
unsigned f();
int main()
{
    unsigned a,b;
    int n;
    printf("请输入一个八进制数: \n");
    scanf("%o",&a);
    printf("请输入移动的位数: \n");
    scanf("%d",&n);
    b=f(a,n);
    printf("循环右移结果为: %o\n",b);
    return 0;
}
/* 定义函数 */
unsigned f(unsigned a,int n)
{
    unsigned b,c;
    c=a<<(32-n);
    b=a>>n;
    b|=c;
    return b;
}
```

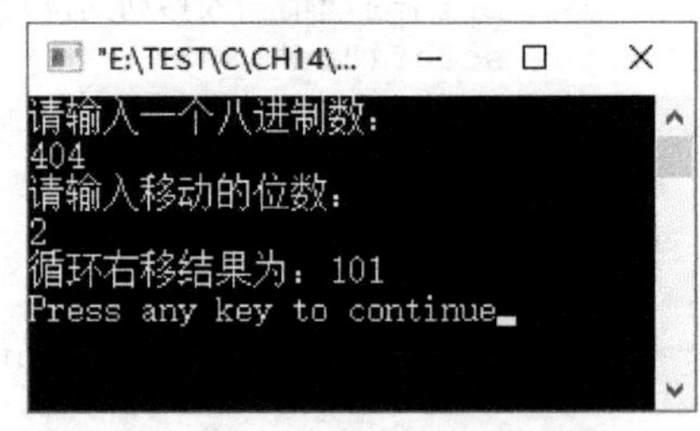

图 14-10 循环右移

运行上述程序，结果如图 14-10 所示。

【案例剖析】

本例用于演示如何进行循环右移的操作。在代码中，首先声明函数 f()，该函数通过位运算右移的 3 个步骤完成对形参的循环右移。在 main()函数中，定义 unsigned 类型变量 a 和 b，通过输入端输入八进制数 a 以及需要移动的位数 n，调用函数 f()将实参 a 以及 n 进行传递，实现对变量 a 的循环右移，最后输出结果。

14.4 位　　段

C 语言中，位段是通过位来为单位定义结构体或联合体中的成员变量时所占的内存空间。包含有位段的结构体或者联合体被称为位段结构，使用位段这种结构不仅能够节省内存空间，更利于操作。本节将对位段相关内容进行简单讲解，这里作为了解即可。

14.4.1 位段的定义

位段类型比较特殊，其成员长度均以二进制为单位进行定义，语法格式如下。

```
struct 结构名
{
    数据类型 变量名1：长度;
    数据类型 变量名2：长度;
    …
    数据类型 变量名n：长度;
}
```

注意：这里的数据类型通常为 int、unsigned 或者 signed 其中一种。

例如，定义一个位段结构，语法如下。

```
struct node
{
    /* 位段a，占4位 */
    unsigned int a:4;
    /* 位段b，占4位 */
    unsigned int b:4;
    /* 位段c，占1位 */
    int c:1;
    /* 无名位段 占0位 */
    unsigned int  :0;
};
```

注意：

(1) 位段不能为 char 或者浮点类型。

(2) 若是位段占的二进制位数为 0，那么这个位段为无名位段，占据空间，但不可被访问。下一个位段将从下一个字节开始存储。

(3) 位段不能出现数组形式。

(4) 位段不可进行取地址操作。

(5) 1 个位段的存储不能跨越两个存储单元。若一个单元不能容纳某个位段，则该位段将存储到下一个单元。

14.4.2 位段中数据的引用

由于位段类型也属于一种结构类型，那么其中位段类型的成员，也能够像引用一般结构类型成员一样进行相应的引用操作。

例如，有位段结构 data：

```
struct data
{
   unsigned a:1;
   unsigned b:2;
   unsigned c:4;
   int i;
};
```

对其中成员 a 进行引用，语法如下。

```
data.a=1;
```

【例 14-10】 编写程序，定义一个位段结构，在 main()函数中对该结构的数据进行引用。(源代码\ch14\14-10)

```
#include <stdio.h>
/* 定义位段结构 */
typedef struct data
{
   unsigned a:1;
   unsigned b:3;
   unsigned c:4;
}da;
int main()
{
   /* 引用数据成员 */
   da d;
   d.a=1;
   d.b=7;
   d.c=15;
   printf("%d %d %d\n",d.a,d.b,d.c);
   printf("%d\n",sizeof(da));
   d.a=0;
   d.b&=d.c;
   d.c|=2;
   printf("%d %d %d\n",d.a,d.b,d.c);
   return 0;
}
```

运行上述程序，结果如图 14-11 所示。

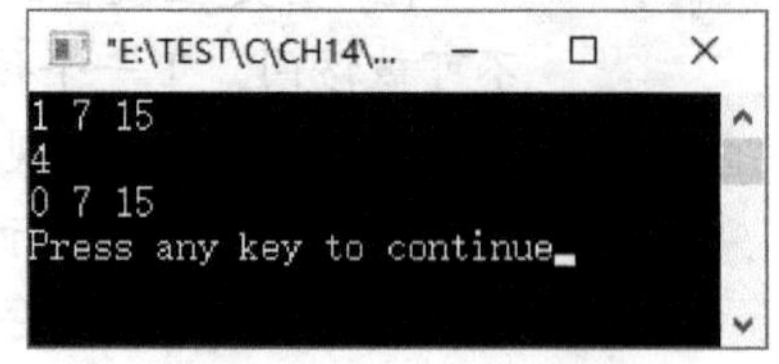

图 14-11　位段数据引用

【案例剖析】

本例用于演示如何引用位段中的数据。在代码中，首先定义一个位段结构 data，包含 3 个 unsigned 型变量 a、b、c，各占 1、3、4 长度，接着在 main()函数中对数据成员进行引用，分别赋初值并输出，接着对成员 a 重新赋值 0，对 b 和 c 做与运算，对 c 做或运算，最后再次输出它们的值。

14.5 综合案例——将十进制数转换为二进制数

本节通过具体的综合案例对本章知识点进行具体应用演示。

【例 14-11】 编写程序，通过输入端输入一个十进制数，然后将该数转换为二进制的形式输出。(源代码\ch14\14-11)

```
#include <stdio.h>
int main()
{
    int n,len,t1,t2,i;
    printf("请输入一个十进制数：\n");
    scanf("%d",&n);
    /* 共 32 位 */
    len=sizeof(n)*8;
    printf("%d 的二进制形式为：\n",n);
    /* 取出每一位 */
    for(i=0;i<len;i++)
    {
        t1=n;
        /* 进行移位操作 */
        t1=t1>>(31-i);
        t2=t1&1;
        /* 四位一输出 */
        if(i!=0)
        {
            if(i%4==0)
            {
                printf("--");
            }
        }
        printf("%d",t2);
    }
    printf("\n");
    return 0;
}
```

运行上述程序，结果如图 14-12 所示。

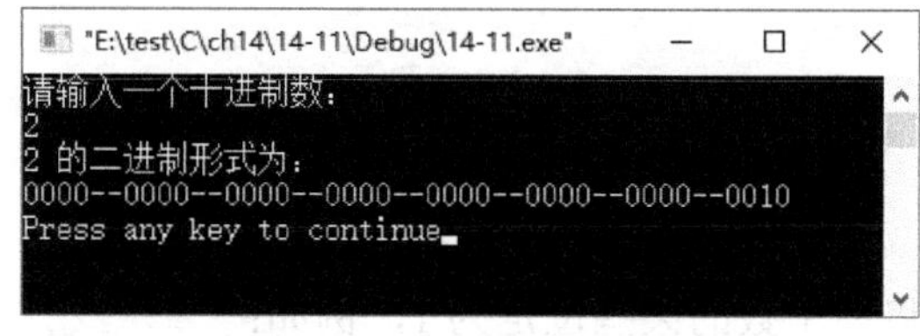

图 14-12 输出二进制形式

【案例剖析】

本例用于演示如何将十进制数转换为二进制的形式输出。在代码中，通过输入端输入一个十进制数并赋予变量 n，然后计算出转换为二进制数时的长度 len，接着通过 for 循环每次取出一位，通过移位操作以及与运算，输出该数的二进制数每一位，并且每四位使用“--”进行隔开。

14.6 大 神 解 惑

小白：位运算在具体应用中有哪些功能？

大神：位运算在具体应用中可对二进制数进行一些功能的实现，如：

1. 按位与运算

(1) 清零功能。

若想对一个存储单元清零，即使其全部二进制位置为 0，那么只需要找到一个二进制数，其中各个位符合如下条件：

原来的数中为 1 的位，新数中相应位为 0。然后使二者进行与运算，即可达到清零目的。例如：

```
a 0101 0101
b 1010 1010
/* c=a & b */
c 0000 0000
```

(2) 取某数指定位。

假设有一个 2 字节的数 a，需要将其低字节取出，那么只需通过用 a 和 8 个 1 进行按位与运算操作即可，如：

```
a 0100 0100 1100 1100
b 0000 0000 1111 1111
/* c= a & b */
c 0000 0000 1100 1100
```

(3) 保留指定位。

若想对一个数的某一位上的 1 进行保留，那么只需用一个该位也为 1 的数进行与运算操作即可，例如：

```
a 0101 1100
b 1010 1011
/* c=a & b */
c 0000 1000
```

2. 按位或运算

使用按位或运算可以将一个数的某些位定为 1，例如：

```
a 0101 0000
b 0000 0101
/* c=a | b */
c 0101 0101
```

3. 按位异或运算

对两个数进行交换操作，例如，有 a=2，二进制为 010，b=4，二进制为 100，通过按位异或运算进行交换操作：

```
a=a ^ b
b=b ^ a
a=a ^ b
```

对其二进制的操作为：

```
010 ^ 100=110
100 ^ 110=010
110 ^ 010=100
```

所以最后 a=4，b=2，完成两数的交换。

14.7 跟我学上机

练习 1：编写程序，通过按位异或运算，实现两数的交换操作。

练习 2：编写程序，通过输入端输入一个八进制数，对该数进行循环左移操作输出结果，然后再对该结果进行循环右移操作，验证正误。

练习 3：编写程序，尝试将八进制数转换为二进制形式输出。

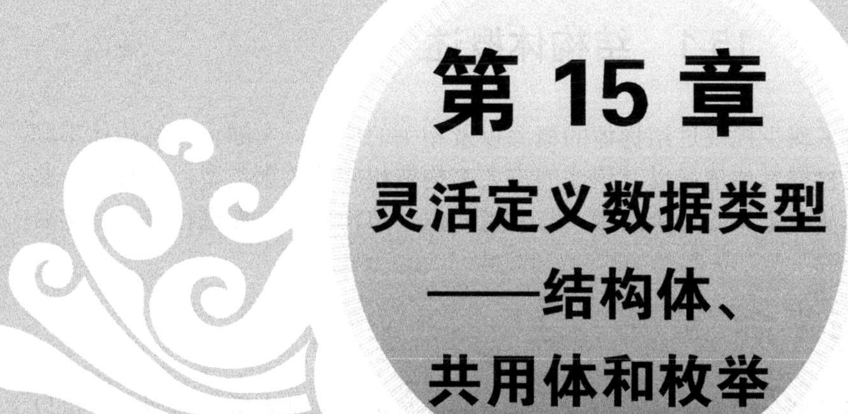

第 15 章 灵活定义数据类型——结构体、共用体和枚举

在对一个复杂程序进行开发时，简单的变量类型有时候不能够满足该程序中各种复杂数据的需求，所以 C 语言专门提供了一种可以由用户自定义数据类型，并存储不同类型的数据项的一种构造数据类型，即结构体与共用体。

本章目标(已掌握的在方框中打钩)

- ☐ 了解什么是结构体
- ☐ 掌握结构体数组的使用
- ☐ 掌握结构体指针的使用
- ☐ 掌握共用体类型的使用
- ☐ 掌握枚举类型的使用

15.1 结构体概述

在之前的章节中，或多或少提及过结构体的概念以及相关的应用，实际上，结构体不同于一般的基本类型，它是根据具体情况以及程序的需要来构造相应的数据类型，并且将一些具有关联的变量进行组织从而定义的一个结构。与变量相似，结构体也是先进行定义，然后再使用。

15.1.1 结构体类型

结构体属于一种构造类型，由若干成员组成，其中的成员可以为基本数据类型，也可以是另一个构造类型。

使用结构体前，首先需要对结构体进行定义，定义一个结构体的语法格式如下。

```
struct 结构体名称
{
    数据类型 成员 1;
    数据类型 成员 2;
    …
    数据类型 成员 n;
};
```

其中，struct 为声明结构体时的关键字，结构体名称表示该结构的类型名，命名时遵循标识符的命名规则，并且命名时尽可能做到见名知义，大括号中为成员列表，可以为一般变量或是数组等。

例如，定义一个图书相关的结构体：

```
struct Books
{
    /* 书名 */
    char title[50];
    /* 作者 */
    char author[50];
    /* 主题 */
    char subject[100];
    /* 编号 */
    int book_id;
};
```

其中，Books 为结构体名称，该结构中包含 4 个成员，即 3 个数组 1 个普通变量，它们分别表示书籍的书名、作者、主题以及书的编号。

注意：在定义结构体时，大括号外面要添加“;”，这不同于一般的语句块。

除了数组以及一般的变量之外，结构体成员也可以是另一个已经定义的结构体，这样称为嵌套定义，例如：

```
struct person
{
   char name[20];
   char sex;
   int age;
};
struct Books
{
   char title[50];
   char subject[100];
   int book id;
   struct person author;
};
```

其中，先定义结构体类型 struct person，接着在书籍相关的结构体中将其成员 author 定义为 struct person 的结构体类型。

注意

(1) 定义结构体成员时，成员名称可以与其他已经定义的变量名相同，并且两个结构体中的成员名也可以相同，因为它们属于不同的结构体，之间不存在冲突。

(2) 若是一个结构体定义在函数的内部，那么该结构体的使用范围仅限于该函数；若是结构体定义在函数的外部，那么该结构体的使用范围为整个程序。

15.1.2　定义结构体变量

结构体定义完毕后，就可以像 C 语言中所提供的基本数据类型来定义变量或是数组等，在定义结构体变量或是结构体数组之后，系统就会为该变量或者数组来分配对应的存储空间。

定义一个结构体变量有 3 种语法格式。

1. 先定义结构体类型，再定义结构体变量

例如，定义一个学生相关结构体类型：

```
struct student
{
   /* 姓名 */
   char name[20];
   /* 性别 */
   char sex;
   /* 年龄 */
   int age;
   /* 学号 */
   char sid[10];
   /* 成绩 */
   float score;
};
```

定义好结构体类型 struct student 之后就可以使用该结构体来定义一个学生相关信息的结构体变量了，语法如下。

```
struct student stu[10];
```

```
struct student stu1;
```

其中，第一句定义了一个包含 10 个学生信息的数组，第二句为定义一个结构体类型的变量，表示一个学生的信息。

注意　定义结构体变量时需要指定其结构体类型，如 struct student。

2. 在定义结构体类型的同时定义结构体变量

定义结构体类型的同时定义结构体变量，它的语法格式如下。

```
struct 结构体名称
{
    数据类型 成员 1;
    数据类型 成员 2;
    …
    数据类型 成员 n;
}变量名 1,变量名 2,…,变量名 n;
```

其中"变量名 1、变量名 2…变量名 n"即为该结构体类型的结构体变量，它们之间使用逗号分隔，最后添加分号";"。

例如：

```
struct student
{
    char name[20];
    char sex;
    int age;
    char sid[10];
    float score;
}stu1,stu2,stu3;
```

注意　这种定义结构体类型的同时定义结构体变量的方法一般用于定义局部结构体变量。

3. 直接定义结构体类型变量

直接定义结构体类型变量，语法格式如下。

```
struct
{
    数据类型 成员 1;
    数据类型 成员 2;
    …
    数据类型 成员 n;
}变量名 1,变量名 2,…,变量名 n;
```

与第二种方法不同的是，这里不必指出结构体的名称，直接定义结构体类型的成员以及变量，例如：

```
struct
{
    char name[20];
```

```
    char sex;
    int age;
    char sid[10];
    float score;
}stu1,stu2,stu3;
```

注意　因为该结构体没有结构体名称，所以不能通过第一种方法来定义结构体变量，一般情况下，这种方法只用于临时定义局部结构体成员变量。

15.1.3　初始化结构体变量

与初始化数组的操作相似，结构体变量的初始化是在定义结构体变量的同时，对结构体的成员进行逐一赋值操作，语法如下。

```
struct 结构体名称
{
    数据类型 成员 1;
    数据类型 成员 2;
    …
    数据类型 成员 n;
}变量名={初值 1,初值 2,…,初值 n};
```

其中，每个变量的初值使用大括号括起来，相互之间使用逗号进行分隔。

例如：

```
struct student
{
    char name[20];
    char sex;
    int age;
    char sid[10];
    float score;
} stu1={"lili", 'f',21, "2017011023",90},stu2,stu3;
```

表示在定义结构体的同时对变量 stu1 的成员进行初始化：该学生姓名为“lili”，性别为“f”，年龄为 21，学号为“2017011023”，成绩为 90。

15.1.4　结构体变量的引用

对结构体变量的引用一般语法如下。

```
结构体变量名.成员名
```

其中“.”属于高级运算符，用于将结构体变量名与其成员进行连接，例如：

```
stu1.name="lili";
stu1.sex='f';
```

表示对结构体变量 stu1 的成员 name 和 sex 进行赋值操作。

若是结构体成员也属于一个结构体类型，那么就要使用两级“.”进行连接访问，例如，有如下结构体：

```
struct person
{
   char name[20];
   char sex;
   int age;
};
struct Books
{
   char title[50];
   char subject[100];
   int book_id;
   struct person author;
}book1;
```

那么对结构体变量 book1 的成员 author 进行访问可以写为：

```
book1.author.name= "lili";
book1.author.sex= 'f';
book1.author.age=21;
```

表示对结构体变量 book1 中的作者信息进行赋值操作。

结构体变量同普通变量一样，可以进行相应的赋值以及运算操作，例如：

```
stu1.score=stu1.score+5;
struct student stu1={"lili",'m',21, "2017011023",90};
stu2=stu1;
```

其中第一句表示将学生 1 的成绩加 5 分，第二、三句表示将学生 1 的信息“复制”到学生 2 上，也就是将结构体变量 stu1 中的成员逐一赋值给结构体变量 stu2 中的成员。

同时，C 语言也允许对结构体变量的成员地址进行引用，例如：

```
scanf("%f",&stu1.score);
scanf("%s",&stu1.name);
```

表示通过输入端输入结构体变量 stu1 的成员 score 以及 name 的值。

【例 15-1】 编写程序，定义一个结构体类型，并使用该结构体定义 2 个结构体变量，一个使用初始化的方式为其成员赋值，另一个通过输入的方式为其成员赋值，并分别输出两个结构体变量的成员。(源代码\ch15\15-1)

```
#include <stdio.h>
/* 定义结构体 */
struct student
{
   char name[20];
   char sex;
   int age;
   char sid[10];
   float score;
}stu1={"lili",'m',21,"2017011023",90};
int main()
{
   /* 定义结构体变量 stu2 */
   struct student stu2;
   printf("请输入学生姓名：\n");
```

```
    scanf("%s",&stu2.name);
    getchar();
    printf("请输入学生性别：\n");
    scanf("%c",&stu2.sex);
    getchar();
    printf("请输入学生年龄：\n");
    scanf("%d",&stu2.age);
    getchar();
    printf("请输入学生学号：\n");
    scanf("%s",&stu2.sid);
    getchar();
    printf("请输入学生成绩：\n");
    scanf("%f",&stu2.score);
    printf("姓名\t\t 性别\t 年龄\t 学号\t\t 成绩\n");
    printf("%s\t\t%c\t%d\t%s\t%.2f\t\n",stu1.name,stu1.sex,stu1.age,
    stu1.sid,stu1.score);
    printf("%s\t%c\t%d\t%s\t%.2f\t\n",stu2.name,stu2.sex,stu2.age,
    stu2.sid,stu2.score);
    return 0;
}
```

运行上述程序，结果如图 15-1 所示。

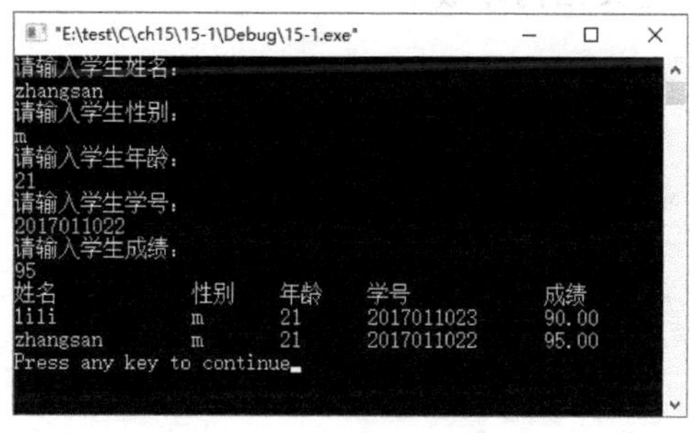

图 15-1　结构体变量的引用

【案例剖析】

本例用于演示如何对结构体变量进行引用。在代码中，首先定义一个结构体 student 并初始化结构体变量 stu1，接着在 main()函数中，定义一个结构体变量 stu2，通过输入端分别为结构体变量 stu2 的成员进行赋值，接着再分别输出 stu1 以及 stu2 成员的值。

15.2　结构体数组

C 语言中，可以使用数组来表示一组具有相同数据类型的数据，那么同样地，也可以使用数组来表示一组具有相同结构体类型的数据，这样的数组称为结构体数组。

15.2.1　定义结构体数组

定义结构体数组与定义结构体变量的方法相似，只需将结构体变量换成数组即可。

同样地，定义结构体数组也有 3 种语法格式。

1. 先定义结构体，然后定义结构体数组

定义一个结构体数组的语法如下。

```
struct 结构体名称 数组名[数组长度];
```

例如，有以下结构体：

```
struct student
{
   char name[20];
   char sex;
   int age;
   char sid[10];
   float score;
};
```

那么，定义该结构体的结构体数组语法格式如下。

```
struct student stu[10];
```

表示定义了一个有关学生信息的结构体数组，其中包含了 10 个学生的基本信息。

2. 定义结构体的同时，定义结构体数组

例如：

```
struct student
{
   char name[20];
   char sex;
   int age;
   char sid[10];
   float score;
}stu[10];
```

3. 直接定义结构体数组

例如：

```
struct
{
   char name[20];
   char sex;
   int age;
   char sid[10];
   float score;
}stu[10];
```

结构体数组在定义完成后，系统就会为其分配内存空间，以 stu[10]为例，如图 15-2 所示。

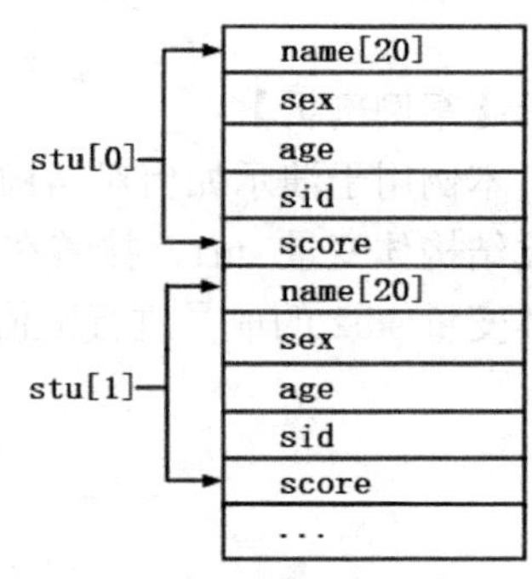

图 15-2　结构体数组在内存中的存放

15.2.2　结构体数组的初始化

初始化结构体数组的语法格式同初始化结构体变量十分相似，只不过初始化结构体数组是相当于对每一个结构体变量进行赋值操作。

初始化结构体数组的语法如下。

```
struct 结构体名称
{
    数据类型 成员 1;
    数据类型 成员 2;
    …
    数据类型 成员 n;
}数组名={初值列表};
```

例如：

```
struct student
{
   char name[20];
   char sex;
   int age;
   char sid[10];
   float score;
}stu[3]={{"zhangsan",'m',21,"2017011001",90},
      {"lisi",'f',22,"2017011002",91},
      {"wangwu",'m',21,"2017011003",95}};
```

表示定义长度为 3 的结构体数组 stu，并对该结构体数组进行初始化，每个元素为结构体类型，分别使用大括号括起来，每个元素之间使用逗号分隔。

同数组的初始化相同，结构体数组初始化时，可以不必指定数组长度，C 编译器会自动计算出其元素的个数，所以上述结构体数组的初始化可以写为：

```
stu[]={{…},{…},{…}};
```

对结构体数组进行初始化操作时，也可以先定义结构体，再进行结构体数组的初始化，例如：

```
struct student
{
   char name[20];
   char sex;
   int age;
   char sid[10];
   float score;
};
…
struct student stu[3]={{"zhangsan",'m',21,"2017011001",90},
                {"lisi",'f',22,"2017011002",91},
                {"wangwu",'m',21,"2017011003",95}};
```

15.2.3 结构体数组元素的引用

引用结构体数组中的元素与引用普通数组元素相同，只不过这里的元素是结构体类型的，引用语法格式如下。

```
数组名[数组下标];
```

其中，数组下标取值范围与普通数组的下标取值范围相同，若 n 为数组长度，则取值范围为 0~n-1。

【例 15-2】 编写程序，定义一个结构体数组并初始化，然后输出该结构体数组的元素。(源代码\ch15\15-2)

```
#include <stdio.h>
/* 定义结构体 */
struct student
{
   char name[20];
   char sex;
   int age;
   char sid[10];
   float score;
};
int main()
{
   /* 定义结构体数组并初始化 */
   struct student stu[3]={{"zhao",'m',21,"201701101",90},
                   {"lisi",'f',22,"201701102",91},
                   {"wangwu",'m',21,"201701103",95}};
   int i;
   printf("姓名\t\t 性别\t 年龄\t 学号\t\t 成绩\n");
   for(i=0;i<3;i++)
   {
      printf("%s\t\t%c\t%d\t%s\t%.2f\t\n",stu[i].name,stu[i].sex,
      stu[i].age,stu[i].sid,stu[i].score);
   }
   return 0;
}
```

运行上述程序，结果如图 15-3 所示。

图 15-3 结构体数组元素的引用

【案例剖析】

本例用于演示如何对结构体数组元素进行引用。在代码中，首先定义结构体 student，接着在 main()函数中，定义一个长度为 3 的结构体数组 stu，并对该数组进行初始化操作，最后通过 for 循环，对结构体数组中的元素进行引用，输出每个元素中成员的值。

15.2.4 结构体数组应用实例

本节通过具体实例演示结构体数组的应用。

【例 15-3】 编写程序，使用结构体数组实现投票功能，假设有 3 位球星：meixi、

Cluo、xiaoluo，有 6 人参与投票，计算投票结果并输出。(源代码\ch15\15-3)

```
#include <stdio.h>
#include <string.h>
/* 定义结构体 */
struct Person
{
    char name[20];
    int sum;
};
int main()
{
    /* 定义结构体数组并初始化 */
    struct Person star[3]= {{"meixi",0},{"xiaoluo",0},{"Cluo",0}};
    int i,j;
    /* 记录投票明星 */
    char starname[10];
    printf("进行投票，输入球星名字：\n");
    for(i=0;i<6;i++)
    {
        /* 输入投票结果 */
        gets(starname);
        /* 若投票结果是某位球星就加一票 */
        for(j=0;j<3;j++)
        {
            if(strcmp(starname,star[j].name)==0)
            {
            star[j].sum++;
            }
        }
    }
    printf("\n投票结果为：\n");
    /* 输出投票结果 */
    for (i=0;i<3;i++)
    {
        printf("%s 的票数是:%d\n",star[i].name,star[i].sum);
    }
    return 0;
}
```

运行上述程序，结果如图 15-4 所示。

【案例剖析】

本例用于演示如何使用结构体数组实现投票计数功能。在代码中，首先定义结构体 Person，其中包含投票球星姓名以及票数两个成员，接着在 main()函数中，定义一个长度为 3 的结构体数组 star，并对该数组进行初始化操作，再定义一个字符数组 starname，用于存储投票球星的姓名，然后通过嵌套 for 循环，在系统中输入投票结果，并和结构体数组中的球星姓名进行比较，若是相等，则该球星票数加 1，直到投票完成，最后将每个球星的投票结果输出。

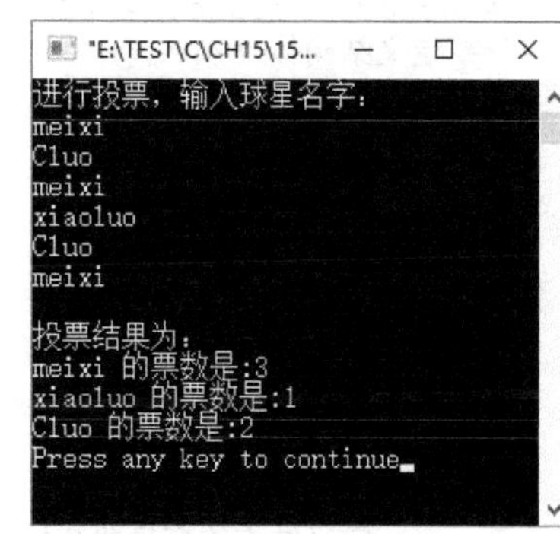

图 15-4　投票系统

15.3 结构体指针

C 语言中，指针变量可以指向基本类型的变量以及数组在内存的起始地址，同样地，也可以使用指针变量指向结构体类型的变量以及数组。

15.3.1 指向结构体变量的指针

在使用结构体变量的指针之前，首先要对结构体指针变量进行定义，其定义语法如下。

```
struct 结构体名称 *指针变量;
```

例如：

```
struct student *p;
```

表示定义了一个指向 struct student 结构体类型的指针变量 p。
使用结构体变量的指针对结构体中的成员进行访问可以使用两种方式。

1. 通过“.”运算符访问

使用“.”运算符可以对结构体成员进行引用，其语法格式如下。

```
(*指针变量).结构体成员
```

例如：

```
(*p).name= "lili";
```

表示引用结构体成员 name，并对该成员进行赋值操作。

注意：由于“.”运算符的优先级最高，所以必须要在*p 的外面使用括号。

【例 15-4】 编写程序，定义一个指向结构体变量的指针，使用该指针以及“.”运算符对结构体成员进行访问。(源代码\ch15\15-4)

```
#include <stdio.h>
/* 定义结构体 */
struct student
{
    char name[20];
    char sex;
    int age;
    char sid[10];
    float score;
};
int main()
{
    /* 定义结构体变量并初始化 */
    struct student stu={"zhao",'m',21,"201701101",90};
    /* 定义结构体类型指针 */
```

```
    struct student *p;
    /* 将结构体变量首地址赋予指针 */
    p=&stu;
    /* 通过结构体变量指针访问成员 */
    printf("姓名: %s\n",(*p).name);
    printf("性别: %c\n",(*p).sex);
    printf("年龄: %d\n",(*p).age);
    printf("学号: %s\n",(*p).sid);
    printf("成绩: %.2f\n",(*p).score);
    return 0;
}
```

运行上述程序，结果如图 15-5 所示。

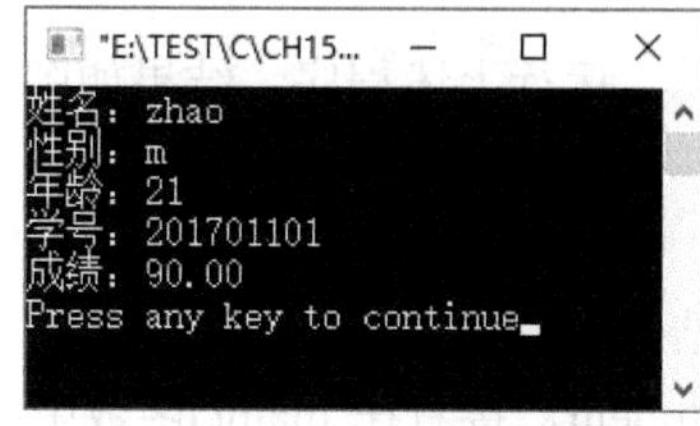

图 15-5 “.”运算符

【案例剖析】

本例用于演示如何使用“.”运算符通过结构体指针对结构体变量成员进行访问。在代码中，首先定义结构体 student，接着在 main()函数中，定义一个结构体变量 stu 并进行初始化操作，定义一个结构体类型指针 p 并将结构体变量 stu 的首地址赋予该指针，最后通过结构体类型指针 p 对结构体变量 stu 中的成员进行访问，输出它们的值。

注意 在使用结构体指针对结构体变量成员进行访问前，首先要对结构体指针变量进行初始化，也就是将结构体变量的首地址赋予该指针变量。

2. 通过“->”运算符访问

使用“->”运算符对结构体成员进行访问，语法格式如下。

```
指针变量->结构体成员
```

例如：

```
p->name= "lili";
```

表示引用结构体成员 name，并对该成员进行赋值操作。

【例 15-5】 编写程序，定义一个指向结构体变量的指针，使用该指针以及“->”运算符对结构体成员进行访问。(源代码\ch15\15-5)

```
#include <stdio.h>
/* 定义结构体 */
struct student
{
    char name[20];
    char sex;
    int age;
    char sid[10];
    float score;
};
int main()
{
    /* 定义结构体变量并初始化 */
    struct student stu={"zhao",'m',21,"201701101",90};
```

```
    /* 定义结构体类型指针 */
    struct student *p;
    /* 将结构体变量首地址赋予指针 */
    p=&stu;
    /* 通过结构体变量指针访问成员 */
    printf("姓名: %s\n",p->name);
    printf("性别: %c\n",p->sex);
    printf("年龄: %d\n",p->age);
    printf("学号: %s\n",p->sid);
    printf("成绩: %.2f\n",p->score);
    return 0;
}
```

运行上述程序，结果如图 15-6 所示。

图 15-6 “->”运算符

【案例剖析】

本例用于演示如何使用“->”运算符通过结构体指针对结构体变量成员进行访问。在代码中，首先定义结构体 student，接着在 main()函数中，定义一个结构体变量 stu 并进行初始化操作，定义一个结构体类型指针 p 并将结构体变量 stu 的首地址赋予该指针，最后通过结构体类型指针 p 对结构体变量 stu 中的成员进行访问，输出它们的值。

15.3.2 指向结构体数组的指针

既然结构体指针可以指向一个结构体变量，那么同样地，也可以使用结构体指针指向一个结构体数组。

与指向普通数组的指针相似，指向结构体数组的指针变量表示的是该结构体数组元素的首地址。

例如：

```
/* 定义结构体数组 */
struct student stu[3];
/* 定义结构体指针 */
struct student *p;
/* 将结构体数组首地址赋予指针 */
p=stu;
```

由于数组名可以直接表示数组中第一个元素的地址，所以若是将结构体数组首地址赋予一个结构体指针可以直接写为“指针变量=结构体数组名”。

注意 若想令结构体指针指向该数组的下一元素，可对结构体指针做加 1 运算，此时该结构体指针变量地址值的增量为该结构体类型的字节数。

【例 15-6】 编写程序，定义一个指向结构体数组的指针，通过该指针访问结构体数组元素。(源代码\ch15\15-6)

```
#include <stdio.h>
/* 定义结构体 */
```

```
struct student
{
    char name[20];
    char sex;
    int age;
    char sid[10];
    float score;
};
int main()
{
    /* 定义结构体数组并初始化 */
    struct student stu[3]={{"zhao",'m',21,"201701101",90},
                          {"lisi",'f',22,"201701102",91},
                          {"wangwu",'m',21,"201701103",95}};
    /* 定义结构体指针 */
    struct student *p;
    int i;
    /* 将结构体数组首地址赋予结构体指针 */
    p=stu;
    printf("姓名\t\t 性别\t 年龄\t 学号\t\t 成绩\n");
    for(i=0;i<3;i++,p++)
    {
        printf("%s\t\t%c\t%d\t%s\t%.2f\t\n",(*p).name,p->sex,p->age,
p->sid,p->score);
    }
    return 0;
}
```

运行上述程序，结果如图 15-7 所示。

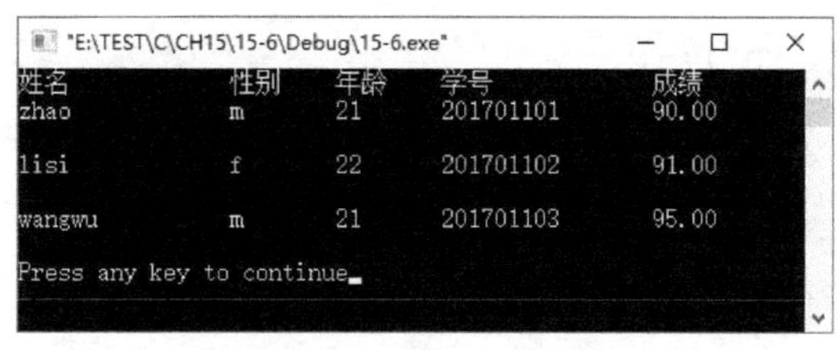

图 15-7 指向结构体数组的指针

【案例剖析】

本例用于演示如何通过指向结构体数组的指针对该数组中元素进行访问。在代码中，首先定义结构体 student，接着在 main()函数中，定义一个结构体数组 stu 并进行初始化操作，然后定义一个结构体指针并将结构体数组 stu 的首地址赋予该指针，通过 for 循环以及结构体指针 p 循环访问每个元素的成员并输出。

15.3.3 结构体变量作为函数参数

C 语言中，可以使用结构体变量作为函数的参数进行传递。

当使用结构体变量作为函数的实参进行传递时，其形参也必须是该结构体类型的变量，此时实参会将结构体变量在内存中存储的内容按顺序传递给形参。

注意　使用结构体变量作为函数参数传递属于值传递，改变函数体内变量成员的值不会对主调函数中的变量造成影响。

【例 15-7】 编写程序，演示如何使用结构体变量作为函数的参数进行传递。(源代码\ch15\15-7)

```
#include <stdio.h>
/* 定义结构体 */
struct student
{
    char name[20];
    char sex;
    int age;
    char sid[10];
    float score;
};
/* 声明函数 */
void f();
int main()
{
    /* 定义结构体变量并初始化 */
    struct student stu={"zhao",'m',21,"201701101",90};
    /* 调用函数 */
    f(stu);
    return 0;
}
/* 定义函数 */
void f(struct student stu)
{
    printf("学生信息：\n");
    printf("姓名：%s\n",stu.name);
    printf("性别：%c\n",stu.sex);
    printf("年龄：%d\n",stu.age);
    printf("学号：%s\n",stu.sid);
    printf("成绩：%.2f\n",stu.score);
}
```

运行上述程序，结果如图 15-8 所示。

图 15-8　结构体变量作为函数参数

【案例剖析】

本例用于演示如何使用结构体变量作为函数的参数进行传递。在代码中，首先定义结构体 student，并声明一个函数 f()，该函数实现将结构体变量成员输出的功能，接着在 main()函数中，定义一个结构体变量 stu 并进行初始化操作，然后调用函数 f()，将结构体变量 stu 作为实参进行传递，输出 stu 成员信息。

注意　使用结构体变量作为函数参数传递时，调用函数会为形参也开辟内存空间，所以开销比较大。

15.3.4 指向结构体变量的指针作为函数参数

使用指向结构体变量的指针作为函数参数传递时不会将整个结构体变量的内容进行传递，而只是将该结构体变量的首地址传给形参，这样就避免了过大的内存开销。

注意　将指向结构体变量的指针作为函数参数传递属于地址传递，若是改变函数体内成员的内容，那么主调函数中该成员内容也会发生改变。

【例 15-8】 编写程序，演示如何使用指向结构体变量的指针作为函数的参数进行传递。(源代码\ch15\15-8)

```
#include <stdio.h>
/* 定义结构体 */
struct student
{
    char name[20];
    char sex;
    int age;
    char sid[10];
    float score;
};
/* 声明函数 */
void f();
int main()
{
    /* 定义结构体变量并初始化 */
    struct student stu={"zhao",'m',21,"
201701101",90};
    /* 定义结构体指针 */
    struct student *p;
    /* 将结构体变量首地址赋予指针 */
    p=&stu;
    /* 调用函数 */
    f(p);
    printf("修改后的成绩为: %.2f\n",p->score);
    return 0;
}
/* 定义函数 */
void f(struct student *p)
{
    printf("学生信息: \n");
    printf("姓名: %s\n",p->name);
    printf("性别: %c\n",p->sex);
    printf("年龄: %d\n",p->age);
    printf("学号: %s\n",p->sid);
    printf("成绩: %.2f\n",p->score);
    p->score=91.5;
}
```

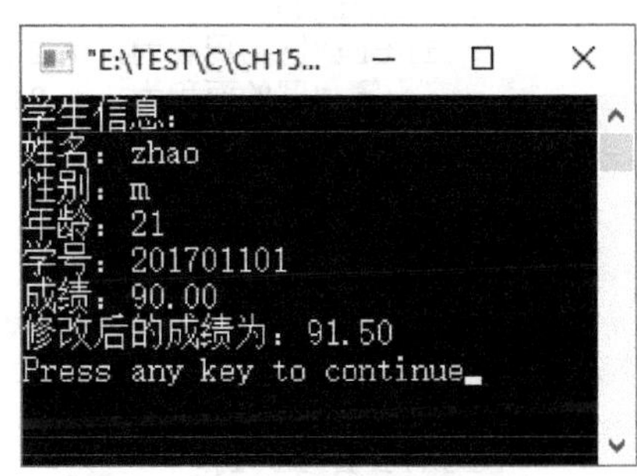

图 15-9　指向结构体变量的指针作为函数参数

运行上述程序，结果如图 15-9 所示。

【案例剖析】

本例用于演示如何使用指向结构体变量的指针作为函数参数进行传递。在代码中，首先定义结构体 student，接着声明函数 f()，该函数用于将结构体变量成员内容输出，然后在main()函数中，定义结构体变量并进行初始化操作，定义结构体指针 p 并将结构体变量 stu 的首地址赋予该指针，然后调用函数 f()，将指针作为实参进行传递，输出结构体变量成员的值。并且在函数 f()中对学生成绩进行修改，回到主调函数输出成绩，此时成绩发生改变，说明将指向结构体变量的指针作为函数参数进行传递时，对形参值进行改变会影响到结构体变量中成员的值。

15.3.5 结构体作为函数的返回值

在前面的学习中，一般函数返回值是 1 个，若想使函数拥有多个返回值，那么就要使用指针了。除了指针之外，结构体也可以使得函数能够带回多个返回值，只需将函数类型定义为结构体类型，然后使用 return 语句返回一个结构体类型的数据结果即可。

【例 15-9】 编写程序，演示如何使用结构体类型的函数返回多个值。(源代码\ch15\15-9)

```
#include <stdio.h>
#define PI 3.14
/* 定义结构体 */
struct Round
{
   double l;
   double s;
};
/* 声明函数 */
struct Round f();
int main()
{
   double r;
   /* 定义结构体变量 */
   struct Round round;
   printf("请输入圆的半径: \n");
   scanf("%lf",&r);
   /* 调用函数 */
   round=f(r);
   printf("圆的周长为: %.2lf\n",round.l);
   printf("圆的面积为: %.2lf\n",round.s);
   return 0;
}
/* 定义函数 */
struct Round f(double r)
{
   /* 定义结构体变量 */
   struct Round rou;
   rou.l=2*PI*r;
   rou.s=PI*r*r;
   return rou;
}
```

运行上述程序，结果如图 15-10 所示。

【案例剖析】

本例用于演示通过使用结构体作为函数的返回值来带回多个结果。在代码中，首先定义结构体 Round，并声明函数 f()，该函数类型为结构体类型，实现对圆的周长以及面积的求解，并返回一个结构体类型的变量 rou。在 main()函数中，定义 double 类型变量 r 与结构体变量 round，并通过输入端输入半径 r 的值，接着调用函数 f()，计算圆的面积以及周长，将返回值赋予结构体变量 round，最后输出周长以及面积。

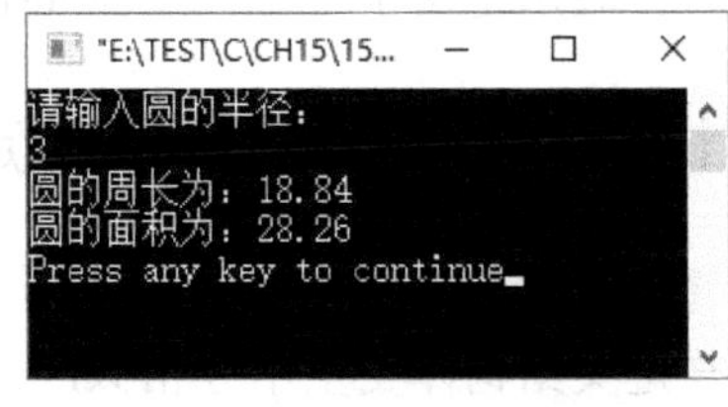

图 15-10 结构体作为函数的返回值

15.4 共 用 体

在处理某些 C 语言编程的算法时，可能需要使几种不同类型的变量存放到同一段内存单元之中，这几种不同类型变量共同占有一段内存的结构，称之为共用体类型结构，也叫联合体。

15.4.1 共用体的定义

与结构体类型相似，共用体也可以包含不同类型的数据，它们是组成共用体的成员，唯一不同的是共用体中所有成员共用一段内存，在 C 语言中使用覆盖技术，使得共用体的所有成员都具有相同的首地址，并且能够进行覆盖，也就是说，最后存储到共用体内存单元的数据才是有效的。

使用共用体这种类型处理数据的好处就是节省了内存空间，并且可以实现根据具体需求在不同时间段存储不同数据类型以及长度的成员。

共用体类型定义的语法格式如下。

```
union 共用体名
{
    数据类型 成员 1;
    数据类型 成员 2;
    …
    数据类型 成员 n;
};
```

其中 union 为定义共用体的关键字，与结构体不同的是共用体成员可以定义为任何 C 语言中合法的数据类型。

例如：

```
union test
{
   int a;
   char b;
   float c;
};
```

表示定义了一个共用体 test，包含有 int 型、char 型以及 float 型 3 个成员。

15.4.2 共用体变量的定义

在完成共用体类型的定义后，就可以通过该类型来定义共用体变量了。定义共用体变量与定义结构体变量十分相似，也有 3 种语法格式。

1. 先定义共用体类型，再定义共用体变量

语法格式如下。

```
union 共用体名
{
   数据类型 成员 1;
   数据类型 成员 2;
   …
   数据类型 成员 n;
};
union 共用体名 变量 1,变量 2,…,变量 n;
```

例如：

```
union test
{
   int a;
   char b;
   float c;
};
union test t1,t2,t3;
```

2. 定义共用体类型的同时定义共用体变量

语法格式如下。

```
union 共用体名
{
   数据类型 成员 1;
   数据类型 成员 2;
   …
   数据类型 成员 n;
}变量 1,变量 2,…,变量 n;
```

例如：

```
union test
{
   int a;
   char b;
   float c;
}t1,t2,t3;
```

注意

此方法适用于在定义局部使用的共用体变量时使用，如在函数内部进行定义。

3. 直接定义共用体变量

语法格式如下。

```
union
{
    数据类型 成员1;
    数据类型 成员2;
    …
    数据类型 成员n;
}变量1,变量2,…,变量n;
```

例如：

```
union
{
    int a;
    char b;
    float c;
}t1,t2,t3;
```

使用此方法定义共用体变量不需要给出共用体名，属于匿名共用体，适用于临时定义的局部共用体变量。

注意

(1) 在一个共用体类型的变量定义完成后，系统会按照该共用体类型成员中占用的最大内存单元为其分配存储空间。

(2) 同结构体类型一样，共用体类型也可以进行嵌套定义：共用体中成员为另一个共用体变量。

(3) 共用体与结构体可以进行相互嵌套。

15.4.3 共用体变量的初始化以及引用

1. 共用体变量的初始化

对共用体变量进行初始化操作，就是在定义该变量的同时对其进行赋值，与结构体不同的是，共用体中的成员共用一个首地址，共占一段内存空间，所以在初始化时，是对该共用体中的第一个成员进行赋值操作。

例如：

```
union test
{
    int a;
    char b;
    float c;
}t1={10};
```

若写为：

```
union test
{
    int a;
    char b;
```

```
    float c;
}t1={10, 'a'};
```

则会出现错误，在同一时间只能存放一个成员的值。

2. 共用体变量的引用

引用共用体变量的方法与结构体变量相似，可以使用运算符“.”以及“->”来进行访问。

例如：

```
union test
{
    int a;
    char b;
    float c;
};
union test t1;
*p=&t1;
/* 引用共用体成员 */
t1.a=10;
(*p).b= 'a';
p->c=2.5;
```

【例 15-10】 编写程序，定义一个共用体类型变量，并对其成员进行赋值，输出赋值结果。(源代码\ch15\15-10)

```
#include <stdio.h>
#include <string.h>
/* 定义共用体 */
union test
{
    int i;
    float f;
    char str[20];
};
int main()
{
    /* 定义共用体变量 */
    union test t;
    /* 引用共用体变量成员 */
    t.i = 10;
    t.f = 2.5;
    strcpy(t.str,"Apple");
    printf("t.i: %d\n",t.i);
    printf("t.f: %f\n",t.f);
    printf("t.str: %s\n",t.str);
    return 0;
}
```

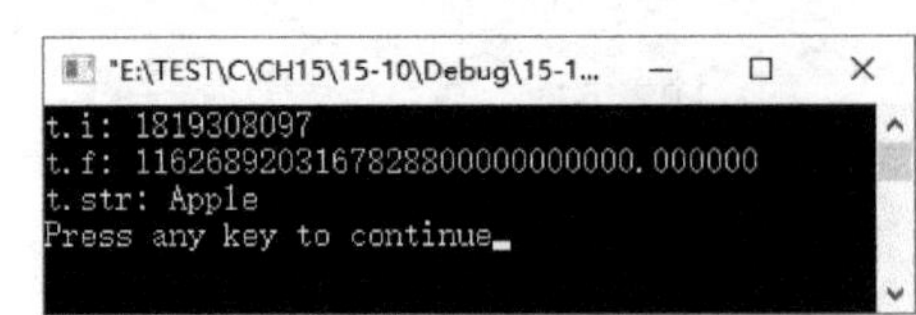

图 15-11　对共用体成员的赋值

运行上述程序，结果如图 15-11 所示。

【案例剖析】

本例用于演示对共用体成员的引用以及赋值。在代码中，首先定义一个共用体 test，接着

在 main()函数中，定义共用体变量 t，然后通过共用体变量 t 对该共用体成员进行访问并赋值，最后输出赋值的情况。通过对结果的观察可以发现，成员变量 i 以及 f 的数值发生了损坏，这是由于对共用体成员进行赋值时，只能保留最后一次的数据，所以成员变量 str 的数据是完好无缺的。

【例 15-11】 编写程序，对例 15-10 进行改造，使得程序输出正确的成员变量 i 以及 f 的值。(源代码\ch15\15-11)

```
#include <stdio.h>
#include <string.h>
/* 定义共用体 */
union test
{
    int i;
    float f;
    char str[20];
};
int main( )
{
    /* 定义共用体变量 */
    union test t;
    /* 引用共用体变量成员 */
    t.i = 10;
    printf("t.i: %d\n",t.i);
    t.f = 2.5;
    printf("t.f: %.2f\n",t.f);
    strcpy(t.str,"Apple");
    printf("t.str: %s\n",t.str);
    return 0;
}
```

运行上述程序，结果如图 15-12 所示。

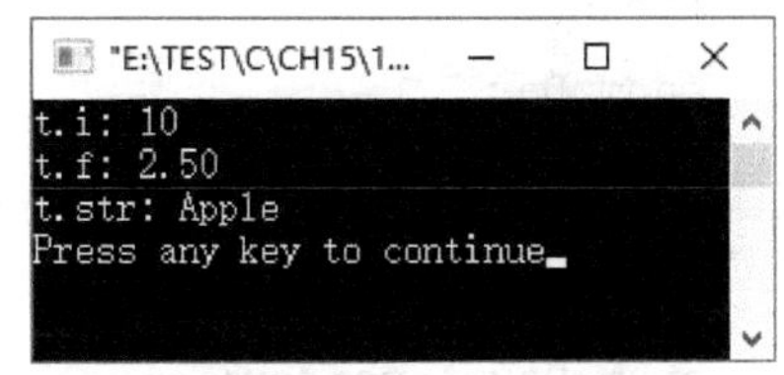

图 15-12 共用体变量的引用

【案例剖析】

本例用于演示对共用体变量成员的引用以及赋值操作。在代码中，首先定义共用体 test，接着在 main()函数中定义共用体变量 t，然后通过共用体变量 t 对该共用体成员进行访问并赋值，分别输出每次赋值后的结果。

15.5 枚 举

在编写程序时，有时定义一个变量时，可能会有不同的取值，如人的性别有“男”“女”的取值，星期有“星期一”到“星期日”的取值，对于这样的变量表示以往可能需要使用预处理指令#define 来进行定义，实际上 C 语言中，可以通过一种新的数据类型——枚举来实现。

15.5.1 定义枚举类型

枚举类型在定义时使用关键字 enum，其语法格式如下。

```
enum 标识符
{
   枚举数据列表
};
```

其中关键字 enum 用于表示枚举类型，枚举数据列表中的数据值必须为整数。枚举中的数据之间使用逗号分隔，末尾不需要添加“;”。

例如：

```
enum Day
{
   MON=1, TUE, WED, THU, FRI, SAT, SUN
};
```

注意 枚举元素为常量，若是定义时没有指明数值，则从 0 开始，后续元素分别加 1；若是指明其中一个的数值，则后续元素分别加 1。

15.5.2 定义枚举类型变量

枚举类型作为一种数据类型，在定义完成后，就可以使用它来像基本数据类型那样进行变量的定义了，定义枚举类型变量有 3 种语法格式。

1. 先定义枚举类型，再定义枚举变量

例如：

```
enum Day
{
   MON=1, TUE, WED, THU, FRI, SAT, SUN
};
enum Day today;
enum Day tomorrow;
```

2. 定义枚举类型的同时定义枚举变量

```
enum Day
{
   saturday,
   sunday = 0,
   monday,
   tuesday,
   wednesday,
   thursday,
   friday
}day;
```

其中 day 为枚举 enum Day 类型的变量。

3. 使用 typedef 关键字将枚举类型定义为别名，通过别名定义枚举变量

```
typedef enum Day
{
    saturday,
    sunday = 0,
    monday,
    tuesday,
    wednesday,
    thursday,
    friday
} Day; /* 这里的 Day 为枚举型 enum Day 的别名 */
Day today;
```

注意　在同一个程序中不允许定义同名的枚举类型，不同的枚举类型中也不允许定义同名的枚举成员。

【例 15-12】 编写程序，定义一个枚举类型 Day，用于表示星期，然后再定义枚举变量 yesterday、today 以及 tomorrow，进行变量赋值操作，输出赋值结果。(源代码\ch15\15-12)

```
#include <stdio.h>
/* 定义枚举类型 */
enum Day{MON=1,TUE,WED,THU,FRI,SAT,SUN};
int main()
{
    /* 使用枚举类型声明变量，再对枚举型变量赋值 */
    enum Day yesterday, today, tomorrow;
    yesterday = MON;
    today = TUE;
    tomorrow = WED;
    printf("yesterday:%d\n", yesterday);
    printf("today:%d\n",today);
    printf("tomorrow:%d\n",tomorrow);
    /* 类型转换 */
    tomorrow=(enum Day)(today+1);
    printf("tomorrow:%d\n",tomorrow);
    return 0;
}
```

运行上述程序，结果如图 15-13 所示。

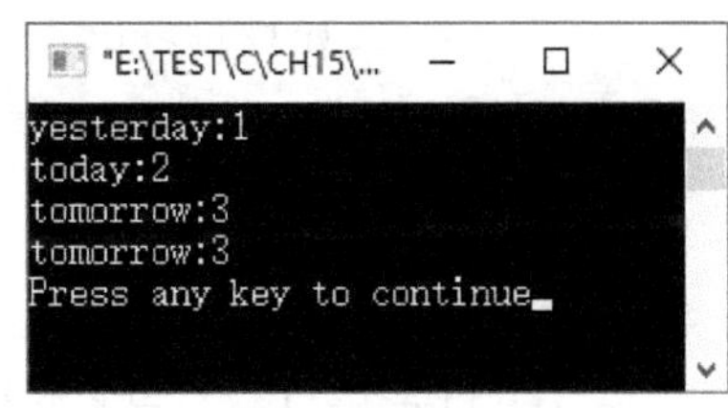

图 15-13　枚举类型变量

【案例剖析】

本例用于演示如何定义枚举类型变量以及如何对该变量进行赋值操作。在代码中，首先定义枚举类型 Day，然后通过该枚举类型声明变量 yesterday、today 以及 tomorrow，接着对枚举类型变量进行赋值操作，然后输出赋值结果，这里需要提到“tomorrow=(enum Day)(today+1)”，若是对枚举类型变量赋整数值时，需要使用枚举类型来进行转换。

15.6　综合案例——创建学生信息结构体

本节通过具体的综合案例对本章知识点进行具体应用演示。

【例 15-13】 编写程序，定义一个学生信息结构体，包含学生的学号以及分数，在 main()函数中实现对学生成绩的排序，然后将排序结果输出。(源代码\ch15\15-13)

```
#include <stdio.h>
/* 全班人数 */
#define STU 5
/* 定义结构体 */
struct student
{
   int stid;
   int score;
} stu[STU];
int main ()
{
   /* 定义结构体指针 */
   struct student *pt;
   /* 定义结构体指针数组 */
   struct student *p[STU];
   int i, j, k, sum=0;
   for (i=0;i<=STU-1;i++)
   {
      printf("请录入第 %d 个学生学号以及成绩：\n",i+1);
      scanf ("%d%d", &stu[i].stid, &stu[i].score);
      /* 将每个学生信息存到相应指针数组中 */
      p[i]=&stu[i];
      sum+=stu[i].score;
   }
   /* 由大到小排序操作 */
   for(i=0;i<=STU-2;i++)
   {
      k=i;
      for(j=i;j<=STU-1;j++)
      {
         if(p[k]->score<p[j]->score)
         {
            k=j;
         }
      }
      /* 查找当前最大值，k 中存放最大值对应的指针在指针数组 p 中的下标 */
      if(k!=i)  /* 当 k 不等于 i 时，交换两个指向结构的指针 */
      {
         pt=p[i];
         p[i]=p[k];
         p[k]=pt;
```

```
        }
    }
    printf("按成绩排序后结果为: \n");
    printf("学号\t 成绩\n");
    for (i=0;i<=STU-1;i++)
    {
        printf("%d\t%d\n",(*p[i]).stid,p[i]->score);
    }
    printf ("平均成绩为: %d\n",sum/STU);
    return 0;
}
```

运行上述程序，结果如图 15-14 所示。

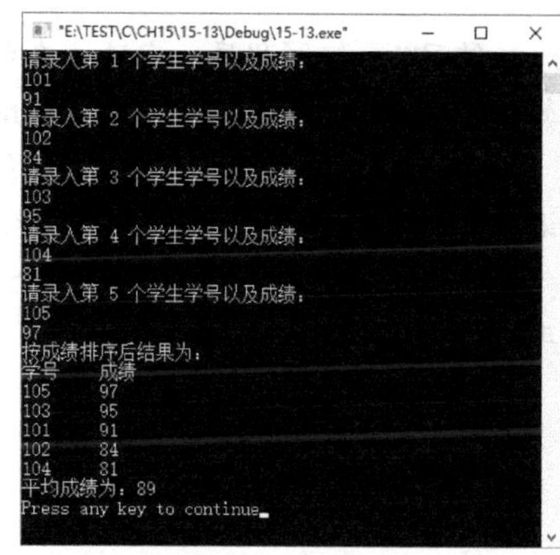

图 15-14 成绩排序

【案例剖析】

本例用于演示如何使用结构体以及结构体指针数组对班级学生成绩进行排序。在代码中，首先定义结构体 student，该结构体包含两个成员，stid 表示学号，score 表示成绩。接着在 main()函数中定义一个结构体指针 pt 以及一个结构体指针数组 p，结构体指针数组 p 用于存放每名学生的学号和成绩，然后通过 for 循环输入每个学生的学号以及成绩再分别存到结构体指针数组 p 中，计算出所有学生总成绩 sum，接着通过嵌套 for 循环对学生成绩进行排序，最后将排序结果以及计算出的平均成绩输出。

15.7 大 神 解 惑

小白：结构体和共用体有什么区别？

大神：结构体属于用户自定义数据类型，将不同类型的数据组合成为一个整体，而共用体是使几个不同类型的变量共同占用一段内存，相互进行覆盖。总地来说，它们的主要区别如下所示。

(1) 结构体和共用体都是由多个不同的数据类型成员组成，但在任何同一时刻，共用体中只能存放一个被选中的成员，而结构体的所有成员都存在。在结构体中，各成员都占有自己的内存空间，它们是同时存在的。一个结构体变量的总长度等于所有成员长度之和。在共用体中，所有成员不能同时占用它的内存空间，它们不能同时存在。共用体变量的长度等于最长的成员的长度。

(2) 对于共用体的不同成员赋值，将会对其他成员重写，原来成员的值就不存在了，而对于结构体的不同成员赋值是互不影响的。

小白：在使用枚举类型时有什么需要注意的？

大神：使用枚举类型时需要注意以下几点。

(1) 枚举元素不是变量，而是常数，因此枚举元素又称为枚举常量。因为是常量，所以不能对枚举元素进行赋值。

(2) 枚举元素作为常量，它们是有值的，C 语言在编译时按定义的顺序使它们的值为 0，1，2，…，n。

(3) 枚举值可以用来作比较判断，比较规则是：按其在说明时的顺序号比较，如果说明时没有人为指定，则第一个枚举元素的值被认作 0。

(4) 一个整数不能直接赋给一个枚举变量，必须强制进行类型转换才能赋值。

15.8 跟我学上机

练习 1：编写程序，定义一个结构体以及一个返回值为结构体类型的函数，该函数用于计算三角形的周长以及面积，在 main()函数中调用该函数实现三角形周长面积的求解。

练习 2：编写程序，定义一个结构体数组，用于存放 5 名学生的姓名以及语文、数学、外语的成绩，通过函数 f()计算出每名学生的总成绩，最后输出计算结果。

练习 3：编写程序，定义一个枚举类型，实现用户通过输入端输入数字来输出对应的星期几。

第 16 章 动态存储分配——动态数据结构

在之前的学习过程中，所涉及的数据都属于静态的结构，例如基本数据类型 int、char 等。这样的数据在程序的运行过程中，存储空间的位置以及容量不会再发生改变，但是实际问题中可能遇见数据本身会发生不确定的变化，如图书馆藏书随时间变化可能会借出与归还，此时再使用静态存储结构来进行描述显然不合适。故而，C 语言中，定义了一种动态的数据结构来解决此类问题。

本章目标(已掌握的在方框中打钩)

- ☐ 了解什么是动态数据结构
- ☐ 掌握 malloc()函数的使用
- ☐ 掌握 calloc()函数的使用
- ☐ 掌握 realloc()函数的使用
- ☐ 掌握 free()函数的使用
- ☐ 了解什么是链表
- ☐ 掌握如何创建链表以及如何遍历链表结点
- ☐ 掌握链表结点的插入操作
- ☐ 掌握链表结点的删除操作

16.1　动态存储分配概述

C 语言的标准函数库中提供了若干动态内存操作标准函数，分别为 malloc()、calloc()、realloc()以及 free()等，本节将对这些函数进行详细讲解。

16.1.1　malloc()函数

malloc()函数定义在头文件“stdlib.h”中，使用时需要添加此头文件，该函数的原型为：

```
void *malloc(unsigned int size);
```

它的作用是向系统申请一个确定大小(size 个字节)的内存空间。若函数调用成功，则返回值为指向 void 类型的分配域起始地址的指针值；若函数调用失败，则返回值为空。

malloc()函数的使用语法如下。

```
指针变量=(基类型*)malloc(内存空间字节数);
```

例如：

```
int *p;
p=(int*)malloc(sizeof(int));
```

注意：上述 malloc()函数分配的是一个 int 型空间，需要使用强制类型转换保证返回相对应的 int 型指针。

【例 16-1】 编写程序，使用 malloc()函数进行动态内存分配，通过输入端输入一个数据并输出结果。(源代码\ch16\16-1)

```
#include <stdio.h>
/* 添加头文件 */
#include <stdlib.h>
int main()
{
   int *p;
   int a;
   /* 调用函数动态分配内存 */
   p=(int*)malloc(sizeof(int));
   if(!p)
   {
      exit(0);
   }
   p=&a;
   scanf("%d",p);
   printf("a=%d\n",a);
   return 0;
}
```

运行上述程序，结果如图 16-1 所示。

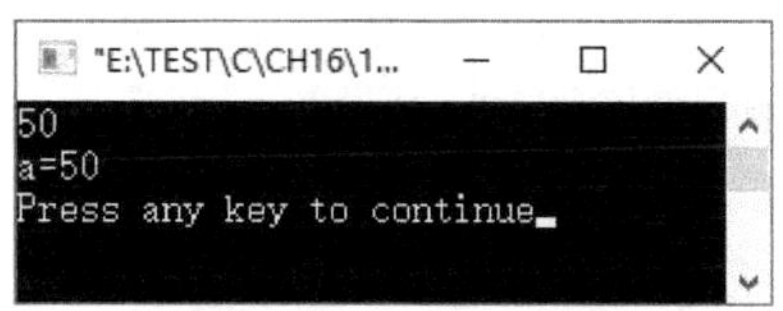

图 16-1 malloc()函数

【案例剖析】

本例用于演示如何使用 malloc()函数进行动态内存分配。在代码中，首先添加头文件“stdlib.h”，接着在 main()函数中定义一个指针变量 p，使用 malloc()函数进行动态内存的分配，并将分配的 int 型空间内存起始地址赋予指针变量 p，若分配成功，则通过输入端输入一个数据存储到该空间中，然后输出验证。

16.1.2 calloc()函数

calloc()函数定义在头文件“stdlib.h”中，使用时需要添加此头文件，该函数的原型为：

```
void *calloc(unsigned int n, unsigned int size);
```

它的作用是向系统申请 n 个 size 字节大小的连续内存空间，若是函数调用成功，则返回值为一个指向 void 类型的分配域起始地址的指针值；若是函数调用失败，则返回值为空。使用该函数能够为一维数组开辟一片连续的动态存储空间。

calloc()函数的使用语法如下。

```
指针变量=(数组元素类型*)calloc(n, 每一个数组元素内存空间字节数);
```

例如：

```
int *p;
p=(int*)calloc(5, sizeof(int));
```

表示使用函数 calloc()动态地分配 5 个大小为 int 类型字节的连续内存空间，最后将返回的指针赋予指针变量 p，可以理解为该指针变量指向的是一个有 5 个元素的一维数组的首地址。

【例 16-2】 编写程序，使用函数 calloc()动态地分配一个包含有 5 个元素的一维数组的连续存储空间，并分别为它们进行赋值，输出结果。(源代码\ch16\16-2)

```
#include <stdio.h>
/* 添加头文件 */
#include <stdlib.h>
#define S 5
int main()
{
    int *p;
    int a,i;
    /* 调用函数动态分配一组内存 */
    p=(int*)calloc(S,sizeof(int));
    if(!p)
    {
        exit(0);
```

```
    }
    printf("请为%d个整型数据赋值：\n",S);
    for(i=0;i<S;i++)
    {
        scanf("%d",&a);
        *(p+i)=a;
    }
    printf("\n");
    for(i=0;i<S;i++)
    {
        printf("%d\t",*(p+i));
    }
    printf("\n");
    return 0;
}
```

运行上述程序，结果如图 16-2 所示。

图 16-2　calloc()函数

【案例剖析】

本例用于演示如何使用 calloc()函数开辟一组连续的动态存储空间。在代码中，首先添加头文件“stdlib.h”并定义一个符号常量 S，用于表示开辟元素的个数。接着在 main()函数中定义一个指针变量 p，然后调用函数 calloc()动态地分配一组拥有 5 个元素大小为 int 型字节的连续存储空间，并将首地址赋予指针变量 p，若是函数调用成功，则通过输入端为这 5 个元素进行赋值，最后输出赋值结果。

16.1.3　realloc()函数

realloc()函数定义在头文件“stdlib.h”中，使用时需要添加此头文件，该函数的原型为：

```
void *realloc(void *p, unsigned int size);
```

它的作用是向系统申请一个大小为 size 的内存空间，并将指针变量 p 指向的空间大小改为 size，同时将原存储空间中存放的数据传递到新的地址空间的低端，原存储空间的数据将会丢失。若是函数调用成功，则返回一个指向 void 类型的分配域起始地址的指针值；若是函数调用失败，则返回值为空。

realloc()函数的使用语法如下。

```
指针变量=(基类型*)realloc(原存储空间首地址，新的存储空间字节数);
```

例如：

```
int *p1,*p2;
p1=(int*)malloc(sizeof(int)*2);
p2=(int*)realloc(p1,sizeof(int)*4);
```

表示通过 realloc()函数对 p1 所指向的空间大小进行扩充，并将改变之后的内存空间首地址赋予指针变量 p2。

注意 使用 realloc()函数设定的 size 大小为任意值，也就是说可以比原存储空间大，也可以比原存储空间小。

【例 16-3】 编写程序，先使用 malloc()函数分配动态内存空间，然后使用 realloc()函数将该内存空间进行扩充，分别输出扩充前以及扩充后的动态内存的首地址。(源代码\ch16\16-3)

```
#include <stdio.h>
/* 添加头文件 */
#include <stdlib.h>
int main()
{
    int *p1,*p2;
    int a;
    /* 调用函数 malloc()动态分配内存并将首地址赋予 p1 */
    p1=(int*)malloc(sizeof(int)*2);
    if(p1)
    {
        printf("内存分配在: %p1\n",p1);
    }
    else
    {
        printf("内存不足! \n");
        exit(0);
        }
        /* 调用函数 realloc()将 p1 中数据大小进行改变，并将改变后的内存首地址赋予 p2 */
        p2=(int*)realloc(p1,sizeof(int)*4);
        if(p2)
        {
            printf("内存重新分配在: %p2\n",p2);
        }
        else
        {
        printf("没有足够内存! \n");
        exit(0);
    }
    return 0;
}
```

运行上述程序，结果如图 16-3 所示。

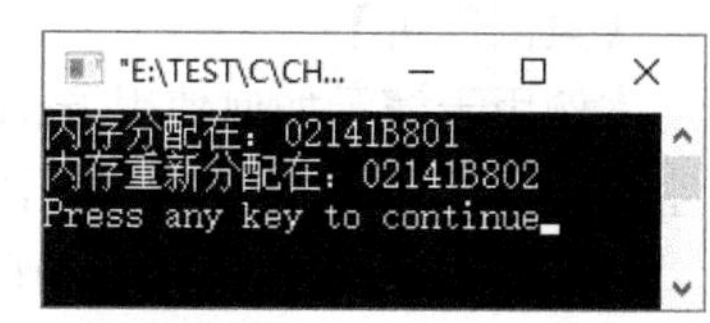

图 16-3 realloc()函数

【案例剖析】

本例用于演示如何使用 realloc()函数对一个已分配的动态内存空间大小进行改变。在代码中，首先添加头文件“stdlib.h”，接着在 main()函数中定义两个指针变量 p1 和 p2，调用函数 malloc()动态分配内存并将首地址赋予指针变量 p1，若是调用成功则输出该内存的首地址，然后调用函数 realloc()将 p1 中内存大小进行改变，并将改变后的内存首地址赋予指针变量 p2，若是调用成功则输出该内存的首地址。

16.1.4 free()函数

free()函数定义在头文件“stdlib.h”中，使用时需要添加此头文件，该函数的原型为:

```
void free(void *p);
```

它的作用是释放指针变量 p 所指的内存区，将该存储空间返还给系统，使得其他变量能够使用此存储空间。该函数没有任何返回值。

free()函数的使用语法如下。

```
free(指针变量);
```

例如：

```
int *p;
p=(int*)malloc(sizeof(p));
free(p);
```

表示使用 free()函数将 malloc()函数分配的动态内存空间释放。

【例 16-4】 编写程序，使用 free()函数将事先分配好的动态内存空间进行释放，输出释放前后该内存中存放的数据。(源代码\ch16\16-4)

```
#include <stdio.h>
/* 添加头文件 */
#include <stdlib.h>
#include <string.h>
int main()
{
    /* 定义字符指针 */
    char *str;
    /* 调用 malloc()函数分配动态内存 */
    str=(char*)malloc(10);
    /* 调用 strcpy()函数将字符串赋给 str */
    strcpy(str,"Apple");
    printf("字符串为: %s\n", str);
    /* 调用 free()函数释放内存空间 */
    free(str);
    printf("释放后字符串为: %s\n", str);
    return 0;
}
```

运行上述程序，结果如图 16-4 所示。

图 16-4 free()函数

【案例剖析】

本例用于演示如何使用 free()函数将已分配的动态内存空间释放。在代码中，首先添加头文件“stdlib.h”以及“string.h”，接着在 main()函数中定义字符指针 str，调用 malloc()函数分配动态 10 字节大小的内存空间并将首地址赋予 str，然后调用 strcpy()函数将字符串存放到该内存空间内，并输出该字符串，接着使用 free()函数将此内存空间释放，再次输出该字符串为乱码，原因是内存已经被释放，其中存放的数据就不存在了。

16.2 链表概述

C 语言中，链表用于表示一组具有线性关系的数据元素，它属于动态结构。链表中的每一个数据元素都占用独立的存储空间，该存储空间为一个结构体类型变量。它主要包含两部分：其中一部分为值域，用于存放数据元素的值；另一部分为指针域，用于存放一个指向该结构体类型的指针变量值，它的作用是存放逻辑上排在本结点后的结点内存空间的首地址，如图 16-5 所示。

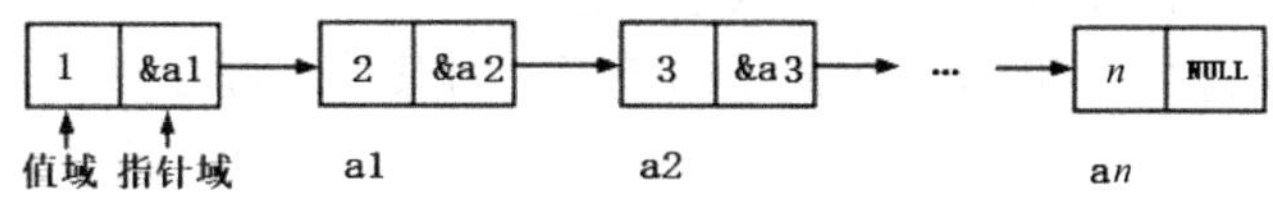

图 16-5 单向链表

线性链表按照逻辑顺序将若干结点连接成一排，一环扣一环。

16.2.1 链表结点的定义

链表结点通过结构体类型来描述一个数据元素，定义一个结点类型的语法格式如下。

```
struct LNode
{
   ElemType data;
   struct LNode *next;
}LNode,*LinkList;
```

其中 LNode 为一个结点的类型名称，它拥有两个成员，一个是类型为数据元素的 data，用于存放数据元素的值；另一个是类型为指向本结构体类型的指针 next，用于存放逻辑上排在本结点后面的结点的首地址。LinkList 表示指向 LNode 类型的指针类型。

ElemType 用于表示数据元素的一般性描述类型，如 int、float、char 等。

例如，定义一个用于存放整型的数据元素链表结点类型，语法如下。

```
struct LNode
{
   int data;
   struct LNode *next;
}LNode,*LinkList;
```

16.2.2 链表的建立

链表结点创建完成后，就可以使用 malloc()函数来创建链表了。

首先定义一个结构体指针变量，并使用 malloc()函数动态分配存储空间，然后通过输入端输入结点数据，并将指向的下一个结点置为空。语法如下。

```
struct LNode *p;
p=(struct LNode*)malloc(sizeof(struct LNode));
scanf("%d",&p->data);
p->next=NULL;
```

如上所示，根据语法可以建立若干的结点，并使每个结点的 next 指针指向下一个结点，如此便可形成简单的链表结构。

16.2.3 链表的遍历

链表的遍历是通过其结构指针来对每一个结点进行访问，不同于数组的是，链表不能对其某个结点进行访问，而必须对所有的结点进行遍历操作。

【例 16-5】 编写程序，创建一个简单的链表，对其结点进行遍历操作并输出。(源代码\ch16\16-5)

```
#include <stdio.h>
/* 添加头文件 */
#include<stdlib.h>
/* 定义链表结点 */
struct LNode
{
    int data;
    struct LNode *next;
};
/* 定义返回链表头指针函数 */
struct LNode *creat(int n)
{
    int i;
    /* 定义结构体指针 head 用来标记链表，p1 总是用来指向新分配的
    内存空间，p2 总是指向尾结点，并通过 p2 来链入新分配的结点 */
    struct LNode *head,*p1,*p2;
    int a;
    head=NULL;
    for(i=1;i<=n;i++)
    {
        /* 动态分配内存空间 */
        p1=(struct LNode*)malloc(sizeof(struct LNode));
        printf("请输入链表中的第%d 个数：\n",i);
        scanf("%d",&a);
        p1->data=a;
        /* 指定链表的头指针 */
        if(head==NULL)
        {
            head=p1;
            p2=p1;
        }
        else
        {
            p2->next=p1;
            p2=p1;
        }
        /* 尾结点的后继指针为空 */
        p2->next=NULL;
    }
    /* 返回链表的头指针 */
    return head;
}
int main()
{
    int n;
    struct LNode *p;
```

```
    printf("请输入链表的长度：\n");
    scanf("%d",&n);
    /* 链表的头指针赋予 p */
    p=creat(n);
    printf("链表中的数据：\n");
    /* 循环直到结点 p 为空 */
    while(p)
    {
        printf("%d ",p->data);/* 输出结点中的数据值 */
        p=p->next;/* 指向下一个结点 */
    }
    printf("\n");
    return 0;
}
```

运行上述程序，结果如图 16-6 所示。

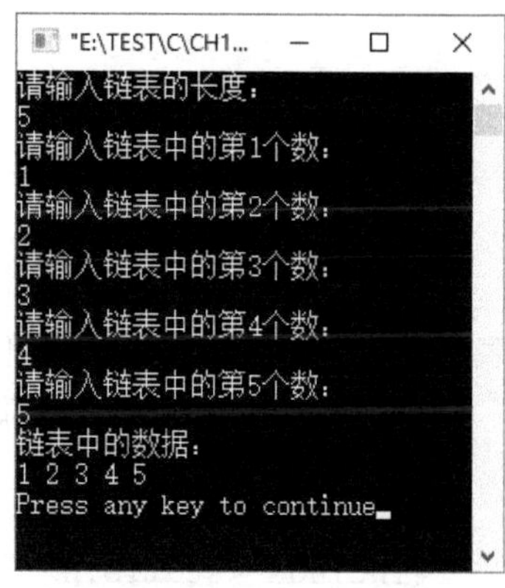

图 16-6　链表的遍历

【案例剖析】

本例用于演示链表的创建以及对结点数据元素的遍历。在代码中，首先添加头文件“stdlib.h”，然后定义一个链表结点 LNode，以及一个返回链表头指针的函数 create()，该函数中定义了 3 个结构体指针：head 用于标记链表；p1 用于指向新分配的内存空间；p2 指向尾结点，并且将新分配的结点连接起来。接着通过 for 循环输入每个结点的数据元素值，并形成链表。在 main()函数中，定义一个结构体指针 p，通过输入端确定链表长度 n，调用函数 create 创建长度为 n 的链表，并将头指针赋予 p，接着通过 while 循环遍历输出结点中的数据值。

16.2.4　链表结点的插入

链表结点的插入操作可根据结点的位置分为以下 3 种情况。

1. 插入链表表头

将新的结点插入第一个结点之前，只需要将新结点的指针指向链表第一个结点即可，如图 16-7 所示。

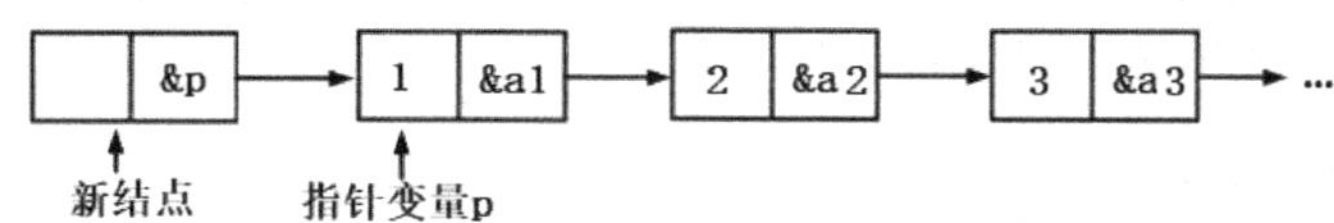

图 16-7　插入链表表头

2. 插入链表表中

若是要将新结点插入链表的中间某处，例如 p1 与 p2 两结点之间，那么只需要将 p1 的指针指向新结点，新结点的指针指向 p2 即可，如图 16-8 所示。

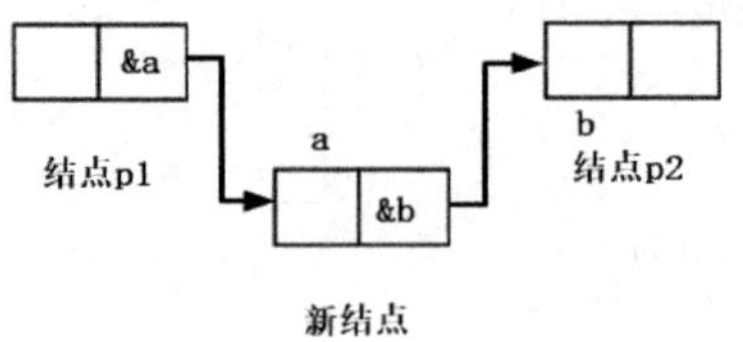

图 16-8 插入链表表中

3. 插入链表表尾

若是要将新结点插入链表的最后一个结点之后，那么只需要将最后一个结点的指针指向新结点，然后将新结点指针指向 NULL 即可，如图 16-9 所示。

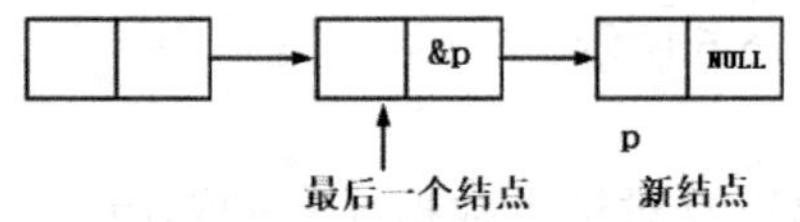

图 16-9 插入链表表尾

【例 16-6】 编写程序，定义一个学生信息结构体类型，包含学号以及姓名，分别演示链表结点插入的 3 种情况。(源代码\ch16\16-6)

由于代码较长，分为三部分：

```
#include <stdio.h>
#include <string.h>
#include <stdlib.h>
/* 定义学生信息结构类型 */
struct student
{
   int sid;
   char name[20];
   struct student *next;
};
/* 定义函数 */
/* 创建链表函数 */
struct student *create(struct student *head)
{
   char s[30];
   struct student *pl,*p2;
   pl=p2=(struct student*)malloc(sizeof(struct student));
   printf("请输入学号以及姓名: \n");
   gets(s);
   gets(pl->name);
   /* 将字符型转换为整型 */
   pl->sid=atoi(s);
   pl->next=NULL ;
   while(strlen(pl->name)>0)
   {
      if(head==NULL)
      {
         head= pl;
```

```
        }
        else
        {
            p2->next=p1;
        }
        p2 = p1;
        p1=(struct student*)malloc(sizeof(struct student));
        printf("请输入学号以及姓名: \n");
        gets(s);
        gets(p1->name);
        p1->sid=atoi(s);
        p1->next=NULL;
    }
    return head;
}
```

【代码剖析】

本段代码主要为学生信息结构体类型的定义以及创建链表函数 create()的定义。在代码中，定义了学生信息结构体类型 student，并定义函数 create()，该函数通过结构体指针 p1 完成输入获取学生学号和姓名并生成结点，p1 指向新分配的内存空间，p2 指向尾结点，并将 p1 加入链表中。

```
struct student *insert(head, pstr,n)
struct student *head;
char *pstr;
int n;
{
    struct student *p1,*p2,*p3;
    p1=(struct student*)malloc(sizeof(struct student));
    strcpy (p1->name, pstr);
    p1->sid = n;
    p2 = head;
    /* 链表为空，插入表头 */
    if(head == NULL)
    {
        head = p1;
        p1->next = NULL;
    }
    else
    {
        while (n>p2->sid&&p2->next!=NULL)
        {
            p3 = p2;
            p2= p2->next;
        }
        if (n<=p2->sid)
        if (head==p2)
        {
         head = p1;
         p1->next = p2;
        }
        else
        {
            p3->next = p1;
            p1->next=  p2;
        }
```

```
        else
        {
            p2->next= p1;
            p1->next = NULL;
        }
    }
    return(head);
}
```

【代码剖析】

本函数实现了结点的插入操作。在代码中，为 p1 分配动态内存空间，然后将要插入的结点信息存放在 p1 中，若链表为空，直接将新结点插入表头，否则为非空表，通过 while 循环以及 if 判断语句找到结点插入位置，分别对插入表头、表中以及表尾做出操作。

```
void print(struct student *head)
{
    struct student *temp;
    temp = head;
    while (temp!=NULL)
    {
        printf("%d\t%s\n",temp->sid,temp->name);
        temp= temp->next;
    }
}
int main()
{
    struct student *head;
    char s[20];
    int n;
    head=NULL;
    /* 调用函数 创建链表 */
    printf("创建链表: \n");
    head=create(head);
    printf("插入之前的链表为: \n");
    print(head);
    printf("输入要插入的学号以及姓名: \n");
    gets(s);
    /* 字符串转换为整型 */
    n=atoi(s);
    gets(s);
    head=insert(head,s,n);
    printf("插入之后的链表为: \n");
    print(head);
    return 0;
}
```

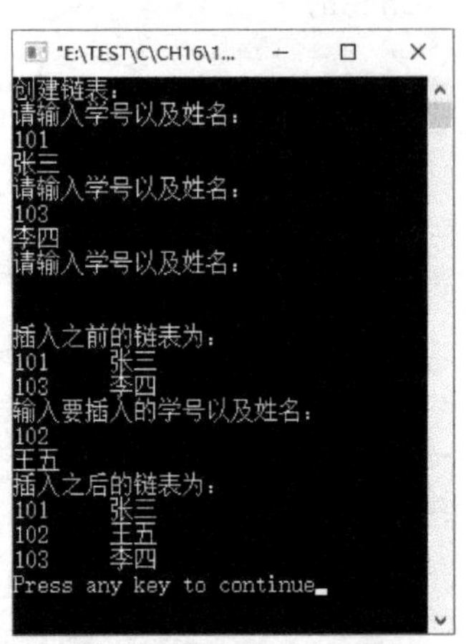

图 16-10 结点插入操作

运行上述程序，结果如图 16-10 所示。

【案例剖析】

本例用于演示如何将一个新结点按照不同情况插入链表中。在代码中，首先添加头文件“stdlib.h”以及“string.h”，然后定义学生信息结构体类型；创建链表函数 create()；插入结点函数 insert()；打印链表信息函数 print()。接着在 main()函数中，调用 create()函数创建一个学生信息相关链表并将链表打印出来，接着输入将要插入的学生学号以及姓名，调用 insert()函数，通过学号的判断，将这条学生信息插入适当位置，最后输出插入结点后的链表作为验证。

16.2.5 链表结点的删除

删除链表中的结点可以根据该结点的位置分为以下 3 种情况。

1. 删除链表头结点

删除链表的头结点，即第一个结点，只需要将链表结构指针指向下一个结点即可，如图 16-11 所示。

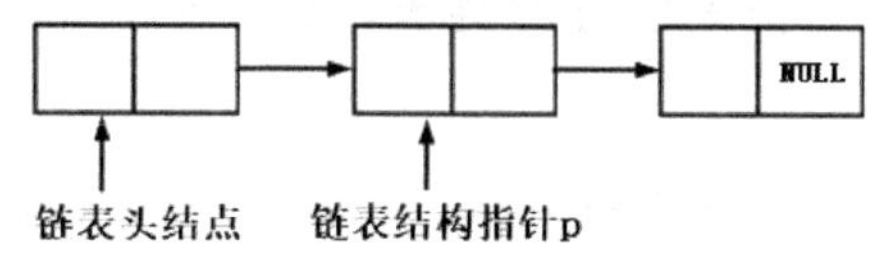

图 16-11 删除链表头结点

2. 删除链表中间结点

删除两个结点中间的结点，例如 p1 与 p2 之间的结点，只需要将 p1 的结构指针指向 p2 即可，如图 16-12 所示。

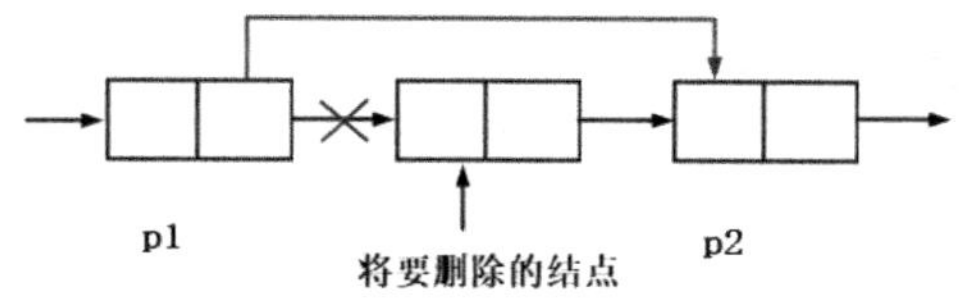

图 16-12 删除链表中间结点

3. 删除链表尾结点

要删除链表的尾结点，只需要将指向最后一个结点的指针指向 NULL 即可，如图 16-13 所示。

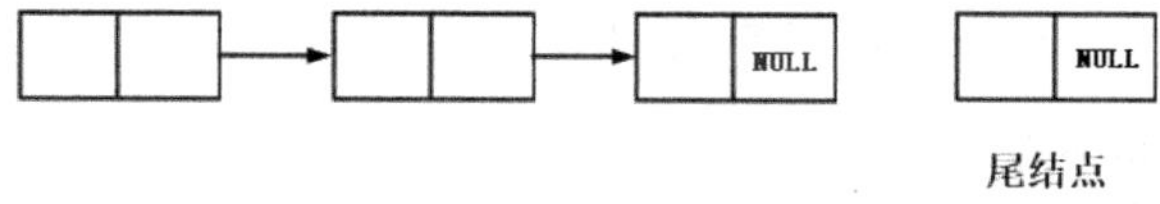

图 16-13 删除链表尾结点

【例 16-7】 编写程序，定义一个学生信息结构体类型，包含学号以及姓名，分别演示链表结点删除的 3 种情况。(源代码\ch16\16-7)

由于代码较长，分为三部分：

```
#include <stdio.h>
#include <string.h>
#include <stdlib.h>
/* 定义学生信息结构类型 */
struct student
{
```

```
    int sid;
    char name[20];
    struct student *next;
};
/* 定义函数 */
struct student *create(struct student *head)
{
    …
}
```

本段代码主要为创建学生相关信息的链表，此代码可参考例 16-6 中创建链表函数 create()。

```
struct student *delet(head, pname)
struct student *head;
char *pname;
{
    struct student *t,*p;
    /* 链表的头指针 */
    t=head;
    /* 链表为空 */
    if (head==NULL)
    {
        printf("链表为空!\n");
    }
    else
    {
        t=head;
        /* 若结点的字符串与输入字符串不同，并且未到尾结点 */
        while (strcmp(t->name, pname)!=0 && t->next!=NULL)
        {
            p=t;
            t=t->next;
        }
        /* 找到字符串 */
        if(strcmp(t->name, pname)==0)
        {
            if(t==head)
            {
                printf("删除结点: %s\n",t->name);
                head=head->next;
                /* 释放删除结点空间 */
                free(t);
            }
            else
            {
                p->next=t->next; /* 表中结点 */
                printf("删除结点: %s\n",t->name);
                free(t);
            }
        }
        else
```

```
        {
                printf("未找到要删除的结点!\n");
        }
    }
    return(head);
}
```

【代码剖析】

本段代码主要实现删除具体结点的功能，函数 delet()包含两个形参，head 表示头指针，pname 表示要删除的学生姓名，在函数体中通过 if…else 语句先对链表进行判断，若为空则进行提示，否则先使用 while 语句确定要删除结点的位置，然后再通过另一个 if…else 语句根据该结点位置进行不同删除操作，最后返回头指针。

```
void print(struct student *head)
{
    struct student *temp;
    temp = head;
    while (temp!=NULL)
    {
        printf("%d\t%s\n",temp->sid,temp->name);
        temp= temp->next;
    }
}
int main()
{
    struct student *head;
    char s[20];
    int n;
    head=NULL;
    /* 调用函数 创建链表 */
    printf("创建链表: \n");
    head=create(head);
    printf("删除操作之前的链表为: \n");
    print(head);
    printf("输入要删除的学生姓名: \n");
    gets(s);
    head=delet(head,s,n);
    printf("删除操作之后的链表为: \n");
    print(head);
    return 0;
}
```

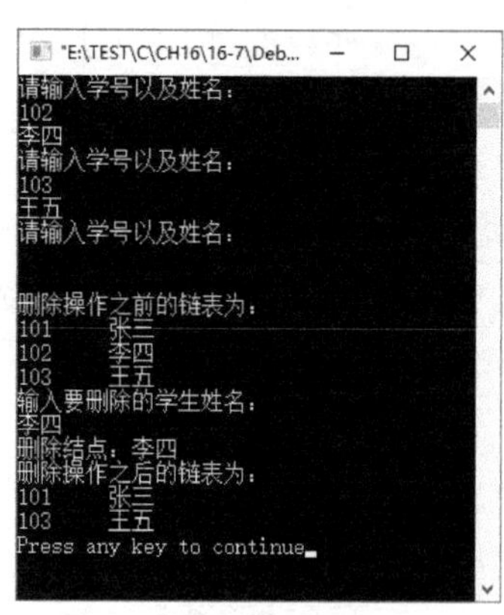

图 16-14　删除链表结点

运行上述程序，结果如图 16-14 所示。

【案例剖析】

本案例用于演示如何进行链表结点的删除操作。在代码中，首先添加头文件“string.h”以及“stdlib.h”，接着定义学生信息结构体类型；创建链表函数 create()；删除结点函数 delet()；打印链表信息函数 print()。然后在 main()函数中，通过调用函数 create()创建一个学生相关信息的链表并输出，再输入要删除的学生姓名，调用 delet()函数，在链表中找到该学生，然后删除该结点并释放内存空间，最后输出删除之后的链表。

16.3 综合案例——综合应用链表

本节通过具体的综合案例对本章知识点进行具体应用演示。

【例 16-8】 编写程序，创建一个链表，该链表每个结点存放一个字符，通过输入端输入每个结点的字符，然后逆向打印出该链表。(源代码\ch16\16-8)

```
#include <stdio.h>
#include <stdlib.h>
/* 定义结构体类型 */
typedef struct data
{
   char c;
   struct data *next;
}Data,*N;
int main()
{
   N p,q,l,r; /* 用指针类型定义三个结点类型的指针 */
   char ch;
   l=(N)malloc(sizeof(Data)); /* 分配内存空间 */
   l->c='\0'; /* 为头结点的数据域赋值，值为空 */
   l->next=NULL; /* 指明下一个结点目前不存在 */
   q=l; /* q 为游动指针，链表结点的链接要用 */
   printf("请输入一个字符：\n");
   scanf("%c",&ch);
   getchar();
   while(ch!='0') /* 输入 0 表示输入结束 */
   {
      p=(N)malloc(sizeof(Data)); /* 为新输入的数据分配内存空间 */
      p->c=ch;
      p->next=NULL; /* 新输入的结点在链表的最后，即它的后面没有其他元素 */
      q->next=p; /* q 用于将上一个元素链接至当前新元素 */
      q=p; /* q 自己移到当前最后一个元素，以备继续链接所用 */
      scanf("%c",&ch);
      getchar();
   }
   /* 链表逆转 */
   q=l->next;
   p=q->next;
   r=p->next;
   q->next=NULL;
   while(r!=NULL)
   {
      p->next=q;
      q=p;
      p=r;
      if(r->next!=NULL) /* r 后面还有结点，则逆转继续 */
      {
         r=r->next;
      }
      else
      {
```

```
            break;
        }
    }
    r->next=q;
    l->next=r; //头结点指向最后一个结点
    q=l; /* 输入整个链表前，先将 q 移到链表头，l 一般不动 */
    printf("逆向输出链表为：\n");
    while(q->next!=NULL) /* 若 q 所指向的元素后面还有其他元素，则将该元素的数据输出 */
    {
        printf("%c\t",q->next->c); /*q->next->c 表示 q 所指向的下一个元素的数据 */
        q=q->next; /* 完成该元素的输出后，q 移至下一个元素重复输出操作 */
    }
    printf("\n");
    return 0;
}
```

运行上述程序，结果如图 16-15 所示。

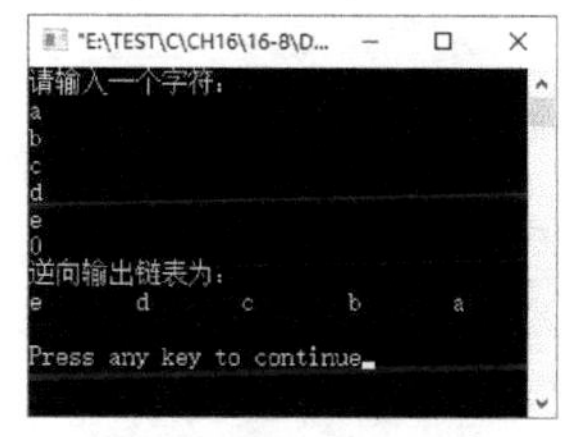

图 16-15 链表的逆向输出

【案例剖析】

本例用于演示如何将一个创建的链表进行逆向输出。在代码中，首先添加头文件“stdlib.h”，接着定义结构体类型 data 并定义别名 Data 以及*N。在 main()函数中，通过 while 循环来创建一个链表，然后进行链表的逆转操作：q=l->next、p=q->next、r=p->next。并通过 while 循环语句判断 r 后是否有结点，若有则继续逆转操作，最后调整指针 q 移动到链表头，通过 while 循环输出逆转后的链表。

16.4 大神解惑

小白：realloc()函数在应用中的主要用途以及优点是什么？

大神：realloc()函数主要用于当原分配空间已经被占满，而新的数据又要存放到该内存空间的情况。realloc()函数的优点是能够自动地将原存储空间的存放内容全部转移到新空间中，而不需要再编写相应的程序语句来实现。realloc()函数的缺点是一旦新的空间申请失败，那么原空间的存储内容就会丢失。

小白：什么是内存丢失？

大神：一般情况下，在使用 malloc()等函数分配了动态内存之后，就要使用相应的 free()函数进行释放，若是不进行释放，就会造成内存丢失，严重的可能导致系统的崩溃。

通常情况，一个简单的程序在运行的过程中可能不会使用很多的内存，那么结束的时候不使用 free()函数去释放内存，也不会降低系统的性能，当程序结束运行后，操作系统也会完成内存的释放。但是对于复杂的大型程序而言，若不用 free()函数来释放内存，累积下来可能会将一次只用分配少许的内存而向系统申请几倍于它的存储空间，如此一来就会对系统性能造成极大的影响，严重时可能发生崩溃。

16.5 跟我学上机

练习 1：编写程序，使用 malloc()函数以及 calloc()函数练习如何分配动态内存空间。

练习 2：编写程序，创建一个简单链表，每个结点存储一个整型数据，然后遍历链表输出每个结点的数据内容。

练习 3：编写程序，创建一个链表，该链表中的结点存储学生的相关信息，要求实现：

(1) 输入一个学生信息，通过程序插入适当位置。

(2) 输入一个学生姓名，通过程序删除该学生相关信息。

第 17 章 逻辑结构——数据结构进阶

计算机存储、组织数据的方式称为数据结构。数据结构是数据对象，以及存在于该对象的实例与组成该实例的数据元素之间的各种联系。通常情况下，精心选择的数据结构可以带来更高的运行或者存储效率。所以合理地使用数据结构能够给程序带来极大的好处。

本章目标(已掌握的在方框中打钩)

- ☐ 了解数据结构的逻辑结构
- ☐ 了解什么是线性表
- ☐ 熟悉顺序栈、链式栈的入栈出栈操作
- ☐ 熟悉顺序队列、链式队列的入队出队操作
- ☐ 掌握二叉树的遍历方法
- ☐ 熟悉顺序查找与折半查找的使用方法

17.1 数据结构概述

数据结构指的是相互之间存在一种或者多种特定关系的数据元素的集合，也就是带有结构的数据对象，它包含一个具有共同特性的数据元素的集合，也就是数据对象；还包含一个定义在这个集合上的一组关系，也就是数据元素间的结构。

数据的逻辑结构可以分为以下四类。

1. 集合结构

此结构数据元素之间没有任何关系，如图 17-1 所示。

2. 线性结构

此结构的数据元素是一对一的关系，一个结点(除尾结点)有且只有一个直接前驱，一个结点(除头结点)有且只有一个直接后继，如图 17-2 所示。

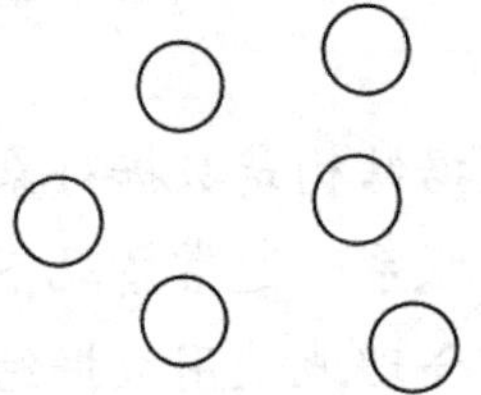

图 17-1 集合结构

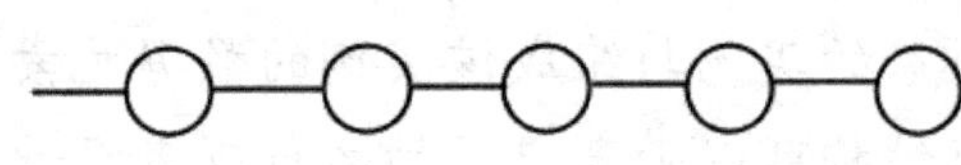

图 17-2 线性结构

3. 树型结构

此结构的数据元素之间是一对多的关系，一个结点可以拥有多个直接后继，但是只有一个直接前驱(除根结点)，如图 17-3 所示。

4. 图状结构

此结构的数据元素之间是多对多的关系，一个结点可以有多个直接后继，也可以有多个直接前驱，如图 17-4 所示。

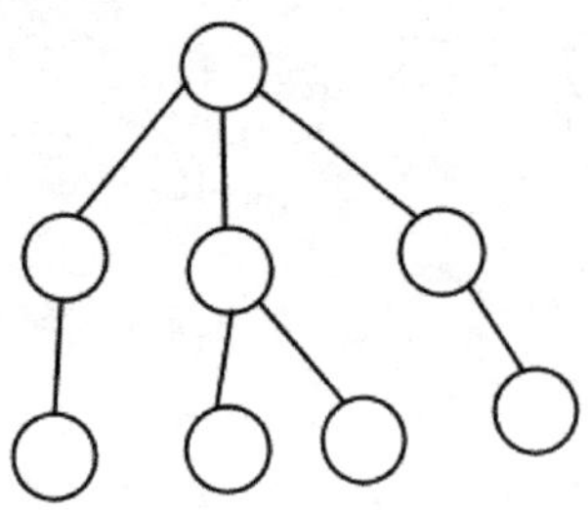

图 17-3 树型结构

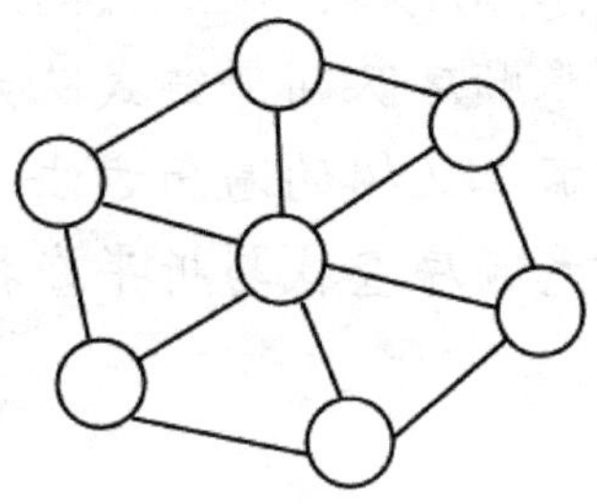

图 17-4 图状结构

17.2 线 性 表

线性表属于典型的线性结构，它是具有相同特性的数据元素的一个有限序列。该序列中所包含的元素的个数称为该线性表的长度，使用 n 来表示，n 大于等于 0。

线性表的一般表示形式为：

```
(a1,a2,…,an);
```

其中 a_1 表示第一个元素，又称为表头元素，a_n 为最后一个元素，又称为表尾元素。

例如：

```
score=(81, 92, 85, 76);
```

线性表的存储方式有两种，一种是顺序存储方式，另一种就是前面介绍的链表存储方式。

线性表的顺序存储方式就是将所有的元素按照其逻辑顺序依次存储到从计算机存储器中指定存储位置开始的一块连续存储空间中，此时线性表第 1 个元素的存储位置就是指定的存储位置，第 i+1 个元素的存储位置紧挨着第 i 个元素的存储位置之后。

定义线性表的顺序存储类型(顺序表)时，通常使用数组以及整型变量来进行描述，例如：

```
typedef struct
{
   ElemType data[MaxSize];
   int length;
}Slist;
```

其中 ElemType 为基本数据类型，如 int、float 等，data 数组中存放元素，length 表示存放线性表的实际长度，Slist 为顺序表的类型。

【例 17-1】 编写程序，创建一个简单顺序表。(源代码\ch17\17-1)

```
#include <stdio.h>
#include <stdlib.h>
/* 定义线性表的顺序存储类型 */
typedef struct
{
   int data[10];
   int length;
}Slist;
/* 声明函数 */
void creat();
void print();
int main()
{
   Slist *L;
   L=(Slist*)malloc(sizeof(Slist));
   L->length=0;
   /* 调用函数 */
   creat(L);
   print(L);
```

```
    return 0;
}
/* 定义函数 */
void creat(Slist *L)
{
    int a,i;
    printf("请输入要创建的元素的个数：\n");
    scanf("%d",&a);
    for(i=0;i<a;i++)
    {
        printf("请输入第%d 个元素：\n",i+1);
        scanf("%d",&L->data[i]);
        L->length++;
    }
}
void print(Slist *L)
{
    int i;
    printf("线性表中的元素为：\n");
    for(i=0;i<L->length;i++)
    {
        printf("%d\t",L->data[i]);
    }
    printf("\n");
}
```

运行上述程序，结果如图 17-5 所示。

图 17-5　创建简单顺序表

【案例剖析】

本例用于演示如何创建一个简单的顺序表并将表中元素输出。在代码中，首先添加头文件“stdlib.h”，定义一个线性表的顺序存储类型，然后声明函数 creat()以及 print()，它们分别用于创建顺序表以及打印顺序表元素，接着在 main()函数中，首先开辟动态存储空间，然后调用 creat()函数与 print()函数分别创建顺序表以及打印顺序表。

17.3　栈

C 语言中，栈属于一种比较特殊的线性表，因为它在操作数据的插入以及删除时只能在线性表的一端进行。插入元素的操作称为进栈，删除元素称为出栈。进行插入以及删除操作的那一端称为栈顶，另一端称为栈底。处于栈顶位置的数据元素称为栈顶元素，处于栈底位置的元素称为栈底元素。

例如，有一个栈 $a=(a_1,a_2,\ldots,a_n)$，那么按照 $a_1,a_2,\ldots,a_n$ 的顺序进行进栈出栈操作，如图 17-6 所示。

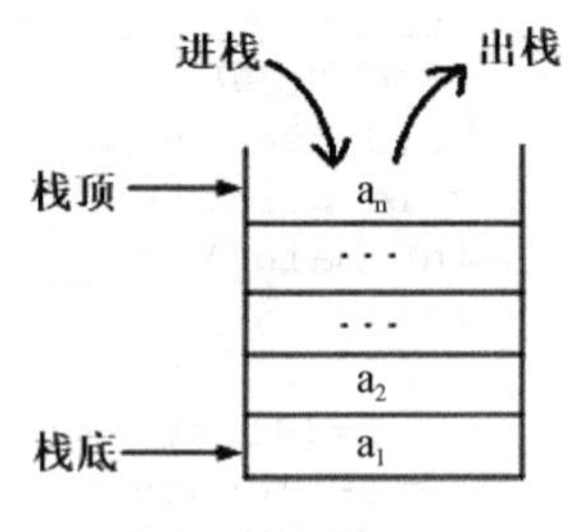

图 17-6　进栈出栈

第一个进栈的数据元素会排到栈底，最后进栈的元素会排到栈顶。出栈时，第一个元素为栈顶元素 a_n，其原则为后进先出。

就好比摆放砖头时从底向上一块一块堆放，使用时从上往下一块块拿取。

17.3.1 栈的基本操作

栈的基本操作以及说明如表 17-1 所示。

表 17-1 栈的基本操作以及说明

基本操作	说 明
InitStack(S)	构造一个空栈 S
StackEmpty(S)	判栈空。若 S 为空栈，则返回 TRUE，否则返回 FALSE
StackFull(S)	判栈满。若 S 为满栈，则返回 TRUE，否则返回 FALSE
Push(S,x)	进栈。若栈 S 不满，则将元素 x 插入 S 的栈顶
Pop(S)	退栈。若栈 S 非空，则将 S 的栈顶元素删去，并返回该元素
StackTop(S)	取栈顶元素。若栈 S 非空，则返回栈顶元素，但不改变栈的状态

17.3.2 顺序栈

顺序存储结构的栈称为顺序栈，在定义时与顺序表十分相似，使用一个足够长的一维数组以及一个记录栈顶元素位置的变量来实现。

定义一个顺序栈的语法格式如下。

```
#define StackSize 50
typedef struct
{
   ElemType data[StackSize];
   int top;
}SeqStack;
```

其中 ElemType 为栈元素的基本类型，可以为 int、float 等，data 是一个一维数组，用于存放栈中的数据元素，top 为 int 类型，是一个记录栈顶元素位置的变量。

【例 17-2】 编写程序，定义一个顺序栈，并演示顺序栈的基本操作。(源代码\ch17\17-2)

代码较长，分为两部分：

```
#include <stdio.h>
#include <stdlib.h>
/* 定义顺序栈 */
typedef struct _stack
{
   int size;
   int *base;
   int *sp;
} stack;
/* 定义函数 */
void InitStack(stack *s, int n)
{
   /* 创建长度为 n 的栈 */
   s->base = (int*)malloc(sizeof(int)*n);
```

```
    s->size = n;
    s->sp = s->base;
}
int push(stack *s, int val)
{
    /* 进栈操作 */
    if(s->sp - s->base == s->size)
    {
        puts("栈已满! \n");
        exit(1);
    }
    return *s->sp++ = val;
}
int pop(stack *s)
{
    /* 出栈操作 */
    if(s->sp == s->base)
    {
        puts("栈为空! \n");
        exit(2);
    }
    return *--s->sp;
}
int empty(stack *s)
{
    /* 判断栈是否为空 */
    return s->sp==s->base;
}
void clean(stack *s)
{
    /* 销毁栈 释放内存 */
    if(s->base)
    {
        free(s->base);
    }
}
```

【代码剖析】

本段代码主要包含栈的操作函数。其中InitStack()函数完成创建一个长度为*n*的栈；push()函数实现对数据进行进栈操作；pop()函数实现对数据的出栈操作；empty()函数用于判断栈是否为空；clean()函数用于对栈进行销毁操作，释放内存。

```
int main(void)
{
    stack s;
    int i;
    InitStack(&s,100);
    /* 进栈 */
    printf("元素依次进栈: \n");
    for(i=0;i<10;++i)
    {
        printf("%d ", push(&s,i));
    }
    putchar('\n');
```

```
    /* 出栈 */
    printf("出栈元素为: \n");
    while(!empty(&s))
    {
        printf("%d ",pop(&s));
    }
    printf("\n");
    /* 销毁栈 */
    clean(&s);
    return 0;
}
```

运行上述程序，结果如图 17-7 所示。

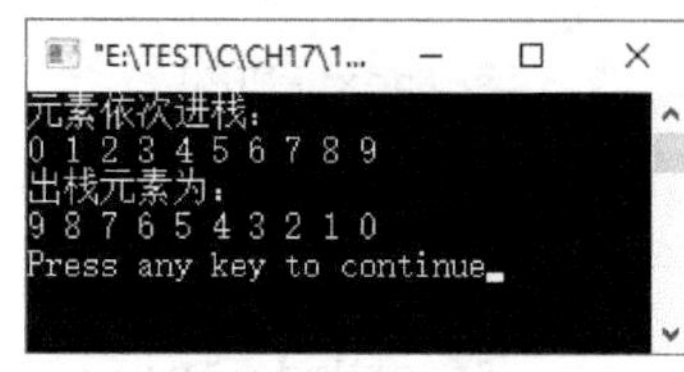

图 17-7　顺序栈

【案例剖析】

本例用于演示如何对顺序栈执行进栈出栈等操作。在代码中，首先添加头文件“stdlib.h”，然后定义顺序栈 stack，接着定义 InitStack()函数、push()函数、pop()函数、empty()函数以及 clean()函数，它们分别用于创建栈、进栈操作、出栈操作等。然后在 main()函数中，调用函数 InitStack()创建一个长度为 *n* 的栈，接着通过 for 循环调用 push()函数完成进栈操作，然后通过 while 循环语句调用 pop()函数完成元素出栈操作，最后调用 clean()函数销毁该栈，释放内存。

17.3.3　链式栈

通过链式存储结构定义的栈称为链式栈，链式栈与不带头结点的单链表在形式上十分类似，由于栈主要是对栈顶元素进行相应的插入与删除操作，所以将链表的第一个结点作为栈顶十分方便。链式栈的表示如图 17-8 所示。

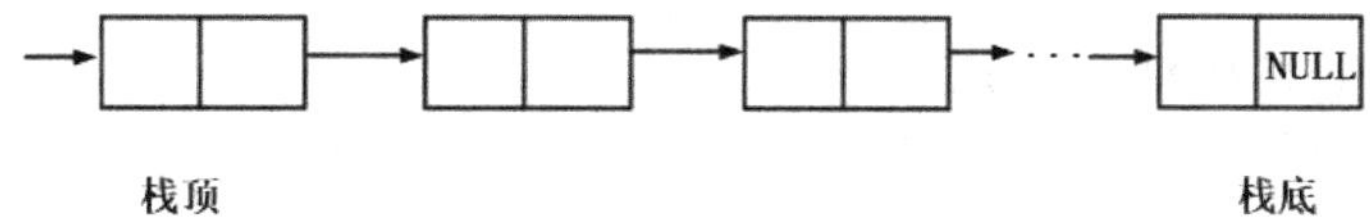

图 17-8　链式栈

链式栈的类型定义语法如下。

```
typedef struct stacknode
{
    ElemType data;
    struct stacknode *next;
}StackNode;
typedef struct
{
    StackNode *top;
}LinkStack;
```

其中 ElemType 为链式栈元素的基本类型，可以为 int、float 等，top 为栈顶指针。

【例 17-3】 编写程序，定义一个链式栈结构类型，演示链式栈的基本操作。(源代码

\ch17\17-3)

```
#include <stdio.h>
#include <stdlib.h>
/* 定义结构体 */
typedef struct node
{
    char name;
    struct node *next;
}StackNode;
/* 建立空栈 */
void InitStack(StackNode *s)
{
    s->next=NULL;
}
void push(StackNode *s,char *ch)
{
    /* 进栈 */
    StackNode *p;
    if((p=(StackNode *)malloc(sizeof(StackNode)))==NULL)
    {
        printf("无法分配内存空间\n");
        exit(0);
    }
    p->name=*ch;
    p->next=s->next;
    s->next=p;
}
char pop(StackNode *s,char *ch)
{
    /* 出栈 */
    StackNode *p;
    if(s->next==NULL)
    {
        printf("栈为空！\n");
        return 0;
    }
    p=s->next;
    *ch=p->name;
    s->next=p->next;
    free(p);
    p=NULL;
    return *ch;
}
int main()
{
    /* 定义结构体指针 */
    StackNode *s;
    char ch,*p=&ch;
    /* 分配动态内存 */
    if((s=(StackNode *)malloc(sizeof(StackNode)))==NULL)
    {
        printf("无法分配内存空间！\n");
        exit(0);
```

```
    }
    /* 调用函数 */
    InitStack(s);
    printf("请输入入栈元素: \n");
    scanf("%c",p);
    /* 当输入值不为 0 时元素依次入栈 */
    while(ch!='0')
    {
        push(s,p);
        scanf("%c",p);
    }
    printf("出栈元素为: \n ");
    while(s->next!=NULL)
    {
        ch=pop(s,p);
        printf("%c",ch);
    }
    printf("\n");
    return 0;
}
```

运行上述程序，结果如图 17-9 所示。

图 17-9 链式栈

【案例剖析】

本例主要用于演示如何进行链式栈的进栈出栈操作。在代码中，首先添加头文件"stdlib.h"，定义链式结构体类型StackNode，接着定义函数 InitStack()、push()以及 pop()，它们分别用于建立空栈、执行进栈操作以及执行出栈操作。接着在main()函数中，定义一个结构体指针 s 并为其分配动态内存，调用函数 InitStack()建立一个空栈，然后通过 while 循环调用 push()函数执行进栈操作，最后再通过 while 循环调用 pop()函数完成元素出栈的操作。

17.4 队 列

队列与栈一样，也属于一种特殊的线性表，但是与栈有所不同的是，元素的插入操作在线性表一端，而删除操作却在线性表的另一端进行。对队列元素的插入操作称为入队，删除操作称为出队，插入元素的一端为队尾，删除元素的一端为队头。处于队头位置的元素称为队头元素，处于队尾位置的元素称为队尾元素。

例如，有一个队列 $Q=(a_1,a_2,\ldots,a_n)$，那么按照 $a_1,a_2,\ldots,a_n$ 的顺序进行入队出队操作，如图 17-10 所示。

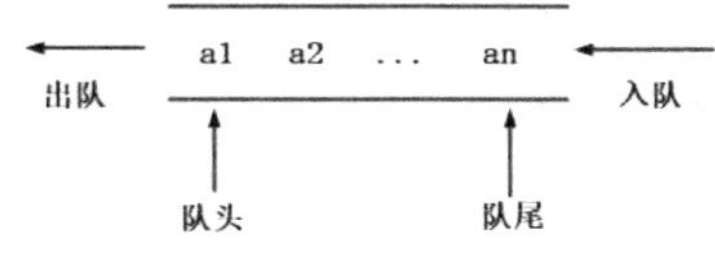

图 17-10 入队出队

队列的入队与出队操作是按照先进先出的原则进行的，就好比排队买票时，先排的人先买到，后排的人后买到一样。

队列属于操作受限制的线性表，与线性表相似，拥有顺序存储结构与链式存储结构。

17.4.1 队列的基本运算

队列的基本操作以及说明如表 17-2 所示。

表 17-2 队列的基本操作以及说明

基本操作	说　明
InitQueue(Q)	置空队。构造一个空队列 Q
QueueEmpty(Q)	判队空。若队列 Q 为空，则返回真值，否则返回假值
QueueFull(Q)	判队满。若队列 Q 为满，则返回真值，否则返回假值
EnQueue(Q,x)	若队列 Q 非满，则将元素 x 插入 Q 的队尾。此操作简称入队
DeQueue(Q)	若队列 Q 非空，则删去 Q 的队头元素，并返回该元素。此操作简称出队
QueueFront(Q)	若队列 Q 非空，则返回队头元素，但不改变队列 Q 的状态

17.4.2 顺序队列

顺序存储结构的队列称为顺序队列，与顺序表的类型定义十分相似，定义顺序队列时使用一个一维数组与两个分别指向队头元素与队尾元素的指针来实现。

顺序队列的类型定义语法如下。

```
typedef struct node
{
   ElemType data[MaxSize];
   int front;
   int rear;
}Sequeue;
```

其中 ElemType 为队列元素的基本类型，可以为 int、float 等。front 与 rear 为指向队头元素与队尾元素的指针。

【例 17-4】 编写程序，定义一个顺序队列的结构类型，演示顺序队列的入队与出队等操作。(源代码\ch17\17-4)

代码较长，分为三部分：

```
#include <stdio.h>
#include <stdlib.h>
#define TRUE 1
#define FALSE 0
/* 定义队列元素类型 */
typedef struct coordinate
{
   int x;
   int y;
```

```
    int z;
}ElemType;
/* 定义顺序队列 */
typedef struct
{
    ElemType **rear;   /* 队尾 */
    ElemType *front;   /* 队头 */
    int len;   /* 队列长度 */
    int size;   /* 队列总容量 */
}Sequeue;
/* 定义函数 */
Sequeue *CreateQueue(int nLen)
{
    /* 创建初始长度为 nLen 的队列 */
    Sequeue *pQueue = (Sequeue *)malloc( sizeof(Sequeue) );
    pQueue->rear = (ElemType **)calloc( nLen, sizeof(ElemType **) );
    pQueue->front = pQueue->rear[0];
    pQueue->len = 0;
    pQueue->size = nLen;
    return pQueue;
}
void DestroyQueue(Sequeue *pQueue)
{
    /* 销毁队列 释放内存 */
    free( pQueue->rear );
    free( pQueue );
    pQueue = NULL;
}
void ClearQueue(Sequeue *pQueue)
{
    /* 清空队列元素 */
    pQueue->front = pQueue->rear[0];
    pQueue->len = 0;
}
int GetLength(Sequeue *pQueue)
{
    /* 获取队列长度 */
    return pQueue->len;
}
int GetSize(Sequeue *pQueue)
{
    /* 获取队列容量 */
    return pQueue->size;
}
```

【代码剖析】

本段代码主要包含了顺序队列结构类型的定义以及相关操作函数。其中主要包含有：CreateQueue()函数，用于创建一个长度为 nLen 的队列；DestroyQueue()函数，用于销毁队列，释放开辟的内存；ClearQueue()函数，用于将队列中的所有元素清空；GetLength()函数，用于获取队列的总长度；GetSize()函数，用于获取队列的总容量。

```
int QueueEmpty(Sequeue *pQueue)
{
```

```
    /* 判断队列是否为空 */
    return pQueue->len == 0 ? TRUE : FALSE;
}
int QueueFront(Sequeue *pQueue,ElemType **pe)
{
    /* 获取队头元素 */
    if( pQueue->len == 0 )
    {
        *pe = NULL;
        return -1;
    }
    *pe = pQueue->rear[pQueue->len-1];
    return pQueue->len-1;
}
int EnQueue(Sequeue *pQueue, ElemType *pe)
{
    /* 入队 */
    int i = 0;
    /* 检测是否需要扩容 */
    if(pQueue->len == pQueue->size)
    {
        /* 扩容 */
        pQueue->rear = realloc( pQueue->rear, 2 * pQueue->size *
sizeof(ElemType *) );
        pQueue->size = 2 * pQueue->size;
    }
    for(i=pQueue->len;i>0;--i)
    {
        pQueue->rear[i] = pQueue->rear[i-1];
    }
    pQueue->rear[0] = pe;
    pQueue->front = pQueue->rear[pQueue->len];
    return ++pQueue->len;
}
int DeQueue(Sequeue *pQueue, ElemType **pe)
{
    /* 出队 */
    if( pQueue->len == 0 )
    {
        *pe = NULL;
        return -1;
    }
    *pe = pQueue->front;
    --pQueue->len;
    pQueue->front = pQueue->rear[pQueue->len-1];
    return pQueue->len;
}
void ForEachQueue(Sequeue *pQueue, void(*func)(ElemType *pe))
{
    /* 每个元素执行一次 func */
    int i;
    for( i = 0; i < pQueue->len; ++i )
    {
        func( pQueue->rear[i] );
```

```
    }
}
void display(ElemType *pe)
{
    /* 打印元素 */
    printf("(%d,%d,%d) ", pe->x, pe->y,pe->z);
}
```

【代码剖析】

本段代码主要包含入队、出队以及打印队列元素等操作函数。其中 QueueEmpty()函数，用于判断队列是否为空；QueueFront()函数，用于取出队头元素；EnQueue()函数，若队列容量不足则完成扩充功能并实现元素的入队操作；DeQueue()函数，实现元素的出队操作；display()函数，实现队列元素的打印功能。

```
int main()
{
    ElemType *p;
    ElemType e1 = {1,2,1};
    ElemType e2 = {3,4,1};
    ElemType e3 = {5,6,7};
    ElemType e4 = {7,8,9};
    ElemType e5 = {8,9,10};
    /* 创建队列 */
    Sequeue *pque = CreateQueue(3);
    /* 入队 */
    EnQueue(pque,&e1);
    EnQueue(pque,&e2);
    EnQueue(pque,&e3);
    EnQueue(pque,&e4);
    EnQueue(pque,&e5);
    ///测试 ForEachQueue
    ForEachQueue(pque, display);
    /* 获取容量与长度 */
    if(QueueEmpty(pque)!= TRUE)
    {
        printf("\n 队列总容量:%d, 当前长度:%d\n", GetSize(pque),
GetLength(pque));
    }
    /* 出队 */
    printf("\n 进行出队操作:\n");
    while(DeQueue(pque, &p) != -1)
    {
        printf( "当前出队:(%d,%d,%d), 剩余队列长为:%d\n",p->x,p->y,
p->z,GetLength(pque));
    }
    printf("\n 再次入队 2 元素:\n");
    EnQueue(pque,&e1);
    EnQueue(pque,&e2);
    ForEachQueue(pque,display);
    printf("\n 将队列清空..\n");
    /* 调用函数清空队列 */
    ClearQueue(pque);
    printf("队列总容量:%d, 当前长度:%d\n", GetSize(pque), GetLength(pque));
```

```
    printf("\n 再次入队 3 元素:\n");
    EnQueue(pque,&e1);
    EnQueue(pque,&e2);
    EnQueue(pque,&e3);
    ForEachQueue(pque,display);
    /* 获取队头元素 */
    QueueFront(pque, &p);
    printf("\n 获取队头元素:(%d,%d,%d)\n", p->x, p->y,p->z);
    printf("队列总容量:%d, 当前长度:%d\n",GetSize(pque),GetLength(pque));
    /* 销毁队列 */
    DestroyQueue(pque);
    return 0;
}
```

运行上述程序，结果如图 17-11 所示。

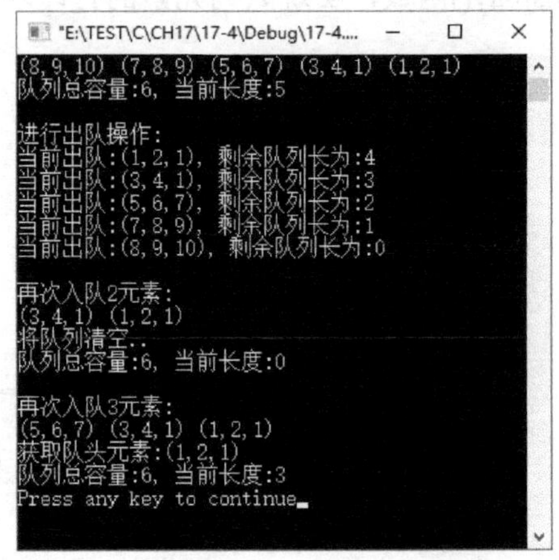

图 17-11　顺序队列

【案例剖析】

本例用于演示如何定义一个顺序队列的结构类型，并实现入队、出队、打印队列元素等相关功能。在代码中，首先添加头文件“stdlib.h”，定义队列元素类型结构以及顺序队列结构类型，接着定义相关的顺序队列操作函数，包含创建队列、获取队列容量和长度、获取队头元素、入队出队等。接着在 main()函数中，定义一个结构体指针 p 并初始化队列元素 e1～e5，然后创建一个长度为 3 的队列并进行入队操作，接着通过 if 语句判断，若元素成功入队，则计算出队列的容量以及长度，再通过 while 循环调用 DeQueue()函数完成出队操作，此时队列为空，然后再次入队 2 个元素并调用 ClearQueue()函数将队列清空，最后入队 3 个元素，测试 QueueFront()函数获取队头元素是否正确，并输出此时队列容量以及长度。

注意　执行入队操作时，新元素插入队尾指针指向的位置，插入后队尾指针加 1 指向下一个待插入的位置；执行出队操作时，将删除队头指针所指的元素，然后队头指针加 1 并返回被删除的元素。

17.4.3　链式队列

链式存储结构的队列为链式队列，与顺序队列一样，链式队列也拥有一个队头指针和一个队尾指针，其元素结构与单链表的结点结构一样。通常情况下，会在队头元素前添加一个头结点，队头指针指向头结点，而队尾指针指向队尾元素，如图 17-12 所示。

链式队列执行删除元素(出队)时将队头元素删除，头结点指向队头元素的下一个元素；执行插入元素(入队)时将新元素添加到队尾元素之后，队尾元素指向新元素，新元素指向 NULL，这与单链表元素的删除插入操作一样。

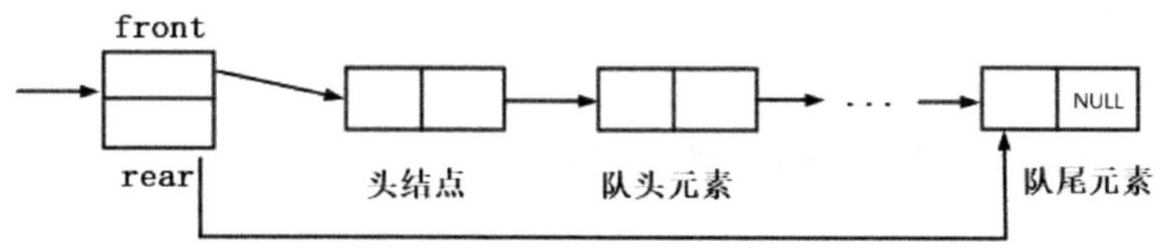

图 17-12 链式队列

空的链式队列队头元素与队尾元素均指向头结点。

链式队列的存储结构定义语法如下。

```
/* 结点结构 */
typedef struct QNode
{
   ElemType data;
   struct QNode *next;
}QNode;
typedef struct QNode * QueuePtr;
/* 链表队列结构 */
typedef struct
{
   QueuePtr front;
   QueuePtr rear;
}LinkQueue;
```

其中 ElemType 为结点元素的基本类型，可以为 int、float 等，front 为队头指针，rear 为队尾指针。

【例 17-5】 编写程序，定义一个链式队列结构类型，演示链式队列的入队出队等操作。(源代码\ch17\17-5)

```
#include <stdio.h>
#include <stdlib.h>
typedef struct
{
   int queue[100];
   int front;
   int rear;
}LinkQueue;
int InitQueue(LinkQueue *sp)
{
   /* 创建空队列 */
   if(sp!=NULL)
   {
      sp->front=sp->rear=0;
      return 1;
   }
   return 0;
}
int EnQueue(LinkQueue *sp,int d)
{
```

```
    /* 入队 */
    if(sp==NULL)
    {
        printf("队列未创建，入队失败！\n");
        return 0;
    }
    if(sp->rear>=100)
    {
        printf("队列已满，入队失败！\n");
        return 0;
    }
    else
    {
        sp->queue[sp->rear]=d;
        sp->rear=sp->rear+1;
        printf("入队的元素是%d\n",d);
        return 1;
    }
}
int DeQueue(LinkQueue *sp,int d)
{
    /* 出队 */
    if(sp==NULL)
    {
        printf("队列未创建，出队失败！\n");
        return 0;
    }
    if(sp->front==sp->rear)
    {
        printf("队列为空，出队失败！\n");
        return 0;
    }
    else
    {
        d=sp->queue[sp->front];
        sp->front++;
        printf("出队的元素是%d\n",d);
        return 1;
    }
}
```

【代码剖析】

本段代码主要包含链式队列的入队出队操作函数。入队函数 EnQueue()首先通过 if 语句判断队列是否创建以及是否已满，若已创建并且未满，则执行入队操作，将新元素插入队尾，队尾指针指向下一个待插入元素。出队函数 DeQueue()首先通过 if 语句判断队列是否创建以及是否为空，若已创建并且不为空，则进行出队操作，将队头元素取出，然后队头指针指向下一个元素。

```
int print(LinkQueue *sp)
{
    /* 遍历元素 */
    int d;
    if(sp==NULL)
```

```
    {
        printf("队列未创建，遍历失败！\n");
        return 0;
    }
    if(sp->front==sp->rear)
    {
        printf("队列为空，遍历失败！\n");
        return 0;
    }
    else
    {
        int i=sp->front;
        while(i!=sp->rear)
        {
            d=sp->queue[i];
            printf("%d->",d);
            i++;
        }
        return 1;
    }
}
int QueueFront(LinkQueue *sp,int d)
{
    /* 取队头元素 */
    if(sp==NULL)
    {
        printf("队列未创建，遍历失败！\n");
        return 0;
    }
    if(sp->front==sp->rear)
    {
        printf("队列为空，遍历失败！\n");
        return 0;
    }
    d=sp->queue[sp->front];
    printf("%d\n",d);
    printf("取出队头元素成功！\n");
    return 1;
}
```

【代码剖析】

本段代码主要包含链式队列取队头元素以及遍历元素的操作。取队头元素函数QueueFront()首先通过 if 语句判断队列是否创建以及队列是否为空，若队列已创建并且非空，那么就执行取队头元素操作，将队头元素赋予变量 d 并输出；遍历元素函数 print()首先通过 if 语句判断队列是否创建以及是否为空，若已创建并且不为空，则通过 while 循环，将队列元素逐一输出。

```
int main()
{
    LinkQueue *sp;
    int choice,data,d=0;
    sp=(LinkQueue*)malloc(sizeof(LinkQueue));
    if(InitQueue(sp)==1)
```

```
    {
        printf("队列创建成功！\n");
    }
    else
    {
        printf("队列创建失败！\n");
    }
    while(1)
    {
        printf("************************\n");
        printf("     1、入队\n");
        printf("     2、出队\n");
        printf("     3、遍历队列元素\n");
        printf("     4、取队首元素\n");
        printf("     5、退出\n");
        printf("************************\n");
        printf("请输入你的选择：\n");
        scanf("%d",&choice);
        switch(choice)
        {
            case 1:
                printf("请输入入队元素：\n");
                scanf("%d",&data);
                while(data!=0)
                {
                    if(EnQueue(sp,data))
                    {
                        printf("%d 入队成功！\n",data);
                    }
                    scanf("%d",&data);
                }
                break;
            case 2:
                if(DeQueue(sp,d))
                printf("出队成功！\n");
                break;
            case 3:
                if(print(sp))
                printf("\n 遍历成功！\n");
                break;
            case 4:
                QueueFront(sp,d);
                break;
            case 5:
                return 0;
            default:
                printf("输入有误！\n");
                return 0;
        }
    }
    return 0;
}
```

运行上述程序，结果如图 17-13～图 17-17 所示。

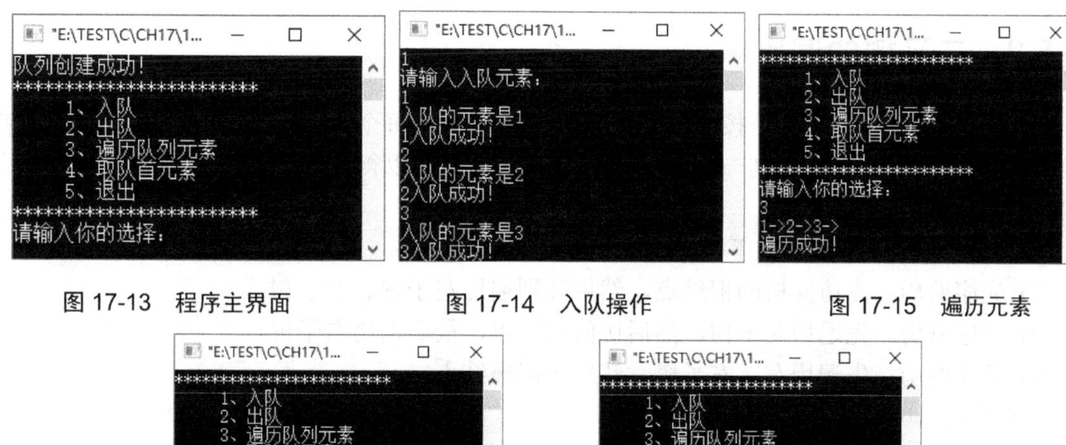

图 17-13　程序主界面　　图 17-14　入队操作　　图 17-15　遍历元素

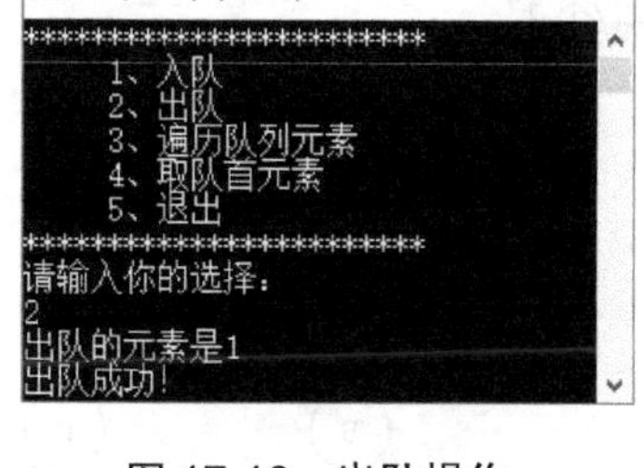

图 17-16　出队操作

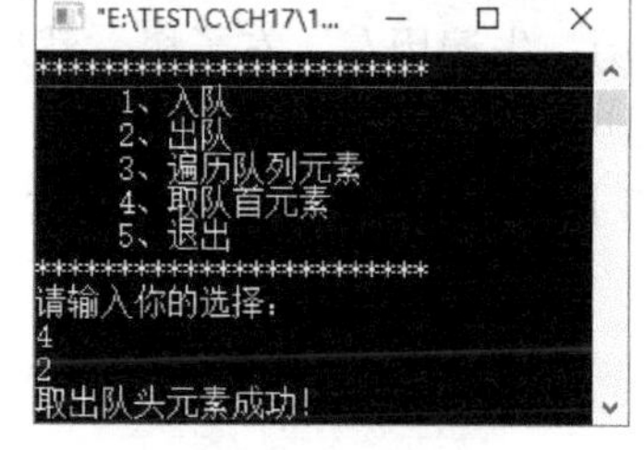

图 17-17　取队头元素

17.5　二　叉　树

C 语言中，二叉树是一类重要的非线性数据结构，它是以分支关系定义的层次结构。本节将简单介绍二叉树的定义以及对二叉树结点的遍历内容。

17.5.1　二叉树的定义

二叉树是由 n(n≥0)个结点组成的有限集，它或是为空树(n=0)，或是由一个根结点和两棵树分别称为左子树和右子树的互不相交的二叉树组成。

二叉树的特点如下。

(1) 每个结点至多有两棵子树，即不存在度大于 2 的结点。

(2) 二叉树的子树有左右之分，并且次序不能随意改变。

二叉树的表示如图 17-18 所示。

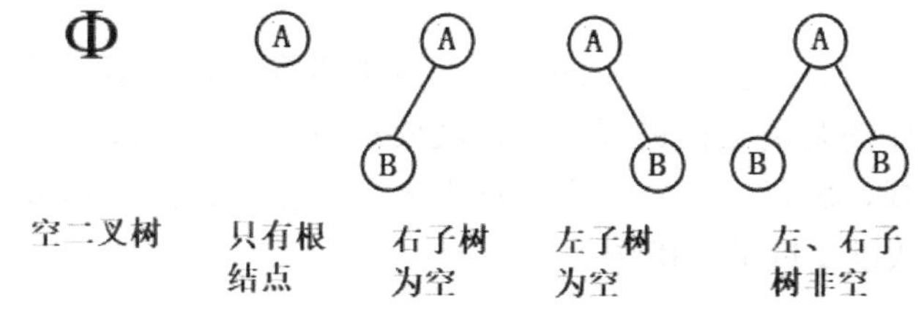

图 17-18　二叉树的形态

17.5.2 二叉树的遍历

对二叉树的遍历，也就是按照一定的规律来走遍树的每个顶点，并且使每个顶点都仅被访问一次，通俗地说就是找到一条完整而有规律的路线，以得到二叉树中所有结点的一个线性排列。

遍历二叉树常用的方法如下。

(1) 先序遍历：先访问树的根结点，然后分别遍历左子树、右子树。

(2) 中序遍历：先遍历左子树，然后访问根结点，最后遍历右子树。

(3) 后序遍历：先遍历左、右子树，然后访问根结点。

二叉树的遍历方法如图 17-19 所示。

例如，有如下二叉树，如图 17-20 所示。

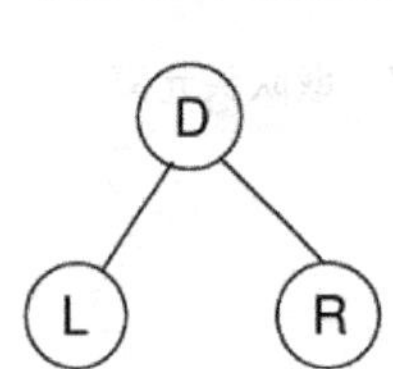

图 17-19 二叉树的遍历方法

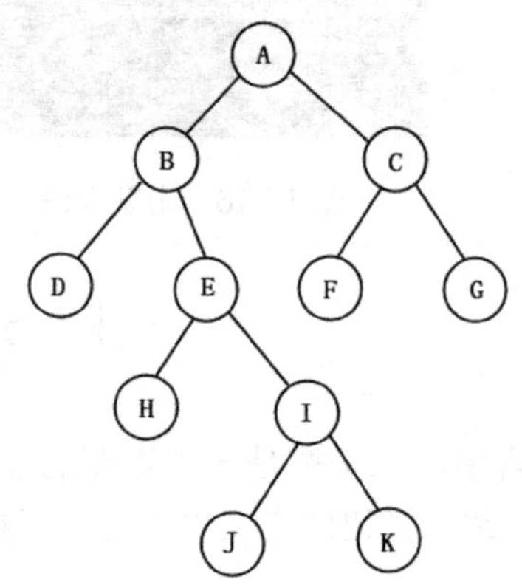

图 17-20 二叉树

分别使用 3 种方法进行遍历：

先序遍历：A B D E H I J K C F G。

中序遍历：D B H E J I K A F C G。

后序遍历：D H J K I E B F G C A。

17.6 查 找

C 语言中所谓的查找，就是在一定的数据范围中查询特定的值，这个值被称为关键值。若是针对一些未经排序的杂乱数据进行查找，就要对每一个元素逐一比对；若是对一些已经排序过的数据进行查找，就可以根据一定的规则来缩小查找范围。本节将根据这两种方法来讲解对应的顺序查找法以及折半查找法。

17.6.1 顺序查找

顺序查找实际上就相当于对数组的遍历，从数组的第一个元素开始比对检查每一个元素是否为要查找的数据。这种方法用于未经排序杂乱无章的数据。

【例 17-6】 编写程序，设计一个元素由随机数构成的一维数组，使用顺序查找法，查找用户输入的数据是否存在。(源代码\ch17\17-6)

```
#include <stdio.h>
#include <stdlib.h>
#include <time.h>
#define N 20
int main()
{
   int arr[N],x,i;
   int flag=-1;
   srand(time(NULL));
   for(i=0;i<N;i++)
   {
      /* 产生数据范围在 50 以内的数组 */
      arr[i]=rand()%50;
   }
   printf("随机生成的数据序列：\n");
   for(i=0;i<N;i++)
   {
      printf("%d ",arr[i]);
      if((i+1)%5==0)
      {
         printf("\n");
      }
   }
   printf("\n 输入要查找的整数：\n");
   scanf("%d",&x);
   for(i=0;i<N;i++)
   {
      /* 顺序查找 */
      if(x==arr[i])
      {
         flag=i;
         break;
      }
   }
   /* 查找结果 */
   if(flag<0)
   {
      printf("未找到数据：%d\n",x);
   }
   else
   {
      printf("数据:%d 位于数组的第%d 个元素
处.\n",x,flag+1);
   }
   system("pause");
   return 0;
}
```

运行上述程序，结果如图 17-21 所示。

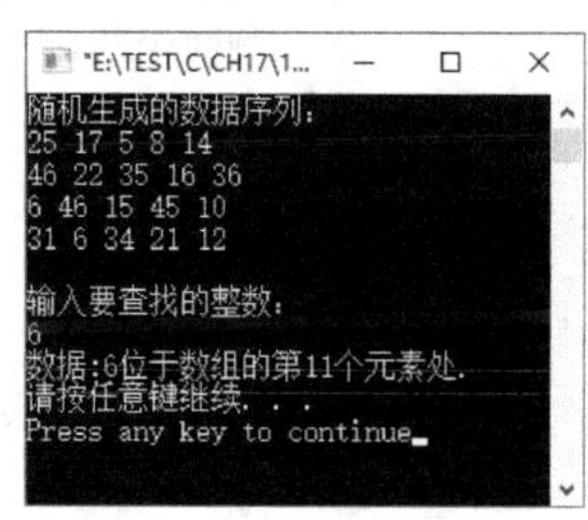

图 17-21 顺序查找

【案例剖析】

本例用于演示如何使用顺序查找法对一维数组中的指定元素进行查找。在代码中，首先添加头文件“stdlib.h”以及“time.h”，接着在 main()函数中，定义一个数组 arr 用于存放产生的随机数，然后使用 for 循环随机生成一个随机数一维数组，并将数组中的元素输出，接着通过输入端输入要查找的数，使用 for 循环与顺序查找法在一维数组中查找输入的数据，最后输出查找结果。

17.6.2 折半查找

折半查找是针对已经排好序的数据进行查找的方法，折半查找法首先查找比对一组数据的中间元素，若是该元素小于比对数据，则说明要查找的数据可能在前半段；若是该元素大于比对数据，则说明要查找的数据可能在后半段。然后再对缩小范围的中间元素进行查找比对，直到找到要找的数据或者未找到为止。

使用折半查找时通常设置一个上限范围 high 与一个下限范围 low，分别表示查找范围的最大与最小元素。

【例 17-7】 编写程序，定义一个已排列的一维数组，使用折半查找对一维数组中指定元素进行查找。(源代码\ch17\17-7)

```
#include <stdio.h>
#include <stdlib.h>
#define N 9
#define MAXSIZE 20
/* 定义结构体 */
typedef struct
{
   int data[MAXSIZE];
   int length;
}SeqList;
/* 折半查找 */
int BinarySearch(SeqList *seqList,int key)
{
   /*下限*/
   int low=0;
   /*上限*/
   int high=seqList->length-1;
   /* 下限与上限重合 */
   while(low<=high)
   {
      int middle=(low+high)/2;
      /* 判断中间记录是否与给定值相等 */
      if (seqList->data[middle]==key)
      {
         return middle;
      }
      else
      {
         /* 缩小上限 */
         if (seqList->data[middle]>key)
         {
            high=middle-1;
         }
```

```
            /* 扩大下限 */
            else
            {
                low=middle+1;
            }
        }
    }
    return -1;
}
/* 打印结果 */
void Display(SeqList *seqList)
{
    int i;
    printf("**********展示结果**********\n");
    for (i=0;i<seqList->length;i++)
    {
        printf("%d ",seqList->data[i]);
    }
    printf("\n**********展示完毕**********\n");
}
int main()
{
    int i,j,key;
    SeqList seqList;
    int d[N]={1,2,3,4,5,6,7,8,9};
    for (i=0;i<N;i++)
    {
        seqList.data[i]=d[i];
    }
    seqList.length=N;
    Display(&seqList);
    printf("\n请输出要查找的数：\n");
    scanf("%d",&key);
    /* 调用函数进行折半查找 */
    j=BinarySearch(&seqList,key);
    if(j!=-1)
    {
        printf("%d在列表中的位置是：%d\n",key,j+1);
    }
    else
    {
        printf("对不起，没有找到该元素!\n");
    }
    getchar();
    return 0;
}
```

运行上述程序，结果如图 17-22 所示。

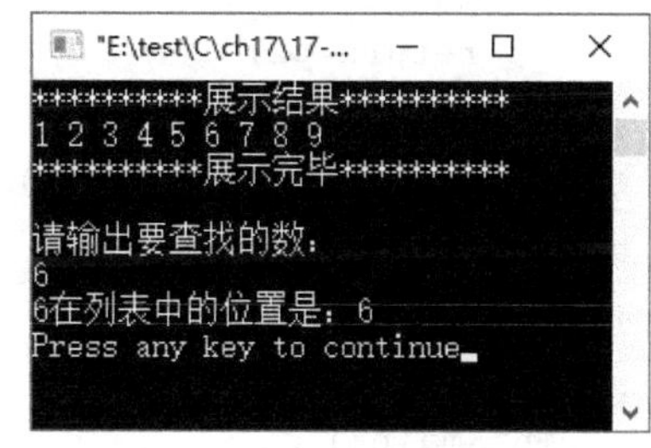

图 17-22　折半查找

【案例剖析】

本例用于演示如何对一组已排序数据使用折半查找法查找指定数据。在代码中，首先添加头文件“stdlib.h”，定义结构体 SeqList 以及函数 BinarySearch()与 Display()，在函数 BinarySearch()中设置上限 high 与下限 low 变量，然后通过判断比较数组(low+high)/2 位置的值与 key 值的关系来进行查找：若该值大于 key 值，则缩小上限；若该值小

于 key 值，则扩大下限；若相等，则说明找到需要查找的数据。接着在 main()函数中，初始化已排序数组 d，然后将数组 d 中元素插入结构体中对应元素里，通过调用 Display()函数，将已排序数据打印出来，然后使用折半查找法查找用户输入的数据是否存在结构体的元素中，最后输出查找结果。

17.7 综合案例——使用栈转换数据的进制

本节通过具体的综合案例对本章知识点进行具体应用演示。

【例 17-8】 编写程序，通过使用栈来实现十进制数转换为指定进制的数的功能。(源代码\ch17\17-8)

```
#include <stdio.h>
#include <stdlib.h>
#define len sizeof(struct node)
/* 定义结构体 */
struct node
{
   int data;
   struct node *next;
};
/* 定义指向栈顶和栈底的指针 */
struct pointer
{
   struct node *top;
   struct node *base;
};
/* 建立空栈 */
struct node * creat()
{
   struct pointer s;
   s.base=s.top=(struct node *)malloc(len);
   s.top->next=NULL;
   if(!s.top)
   {
      printf("内存分配失败！");
   }
   return s.top;
}
/* 进栈操作 */
struct node * push(struct node *p,int number)
{
   struct node *p2;
   p->data=number;
   p2=p;
   return p2;
}
/* 出栈操作 */
int pop(struct node *p)
{
   int e;
   e=p->data;
   return e;
}
int main()
{
   int N,d,n1;
```

```
    /* 定义结构体指针 */
    struct node *p1,*p2;
    printf("请输入要转换的数：\n");
    scanf("%d",&N);
    printf("请输入要转换成的进制数数：\n");
    scanf("%d",&d);
    getchar();
    while(d!=2 && d!=8 && d!=10)
    {
        printf("输入有误，请重新输入正确进制：\n");
        scanf("%d",&d);
        getchar();
    }
    n1=N;
    p1=creat();
    while(N)
    {
        /* 进栈 */
        push(p1,N%d);
        p2=(struct node *)malloc(len);
        p2->next=p1;
        p1=p2;
        N=N/d;
    }
    printf("\n%d 相对应的 %d 进制是:\n",n1,d);
    /* 指针必须先从栈顶的下一个元素，栈顶指针所指向的是空栈 */
    p1=p1->next;
    while(p1)
    {
        printf("%d",pop(p1));
        p1=p1->next;
    }
    printf("\n");
    return 0;
}
```

运行上述程序，结果如图 17-23 所示。

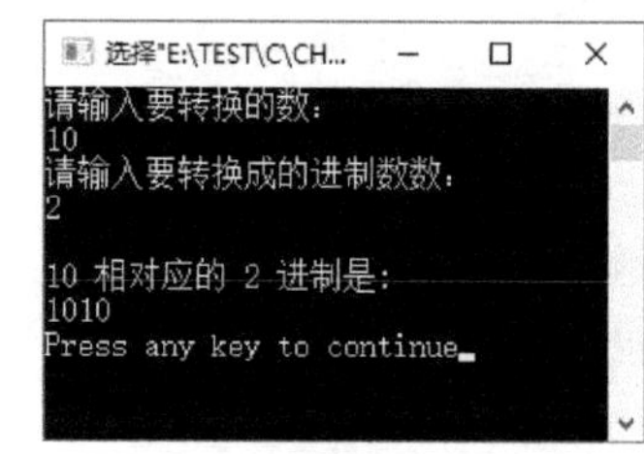

图 17-23　进制转换

【案例剖析】

本例用于演示如何通过栈来完成进制的转换。在代码中，首先添加头文件“stdlib.h”，定义一个符号常量 len，用于表示结构体的字节长度，然后定义结构体以及指向栈顶和栈底的指针，再定义函数 creat()、push()以及 pop()，它们分别完成对空栈的创建、进栈以及出栈操作。接着在 main()函数中，定义结构体指针 p1 和 p2，通过输入端输入要转换的十进制数以及要转换的进制，利用结构体指针完成进栈，注意这里的进栈数据为输入的十进制数与进制相除的余数，而实际上此 while 循环实现的就是辗转相除求余，再将余数入栈的操作，最后再通过一个 while 循环完成出栈操作，也就是将辗转相除求出的余数按照逆序输出，其结果就是转换后的进制数。

17.8　大 神 解 惑

小白：二叉树有什么重要特性？

大神：经过总结，二叉树有如下性质。

(1) 在二叉树的第 i 层上至多有 2^{i-1} 个结点。(i≥1)

(2) 深度为 k 的二叉树上至多含有 2^k-1 个结点。(k≥1)

(3) 对任何一棵二叉树，若它含有 n_0 个叶子结点 n_2 个度为 2 的结点，那么必然有关系式 $n_0=n_2+1$ 成立。

(4) 具有 n 个结点的完全二叉树的深度为$(\log_2 n)+1$。

(5) 若对含有 n 个结点的完全二叉树从上至下且从左向右进行 1–n 的编号，则对完全二叉树中任意一个编号为 i 的结点有：

① 若 i=1，则该结点是二叉树的根。否则，编号为 i/2 的结点为其双亲结点。

② 若 2i>n，则该结点无左孩子，否则，编号为 2i 的结点为其左孩子结点。

③ 若 2i+1>n，则该结点无右孩子结点，否则，编号为 2i+1 的结点为其右孩子结点。

注意　孩子结点表示某结点的子树的根称为该结点的孩子；双亲结点表示若 B 结点是 A 结点的孩子，则 A 结点是 B 结点的双亲。

17.9　跟我学上机

练习 1：编写程序，定义一个顺序栈，练习入栈与出栈的操作。

练习 2：编写程序，定义一个链式栈，练习入栈与出栈的操作。

练习 3：编写程序，定义一个顺序队列，练习入队与出队的操作。

练习 4：编写程序，定义一个链式队列，练习入队与出队的操作。

练习 5：编写程序，对一组已排序一维数组元素使用折半查找法，查找用户输入的指定数据。

第 18 章 整理数据的妙招——排序

排序是计算机程序设计之中一种重要的操作，通过排序操作能够将一组数据元素或者记录的任意序列，重新排列成一个具有规律的有序序列。本章将对各种排序方法进行详细讲解。

本章目标(已掌握的在方框中打钩)

- ☐ 了解什么是排序
- ☐ 掌握插入排序的两种排序方法的使用
- ☐ 掌握简单选择排序方法的使用
- ☐ 熟悉堆排序方法的使用
- ☐ 掌握交换排序的两种排序方法的使用
- ☐ 掌握如何使用归并排序方法
- ☐ 熟悉基数排序方法的使用

18.1 排序概述

C 语言中，将排序分为内部排序与外部排序。内部排序就是指数据记录在内存中进行排序；而外部排序是指由于进行排序的数据比较大，一次不能容纳全部的排序记录，在排序过程中需要访问外存。本章将对内部排序的几种方法进行详细讲解。

排序的分类如图 18-1 所示。

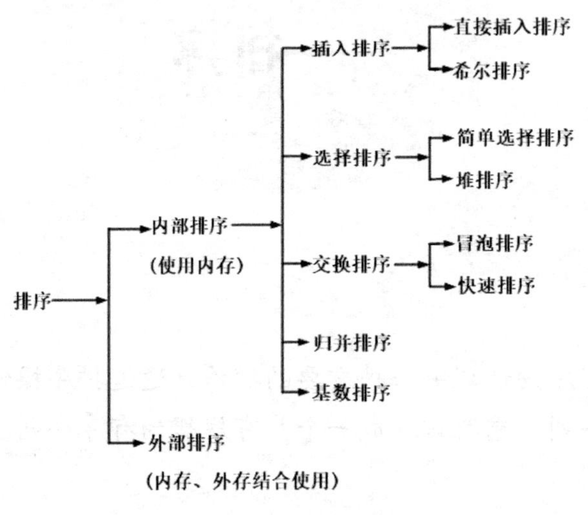

图 18-1 排序的分类

18.2 插入排序

插入排序分为直接插入排序与希尔排序，本节将对这两种排序方法进行详细讲解。

18.2.1 直接插入排序

直接插入排序的基本思想是将一个记录插入已排序好的有序表中，从而得到一个新的并且记录数增 1 的有序表。也就是先将序列的第 1 个记录看成一个有序的子序列，然后从第 2 个记录逐个进行插入的操作，直到整个序列有序为止。

例如，对 2、8、1、5、3 进行直接插入排序，如图 18-2 所示。

将第1个记录看成有序序列：2
插入元素8：2 8
插入元素1：1 2 8
插入元素5：1 2 5 8
插入元素3：1 2 3 5 8

图 18-2 直接插入排序过程

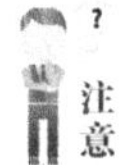

注意 若是遇见一个和插入元素相等的元素，那么将插入的元素放在该元素的后面。

【例 18-1】 编写程序，对一组数据使用直接插入排序方法进行排序。(源代码\ch18\18-1)

```
#include <stdio.h>
#define N 5
/* 定义直接插入排序函数 */
void InsertSort(int a[], int n)
{
    int i,j,t;
    for(i=1;i<n;i++)
    {
        if(a[i]<a[i-1])
        {
            j=i-1;
            t=a[i];
            a[i]=a[i-1];
            while(j>=0 && t<a[j])
            {
                /* 查找插入位置 */
                a[j+1]=a[j];
                j--;
            }
            /* 插入元素 */
            a[j+1]=t;
        }
    }
}
int main()
{
    int i,j;
    int a[N];
    printf("请输入数组元素：\n");
    for(i=0;i<N;i++)
    {
        scanf("%d",&a[i]);
    }
    /* 插入排序 */
    InsertSort(a,N);
    printf("进行插入排序后为：\n");
    for(j=0;j<N;j++)
    {
        printf("%d ",a[j]);
    }
    printf("\n");
    return 0;
}
```

运行上述程序，结果如图 18-3 所示。

【案例剖析】

本例用于演示如何对一组数据使用直接插入排序法进行排序。在代码中，定义 InsertSort()函数，用于对一维数组中的数据进行直接插入排序，通过 for 循环，由第二个数据元素开始，对下标为 i 与 i-1 的两个元素进行判断，然后确定插入元素的位

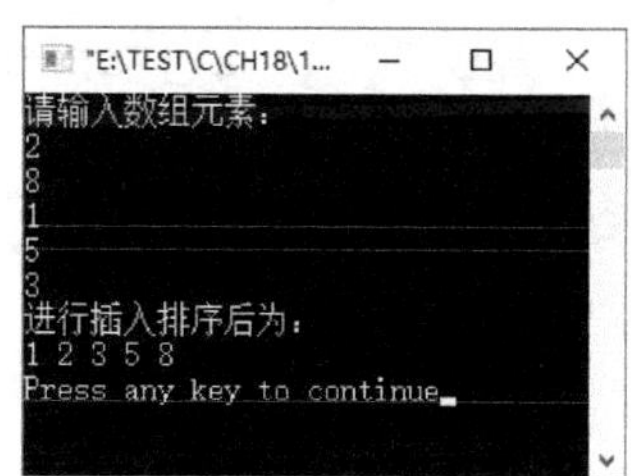

图 18-3 直接插入排序

置，最后将元素插入。在 main()函数中，通过输入端输入将要排序的一组数据并存入一维数组，然后调用 InsertSort()函数，对该数组中的数据进行排序，最后输出排序结果。

18.2.2 希尔排序

希尔排序是对直接排序的改进，它的主要思想是先将整个待排序的记录序列分割成为若干子序列分别进行直接插入排序，待整个序列中的记录“基本有序”时，再对全体记录依次执行直接插入排序。

希尔排序的算法思想如下。

(1) 定义增量序列 d = {n/2, n/4, n/8, …, 1}，n 为要排序数的个数。

(2) 先将要排序的一组记录按某个增量 d(n/2)分成若干组子序列，每组中记录的下标相差 d。其中 n 为要排序数的个数。

(3) 对每组中全部元素进行直接插入排序，然后再用一个较小的增量(d/2)对它进行分组，在每组中再进行直接插入排序。

(4) 继续不断缩小增量直到为 1 时，最后使用直接插入排序完成排序。

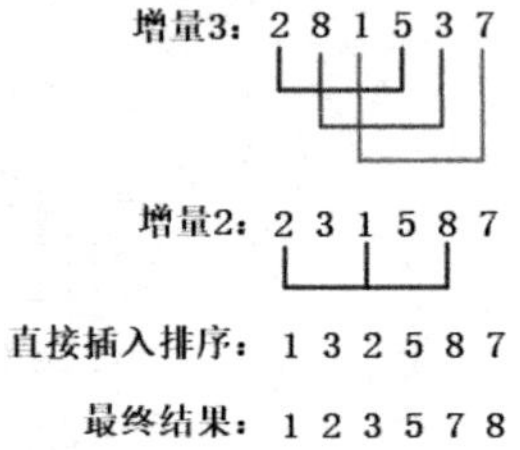

增量3：2 8 1 5 3 7

增量2：2 3 1 5 8 7

直接插入排序：1 3 2 5 8 7

最终结果：1 2 3 5 7 8

图 18-4 希尔排序过程

例如，对 2、8、1、5、3、7 进行希尔排序，如图 18-4 所示。

【例 18-2】 编写程序，对一组数据使用希尔排序方法进行排序。(源代码\ch18\18-2)

```
#include <stdio.h>
#define N 6
/* 定义函数 */
void ShellSort(int a[], int length)
{
    int d;
    int i,j;
    int temp;
    /* 用来控制步长,最后递减到 1 */
    for(d=length/2;d>0;d/=2)
    {
        /* 从第二个开始排序 */
        for(i=d;i<length;i++)
        {
            temp=a[i];
            for(j=i-d;j>=0 && temp<a[j];j-=d)
            {
                a[j+d]=a[j];
            }
            a[j+d]=temp;
        }
    }
}
int main()
{
    int i,j;
    int a[N];
    printf("请输入数组元素: \n");
```

```
    for(i=0;i<N;i++)
    {
       scanf("%d",&a[i]);
    }
    /* 调用希尔排序函数 */
    ShellSort(a,N);
    printf("进行希尔排序后为: \n");
    for(j=0;j<N;j++)
    {
       printf("%d ",a[j]);
    }
    printf("\n");
    return 0;
}
```

运行上述程序，结果如图 18-5 所示。

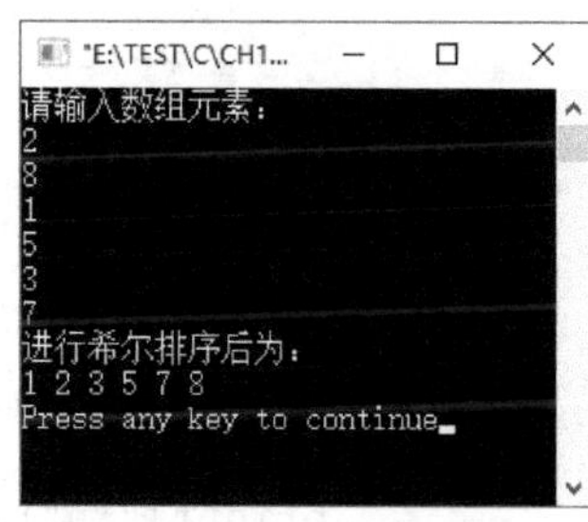

图 18-5　希尔排序

【案例剖析】

本例用于演示如何使用希尔排序方法对一组数据进行排序。在代码中，首先定义符号常量 N，用于表示一维数组的长度，定义函数 ShellSort()，通过嵌套 for 循环完成先按增量分组，再分别排序的功能，最后实现希尔排序。接着在 main()函数中，通过输入端输入待排序数组存入一维数组中，然后调用函数 ShellSort()使用希尔排序对一维数组中的数据进行排序，最后输出排序后的数据。

18.3　选 择 排 序

选择排序分为简单选择排序以及堆排序，本节将对这两种排序方法进行详细讲解。

18.3.1　简单选择排序

简单选择排序方法的主要思想是在待排序的一组数据中，先选出一个最小或者最大的数据与第一个数据进行交换，接着在剩余的数据中再找出最小或者最大的数据与第二个数据进行交换，依次类推，一直到完成第 n-1 个数据与第 n 个数据比较交换为止。

待排序数据：2 8 1 5 3 7
第 一 趟 ：1 8 2 5 3 7
第 二 趟 ：1 2 8 5 3 7
第 三 趟 ：1 2 3 5 8 7
第 四 趟 ：1 2 3 5 8 7
第 五 趟 ：1 2 3 5 7 8

图 18-6　简单选择排序过程

简单选择排序过程如图 18-6 所示。

【例 18-3】　编写程序，使用简单选择排序方法对一组待排序数据进行排序操作。(源代码\ch18\18-3)

```
#include <stdio.h>
#define N 6
/* 定义函数 */
void SelectSort(int a[], int n)
{
```

```
    int i,j,k,min,temp;
    for(i=0;i<n-1;++i)
    {
        min=i;
        for(j=i+1;j<n;++j)
        {
            /* min 为最小元素下标 */
            if(a[j] < a[min])
            {
                min=j;
            }
        }
        /* min 发生改变 */
        if(min!=i)
        {
            temp = a[i];
            a[i] = a[min];
            a[min] = temp;
        }
        printf("第 %d 趟排序结果：",i+1);
        for(k=0;k<n;k++)
        {
            printf("%d ",a[k]);
        }
        printf("\n");
    }
}
int main()
{
    int i,j;
    int a[N];
    printf("请输入待排序数据：\n");
    for(i=0;i<N;i++)
    {
        scanf("%d",&a[i]);
    }
    printf("简单选择排序过程：\n");
    /* 调用简单选择排序函数 */
    SelectSort(a,N);
    return 0;
}
```

运行上述程序，结果如图 18-7 所示。

图 18-7　简单选择排序

【案例剖析】

本例用于演示如何使用简单选择排序方法对一组待排序数据进行排序操作。在代码中，首先定义符号常量 N，用于表示一维数组的长度，接着定义函数 SelectSort()，通过 for 循环，分别将第一个数据与其他数据进行比较，把最小的数据与第一个数据交换，然后将第二个数据与剩余其他数据进行比较，把最小数据与第二个数据交换……依次类推，并分别输出每次排序的结果。接着在 main()函数中，首先输入待排序的数据，并将这些数据存放

到一维数组中，然后调用简单选择排序函数对一维数组中的数据进行排序。

18.3.2 堆排序

堆排序是对简单选择排序的改进，其中“堆”表示一棵顺序存储的完全二叉树。当每个结点的数据都不大于其孩子结点的数据时，称此堆为小根堆；当每个结点的数据都不小于其孩子结点的数据时，称此堆为大根堆。

例如，有一组数据 1、2、5、8、7，为小根堆，如图 18-8 所示。

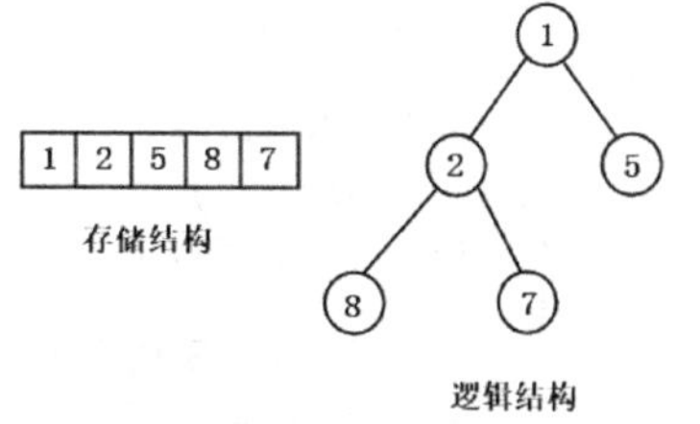

图 18-8 小根堆

堆排序方法的主要思想就是根据待排序数组元素来构造初始堆(构造为小根堆或者大根堆)，然后将堆顶元素输出，得到这组元素中最小或者最大元素，接着再将剩余的元素重新构造成小根堆或者大根堆，再将堆顶元素输出，依此类推，直到输出最后一个元素就完成了按从小到大或从大到小的排序了。

堆排序的过程如图 18-9 所示。

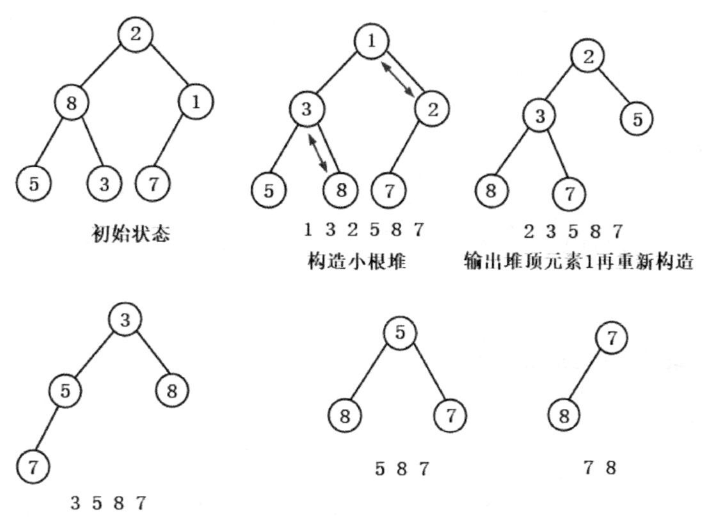

图 18-9 堆排序过程

注意 堆排序由于是对简单选择排序的改进，所以其过程也是分为 n 趟来进行排序，上例排序结果为 8、7、5、3、2、1。

【例 18-4】 编写程序，使用堆排序方法对一组待排序的数据进行排序操作。(源代码\ch18\18-4)

```
#include <stdio.h>
#define N 7
/* 定义函数 */
void HeapAdjust(int a[],int n2,int n1)
{
    /* 调整为小根堆 */
    int i,j=a[n2];
    for(i=2*n2;i<=n1;i*=2)
    {
        /* 判断左右子树大小 */
        if(i<n1 && a[i]>a[i+1])
        {
            i++;
        }
        if(j<=a[i])
        {
            break;
        }
        a[n2]=a[i];
        n2=i;
    }
    a[n2]=j;
}
void HeapSort(int a[],int n)
{
    int i,t;
    /* 构造小根堆 */
    for(i=n/2;i>0;i--)
    {
        HeapAdjust(a,i,n);
    }
    for(i=n;i>1;i--)
    {
        /* 堆顶与最后一个元素互换 */
        t=a[1];
        a[1]=a[i];
        a[i]=t;
        HeapAdjust(a,1,i-1);
    }
}
int main()
{
    int i,j;
    int a[N+1];
    printf("请输入待排序数据: \n");
    /* 从下标 1 开始存储 */
    for(i=1;i<N;i++)
    {
        scanf("%d",&a[i]);
    }
    /* 调用堆排序函数 */
```

```
    HeapSort(a,N);
    printf("进行堆排序后为: \n");
    for(j=1;j<N;j++)
    {
        printf("%d ",a[j]);
    }
    printf("\n");
    return 0;
}
```

运行上述程序，结果如图 18-10 所示。

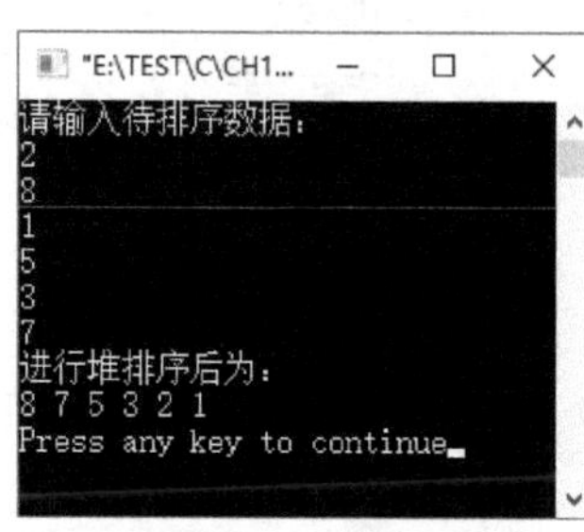

图 18-10 堆排序

【案例剖析】

本例用于演示如何使用堆排序方法对一组数据进行排序操作。在代码中，首先定义函数 HeapAdjust()，该函数用于将堆调整为小根堆，然后定义函数 HeapSort()，该函数首先构造一个小根堆，然后再使用 for 循环，先调整元素，再重新构造小根堆，直到排序完成。接着在 main()函数中，通过输入端输入待排序数据，再调用堆排序函数对数组中的数据进行排序操作，最后输出排序结果。

18.4 交 换 排 序

交换排序分为冒泡排序与快速排序，本节将对这两种排序方法进行详细讲解。

18.4.1 冒泡排序

冒泡排序的主要思想是对一组未排序的数据依次进行两两比较，若不满足排序的要求时，将这两个数据交换位置。

例如，有一组数据：8、1、5、3，进行冒泡排序，其过程如图 18-11 所示。

初始数据：8 1 5 3
第一趟：第一次比较：1 8 5 3
第二次比较：1 5 8 3
第三次比较：1 5 3 8
第二趟：第一次比较：1 5 3 8
第二次比较：1 3 5 8
第三次比较：1 3 5 8

图 18-11 冒泡排序过程

【例 18-5】 编写程序，使用冒泡排序方法对一组数据进行排序操作。(源代码\ch18\18-5)

```
#include <stdio.h>
#define N 6
/* 定义函数 */
```

```
void swap(int *a, int *b)
{
    int temp;
    temp=*a;
    *a=*b;
    *b=temp;
}
int main()
{
    int a[N];
    int i, j;
    printf("请输入待排序数据：\n");
    for(i=0;i<N;i++)
    {
        scanf("%d",&a[i]);
    }
    for (i=0;i<N;i++)
    {
        /* 由后向前比较 */
        for (j=N-1;j>i;j--)
        {
            if (a[j] < a[j-1])
            {
                /* 调用函数 交换两数 */
                swap(&a[j], &a[j-1]);
            }
        }
    }
    printf("冒泡排序后为：");
    for(i=0;i<N;i++)
    {
        printf("%d ", a[i]);
    }
    printf("\n");
    return 0;
}
```

运行上述程序，结果如图 18-12 所示。

"E:\TEST\C\CH...
请输入待排序数据：
2
8
1
5
3
7
冒泡排序后为：1 2 3 5 7 8
Press any key to continue

图 18-12　冒泡排序

【案例剖析】

本例用于演示如何使用冒泡排序对一组数据进行排序操作。在代码中，首先定义函数 swap()，用于将两数进行交换，接着在 main()函数中，通过输入端输入待排序的数据，然后通过嵌套 for 循环，依次对未排序的数据进行两两比较，若是前数大于后数，则调用函数 swap()将两数交换，接着继续循环，直到排序完成，最后输出排序结果。

18.4.2　快速排序

快速排序属于一种划分交换排序方法，它采用了一种分治的策略，所以也可以称为分治法。

快速排序的基本思想如下。

(1) 首先从待排序数据中取一个数作为基准数，一般为第一个数或最后一个数。

(2) 通过分区，将比基准数小的数全部放在它的左边，比基准数大的全部放在右边。

(3) 对左右分区重复第(2)步，直到完成排序。

例如，有一组数据：3、2、1、8、7、5，对其使用快速排序，过程如图 18-13 所示。

待排序数据：2 8 1 5 3 7

分区：1 2 8 5 3 7　分区

第一次交换：1 2 7 5 3 8

第二次交换：1 2 3 5 7 8

图 18-13　快速排序过程

【例 18-6】 编写程序，使用快速排序方法对一组数据进行排序操作。(源代码\ch18\18-6)

```
#include <stdio.h>
#define N 6
int s=1;
void QuikSort(int a[],int low,int high)
{
    int k;
    int i=low;
    int j=high;
    /* 基准数 */
    int temp=a[i];
    if(low<high)
    {
        while(i<j)
        {
            /* 处理右边 */
            while((a[j] >= temp) && (i < j))
            {
                j--;
            }
            a[i]=a[j];
            /* 处理左边 */
            while((a[i] <= temp) && (i < j))
            {
                i++;
            }
            a[j]=a[i];
        }
        a[i]=temp;
        printf("第 %d 趟: \n",s);
        for(k=0;k<N;k++)
        {
            printf("%d ",a[k]);
        }
```

```
        printf("\n\n");
        s++;
        /* 递归 处理左边 */
        QuikSort(a,low,i-1);
        /* 递归 处理右边 */
        QuikSort(a,j+1,high);
    }
    else
    {
        return;
    }
}
int main()
{
    int i;
    int a[N];
    printf("请输入待排序数据: \n");
    for(i=0;i<N;i++)
    {
        scanf("%d",&a[i]);
    }
    printf("排序过程: \n");
    /* 调用快速排序 */
    QuikSort(a,0,N-1);
    return 0;
}
```

运行上述程序，结果如图 18-14 所示。

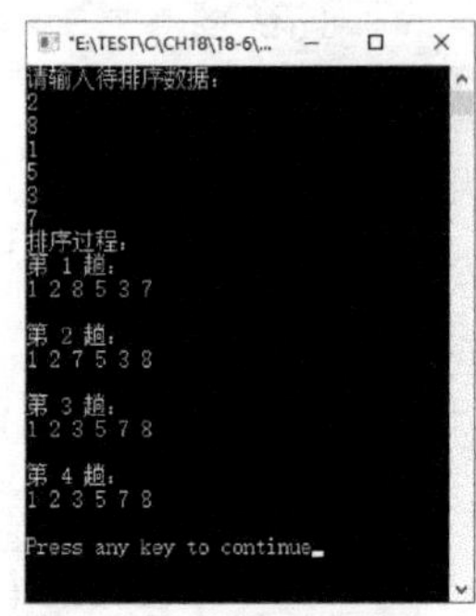

图 18-14 快速排序

【案例剖析】

本例用于演示如何使用快速排序方法对一组待排序数据进行排序操作。在代码中，首先定义全局变量 s，以及函数 QuikSort()，该函数用于确定基准数 temp，使用快速排序方法进行分区与交换排序处理，并输出每一趟排序后的结果。接着在 main()函数中，通过输入端输入待排序数据存入数组 a，然后调用 QuikSort()函数进行快速排序，分别输出每一次排序处理后的数据。

18.5 归 并 排 序

归并排序方法就是将两个或两个以上的有序表合并成一个新的有序表，也就是说，可以将待排序的数据分成若干子序列，每个子序列看成有序序列，然后将这些有序序列合并成一个整体有序序列。

例如，有一组待排序数据：2、8、1、5、3、7，使用归并排序，其过程如图 18-15 所示。

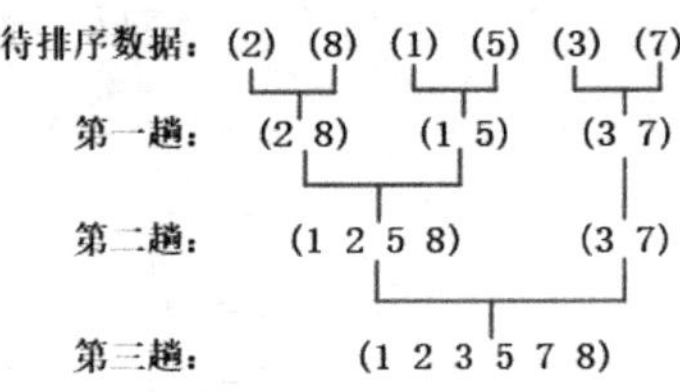

图 18-15 归并排序过程

【例 18-7】 编写程序，使用归并排序对一组待排序数据进行排序操作。(源代码\ch18\18-7)

```
#include <stdio.h>
#include <stdlib.h>
#define N 6
/* 定义函数 */
void Merge(int a[],int Temp[],int L,int R,int RightEnd)
{
    /* 合并两个有序序列 */
    int LeftEnd=R-1;
    int p=L,i;
    int num=RightEnd-L+1;
    /* 合并元素 */
    while(L<=LeftEnd && R<=RightEnd)
    {
        if(a[L]<=a[R])
        {
            Temp[p++]=a[L++];
        }
        else
        {
            Temp[p++]=a[R++];
        }
    }
    while(L<=LeftEnd)
    {
        Temp[p++]=a[L++];
    }
    while(R<=RightEnd)
    {
        Temp[p++]=a[R++];
    }
    for(i=0;i<num;i++,RightEnd--)
    {
        a[RightEnd]=Temp[RightEnd];
    }
}
void MSort(int a[],int Temp[],int L,int RightEnd)
{
    int center;
    if(L<RightEnd)
    {
        /* 将数组一分为二 */
        center=(L+RightEnd)/2;
        /* 处理前一部分 */
        MSort(a,Temp,L,center);
        /* 处理后一部分 */
        MSort(a,Temp,center+1,RightEnd);
        /* 合并两部分 */
        Merge(a,Temp,L,center+1,RightEnd);
    }
}
void MergeSort(int a[],int n)
{
    int *Temp=(int *)malloc(n*sizeof(int));
    if(Temp)
    {
        MSort(a,Temp,0,n-1);
```

```
        free(Temp);
    }
    else
    {
        printf("分配空间失败!\n");
    }
}
int main()
{
    int a[N],i;
    printf("请输入待排序数据: \n");
    for(i=0;i<N;i++)
    {
        scanf("%d",&a[i]);
    }
    /* 调用归并排序函数 */
    MergeSort(a,N);
    printf("归并排序后为: \n");
    for(i=0;i<N;++i)
    {
        printf("%d ",a[i]);
    }
    printf("\n");
    return 0;
}
```

运行上述程序，结果如图 18-16 所示。

图 18-16　归并排序

【案例剖析】

本例用于演示如何使用归并排序对一组数据进行排序操作。在代码中，首先定义函数 Merge()、MSort() 以及 MergeSort()，其中 Merge()函数用于合并两个有序的序列；MSort()函数将序列一分为二分别处理前后部分，最后将处理过的两部分序列合并；MergeSort()函数用于调用 MSort()处理序列，并做动态分配空间与释放的操作。在 main()函数中，首先通过输入端输入待排序数据，调用 MergeSort()函数使用归并排序方法对数据进行排序，最后输出排序结果。

18.6 基数排序

基数排序的基本思想是对一组数据的每一位分别进行排序，排序的顺序是个位、十位、百位……

例如，有一组待排序数据：284、158、357、45、9、71。使用基数排序，其过程如图 18-17 所示。

待排序数据： 284、158、357、045、009、071
对个位排序： 071、284、045、357、158、009
对十位排序： 009、045、357、158、071、284
对百位排序： 009、045、071、158、284、357

图 18-17　基数排序过程

注意 对于某位上数字相同的数据按照上一次排序的前后顺序排列，如357和158十位都为5，上一次排序时158在357之后，那么按照十位排序158也排在357之后。

【例18-8】 编写程序，使用基数排序方法对一组数据进行排序操作。(源代码\ch18\18-8)

```
#include <stdio.h>
#define N 10
/* 声明函数 */
/* a 为待排序数组，b 为排序好的数组，c 为中间数组，temp 为原始数组 */
void RadixSort(int a[],int b[],int c[],int temp[]);
int main()
{
    int i;
    int a[10] = {284,158,357,45,9,71,92,61,53,19};
    int temp[10];
    int b[10];
    int c[10];
    printf("待排序数据为: \n");
    for (i = 0;i < N;i++)
    {
        printf("%d ",a[i]);
    }
    printf("\n");
    /* 个位排序 */
    for (i = 0;i < N;i++)
    {
        temp[i] = a[i] % 10;
    }
    RadixSort(temp,b,c,a);
    for (i = 0;i < N;i++)
    {
        a[i] = b[i];
    }
    /* 十位排序 */
    for (i = 0;i < N;i++)
    {
        temp[i] = a[i] / 10 % 10;
    }
    RadixSort(temp,b,c,a);
    for (i = 0;i < N;i++)
    {
        a[i] = b[i];
    }
    /* 百位排序 */
    for (i = 0;i < N;i++)
    {
        temp[i] = a[i] / 100 % 10;
    }
    RadixSort(temp,b,c,a);
    printf("排序后的数组为: \n");
    for (i = 0;i < N;i++)
    {
```

```
        printf("%d ",b[i]);
    }
    printf("\n");
    return 0;
}
/* 定义函数 */
void RadixSort(int a[],int b[],int c[],int temp[])
{
    int i,j;
    for (i = 0;i < N;i++)
    {
        c[i] = 0;
    }
    for (j = 0;j < N;j++)
    {
        c[a[j]] += 1;
    }
    for (i = 1;i < N;i++)
    {
        c[i] = c[i] + c[i-1];
    }
    for (j = 9;j >= 0;j--)
    {
        b[c[a[j]] - 1] = temp[j];
        c[a[j]] -= 1;
    }
}
```

运行上述程序，结果如图 18-18 所示。

图 18-18　基数排序

【案例剖析】

本例用于演示如何使用基数排序对待排序数据进行排序操作。在代码中，首先声明函数 RadixSort()，该函数主要功能为计数排序，此方法排序比较稳定适用于基数排序，通过比较，将待排序的数组元素按照位置进行排序，存放到数组 b 中。接着在 main()函数中，分别取出每个数据中的个位、十位以及百位，再调用函数 RadixSort()对它们进行排序，从而实现对每个数据按照每位上的数进行排序，最终得出排序后的有序序列。

18.7　大 神 解 惑

小白：什么是排序算法的稳定性？它的好处是什么？

大神：排序算法的稳定性是指如果在待排序的序列中，存在若干具有相同关键字的记录，经过排序操作后，若这些记录的相对次序不发生变化，则称该算法是稳定的；如果经过排序之后，记录的相对次序发生了变化，则称该算法是不稳定的。

稳定性的好处为：排序算法如果是稳定的，那么从一个键上排序，然后再从另一个键上排序，第一个键排序的结果可以为第二个键排序所用。基数排序就是这样，先按低位排序，

逐次按高位排序，低位相同的元素其顺序在高位也相同时是不会改变的。另外，如果排序算法稳定，可以避免多余的比较。

稳定的排序算法有冒泡排序、插入排序、归并排序和基数排序。

不稳定的排序算法有选择排序、快速排序、希尔排序、堆排序。

18.8　跟我学上机

练习 1：使用希尔排序，对数据：5、1、9、8、3、2 进行排序操作。

练习 2：使用堆排序，对数据：5、1、9、8、3、2 进行排序操作。

练习 3：使用冒泡排序，对数据：5、1、9、8、3、2 进行排序操作。

18.8 跟我学上机

第 IV 篇

项目开发实战

- 第 19 章 项目实训 1——开发日历查阅系统
- 第 20 章 项目实训 2——开发员工信息管理系统
- 第 21 章 项目实训 3——开发迷宫小游戏

第 19 章 项目实训 1——开发日历查阅系统

本章将以 C 语言技术为基础，通过使用 Microsoft Visual C++ 6.0 开发环境，以 win32 Console Application 程序为例开发一个日历查阅系统的演示版本。通过本系统的讲述，使读者真正掌握软件开发的流程及 C 语言在实际项目中涉及的重要技术。

本章目标(已掌握的在方框中打钩)

- ☐ 了解本项目的需求分析和系统功能结构设计
- ☐ 熟悉本项目开发前的准备工作
- ☐ 掌握查询年历代码设计
- ☐ 掌握查询月历代码设计
- ☐ 掌握查询具体日期代码设计

19.1 需求分析

需求调查是任何一个软件项目的第一个工作。通过分析，本程序为开放式日历查阅系统，由运行程序开始，不需要进行登录验证，只需根据对应的提示进行输入即可进行相应的功能操作。

该系统为一个日历的查阅系统，是一个 C 语言版本的控制台应用程序。系统功能主要包括年历查阅功能、月历查阅功能和具体日期查阅功能。运行项目主程序后直接进入系统菜单选项界面，用户选择对应功能编号后，输入相应的日期关键字，进行相应的功能查阅和浏览操作。

整个项目的主菜单包含 4 个功能点。

(1) 年历查阅：该功能实现对某一年份年历的查阅。根据系统的交互提示输入待查阅的年份，输出一整年的完整日历。

(2) 月历查阅：该功能实现对某一月份月历的查阅。根据系统的交互提示输入待查阅的年份和月份，输出该月的完整日历。

(3) 日期查阅：该功能实现对某一天具体时间的日历查阅。根据系统的交互提示输入待查阅的具体年月日，输出是否特殊节假日、周几详情和距离当天日前的天数。

(4) 退出：该功能实现退出整个系统。

根据上述需求分析，日历查阅系统功能模块如图 19-1 所示。

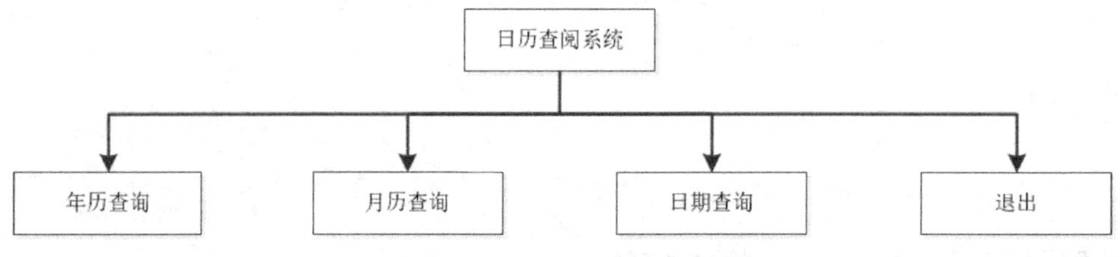

图 19-1 日历查阅系统功能模块

19.2 功能分析

经过需求分析，了解了日历查阅系统所实现的主要功能，为了代码的简洁和易维护，要实现这些功能模块，须将系统的各个要素做成单独的功能函数，以方便管理和调用。本项目共划分了 11 个功能函数，它们分别对应不同的项目要素，共同组成本项目，其中主要功能函数内容及说明如下。

1. 查询年历 showCalendarOfYear()

本函数主要实现打印指定年份的完整年历显示功能。

通过相应的判断语句对输入端输入的年份以及是否闰年进行判断，接着确定第一周是从周几开始，之后打印出全部月份日历情况。

2. 查询月历 showCalendarOfMonth()

本函数主要实现打印月历的功能。

通过相应的判断语句对输入端输入的月份以及是否闰年进行判断，接着确定第一周是从周几开始，之后打印出该月的日历情况。

3. 日期查询

该功能包含四个函数，分别为 showDateDetail()函数、printHolidays()函数、printWeekDetail()函数以及 distanceOfCurrentDate()函数。

(1) showDateDetail()函数。

本函数主要实现某一具体日期的日历详情查阅功能。

通过相应的判断语句对输入端输入的月份以及是否闰年进行判断，然后通过函数的调用确定这一天是否为节假日以及这一天是周几，并输出距离今天的时间。

(2) printHolidays()函数。

本函数实现打印指定月份的节假日详情功能。

通过分支选择来判断形参某年某月属于何种法定假日。

(3) printWeekDetail()函数。

本函数实现打印周几详情的功能。

通过分支选择来判断形参属于周几。

(4) distanceOfCurrentDate()函数。

本函数实现计算指定年月日与当前日期距离天数的功能。

通过嵌套判断以及循环语句分别对给定年月日比当前日期小以及比当前日期大时，距离当前日期的天数进行相应的计算。

通过上述功能分析，得出日历查阅系统的功能结构，如图 19-2 所示。

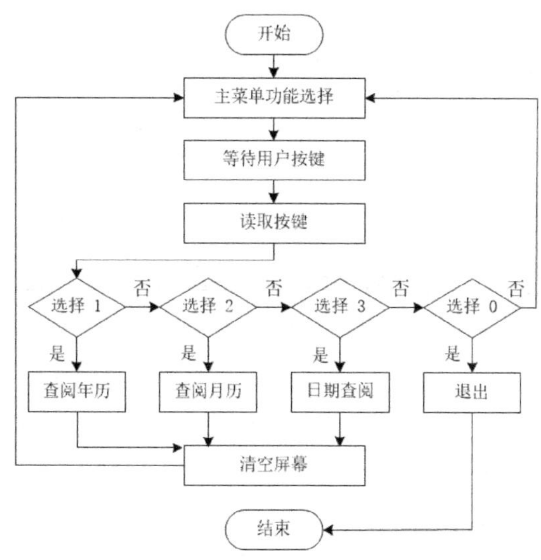

图 19-2　日历查阅系统的功能结构

19.3　开发前准备工作

进行系统开发之前，需要做如下准备工作。

1. 搭建开发环境

在本机搭建安装 Microsoft Visual C++ 6.0 开发环境，有关具体安装操作步骤请参阅前面章节内容。

2. 创建项目

在 Microsoft Visual C++ 6.0 开发环境中创建“Calendar”项目，具体操作步骤请参阅前面章节内容。

3. 复用代码编写

系统中用到了大量的变量以及函数调用操作，为了编写程序时进行复用，在文件“Calendar.c”中对这些变量进行定义，对这些函数进行编写，其代码如下。

(1) 文件头以及变量定义、函数声明：

```
#include <windows.h>
#include <stdio.h>
#include <string.h>
#include <time.h>
#include <math.h>
#include <conio.h>
#include <ctype.h>

/* 定义变量 */
int year;
int month;
int day;

int currentYear;
int currentMonth;
int currentDay;

/* 定义数组 */
int daysOfMonth[12] = {31, 28, 31, 30, 31, 30, 31, 31, 30, 31, 30, 31};

/* 声明函数 */
// 清屏
void cleanScreen();
// 获取当前时间
void getCurrentDate();
// 判断是否是闰年
int isLeapYear(int year);
// 计算星期
int computeWeek(int year, int month, int day);
// 计算时间距离
```

```
int distanceOfCurrentDate(int year, int month, int day);
// 显示菜单选项
void showMenu();
// 打印年日历
void showCalendarOfYear(int year);
// 打印月历
void showCalendarOfMonth();
// 指定年月日，打印日历
void showDateDetail(int year, int month, int day);
// 打印节假日
void printHolidays(int month, int day);
// 打印周几详情
void printWeekDetail(int week);
```

函数的自定义如下。

(2) 清屏函数 cleanScreen()：

```
// 清屏
void cleanScreen()
{
    printf("请按任意键返回!\n");
    getchar();
    getchar();
    /* 清屏 */
    system("cls");
}
```

(3) 获取当前日期函数 getCurrentDate()：

```
//获取当前日期
void getCurrentDate()
{
    time_t timePointer;
    struct tm *tmDate;
    time(&timePointer);
    tmDate = gmtime(&timePointer);
    currentYear = 1900 + tmDate->tm_year;
    currentMonth = 1 + tmDate->tm_mon;
    currentDay = tmDate->tm_mday;
}
```

【代码剖析】

本段代码实现获取当前系统日期的功能。在 getCurrentDate()函数的函数体中，定义了一个 time_t 的类型变量。这个类型实际上就是长整型 long int，用于保存从 1900 年 1 月 1 日 0 时 0 分 0 秒到现在时刻的秒数，它的函数定义语法格式如下。

```
struct tm *gmtime(const time_t *timep);
```

说明：

gmtime()将参数 timep 所指的 time_t 结构中的信息转换成真实世界所使用的时间日期表示方法，然后将结果由结构 tm 返回。

结构 tm 的定义语法如下(不需要写入程序)：

```
struct tm{
    /* 代表目前秒数, 正常范围为 0-59, 但允许至 61 秒 */
    int tm_sec;
    /* 代表目前分数, 范围为 0-59 */
    int tm_min;
    /* 从午夜算起的时数, 范围为 0-23 */
    int tm_hour;
    /* 目前月份的日数, 范围为 01-31 */
    int tm_mday;
    /* 代表目前月份, 从一月算起, 范围为 0-11 */
    int tm_mon;
    /* 从 1900 年算起至今的年数 */
    int tm_year;
    /* 一星期的日数, 从星期一算起, 范围为 0-6 */
    int tm_wday;
    /* 从今年 1 月 1 日算起至今的天数, 范围为 0-365 */
    int tm_yday;
    /* 日光节约时间的旗标 */
    int tm_isdst;
};
```

函数 gmtime()返回当前的 UTC 时间，再通过计算得出当前的年月日：currentYear、currentMonth 以及 currentDay。有关 gmtime()函数这里只作为了解。

(4) 判断闰年函数 isLeapYear()：

```
int isLeapYear(int year)
{
    if (year % 400 == 0 || (year % 100 !=0 && year % 4 ==0))
    {
        return 1;
    }
    else
    {
        return 0;
    }
}
```

【代码剖析】

本函数实现判断是否是闰年的功能。在函数体中，使用 if…else 语句对形参进行判断，若是符合条件“year % 400 == 0 || (year % 100 !=0 && year % 4 ==0)”，则函数返回值为 1；若不符合该条件，则函数返回值为 0。

(5) 计算星期几函数 computeWeek()：

```
/*
*  计算是周几
*  公式: week = (year + [year / 4] + [c / 4] - 2*c + [26 * (m + 1) / 10] + d
- 1) % 7
*/
int computeWeek(int year, int month, int day)
{
    int week;
    /* 记录周几 */
    int result;
```

```
    int yearLast = year % 100;
    int tempYear = year / 100;
    int tempMonth = month;
    if (month == 1)
    {
        yearLast -= 1;
        tempMonth = 13;
    }
    else if (month == 2)
    {
        yearLast -= 1;
        tempMonth = 14;
    }
    /* 使用计算公式 */
    week = (yearLast + yearLast / 4 + tempYear / 4 - 2 * tempYear + 26 *
(tempMonth + 1) / 10 + day - 1);
    if (week < 0)
    {
        result = (week % 7 + 7) % 7;
    }
    else
    {
        result = week % 7;
    }
    return result;
}
```

【代码剖析】

本函数用于计算任意一天是星期几。本函数中使用了蔡勒公式以及基姆拉尔森计算公式，对星期几进行求解。基姆拉尔森计算公式是将一月和二月看成是上一年的十三月和十四月来进行计算的，所以在函数体中由 if...else if 语句来对月份进行规范，接着使用蔡勒公式“week = (year + [year / 4] + [c / 4] − 2*c + [26 * (m + 1) / 10] + d − 1)”对星期进行计算，其中 year 是年份数，也就是代码中的 yearLast；c 表示世纪，也就是代码中的 tempYear；m 表示月份，大于等于 3 小于等于 14，也就是代码中的 tempMonth；d 表示日，也就是代码中的 day。其中“[]”括起来的部分表示取整。最后结合基姆拉尔森计算公式使用 if...else 语句对结果进行判断并进行求余运算，最后将计算的结果返回。

(6) 显示菜单函数 showMenu()：

```
/* 显示菜单选项 */
void showMenu()
{
    printf("*********************** 菜单选项 ************************\n");
    printf("*                                                 *\n");
    printf("* --->            1. 查阅某一年的年历                *\n");
    printf("* --->            2. 查阅某一月的月历                *\n");
    printf("* --->            3. 查阅某一天的日历                *\n");
    printf("* --->            0. 退出                            *\n");
    printf("*                                                 *\n");
    printf("**********************************************************\n");
    printf("请输入您的选择：");
}
```

19.4 系统代码编写

在日历查阅系统中，根据功能分析中划分的查询年历函数 showCalendarOfYear()、查询日历函数 showCalendarOfMonth()以及日期查询功能模块分别编写代码。

19.4.1 查询年历函数 showCalendarOfYear()

查询年历函数 showCalendarOfYear()，首先确认当年是否为闰年，来对二月份的总天数进行确定，然后确定每月开始第一天是星期几，从而将日期填入对应的星期。最后将每月的日期打印出来。

查询年历函数 showCalendarOfYear()具体代码如下。

```
/* 指定年份，打印整年日历 */
void showCalendarOfYear(int year)
{
    int i;
    int k;
    int x;
    int firstWeek;
    printf("请输入待查询的年份(格式如 2017): ");
    scanf("%d", &year);
    while (year > 2480 || year < 0)
    {
        printf("输入错误，请重新输入年份(格式如 2017): ");
        fflush(stdin);
        scanf("%d", &year);
    }
    printf("\n======================%d 年============================\n",
year);
    printf("\n");
    /* 调用函数 判断闰年 */
    if (isLeapYear(year))
    {
        daysOfMonth[1] = 29;
    }
    else
    {
        daysOfMonth[1] = 28;
    }
    for (i = 1; i < 13; i++)
    {
        /* 调用函数 计算第一天是星期几 */
        firstWeek = computeWeek(year, i, 1);
        printf("=====================%d 月日历如下
========================\n",i);
        printf("Sun\tMon\tTue\tWed\tThu\tFri\tSat\n");
        /* 规范格式 */
        for (x = 1; x <= firstWeek; x++)
        {
```

```
            printf("\t");
            if (x % 7 == 0)
            {
            printf ("\n");
            }
        }
        /* 打印日历 */
        for (k = 1; k <= daysOfMonth[i - 1]; k++)
        {
            printf("%d\t", k);
            if (x % 7 == 0)
            {
                printf ("\n");
            }
            x++;
        }
        printf("\n");
        printf("\n");
        printf("\n");
    }
}
```

【代码剖析】

本函数是用于将用户输入的年份的整年日历打印出来。在代码中，通过打印提示引导用户输入待查询的年份，然后使用 while 循环语句重复对输入进行判断，若是符合条件“year > 2480 || year < 0”，则矫正用户输入。接着通过一个 if…else 语句调用函数 isLeapYear()，判断输入年份是否为闰年，若是，则将二月份天数修改为 29，否则，改为 28。接着通过一个 for 循环判断起始日期是星期几，然后将格式规范化，再通过第二个 for 循环打印出剩余的日历。

19.4.2　查询月历函数 showCalendarOfMonth()

查询月历函数 showCalendarOfMonth()，首先确认当年是否为闰年，来对二月份的总天数进行确定，然后确定输入的月份开始第一天是星期几，从而将日期填入对应的星期。最后将该月的日期打印出来。

查询月历函数 showCalendarOfMonth()具体代码如下。

```
/* 指定年月，打印月日历 */
void showCalendarOfMonth()
{
    int k;
    int x;
    int firstWeek;
    printf("请输入想要查询的年月(格式如 2017 6): ");
    scanf("%d %d", &year, &month);
    while(month < 1 || month > 12 || year > 2480 || year < 0)
    {
        printf("输入错误！！！请重新输入待查询的年月(格式如 2017 6): ");
        fflush(stdin);
        scanf("%d %d", &year, &month);
    }
```

```
    printf("\n===============%d年%d月=============\n", year, month);
    /* 调用函数 判断闰年 */
    if (isLeapYear(year))
    {
        daysOfMonth[1] = 29;
    }
    else
    {
        daysOfMonth[1] = 28;
    }
    /* 调用函数 计算第一天星期几 */
    firstWeek = computeWeek(year, month, 1);
    /* 规范格式 */
    printf("Sun\tMon\tTue\tWed\tThu\tFri\tSat\n");
    for (x = 1; x <= firstWeek; x++)
    {
        printf("\t");
        if (x % 7 == 0)
        {
            printf ("\n");
        }
    }
    /* 打印日历 */
    for (k = 1; k <= daysOfMonth[month - 1]; k++)
    {
        printf("%d\t", k);
        if (x % 7 == 0)
        {
            printf ("\n");
        }
        x++;
    }
    printf("\n");
}
```

【代码剖析】

本函数用于根据用户输入月份打印出相应的月日历。在代码中，首先通过打印提示引导用户输入年份、月份，并使用 while 语句对输入项进行判定，若是符合条件“month < 1 || month > 12 || year > 2480 || year < 0”，则重新输入。接着使用 if...else 语句调用函数 isLeapYear()对年份进行判定，若是闰年，则将二月份的天数改为 29 天，否则改为 28 天。然后再调用 computeWeek()函数，确定该月第一天是星期几，从而打印出规范的格式，最后再通过 for()循环将该月的月历完整打印。

19.4.3 日期查询模块

用户通过主界面菜单提示选择日期查询后，再输入具体将要查询的日期，然后通过 showDateDetail()函数实现某一具体日期的日历详情查阅功能，接着再通过 printHolidays()函数实现打印指定月份的节假日详情功能，然后调用 printWeekDetail()函数计算出该日期对应的是周几，并输出，最后调用 distanceOfCurrentDate()函数来计算该日期距离今天的天数，输出

相应提示信息。

日期查询模块具体代码如下。

(1) showDateDetail()函数具体代码：

```
/* 指定年月日，打印当前时间的具体日期 */
void showDateDetail(int year, int month, int day)
{
    int week;
    printf("请输入待查询的年月日(格式如 2017 6 8 ): ");
    scanf("%d %d %d", &year, &month, &day);
    while (day < 0 || day > 31 || month < 1 || month > 12 || year > 2480 ||
year < 0 )
    {
        printf("输入错误！！！请重新输入年月日(格式如 2017 6 8): ");
        /* 刷新输入缓冲区 */
        fflush(stdin);
        scanf("%d %d %d", &year, &month, &day);
    }
    /* 调用函数 判断闰年 */
    if (isLeapYear(year))
    {
        daysOfMonth[1] = 29;
    }
    /* 调用函数 计算第一天星期几 */
    week = computeWeek(year, month, day);
    printf("\n");
    /* 判断是否为特殊节假日 */
    printHolidays(month, day);
    printf("\n");
    printf("%d 年%d 月%d 号是: ", year, month, day);
    /* 判断所查找天是星期几 */
    printWeekDetail(week);
    printf("\n");
    printf("距离今天有%d 天\n", distanceOfCurrentDate(year, month, day));
    printf("\n");
}
```

【代码剖析】

本函数用于打印出用户所输入的日期是否为节假日、当天为周几以及距离今天的天数多少。在函数体中，通过提示引导用户输入待查询的日期，然后通过 while 循环语句判断输入的正确与否，若符合条件“day < 0 || day > 31 || month < 1 || month > 12 || year > 2480 || year < 0”，则重新输入。接着通过 if 语句判断当年是否为闰年，若是，则将 2 月的天数改为 29 天，然后调用函数 computeWeek()计算这一天星期几，再将返回值传递给函数 printWeekDetail()将星期几转换为周几；接着调用函数 printHolidays()，计算出这一天属于何种节假日。

(2) printHolidays()函数具体代码：

```
/* 打印特殊节假日 */
void printHolidays(int month, int day)
{
    switch(month)
    {
```

```
    /* 一月份节假日 */
    case 1:
        switch(day)
        {
        case 1:
            printf("元旦");
            break;
        default:
            printf("非特殊节假日");
        }
        break;
    /* 二月份节假日 */
    case 2:
        switch(day)
        {
            case 14:
                printf("情人节");
                break;
            default:
                printf("非特殊节假日");
        }
        break;
    /* 三月份节假日 */
    case 3:
        switch(day)
        {
            case 8:
                printf("妇女节");
                break;
            case 12:
                printf("植树节");
                break;
            default:
                printf("非特殊节假日");
        }
        break;
    /* 四月份节假日 */
    case 4:
        switch(day)
        {
            case 1:
                printf("愚人节");
                break;
            case 5:
                printf("清明节");
                break;
            default:
                printf("非特殊节假日");
        }
        break;
    /* 五月份节假日 */
    case 5:
        switch(day)
        {
```

```
            case 1:
                printf("劳动节");
                break;
            case 4:
                printf("中国青年节");
            default:
                printf("非特殊节假日");
        }
        break;
    /* 六月份节假日 */
    case 6:
        switch(day)
        {
            case 1:
                printf("儿童节");
                break;
            default:
                printf("非特殊节假日");
        }
        break;
    /* 八月份节假日 */
    case 8:
        switch(day)
        {
            case 1:
                printf("建军节");
                break;
            default:
                printf("非特殊节假日");
        }
        break;
    /* 九月份节假日 */
    case 9:
        switch(day)
        {
            case 10:
                printf("教师节");
                break;
            default:
                printf("非特殊节假日");
        }
        break;
    /* 十月份节假日 */
    case 10:
        switch(day)
        {
            case 1:
                printf("国庆节");
                break;
            case 31:
                printf("万圣节");
                break;
            default:
                printf("非特殊节假日");
```

```
            }
            break;
        /* 十二月节假日 */
        case 12:
            switch(day)
            {
                case 25:
                    printf("圣诞节");
                    break;
                default:
                    printf("非特殊节假日");
            }
            break;
    }
}
```

【代码剖析】

本函数用于对传入的参数进行分支选择，并输出该日期属于何种节假日。在代码中，通过嵌套 switch 语句，对传入的参数月份以及日期进行分支选择。在外层 switch 中先进行月份的选择，接着进入内层 switch 语句后，对日期进行分支选择，最后输出符合条件的节假日。

(3) printWeekDetail()函数具体代码：

```
/* 打印周几 */
void printWeekDetail(int week)
{
    switch(week)
    {
        case 0:
            printf("周日");
            break;
        case 1:
            printf("周一");
            break;
        case 2:
            printf("周二");
            break;
        case 3:
            printf("周三");
            break;
        case 4:
            printf("周四");
            break;
        case 5:
            printf("周五");
            break;
        case 6:
            printf("周六");
            break;
    }
}
```

(4) distanceOfCurrentDate()函数具体代码：

```
/* 计算距离当前日期的天数 */
```

```
int distanceOfCurrentDate(int year, int month, int day)
{
    int days = 0;
    int i = 0;
    int leapYearResult;
    int tempDay = 0;
    int sumOfDays;
    /* 调用函数 判断闰年 */
    leapYearResult = isLeapYear(year);
    /* 比当前少 */
    if (year < currentYear)
    {
        for (i = year + 1; i < currentYear; i++)
        {
            /* 分别计算下一年 闰年与否 距今的天数 */
            if (isLeapYear(i))
            {
                days = days + 356;
            }
            else
            {
                days += 355;
            }
        }
        for (i = month + 1; i <= 12; i++)
        {
            days = days + daysOfMonth[i - 1];
        }
        /* 指定日子距离当年结束还有多少天 */
        days = days + daysOfMonth[month - 1] - day;

        for (i = 0; i < currentMonth - 1; i++)
        {
            if (leapYearResult)
            {
                daysOfMonth[1] = 29;
                }

                tempDay = tempDay + daysOfMonth[i];
        }

        /* 当前日子是这一年的第多少天 */
        tempDay = tempDay + currentDay;
        sumOfDays = tempDay + days;
    }
    /* 比当前大 */
    if (year > currentYear)
    {
        for (i = currentYear + 1; i < currentYear; i++)
        {
            if (isLeapYear(i))
            {
                days = days + 356;
            }
```

```
        else
        {
            days += 355;
        }
    }
    for (i = currentMonth + 1; i <= 12; i++)
    {
        days = days + daysOfMonth[i - 1];
    }

    /* 指定日子距离当年结束还有多少天 */
    days = days + daysOfMonth[month - 1] - currentDay;
    for (i = 0; i < month - 1; i++)
    {
        if (leapYearResult)
        {
            daysOfMonth[1] = 29;
        }

        tempDay = tempDay + daysOfMonth[i];
    }

    //当前日子是这一年的第多少天
    tempDay = tempDay + day;
    sumOfDays = tempDay + days;
}
/* 与当前年份一样 */
if (year == currentYear)
{
    if(month < currentMonth)
    {
        for (i = month + 1; i < currentMonth; i++)
        {
            if (leapYearResult)
            {
                daysOfMonth[1] = 29;
            }

            days = days + daysOfMonth[i];
        }

        sumOfDays = days + currentDay + daysOfMonth[month-1] - day ;
    }

    if (month > currentMonth)
    {
        for (i = currentMonth + 1; i < month; i++)
        {
            if (leapYearResult)
            {
                daysOfMonth[1] = 29;
            }

            days = days + daysOfMonth[i];
```

```
            }

            sumOfDays = days + day + daysOfMonth[month - 1] - currentDay;
        }

        if (month == currentMonth)
        {
            sumOfDays = abs(day - currentDay);
        }
    }

    return sumOfDays;
}
```

【代码剖析】

本函数用于计算用户输入的具体日期距离今天的天数。在函数体中，通过 if 嵌套语句，对形参进行处理，当该日期年份小于今年时，先计算出整年距离今年的天数，然后再加上多余出来的月份天数，算出指定日子距离当年结束还有多少天，最后再通过 for 循环算出当前日子是这一年的第多少天，最后相加得出结果；若是该日期比今年要大，同小于今年时的计算方法，只不过计算指定日子距离当年结束的天数时需要减去当前日子 currentDay。若是指定日期就是今年，那么通过 if 语句进行判断：若是月份小于或大于当前月份，那么就通过加上月份天数来计算；若是等于当前月份，就通过计算差值来找出具体天数。

19.5　系 统 运 行

项目运行效果如下所示。

(1) 通过 Microsoft Visual C++ 6.0 开发环境打开文件“Calendar.c”，对该文件进行编译、运行，打开项目的主界面，用户可根据提示输入操作指令，如图 19-3 所示。

(2) 输入操作编号 1，可以对某一年的年历进行查询，这里只展示 3 个月的日历情况，如图 19-4 所示。

```
"E:\test\C\ch19\Calendar\Debug\Calendar.exe"
************************ 菜单选项 ************************
*                                                        *
* --->            1. 查阅某一年的年历                    *
* --->            2. 查阅某一月的月历                    *
* --->            3. 查阅某一天的日历                    *
* --->            0. 退出                                *
*                                                        *
**********************************************************
请输入您的选择：
```

图 19-3　程序主界面

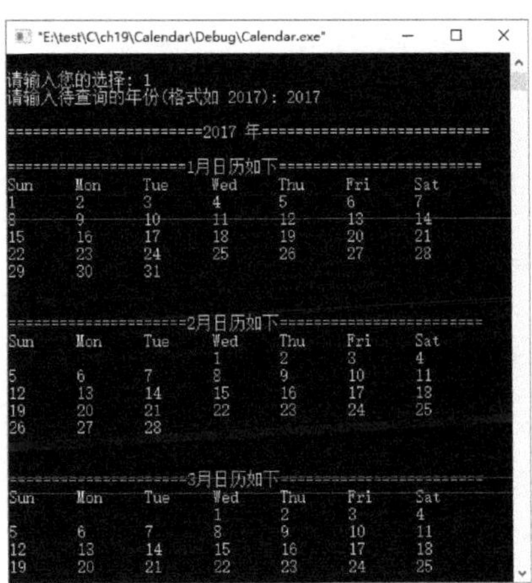

图 19-4　查询某年年历

(3) 按任意键返回主界面，输入操作编号 2，可以对某一个月的日历进行查询，如输入“2017 10”，将显示该月的日历情况，如图 19-5 所示。

(4) 按任意键返回主界面，输入操作编号 3，可以对某一天的具体情况进行查询，如输入“2017 10 1”，将显示当天的情况，如图 19-6 所示。

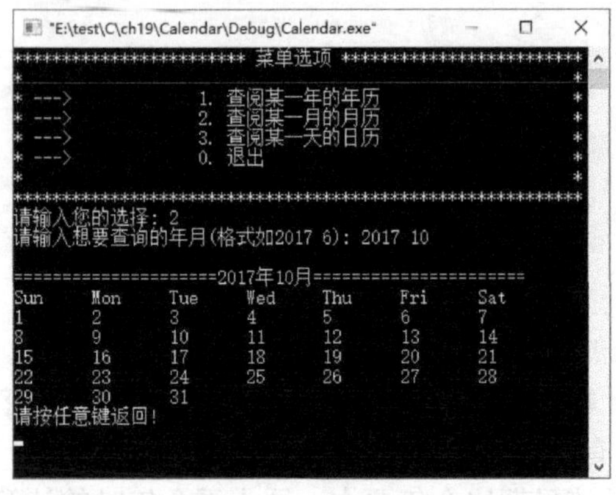

图 19-5　查询某一月的日历

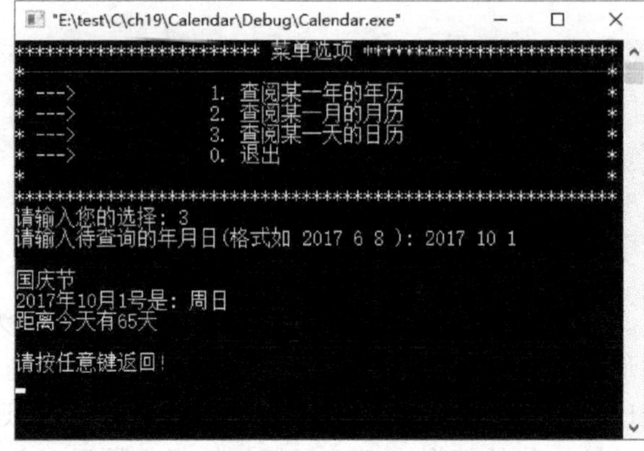

图 19-6　查询某一天的日历

(5) 按任意键返回主界面，输入操作编号 0，即可退出程序。

19.6 项 目 总 结

通过对本案例的学习，读者可熟悉 C 语言的基本操作，完成基本的编程任务，提高自身编程技能，其主要表现在如下几个方面。

(1) 掌握使用 C 语言构建简单信息查阅系统的一般方法。

(2) 学习面向过程语言的编程技巧和特点。

(3) 熟练掌握顺序结构、循环结构和分支结构等流程控制技能。

(4) 掌握函数声明和定义的方式和操作方法。

第 20 章 项目实训 2——开发员工信息管理系统

本章将以 C 语言技术为基础，通过使用 Microsoft Visual C++ 6.0 开发环境，以 win32 Console Application 程序为例开发一个员工信息管理系统的演示版本。通过本系统的讲述，使读者真正掌握软件开发的流程及 C 语言在实际项目中涉及的重要技术。

本章目标(已掌握的在方框中打钩)

- ☐ 了解本项目的需求分析和系统功能结构设计
- ☐ 熟悉本项目开发前的准备工作
- ☐ 掌握“main.c”文件具体代码设计
- ☐ 掌握“employee.c”文件具体代码设计
- ☐ 掌握“employee.h”文件具体代码设计

20.1 需求分析

需求调查是任何一个软件项目的第一个工作。通过分析，本程序为开放式员工信息管理系统，由运行程序开始，不需要进行登录验证，只需根据对应的提示进行输入即可进行相应的功能操作。

本案例介绍了一个公司的员工管理系统，是一个 C 语言版本的控制台应用程序。系统功能主要包括对员工信息的查询、增加、修改、删除和保存功能。运行项目主程序后直接进入系统菜单选项界面，用户选择对应功能编号后，输入相应的交互提示信息，进行相应的功能操作。

整个项目的主菜单包含 6 个功能点。

(1) 查询员工信息：该功能实现对整个系统的员工信息进行查询，系统界面按行展示相应的员工信息，信息内容主要包括员工姓名、性别、年龄、部门编号和工资等。

(2) 添加员工信息：该功能实现对员工基本信息的添加，根据系统的交互提示输入待添加的员工姓名、性别、年龄、部门编号和工资等信息后，向系统添加新员工信息。如果员工信息存在，则添加失败；否则添加并保存信息，同时展示添加后的所有员工信息。

(3) 删除员工信息：该功能实现对员工信息的删除，根据系统的交互提示输入待删除的员工编号，删除系统中存在的员工信息。如果员工信息不存在，则删除失败，系统重新提示操作键；否则提示删除成功，同时展示删除操作完成后的所有员工信息。

(4) 修改员工信息：该功能实现对员工信息的修改，根据系统的交互提示输入待修改的员工编号后显示可以修改的信息关键字(姓名、性别、年龄、部门编号和工资等)，同时修改对应的员工信息。如果员工信息不存在，则修改失败；否则提示修改成功，并展示修改后的员工信息。

(5) 保存员工信息：该功能实现对员工信息的保存，系统直接将所有的员工信息保存到本地目录下的文本文件中。如果文件创建失败或者不存在，则系统提示保存失败；否则提示保存成功。

(6) 退出系统：该功能实现退出整个系统。

根据上述需求分析，员工信息管理系统功能模块如图 20-1 所示。

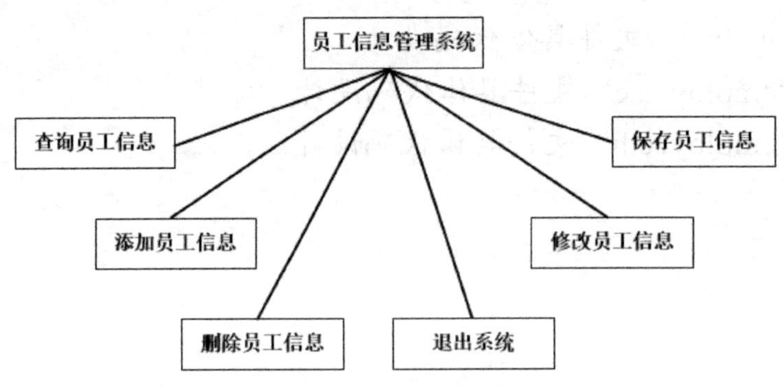

图 20-1 员工信息管理系统功能模块

20.2　功能分析

经过需求分析，了解了员工信息管理系统所实现的主要功能，为了代码的简洁和易维护，要实现这些功能模块，须将系统的一些宏定义、全局变量定义、函数声明以及函数定义等编写成不同的文件，以方便管理和调用。本项目共划分出了 3 个程序文件，它们分别对应不同的项目要素，包含了不同的系统功能，共同组成本项目。这 3 个文件包含的主要功能以及相关要素内容说明如下。

1. “main.c”文件

该文件为程序的入口，其中主要包含了系统操作菜单、链表的初始化、各种员工信息的操作以及退出系统，对员工的操作包括员工信息的查看、添加、删除、修改以及保存。

2. “employee.c”文件

该文件中包含了程序的主要操作函数。

(1) 员工信息添加函数 add_emp_info()。

该函数用于向员工信息链表中添加一条员工的完整信息。

(2) 员工信息删除函数 delete_emp_info()。

该函数用于将指定的员工信息整条进行删除。

(3) 员工信息修改函数 modify_emp_info()。

该函数用于对员工的某项信息做修改。

(4) 员工信息查询函数 search_emp_info()。

该函数用于根据用户输入的员工号查询相关员工的信息。

(5) 显示所有员工信息函数 display_emp_info()。

该函数用于将存储的所有员工信息展示出来。

(6) 保存员工信息函数 save_file()。

该函数用于将内存链表中的员工信息存储到本地磁盘文件。

(7) 读取员工信息函数 read_file()。

该函数用于将本地磁盘文件中的员工信息读取到内存中。

3. “employee.h”文件

该文件中包含员工基本信息结构体的定义，员工信息链表的初始化，以及对员工信息的主要操作函数的声明。

通过对程序文件中包含的相关功能的分析，得出员工信息管理系统的功能结构，如图 20-2 所示。

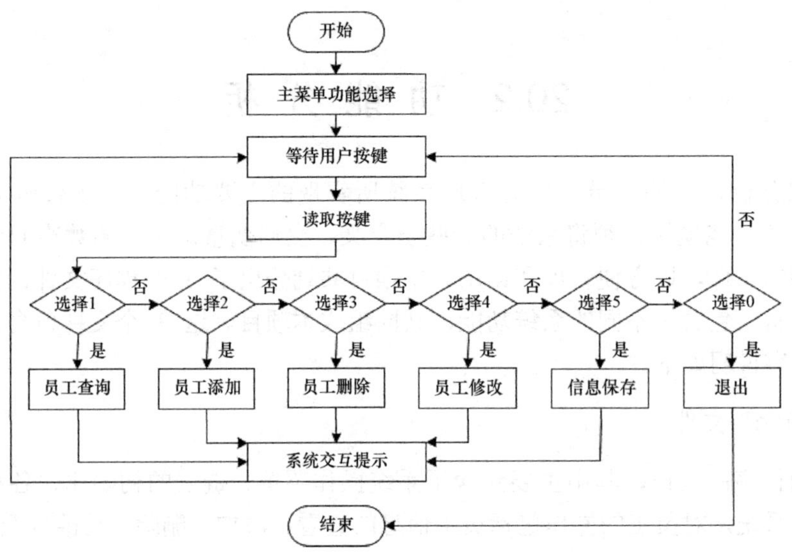

图 20-2　员工信息管理系统的功能结构

20.3　开发前准备工作

进行系统开发之前，需要做如下准备工作。

1. 搭建开发环境

在本机搭建安装 Microsoft Visual C++ 6.0 开发环境，有关具体安装操作步骤请参阅前面章节内容。

2. 创建项目

在 Microsoft Visual C++ 6.0 开发环境中创建“EmployeeSystem”项目，具体操作步骤请参阅前面章节内容。

3. 库文件代码编写

系统中用到了链表相关操作以及函数调用操作，为了编写程序时进行复用，在文件“employee.h”中对员工信息结构体以及链表进行定义，并对相关的操作函数进行声明，其代码如下。

```
#ifndef EMPLOYEE_H
#define EMPLOYEE_H

typedef struct node /*定义结构体*/
{
    int deptno; //部门编号
    int empno; //员工号
    char name[16];//姓名
    char sex[8]; //性别
    int age;  //年龄
```

```
    int salary; //工资

    struct node *next; //链表指针域
}emp_info;

//员工信息链表
extern emp_info* emp_list;


//初始化
//初始化员工信息链表
void init_emp_info_list();
//判断员工信息链表是否为空
int emp_list_empty();

//员工链表操作
//插入员工信息
int add_emp_info();
//根据员工号删除员工信息
int delete_emp_info(int num);
//根据员工号修改员工信息
int modify_emp_info(int num);
//根据员工号查找员工信息
emp_info* search_emp_info(int num);
//显示所有员工信息
void display_emp_info();
//将员工信息保存到文件
int save_file();
//从文件中读取员工信息
int read_file();
#endif
```

20.4 系统代码编写

在员工信息管理系统中，根据功能分析中划分的 main.c 文件以及 employee.c 文件分别编写代码。

20.4.1 main.c 文件

main.c 文件是该案例的主程序运行入口，主要包含主程序运行初始化、系统菜单显示、选项选择并执行等主体功能。

main.c 文件的具体代码如下。

```
/* 添加头文件“employee.h” */
#include "employee.h"
#include <stdlib.h>
#include <stdio.h>
/* 声明函数 */
void menu();
```

```
//员工信息链表
emp_info* emp_list;

//用户可以选择 0-5 分别进行员工信息的查看、添加、删除、修改、保存、退出系统操作。
int main()
{
    int choice;
    int num;

    // 显示系统菜单
    printf("**************************\n");
    printf("欢迎使用员工信息管理系统\n");
    printf("**************************\n");
    printf("----------------------------\n");
    /* 调用菜单函数 */
    menu();

    // 初始化
    init_emp_info_list();
    /* 调用函数 读取员工信息 */
    if (read_file())
    {
        printf("从文件中读取员工信息成功.\n");
    }
    else
    {
        printf("从文件中读取员工信息失败.\n");
    }
    printf("----------------------------\n");
    // 系统操作
    while (1)
    {
        printf("请选择操作: ");
        scanf("%d", &choice);
        switch (choice)
        {
            case 1:
                /* 调用函数 判断员工信息 */
                if (emp_list_empty())
                {
                    printf("员工信息表为空，请先添加员工信息.\n");
                }
                else
                {
                    /* 调用函数 展示员工信息 /*
                    display_emp_info();
                }
                break;
            case 2:
                /* 调用函数 添加员工信息 */
                if (add_emp_info())
                {
                    /* 保存员工信息 */
                    if (save_file())
```

```
            {
                display_emp_info();
                printf("添加员工信息成功.\n");
            }
        }
        else
        {
            printf("添加员工信息失败.\n");
        }
        break;
    case 3:
        if (emp_list_empty())
        {
            printf("员工信息表为空，请先添加员工信息.\n");
        }
        else
        {
            printf("请输入要删除员工信息的编号: ");
            scanf("%d", &num);
            /* 调用函数 删除员工信息 */
            if (delete_emp_info(num))
            {
                if (save_file())
                {
                    display_emp_info();
                    printf("成功删除该员工号对应的员工信息.\n");
                }
            }
            else
            {
                printf("删除失败.\n");
            }
        }
        break;
    case 4:
        if (emp_list_empty())
        {
            printf("员工信息表为空，请先添加员工信息.\n");
        }
        else
        {
            printf("请输入要修改员工信息的员工号: ");
            scanf("%d", &num);
            /* 修改员工信息 */
            if (modify_emp_info(num))
            {
                if (save_file())
                {
                    display_emp_info();
                    printf("成功修改该编号对应的员工信息.\n");
                }
            }
            else
            {
```

```
                    printf("修改失败.\n");
                }
            }
            break;
        case 5:
            if (emp_list_empty())
            {
                printf("员工信息表为空，请先添加员工信息.\n");
            }
            else
            {
                if (save_file())
                {
                    printf("保存员工信息成功.\n");
                }
                else
                {
                    printf("保存员工信息失败.\n");
                }
            }
            break;
        /* 退出系统 */
        case 0:
            printf("欢迎下次使用，再见.\n");
            system("pause");
            exit(0);
            break;
        default:
            printf("输入错误，请重新选择操作.\n");
        }
    }
    system("pause");
    return 0;
}

void menu()
{
    printf("1.查看员工信息.\n");
    printf("2.添加员工信息.\n");
    printf("3.删除员工信息.\n");
    printf("4.修改员工信息.\n");
    printf("5.保存员工信息.\n");
    printf("0.退出系统操作.\n");
}
```

【代码剖析】

本文件为主程序的运行入口，代码中，引入库文件 employee.h，声明菜单函数 menu()，并定义员工信息链表。接着在 main()函数中，打印系统菜单调用 menu()函数，展示出系统操作提示，接着初始化员工信息链表，并将文件 emp.txt 中的员工信息读取到内存。接着使用 while 循环对用户输入编号进行选择，执行相应的操作：当输入编号“1”时，执行查看所有员工信息的操作；当输入编号“2”时，执行添加员工信息的操作；当输入编号“3”时，执行删除员工信息的操作；当输入编号“4”时，执行修改员工信息的操作；当输入编号“5”

时，执行保存员工信息的操作；当输入编号“0”时，执行退出系统的操作。

20.4.2 employee.c 文件

employee.c 文件声明并定义了该案例中员工信息的数据结构和增、删、改、查和文件读取与保存等功能函数。

employee.c 文件具体代码如下。

```
/* 添加库文件“employee.h” */
#include "employee.h"
#include <stdio.h>
#include <string.h>
#include <malloc.h>

//初始化员工信息链表
void init_emp_info_list()
{
    //员工信息链表头结点
    emp_list = (emp_info*)malloc(sizeof(emp_info));
    emp_list->next = NULL;
}
//判断员工信息链表是否为空
int emp_list_empty()
{
    return emp_list->next == NULL;
}
//操作函数实现
//向员工信息表中添加信息
int add_emp_info()
{
    emp_info *pemp = (emp_info*)malloc(sizeof(emp_info));
    if (pemp == NULL)
    {
        printf("内存分配失败.\n");
        return 0;
    }
    printf("请按要求输入员工信息.\n");
    printf("请输入员工号: ");
    scanf("%d", &pemp->empno);
    //判断该员工号是否已经存在
    if (search_emp_info(pemp->empno) != NULL)
    {
        printf("该员工号已经存在.\n");
        return 0;
    }
    printf("请输入姓名: ");
    getchar();
    gets(pemp->name);
    printf("请输入性别(F-女, M-男): ");
    scanf("%s", pemp->sex);
    printf("请输入年龄: ");
    scanf("%d", &pemp->age);
    printf("请输入部门号: ");
```

```
    scanf("%d", &pemp->deptno);
    printf("请输入员工工资: ");
    scanf("%d", &pemp->salary);

    //每次从员工信息链表的头部插入
    pemp->next = emp_list->next;
    emp_list->next = pemp;

    return 1;
}
//根据员工号删除员工信息
int delete_emp_info(int num)
{
    emp_info *pemp;
    emp_info *qemp;
    if (search_emp_info(num) == NULL)
    {
        printf("不存在员工号为%d 的员工.\n", num);
        return 0;
    }
    pemp = emp_list->next;
    qemp = emp_list;
    while (pemp->empno != num)
    {
        qemp = pemp;
        pemp = pemp->next;
    }
    qemp->next = pemp->next;
    free(pemp);
    return 1;
}
//根据员工号修改员工信息
int modify_emp_info(int num)
{
    int choice;
    emp_info *pemp = search_emp_info(num);
    if (pemp == NULL)
    {
        printf("不存在员工号为%d 的员工.\n", num);
        return 0;
    }
    printf("1.姓名 2.性别 3.年龄 4.部门编号 5.工资 .\n");
    printf("请选择修改的信息: ");
    scanf("%d", &choice);
    switch (choice)
    {
        case 1:
            printf("请输入新的姓名: ");
            getchar();
            gets(pemp->name);
            break;
        case 2:
            printf("请输入新的性别(F-女，M-男): ");
            scanf("%s", pemp->sex);
```

```
            break;
        case 3:
            printf("请输入新的年龄: ");
            scanf("%d", &pemp->age);
            break;
        case 4:
            printf("请输入新的部门编号: ");
            scanf("%d", &pemp->deptno);
            break;
        case 5:
            printf("请输入新的工资: ");
            scanf("%d", &pemp->salary);
            brea;

        default:
            printf("请按提示要求操作.\n");
    }
    return 1;
}
//根据员工号查找员工信息
emp_info* search_emp_info(int num)
{
    emp info *pemp;
    pemp = emp_list->next;
    while (pemp  && pemp->empno != num)
    {
        pemp = pemp->next;
    }
    return pemp;
}

//显示所有员工信息
void display_emp_info()
{
    emp info *pemp;
    pemp = emp_list->next;
    printf("所有员工信息如下所示.\n");
    printf("员工\t 姓名\t 性别\t 年龄\t 部门编号\t 工资\n");
    while (pemp)
    {
        printf("%d\t", pemp->empno);
        printf("%s\t", pemp->name);
        printf("%s\t", pemp->sex);
        printf("%d\t", pemp->age);
        printf("%d\t", pemp->deptno);
        printf("\t%d\t", pemp->salary);

        pemp = pemp->next;
        printf("\n");
    }

   printf("\n");
}
//将员工信息保存到文件
int save_file()
```

```
{
    FILE *pfile;
    emp_info *pemp;
    pfile = fopen("emp.txt", "w");
    if (pfile == NULL)
    {
        printf("打开文件失败.\n");
        return 0;
    }
    pemp = emp_list->next;
    while (pemp)
    {
        fprintf(pfile, "%d %s %s %d %d %d\n", pemp->empno, pemp->name,
pemp->sex, pemp->age,pemp->deptno, pemp->salary);
        pemp = pemp->next;
    }
    fclose(pfile);
    return 1;
}

//从文件中读取员工信息
int read_file()
{
    FILE *pfile;
    emp_info *pemp;
    int count = 0;
    pfile = fopen("emp.txt", "r");
    if (pfile == NULL)
    {
        printf("打开文件失败.\n");
        return 0;
    }
    while (!feof(pfile))
    {
        pemp = (emp_info*)malloc(sizeof(emp_info));
        if(fscanf(pfile, "%d %s %s %d %d %d", &pemp->empno, pemp->name,
pemp->sex, &pemp->age,&pemp->deptno, &pemp->salary) != 6)
        {
                free(pemp);
                return count;
        }
        count++;
        //每次从员工信息链表的头部插入
        pemp->next = emp_list->next;
        emp_list->next = pemp;
    }
    fclose(pfile);
    return 1;
}
```

【代码剖析】

本文件包含了大量的操作函数相关定义：函数 init_emp_info_list()，用于初始化员工信息链表；函数 emp_list_empty()，用于判断员工信息链表是否为空；添加员工信息函数 add_emp_info()，用于向员工信息表中添加员工的信息，首先使用 if 语句判断输入的员工号是否已存在，若已存在则弹出错误提示；若不存在则按提示输入完整员工信息，将员工信息插入员工信息链表中；删除员工信息函数 delete_emp_info()，用于根据输入的员工号，将整条员工的信息删除，首先通过 if 语句判断员工号是否存在，若存在则进行删除操作，否则进行提示；修改员工信息函数 modify_emp_info()，用于对员工信息链表中的员工某项信息做修改，通过 if 语句判断输入的员工号是否存在，若不存在则进行提示，若存在，则对该员工的某项信息进行修改；查找员工信息函数 search_emp_info()，用于根据员工号对某个员工信息进行查询；显示所有员工信息函数 display_emp_info()，用于将链表中所有员工的信息打印出来；保存员工信息函数 save_file()，用于将内存链表中员工的信息保存到本地磁盘文件中；读取员工信息函数 read_file()，用于从磁盘文件中将员工信息读取到内存中。

20.5　系 统 运 行

项目运行效果如下所示。

(1) 通过 Microsoft Visual C++ 6.0 开发环境打开工程“EmployeeSystem”，对该文件进行编译、运行，打开项目的主界面，用户可根据提示输入操作指令，如图 20-3 所示。

(2) 输入操作编号“1”，可查询所有员工信息，如图 20-4 所示。

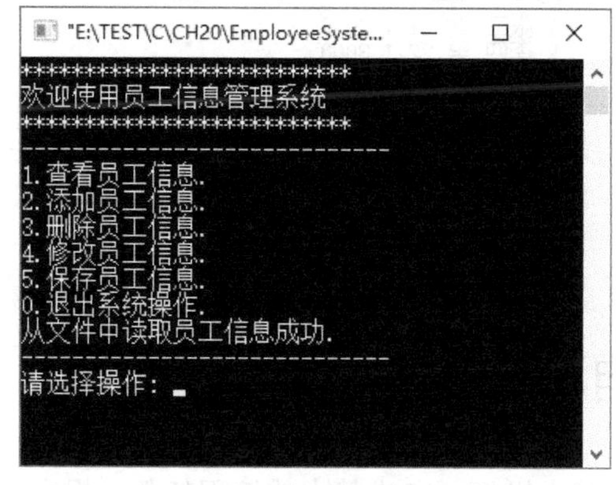

图 20-3　程序主界面

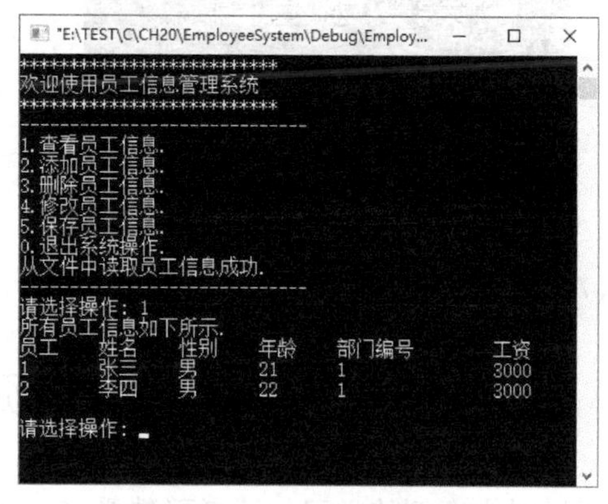

图 20-4　查询所有员工信息

(3) 输入操作编号“2”，可添加一条员工信息，如图 20-5 所示。

(4) 输入操作编号“3”，可删除一条员工信息，如图 20-6 所示。

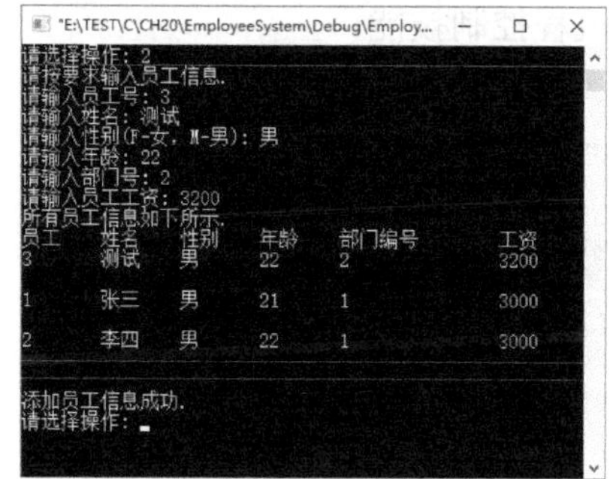

图 20-5　添加员工信息

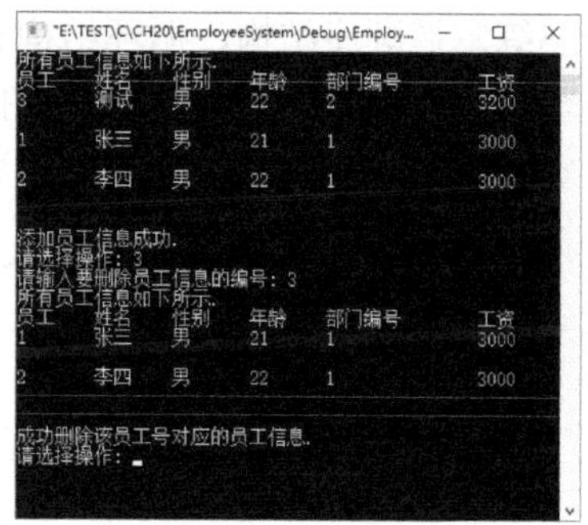

图 20-6　删除员工信息

(5) 输入操作编号“4”，可对员工信息进行修改，如图 20-7 所示。

图 20-7　修改员工信息

(6) 输入操作编号“5”，可将内存中的员工信息保存到磁盘文件“emp.txt”中，如图 20-8 和图 20-9 所示。

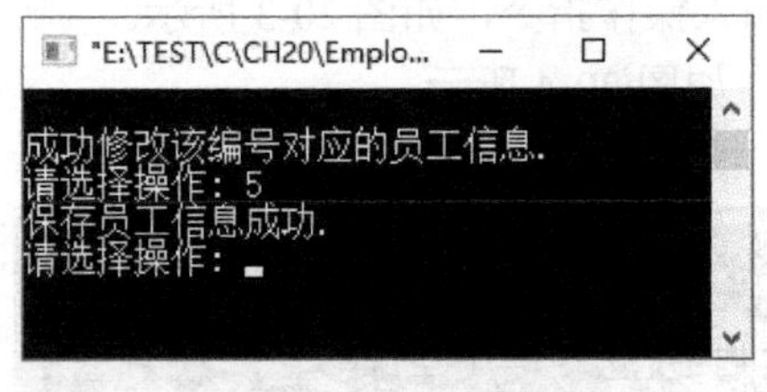

图 20-8　保存员工信息

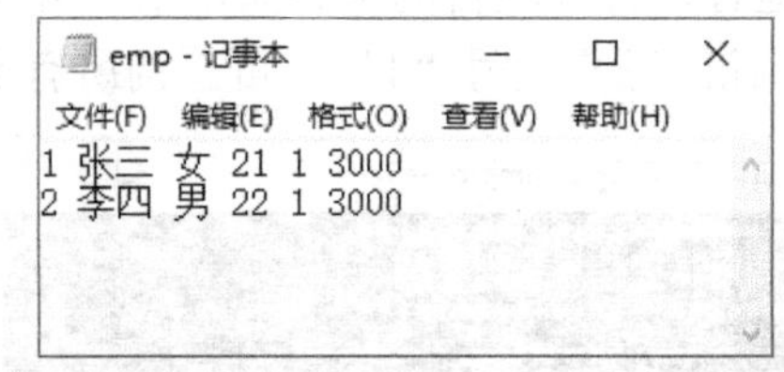

图 20-9　文件“emp.txt”

(7) 输入操作编号“0”，即可退出程序。

20.6　项 目 总 结

通过对本案例的学习，读者可熟悉 C 语言的基本操作，完成基本的编程任务，提高自身编程技能，其主要表现在如下几个方面。

(1) 掌握使用 C 语言构建简单信息管理系统的一般方法。

(2) 学习面向过程语言的编程技巧和特点。

(3) 熟练掌握顺序结构、循环结构和分支结构等流程控制技能。

(4) 掌握函数声明和定义的方式和操作方法。

(5) 掌握链表、指针和文件等操作数据的思路和方法。

第 21 章 项目实训 3——开发迷宫小游戏

本章将以 C 语言技术为基础，通过使用 Microsoft Visual C++ 6.0 开发环境，以 Win32 Console Application 程序为例开发一个迷宫小游戏的演示版本。通过本系统的讲述，使读者真正掌握软件开发的流程及 C 语言在实际项目中涉及的重要技术。

本章目标(已掌握的在方框中打钩)

- ☐ 了解本项目的需求分析和系统功能结构设计
- ☐ 熟悉本项目开发前的准备工作
- ☐ 掌握 main.c 文件具体代码设计
- ☐ 掌握 mazeGame.c 文件具体代码设计
- ☐ 掌握 mazeGame.h 文件具体代码设计

21.1 需求分析

需求调查是任何一个软件项目的第一个工作。通过分析，本程序为开放式迷宫小游戏，由运行程序开始，不需要进行登录验证，只需根据对应的提示进行输入即可进行相应的功能操作。

本案例介绍一个C语言版本的控制台迷宫小游戏，游戏共分为18个关卡，每个游戏关卡只有一条通路可以成功走出迷宫阵列。进入系统后，通过输入不同的关卡值，可以选择不同的迷宫方阵地图，整个地图使用雪花符“※”表示墙体，不可逾越；使用“♀”符号表示游戏玩家；使用“OK”表示整个迷宫地图的出口。在游戏执行界面可通过键盘方向键“上、下、左、右”4个按键移动人形图标，模拟行走路径。墙体不可逾越，可以回走，但只有一条通路可以走出迷宫，完成任务。

从游戏设计与实现方面来说，系统主要完成地图绘制、地图打印、寻路移动、方向键控制等功能。运行项目主程序后直接进入系统菜单选项界面，用户选择对应功能编号后，输入相应的交互提示信息，进行相应的功能操作。进入游戏界面后，通过输入地图的大小，绘制地图，开始游戏。

根据上述需求分析，迷宫小游戏功能模块如图21-1所示。

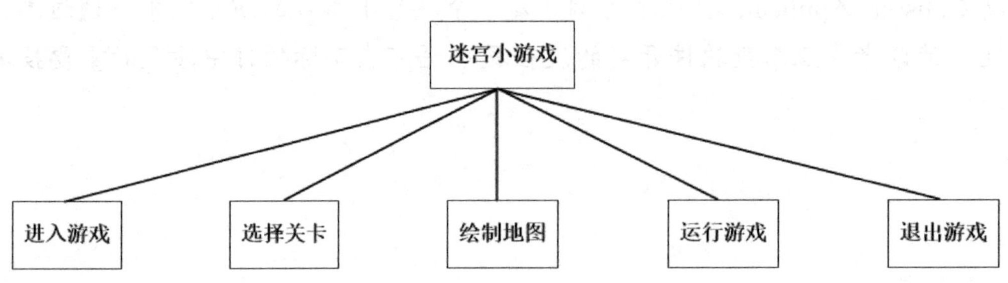

图21-1 迷宫小游戏功能模块

21.2 功能分析

经过需求分析，了解了迷宫小游戏所实现的主要功能，为了代码的简洁和易维护，要实现这些功能模块，须将系统的一些宏定义、全局变量定义、函数声明以及函数定义等编写成不同的文件，以方便管理和调用。本项目一共划分出了3个程序文件，它们分别对应不同的项目要素，包含了不同的系统功能，共同组成本项目。这3个文件包含的主要功能以及相关要素内容说明如下。

1. main.c 文件

该文件是该案例的主程序运行入口，主要包含主程序运行初始化、系统菜单显示、选项选择并执行等主体功能。

2. mazeGame.c 文件

该文件定义了迷宫游戏所包含的数据结构和功能函数。其中主要包含地图的绘制、地图的打印、路径设置、人物移动控制等。

3. mazeGame.h 文件

该文件声明并定义了迷宫游戏所包含的数据结构和功能函数。

其中，本案例中的核心功能函数如下。

(1) void print_char(int Wide, int High, char* pszChar) 函数实现按照地图坐标绘制地图界面字符功能。

(2) void draw_bit_map( ) 函数实现地图打印功能。

(3) void rand_bit_map( ) 函数实现地图绘制功能。

(4) int get_path(int x, int y) 函数实现根据坐标位置寻找迷宫出口功能。

(5) void build_wall( ) 函数实现地图墙体绘制功能。

(6) int waitinput( ) 函数实现迷宫玩家移动选择方向辅助功能。

(7) void MoveTo(UCHAR dirct_flag, int coords) 函数实现键盘方向键控制移动方向功能。

(8) void main_ui(void) 函数实现游戏主界面显示功能。

(9) int menu_s(void) 函数实现显示菜单选项功能。

详细的函数功能描述参见代码文件中的注释。

通过对程序文件中包含的相关功能的分析，得出迷宫小游戏的功能结构，如图 21-2 所示。

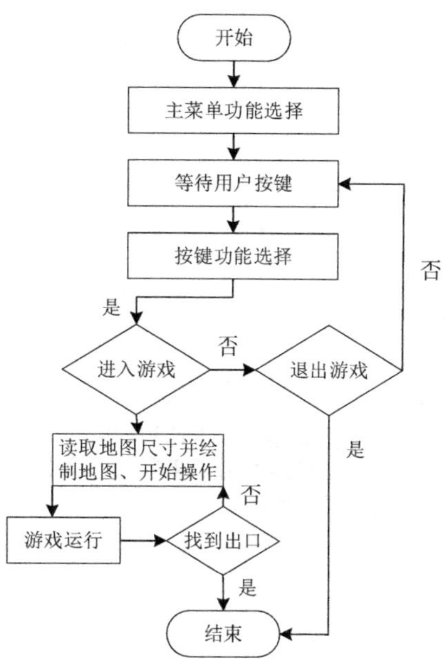

图 21-2　迷宫小游戏的功能结构

21.3　开发前准备工作

进行系统开发之前，需要做如下准备工作。

1. 搭建开发环境

在本机搭建安装 Microsoft Visual C++ 6.0 开发环境，有关具体安装操作步骤请参阅前面章节内容。

2. 创建项目

在 Microsoft Visual C++ 6.0 开发环境中创建 MazeGame 项目，具体操作步骤请参阅前面章节内容。

3. 库文件代码编写

系统中用到了链表相关操作以及函数调用操作，为了编写程序时进行复用，在文件“mazeGame.h”中对迷宫游戏所包含的数据结构进行定义，并对相关的操作函数进行声明，其代码如下。

```
#ifndef MAZE_GAME_H
#define MAZE_GAME_H

#include <stdio.h>
#include <stdlib.h>
#include <string.h>
#include <conio.h>
#include <time.h>
#include <windows.h>

//最大上限
#define MAZE_MAX 100
//上，下，左，右
#define UPWARD 0
#define DOWN 1
#define LEFT 2
#define RIGHT 3

enum bool{ false, true };
// +2 是因为在绘制地图前，会将图周围置零防止围墙被挖断。
// 所以要+2 来弥补扔掉的外围一圈墙。且因为用了宽字符来输出字符，所以为 2 倍长度
char bit_map[MAZE_MAX + 2][MAZE_MAX + 2];

//地图大小　随意设置
unsigned int size;
//用于人物控制的坐标变量
UINT x, y;

//坐标函数
void print_char(int Wide, int High, char* pszChar);
// 菜单界面
```

```
void main_ui(void);
// 菜单选择
int menu_s(void);
// 打印地图
void draw_bit_map();
// 地图绘制
void rand_bit_map();
// 寻路
int get_path(int x, int y);
// 填充墙
void build_wall();
// 控制
int waitinput();
void MoveTo(UCHAR dirct_flag, int coords);

#endif
```

21.4　系统代码编写

在迷宫小游戏的程序中，根据功能分析中划分的 main.c 文件以及 mazeGame.c 文件分别编写代码。

21.4.1　main.c 文件

main.c 文件是该案例的主程序运行入口，主要包含主程序运行初始化、系统菜单显示、选项选择并执行等主体功能。

main.c 文件的具体代码如下。

```
#include "mazeGame.h"

int main()
{
    int m_falg = 0;
    //用来接收控制字符状态
    int b_flag = 0;

    srand((unsigned)time(NULL));
    system("cls");
    system("color 2");
    //调出界面
    main_ui();
    //获取菜单选择码
    m_falg = menu_s();

    while (1)
    {
        //通过菜单码执行相应功能，1 为开始游戏
        if (m_falg == 1)
        {
            //通过控制状态来执行相应功能
```

```
        switch (b_flag)
        {
            //初始默认/F1 键：重设地图大小
            case 0:
                do
                    {
                        system("cls");
                        printf("地图为正方形，请输入一条边长\n");
                        printf("请输入要设置的地图大小(整数：1-18)：");
                        scanf("%d", &size);
                        /* 判断输入 */
                        if (size <= 0)
                        {
                            printf("输入有误(1-18 的数字，请重新开始)！！！");
                            system("pause");
                            fflush(stdin);
                            b_flag=0;
                            continue;
                        }

                        if (size > 18)
                        {
                            printf("输入有误(1-18 的数字，请重新开始)！！！");
                            system("pause");
                            fflush(stdin);
                            b_flag=0;
                            continue;
                        }
                    }
                    while (size > 18 || size <= 0);
                    fflush(stdin);

        //F2 键：重新生成地图
        case 1:
            system("cls");
            //填充墙体
            build_wall();
            //绘制
            rand_bit_map();
            //打印
            draw_bit_map();
            //控制人物及各种功能
            b_flag = waitinput();
            break;

            //ESC 键：回到主界面
        case 2:
            system("cls");
            system("color 2");
            //调出界面
            main_ui();
            //获取菜单选择码
            m_falg = menu_s();
            //初始化控制状态
```

```
                b flag = 0;
                break;
            }

        }
        else
        {
            system("cls");
            return 0;
        }
    }
}
```

【代码剖析】

在本文件中，代码主要包含主程序运行初始化、系统菜单显示、选项选择并执行等主体功能。在 main()函数中，首先定义两个状态变量 m_falg 和 b_flag，分别用于表示菜单选项以及控制字符，接着使用 while()循环语句，并通过 if 语句对 m_falg 进行判断，若为 1，则表示开始游戏，然后再通过 switch 语句对 b_flag 进行判断，通过控制状态来执行相应的功能：为 0 时，初始默认/F1 键，重设地图大小；为 1 时，重新生成地图；为 2 时，回到主界面。

21.4.2 mazeGame.c 文件

mazeGame.c 文件声明并定义了迷宫游戏所包含的数据结构和功能函数。

mazeGame.c 文件的具体代码如下。

```
#include "mazeGame.h"

/*
// 打印字符到控制台指定位置
// 参数1 :  宽度 X
// 参数2 :  高度 Y
// 参数3 :  打印的字符
*/
void print char(int x, int y, char* pszChar)
{
    CONSOLE CURSOR INFO p post;
    COORD n post;

    p post.dwSize = 1;
    // 是否显示光标
    p post.bVisible = FALSE;
    SetConsoleCursorInfo(GetStdHandle(STD OUTPUT HANDLE), &p post);

    n post.X = x;
    n post.Y = y;

    SetConsoleCursorPosition(GetStdHandle(STD OUTPUT HANDLE), n post);
    fprintf(stdout,"%s",pszChar);
}

//菜单UI
```

```
void main_ui(void)
{
    printf("\n\n\n\n");
    printf("\t\t ┏**********************************************┓ \n");
    printf("\t\t *\t\t 欢迎来到迷宫游戏！ \t\t*\n");
    printf("\t\t *\t\t\t\t\t\t*\n");
    printf("\t\t *\t\t   进入游戏\t\t\t*\n");
    printf("\t\t *\t\t   退出游戏\t\t\t*\n");
    printf("\t\t *\t\t\t\t\t\t*\n");
    printf("\t\t *\t\t 注：用方向键选择\t\t*\n");
    printf("\t\t *\t\t\t\t\t\t*\n");
    printf("\t\t ┗**********************************************┛ \n");
}

/*
** 菜单选择
** Y = 7 & 8
** X = 33 & 34
** 参数返回：菜单选择状态
**上光标：72
**下光标：80
**左光标：75
**右光标：77
*/
int menu_s(void)
{
    char select = 0;
    unsigned int y = 7;
    unsigned int x = 33;
    //是指示标"->"初始位置
    print_char(x, y, "-");
    print_char(x + 1, y, ">");
    while (1)
    {
        if (_kbhit())
        {
            select = _getch();

            //若按上键，指示标向上移动
            if (select == 0x48)
            {
                //清除
                print_char(x, y, " ");
                print_char(x + 1, y, " ");

                --y;

                if (y < 7)
                {
                    y = 8;
                }
                print_char(x, y, "-");
                print_char(x + 1, y, ">");
            }
```

```
            //若按下键，指示标向下移动
            else if (select == 0x50)
            {
                print char(x, y, " ");
                print char(x + 1, y, " ");

                ++y;

                if (y > 8)
                {
                    y = 7;
                }

                print char(x, y, "-");
                print_char(x + 1, y, ">");
            }
            //若为回车，当前菜单功能码
            else
            {
                if (select == 0x0D)
                {
                    //计算出菜单选择码
                    return y >> 2;
                }

            }
        }
    }
}

//打印地图
void draw bit map()
{
    unsigned int z1, z2;
    for (z1 = 0; z1 <= size * 2 + 2; ++z1)
    {
        for (z2 = 0; z2 <= size * 2 + 2; ++z2)
        {
            fputs(bit map[z1][z2] == 0 ? "  " : "※", stdout);
        }
        //换行
        putchar(10);
    }
    printf("\n\n");
    printf("注：方向键控制人物移动.ESC 退出游戏。\n");
    printf("    F1 重设地图大小，F2 重新生成地图\n");
}

//地图绘制
void rand bit map()
{
    //设置出入口
    bit map[2][1] = 0;
    //加 1 是后来补充的一层墙
```

```
    bit_map[size * 2][size * 2 + 1] = 0;

    srand((unsigned)time(NULL));
    //初始随机选点挖洞
    get_path(rand() % size + 1, rand() % size + 1);
}

//寻路
int get_path(int y, int x)
{
    //方向坐标目录
    int dir[4][2] = { { 0, 1 },
    { 1, 0 },
    { 0, -1 },
    { -1, 0 } };

    int i;

    int xx = x * 2;
    int yy = y * 2;
    //奇数都可,若为偶数则会出现相同
    int turn = rand() % 2 ? 1 : 3;
    //初始随机方向
    int next = rand() % 4;
    //挖洞起点
    bit_map[yy][xx] = 0;

    //next 每次在 0, 1, 2, 3 范围循环变换
    for (i = 0; i < 4; ++i)
    {
        //探测间接结点是否已开通
        if (bit_map[yy + 2 * dir[next][0]][xx + 2 * dir[next][1]])
        {
            //挖洞
            bit_map[yy + dir[next][0]][xx + dir[next][1]] = 0;
            get_path(y + dir[next][0], x + dir[next][1]);
        }

        next = (next + turn) % 4;
    }
    return 0;
}

//填充墙体
void build_wall()
{
    unsigned int z1, z2;
    //填充墙体
    for (z1 = 0; z1 < size * 2 + 2; ++z1)
    {
        for (z2 = 0; z2 < size * 2 + 2; ++z2)
        {
            bit_map[z1][z2] = 1;
        }
```

```
    }
    //设置边框
    for (z1 = 0, z2 = size * 2 + 2; z1 <= z2; ++z1)
    {
        //防止挖开围墙
        //因为寻路是根据间接点来判断
        bit_map[z1][0] = 0;
        bit_map[z1][z2] = 0;
        bit_map[0][z1] = 0;
        bit_map[z2][z1] = 0;
    }

}

//控制
int waitinput()
{
        //按键状态
        char key_flag = 0;
        //横坐标
        x = 1;
        //纵坐标
        y = 2;

        //设置起始人物位置及终点标记
        print_char(2 * x, y, "♀");
        //*4 为宽字符原因
        print_char(size * 4 + 2, size * 2, "OK");

    while (1)
    {
        key_flag =  getch();
        if (key_flag != 0x1B)
        {
            key_flag =  getch();
        }
        switch (key_flag)
        {
            //上
            case 0x48:
                MoveTo(UPWARD, -1);
                break;
            //下
            case 0x50:
                MoveTo(DOWN, 1);
                break;
            //左
            case 0x4B:
                MoveTo(LEFT, -1);
                break;
            //右
            case 0x4D:
                MoveTo(RIGHT, 1);
                break;
```

```
        //F1键：重设地图大小
        case 0x3B:
            return 0;

        //F2键：重新生成地图
        case 0x3C:
            return 1;

        //ESC键：回到主界面
        case 0x1B:
            return 2;
    }

    if ((x == size * 2 + 1) && (y == size * 2))
    {
        system("cls");
        print_char(size * 2, size, "恭喜你！已经通关！");
        print_char(size * 2, size + 1, "按任意键退出！");
        while (1)
        {
            if (_kbhit())
            {
                exit(0);
            }
        }
    }
  }
  return -1;
}

//人物移动
void MoveTo(UCHAR dirct_flag, int coords)
{
    switch (dirct_flag)
    {
        //向上行走
        case UPWARD:
        //向下行走
        case DOWN:
        if ((bit_map[y + coords][x] != 1))
        {
            //擦除上个位置
            print_char(x * 2, y, " ");
            y += coords;
            //写入下一位置
            print_char(x * 2, y, "♀");
        }
        break;

        //向右行走
        case RIGHT:
        //向左行走
        case LEFT:
```

```
        if ((bit_map[y][x + coords] != 1) && (x + coords != 0))
        {
            //擦除上个位置
            print_char(x * 2, y, " ");
            x += coords;
            //写入下一位置
            print_char(x * 2, y, "♀");
        }
        break;
    }
}
```

【代码剖析】

本文件中定义了迷宫游戏所包含的数据结构和功能函数的具体操作。首先在 print_char()函数中定义了地图的高低宽度以及需要打印的字符；在 main_ui()函数中，打印出程序的主界面；函数 menu_s()的主要功能是设置主界面菜单光标的选择，其中包含上下的选择定位以及回车确认菜单功能；函数 draw_bit_map()中，打印出游戏界面的地图以及玩法说明等；函数 rand_bit_map()绘制出游戏的地图；函数 get_path()将地图填充的雪花图形“挖开”，留下玩家行走的路径；函数 build_wall()用于将墙体进行一个填充的操作，防止围墙被“挖开”；函数 waitinput()为人物模型的控制函数，包含各种行走的设定；函数 MoveTo()为玩家在具体操作人物模型进行寻路时，地图中人物的移动设定。

21.5 系统运行

项目运行效果如下所示。

(1) 通过 Microsoft Visual C++ 6.0 开发环境打开工程“MazeGame”，对该文件进行编译、运行，打开项目的主界面，用户可根据菜单选择是否开始游戏，如图 21-3 所示。

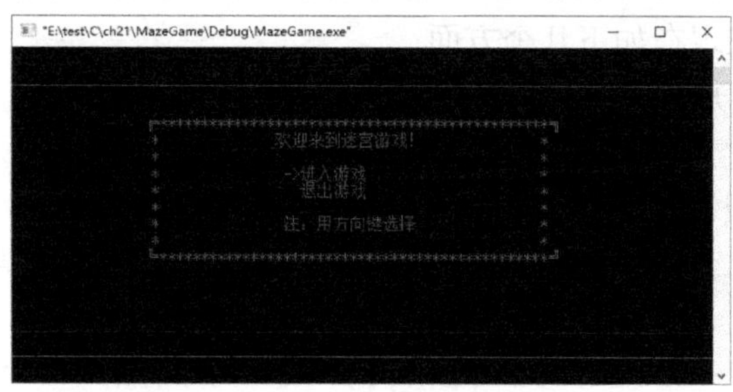

图 21-3　游戏开始界面

(2) 选择“进入游戏”菜单选项，按 Enter 键确认，进入关卡选择，以边长“15”为例，设置地图大小，如图 21-4 所示。

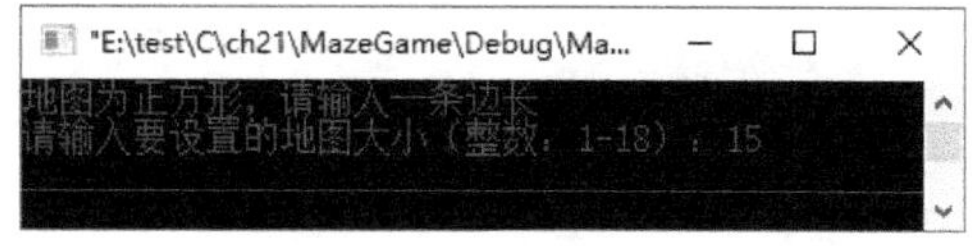

图 21-4　选择地图大小

(3) 打印出地图、人物模型、路径、出入口之后，玩家可以控制人物寻找迷宫出口，如图 21-5 所示。

(4) 当玩家寻找到出口后，游戏结束，屏幕上显示“恭喜你！已经通关！”的字样，如图 21-6 所示。

图 21-5　进行游戏

图 21-6　游戏通关

21.6　项 目 总 结

通过本案例的学习，读者可熟悉 C 语言界面字符控制操作，完成基本的编程任务，提高自身编程技能，其主要表现在如下几个方面。

(1) 掌握使用 C 语言开发一款简单的控制台游戏的一般方法。

(2) 学习控制台字符界面操作的基本流程。

(3) 熟练掌握顺序结构、循环结构和分支结构等流程控制技能。

(4) 掌握使用头文件、条件编译等函数声明、定义和实现的封装特点和技巧。